TRAITÉ

D'OPTIQUE.

PARIS. — IMPRIMERIE GAUTHIER-VILLARS ET FILS,
15710   Quai des Grands-Augustins, 55.

TRAITÉ
D'OPTIQUE

PAR

M. E. MASCART,

MEMBRE DE L'INSTITUT,
PROFESSEUR AU COLLÈGE DE FRANCE,
DIRECTEUR DU BUREAU CENTRAL MÉTÉOROLOGIQUE.

TOME DEUXIÈME.

PARIS,

GAUTHIER-VILLARS ET FILS, IMPRIMEURS-LIBRAIRES
DU BUREAU DES LONGITUDES, DE L'ÉCOLE POLYTECHNIQUE,
Quai des Grands-Augustins, 55.

1891
(Tous droits réservés.)

PRÉFACE.

Je suis obligé, bien à regret, de reconnaître que je n'ai pas encore rempli complètement le programme tracé en tête de cet Ouvrage. Les matières traitées dans le second Volume ont pris un développement imprévu, qui paraît justifié par leur importance pratique et le rôle qu'elles jouent comme contrôle de toutes les théories.

J'ai discuté, en particulier, avec beaucoup de détails, les phénomènes relatifs à la réflexion de la lumière sur les milieux isotropes transparents, les métaux et les substances cristallisées. Cette étude, que j'ai tâché de rendre aussi complète que possible au point de vue expérimental, épargnera sans doute à beaucoup de physiciens l'obligation de consulter des Mémoires disséminés dans de nombreuses collections scientifiques, et dont la lecture est d'autant plus difficile que l'exposé des méthodes et le choix des notations y sont nécessairement très variés.

Les deux Volumes aujourd'hui terminés forment déjà un ensemble comprenant les principales questions d'Optique physique ; j'aurais pu m'y arrêter en raison du lourd travail qu'ils représentent, mais j'espère mener prochainement l'œuvre entière à bonne fin par un troisième Volume et tenir les engagements pris dans une préface peut-être trop imprévoyante, en y ajoutant quelques questions qui n'entraient pas dans le projet primitif.

Plusieurs de mes collègues m'ont fait l'honneur de m'adresser des remarques intéressantes sur les parties déjà publiées. Je tiens à les remercier de cette attention bienveillante; je serai très heureux des observations nouvelles qui me seront communiquées et des erreurs qui pourraient être signalées pour compléter l'Ouvrage et l'améliorer sur certains points dans un Chapitre supplémentaire.

La plus grande satisfaction d'une pareille entreprise consiste dans la pensée du service rendu aux travailleurs; les conseils et le concours des savants les plus autorisés dans les différentes branches d'une science aujourd'hui si étendue aboutiront ainsi à l'avantage commun des lecteurs.

TRAITÉ D'OPTIQUE.

TOME SECOND.

CHAPITRE X.
POLARISATION CHROMATIQUE.

Propriétés générales.

370. *Découverte d'Arago* ([1]). — Lorsqu'un faisceau de lumière, primitivement polarisé, traverse une lame anisotrope à faces parallèles, les deux faisceaux dus à la double réfraction présentent une différence de marche, variable d'une couleur à l'autre (47). Si on les observe ensuite au travers d'un analyseur, de manière à les ramener dans le même plan de polarisation (323), ou, plus généralement, si on les transforme en vibrations de même espèce (168), ces faisceaux sont dans des conditions favorables à la production des interférences. Tant que la lame anisotrope est assez mince, la différence de marche est faible et varie très lentement avec la longueur d'onde; si donc l'interférence est complète pour une couleur déterminée, les couleurs voisines seront également éteintes dans une grande proportion et, en opérant avec la lumière blanche, la lame paraîtra d'une teinte plus ou moins pure, par la combinaison des couleurs qui ont échappé à l'interférence en proportions inégales.

Dans un analyseur biréfringent qui laisse passer la presque totalité des rayons primitifs, il est clair que toute couleur qui a disparu de l'une des images doit se retrouver dans l'autre. Les deux

([1]) ARAGO, *Mém. de la première Classe de l'Institut*, t. XII, p. 93; 1812. — *Œuvres complètes*, t. X, p. 36, 85 et 98.

images de la lame présentent donc des couleurs complémentaires, et leur superposition reproduit la lumière blanche primitive.

Arago, qui a découvert ces phénomènes en 1811, les a compris sous le nom de *polarisation colorée*. Ils sont, en réalité, de deux espèces différentes, suivant que la lame cristalline appartient à un milieu homoédrique (34) comme le spath d'Islande, ou à un milieu qui présente des caractères d'hémiédrie, comme le quartz dans les directions voisines de l'axe de cristallisation : les premiers constituent ce qu'on appelle habituellement la *polarisation chromatique* ; les autres, la *polarisation rotatoire*.

L'observation d'Arago, relative à la polarisation chromatique, est la suivante :

« En examinant, par un temps serein, une lame assez mince de mica, à l'aide d'un prisme de spath d'Islande, je vis que les deux images qui se projetaient sur l'atmosphère n'étaient pas teintes des mêmes couleurs : l'une d'elles était jaune verdâtre, la seconde rouge pourpre, tandis que la partie où les deux images se confondaient était de la couleur naturelle du mica vu à l'œil nu. Je reconnus en même temps qu'un léger changement dans l'inclinaison de la lame, par rapport aux rayons qui la traversent, fait varier les couleurs des deux images, et que, si, en laissant cette inclinaison constante et le prisme dans la même position, on se contente de faire tourner la lame de mica dans son propre plan, on trouve quatre positions à angle droit où les deux images prismatiques sont du même éclat et parfaitement blanches. En laissant la lame immobile et faisant tourner le prisme, on voyait de même chaque image acquérir successivement diverses couleurs et passer par le blanc après chaque quart de révolution. »

L'éclat des teintes varie d'ailleurs avec la partie du ciel dont on utilise les rayons, et elles disparaissent par un temps entièrement couvert. Arago avait constaté déjà que le bleu du ciel est polarisé d'une manière inégale suivant la distance au Soleil des points observés et que la lumière des nuées ne présente aucune trace de polarisation. La nécessité d'une lumière primitivement polarisée pour obtenir la coloration des lames cristallines lui parut ainsi démontrée, et il vérifia, en effet, que tous les autres modes de polarisation donnent exactement les mêmes apparences.

Arago reconnut encore quelques particularités importantes :

Sous une incidence déterminée, les couleurs ne présentent que deux teintes, rouge et verte par exemple, plus ou moins lavées de blanc. Ces couleurs varient avec l'épaisseur de la lame et semblent disparaître pour une très faible épaisseur.

Les couleurs se modifient aussi quand on incline la lame par rapport aux rayons qui les traversent; si cette lame présente des parties d'inégale épaisseur et qu'on augmente l'inclinaison, une couleur donnée marche tantôt vers les parties les plus minces et tantôt s'en écarte, suivant les cas.

Un mode d'observation plus simple consiste à placer les lames sur un fond noir et à les examiner au travers d'un analyseur sous un angle d'environ 35° avec leur plan. La fraction de lumière réfractée par la première surface qui s'est réfléchie sur la seconde est presque entièrement polarisée dans le plan d'incidence et traverse de nouveau la lame, comme si elle provenait d'une source étrangère polarisée directement.

Les rayons réfléchis à la première surface sont également polarisés dans le plan d'incidence et ajoutent ainsi de la lumière blanche aux deux images; mais on peut l'éliminer d'une manière complète en orientant la section principale de l'analyseur dans le plan d'incidence et observant l'image extraordinaire.

Au point de vue théorique, Arago s'est borné à ajouter que les lames semblent agir diversement sur les rayons des différentes couleurs et qu'elles *dépolarisent* la lumière en imprimant aux rayons des caractères qui les distinguent à la fois de la lumière naturelle et des rayons polarisés.

Il est clair que toute coloration doit disparaître quand la section principale de la lame cristalline est parallèle ou perpendiculaire soit au plan primitif, soit à la section principale de l'analyseur.

Dans le premier cas, en effet, la lumière incidente ne donne qu'une seule espèce de rayons réfractés; dans le second, les deux espèces de rayons réfractés passent séparément dans les deux images de l'analyseur.

Les lames prennent les teintes les plus pures lorsque l'analyseur et le polariseur sont parallèles ou croisés; la rotation de la lame donne alors des images blanches pour quatre azimuts rectangulaires de la section principale.

Pour une orientation relative différente du polariseur et de l'analyseur, si la lame fait une rotation complète dans son plan, elle passe huit fois par le blanc et présente dans chacun des autres azimuts deux teintes complémentaires.

371. *Travaux de Biot*. — Aussitôt après la découverte d'Arago, Biot (¹) institua un grand nombre d'expériences pour établir les lois du phénomène et reconnaître en particulier l'état des rayons lumineux à la sortie de la lame cristalline.

Fig. 200.

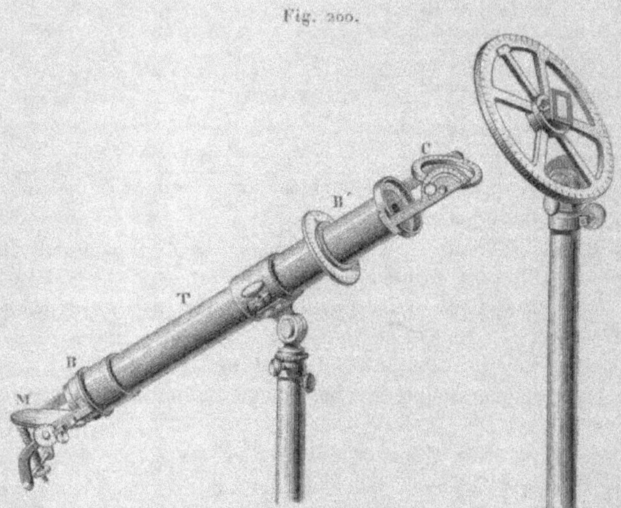

L'une de ses méthodes consiste à placer, comme Arago l'avait fait déjà, une série de lames les unes à côté des autres sur un même support noirci et à observer sous l'angle de polarisation. On arrive facilement, par l'aspect des images, à rendre leurs sections principales parallèles, et la rotation du support permet de les orienter dans tous les azimuts. Les teintes sont les plus vives quand ces sections sont à $45°$ avec le plan d'incidence, et l'analy-

---

(¹) BIOT, *Mém. de la première Classe de l'Institut*, t. XII, p. 135; t. XIII, Iʳᵉ Partie, p. 1, et IIᵉ Partie, p. 1 et 31; 1812 à 1814.

seur permet d'éliminer pour l'une des images la lumière réfléchie sur la première surface.

Biot a imaginé un appareil de polarisation qui permet des observations plus exactes dans des conditions très variées. A l'une des extrémités d'un tube métallique T (*fig.* 200) est adaptée une monture B qui tourne à frottement doux et porte une glace noire M dont on peut régler l'inclinaison à l'aide d'un petit cercle gradué, de manière que les rayons réfléchis parallèlement à l'axe du tube fassent avec la surface l'angle de $35°25'$, qui correspond à la polarisation complète. A l'autre extrémité se trouve une monture semblable B', dont la rotation est indiquée par un index sur un cercle divisé et qui porte un disque annulaire C, pouvant être incliné d'un angle connu autour d'une perpendiculaire à l'axe du tube. Dans cet anneau, qui est lui-même divisé, s'encastre une plaque métallique percée d'une ouverture, ou une plaque de verre, sur laquelle on place la lame cristalline. L'appareil permet ainsi de placer la section principale de la lame dans un azimut quelconque sur le plan primitif de polarisation, de donner à cette lame des inclinaisons différentes sur le faisceau lumineux et de la faire tourner dans son plan. Le tube opaque T sert à éliminer toute lumière étrangère et l'on observe avec un prisme de spath achromatisé (322), monté sur un cercle divisé.

On peut évidemment remplacer ce prisme par une glace réfléchissante sous l'angle de polarisation ou par un analyseur quelconque, tel qu'une pile de glaces ou un prisme de Nicol.

Supposons, d'une manière générale, que, sur un plan perpendiculaire au faisceau, la projection OL (*fig.* 201) de la section

Fig. 201.

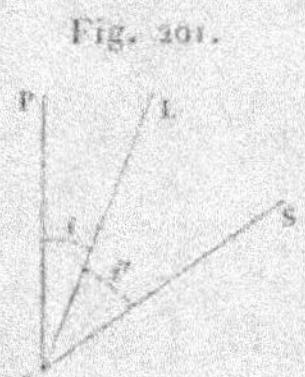

principale de la lame fasse un angle i avec le plan primitif de polarisation et un angle i', du côté opposé, avec la section principale OS

de l'analyseur, laquelle se trouve ainsi dans l'azimut $s = i + i'$
par rapport au plan primitif.

Biot arrive à déterminer la polarisation du faisceau de la manière suivante [1] :

« Puisque chaque lame mince ne colore l'image que d'une seule teinte dans tous les azimuts, il s'ensuit qu'elle laisse passer librement tous les rayons qui composent la teinte complémentaire de celle-là, ou du moins qu'elle ne change pas leur polarisation primitive. On peut donc considérer la lumière totale comme composée de ces deux teintes, dont l'une, passant librement, reste polarisée dans le plan primitif, et l'autre, qui est celle sur laquelle agit la lame, éprouve de sa part une polarisation nouvelle dont il nous faudra déterminer le sens. »

Soient O le nombre des molécules qui restent polarisées dans le plan primitif, E le nombre de celles qui sont déviées d'un angle inconnu $2x$. Le nombre total $O + E$ devant reproduire la lumière blanche, si la section principale de l'analyseur est bissectrice de l'angle $2x$, chacune des images renfermera une même fraction des deux systèmes de molécules O et E et, par suite, sera blanche. L'expérience montrant que cette condition est remplie quand l'angle i' est nul ou égal à $\frac{\pi}{2}$, on en conclut que $x = i$, c'est-à-dire que les molécules E sont polarisées dans l'azimut $2i$. La lumière primitive se partagerait donc en deux faisceaux, dont l'un O (rouge par exemple) serait polarisé dans le plan primitif, et l'autre E complémentaire (vert) dans l'azimut $2i$.

La loi de Malus permet alors de calculer les teintes des images pour une position quelconque de l'analyseur. Les nombres de molécules F_o et F_e qui forment l'image ordinaire et l'image extraordinaire seraient, en effet.

$$(1) \quad \begin{cases} F_o = E \cos^2(i' - i) + O \cos^2(i' + i), \\ F_e = E \sin^2(i' - i) + O \sin^2(i' + i), \end{cases}$$

<hr>

[1] BIOT, *Traité de Phys. exp. et math.*, t. IV, p. 325; 1816.

expressions que l'on peut écrire (161)

$$(2) \quad \begin{cases} \mathrm{F}_o = (\mathrm{O} + \mathrm{E}) \cos^2(i' + i) + \mathrm{E} \sin 2i \sin 2i', \\ \mathrm{F}_e = (\mathrm{O} + \mathrm{E}) \sin^2(i' + i) - \mathrm{E} \sin 2i \sin 2i'. \end{cases}$$

Le premier terme du second membre dans ces équations représente de la lumière blanche.

On peut être surpris qu'un raisonnement aussi incomplet ait pu conduire à des formules exactes. Les quantités E et O entrent, en effet, dans les formules comme les intensités des composantes conjuguées p^2 et q^2 pour une lumière homogène quelconque, et leur rapport ne dépend que de l'épaisseur de la lame; une somme d'expressions analogues permettra donc de représenter les intensités des images fournies par la lumière blanche.

372. *Variation des teintes.* — Pour déterminer la variation des teintes avec l'épaisseur, Biot observa par sa première méthode une série de lames de gypse, dont il avait mesuré les épaisseurs à l'aide du sphéromètre, récemment construit par Fortin pour l'étude des surfaces des objectifs. En comparant à l'échelle de Newton (146 et suiv.) les teintes de l'image polarisée perpendiculairement au plan primitif, pour des lames dont la section principale était dans l'azimut de $45°$, il reconnut que les apparences sont les mêmes que celles des anneaux de réflexion, et que, pour des teintes identiques de même ordre, le rapport de l'épaisseur du gypse à l'épaisseur correspondante de la lame d'air est une quantité constante.

Le pas du sphéromètre de Fortin étant de $0^{mm},5647$, Biot prit comme point de départ le résultat moyen fourni par beaucoup d'expériences sur des lames tirées d'un même cristal, d'après lesquelles le bleu du second ordre (153), qui est la teinte d'une lame de verre de 9 millionièmes de pouce anglais dans les anneaux de Newton, était produit par des lames de gypse ayant pour épaisseur 36,5 pas du sphéromètre; il obtenait donc des nombres comparables à ceux de Newton en multipliant ses mesures par le rapport $\frac{9}{36,5}$.

Le Tableau suivant, où les lames ont été classées par ordre d'épaisseur, donne le résumé des expériences; il montre que le rapport des épaisseurs réduites aux épaisseurs correspondantes des anneaux de Newton est sensiblement constant. Toutefois, l'échelle n'est peut-être pas assez étendue et la concordance ne doit être acceptée que comme une première approximation.

Lames.	Teinte.	Épaisseur		Échelle de Newton.	
		réelle.	réduite.	Teinte.	Épaisseur.
I.	Vert un peu jaune.	38,5	9,50	Vert du 2ᵉ ordre....	9,70
II.	Pourpre........	55,5	13,68	Pourpre du 3ᵉ ordre.	13,55
III.	Bleu foncé.......	60,2	14,83	Entre le bleu et l'indigo du 3ᵉ ordre...	14,67
IV.	Beau bleu........	60,5	14,92	Bleu du 3ᵉ ordre...	15.10
V.	»	62,0	15,29	» ...	15,10
VI.	Vert............	65,5	16,15	Vert du 3ᵉ ordre...	16,25
VII.	Rose pâle........	73,6	18,15	Entre le rouge et le jaune du 3ᵉ ordre..	18,17
VIII.	Rouge très beau..	77,15	19,00	Rouge du 3ᵉ ordre.	18,70
IX.	» ..	78,4	19,30	» .	18,70
X.	Vert jaunâtre.....	93,8	23,13	Vert jaunâtre du 4ᵉ ordre..........	23,20
XI.	Blanc...........	153,4	37,70	Entre le rouge du 5ᵉ ordre et le bleu verdâtre du 6ᵉ....	17,50

Si l'on superpose deux lames, la teinte est la même que pour une lame unique d'épaisseur égale à leur somme ou à leur différence, suivant que les sections principales sont parallèles ou dans des directions rectangulaires.

Enfin, quand on fait tourner dans son plan la plaque qui porte les lames, la teinte s'élève ou s'abaisse suivant que la section principale des lames s'éloigne ou s'approche du plan d'incidence. Il en est de même quand on fait tourner la lame autour d'une droite située dans son plan et parallèle ou perpendiculaire à la section principale, comme si l'épaisseur devenait moindre dans le second cas et plus grande dans le premier.

373. *Lois expérimentales.* — La proportionnalité des épaisseurs à celles des lames minces isotropes qui donnent les mêmes teintes permet alors d'étendre au phénomène les lois relatives aux anneaux de Newton. L'intensité de l'image observée étant nulle ou maximum suivant que la lumière qui sort de la lame est polarisée dans le plan primitif ou dans le second azimut, on peut énoncer les lois suivantes (266) :

1° Pour des épaisseurs qui varient comme la suite des nombres pairs $0, 2, 4, \ldots$, ou qui sont des multiples pairs $2\,m\varepsilon$ d'une certaine épaisseur ε, la lumière reste polarisée dans le plan primitif ;

2° Pour les épaisseurs intermédiaires $(2\,m + 1)\varepsilon$, la lumière est polarisée dans le second azimut pour les observations précédentes, et plus généralement dans l'azimut $2\,i$, c'est-à-dire dans un plan symétrique du plan primitif par rapport à la section principale de la lame cristalline ;

3° Pour des épaisseurs $(2\,m + 1)\dfrac{\varepsilon}{2}$, intermédiaires aux deux précédentes, et lorsque l'angle i est de $45°$, la lumière paraît entièrement dépolarisée et donne toujours des images égales dans l'analyseur, comme si elle était formée de deux faisceaux d'égale intensité polarisés dans des plans rectangulaires. Toutefois, ce n'est pas de la lumière naturelle, car une nouvelle lame d'épaisseur $\dfrac{\varepsilon}{2}$ la transforme en lumière polarisée ;

4° Pour des épaisseurs non comprises dans ces trois catégories ou pour celles de la troisième quand l'angle i diffère de $45°$, la lumière est partiellement dépolarisée ;

5° Quand on superpose deux lames de natures différentes, par exemple des lames de cristaux uniaxes taillés parallèlement à l'axe, et que leurs sections principales sont parallèles, l'effet produit correspond à la somme ou à la différence des épaisseurs équivalentes à chacune d'elles, suivant que les milieux sont de même signe ou de signes contraires (49) ;

6° L'inverse a lieu quand les sections principales sont croisées : l'épaisseur résultante est égale à la différence ou à la somme des épaisseurs relatives à chacune des lames, suivant qu'elles sont de même signe ou de signes contraires.

374. *Hypothèse de la polarisation mobile.* — Pour expliquer ces phénomènes dans la doctrine de l'émission, Biot a imaginé et défendu pendant de longues années l'hypothèse de la *polarisation mobile,* que nous résumerons brièvement.

Les molécules lumineuses, d'abord orientées dans le plan primitif de polarisation OP (*fig.* 202), se partageraient dans la lame cristalline en deux groupes, le premier oscillant de part et d'autre de la section principale OL pour produire finalement l'image ordinaire, le second oscillant de part et d'autre de la direction OL' pour produire finalement l'image extraordinaire ; on doit admettre que la période d'oscillation est la même pour les deux groupes, malgré la différence des amplitudes $2i$ et $\pi - 2i$, et que ces amplitudes se conservent au moins pendant quelque temps.

La période totale d'oscillation correspondant au temps que met l'un des rayons à parcourir une épaisseur 2ε de la lame, on voit que, pour cette épaisseur, le plan des molécules lumineuses du premier groupe aura parcouru deux fois l'angle POQ et celui du second groupe deux fois l'angle supplémentaire POQ'. La polarisation est donc rétablie dans le plan primitif, et il en sera de même pour toutes les épaisseurs $2m\varepsilon$ multiples de la première.

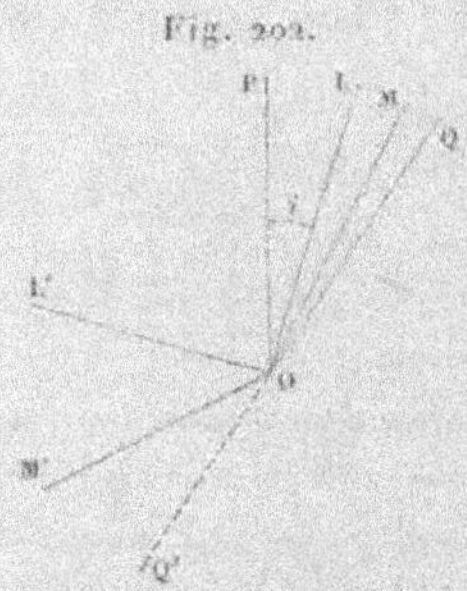
Fig. 202.

Pour une épaisseur moitié moindre ε, le plan des molécules lumineuses du premier groupe est venu en OQ par l'angle POQ, et celui du second groupe dans le même plan par l'angle POQ' ; la lumière est polarisée dans l'azimut $2i$. Il en sera de même si l'on ajoute un nombre entier de périodes, c'est-à-dire une épaisseur $2m\varepsilon$, de sorte que les épaisseurs relatives à la polarisation dans l'azimut $2i$ sont $(2m+1)\varepsilon$.

Pour une épaisseur intermédiaire $\dfrac{\varepsilon}{2}$ ou $(2m+1)\dfrac{\varepsilon}{2}$, le premier groupe est polarisé dans le plan OL, qui correspond au quart ou aux trois quarts de l'oscillation totale, et le second groupe dans le plan perpendiculaire OL'. La dépolarisation est partielle en général, puisque les deux faisceaux n'ont pas la même intensité, d'après la loi de Malus, et elle paraît totale si l'angle i est de 45°.

Pour une épaisseur différente de celles qui précèdent, les deux groupes de molécules sont polarisés dans les plans OM et OM' et donnent de la lumière partiellement polarisée.

Enfin, quand l'épaisseur de la lame devient très grande, les molécules ordinaires sont orientées définitivement dans le plan moyen des oscillations OL et les molécules extraordinaires dans le plan perpendiculaire OL'.

On peut se demander par quel mécanisme des réactions élastiques les amplitudes des oscillations des molécules se conservent d'abord sans altération, pour disparaître ensuite, et comment se fait le passage de ces oscillations à l'orientation définitive. Cette circonstance est d'autant plus difficile à expliquer que, d'après les observations mêmes de Biot, des plaques de quartz ayant près de 4^{cm} d'épaisseur peuvent donner des images colorées quand on les superpose de manière qu'elles agissent par la différence de leurs épaisseurs. On serait donc conduit à admettre que les oscillations des molécules de part et d'autre des plans d'orientation définitive se continuent indéfiniment.

On ne voit pas non plus quel est l'état des molécules dans les cas de polarisation partielle; car il semble que les deux faisceaux, par la marche régulière des oscillations, devraient être toujours polarisés de part et d'autre du plan primitif dans des azimuts respectivement proportionnels aux amplitudes $2i$ et $\pi - 2i$.

375. *Théorie d'Young et de Fresnel.* — A l'époque même où Biot élevait cet échafaudage pénible de la polarisation mobile, Young (¹) signalait la véritable explication des faits dans l'interférence des deux rayons réfractés par la lame cristalline. Toutes choses égales, la différence de marche des deux systèmes de rayons est proportionnelle à l'épaisseur de la lame, comme pour les interférences dues aux lames isotropes; elle varie d'ailleurs avec la direction des rayons par rapport à l'axe ou plus généralement par rapport aux plans principaux du milieu. Toutefois le seul principe des interférences, invoqué par Young, ne suffisait

---

(¹) Young, *Quarterly Review*, Vol. XI, p. 42; 1814.

pas pour rendre compte de ces deux circonstances capitales que la lumière primitive doit être polarisée et qu'on doit l'observer avec un analyseur pour faire apparaître les colorations.

Le complément de la théorie fut bientôt donné par Fresnel [1] à la suite de ses expériences sur l'interférence des rayons polarisés (323). Les deux systèmes de rayons qui émergent d'une lame cristalline, étant polarisés à angle droit, ne peuvent interférer que s'ils émanent d'un faisceau primitif polarisé et si on les ramène dans le même plan de polarisation.

376. *État vibratoire à la sortie de la lame.* — Supposons d'abord, pour simplifier, qu'il s'agisse de lames taillées parallèlement à l'axe dans un milieu à un axe. Le plan primitif de polarisation de la lumière incidente et la section principale de la lame étant respectivement dans les directions OP et OL (*fig.* 203), la

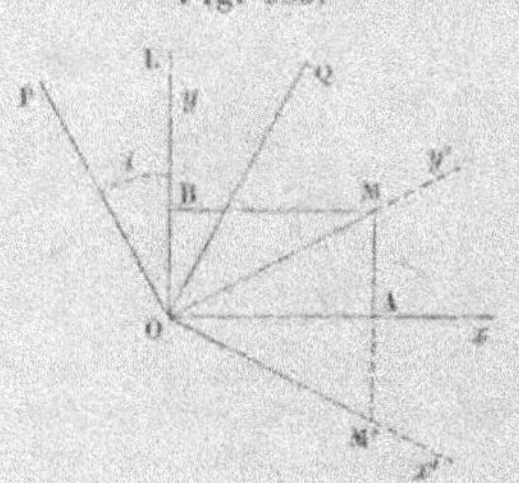

Fig. 203.

vibration incidente OM peut être représentée par $r \sin \omega t$. Les composantes rectangulaires OA et OB fourniront, l'une le rayon ordinaire et l'autre le rayon extraordinaire.

En désignant par m_1 et m_2 des coefficients plus petits que l'unité, qui tiennent à la fraction de lumière réfléchie, les vibrations à l'entrée du cristal sont

$$\begin{cases} x = m_1 r \cos i \sin \omega t, \\ y = m_2 r \sin i \sin \omega t. \end{cases}$$

En traversant la lame, les deux ondes ont éprouvé des retards différents Δ_1 et Δ_2 ou des pertes de phase δ_1 et δ_2. Il faut en outre, pour tenir compte de la perte de lumière par réflexion sur

---

[1] FRESNEL, *Œuvres*, t. I, p. 394, 495, 523, 537, 609, etc.

la seconde surface, multiplier les amplitudes respectivement par les mêmes facteurs m_1 et m_2 que pour la première.

La double réfraction étant toujours très petite, les coefficients m_1 et m_2 sont très sensiblement égaux entre eux; en outre, à moins que la lame ne soit très inclinée sur le faisceau de lumière, la quantité de lumière réfléchie est extrêmement faible et l'on peut remplacer ces coefficients par l'unité.

Enfin, si l'on change l'origine du temps et que l'on représente par δ la différence des pertes de phase

$$\delta = \delta_2 - \delta_1 = 2\pi \frac{\Delta_2 - \Delta_1}{\lambda} = 2\pi \frac{\Delta}{\lambda},$$

les composantes de la vibration peuvent s'écrire

$$(3) \qquad \begin{cases} x = r \cos i \sin \omega t, \\ y = r \sin i \sin (\omega t - \delta). \end{cases}$$

La vibration résultante est donc elliptique dans le cas général (157), et l'équation de l'ellipse est

$$(4) \qquad \frac{x^2}{\cos^2 i} + \frac{y^2}{\sin^2 i} - \frac{2xy}{\sin i \cos i} \cos \delta = r^2 \sin^2 \delta.$$

D'après la discussion faite précédemment (159), la trajectoire de la molécule vibrante est toujours inscrite dans le rectangle qui a pour côtés les projections $2r \cos i$ et $2r \sin i$ de l'amplitude totale de la vibration primitive; elle se déforme d'une manière continue quand on fait croître la différence de phase δ ou l'épaisseur correspondante de la lame cristalline.

La vibration est rectiligne suivant OM, c'est-à-dire polarisée dans le plan primitif OP, quand l'épaisseur de la lame est telle qu'on ait $\cos \delta = 1$ ou $\Delta = m\lambda$.

Elle est encore rectiligne suivant la direction symétrique OM′, c'est-à-dire polarisée dans le plan OP′ ou dans l'azimut $2i$, pour les épaisseurs intermédiaires qui donnent

$$\cos \delta = -1, \qquad \Delta = (2m + 1)\frac{\lambda}{2}.$$

Lorsque $\cos \delta = 0$ et $\Delta = (2m + 1)\frac{\lambda}{4}$, l'ellipse (4) est rapportée à ses axes; la vibration est alors circulaire si l'angle i est de $45°$.

Enfin, dans le cas général, l'azimut θ des axes de l'ellipse par rapport au plan primitif est donné par la relation

$$\operatorname{tang} 2\theta = \operatorname{tang} 2i \cos\delta.$$

On retrouve ainsi les lois expérimentales de Biot. L'épaisseur que nous avons appelée 2ε est celle qui produit entre les deux rayons réfractés une différence de marche d'une longueur d'onde ; les vibrations elliptiques ou circulaires correspondent à la lumière partiellement ou totalement dépolarisée.

Si le milieu est positif, $\delta > 0$, la vibration est *gauche* pour les épaisseurs comprises entre 0 et ε ou, d'une manière plus générale, entre $2m\varepsilon$ et $(2m+1)\varepsilon$; la vibration est *droite* pour les épaisseurs comprises entre $(2m+1)\varepsilon$ et $2(m+1)\varepsilon$. L'inverse a lieu pour les milieux négatifs ou $\delta < 0$.

Quant à l'effet de l'inclinaison de la lame sur les rayons lumineux, il tient au changement produit dans la différence de marche des deux ondes réfractées ; nous y reviendrons plus loin. On voit *a priori* que cette différence de marche doit diminuer quand les rayons se rapprochent de l'axe de cristallisation.

Lorsque la lame cristalline appartient à un milieu biréfringent à deux axes optiques, on peut l'assimiler à une lame à un axe dont la section principale est parallèle à l'un ou l'autre de deux plans principaux rectangulaires. Elle sera considérée, suivant les cas, comme positive ou négative.

Nous rappellerons encore que la vibration résultante peut être remplacée par deux composantes conjuguées (160), l'une y' polarisée dans le plan primitif, l'autre x' suivant la direction OM', c'est-à-dire polarisée dans l'azimut $2i$; ces composantes conjuguées ont pour expressions

$$(5) \quad \begin{cases} x' = r \sin\dfrac{\delta}{2} \cos\left(\omega t - \dfrac{\delta}{2}\right), \\[2mm] y' = r \cos\dfrac{\delta}{2} \sin\left(\omega t - \dfrac{\delta}{2}\right). \end{cases}$$

377. *Lames d'un quart d'onde.* — Lorsque $\delta = \dfrac{\pi}{2}$, ou $\Delta = \dfrac{\lambda}{4}$, on dit souvent, pour abréger, que la lame est un *quart d'onde* ; placée sur le trajet d'un faisceau polarisé, de manière que sa section principale soit à droite du plan primitif, une lame d'un quart d'onde *positive* transforme la vibration rectiligne en vibration elliptique *gauche*, dont les axes sont l'un parallèle et l'autre perpendiculaire à la section principale.

Une nouvelle lame d'un quart d'onde placée à la suite de la première rétablit la polarisation dans le plan symétrique ou dans l'azimut $2i$.

Donc un quart d'onde *positif*, placé parallèlement aux axes sur le trajet d'une vibration elliptique dont le rapport des axes est $\tang i$, la transforme en une vibration rectiligne et fait tourner le plan de polarisation, à partir de la section principale de la lame, de l'angle i, *en sens contraire* du mouvement sur l'ellipse.

De même, un quart d'onde *négatif*, pour lequel $\delta = -\frac{\pi}{2}$, transforme dans les mêmes conditions une vibration rectiligne en vibration elliptique droite. Placé parallèlement aux axes sur le trajet d'une vibration elliptique, il la transforme en vibration rectiligne et fait tourner le plan de polarisation de l'angle $2i$, *dans le sens* du mouvement vibratoire.

D'une manière générale, lorsque $\delta > 0$, la lame cristalline possède les propriétés d'un quart d'onde positif pour toutes les valeurs $\delta = (2m+1)\frac{\pi}{2}$, $\Delta = (4m+1)\frac{\lambda}{4}$, et celles d'un quart d'onde négatif pour les valeurs $\delta = (2m+1)\frac{\pi}{2}$, $\Delta = (2m+1)\frac{\lambda}{4}$. Lorsque $\delta < 0$, le quart d'onde est négatif pour $\delta = (4m+1)\frac{\pi}{2}$, et positif pour $\delta = (2m+1)\frac{\pi}{2}$.

Enfin un quart d'onde positif peut être considéré comme négatif par rapport au plan perpendiculaire à sa section principale, ou inversement. Les lames de gypse ou de mica obtenues par clivage sont ainsi positives ou négatives, suivant le choix du plan de symétrie qui sera pris pour section principale.

Si le quart d'onde est à 45° à droite du plan primitif de polarisation, il transforme la vibration primitive en vibration circulaire gauche ou droite, suivant qu'il est positif ou négatif. De même, un quart d'onde transforme une vibration circulaire en vibration rectiligne dont le plan de polarisation est à 45° de la lame, en sens contraire ou dans le sens de la vibration, suivant que ce quart d'onde est positif ou négatif.

Lorsque l'angle i est de $45°$ pour une lame d'épaisseur quelconque, les composantes conjuguées x' et y' sont rectangulaires. La vibration elliptique est donc toujours symétrique par rapport aux plans primitifs de polarisation et de vibration, et le rapport des axes est égal à $\tang \dfrac{\delta}{2}$.

A mesure que la différence de phase augmente, en la supposant positive, la vibration, qui était d'abord une droite AB (*fig.* 204)

Fig. 204.

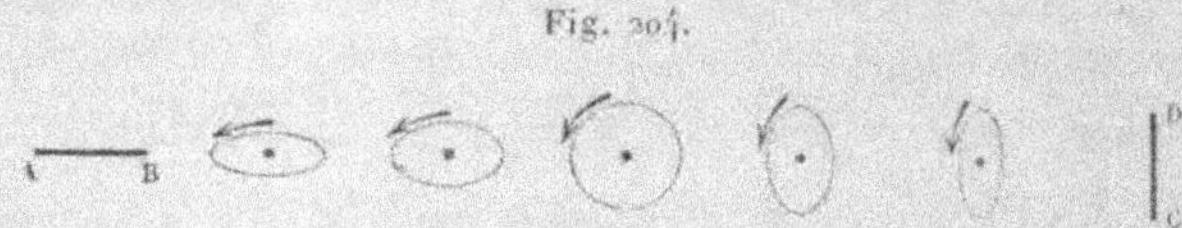

perpendiculaire au plan primitif, devient une ellipse gauche, puis une circonférence pour $\delta = \dfrac{\pi}{2}$, puis une ellipse allongée dans le sens vertical, et enfin une droite CD perpendiculaire à sa direction primitive quand $\delta = \pi$. Si la différence de phase continue à croître de π à 2π, on retrouve les mêmes ellipses dans l'ordre inverse avec changement de sens.

Un quart d'onde parallèle au plan primitif de polarisation transforme chacune de ces vibrations elliptiques, quelle que soit la valeur de δ, en une vibration rectiligne qui fait avec la droite AB un angle égal à $\dfrac{\delta}{2}$, en sens contraire ou dans le sens de la vibration, suivant que le quart d'onde est positif ou négatif.

La rotation $\dfrac{\delta}{2}$ qu'éprouve ainsi la vibration finale par rapport à la vibration primitive est proportionnelle à l'épaisseur de la première lame et varie avec la longueur d'onde de la lumière considérée.

378. *Lames d'une demi-onde.* — Une lame d'une *demi-onde*, pour laquelle $\delta = \pm\pi$ ou, plus généralement, $\delta = (2m+1)\pi$, $\Delta = (2m+1)\dfrac{\lambda}{2}$, transforme la vibration rectiligne en une autre vibration rectiligne dont le plan de polarisation a tourné de l'angle $2i$.

Placée parallèlement aux axes sur le trajet d'une vibration elliptique, une lame d'une demi-onde conserve la forme de la vibration, mais elle en change le sens. Elle transforme, en particulier, une vibration circulaire gauche en vibration circulaire droite, et inversement.

379. *Usages.* — Ces lames d'un quart d'onde ou d'une demi-onde, qu'on utilise fréquemment, s'obtiennent surtout avec des feuilles clivées de mica ou de gypse. Elles ne jouissent, sans doute, de la propriété requise que pour la lumière d'une couleur déterminée; mais, comme la différence des deux indices de réfraction utilisés varie très peu avec la longueur d'onde, si la lame est réglée pour la lumière la plus intense du spectre, elle conviendra d'une manière approchée pour les autres couleurs et, par suite, pour la lumière blanche.

Les lames dont l'épaisseur correspond à un nombre entier de longueurs d'onde, augmenté ou diminué d'un quart de longueur d'onde, et celles qui correspondent à un nombre impair de demi-longueurs d'onde peuvent remplir le même objet quand on opère sur une lumière homogène, mais les variations de phase avec la couleur sont alors trop rapides pour qu'elles conviennent à la lumière blanche.

Pour vérifier une lame d'une demi-onde, il suffit de la placer sur la direction d'une lumière polarisée et de constater que la lumière est encore polarisée, c'est-à-dire qu'on peut l'éteindre complètement par un analyseur.

Nous verrons aussi comment le pouvoir rotatoire du quartz permet de vérifier qu'une lame d'une demi-onde change le sens des vibrations circulaires.

S'il s'agit d'une lame d'un quart d'onde, on déterminera d'abord la direction de la section principale en cherchant comment on doit l'orienter sur un faisceau polarisé pour que la lumière reste polarisée dans le même plan. Faisant tourner la lame de $45°$, elle doit produire une vibration circulaire, de sorte que les deux images fournies dans un analyseur biréfringent ont toujours des intensités égales.

Placée sur le trajet d'une vibration circulaire, elle la transforme en vibration rectiligne qu'on peut éteindre complètement par un analyseur.

Une lame d'un quart d'onde permet, par exemple, de déterminer les éléments d'une vibration elliptique. On cherche d'abord par un analyseur, et d'une manière approximative, quel est le plan de polarisation maximum, c'est-à-dire l'azimut perpendiculaire au grand axe de l'ellipse. On met la lame d'un quart d'onde dans le voisinage de cet azimut et, après quelques tâtonnements, on obtient une lumière polarisée. La tangente de l'angle i que fait le plan de polarisation avec la section principale de la lame donne le rapport des axes de l'ellipse; si la lame est positive, la vibration elliptique est gauche ou droite suivant que cet angle i est compté vers la droite ou la gauche.

380. *Analyse spectrale de la polarisation chromatique.* — Les différents états de vibration produits par une lame réfringente peuvent être réalisés, par la méthode de Biot, en employant des lames d'épaisseurs différentes, mais on les obtient d'une manière beaucoup plus facile en analysant au spectroscope la lumière qui traverse une lame épaisse.

Pour une lame d'épaisseur e taillée parallèlement à l'axe dans un cristal uniaxe et traversée normalement par la lumière, si n' et n'' sont les indices de réfraction ordinaire et extraordinaire relatifs à la longueur d'onde λ, la différence de marche est

$$\Delta = (n'' - n')e.$$

La différence de phase correspondante

$$\delta = 2\pi \frac{(n'' - n')e}{\lambda}$$

croît d'une manière continue à mesure que la longueur d'onde diminue. On trouvera donc dans le spectre, pour une lame assez épaisse, tous les états de vibration.

Si on l'observe avec un analyseur à une image, orienté de façon à éteindre les rayons polarisés dans le plan primitif, on aperçoit une série de bandes noires aux différents points pour lesquels δ est un nombre entier de circonférences.

Dans l'étendue du spectre limitée par les longueurs d'onde λ et λ_1 pour lesquelles l'interférence est de même ordre, le nombre q des bandes obscures est

$$q = e\left(\frac{n''_1 - n'_1}{\lambda_1} - \frac{n'' - n'}{\lambda}\right).$$

Entre deux bandes voisines, la différence de phase δ varie de $2p\pi$ à $2(p+1)\pi$; la vibration y présente donc toutes les formes possibles, que l'on pourra vérifier.

En tournant l'analyseur de l'angle $2i$, par exemple, on éteindra tous les rayons intermédiaires à ceux qui sont polarisés dans le plan primitif; les maxima précédents deviendront des minima, et inversement.

Supposons que la lame soit positive et que l'angle i de sa section principale avec le plan primitif soit de $45°$. Aux points A et A_1 (*fig.* 205), qui correspondent à deux valeurs entières succes-

Fig. 205.

sives p et $p+1$, la vibration est rectiligne et parallèle à la vibration primitive. Au point intermédiaire B, pour lequel $\delta = (2p+1)\pi$, la vibration est encore rectiligne et dans l'azimut $2i$, c'est-à-dire à angle droit avec la vibration primitive.

Entre les points A et B, la vibration est elliptique et gauche, circulaire au point C où $\frac{\Delta}{\lambda} = p + \frac{1}{4}$. De B en A_1 on retrouve les mêmes ellipses à vibration droite, et une vibration circulaire au point intermédiaire C_1.

Si l'on interpose une lame d'un quart d'onde positive dont la section principale est parallèle au plan primitif P, chacune des vibrations devient rectiligne et dans une direction qui fait avec la vibration A vers la droite un angle $\frac{\delta}{2} - 2p\frac{\pi}{2}$.

Cette rotation, en particulier, est égale respectivement à $\frac{\pi}{4}$, $\frac{\pi}{2}$, $3\frac{\pi}{4}$ et π aux points C, B, C_1 et A_1.

En faisant tourner l'analyseur d'une manière continue vers la droite, les franges obscures resteront noires et se déplaceront d'une manière continue du rouge au violet, indiquant que toutes les vibrations sont polarisées et que les plans de polarisation se modifient successivement comme l'indique la *fig.* 206.

Pour la même rotation, le déplacement des franges a lieu en sens contraire, du violet au rouge, si le cristal est négatif ou la

Fig. 206.

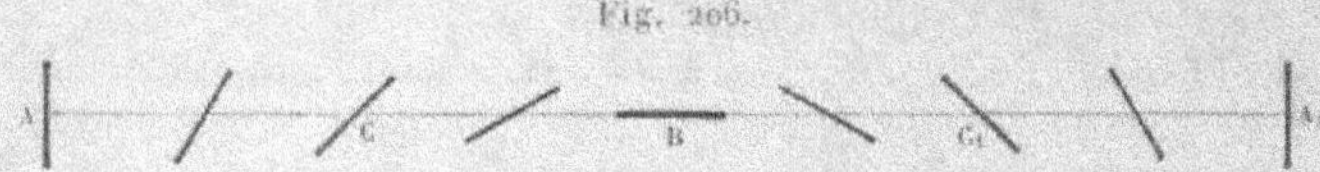

lame d'un quart d'onde négative, ou encore si, le cristal restant positif, la lame d'un quart d'onde positive a été tournée d'un angle droit dans son plan, de manière que sa section principale soit perpendiculaire au plan primitif.

Enfin, le déplacement des franges se fait encore du rouge au violet pour une rotation droite de l'analyseur si le cristal et la lame d'un quart d'onde sont tous deux négatifs ou si, la lame d'un quart d'onde étant positive, sa section principale est perpendiculaire au plan primitif.

Toutes ces conséquences ont été vérifiées dans un travail important de MM. Fizeau et Foucault ([1]). Un faisceau de lumière polarisée traversant une lame cristalline, puis un analyseur, était limité ensuite par une fente derrière laquelle était l'appareil destiné à former un spectre.

Avec les organes d'un spectroscope ordinaire, on fait tomber sur la fente du collimateur un faisceau de lumière polarisée que l'on concentre au besoin par une lentille convergente, pour obtenir plus d'éclat. A la suite du collimateur, où les rayons sont sensiblement parallèles, sont placés la lame épaisse, le quart d'onde et l'analyseur, et l'on observe avec le prisme et la lunette.

On doit éviter avec soin les changements que la réfraction dans le prisme ou les systèmes de prismes peut apporter à la polarisa-

---

([1]) Fizeau et Foucault, *Ann. de Chim. et de Phys.*, [3], t. XXVI, p. 145, 1849; t. XXX, p. 148, 1850.

tion du faisceau. Si l'on place, par exemple, un polariseur en avant
de la fente du collimateur, il faut que le plan de polarisation soit
parallèle ou perpendiculaire au plan de réfraction, afin que, par
raison de symétrie, la polarisation ne soit pas modifiée. A la suite
des prismes on met la lame réfringente et le quart d'onde et on
munit d'un analyseur l'oculaire de la lunette. Cette disposition
est peut-être la plus simple.

Dans tous les cas, si l'on incline le cristal autour de l'axe, les
bandes marchent vers le rouge, indiquant que la différence de phase
augmente pour chacune des couleurs; les bandes marchent au
contraire vers le violet quand on incline la lame autour d'une perpendiculaire à l'axe.

MM. Fizeau et Foucault ont obtenu ainsi des bandes d'interférence avec des lames de 15^{mm} en gypse, de $54^{mm},6$ en quartz
et de $4^{mm},79$ en spath. Dans ce dernier cas, il y avait environ
1000 bandes dans toute l'étendue du spectre, de sorte que la différence de marche pour les rayons les plus réfrangibles n'était pas
moindre que 2000 longueurs d'onde.

Il résulte de là qu'aucune différence essentielle n'existe entre
les lames minces et les lames épaisses.

D'après la loi de dispersion, les indices de réfraction n' et n''
peuvent être exprimés en fonction de la longueur d'onde, au moins
d'une manière approximative, sous la forme

$$n' = A' + \frac{B'}{\lambda^2},$$

$$n'' = A'' + \frac{B''}{\lambda^2};$$

il en résulte

$$n'' - n' = A'' - A' + \frac{B'' - B'}{\lambda^2} = A + \frac{B}{\lambda^2},$$

$$\Delta = e\left(A + \frac{B}{\lambda^2}\right),$$

$$\delta = 2\pi\frac{e}{\lambda}\left(A + \frac{B}{\lambda^2}\right).$$

Lorsque la section principale de la lame cristalline est inclinée,
comme précédemment, à 45° sur le plan primitif et suivie d'un quart
d'onde, la rotation du plan de polarisation est donc à peu près
proportionnelle à l'épaisseur du cristal et en raison inverse de la
longueur d'onde.

D'une manière plus générale, quelles que soient la nature et l'inclinaison de la lame cristalline, la différence de marche des deux systèmes d'ondes est une fonction de la longueur d'onde qui croît du rouge au violet, et la distance de deux bandes voisines est en raison inverse de l'épaisseur de la lame.

381. *Intensité des images dans un analyseur.* — Quand on néglige les pertes de lumière par réflexion, les composantes de la vibration perpendiculaire et parallèle à l'axe, à la sortie de la lame cristalline, sont données par les équations (3) et les composantes conjuguées, qui sont polarisées dans l'azimut $2i$ ou dans le plan primitif, par les équations (5).

Si l'on reçoit cette lumière sur un analyseur biréfringent dont la section principale fait l'angle i' avec celle de la lame, ou qui est située dans l'azimut $s = i + i'$ par rapport au plan primitif, les amplitudes A et B de l'image ordinaire et de l'image extraordinaire sont déterminées par l'un ou l'autre des deux groupes d'expressions (161)

$$(6) \quad \begin{cases} \dfrac{A^2}{r^2} = \cos^2(i + i') + \sin 2i \sin 2i' \sin^2 \dfrac{\delta}{2}, \\[2mm] \dfrac{B^2}{r^2} = \sin^2(i + i') - \sin 2i \sin 2i' \sin^2 \dfrac{\delta}{2}; \end{cases}$$

$$(7) \quad \begin{cases} \dfrac{2A^2}{r^2} = 1 + \cos 2i \cos 2i' - \sin 2i \sin 2i' \cos \delta, \\[2mm] \dfrac{2B^2}{r^2} = 1 - \cos 2i \cos 2i' + \sin 2i \sin 2i' \cos \delta. \end{cases}$$

En remplaçant dans les équations (6) l'angle $i + i'$ par s et i' par $s - i$, on retrouve les formes données par Fresnel.

382. *Colorations des lames cristallines.* — Si la lumière primitive n'est pas homogène et qu'on représente par u^2 l'intensité relative à longueur d'onde λ, les intensités O et E des images ordinaire et extraordinaire seront, d'après les équations (6),

$$(8) \quad \begin{cases} O = \cos^2(i + i') \Sigma u^2 + \sin 2i \sin 2i' \Sigma u^2 \sin^2 \dfrac{\delta}{2}, \\[2mm] E = \sin^2(i + i') \Sigma u^2 - \sin 2i \sin 2i' \Sigma u^2 \sin^2 \dfrac{\delta}{2}. \end{cases}$$

Avec un faisceau primitif de lumière blanche, ces deux images sont complémentaires, puisque leur somme représente l'intensité totale Σu^2 de la lumière incidente.

La teinte est d'autant plus pure que l'image renferme moins de lumière blanche, ce qui a lieu quand l'angle $s = i + i'$ est égal à zéro ou $\frac{\pi}{2}$, l'analyseur étant parallèle ou perpendiculaire au plan primitif. Pour $s = 0$, par exemple, on a

$$(9) \quad \begin{cases} O = \Sigma u^2 - \sin^2 2i\, \Sigma u^2 \sin^2 \frac{\delta}{2} = \Sigma u^2 - \sin^2 2i\, \Sigma u^2 \sin^2 \pi \frac{\Delta}{\lambda}, \\[2ex] E = + \sin^2 2i\, \Sigma u^2 \sin^2 \frac{\delta}{2} = + \sin^2 2i\, \Sigma u^2 \sin^2 \pi \frac{\Delta}{\lambda}. \end{cases}$$

L'intensité de l'image extraordinaire est maximum pour

$$i = \pm 45°.$$

L'inverse a lieu si la section principale de l'analyseur est perpendiculaire au plan primitif.

On voit aussi que, pour une lame donnée, les images ne peuvent offrir que deux teintes différentes, plus ou moins lavées de blanc. En effet, l'expression

$$\Sigma u^2 \sin^2 \frac{\delta}{2},$$

qui comprend une série de termes correspondant à une fraction inégale de chacune des couleurs, représente une teinte particulière. Dans les équations (8), le premier terme du second membre représente une partie de la lumière blanche primitive et le second terme, qui s'ajoute ou se retranche, une fraction de cette teinte donnée par le produit $\sin 2i \sin 2i'$.

Le produit $\sin 2i \sin 2i'$, par lequel est multiplié le terme chromatique $\Sigma u^2 \sin^2 \frac{\delta}{2}$, s'annule quand l'un des deux facteurs $\sin 2i$ ou $\sin 2i'$ est égal à zéro. Les images sont donc blanches ou *neutres*, quand la section principale de la lame cristalline est parallèle ou perpendiculaire, soit au plan primitif de polarisation, soit à la section principale de l'analyseur.

Si l'on fait varier d'une manière continue l'un des angles i ou i', le ton se modifie sur chacune des images de l'analyseur par le changement de la fraction de blanc qu'elle renferme, et passe par le blanc à la teinte complémentaire.

En particulier, la rotation de l'analyseur donne des images blanches, ou neutres, dans quatre azimuts rectangulaires et des teintes complémentaires pour les quadrants voisins; il en est de même pour la rotation du polariseur.

Il est utile de remarquer encore que les équations (8) sont symétriques par rapport aux angles i et i', de sorte que les résultats ne changent pas quand on permute ces deux angles. Si donc l'analyseur est à une seule image et qu'on fasse traverser le système dans un sens ou dans l'autre, il laissera passer la même fraction de chacune des couleurs et montrera la même teinte avec la lumière blanche. C'est un cas particulier de la propriété générale du *retour des rayons* (177).

383. *Influence de l'épaisseur.* — La différence de marche des deux rayons réfractés (380)

$$\Delta = e\mathrm{A}\left(1 + \frac{\mathrm{B}}{\mathrm{A}\lambda^2}\right)$$

est proportionnelle, pour chaque lumière homogène, à l'épaisseur du cristal. Comme le rapport $\dfrac{\mathrm{B}}{\mathrm{A}\lambda^2}$ est très petit, cette différence de marche varie très peu avec la longueur d'onde.

Si l'on fait $\sin^2 2i = 1$ dans les équations (9), on voit que l'image extraordinaire présente, à mesure que l'épaisseur augmente, la série des couleurs des interférences à frange centrale noire (150), ou celle des anneaux de Newton à centre noir (274), et l'image ordinaire celle des interférences à frange centrale blanche. Ce sont précisément les conditions dans lesquelles Biot a comparé les deux espèces de teintes (372).

Le rapport des épaisseurs de la lame cristalline et de la lame d'air qui donnent la même teinte est donc constant pour un même milieu et sous la même inclinaison.

Toutefois, cette relation n'est pas rigoureuse et ne tarderait pas à être mise en défaut pour des lames correspondant à plusieurs longueurs d'onde; elle s'appliquerait plus exactement à la comparaison des couleurs produites par les lames cristallines et les lames de verre.

Si l'épaisseur est assez faible pour que la différence de marche Δ reste très petite, les images n'ont plus de couleur appréciable. Les teintes s'accentuent ensuite à mesure que l'épaisseur augmente et deviennent très vives lorsque $\sin^2 \pi \dfrac{\Delta}{\lambda}$ varie de o à 1 du rouge au violet, de manière que le terme chromatique renferme à peu près la moitié du spectre, c'est-à-dire que la différence de marche Δ soit environ d'une longueur d'onde pour les rayons rouges extrêmes; c'est, en effet, sur les teintes du second et du troisième ordre qu'ont porté les observations de Biot.

Avec des épaisseurs plus grandes, les teintes deviennent moins pures, parce que le facteur $\sin^2 \pi \dfrac{\Delta}{\lambda}$ passe par toutes les valeurs de o à 1, pour une région du spectre de même couleur apparente, et toute coloration des lames finit par disparaître.

384. *Lumière partiellement polarisée.* — Si l'on tient compte de la relation

$$\cos^2(i + i') + \sin 2i \sin 2i' = \cos^2(i' - i),$$

les équations (8) peuvent se mettre sous la forme

$$\left\{ \begin{aligned} O &= \cos^2(i + i') \, \Sigma u^2 \cos^2 \frac{\delta}{2} + \cos^2(i' - i) \, \Sigma u^2 \sin^2 \frac{\delta}{2}, \\ E &= \sin^2(i + i') \, \Sigma u^2 \cos^2 \frac{\delta}{2} + \sin^2(i' - i) \, \Sigma u^2 \sin^2 \frac{\delta}{2}. \end{aligned} \right.$$

Dans le cas de lames épaisses, on peut remplacer $\cos^2 \frac{\delta}{2}$ et $\sin^2 \frac{\delta}{2}$ par leurs valeurs moyennes $\frac{1}{2}$; en appelant I l'intensité totale Σu^2 de la lumière primitive, ces expressions deviennent alors

$$\left\{ \begin{aligned} O &= \frac{1}{2} \left[\cos^2(i + i') + \cos^2(i' - i) \right], \\ E &= \frac{1}{2} \left[\sin^2(i + i') + \sin^2(i' - i) \right]. \end{aligned} \right.$$

On peut dire que la lumière, à la sortie de la lame, est formée de deux faisceaux d'égale intensité, dont l'un est polarisé dans le plan primitif et l'autre dans l'azimut $2i$.

On a aussi

$$\begin{cases} O = I(\cos^2 i \cos^2 i' + \sin^2 i \sin^2 i'), \\ E = I(\sin^2 i \cos^2 i' + \cos^2 i \sin^2 i'). \end{cases}$$

La lumière émergente peut donc être considérée comme formée de deux faisceaux dont l'un, d'intensité $I\cos^2 i$, est polarisé dans la section principale et l'autre, d'intensité complémentaire $I\sin^2 i$, polarisé dans un plan perpendiculaire.

On a enfin

$$O = I(\sin^2 i + \cos 2i \cos^2 i') = I(\cos^2 i - \cos 2i \sin^2 i'),$$
$$E = I(\sin^2 i + \cos 2i \sin^2 i') = I(\cos^2 i - \cos 2i \cos^2 i').$$

Si le facteur $\cos 2i$ est positif, on peut dire encore qu'il existe deux faisceaux superposés, l'un $2I\sin^2 i$ de lumière naturelle et l'autre complémentaire $I\cos 2i$ de lumière polarisée dans la section principale de la lame. Si le facteur $\cos 2i$ est négatif, le faisceau de lumière naturelle a pour intensité $2I\cos^2 i$, et l'autre $-I\cos 2i$ est polarisé perpendiculairement à la section principale.

Dans les deux cas, l'ensemble des faisceaux constitue une imitation de la lumière *partiellement* polarisée, et la fraction f de lumière polarisée est

$$f = \pm \cos 2i.$$

C'est une propriété qui peut être mise à profit pour la graduation des *polarimètres*.

Lorsque l'angle i est de 45°, la lumière émergente paraît *naturelle* et donne toujours deux images égales. Ce n'est pas de la lumière polarisée circulairement, car l'addition d'un quart d'onde ne ferait que déplacer d'une petite quantité les franges que l'on pourrait observer par l'analyse spectrale.

383. *Localisation des phénomènes.* — Lorsque la lame cristalline est d'une faible épaisseur, la différence de marche produite par double réfraction varie très peu pour des rayons dont les inclinaisons sont très voisines. Si l'on regarde cette lame à l'œil par l'intermédiaire d'un analyseur, la coloration produite est définie par la direction moyenne des rayons utilisés. Une lame d'épaisseur uniforme paraîtra donc avec une teinte *plate* localisée sur la lame elle-même (264).

Si la lame est à quelque distance de l'œil, la lumière est limitée par la pupille et forme un faisceau de rayons très peu inclinés les uns sur les autres. C'est à cause de cette circonstance qu'on désigne souvent ce genre de phénomènes sous le nom assez impropre de *polarisation chromatique dans la lumière parallèle*. En réalité, les rayons qui interfèrent sont ceux qui sont concordants en chacun des points de la lame et vont ensuite en divergeant.

Si la lame est d'épaisseur variable, les couleurs seront les mêmes en tous les points d'égale épaisseur et prendront la forme de franges. Une lame de gypse, par exemple, creusée en lentille concave, donne une série d'anneaux concentriques tout à fait semblables aux anneaux de Newton.

Ces anneaux ne présentent de l'éclat que s'ils correspondent à une différence de marche assez petite. Pour réaliser l'expérience sans employer des lames trop minces, on creuse une des surfaces d'une lame de quartz parallèle à l'axe; on la superpose ensuite à une autre lame de même nature, mais dont la section principale est à angle droit avec celle de la première. La différence de marche en chaque point de cette double lame dépend de la différence de leurs épaisseurs, et l'on peut choisir la seconde de manière que cette différence soit très faible au centre de la cavité.

On a utilisé cette propriété pour construire certains objets qui n'ont qu'une curiosité scientifique. En collant sur une lame de verre des morceaux de gypse ou de mica de différentes formes, rapprochés les uns des autres, dont les épaisseurs et les orientations sont convenablement choisies, on obtient des dessins de formes très variées, qui représentent des fleurs, des papillons, etc. La plaque ainsi préparée paraît entièrement transparente à la lumière ordinaire. Entre un polariseur et un analyseur, les dessins apparaissent en présentant de très vives couleurs, et l'on en peut modifier la teinte en tournant la plaque ou le polariseur.

Lorsque la lame cristalline est d'épaisseur plus grande, les colorations sont moins régulières, surtout si on l'approche à une petite distance de l'œil. En effet, la différence de marche varie alors très rapidement avec l'inclinaison, et toute l'étendue de la lame n'apparaît pas sensiblement sous la même incidence. En outre, comme on ne peut faire interférer que des rayons concordants en un point (276), il arrive bientôt que les deux réfractions donnent des lignes focales notablement différentes qui ne permettent plus de fixer facilement le lieu des interférences.

Pour éviter les changements d'inclinaisons aux différents points d'une lame de dimensions notables par rapport à sa distance à l'œil, on peut observer par l'intermédiaire d'une lentille convergente en plaçant la pupille au foyer principal. La lentille fait alors fonction de loupe (106), et la direction moyenne des rayons utilisés dans toute l'étendue de la lame est parallèle à la droite qui joint le centre de la pupille au point nodal le plus voisin du système optique.

386. *Polariseurs et analyseurs circulaires ou elliptiques.* — Une lame d'un quart d'onde AA′ (*fig.* 207) positive, dont la sec-

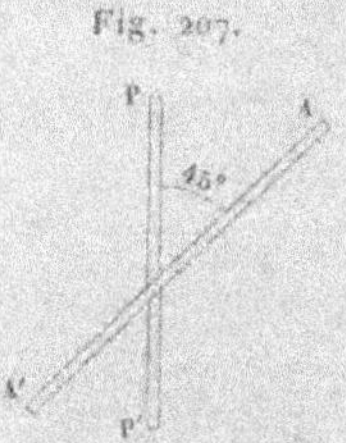

Fig. 207.

tion principale est dans l'azimut à 45° par rapport au plan de polarisation PP′ d'un rayon, transforme la vibration rectiligne en une vibration circulaire gauche.

L'ensemble d'un prisme de Nicol et d'un quart d'onde constitue un *polariseur circulaire* ; ce polariseur est droit ou gauche suivant qu'il produit une vibration droite ou gauche.

Inversement, si l'on retourne un polariseur gauche (*fig.* 208), il transforme une vibration circulaire gauche en vibration rectiligne polarisée dans le plan PP′.

Dans ce nouvel état, l'appareil n'est pas traversé par une vibration circulaire droite, car la lame AA′ la transforme en une vibration rectiligne polarisée dans le plan perpendiculaire à PP′, laquelle est absorbée par le prisme de Nicol ; on peut l'appeler un *analyseur circulaire gauche.*

Un polariseur circulaire *droit* ou *gauche* devient donc, par retournement, un analyseur *droit* ou *gauche*. Comme une vibration quelconque (172) équivaut à deux vibrations circulaires de sens contraires, un analyseur de cette nature laisse passer séparément dans chacune de ses images, s'il est à double image, les composantes circulaires de la lumière qui le traverse.

Les polariseurs et analyseurs circulaires ont entre eux les mêmes réciprocités que les polariseurs et analyseurs plans, sauf la nécessité du retournement, et conduisent à des applications de même ordre.

Fig. 208.

D'une manière plus générale, si la lame AA' n'est pas d'un quart d'onde ou si, conservant cette valeur, elle n'est plus placée dans l'azimut de 45°, elle transforme la vibration rectiligne primitive en une vibration elliptique. Inversement, si l'on retourne l'appareil formé par l'ensemble de la lame réfringente et de l'analyseur (177), il transformera en vibration rectiligne et, laissera ensuite passer, une vibration elliptique de même forme et de même sens que la première.

Un polariseur elliptique *droit* ou *gauche* devient donc, par retournement, un analyseur *droit* ou *gauche* pour des vibrations de même forme et de même sens.

Un analyseur elliptique laissera passer une des composantes elliptiques (173), de forme déterminée, de la vibration primitive.

Fresnel ([1]) avait déjà réalisé ces polariseurs circulaires sous une autre forme, en utilisant la différence de marche que la réflexion totale imprime aux deux composantes principales d'un rayon polarisé. Dans le verre de Saint-Gobain, par exemple, cette différence de marche est $\frac{1}{8}$ de longueur d'onde pour un angle d'incidence de 54°,5. Un parallélépipède en verre dans lequel se produisent ainsi deux réflexions successives dans le même plan équivaut à un quart d'onde. Il présente même l'avantage que la

---

([1]) FRESNEL, *Œuvres*, t. I, p. 455.

différence de phase est à peu près indépendante de la longueur d'onde, de sorte qu'en prenant un faisceau de lumière blanche primitivement polarisé à 45° du plan d'incidence, la polarisation circulaire sera sensiblement complète pour toutes les couleurs.

Si la polarisation primitive est dans un azimut différent de 45°, on obtiendra de même des vibrations elliptiques.

387. *Appareils de polarisation*. — La disposition expérimentale employée par Biot (371) n'est pas très commode dans la pra-

Fig. 209.

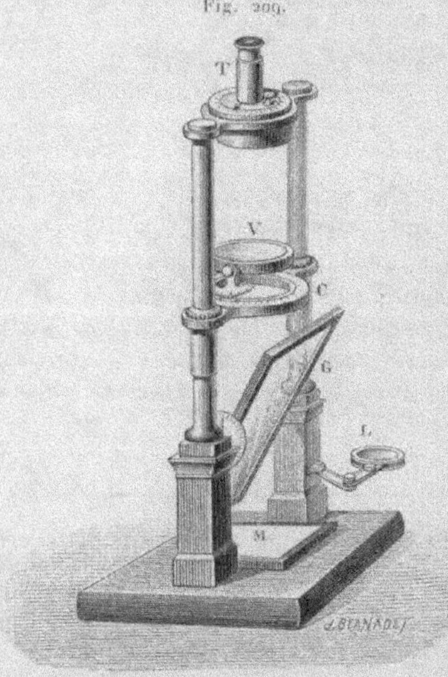

tique courante, parce que l'appareil est de dimensions trop grandes. Nörrenberg lui a donné une forme beaucoup plus simple ([1]).

Le polariseur est formé par une glace en verre G (*fig*. 209) sur laquelle la lumière provenant d'une fenêtre largement éclairée se

---

([1]) *Nouveau Bulletin de la Société philomathique*, année 1833, p. 86 (Note de Hachette).

réfléchit de haut en bas sous l'angle de polarisation et qu'elle traverse ensuite en sens contraire, en conservant la même polarisation, après s'être réfléchie normalement sur un miroir M.

Les lames cristallines sont posées sur un verre porte-objet V, qui peut s'incliner à volonté et dont la monture tourne sur un cercle gradué. Enfin, on observe avec un analyseur quelconque monté sur le tube T dont la rotation s'évalue par un cercle gradué.

L'appareil permet évidemment d'installer des lames d'un quart d'onde sur le cercle C ou en avant de l'analyseur, pour obtenir un polariseur ou un analyseur circulaires.

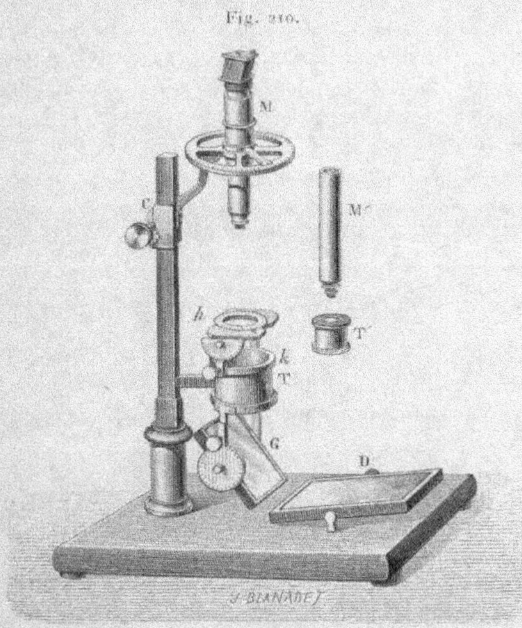

Fig. 210.

Lorsque les lames ont des dimensions très petites, il peut être avantageux de les observer avec un système optique grossissant : tel est l'objet du *microscope polarisant* d'Amici ([1]).

([1]) AMICI, *Annales de Chimie et de Physique*, [3], t. XII, p. 114; 1844.

Le polariseur est une pile de glaces G (*fig.* 210) qui réfléchit de bas en haut, sous l'incidence convenable, le faisceau de lumière qu'elle reçoit d'un miroir auxiliaire D. Le porte-objet h est monté sur un tambour T et peut recevoir tous les mouvements d'inclinaison et de rotation nécessaires; avec le mouvement de crémaillère C, on amène sur les lames à observer le plan de vision d'un microscope M qui grossit quinze fois environ. A la suite de l'oculaire est un rhomboïde de spath d'Islande qui donne deux systèmes de rayons réfractés. On les sépare aisément l'un de l'autre, parce que les deux anneaux oculaires (110) correspondants sont nettement distincts. En plaçant la pupille dans le voisinage de ces anneaux, on peut utiliser l'un ou l'autre alternativement et observer les deux images complémentaires de la lame. Le rhomboïde est habituellement couvert par un écran mobile percé d'une petite ouverture que l'on dispose de manière à cacher à volonté l'un ou l'autre des anneaux oculaires.

Le microscope, pouvant tourner sur un cercle gradué, permet de mesurer les variations d'azimut de l'analyseur.

Le champ du microscope est très restreint, de sorte que l'étendue visible des lames présente une teinte sensiblement uniforme.

Enfin, il est facile de placer une lame d'un quart d'onde sur le rebord k ou d'installer dans le tambour T un parallélépipède de Fresnel à double réflexion, de manière à couvrir la totalité ou une partie du faisceau; dans ce dernier cas, on peut comparer côte à côte les phénomènes produits par les vibrations primitivement rectilignes ou circulaires.

388. *Lumière polarisée et analysée circulairement.* — Le cas des vibrations circulaires peut être traité directement par des considérations très simples.

Supposons qu'un rayon à vibration circulaire *droite* tombe sur une lame cristalline; les composantes ordinaire et extraordinaire à l'entrée de la lame peuvent s'écrire

$$\left\{ \begin{aligned} x &= a \sin \omega t, \\ y &= a \cos \omega t. \end{aligned} \right.$$

Si l'on tient compte, à la sortie, de la perte de phase δ éprouvée par la vibration extraordinaire y, la vibration ordinaire x équivaut aux deux circulaires

$$\left\{ \begin{aligned} x_1 &= \frac{a}{2}\sin\omega t, & x_2 &= \frac{a}{2}\sin\omega t, \\ y_1 &= \frac{a}{2}\cos\omega t, & y_2 &= -\frac{a}{2}\cos\omega t; \end{aligned} \right.$$

et la vibration extraordinaire aux deux circulaires

$$\left\{ \begin{aligned} x'_1 &= \frac{a}{2}\sin(\omega t - \delta), & x'_2 &= -\frac{a}{2}\sin(\omega t - \delta), \\ y'_1 &= \frac{a}{2}\cos(\omega t - \delta), & y'_2 &= +\frac{a}{2}\cos(\omega t - \delta). \end{aligned} \right.$$

Les amplitudes d et g des vibrations circulaires résultantes, droite et gauche, sont donc (155)

$$d = a\cos\frac{\delta}{2},$$

$$g = a\sin\frac{\delta}{2}.$$

On observera l'une ou l'autre en recevant la lumière sur un analyseur droit ou gauche. Il suffirait de permuter ces deux expressions si la lumière primitive était gauche.

Les maxima et minima des vibrations circulaires résultantes sont indépendants de l'orientation de la lame cristalline; elles ont lieu pour les mêmes valeurs de δ, et par suite les mêmes épaisseurs que dans le phénomène habituel (381).

Les intensités sont respectivement identiques à celles des images ordinaire et extraordinaire quand le polariseur et l'analyseur sont parallèles et la lame dans l'azimut de 45°.

Pour une lumière primitive blanche, les intensités des images droite ou gauche seraient

$$D = \Sigma u^2 \cos^2\frac{\delta}{2},$$

$$G = \Sigma u^2 \sin^2\frac{\delta}{2}.$$

Ces images ne renferment pas de terme indépendant de la perte de phase, de sorte que les couleurs présentent toujours le maximum d'éclat relatif à l'épaisseur du cristal.

M. — II.   3

389. *Lumière analysée ou polarisée circulairement.* — Les deux composantes principales (376),

$$\begin{cases} x = r\cos i \sin \omega t, \\ y = r\sin i \sin(\omega t - \delta), \end{cases}$$

d'une lumière primitivement polarisée qui a traversé une lame cristalline, peuvent être remplacées séparément par deux circulaires inverses. Les deux vibrations circulaires droites ont pour expressions

$$\begin{cases} x_1 = \dfrac{r}{2}\cos i \sin \omega t, & x_1' = -\dfrac{r}{2}\sin i \cos(\omega t - \delta), \\ y_1 = \dfrac{r}{2}\cos i \cos \omega t; & y_1' = +\dfrac{r}{2}\sin i \sin(\omega t - \delta). \end{cases}$$

L'amplitude d de la vibration résultante est

$$4\,d^2 = r^2(1 - \sin 2i \sin \delta),$$

et l'on a de même, pour la vibration gauche résultante,

$$4\,g^2 = r^2(1 + \sin 2i \sin \delta).$$

Les images correspondantes, observées dans un analyseur circulaire, ne peuvent s'annuler que pour les conditions $\sin \delta = \pm 1$ et $\sin 2i = \pm 1$, c'est-à-dire que pour des lames d'un quart d'onde dans l'azimut de $45°$; ce résultat était évident, puisque la lame cristalline placée à la suite de la lumière primitive constitue alors un polariseur circulaire.

Fresnel ([1]) avait remarqué, en comparant les teintes produites par la lumière polarisée ordinaire et celles qui sont dues à la lumière rendue circulaire par deux réflexions totales, que ces dernières teintes sont intermédiaires et assez exactement moyennes entre les couleurs complémentaires obtenues dans la première méthode. En effet, les maxima et minima ont lieu pour la condition $\sin^2 \delta = 1$, ou

$$\delta = m\pi + \frac{\pi}{2}.$$

Ces valeurs sont intermédiaires aux valeurs $\delta = m\pi$ qui corres-

---

([1]) FRESNEL, *Œuvres*, t. I, p. 456.

pondent aux maxima et minima dans un analyseur ordinaire (381),
parce que le facteur $\sin^2 \frac{\delta}{2}$ est alors nul ou égal à l'unité, suivant
que m est pair ou impair.

Avec de la lumière primitive blanche, les intensités D et G des
images circulaires droite et gauche sont

$$2\,\mathrm{D} = \Sigma\, u^2 - \sin 2i\, \Sigma\, u^2 \sin\delta,$$
$$2\,\mathrm{G} = \Sigma\, u^2 + \sin 2i\, \Sigma\, u^2 \sin\delta.$$

Ces images ne peuvent jamais s'annuler à la fois pour toutes les
couleurs, et les teintes ne sont pas pures parce qu'il reste toujours
un excès de lumière blanche.

Enfin la variation des teintes avec l'épaisseur ne se fait pas suivant la même loi que pour la polarisation chromatique ordinaire.
La suite des couleurs présentera donc des caractères tout différents de ceux des anneaux de Newton.

D'après la loi générale du *retour des rayons* (177), les phénomènes sont les mêmes quand on fait marcher la lumière en sens
contraire, c'est-à-dire que la polarisation primitive est circulaire
et qu'on observe avec un analyseur rectiligne. Il serait facile de le
voir directement.

390. *Imitation de pouvoir rotatoire.* — On a vu (376) que, si
la section principale d'une lame cristalline est située dans l'azimut
de 45°, les ellipses de vibration à la sortie sont symétriques par
rapport au plan primitif de polarisation. Une lame d'un quart
d'onde parallèle à ce plan transforme toutes les vibrations elliptiques en vibrations rectilignes, et le plan de polarisation de chacune d'elles a tourné de l'angle $\frac{\delta}{2}$ (380).

Avec la lumière blanche, les deux images d'un analyseur ne
présentent plus seulement deux espèces de teintes, mais une série
de teintes différentes qui se modifient d'une manière continue par
la rotation de l'analyseur, parce que la fraction de chaque couleur
qui entre dans les images est elle-même variable.

Le système constitué par la lame cristalline et le quart d'onde
produit ainsi une rotation du plan de polarisation, mais à la condition qu'il soit orienté d'une manière convenable par rapport au
plan de polarisation primitif.

Fresnel (¹) a montré que cette orientation particulière n'est plus nécessaire si l'on emploie deux parallélépipèdes à réflexion totale croisés entre lesquels on place une lame cristalline à 45° sur les plans d'incidence.

On peut répéter l'expérience de Fresnel de la manière suivante (²) : supposons que deux quarts d'onde croisés AA′ et BB′

Fig. 211.

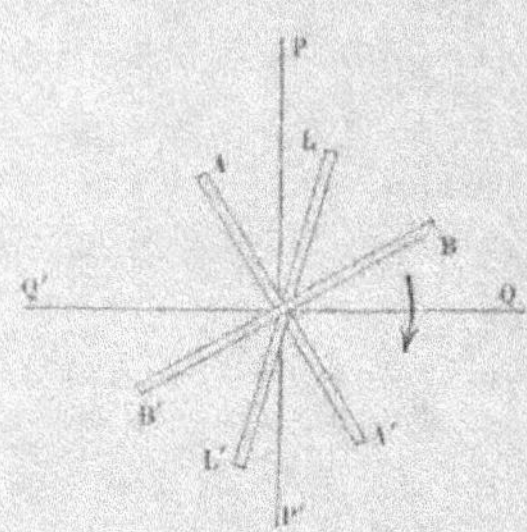

(*fig.* 211) comprennent une lame cristalline dont la section principale LL′ est bissectrice de l'angle formé par celle des quarts d'onde.

Les résultats obtenus précédemment permettent de reconnaître sans calcul l'effet de ce système.

Un rayon incident polarisé d'amplitude a peut être remplacé par deux circulaires droit et gauche d'amplitude $\frac{a}{2}$ dont le plan de symétrie QQ′ est perpendiculaire au plan primitif PP′ de polarisation (171). Le quart d'onde AA′ transforme ces vibrations circulaires en vibrations rectilignes polarisées respectivement dans la section principale LL′ de la lame et dans le plan perpendiculaire; cette dernière éprouve une perte de phase δ.

Le quart d'onde BB′ transforme la vibration ordinaire qui est polarisée dans le plan LL′ en vibration circulaire *gauche*, et la vibration extraordinaire en circulaire *droite*, celle-ci ayant sur la première une perte de phase δ. Le plan de symétrie des deux

---

(¹) FRESNEL, *OEuvres*, t. I, p. 460, note (2).

(²) H. SOLEIL, *Comptes rendus des séances de l'Académie des Sciences*, t. XL, p. 1058; 1855.

rayons circulaires s'est donc déplacé vers la gauche d'un angle égal à la moitié $\frac{\delta}{2}$ de la perte de phase, et ils reconstituent un rayon polarisé dans un azimut différent.

Ainsi, quel que soit le plan primitif de polarisation, l'ensemble des trois lames le fait tourner vers la gauche d'un angle constant. On peut ainsi reproduire artificiellement les propriétés que nous retrouverons plus loin dans les corps qui jouissent du pouvoir rotatoire. Cette rotation $\frac{\delta}{2}$ est proportionnelle à l'épaisseur de la lame et à peu près en raison inverse de la longueur d'onde, car elle a une expression de la forme (380)

$$\frac{\delta}{2} = \pi \frac{e}{\lambda} \left(A + \frac{B}{\lambda^2} \right).$$

391. *Lames multiples.* — Lorsque plusieurs lames sont superposées de manière que leurs sections principales soient parallèles ou rectangulaires, chacun des rayons produits par double réfraction ne fournit qu'un rayon réfracté dans toutes les lames qui suivent. En donnant aux lames des signes convenables, on peut les considérer comme ayant toutes leurs sections principales parallèles entre elles. La différence de marche finale des ondes émergentes est la somme algébrique des retards relatifs à chacune des lames séparément.

Le problème est plus complexe lorsque les lames sont orientées dans des azimuts différents; mais on sait, dans tous les cas, que leur ensemble équivaut, pour chaque vibration incidente, à une lame unique (167).

Supposons qu'un faisceau de lumière polarisée tombe sur une série de lames superposées L, L_1, L_2, ...; appelons i l'azimut de la première par rapport au plan primitif de polarisation, i_1 l'azimut de la seconde par rapport à la première, i_2 celui de la troisième par rapport à la seconde, etc., enfin δ, δ_1, δ_2, ... les pertes de phase correspondantes.

À la sortie de la $q^{\text{ième}}$ lame, les vibrations ordinaire et extraordinaire sont de la forme

$$x_{q-1} = a_{q-1} \sin(\omega t - \alpha_{q-1}),$$
$$y_{q-1} = b_{q-1} \sin(\omega t - \beta_{q-1}).$$

La lame suivante donne alors

$$x_q = a_{q-1} \cos i_q \sin(\omega t - \alpha_{q-1}) - b_{q-1} \sin i_q \sin(\omega t - \beta_{q-1}),$$
$$y_q = a_{q-1} \sin i_q \sin(\omega t - \alpha_{q-1} - \delta_q) + b_{q-1} \cos i_q \sin(\omega t - \beta_{q-1} - \delta_q).$$

Chacune de ces vibrations se compose de 2^{q+1} termes dont il est facile de trouver la forme ([1]). On voit, en effet, que, par l'introduction d'une nouvelle lame, l'amplitude de chaque terme est multipliée par :

1° $+ \cos i_q$, si la vibration ne change pas de nature ;
2° $+ \sin i_q$, si d'ordinaire elle devient extraordinaire ;
3° $- \sin i_q$, si elle devient d'extraordinaire ordinaire.

On obtiendra la phase par la remarque suivante. En appelant $N = p + 1$ le nombre des lames, on fera toutes les combinaisons N à N des $2N$ quantités

$$\begin{matrix} 0, & 0, & 0, & \ldots, & 0, \\ \delta_1, & \delta_1, & \delta_2, & \ldots, & \delta_p, \end{matrix}$$

en les prenant dans l'ordre des indices, de façon que le $(q+1)^{\text{ieme}}$ terme de chaque combinaison soit 0 ou δ_q. La somme des termes relative à chacune des combinaisons représente la perte de phase correspondante.

Pour le cas de quatre lames, par exemple, en considérant la vibration primitive comme ordinaire par rapport au plan de polarisation, le terme dont la phase est

$$\omega t - (\delta_1 + \delta_2) = \omega t - (0 + \delta_1 + \delta_2 + 0)$$

a pour amplitude

$$r \cos i \sin i_1 \cos i_2 (- \sin i_3) = - r \cos i \sin i_1 \cos i_2 \sin i_3.$$

Si toutes les pertes de phase étaient nulles, c'est-à-dire si toutes les lames étaient isotropes ou supprimées, la dernière étant remplacée par un analyseur dans l'azimut s, la vibration ordinaire ne serait autre chose que la projection de la vibration primitive et

---

[1] E. MALLARD, *Traité de Cristallographie*, t. II, p. 169; 1884.

aurait pour amplitude

$$r \cos s = r \cos(i + i_1 + i_2 + \ldots + i_p).$$

Dans le cas de p lames suivies d'un analyseur situé dans l'azimut $i' = i_p$ par rapport à la dernière, les coefficients de l'amplitude primitive r dans les 2^p termes sont donc les termes du développement de

$$\cos(i + i_1 + i_2 + \ldots + i_{p-1} + i').$$

La vibration ordinaire de l'analyseur étant représentée par une somme de termes de la forme $a_q \sin(\omega t - \alpha_q)$, son amplitude A sera donnée par l'une des expressions (154)

$$A^2 = \Sigma a_q^2 + 2\Sigma a_q a_{q'} \cos(\alpha_q - \alpha_{q'}),$$

$$A^2 = (\Sigma a_q)^2 - 4\Sigma a_q a_{q'} \sin^2 \frac{\alpha_q - \alpha_{q'}}{2}$$

$$= r^2 \cos^2 s - 4\Sigma a_q a_{q'} \sin^2 \frac{\alpha_q - \alpha_{q'}}{2}.$$

Toutefois cette méthode générale conduit à des formules assez complexes, parce que les pertes de phase relatives aux différentes lames ne sont pas isolées dans les expressions trigonométriques et qu'il est nécessaire de leur faire subir d'autres transformations pour leur donner cette nouvelle forme. On arrivera plus rapidement au résultat final dans la pratique, en opérant de proche en proche par la méthode des composantes conjuguées.

392. *Deux lames.* — Dans le cas de deux lames, si la vibration primitive polarisée dans le plan OP (*fig.* 212) est $r \sin \omega t$, on peut, en changeant l'origine du temps de manière à compenser la perte moyenne de phase dans la lame, la remplacer à la sortie de la première lame L par les deux composantes rectilignes conjuguées (160)

$$y = r \cos \frac{\delta}{2} \sin \omega t,$$

$$x = r \sin \frac{\delta}{2} \cos \omega t = r \sin \frac{\delta}{2} \sin\left(\omega t + \frac{\pi}{2}\right),$$

dont la première est polarisée dans l'azimut primitif et la seconde dans l'azimut $2i$.

Chacune des vibrations y et x donne également, après la seconde lame OL_1, qui fait l'angle i_1 avec la première, deux composantes conjuguées de la même manière. En appelant δ_1 la différence de phase relative à la seconde lame, et posant

$$\alpha = \sin\frac{\delta}{2}, \qquad \beta = \cos\frac{\delta}{2},$$

$$\alpha_1 = \sin\frac{\delta_1}{2}, \qquad \beta_1 = \cos\frac{\delta_1}{2},$$

on constituera le Tableau suivant des quatre vibrations à la sortie de la seconde lame,

$$(10) \quad
\begin{cases}
r\beta \begin{cases} \beta_1 \\ \alpha_1 \end{cases} \\[2em]
r\alpha \begin{cases} \beta_1 \\ \alpha_1 \end{cases}
\end{cases}
\qquad
\begin{array}{c}
\text{Différence de phase.} \\
0 \\
\dfrac{\pi}{2} \\
\dfrac{\pi}{2} \\
2\dfrac{\pi}{2}
\end{array}
\qquad
\begin{array}{c}
\text{Azimut de polarisation.} \\
0 \\
2(i+i_1) \\
2i \\
2i_1
\end{array}$$

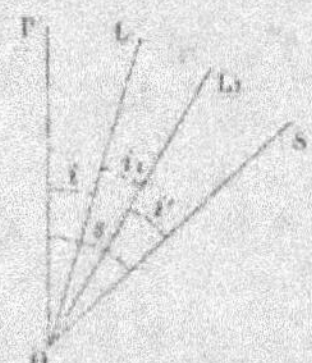

Fig. 212.

Les azimuts de polarisation se trouvent aisément, car la somme des azimuts des deux composantes conjuguées issues d'une même vibration est constante et égale à $2(i+i_1)$. En effet, la composante qui a éprouvé une modification de l'ordre β reste polarisée dans son plan primitif et celle qui éprouve une modification de l'ordre α devient polarisée dans un plan symétrique par rapport à la lame L_1; la demi-somme des azimuts de polarisation de ces deux composantes est donc l'azimut $i+i_1$ de la seconde lame.

Les composantes d'amplitude $r\beta\alpha_1$ et $r\alpha\beta_1$ ont la même phase et font entre elles l'angle $2i_1$; on peut donc les composer comme des forces. Les composantes $r\beta\beta_1$ et $r\alpha\alpha_1$ ont une différence de phase égale à π et font le même angle $2i_1$.

On en déduirait aisément les amplitudes et les directions des composantes conjuguées de la vibration finale et, par suite, la forme de la vibration.

Ce calcul n'est pas nécessaire quand on se propose de trouver les images dans un analyseur qui fait l'angle i' avec la dernière lame, c'est-à-dire qui se trouve dans l'azimut $s = i + i_1 + i'$.

Il suffit, en effet, de considérer séparément les projections des vibrations conjuguées ou la somme des projections de leurs composantes. Les amplitudes a et a' des deux composantes conjuguées qui forment l'image ordinaire sont

$$a = r\left[\beta\beta_1\cos(i + i_1 + i') - \alpha\alpha_1\cos(i - i_1 + i')\right],$$
$$a' = r\left[\beta\alpha_1\cos(i + i_1 - i') + \alpha\beta_1\cos(i - i_1 - i')\right],$$

et l'amplitude A de la résultante est

$$A^2 = a^2 + a'^2.$$

Comme on a

$$2\cos(i + i_1 - i')\cos(i - i_1 - i') = \cos 2(i - i') + \cos 2i_1,$$
$$2\cos(i + i_1 + i')\cos(i - i_1 + i') = \cos 2(i + i') + \cos 2i_1,$$

on voit que, en effectuant la somme des carrés $a^2 + a'^2$, le produit $\alpha\alpha_1\beta\beta_1$ a pour coefficient

$$\cos 2(i - i') - \cos 2(i + i') = 2\sin 2i \sin 2i',$$

ce qui donne

$$(11) \quad \begin{cases} \dfrac{A^2}{r^2} = & \overline{\beta\beta_1}^2\cos^2(i + i_1 + i') + \overline{\alpha\alpha_1}^2\cos^2(i - i_1 + i') \\ & + \overline{\beta\alpha_1}^2\cos^2(i + i_1 - i') + \overline{\alpha\beta_1}^2\cos^2(i - i_1 - i') \\ & + 2\alpha\alpha_1\beta\beta_1\sin 2i \sin 2i'. \end{cases}$$

Cette expression présente déjà une forme symétrique, mais on peut la simplifier en remplaçant β^2 par $1 - \alpha^2$ et β_1^2 par $1 - \alpha_1^2$, et utilisant la relation générale

$$\cos^2 y - \cos^2 x = \sin(x + y)\sin(x - y);$$

on trouve aisément

$$(12) \quad \left\{ \begin{aligned} \frac{A^2}{r^2} &= \cos^2 s + 2\,\alpha z_1 \sin 2i \sin 2i' (\beta\beta_1 - \alpha z_1 \cos 2i_1) \\ &\quad + z^2 \sin 2i \sin 2(i_1 + i') + z_1^2 \sin 2i' \sin 2(i_1 + i). \end{aligned} \right.$$

Enfin, l'équation (11) est de la forme

$$\frac{A^2}{r^2} = Q\,\overline{\beta\beta_1}^2 + P\,\overline{\alpha\alpha_1}^2 + R\,\overline{\alpha\beta_1}^2 + S\,\overline{\beta\alpha_1}^2 + 2T\alpha\alpha_1\beta\beta_1.$$

Exprimant les facteurs α, β, ... en fonction des sinus et cosinus des différences de phase δ et δ_1, on peut écrire

$$\frac{4A^2}{r^2} = (Q+P+R+S) + 2T \sin\delta \sin\delta_1 + (Q+P-R-S) \cos\delta \cos\delta_1$$
$$+ (Q-P-R+S) \cos\delta + (Q-P+R-S) \cos\delta_1,$$

ce qui donne, toutes réductions faites,

$$(13) \quad \left\{ \begin{aligned} \frac{2A^2}{r^2} &= 1 + \cos 2i \cos 2i' \cos 2i_1 \\ &\quad + \sin 2i \sin 2i' (\sin\delta \sin\delta_1 - \cos 2i_1 \cos\delta \cos\delta_1) \\ &\quad - \sin 2i_1 (\sin 2i \cos 2i' \cos\delta + \sin 2i' \cos 2i \cos\delta_1). \end{aligned} \right.$$

Cette équation montre que :

1° Le phénomène ne change pas quand la lumière se propage en sens contraire, c'est-à-dire quand on permute les angles i et i' en même temps que les pertes de phase δ et δ_1; c'est la loi du *retour des rayons* (177).

2° L'ordre des lames n'est pas indifférent, comme il est facile de s'en assurer.

En effet, si on les substitue l'une à l'autre en permutant leurs directions, il faut permuter les pertes de phase δ et δ_1, en conservant aux angles i et i_1 les mêmes valeurs.

Si, dans cette substitution, on conserve aux lames leurs directions primitives, il faut, en même temps que l'on permute les pertes de phase, permuter les angles i et $i+i_1$, ainsi que i' et $i' + i_1$, et changer ensuite le signe de $\sin 2i_1$.

Dans les deux cas, l'image de l'analyseur n'est plus la même et les résultats sont modifiés.

On retrouve aussi, par différentes hypothèses, les cas particuliers examinés précédemment :

1° Si les lames sont parallèles, $i_1 = 0$ et l'on a

$$\frac{2A^2}{r^2} = 1 + \cos 2i \cos 2i' - \sin 2i \sin 2i' \cos(\delta + \delta_1);$$

les retards des deux lames s'ajoutent algébriquement.

2° Si les lames sont croisées, $i_1 = \frac{\pi}{2}$ et

$$\frac{2A^2}{r^2} = 1 - \cos 2i \cos 2i' + \sin 2i \sin 2i' \cos(\delta - \delta_1);$$

le retard final est la différence des retards des deux lames.

3° Enfin, si l'on fait

$$\delta_1 = \frac{\pi}{2} \qquad \text{et} \qquad i' = 45°,$$

il reste

$$2A^2 = r^2(1 + \sin 2i \sin \delta).$$

L'ensemble de la lame L_1 et de l'analyseur constitue, en effet, un analyseur circulaire gauche pour l'image ordinaire (389).

393. *Cas de trois lames.* — Supposons encore que l'on place dans l'azimut $i + i_1 + i_2$ une troisième lame OL_2 (*fig.* 213) caractérisée par la perte de phase δ_2.

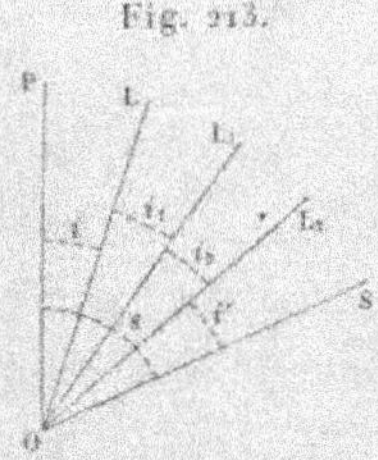

Fig. 213.

Chacune des quatre composantes (10) à la sortie de la lame L_1 donne encore deux composantes conjuguées dont la somme des azimuts est égale à $2(i + i_1 + i_2)$; on peut alors écrire le Tableau suivant de toutes les vibrations émergentes :

	Amplitudes.	Différence de phase.	Azimut de polarisation.
$r\beta\beta_1$	β_2	0	0
	α_2	$\dfrac{\pi}{2}$	$2(i + i_1 + i_2)$
$r\beta\alpha_1$	β_2	$\dfrac{\pi}{2}$	$2(i + i_1)$
	α_2	$2\dfrac{\pi}{2}$	$2i_2$
$r\alpha\beta_1$	β_2	$2\dfrac{\pi}{2}$	$2i$
	α_2	$2\dfrac{\pi}{2}$	$2(i_1 + i_2)$
$r\alpha\alpha_1$	β_2	$2\dfrac{\pi}{2}$	$2i_1$
	α_2	$3\dfrac{\pi}{2}$	$2(i + i_2)$

$$(14)$$

Les trois composantes qui ont subi deux modifications de
l'ordre α ont la même phase, en avance de π sur celle de la première. Les trois composantes qui n'ont subi qu'une modification
de l'ordre α ont aussi la même phase, en retard de π sur celle de
la dernière.

Les amplitudes a et a' des deux vibrations conjuguées qui
forment l'image ordinaire d'un analyseur placé dans l'azimut
$s = i + i_1 + i_2 + i'$ sont donc

$$(15)\quad
\begin{cases}
\dfrac{a}{r} = \beta_1[\beta\beta_2\cos(i + i_1 + i_2 + i') - \alpha\alpha_2\cos(i - i_1 - i_2 + i')] \\
\qquad - \alpha_1[\beta\alpha_2\cos(i + i_1 - i_2 + i') + \alpha\beta_2\cos(i - i_1 + i_2 + i')], \\[2mm]
\dfrac{a'}{r} = \beta_1[\beta\alpha_2\cos(i + i_1 + i_2 - i') + \alpha\beta_2\cos(i - i_1 - i_2 - i')] \\
\qquad + \alpha_1[\beta\beta_2\cos(i + i_1 - i_2 - i') - \alpha\alpha_2\cos(i - i_1 + i_2 - i')],
\end{cases}$$

et l'amplitude A de la résultante est encore

$$A^2 = a^2 + a'^2.$$

En suivant la même marche, on constituerait facilement, de
proche en proche, le Tableau de toutes les vibrations conjuguées

deux à deux qui proviennent d'un nombre quelconque de lames cristallines superposées.

394. *Polariseur et analyseur elliptiques.* — Le problème des trois lames peut être envisagé d'une autre manière. L'ensemble du polariseur et de la première lame produit une vibration elliptique, de même que la troisième avec l'analyseur constitue un analyseur elliptique. La lame intermédiaire est donc située entre un polariseur et un analyseur *elliptiques*.

Lorsque le polariseur et l'analyseur sont semblables, ce qui correspond aux conditions $i' = i$ et $\delta_2 = \delta$, les équations (15) se réduisent à

$$\frac{a}{r} = \beta_1 \cos s - 2\alpha \cos 2i[2\beta_1 \cos(i_1 + i_2) + \beta\alpha_1 \cos(i_1 - i_2)],$$

$$\frac{a'}{r} = 2\beta_1 \alpha\beta \cos(i_1 + i_2) + \alpha_1(\beta^2 - \alpha^2) \cos(i_1 - i_2).$$

On n'altère pas d'ailleurs la généralité du problème si l'on met en évidence les axes des ellipses du polariseur et de l'analyseur. On peut donc supposer que les lames extrêmes sont des quarts d'onde et poser

$$\delta = \delta_2 = \frac{\pi}{2},$$

$$\alpha = \beta = \alpha_2 = \beta_2 = \frac{1}{\sqrt{2}}.$$

Les équations (15) deviennent alors

$$\frac{a}{r} = -\beta_1 \sin(i_1 + i_2) \sin(i + i') - \alpha_1 \cos(i_1 - i_2) \cos(i + i').$$

$$\frac{a'}{r} = \beta_1 \cos(i_1 + i_2) \cos(i - i') - \alpha_1 \sin(i_1 - i_2) \sin(i - i').$$

La somme des carrés de ces quantités détermine l'amplitude A de la résultante par une expression de la forme

$$\frac{A^2}{r^2} = Q\beta_1^2 + P\alpha_1^2 + 2R\alpha_1\beta_1,$$

$$\frac{2A^2}{r^2} = Q + P + (Q - P)\cos\delta_1 + 2R\sin\delta_1,$$

ce qui donne

$$(16) \quad \left\{ \begin{aligned} \frac{2A^2}{r^2} &= 1 + \cos 2i \cos 2i' \cos 2i_1 \cos 2i_2 \\ &+ [\sin 2i \sin 2i' - \cos 2i \cos 2i' \sin 2i_1 \sin 2i_2] \cos \delta_1 \\ &+ [\cos 2i \sin 2i' \sin 2i_1 + \sin 2i \cos 2i' \sin 2i_2] \sin \delta_1. \end{aligned} \right.$$

Lorsque le polariseur et l'analyseur sont semblables, les angles i et i' sont égaux et l'on a

$$\begin{aligned} \frac{2A^2}{r^2} &= 1 + \cos^2 2i \cos 2i_1 \cos 2i_2 \\ &+ [\sin^2 2i - \cos^2 2i \sin 2i_1 \sin 2i_2] \cos \delta_1 \\ &+ \sin 4i \sin \frac{i_1 + i_2}{2} \cos \frac{i_1 - i_2}{2} \sin \delta_1. \end{aligned}$$

Enfin, si le polariseur et l'analyseur sont *circulaires*, on fera $i = i' = \frac{\pi}{4}$; il reste alors

$$\frac{2A^2}{r^2} = 1 + \cos \delta_1 = 2 \cos^2 \frac{\delta_1}{2},$$

$$A = r \cos \frac{\delta_1}{2}, \qquad B = r \sin \frac{\delta_1}{2}.$$

Le résultat est alors indépendant de l'orientation de la lame intermédiaire, comme on l'a vu précédemment (388).

PROPRIÉTÉS DES LAMES CRISTALLINES.

395. *Remarques générales.* — La nature du phénomène produit par une lame cristalline à faces parallèles est définie dans chaque cas particulier par l'azimut de polarisation des deux systèmes de rayons réfractés et par la différence de marche Δ des ondes correspondantes.

La lame cristalline étant placée dans un milieu isotrope où V est la vitesse de propagation pour une lumière considérée, soient

I l'angle d'incidence des rayons primitifs;
I' et I'' les angles relatifs aux deux ondes réfractées;
V' et V'' les vitesses de propagation correspondantes.

Le retard de l'onde extraordinaire peut s'écrire (51)

$$(1) \qquad \Delta = e\left(\frac{V}{V''}\cos I'' - \frac{V}{V'}\cos I'\right) = e(u'' - u').$$

Les rapports $\dfrac{V}{V'}$ et $\dfrac{V}{V''}$, qui représentent les indices de réfraction des deux ondes, sont généralement variables avec la direction de la normale par rapport aux plans principaux du cristal.

Nous examinerons les cas les plus importants.

396. *Cristaux à un axe.* — En appelant b et a les demi-axes de la surface d'onde, l'un parallèle et l'autre perpendiculaire à l'axe de cristallisation (48) ou, d'une manière plus générale, les rapports de ces demi-axes au rayon V de la sphère d'onde dans le milieu extérieur, ψ l'angle que fait l'axe OA du cristal avec la normale ON à la lame (*fig.* 214),

Fig. 214.

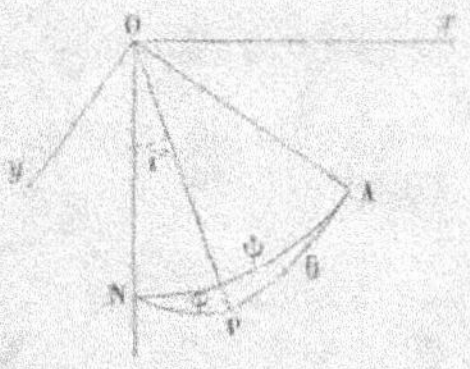

φ l'angle de la section principale NOA avec le plan d'incidence, et posant

$$c^2 = a^2\sin^2\psi + b^2\cos^2\psi, \qquad \sin I = \rho,$$

on a (51)

$$(2) \quad \left\{ \begin{aligned} & bu' = \sqrt{1 - b^2\rho^2}, \\ & u'' = \rho\,\frac{a^2 - b^2}{2c^2}\sin 2\psi\cos\varphi + \frac{1}{c}\sqrt{1 - \left(\sin^2\varphi + \frac{b^2}{c^2}\cos^2\varphi\right)a^2\rho^2}. \end{aligned} \right.$$

397. *Lame perpendiculaire à l'axe.* — Lorsque la lame est perpendiculaire à l'axe, le plan de polarisation du rayon ordinaire coïncide toujours avec le plan d'incidence.

L'angle ψ étant alors nul, on a $c = b$ et

$$bu'' = \sqrt{1 - a^2\rho^2};$$

par suite

$$(3) \qquad b(u'' - u') = \sqrt{1 - a^2 \rho^2} - \sqrt{1 - b^2 \rho^2} = \frac{(b^2 - a^2)\rho^2}{\sqrt{1 - a^2 \rho^2} + \sqrt{1 - b^2 \rho^2}}.$$

Le retard de l'onde extraordinaire est positif ou négatif suivant que $b \gtrless a$, c'est-à-dire que le cristal est positif ou négatif (49). Ce retard croît en valeur absolue à mesure que l'incidence augmente, et son maximum Δ_1 pour l'incidence rasante $(\rho = 1)$ est

$$\Delta_1 = e \frac{b^2 - a^2}{\sqrt{1 - b^2} + \sqrt{1 - a^2}}.$$

398. *Lame parallèle à l'axe.* — Dans ce cas, l'angle ψ est égal à $\frac{\pi}{2}$ et $c = a$. On a alors

$$au'' = \sqrt{1 - (a^2 \sin^2 \varphi + b^2 \cos^2 \varphi)\rho^2}.$$

Si le plan d'incidence contient l'axe, le rayon ordinaire reste polarisé dans ce plan. L'angle φ étant nul, il en résulte

$$(4) \qquad u'' - u' = \left(\frac{1}{a} - \frac{1}{b} \right) \sqrt{1 - b^2 \rho^2} = \frac{b - a}{ab} \sqrt{1 - b^2 \rho^2}.$$

Le retard de l'onde extraordinaire est encore positif ou négatif, suivant le signe du cristal ; il diminue en valeur absolue à mesure que l'incidence augmente, jusqu'à la valeur minimum

$$\Delta_1 = e \left(\frac{1}{a} - \frac{1}{b} \right) \sqrt{1 - b^2 \rho^2}.$$

Lorsque l'axe est normal au plan d'incidence, l'angle φ étant égal à $\frac{\pi}{2}$, on a

$$(5) \qquad \left\{ \begin{aligned} u'' - u' &= \frac{1}{a}\sqrt{1 - a^2 \rho^2} - \frac{1}{b}\sqrt{1 - b^2 \rho^2} \\[2mm] &= \frac{1}{ab} \frac{b^2 - a^2}{b\sqrt{1 - a^2 \rho^2} + a\sqrt{1 - b^2 \rho^2}}. \end{aligned} \right.$$

Cette expression est positive ou négative suivant le signe du cristal, et le retard augmente avec l'angle d'incidence jusqu'à la valeur maximum

$$\Delta_2 = \frac{e}{ab}\,\frac{b^2 - a^2}{b\sqrt{1 - a^2} + a\sqrt{1 - b^2}}.$$

Pour une direction quelconque du plan d'incidence, le plan de polarisation du rayon ordinaire, dans l'intérieur du cristal, est défini par l'axe et la normale à l'onde, et son azimut est modifié ensuite par la réfraction à la sortie. On a alors

$$(6) \qquad u'' - u' = \frac{1}{a}\sqrt{1 - (a^2\sin^2\varphi + b^2\cos^2\varphi)\rho^2} - \frac{1}{b}\sqrt{1 - b^2\rho^2}.$$

Si l'on égale à zéro la dérivée de cette expression par rapport à l'angle I,

$$\rho\rho'\left[\frac{b}{\sqrt{1 - b^2\rho^2}} - \frac{a^2\sin^2\varphi + b^2\cos^2\varphi}{a\sqrt{1 - (a^2\sin^2\varphi + b^2\cos^2\varphi)\rho^2}}\right] = 0,$$

on voit que, pour un azimut déterminé de la section principale, il existe toujours, en dehors de l'incidence normale ($\rho = 0$) ou rasante ($\rho' = \cos I = 0$), une direction

$$\rho^2 = \sin^2 I = \frac{a^2 b^2 - (a^2\sin^2\varphi + b^2\cos^2\varphi)^2}{b^2(a^2 - b^2)\cos^2\varphi\,(a^2\sin^2\varphi + b^2\cos^2\varphi)},$$

pour laquelle de petites variations de l'incidence ne modifient pas les teintes.

Lorsque l'angle I reste très petit, le rayon ordinaire à l'émergence reste sensiblement polarisé dans le plan de l'axe, et l'on peut écrire, en prenant les valeurs approchées des radicaux,

$$(7) \quad \left\{ \begin{aligned} u'' - u' &= \frac{1}{a} - \frac{1}{b} + \left(b - \frac{a^2\sin^2\varphi + b^2\cos^2\varphi}{a}\right)\frac{\rho^2}{2} \\ &= \frac{b - a}{ab}\left[1 + b(a\sin^2\varphi - b\cos^2\varphi)\frac{\rho^2}{2}\right]. \end{aligned} \right.$$

Dans ce cas, la différence de marche reste constante, et la même que pour l'incidence normale, si l'angle φ satisfait à la condition

$$\tan^2\varphi = \frac{b}{a}.$$

399. *Cas général.* — Enfin, lorsque la lame est taillée dans une direction quelconque, par rapport à l'axe, les simplifications

précédentes ne sont plus possibles et la différence $u'' - u'$ doit se déduire des équations (2).

Comme la section principale contient l'axe du cristal et que la quantité c est comprise entre a et b, le signe de la lame est toujours le même que celui du cristal.

Pour des incidences très petites, on a

$$u'' = \frac{(a^2 - b^2) \sin^2 \psi \cos \varphi}{c^2} \frac{\rho}{2} + \frac{1}{c} \left[1 - a^2 \left(\sin^2 \varphi + \frac{b^2}{c^2} \cos^2 \varphi \right) \frac{\rho^2}{2} \right]$$

et, par suite,

$$(8) \quad \left\{ \begin{aligned} u'' - u' &= \frac{1}{c} - \frac{1}{b} + \frac{(a^2 - b^2) \sin^2 \psi \cos \varphi}{c^2} \frac{\rho}{2} \\ &\quad + \left[b - \frac{a^2}{c^3} (c^2 \sin^2 \varphi + b^2 \cos^2 \varphi) \right] \frac{\rho^2}{2}. \end{aligned} \right.$$

La différence de marche est encore constante au voisinage de l'incidence déterminée en égalant à zéro la dérivée de cette expression, c'est-à-dire pour la condition

$$\rho = \sin I = \frac{c}{2} \frac{(a^2 - b^2) \sin^2 \psi \cos \varphi}{bc^3 - a^2 (c^2 \sin^2 \varphi + b^2 \cos^2 \varphi)}.$$

400. *Cristaux à deux axes.* — Dans les milieux à deux axes, le calcul de la différence de marche ne se présente d'une manière assez simple que si la lumière incidente reste normale à la lame ou si cette lame est parallèle à l'un des plans de symétrie.

Pour une lame taillée dans une direction quelconque, les vibrations relatives à l'incidence normale sont parallèles aux axes de l'ellipse que l'on obtient en coupant l'ellipsoïde de polarisation (338) par un plan parallèle à la lame, et les vitesses de propagation V_1 et V_2 des deux ondes sont égales respectivement aux inverses de ces axes. Les plans de polarisation sont bissecteurs des angles des deux plans qui passent par la normale et les axes optiques (346).

La différence de marche est

$$(9) \quad \frac{\Delta}{e} = \frac{1}{V_2} - \frac{1}{V_1} = \frac{V_1 - V_2}{V_1 V_2} = \frac{V_1^2 - V_2^2}{V_1 V_2 (V_1 + V_2)}.$$

Les vitesses V_1 et V_2 sont comprises, l'une entre les axes a et

b de la surface d'onde, l'autre entre les axes b et c; les inverses de ces vitesses, ou les indices de réfraction n' et n'' correspondants, sont compris l'un entre les indices principaux n_1 et n_2 du milieu, l'autre entre les indices n_2 et n_3.

En appelant θ_1 et θ_2 les angles de la normale avec les axes optiques et remplaçant les vitesses V_1 et V_2 au dénominateur de l'équation (9) par une valeur moyenne c', on a, d'après les équations (24) du n° 347,

$$\frac{\Delta}{c} = \frac{(a^2 - c^2)\sin\theta_1 \sin\theta_2}{2 c'^2},$$

$$\frac{\Delta}{c} = n'' - n' = \frac{a^2 - c^2}{2 c'^3} \sin\theta_1 \sin\theta_2.$$

Considérons une lame dont la normale fait un angle constant avec l'axe des z. Pour $\alpha = 0$, c'est-à-dire si la lame est parallèle à l'axe des x, l'un des plans de polarisation est perpendiculaire et l'autre parallèle à cet axe, et l'on a

$$\theta_1 = \theta_2 = \theta,$$

$$\cos^2\theta = \gamma^2 \frac{b^2 - c^2}{a^2 - c^2}, \qquad \sin^2\theta = 1 - \gamma^2 \frac{b^2 - c^2}{a^2 - c^2};$$

$$V_1 = a, \qquad V_2^2 = a^2 - (a^2 - c^2)\sin^2\theta = c^2 + \gamma^2(b^2 - c^2);$$

$$n' = \frac{1}{a} = n_1,$$

$$\frac{1}{n'^2} = \frac{1}{n_3^2} + \gamma^2 \left(\frac{1}{n_2^2} - \frac{1}{n_3^2} \right).$$

A mesure que α diminue, c'est-à-dire que le plan de la lame s'incline sur l'axe des x, V_1 diminue et V_2 augmente, en même temps que leurs directions se modifient, jusqu'à ce que, pour $\beta = 0$, les plans de polarisation relatifs aux vitesses V_1 et V_2 aient tourné de 90°, ce qui donne

$$n' = \frac{1}{n_3^2} + \gamma^2 \left(\frac{1}{n_1^2} - \frac{1}{n_3^2} \right),$$

$$n'' = n_2.$$

401. *Lames parallèles aux plans de symétrie.* — Considérons une lame perpendiculaire à l'axe des z, c'est-à-dire à l'axe positif du milieu (349).

En posant (350)

$$(10) \qquad c'^2 = b^2 \cos^2 \varphi + a^2 \sin^2 \varphi,$$

les deux valeurs de u sont les deux racines positives de l'équation du quatrième degré

$$a^2 b^2 u^4 - u^2 [a^2 + b^2 - \rho^2 (c^2 c'^2 + a^2 b^2)] + (1 - \rho^2 c^2)(1 - \rho^2 c'^2) = 0.$$

Cette équation a, en outre, deux racines négatives qui ne conviennent pas au problème physique.

Si le plan d'incidence coïncide avec le plan zx des axes optiques, $\varphi = 0$, $c' = b$, et l'on a

$$b^2 u'^2 = 1 - b^2 \rho^2,$$
$$a^2 u''^2 = 1 - c^2 \rho^2,$$
$$u' - u'' = \frac{1}{b} \sqrt{1 - b^2 \rho^2} - \frac{1}{a} \sqrt{1 - c^2 \rho^2}.$$

L'un des rayons est déterminé, en effet, par un cercle de rayon b et l'autre par une ellipse dont les demi-axes sont a et c.

Le retard de l'onde ordinaire diminue à mesure que l'angle d'incidence augmente et devient nul pour la condition

$$\rho^2 = \sin^2 I = \frac{a^2 - b^2}{b^2 (a^2 - c^2)},$$

résultat qui était évident, puisque les rayons incidents sont alors dans la direction des axes optiques extérieurs (345).

La différence $u' - u''$ est d'abord positive et égale à $\frac{1}{b} - \frac{1}{a}$; elle diminue ensuite et s'annule pour les axes optiques, puis prend des valeurs négatives croissantes jusqu'à l'incidence rasante, à la condition toutefois que l'axe optique puisse être observé, c'est-à-dire que l'on ait

$$a^2 - b^2 < b^2 (a^2 - c^2).$$

On a d'ailleurs, pour de petites incidences,

$$u' - u'' = \frac{1}{b} - \frac{1}{a} - \left(b - \frac{c^2}{a} \right) \frac{\rho^2}{2}.$$

Si le plan d'incidence coïncide avec le plan zy perpendiculaire au plan des axes optiques, $\varphi = \frac{\pi}{2}$, $c' = a$ et il suffit de permuter les lettres a et b dans les expressions précédentes. On a alors, en affectant les lettres u' et u'' aux mêmes ondes respectives que pour l'incidence normale,

$$u' - u'' = \frac{1}{b}\sqrt{1 - c^2 \rho^2} - \frac{1}{a}\sqrt{1 - a^2 \rho^2}$$

et, pour de petites incidences,

$$u' - u'' = \frac{1}{b} - \frac{1}{a} + \left(a - \frac{c^2}{b}\right)\frac{\rho^2}{2}.$$

La différence de marche croît d'une manière continue jusqu'à l'incidence rasante.

Pour des rayons voisins de la normale, la lame se comporte comme une lame parallèle à l'axe d'un cristal négatif à un axe dont la section principale serait dans le plan des axes optiques.

On obtiendra les résultats relatifs à une lame perpendiculaire à l'axe négatif du milieu en permutant les lettres a et c dans les équations précédentes.

Pour des rayons voisins de la normale, la lame se comporte comme une lame parallèle à l'axe d'un cristal positif à un axe dont la section principale est parallèle au plan des axes optiques.

Enfin, si la lame est parallèle aux axes optiques, on permutera dans les équations les lettres b et c. Quand le plan d'incidence est parallèle au plan des xy,

$$c^2 u'^2 = 1 - c^2 \rho^2,$$
$$a^2 u''^2 = 1 - b^2 \rho^2;$$

et, quand il coïncide avec le plan des zy,

$$c^2 u'^2 = 1 - b^2 \rho^2,$$
$$a^2 u''^2 = 1 - a^2 \rho^2.$$

Dans le voisinage de la normale, on a, pour les deux cas,

$$u' - u'' = \frac{1}{c} - \frac{1}{a} + \left(\frac{b^2}{a} - c\right)\frac{\rho^2}{2},$$
$$u' - u'' = \frac{1}{c} - \frac{1}{a} - \left(\frac{b^2}{a} - c\right)\frac{\rho^2}{2}.$$

La lame se comporte comme une lame parallèle à l'axe d'un cristal uniaxe positif ou négatif, suivant que la différence $b^2 - ac$ est elle-même positive ou négative.

Lorsque le plan d'incidence est dans une direction quelconque, on peut écrire

$$\left(\frac{\Delta}{e}\right)^2 = (u'' - u')^2 = u''^2 + u'^2 - 2\sqrt{u'^2 u''^2}.$$

Pour une lame perpendiculaire à l'axe des z, l'équation du quatrième degré qui détermine u' et u'' donne

$$a^2 b^2 (u'^2 + u''^2) = a^2 + b^2 - \rho^2 (c^2 c'^2 + a^2 b^2),$$
$$a^2 b^2 u'^2 u''^2 = (1 - \rho^2 c^2)(1 - \rho^2 c'^2);$$

par suite,

$$(11) \qquad \left(ab\frac{\Delta}{e}\right)^2 = a^2 + b^2 - \rho^2 (c^2 c'^2 + a^2 b^2) - 2ab\sqrt{(1 - \rho^2 c^2)(1 - \rho c'^2)}.$$

Si l'on extrait la racine carrée approchée en ne conservant que les termes du second et du quatrième degré en ρ, il vient

$$\left(ab\frac{\Delta}{e}\right)^2 = (a - b)^2 - (c^2 - ab)(c'^2 - ab)\rho^2 + ab(c^2 - c'^2)^2 \frac{\rho^4}{4}.$$

Extrayant encore la racine carrée du second membre au même degré d'approximation, on obtient finalement

$$(12) \quad \left\{ \begin{aligned} \frac{ab}{a - b}\frac{\Delta}{e} &= 1 - \frac{(c^2 - ab)(c'^2 - ab)}{(a - b)^2}\frac{\rho^2}{2} \\ &\quad + \frac{ab(a - b)^2(c^2 - c'^2)^2 - (c^2 - ab)^2(c'^2 - ab)^2}{(a - b)^4}\frac{\rho^4}{8}. \end{aligned} \right.$$

Des permutations convenables permettront de transformer ces expressions pour les cas de lames parallèles aux deux autres plans de symétrie.

402. *Lame perpendiculaire à l'un des axes optiques.* — Le phénomène présente alors un intérêt particulier et nous utiliserons une autre méthode.

En appelant I' et I'' les angles de réfraction, la différence de marche est

$$\frac{\Delta}{e} = \frac{\cos I''}{V_2} - \frac{\cos I'}{V_1}.$$

Comme les angles I' et I'' diffèrent peu l'un de l'autre, surtout pour les petites valeurs de l'incidence I, on peut les remplacer par une valeur moyenne R et écrire

$$(13) \qquad \frac{\Delta}{e} = \cos R \left(\frac{1}{V_2} - \frac{1}{V_1} \right) = \cos R \, \frac{V_1^2 - V_2^2}{V_1 V_2 (V_1 + V_2)}.$$

Nous remplacerons encore les vitesses V_1 et V_2 au dénominateur par leur valeur commune b relative à l'incidence normale. Enfin, négligeant l'angle des normales aux deux ondes, nous exprimerons la différence $V_1^2 - V_2^2$ par la valeur qui convient à deux ondes parallèles (347) dont la normale fait avec les axes optiques les angles θ_1 et θ_2. L'angle R étant très petit, on aura ainsi, d'une manière très approximative,

$$\frac{\Delta}{e} = \frac{a^2 - c^2}{2\,b^3} \sin\theta_1 \sin\theta_2.$$

L'angle θ_2 de la normale avec le second axe optique diffère très peu de l'angle $2C$ des axes optiques intérieurs, ce qui donne

$$\sin\theta_2 = \sin 2C = \frac{2}{a^2 - c^2} \sqrt{(a^2 - b^2)(b^2 - c^2)}.$$

L'angle θ_1 étant l'angle de réfraction, on a sensiblement

$$\sin\theta_1 = b \sin I = b \rho ;$$

par suite,

$$\frac{\Delta}{e} = \frac{\sqrt{(a^2 - b^2)(b^2 - c^2)}}{b^2} \rho.$$

La différence de marche est donc proportionnelle à l'angle d'incidence, par un facteur constant, quel que soit le sens dans lequel on incline la lame. Le phénomène est comparable à celui que donnent les lames perpendiculaires à l'axe des cristaux uniaxes, sauf que la variation de la différence de marche ne suit pas la même loi.

D'autre part, les plans de polarisation des deux ondes relatives à une même normale ON (*fig.* 213) sont bissecteurs des angles formés par les deux plans ONI_1 et ONI_2 menés par cette normale et les axes optiques (346).

L'axe optique normal à la lame étant OI_1, l'angle dièdre des plans OI_2I_1 et OI_2N est extrêmement petit ; les plans de polarisation sont donc sensiblement bissecteurs des angles dièdres formés par le plan d'incidence ONI_1 avec le plan des axes optiques OI_4I_2.

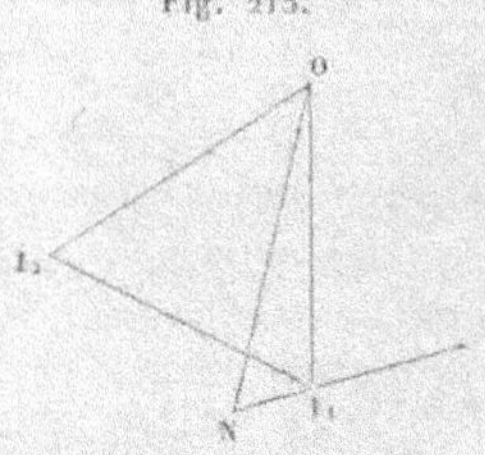

Fig. 215.

Leurs azimuts ne sont pas sensiblement modifiés à la sortie, de sorte que si φ est l'azimut du plan d'incidence AT (*fig.* 216) par rapport au plan des axes AA′ les azimuts des plans de polarisation

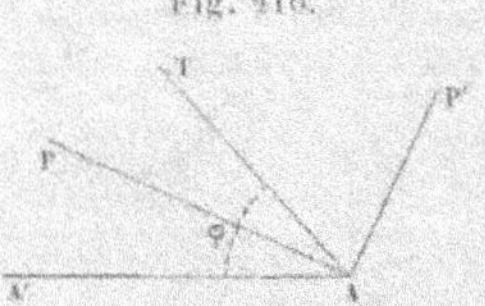

Fig. 216.

AP et AP′ sont $\dfrac{\varphi}{2}$ et $\dfrac{\varphi}{2} + \dfrac{\pi}{2}$. Quand l'azimut φ du plan d'incidence varie de o à 2π, l'azimut de l'un des plans de polarisation AP varie de o à π. C'est une nouvelle distinction avec les cristaux à un axe.

APPLICATIONS.

403. *Polariscope chromatique.* — Aussitôt après avoir découvert la polarisation chromatique, Arago signala comment on pouvait l'utiliser pour reconnaitre si une source renferme de la lumière polarisée. Son appareil est formé d'un tube à l'une des extrémités duquel se trouve une lame de mica ou de gypse et à l'autre un analyseur biréfringent dont la section principale est à 45° sur celle de la lame cristalline. Si la lumière qui tombe sur la lame est en partie polarisée, les deux images paraissent teintes de couleurs complémentaires. En tournant l'appareil autour de son axe,

les colorations présentent leur maximum d'éclat quand la lame est
à 45° sur le plan primitif de polarisation et disparaissent quand elle
est parallèle ou perpendiculaire au plan primitif. On reconnaît
d'ailleurs par la nature des teintes des deux images quelle est la
direction de la polarisation.

Petrina ([1]) a désigné sous le nom de *kaléidopolariscope* un
appareil semblable, dans lequel la lame est remplacée par plusieurs
fragments de gypse ou de mica d'épaisseurs différentes et de même
orientation. Le contraste des teintes des différentes lames rend
l'observation beaucoup plus délicate.

404. *Compensateurs anisotropes.* — Un compensateur anisotrope a pour but d'établir une différence de marche entre les deux
composantes rectangulaires d'un rayon polarisé; il permet ainsi
de constater et de mesurer la différence de marche des deux composantes rectangulaires d'une vibration quelconque.

Ces appareils sont de deux espèces suivant que le retard qu'ils
produisent est variable d'un point à l'autre ou qu'il reste constant
sur toute l'étendue de la surface observée.

Dans le premier cas, ils donneront lieu à des franges d'intensités
ou de colorations différentes *localisées* sur les lames; dans le second, l'intensité sera uniforme avec la lumière homogène et l'appareil présentera une *teinte plate* dans la lumière blanche.

405. *Compensateur à franges.* — Le compensateur imaginé
par Babinet se compose de deux lames de quartz prismatiques
taillées comme les deux pièces du prisme de Wollaston (367),
mais sous un angle extrêmement petit.

Les deux lames ABC et CDA (*fig.* 217) ont une de leurs faces
AB ou CD parallèle à l'axe de cristallisation, mais cet axe est perpendiculaire, suivant AB, dans l'une d'elles aux arêtes du prisme
et parallèle en D dans l'autre à cette direction. En les superposant,
on constitue une plaque mixte d'épaisseur constante.

Un rayon qui tombe normalement au point M donne deux
ondes réfractées dont le retard relatif à la sortie dépend de la différence des épaisseurs MP et PM'. En appelant 2 L la longueur AB

([1]) PETRINA, *Pogg. Ann.*, t. XLIX, p. 236; 1840.

de ces lames, x la distance du point M au milieu O et α l'angle BAC du prisme, on a

$$M'P - MP = (L + x)\,\mathrm{tang}\,\alpha - (L - x)\,\mathrm{tang}\,\alpha = 2\,x\,\mathrm{tang}\,\alpha.$$

La différence de marche correspondante est proportionnelle à la distance OM, car elle a sensiblement pour valeur

$$(n'' - n')(M'P - MP) = 2(n'' - n')\,x\,\mathrm{tang}\,\alpha.$$

Fig. 217.

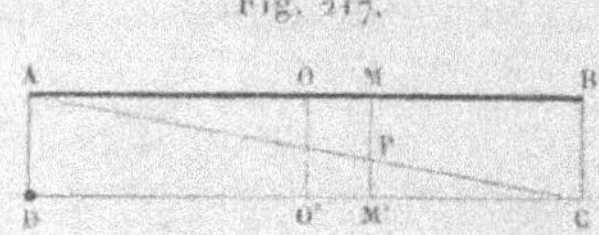

En toute rigueur, le phénomène est plus complexe, parce que les deux rayons réfractés ne suivent pas la même route dans la seconde lame (367) et éprouvent à la sortie une déviation angulaire $2(n'' - n')\,\mathrm{tang}\,\alpha$. La différence de marche a donc une expression un peu différente, mais elle reste proportionnelle à x. Quant à l'inégale direction, elle est très faible et les rayons se trouvent dans les mêmes conditions que ceux qui se réfléchissent sur des surfaces courbes dans les anneaux de Newton (276); les interférences paraîtront donc localisées dans l'épaisseur de la plaque.

Si la lumière incidente est blanche et polarisée dans l'azimut de 45° et qu'on observe avec un analyseur biréfringent parallèle au plan primitif de polarisation, l'image ordinaire présente une frange centrale rectiligne blanche ayant pour centre le point O, bordée de deux bandes noires et d'une série de bandes colorées symétriques. L'inverse a lieu dans l'image extraordinaire, où la bande centrale est noire.

Le phénomène est tout à fait comparable aux franges d'interférence des miroirs de Fresnel, car la différence des indices de réfraction $n'' - n'$ varie très peu avec la longueur d'onde; la différence de marche est donc proportionnelle à la distance au centre et sensiblement la même pour toutes les couleurs. Le retard du rayon extraordinaire dans la première lame est d'ailleurs positif à droite du point O et négatif à gauche.

Avec une lumière homogène, on observerait seulement une série de maxima et de minima. En mesurant, pour une couleur déterminée, la distance de deux franges de même espèce, on en déduira la distance a de deux franges voisines.

La position du centre et la valeur de a ayant ainsi été déterminées par observation, si la lumière primitive est elliptique, les deux composantes rectangulaires n'ont plus la même phase. La bande centrale se produit alors au point où ce retard a été compensé par l'appareil. Si le déplacement x a lieu vers la droite, c'est que la composante ordinaire dans la première lame avait un retard Δ dont la valeur est

$$\Delta = \lambda \frac{x}{a}.$$

Le retard existe, au contraire, sur la composante extraordinaire si le déplacement a lieu vers la gauche. On donne alors aux franges le maximum d'éclat en tournant l'analyseur dans l'azimut qui correspond au plan de polarisation des rayons compensés.

Au lieu de mesurer le déplacement des franges, on peut rendre l'une des lames mobiles et ramener la frange centrale dans sa position primitive, fixée par deux fils parallèles entre lesquels on la maintient à chaque observation.

La frange centrale étant comprise entre les fils f (*fig.* 218)

Fig. 218.

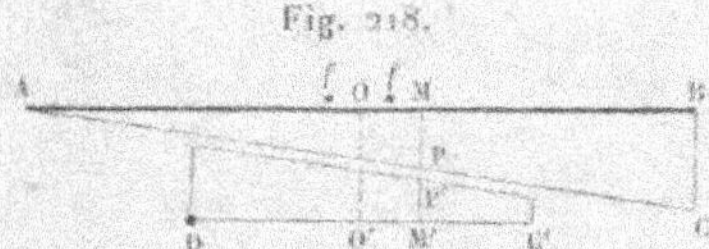

quand l'appareil est dans sa position normale, il suffit, pour amener la première frange de droite entre les repères, de faire glisser la pièce inférieure vers la gauche d'une quantité $2a$ ou de faire marcher les deux pièces en sens contraires de la quantité a.

Dans tous les cas, le déplacement b de l'appareil étant déterminé directement par expérience à l'aide d'une échelle divisée, si la lumière incidente est elliptique et que la frange centrale paraisse déplacée, on la ramènera entre les repères par un déplacement y; la différence de marche des deux composantes est

$$\Delta = \lambda \frac{y}{b}.$$

La largeur des franges dans le compensateur de Babinet est en raison inverse de l'angle du prisme formé par les lames. Comme la différence des indices de réfraction du quartz est à peu près 0,01, on trouve aisément qu'un angle de 1° 30′ donne environ 1^{mm} pour la distance des milieux de deux franges voisines.

406. *Compensateurs à teintes plates*. — Bravais [1] a obtenu un compensateur à teintes plates en combinant deux compensateurs de Babinet identiques comme le montre la *fig.* 219, c'est-

Fig. 219.

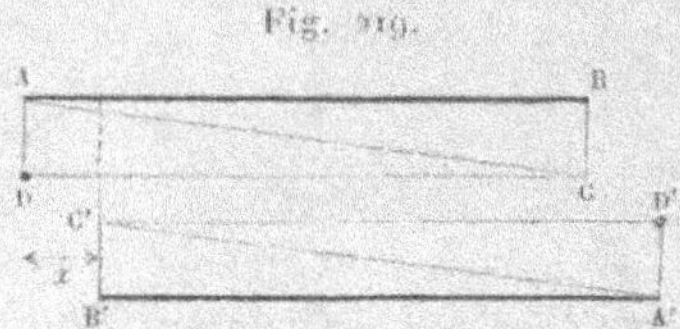

à-dire parallèlement entre eux et de manière que l'un ait tourné de 180° autour d'une parallèle aux arêtes.

Si les bords latéraux des compensateurs étaient sur le prolongement l'un de l'autre, la différence de marche des deux composantes du rayon qui les traverse normalement serait nulle dans toute l'étendue, puisque la somme des épaisseurs de chaque espèce de cristal serait partout la même.

En faisant glisser le second compensateur d'une quantité x, la différence de marche est encore constante dans toute la partie commune, mais l'épaisseur totale a diminué de $x \tang \alpha$ pour les lames dont l'axe est parallèle aux arêtes prismatiques et augmente pour les autres de la même quantité.

L'ensemble des deux compensateurs équivaut donc à une lame parallèle à l'axe, dont l'épaisseur $2x \tang \alpha$ est proportionnelle au déplacement de la pièce mobile. Placé entre un polariseur et un analyseur, cet appareil présentera dans la partie commune une teinte uniforme.

Pour faire la graduation, on détermine le zéro en vérifiant que, placé dans un azimut quelconque entre un polariseur et un analyseur croisés, le compensateur ne rétablit aucune lumière.

---

[1] Bravais, *Ann. de Chim. et de Phys.*, [3], t. XLIII, p. 139; 1855.

On fait ensuite glisser la partie mobile jusqu'à ce que l'image soit de nouveau éteinte, si la lumière est homogène, ou passe par un minimum quand on opère avec la lumière blanche. Le déplacement observé a correspond à une différence de marche d'une longueur d'onde. Pour un déplacement x, la différence de marche est égale à $\lambda \dfrac{x}{a}$.

Ce compensateur de Bravais exige quatre lames de quartz; Biot arrivait au même résultat avec trois lames seulement.

À la suite d'une lame AB (*fig.* 220) d'épaisseur e, parallèle à

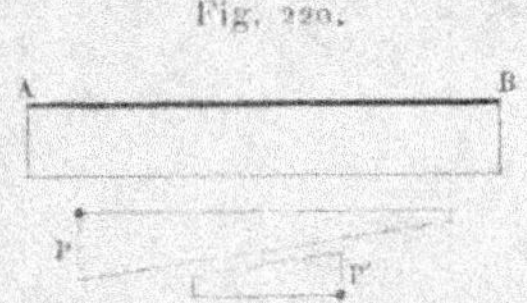

Fig. 220.

l'axe, on place un compensateur d'Arago PP′ formé de prismes de quartz dans lesquels l'axe est perpendiculaire au plan de la figure. L'épaisseur e' de la région commune à ces deux prismes est constante et, si l'on fait glisser l'un d'eux, elle varie proportionnellement au déplacement. La superposition des trois lames équivaut donc à une lame unique d'épaisseur constante $e - e'$, que l'on peut modifier à volonté.

Enfin H. Soleil a remarqué qu'il suffit de retourner de 180° un des prismes du compensateur de Babinet pour obtenir un compensateur à teintes plates réduit à deux lames de quartz.

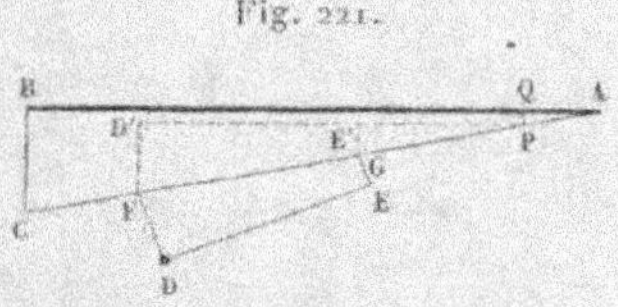

Fig. 221.

En effet, si l'on néglige la petite déviation qui résulte de la forme prismatique, la lame FDEG (*fig.* 221) compense la portion FD′E′G de la première qui lui est symétrique par rapport au plan AC. Comme le plan D′E′ est parallèle à AB, l'épaisseur commune PQ est proportionnelle à QA et, par suite, au déplacement latéral du prisme retourné FDEG.

Le seul inconvénient de ce compensateur est de donner aux rayons une petite déviation.

Il est difficile de trouver des cristaux de quartz assez homogènes pour convenir à la construction de compensateurs de grande surface. On reconnaît d'ailleurs le défaut de l'appareil, une fois construit, quand la teinte n'est pas absolument uniforme dans toute l'étendue de la portion utilisée.

Si le rapport $\dfrac{n'' - n'}{\lambda}$ de la différence des indices de réfraction du quartz à la longueur d'onde correspondante était constant, le compensateur serait *achromatique*, c'est-à-dire que la perte de phase en chaque point serait indépendante de la couleur de la lumière. Ce rapport varie presque de 1 à 2 entre les raies A et H, dont les longueurs d'onde sont respectivement $0^\mu,760$ et $0^\mu,397$. On est donc très loin de l'achromatisme, et l'emploi des compensateurs ne peut être rigoureux qu'avec une lumière homogène.

On obtient encore un compensateur à teintes plates à l'aide d'une lame de quartz parallèle à l'axe que l'on fait tourner autour d'une droite située dans son plan et parallèle ou perpendiculaire à l'axe, comme pour les compensateurs isotropes (301).

L'épaisseur équivalente augmente dans le premier cas et diminue dans le second à partir de l'incidence normale, pour laquelle la différence de marche est

$$\Delta_0 = (n'' - n')e.$$

Les retards Δ' et Δ'' dans les deux cas sont (397)

$$\frac{\Delta'}{e} = n'' \sqrt{1 - \frac{\rho^2}{n''^2}} - n' \sqrt{1 - \frac{\rho^2}{n'^2}},$$

$$\frac{\Delta''}{e} = (n'' - n') \sqrt{1 - \frac{\rho^2}{n'^2}}.$$

La valeur initiale Δ_0 étant toujours notable, il suffira en général d'incidences I très petites pour obtenir les variations nécessaires; on a alors, d'une manière approximative,

$$\Delta' = \Delta_0 \left(1 + \frac{I^2}{2 n' n''} \right), \qquad \Delta'' = \Delta_0 \left(1 - \frac{I^2}{2 n'^2} \right).$$

La méthode ne convient que pour des lumières homogènes, parce que les pertes de phase relatives à l'incidence normale sont déjà très inégales pour les différentes couleurs.

Si l'on employait un appareil formé de deux lames croisées de même épaisseur e, la différence de marche relative à l'incidence normale serait nulle pour toutes les couleurs. En inclinant la double lame autour de l'axe de l'une d'elles, le retard final

$$\Delta = \Delta' - \Delta'' = en'' \left[\sqrt{1 - \frac{\rho^2}{n''^2}} - \sqrt{1 - \frac{\rho^2}{n'^2}} \right]$$

porterait sur la composante polarisée dans le plan d'incidence et l'on aurait, pour de petites incidences,

$$\Delta = \Delta_0 \left(\frac{1}{n'} + \frac{1}{n^3} \right) \frac{I^2}{2n'} = e \frac{n''^2 - n'^2}{n' n''} \frac{I^2}{2n'}.$$

L'inconvénient principal de ces méthodes est que la variation du retard est d'abord proportionnelle au carré de l'inclinaison.

407. *Analyseurs à pénombre.* — L'emploi des lames minces cristallines permet de construire des analyseurs à pénombre (366) très sensibles. Supposons, en effet, qu'on rapproche l'un de l'autre deux fragments d'une lame cristalline dont les sections principales font un angle très petit 2ε; appelons j et j' les azimuts du polariseur et de l'analyseur à gauche et à droite de la bissectrice J de cet angle.

Pour la première lame, le facteur $\sin 2i \sin 2i''$ du terme chromatique (382) des images dans l'analyseur, avec la lumière blanche, devient

$$\sin 2(j - \varepsilon) \sin 2(j' + \varepsilon) = \sin 2j \sin 2j' + 2\varepsilon \sin 2(j - j'),$$

et il suffira pour la seconde de changer le signe de ε.

Les images des deux lames sont donc inégales et de teintes différentes, sauf quand le facteur $\sin 2(j - j')$ est nul, c'est-à-dire quand la section principale de l'analyseur est symétrique du plan primitif par rapport à la bissectrice J ou dans une direction perpendiculaire.

La différence des teintes est surtout manifeste lorsque la fraction de lumière blanche est nulle, l'analyseur et le polariseur étant croisés, ce qui donne

$$\sin 2j' = \sin 2j, \qquad \cos 2j' = -\cos 2j.$$
$$\sin 2(j - j') = -\sin 4j = -2\sin 2j \cos 2j.$$

Les deux images ne renferment plus alors que les termes chromatiques

$$\sin 2j \left[\sin 2j \mp 4\varepsilon \cos 2j\right] \Sigma u^2 \sin^2 \frac{\delta}{2},$$

et la fraction $8\varepsilon \cot 2j$, qui mesure le rapport de la différence des intensités à leur valeur moyenne, est d'autant plus grande que l'angle j est plus petit.

Si la double lame est attachée à un prisme de Nicol de manière que la bissectrice des sections principales soit parallèle à la section principale du nicol (où l'on n'observe que l'image extraordinaire), on constituera ainsi un analyseur à pénombre extrêmement sensible en observant l'égalité des deux images les plus faibles.

M. Laurent (¹) a mis à profit la propriété que possèdent les lames d'une demi-onde (378) de faire tourner de l'angle $2i$ le plan primitif de polarisation. Le champ d'observation est à moitié couvert par une lame d'une demi-onde. Si l'on néglige les pertes de lumière par réflexion, les intensités des deux portions du champ pour l'image ordinaire sont, en appelant u^2 l'intensité primitive,

$$\mathrm{O} = u^2 \cos^2(i' + i), \qquad \mathrm{O}' = u^2 \cos^2(i' - i),$$

et leur différence

$$\mathrm{O}' - \mathrm{O} = u^2 \sin 2i \sin 2i'.$$

Les images sont égales quand $\sin 2i' = 0$, c'est-à-dire quand l'analyseur est parallèle ou perpendiculaire à la section principale de la lame. Si l'on observe l'image extraordinaire, comme dans un nicol, la première condition est celle qui donne le minimum d'éclat. La sensibilité est d'ailleurs d'autant plus grande que l'angle i est plus petit et elle est variable à volonté. Comme la lame d'une demi-onde ne convient que pour une couleur déterminée, ce mode d'observation n'est applicable qu'à une lumière homogène telle qu'une flamme d'alcool salé.

(¹) LAURENT, *Journal de Physique*, t. III, p. 183; 1874.

Les images fournies par les analyseurs ordinaires ou à pénombre présentent les mêmes apparences quand la lumière primitive contient une partie de lumière naturelle ou quand la vibration est elliptique. Dans le dernier cas, ces appareils donneraient seulement l'azimut des axes de l'ellipse par les directions qui correspondent au maximum ou au minimum d'intensité des images.

Bravais ([1]) a imaginé un polariscope qui permet de reconnaître si les vibrations de la lumière primitive sont rectilignes ou elliptiques. On coupe une lame de mica d'une onde, ayant environ un neuvième de millimètre, à 45° sur la section principale, et l'on rapproche les deux morceaux M et N (*fig.* 222) après avoir retourné l'un d'eux, de façon que leurs sections principales se trouvent alors rectangulaires.

Si l'on opère avec de la lumière blanche polarisée, les deux demi-lames présentent des teintes de même espèce, variables avec l'azimut d'intersection; en effet, le produit $\sin 2i \sin 2i'$ ne change pas quand on y remplace i par $i + \dfrac{\pi}{2}$ et i' par $i' + \dfrac{\pi}{2}$, et les images sont identiques.

Fig. 222.

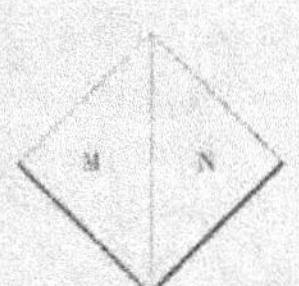

Lorsque l'analyseur et le polariseur sont croisés, l'intensité de l'image ordinaire se réduit à

$$O = \sin^2 2i \, \Sigma \, u^2 \sin^2 \frac{\delta}{2}.$$

Comme la lame de mica ne donne le retard d'une onde que pour les rayons jaunes les plus intenses, la couleur est d'un bleu violacé, ou *teinte sensible,* sur laquelle nous reviendrons, et son intensité varie avec l'orientation de la lame.

Pour peu que la lumière primitive soit polarisée elliptiquement,

([1]) Bravais. *Ann. de Chim. et de Phys.,* [3], t. XLIII, p. 131; 1855.

les images n'ont plus la même teinte. On pourrait le voir directement, mais il suffit de remarquer que la lumière primitive peut être considérée comme produite par une lame cristalline placée à la suite d'un polariseur, ce qui ramène au cas de deux lames successives. En remplaçant l'angle i_1 par $i_1 + \frac{\pi}{2}$ pour l'une des moitiés de la bilame, ou $2i_1$ par $2i_1 + \pi$, les termes du second membre dans l'équation (13) du n° 392 changent de signe, sauf le premier et le dernier.

La différence des intensités des deux moitiés de la lame ne peut être nulle. La teinte de l'une d'elles s'élève pendant que la teinte de l'autre s'abaisse; leur différence s'exagère par un effet de contraste et révèle les moindres traces de polarisation elliptique.

408. *Étude de la lumière polarisée elliptiquement.* — Un faisceau de lumière est polarisé dans un plan lorsqu'un analyseur à vibrations rectilignes peut l'éteindre complètement. La direction du plan de polarisation est parallèle à la section principale du prisme de Nicol qui produit l'extinction (363).

Pour connaître les éléments d'une vibration elliptique, on peut déterminer par une méthode photométrique la direction et le rapport des axes de l'ellipse, ou la transformer en vibration rectiligne en établissant un retard d'un quart d'onde sur l'une des deux composantes principales, ou enfin mesurer la différence de phase de deux composantes rectangulaires choisies arbitrairement.

409. *Méthode photométrique.* — Si la vibration elliptique est rapportée à ses axes

$$(1) \qquad \begin{cases} \xi = A \sin \omega t, \\ \eta = B \cos \omega t, \end{cases}$$

les intensités O et E des images ordinaire et extraordinaire dans un analyseur à double image, dont la section principale fait l'angle θ avec l'axe des η, peuvent être représentées par

$$O = A^2 \cos^2\theta + B^2 \sin^2\theta,$$
$$E = A^2 \sin^2\theta + B^2 \cos^2\theta.$$

Ces images sont égales pour $\theta = 45°$, c'est-à-dire quand l'analyseur est parallèle à la bissectrice des axes.

On obtiendra le rapport des axes en déterminant le rapport des intensités $\dfrac{A^2}{B^2}$ lorsque l'on fait $\theta = 0$, c'est-à-dire en tournant l'analyseur à $45°$ de l'azimut qui établissait l'égalité.

Il suffit, pour cela, de recevoir la lumière sur un second analyseur à une image dont l'azimut θ' par rapport à celui du premier soit choisi de manière que les images fournies par chacune des précédentes aient le même éclat, et qu'on ait

$$O \cos^2\theta' = E \sin^2\theta'$$

ou

$$\tan^2\theta' = \frac{O}{E} = \frac{A^2}{B^2}.$$

Toutefois cette méthode ne permet pas de connaître le sens de la vibration, et elle ne distingue pas la lumière elliptique d'un mélange de lumière naturelle avec de la lumière polarisée dans le rapport de $A^2 - B^2$ à $2B^2$.

L'emploi de deux analyseurs successifs, dont le premier est à double image, peut ainsi servir de *polarimètre*.

410. *Emploi d'un quart d'onde.* — La méthode générale du quart d'onde a été indiquée par de Senarmont ([1]). En recevant la lumière sur un analyseur, on détermine d'abord d'une manière approximative les azimuts pour lesquels l'intensité de la lumière transmise est maximum ou minimum, ce qui donne la direction des axes de l'ellipse. L'observation est encore plus précise avec un analyseur à double image qui permet d'obtenir deux intensités égales suivant la bissectrice des axes.

On place alors la section principale d'un quart d'onde parallèlement à l'un des axes de l'ellipse, par exemple au plan de polarisation de l'image maximum que nous supposerons correspondre à l'amplitude A.

Si le quart d'onde est *positif*, la vibration primitive est transformée en une vibration rectiligne (377) dont le plan de polarisation fait à gauche ou à droite de la section principale du mica, suivant que la vibration primitive est droite ou gauche, un angle I

([1]) De Senarmont, *Ann. de Chim. et de Phys.*, [1], t. LXXIII, p. 337; 1840.

défini par la condition

$$\tag{2} \tang I = \frac{B}{A}.$$

On déterminera cet angle par l'azimut de l'analyseur qui éteint l'image correspondante.

En réalité, la rotation de l'analyseur ne permet d'obtenir d'abord qu'une intensité minimum, parce que la direction du quart d'onde n'est qu'approchée; mais on affaiblit l'image de plus en plus par de petites rotations successives du quart d'onde et de l'analyseur, et l'on arrive rapidement à l'extinction complète.

L'azimut du quart d'onde détermine les plans principaux de l'ellipse; le rapport des axes est donné par la tangente de l'angle I que fait l'analyseur avec le quart d'onde; enfin la vibration est droite ou gauche suivant que cet angle est compté vers la gauche ou vers la droite.

Lorsque la vibration primitive est circulaire, l'analyseur donne toujours deux images égales et le quart d'onde orienté dans un azimut quelconque rétablit la polarisation rectiligne à $45°$.

Avec la lumière blanche, l'emploi d'un quart d'onde ne permet pas d'éteindre les images; mais, au moins, si toutes les couleurs sont polarisées de la même manière, on arrivera à produire la teinte sensible. Il est préférable d'opérer sur une lumière homogène et de régler un compensateur à teintes plates (404), de façon qu'il corresponde exactement au retard d'un quart d'onde pour la couleur considérée.

411. *Lame voisine d'un quart d'onde.* — Lorsque la lame auxiliaire n'est pas exactement d'un quart d'onde, elle peut être néanmoins utilisée si l'on modifie légèrement la méthode [1].

Les composantes ordinaire et extraordinaire de la vibration elliptique (1) à l'entrée de la lame peuvent être représentées par

$$\tag{3} \begin{cases} x = a \sin \omega t, \\ y = b \sin(\omega t - \delta). \end{cases}$$

Pour que la vibration émergente soit rectiligne, il faut que la

---

[1] Stokes, *Phil. Mag.*, t. II, p. 430; 1851.

valeur de δ soit égale à la perte de phase que produit la lame auxiliaire.

Lorsque le problème est possible, si l'on appelle θ l'azimut de la section principale de la lame par rapport au plan de polarisation de la composante A et que l'on pose $\tang i = \dfrac{b}{a}$ (158), l'équation

$$(4) \qquad\qquad \tang 2\mathrm{I} = \sin 2\theta \tang \delta$$

détermine pour l'azimut θ deux valeurs, θ_1 et $\theta_2 = \dfrac{\pi}{2} - \theta_1$, dont la différence $\theta_2 - \theta_1$ est donnée par l'observation et dont la moyenne $\dfrac{\theta_1 + \theta_2}{2} = \dfrac{\pi}{4}$ correspond à la bissectrice des axes de l'ellipse.

L'azimut i de polarisation rétablie, compté vers la gauche par rapport à la lame auxiliaire, satisfait à la condition

$$(5) \qquad\qquad \sin 2\mathrm{I} = \sin 2i \sin \delta,$$

qui détermine deux valeurs, i_1 et $i_2 = \dfrac{\pi}{2} - i_1$, dont la différence $i_2 - i_1$ est donnée par l'observation et dont la moyenne $\dfrac{i_1 + i_2}{2} = \dfrac{\pi}{4}$ correspond à une direction à $45°$ sur la section principale.

Pour connaître le rapport des axes de l'ellipse en fonction des données de l'expérience, on utilisera la relation

$$\cos 2\mathrm{I} = \frac{\cos 2 i_2}{\cos 2\theta_1} = \frac{\cos 2 i_1}{\cos 2\theta_2} = \frac{\sin(i_2 - i_1)}{\sin(\theta_2 - \theta_1)}.$$

Il n'est pas nécessaire de connaître la différence de phase δ, mais on peut la déterminer par la relation

$$\cos \delta = \frac{\tang 2\theta_1}{\tang 2 i_1} = \frac{\tang 2\theta_2}{\tang 2 i_2} = \frac{\tang(i_2 - i_1)}{\tang(\theta_2 - \theta_1)}.$$

La vibration primitive (1) est droite ou gauche suivant que $\tang\mathrm{I}$ est positif ou négatif, c'est-à-dire suivant que $\sin 2\mathrm{I}$ est positif ou négatif, et l'on a

$$\sin 2\mathrm{I} = \sin 2i_1 \sin \delta = \sin 2 i_2 \sin \delta = \cos(i_2 - i_1) \sin \delta.$$

Si l'angle δ est positif, ce que l'on connaît par l'orientation de la lame auxiliaire, on voit que la vibration primitive est droite ou gauche suivant que la différence $i_2 - i_1$ est plus petite ou plus grande que 90°.

L'appareil de M. Stokes se compose d'un cercle fixe sur lequel se meut une monture qui entraîne la lame auxiliaire, dont la rotation est indiquée par le déplacement d'un vernier. Cette monture porte elle-même un cercle divisé sur lequel se meut un tambour, muni d'un second vernier, qui entraîne l'analyseur. Dans les deux expériences successives, le premier vernier donne l'angle $\theta_2 - \theta_1$, et le second l'angle $i_2 - i_1$.

La perte de phase δ de la lame auxiliaire n'est pas entièrement arbitraire, car, d'après l'équation (4), cet angle doit être compris entre $2I$ et $\pi - 2I$. Une lame cristalline qui est d'un quart d'onde pour une couleur déterminée pourra ainsi servir à l'étude des vibrations elliptiques des couleurs voisines plus ou moins réfrangibles, dans une certaine étendue du spectre, pourvu que les ellipses ne se rapprochent pas trop du cercle. En effet, la méthode est en défaut pour les vibrations circulaires, car la polarisation rectiligne ne peut alors être rétablie que par un retard d'un quart d'onde.

412. *Mesure de la différence de phase.* — La vibration elliptique est définie quand on connaît la différence de phase de deux composantes rectangulaires et il arrive souvent, comme dans l'étude de la réflexion, que cette différence de phase sur deux composantes de directions déterminées est l'élément le plus important à considérer.

Les composantes de l'ellipse rapportée aux deux axes choisis étant représentées par les équations (3), on reçoit cette lumière sur un compensateur à franges (¹) ou à teintes plates, réglé au zéro, dont les arêtes prismatiques sont parallèles à l'axe des y. Observant ensuite avec un analyseur, on constate que le système de franges s'est déplacé vers la droite ou vers la gauche dans le premier cas et qu'il est impossible d'éteindre complètement la lumière dans le second.

Le sens dans lequel les franges ont glissé indique le signe de la différence de phase δ; on en déterminera la valeur, soit par la

---

(¹) JAMIN, *Ann. de Chim. et de Phys.*, [2], t. XXIX, p. 263; 1850.

mesure du déplacement, soit en ramenant la frange centrale entre ses repères.

Pour connaître la vibration elle-même, on détermine par l'analyseur l'azimut de polarisation i, compté à gauche de l'axe des y, de la nouvelle frange centrale, avant ou après l'avoir ramenée entre les repères. On a alors le rapport des amplitudes a et b par l'équation

$$\tang i = \frac{b}{a}.$$

Les quantités i et $\tilde{o}$ définissent la vibration de l'ellipse, par les équations (7) et (8) du n° 158, et la vibration est droite ou gauche suivant que le produit $\tang i \sin \tilde{o}$ est négatif ou positif (157).

La frange centrale se reconnaît aisément avec la lumière blanche, quoique les irisations deviennent un peu dissymétriques (129). Dans la lumière homogène on saura généralement par la continuité du phénomène si l'on doit considérer celle qui se trouve d'un côté ou de l'autre du repère.

Avec le compensateur à teintes plates, on tourne d'abord l'analyseur de manière que l'image passe par un minimum, puis on fait mouvoir le compensateur dans un sens ou dans l'autre pour l'affaiblir encore, et l'on arrive rapidement à l'annuler par une série de tâtonnements. Le déplacement du compensateur et l'azimut de l'analyseur donnent les deux angles $\tilde{o}$ et i.

113. *Emploi d'un analyseur circulaire.* — Supposons enfin qu'on fasse usage d'un analyseur circulaire à double image.

Si la lumière primitive est polarisée rectilignement, les deux images sont toujours égales.

Si la vibration est elliptique droite

$$\begin{cases} x = a \sin \omega t, \\ y = b \cos \omega t, \end{cases}$$

elle équivaut aux deux circulaires (172)

$$\begin{cases} x_1 = \dfrac{a+b}{2} \sin \omega t, & x_2 = \dfrac{a-b}{2} \sin \omega t, \\ y_1 = \dfrac{a+b}{2} \cos \omega t, & y_2 = -\dfrac{a-b}{2} \cos \omega t. \end{cases}$$

Les images sont inégales, quelle que soit l'orientation de l'analyseur, et la plus intense indique immédiatement le sens de la vibration primitive. Le rapport des axes de l'ellipse pourrait être déterminé par le rapport des intensités D et G des images, car on a

$$\sqrt{\frac{\mathrm{D}}{\mathrm{G}}} = \frac{a-b}{a+b} = \frac{1-\tang i}{1+\tang i} = \tang(45^\circ - i);$$

mais cette méthode serait défectueuse et ne permettrait pas de connaître la direction des axes de l'ellipse.

En interposant un compensateur à teintes plates, réglé à un quart de longueur d'onde, on peut rétablir la polarisation rectiligne, et les deux images deviendront égales. La direction du compensateur donne la direction des axes de l'ellipse.

Enfin, on peut rendre la vibration circulaire et annuler l'une des images, en mettant le compensateur à 45° sur les axes de l'ellipse avec une différence de phase δ convenable. Les composantes dans ces directions sont, en effet,

$$x' = \frac{1}{\sqrt{2}}(x-y) = \frac{r}{\sqrt{2}}(\cos i \sin \omega t - \sin i \cos \omega t) = \frac{r}{\sqrt{2}} \sin(\omega t - i),$$

$$y' = \frac{1}{\sqrt{2}}(x+y) = \frac{r}{\sqrt{2}}(\cos i \sin \omega t + \sin i \cos \omega t) = \frac{r}{\sqrt{2}} \sin(\omega t + i).$$

Leur différence de phase étant $2i$, si l'on ajoute à la première une nouvelle perte δ qui rende la vibration circulaire, la relation

$$\delta + 2i = \frac{\pi}{2}$$

donnera l'angle i et, par suite, le rapport des axes a et b de l'ellipse. L'analyseur circulaire serait surtout avantageux si la vibration primitive était presque circulaire.

414. *Mode d'observation.* — Quand on emploie un compensateur à franges, on doit viser sur l'appareil lui-même où les interférences paraissent localisées. On éprouve alors quelque difficulté à fixer la direction des rayons observés.

Pour l'étude de la réflexion, par exemple, on peut mettre une ouverture un peu large au foyer d'un collimateur et placer le compensateur dans le plan de l'image fournie par une lunette. On fixe la direction moyenne des rayons réfléchis en amenant, au milieu de cette image, le système des deux fils parallèles qui comprennent la frange centrale, ou le centre de deux fils croisés équivalents, et l'on observe avec un oculaire muni d'un analyseur.

On éclaire le collimateur par une source homogène, ou par une partie du spectre, quand l'observation doit porter sur une couleur bien définie.

Avec les lames d'un quart d'onde ou les compensateurs à teintes plates, il n'est pas nécessaire de viser l'appareil lui-même. On peut alors se servir d'un collimateur à fente étroite, placer la lame ou le compensateur en avant de la lunette et observer sur un réticule l'image de la fente.

Dans ce cas, il est possible d'opérer avec la lumière blanche, en plaçant un appareil dispersif à la suite de l'analyseur. L'extinction n'ayant pas lieu en même temps pour toutes les couleurs, le spectre présente une bande noire dont on amène le milieu à chaque observation sur une région déterminée.

L'analyse spectrale du phénomène est surtout nécessaire lorsque les différentes couleurs qui constituent la lumière primitive ne sont pas polarisées de la même manière.

415. *Échelle des teintes.* — Un grand nombre d'observations minéralogiques reposent sur l'examen des couleurs que prennent les lames cristallines. Il est utile, pour ce genre de recherches, d'avoir sous les yeux une sorte d'image spectrale qui représente aussi exactement que possible l'échelle des teintes de Newton [1] (146 et suiv.), particulièrement pour les interférences à centre noir. On doit remarquer toutefois que les calculs de Maxwell et de L. Rayleigh ne s'appliquent pas exactement au cas actuel, parce que la différence de marche des rayons qui interfèrent n'est pas la même pour toutes les couleurs (383).

La première frange noire, par exemple, correspond à l'extinction des couleurs les plus intenses, pour lesquelles le retard Δ est d'une longueur d'onde λ_0, tandis que les couleurs extrêmes, rouge et violette, interviennent pour une fraction

$$\sin^2\pi\,\frac{\Delta}{\lambda} = \sin^2\pi\left(1 - \frac{\lambda - \Delta}{\lambda}\right) = \sin^2\pi\,\frac{\lambda - \Delta}{\lambda}$$

---

[1] *Voir* Michel Lévy et A. Lacroix, *Les minéraux et les roches.* Paris, 1888.

Il en résulte une couleur spéciale très pâle, d'un bleu violacé fleur de lin : on l'appelle *teinte sensible*, parce qu'elle se transforme en teintes plus brillantes et plus franches, rouge ou violette, quand le retard diminue ou augmente à partir de λ_0, et que ce passage se fait très rapidement.

Mais, si le retard Δ croît en sens inverse de la longueur d'onde, ce qui est le cas de la double réfraction, les rapports $\dfrac{\lambda - \Delta}{\lambda}$ pour le rouge et $\dfrac{\Delta - \lambda}{\lambda}$ pour le violet deviennent plus grands que dans le premier cas; la teinte sensible est donc modifiée et déplacée. Les autres teintes éprouvent des modifications analogues et, si la dispersion de biréfringence est notable, elles ne tarderont pas à présenter des nuances toutes différentes qui ne sont plus comparables d'un cristal à l'autre. L'échelle des teintes doit alors être rapportée à un cristal dont la biréfringence présente une dispersion assez faible, comme une lame de quartz parallèle à l'axe.

La *fig.* 1 (*Pl. IV*) est la représentation de cette échelle. La division supérieure donne les retards correspondants, évalués en millionièmes de millimètre, pour la raie D du spectre. Si $n'' - n'$ est la différence des indices de réfraction relatifs à cette couleur, le retard produit par une lame d'épaisseur e est $\Delta = (n'' - n')e$. La division inférieure donne les valeurs de $X = 1000(n'' - n')$, c'est-à-dire les trois premiers chiffres décimaux de la différence des indices qui produiraient ces retards dans une lame de $\frac{2}{100}$ de millimètre. La valeur de X étant 9,1 pour le quartz, la teinte de ce cristal reste dans les blancs de premier ordre.

La description des teintes (152) relatives aux interférences à retard constant convient encore d'une manière très approximative à la polarisation chromatique, qui a servi pour former la Table de Brücke (153). Nous signalerons, en particulier, les teintes sensibles du premier ordre ($\Delta = 575$), du second ($\Delta = 1128$) et du troisième ($\Delta = 1652$); dans le premier ordre, les belles couleurs jaunes, orangées et rouges; dans le second ordre, un bleu magnifique, le vert et le jaune, avec des rouges moins purs et le pourpre plus apparent; dans le troisième ordre, les bleus et surtout les verts qui sont d'une grande pureté, les jaunes et les rouges étant beaucoup plus mélangés; enfin, dans le quatrième ordre, les violets et les verts qui suivent la teinte sensible ; après quoi, les nuances sont plus difficiles à spécifier.

Avec les cristaux comparables au quartz et qui n'ont pas de couleur propre, on arrive rapidement à reconnaître, dans chaque cas, la nature et l'ordre des teintes. Lorsque le résultat est indécis, surtout quand on rencontre les teintes grises qui comprennent le quatrième ordre ou celle qui limite le premier ordre, l'emploi d'une lame auxiliaire permet d'augmenter ou de diminuer le retard de manière à obtenir des teintes plus ou moins élevées et à ramener l'observation à celle des couleurs franches.

416. *Étude des cristaux.* — Les teintes de polarisation chromatique permettent de reconnaître les propriétés les plus importantes des lames cristallines : la direction des plans de vibration relatifs à l'incidence normale, le signe et la valeur approchée de la différence des indices de réfraction correspondante. S'il s'agit de lames uniaxes, ou de lames biaxes parallèles à l'un des plans de symétrie, cette différence détermine le signe du cristal.

Dans les recherches de cette nature, il faut avoir à sa disposition un appareil capable de produire, sur deux composantes polarisées à angle droit, une différence de marche de signe déterminé et que l'on puisse faire varier à volonté.

On utilise, à cet effet, soit une lame clivée de gypse ou de mica dont on a reconnu le signe et marqué la section principale, soit une lame de quartz parallèle à l'axe, soit un compensateur à teintes plates ou à franges (405 et 406). Suivant les cas, il conviendra de prendre une lame de quartz de $0^{mm},065$ qui donne la teinte sensible de premier ordre ou des lames de mica d'une demi-onde ou d'un quart d'onde.

Pour obtenir un retard variable, on emploie une lame de quartz parallèle à l'axe, taillée en biseau sous un angle très aigu, un compensateur dont on déplace la pièce mobile ou qu'on incline sur la lumière incidente, ou enfin une lame de spath perpendiculaire à l'axe sous des inclinaisons différentes (le quartz est moins propre à cet usage, à cause de son pouvoir rotatoire).

Les lames qui sont homogènes sur une certaine étendue peuvent être observées avec l'appareil de Norremberg (*fig.* 209) ou le microscope polarisant d'Amici (*fig.* 210). Pour les cristaux de dimensions très petites, enclavés dans les roches de nature complexe, il est nécessaire d'avoir recours à des appareils plus puissants.

Fig. 223.

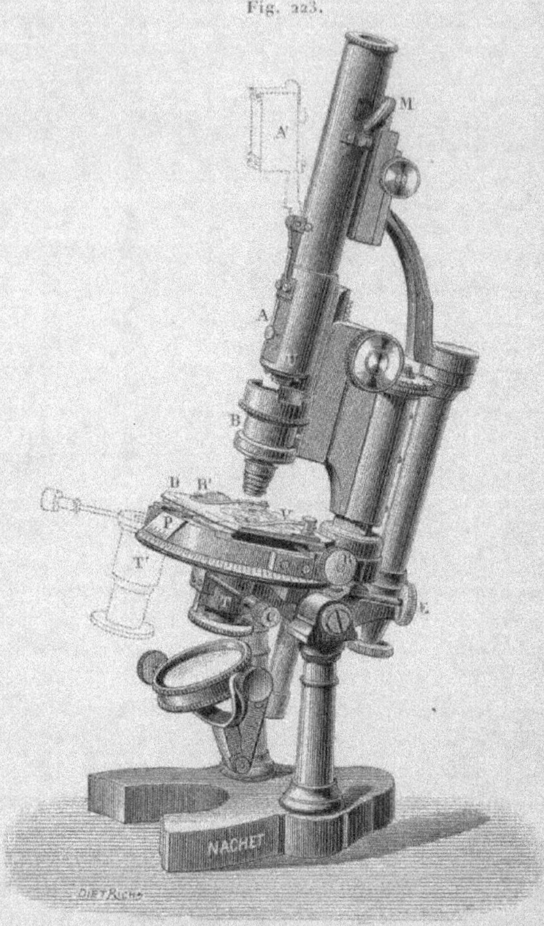

La roche est taillée et polie en coupes de $\frac{2}{100}$ à $\frac{3}{100}$ de millimètre d'épaisseur et collée au baume de Canada entre deux lames de verre ; on place cette préparation D (*fig.* 223) sur le porte-objet P d'un microscope, de grossissement convenable, mobile sur un cercle divisé; un prisme de Nicol polariseur T est intercalé sur le trajet des rayons de l'appareil éclaireur et un prisme analyseur A entre l'objectif et l'oculaire, ces deux prismes pouvant être enlevés en T' et A' pour diverses observations. Le déplacement de la coupe sur la platine porte-objet et la rotation de cette platine permettent d'amener les différents cristaux dans le champ et de leur donner l'orientation convenable.

Quel que soit l'appareil employé, on commence par mettre l'analyseur et le polariseur dans des directions croisées, de manière à éteindre la lumière. Quand on interpose une lame cristalline, la lumière reparaît pour la plupart des orientations et montre d'abord que cette lame possède la double réfraction.

417. *Directions principales.* — En tournant la lame sur elle-même, il est facile de reconnaître les plans de polarisation relatifs à une lumière incidente normale; ils sont donnés par les deux directions rectangulaires qui rétablissent l'extinction de la lumière quand on les amène à être parallèles ou perpendiculaires au plan primitif de polarisation. On les appelle *directions principales* ou *droites d'extinction*. On oriente l'une d'elles à 45° sur le plan primitif: la teinte prend alors le maximum d'éclat.

Pour les lames uniaxes parallèles à l'axe, l'une de ces directions correspond à la section principale; la différence de marche augmente ou diminue suivant qu'on fait tourner la lame autour d'une parallèle à l'axe ou d'une perpendiculaire à la section principale. On cherchera donc autour de quelle droite d'extinction on doit tourner la lame pour faire baisser la teinte, ce qui correspond à une épaisseur équivalente plus faible.

La manière dont les teintes se succèdent dans l'expérience donne très rapidement, par comparaison avec l'échelle, le sens de la variation et l'ordre de la teinte initiale. On connaît ainsi la section principale du cristal.

Si la lame est oblique à l'axe, l'une des droites d'extinction est parallèle à la section principale. La différence de marche (399) augmente encore quand la lame tourne autour de cette droite; mais elle varie d'une manière plus rapide quand la rotation a lieu autour de l'autre droite d'extinction, puisque la variation est pro-

Les mêmes apparences se produisent, par raison de réciprocité, quand le polariseur est seul circulaire.

430. *Lames multiples.* — En dehors des cas précédents qui correspondent à l'emploi de lames d'un quart d'onde dans des azimuts convenables, la superposition de plusieurs lames conduit habituellement à des résultats plus complexes.

Pour deux lames, par exemple, les amplitudes des composantes conjuguées (392) qui constituent la vibration ordinaire sont, en introduisant dans les formules l'azimut $s = i + i_1 + i'$ de l'analyseur par rapport au plan primitif,

$$a = r[\beta\beta_1 \cos s - \alpha\alpha_1 \cos(s - 2i_1)],$$
$$a' = r[\beta\alpha_1 \cos(s - 2i') + \alpha\beta_1 \cos(s - 2i)].$$

Il n'y a pas de lignes neutres, en général, puisque l'intensité ne peut être indépendante des différences de phase δ et δ_1, et il n'y a pas non plus de lignes isochromatiques continues. On ne pourra d'ailleurs observer les interférences, sauf de rares exceptions, que dans la lumière homogène.

L'intensité est nulle quand on a simultanément

$$\frac{\alpha\alpha_1}{\beta\beta_1} = \tan\frac{\delta}{2}\,\tan\frac{\delta_1}{2} = \frac{\cos s}{\cos(s - 2i_1)},$$
$$\frac{\alpha\beta_1}{\beta\alpha_1} = \tan\frac{\delta}{2}\,\cot\frac{\delta_1}{2} = -\frac{\cos(s - 2i')}{\cos(s - 2i)};$$

$$(1)\quad
\begin{cases}
\tan^2\dfrac{\delta}{2} = -\dfrac{\cos s}{\cos(s - 2i_1)}\dfrac{\cos(s - 2i')}{\cos(s - 2i)}, \\[2ex]
\tan^2\dfrac{\delta_1}{2} = -\dfrac{\cos s}{\cos(s - 2i_1)}\dfrac{\cos(s - 2i)}{\cos(s - 2i')}.
\end{cases}$$

Lorsque l'une de ces conditions est possible, l'autre l'est également; chacune d'elles correspond à une série de courbes dans le champ d'observation et leurs points de rencontre formeront des taches noires, plus ou moins nettement arrêtées sur leurs bords. L'ensemble du phénomène présente l'aspect d'un damier à lignes courbes dont les cases, noires ou brillantes, peuvent avoir des formes et une distribution très variées.

Si les angles i et i', qui définissent respectivement les azimuts

8

de polarisation des rayons ordinaires dans les deux lames par rapport au polariseur et à l'analyseur, sont indépendants du plan d'incidence, les valeurs constantes de δ et δ_1 déterminées par les équations (1) montrent que les taches d'intensité nulle sont rangées sur des systèmes de lignes isochromatiques correspondant à chacune des lames.

Lorsque le polariseur et l'analyseur sont croisés, l'intensité est nulle si l'on fait en même temps $\alpha = 0$ et $\alpha_1 = 0$. Il existe alors un système de taches noires aux intersections des franges sombres qui appartiendraient séparément à chacune des lames.

L'intensité est encore nulle pour $\alpha_1 = 0$ et $\sin 2i = 0$; il en serait de même pour $\alpha = 0$ et $\sin 2i' = 0$. Il y a donc deux autres systèmes de taches noires aux points d'intersection des lignes neutres de chacune des lames avec les franges sombres relatives à l'autre lame. L'intensité reste d'ailleurs très faible sur ces franges à quelque distance des lignes neutres, puisque le facteur $\sin 2i$ ou $\sin 2i'$ reste alors très petit.

Lorsque les seconds membres des équations (1) sont négatifs, on n'observe plus que des alternatives d'intensités inégales dont les minima sont distribués d'une manière analogue; on les obtiendrait en discutant l'équation (13) du n° **392**.

431. *Mode d'observation.* — L'appareil le plus simple pour observer ces phénomènes est la *pince à tourmalines* de Biot.

Deux lames de tourmaline parallèles à l'axe, portées par des bagues annulaires, sont montées sur les deux branches d'une sorte de pince formée par un fil métallique recourbé (*fig.* 235). On peut tourner la bague de chaque tourmaline dans l'anneau de fil qui la maintient, de manière à modifier à volonté l'angle de leurs sections principales. En écartant les tourmalines, on introduit entre elles la lame cristalline ou le système de lames à observer et elles y sont maintenues par le ressort de la monture. Il suffit alors de placer l'appareil devant l'œil et de viser à l'infini.

On combine autant que possible deux tourmalines de teintes complémentaires, verte et rose, afin que la lumière qui les traverse soit à peu près blanche.

Avec ce mode d'observation, on aperçoit chacun des points du champ dans la direction même du faisceau primitif correspondant

et l'ouverture angulaire de l'image visible est à peine de 20°. La
distribution de lumière est plus uniforme quand on place en avant
de la première tourmaline une lentille convergente qui fait fonction d'éclaireur ([1]). Si l'on ajoute à la suite de la seconde tour-

Fig. 235.

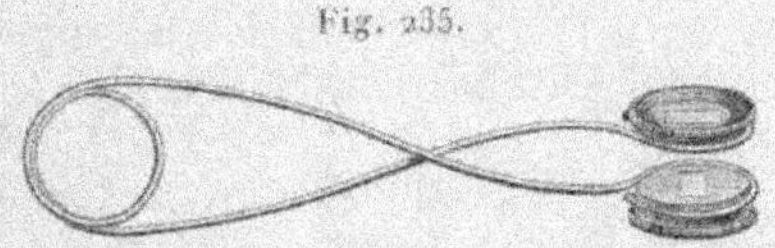

maline un autre système de lentilles convergentes dont on vise
le plan focal au moyen d'une loupe à long foyer, ce qui constitue
une lunette réglée pour l'infini, les franges paraissent plus serrées
parce qu'on les aperçoit sous un écart moindre, mais l'ouverture
angulaire des rayons utilisés sur le cristal est beaucoup augmentée ;
M. Bertin ([2]) a pu obtenir ainsi un champ de 78°, qui est bien
suffisant pour le plus grand nombre des applications.

L'appareil primitif de Norremberg (*fig.* 209) peut servir au
même usage par la seule addition d'une lentille convergente L,
que l'on amène au-dessous de la glace réfléchissante G, et la lame
cristalline est posée sur le miroir inférieur M. La lumière incidente étant ainsi concentrée sur la lame, le faisceau qui correspond
à une direction déterminée traverse deux fois le cristal sous la
même incidence et l'on observe avec l'analyseur dans le plan focal
supérieur de la lentille. Ce double trajet des rayons dans des
directions différentes peut compliquer certains phénomènes, mais
il présente, dans d'autres cas, des avantages particuliers. L'ouverture angulaire du champ est encore très faible.

Le microscope polarisant d'Amici (*fig.* 210) est surtout destiné
à ce genre d'observations. On adapte alors, au-dessous de la plate-
forme *h*, une monture T' qui renferme un jeu de lentilles convergentes ; on visse aussi, sur le microscope M, un tube M' terminé
à la partie inférieure par un système de lentilles formant objectif,
et la longueur du tube est telle que le microscope M vise dans le

---

([1]) J. HERSCHEL, *Traité de la lumière*, n° 896.
([2]) BERTIN, *Journal de Physique*, t. X, p. 116 ; 1881.

plan focal de cet objectif. Le champ n'est pas très étendu, mais l'appareil permet d'observer des lames plus minces.

Norremberg (¹) a imaginé plusieurs modifications qui permettent d'augmenter beaucoup l'ouverture du champ.

Le microscope, ou plutôt la lunette d'observation, porte d'abord trois lentilles très convergentes que nous désignerons par L_1, L_2 et L_3 (*fig.* 236). Les deux lentilles inférieures L_1 et L_2 sont

Fig. 236.

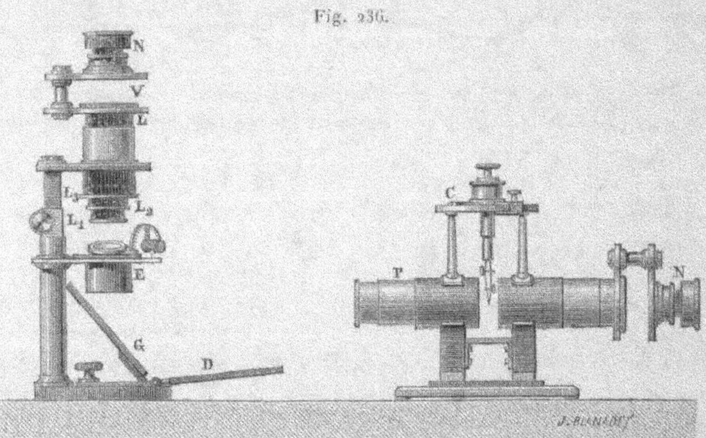

plan convexes et le plan focal P de leur ensemble est situé entre L_2 et L_3. La lentille L_3 constitue avec une lentille supérieure L un système oculaire qui permet de viser, au travers du nicol analyseur N, dans le plan focal P.

L'éclaireur E est formé par la même série de lentilles que les trois premières et disposées en sens contraire.

La polarisation primitive est obtenue, soit par une pile de glaces G qui reçoit la lumière extérieure réfléchie sur un miroir mobile D, soit par un prisme de Nicol ou par une lame mince d'hépatite placée au-dessus de l'éclaireur. Sur cet éclaireur est installée une platine porte-objet, qui permet d'orienter les lames dans tous les azimuts et d'en mesurer la rotation.

(¹) BERTIN, *Annales de Chimie et de Physique*, [3], t. LXIX, p. 87; 1863.

On peut, en outre, monter sur la même platine un demi-cercle vertical dont l'axe est mobile et porte le cristal, ce qui permet de déterminer la distance angulaire de deux franges ou de deux phénomènes différents.

Pour rendre ces comparaisons plus faciles, le plan focal P est occupé par un disque en verre, gravé au diamant de deux traits rectangulaires dont l'intersection sert de repère. Enfin ce verre porte quelquefois d'autres traits ou même des cercles concentriques qui donnent, à simple lecture et d'une manière approchée, la distance angulaire qui correspond à deux points du champ.

En avant du nicol analyseur est ménagé un espace vide V qui permet d'intercaler, soit des lames d'épreuve, soit des micas destinés à rendre l'analyseur circulaire ou elliptique.

Un mica placé sur le trajet de la lumière polarisée primitive fournira également de la lumière circulaire ou elliptique.

Pour que les rayons qui ont traversé le cristal dans une direction déterminée donnent une image visible, il faut évidemment qu'après s'être réfractés sur les différentes lentilles de l'objectif et après avoir fourni le faisceau conique qui aboutit à un point du plan focal, ils rencontrent ensuite le nicol analyseur. Lorsque les jeux de lentilles ont été convenablement choisis et combinés, on peut distinguer les images comprises dans un champ de plus de 127°. On arrive même aujourd'hui, surtout avec les objectifs à immersion, à observer les phénomènes correspondant à des rayons qui formeraient dans l'air un champ supérieur à 140°.

Quand on veut étudier les cristaux encastrés dans les coupes de roches, on doit avoir recours à un microscope plus puissant (*fig.* 223), qui permet d'observer séparément les différentes lamelles, et employer un éclaireur très convergent. Après avoir amené au milieu du champ, par la méthode ordinaire, l'image d'un cristal déterminé, on peut remplacer l'oculaire par un système optique qui vise l'image formée dans le plan focal de l'objectif, mais il est aussi avantageux de supprimer les lentilles de l'oculaire et d'examiner cette image simplement à l'œil. L'ouverture du champ varie entre des limites très étendues, suivant la construction de l'instrument et la puissance des objectifs dont on fait usage dans chaque observation.

432. *Lame perpendiculaire à l'axe.* — Pour une lame perpendiculaire à l'axe de cristallisation, la section principale se confond toujours avec le plan d'incidence.

La condition $\sin 2i = 0$ donne *deux lignes neutres*, en croix rectangulaire, l'une parallèle et l'autre perpendiculaire au plan primitif de polarisation.

De même, la condition $\sin 2i' = 0$ correspond à *deux lignes neutres* en croix, l'une parallèle et l'autre perpendiculaire à la section principale de l'analyseur.

Ces lignes neutres produisent dans le champ (*Pl. III, fig.* 1) deux *croix grises*, pour lesquelles les intensités des images sont

$$O = \cos^2 s \, \Sigma \, u^2, \qquad E = \sin^2 s \, \Sigma \, u^2.$$

Quand les sections principales du polariseur et de l'analyseur sont parallèles, les deux systèmes de lignes neutres se superposent; il n'y a plus qu'une croix dans chaque image, *blanche* pour l'image ordinaire (*Pl. III, fig.* 2) et *noire* pour l'image extraordinaire (*Pl. III, fig.* 3).

La croix est noire dans l'image ordinaire et blanche dans l'image extraordinaire si les sections principales sont croisées.

La différence de marche des deux ondes ne dépend que de l'angle d'incidence I et, par suite, du rayon vecteur $\rho = \sin I$ de la courbe isochromatique correspondante. Les lignes *isochromatiques* sont donc des circonférences ayant pour centre commun la normale à la lame, ou l'axe du cristal.

A part les interruptions produites par les lignes neutres, les lignes isochromatiques se présentent ainsi comme les anneaux de Newton. Le centre est noir, blanc ou d'une intensité intermédiaire suivant que les lignes neutres sont noires, blanches ou grises.

Tant que l'angle d'incidence est très petit, le retard de l'onde extraordinaire a pour expression approchée (397)

$$\Delta = e \frac{b^2 - a^2}{2\,b} \rho^2 = m \frac{\lambda}{2},$$

ce qui donne

$$\rho^2 = \frac{b}{b^2 - a^2} \frac{m\lambda}{e}.$$

Lorsque la dispersion de double réfraction est très faible, ce qui est le cas le plus fréquent, on peut écrire

$$\Delta = m\frac{\lambda}{2} = e(b-a)\rho^2 = e\frac{n''-n'}{n'n''}\,\rho^2,$$

$$\rho^2 = \frac{n'n''}{2(n''-n')}\,\frac{m\lambda}{e}.$$

On voit, d'après cela, que :

1° Pour les anneaux de même espèce que le centre, le facteur m est un nombre entier pair; les carrés des rayons correspondants varient comme la suite des nombres pairs.

Pour les anneaux d'espèce contraire, qui diffèrent des premiers par un retard d'une demi-longueur d'onde, les carrés des rayons varient comme la suite des nombres impairs.

2° Pour des anneaux de même ordre, les carrés des rayons sont en raison inverse de l'épaisseur de la lame et, à part la dispersion de double réfraction, proportionnels à la longueur d'onde.

Avec la lumière blanche, si le système des lignes neutres se réduit à une croix noire ou une croix blanche, les franges isochromatiques ressemblent aux anneaux de réflexion ou de transmission, ceux-ci étant débarrassés de l'excès de lumière blanche, et ces anneaux sont interrompus par les lignes neutres. Dans le cas de lignes neutres grises, qui forment entre elles huit secteurs successifs, on trouve les couleurs des anneaux de réflexion dans l'intérieur de quatre secteurs disposés en croix et celles des anneaux de transmission dans les quatre secteurs intermédiaires.

Les anneaux des cristaux à un axe ont été aperçus pour la première fois par Brewster [1] sur le béryl, l'émeraude, le rubis, etc.; il a constaté en même temps les phénomènes analogues que présentent les cristaux biaxes.

Lorsque l'inclinaison devient plus grande, il est nécessaire de remplacer l'expression approchée de la différence de marche par la formule plus générale

$$\Delta = \frac{e}{b}\left(\sqrt{1-a^2\rho^2}-\sqrt{1-b^2\rho^2}\right).$$

---

[1] Brewster, *Treatise on new philos. instruments*, p. 336; Edinburgh, 1813.

Quand on superpose deux lames perpendiculaires à l'axe, chacune des ondes émanant de la première ne donne dans la seconde qu'une onde de même espèce, et la différence de marche résultante est la somme algébrique des différences de marche produites séparément par les deux lames.

En accentuant les lettres relatives à la seconde lame, on aura donc, pour les premiers anneaux,

$$\Delta = \frac{\rho^2}{2}\left(e\,\frac{b^2 - a^2}{b} + e'\,\frac{b'^2 - a'^2}{b'}\right).$$

Le phénomène présente exactement les mêmes apparences, sauf que les retards des deux lames s'ajoutent ou se retranchent, suivant qu'elles sont de même signe ou de signes contraires.

433. *Polariseur et analyseur circulaires.* — Si l'analyseur est seul circulaire (429), la croix neutre relative au polariseur est conservée, tandis que les anneaux maxima et minima prennent des positions intermédiaires à celles des maxima et minima obtenus dans les conditions ordinaires et les couleurs, à la lumière blanche, sont toujours lavées de blanc. Chacune des images est divisée en quatre segments de teintes complémentaires.

Il en est de même, par rapport à la croix neutre de l'analyseur, si le polariseur est seul circulaire.

Il est utile d'insister sur la forme de ces anneaux dont on fait usage dans la pratique. Les amplitudes des vibrations droite et gauche dans un analyseur circulaire sont (389)

$$4\,d^2 = r^2(1 - \sin 2i \sin \delta),$$
$$4\,g^2 = r^2(1 + \sin 2i \sin \delta).$$

Dans le premier quadrant, où l'angle i est compris entre $0°$ et $90°$, les minima de l'image circulaire droite ont lieu pour

$$\delta = (4m + 1)\frac{\pi}{2}, \qquad \text{ou} \qquad \Delta = (4m + 1)\frac{\lambda}{4}.$$

Les carrés des diamètres des anneaux sombres varient donc comme la suite des nombres $1, 5, 9, \ldots$ et ceux des anneaux clairs comme la suite des nombres intermédiaires $3, 7, 11, \ldots$; l'inverse a lieu pour les quadrants voisins. Les anneaux minima du premier

quadrant ont une intensité nulle quand on a en même temps
$\sin 2i = 1$, ou $i = 45°$.

Les effets de dispersion étant d'abord très faibles, les deux
arcs opposés du premier anneau se réduisent à deux taches noires
de forme allongée (*fig.* 237 et 238).

Fig. 237.   Fig. 238.

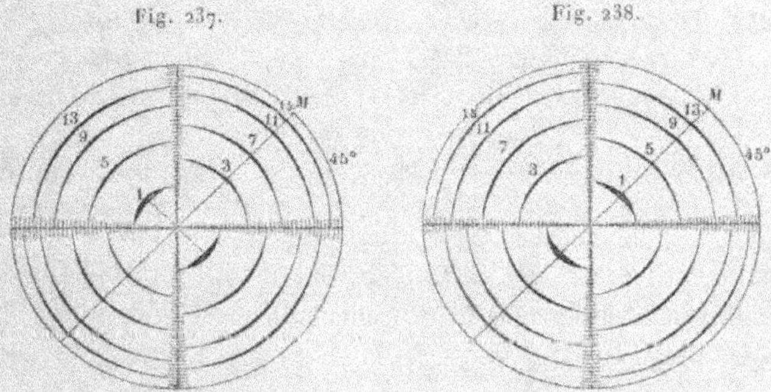

Avec les cristaux positifs, où $\delta > 0$, l'azimut de la ligne qui
joint ces taches est $+ 45°$ dans l'image droite et $- 45°$ dans
l'image gauche.

L'analyseur et le polariseur étant d'abord croisés, si l'on met en
avant de l'analyseur un mica quart d'onde dans l'azimut de $- 45°$
par rapport au plan primitif, ou dans l'azimut de $+ 45°$ par
rapport à l'analyseur, ce dernier devient circulaire droit et la ligne
des taches est à angle droit avec l'axe positif M (*fig.* 237) du
mica, de sorte que ces deux directions figurent le signe $+$. Le
résultat est le même si l'on place le mica dans l'azimut de $+ 45°$,
puisque l'analyseur devient alors circulaire gauche et que la ligne
des taches est dans l'azimut de $- 45°$.

L'inverse a lieu pour les cristaux négatifs. Dans les mêmes conditions que précédemment, la ligne des taches noires (*fig.* 238)
serait parallèle à l'axe M du mica; ces deux directions figurent
alors le signe $-$.

Enfin, lorsque l'analyseur et le polariseur sont tous deux circulaires, les lignes neutres disparaissent et les anneaux sont con-
tinus. Les couleurs sont identiques à celles des anneaux de réflexion
si le polariseur et l'analyseur sont de sens contraires; elles repro-

duisent celles des anneaux de transmission, si le polariseur et l'analyseur sont de même sens.

Ces phénomènes remarquables, relatifs à l'emploi de la lumière polarisée ou analysée circulairement, ont été observés et expliqués par Sir G. Airy.

434. *Polariseur et analyseur elliptiques.* — M. Bertin [1] a examiné, d'une manière générale, par le calcul et l'expérience, les phénomènes que présentent les lames perpendiculaires à l'axe entre un polariseur et un analyseur elliptiques.

Son appareil se composait d'une pince à tourmalines entre lesquelles étaient placés deux micas d'un quart d'onde comprenant la lame cristalline.

Si l'on représente par δ la différence de phase δ_1 due à cette lame, laquelle reste seule dans les formules, l'équation (16) du n° **394** peut s'écrire

$$(1) \qquad \frac{2\,A^2}{r^2} = 1 + P + Q \cos \delta + R \sin \delta$$

ou, en posant $\tang \alpha = \dfrac{R}{Q}$, $\dfrac{Q}{\cos \alpha} = \dfrac{R}{\sin \alpha} = \sqrt{Q^2 + R^2}$,

$$\frac{2\,A^2}{r^2} = 1 + P + \frac{Q}{\cos \alpha} \cos(\delta - \alpha) = 1 + P + \frac{R}{\sin \alpha} \cos(\delta - \alpha).$$

Les franges isochromatiques d'intensité maximum ou minimum correspondent à la condition $\delta - \alpha = m\pi$. Au lieu de discuter la formule générale, il est préférable d'examiner les principaux cas particuliers.

I. Pour que les franges soient *circulaires*, il faut que l'angle α soit indépendant de l'azimut du plan d'incidence ou de l'angle i_1, ce qui exige que l'un des facteurs Q ou R soit nul.

La condition

$$Q = \sin 2 i \sin 2 i' - \cos 2 i \cos 2 i' \sin 2 i_1 \sin 2 i_1 = 0$$

est réalisée quand l'un des deux angles i et i' est égal à zéro ou 90°,

---

[1] BERTIN, *Ann. de Chim. et de Phys.* [3], t. LVII, p. 257; 1859.

pendant que l'autre est de 45°. L'un des micas ne joue pas alors de rôle et l'autre donne de la lumière circulaire ; c'est le phénomène étudié précédemment (433).

Les circonstances sont plus complexes pour la condition

$$R = \cos 2i \sin 2i' \sin 2i_1 + \sin 2i \cos 2i' \sin 2i_2 = 0.$$

1° Elle a lieu d'abord quand $i = i' = 45°$, c'est-à-dire quand l'analyseur et le polariseur sont circulaires (433).

2° Lorsque les micas sont parallèles, $i_1 + i_2 = 0$ et

$$R = \sin 2(i' - i) \sin 2i_1.$$

Cette quantité est nulle quand la différence $i' - i$ est égale à zéro ou 90°.

Dans le premier cas, $i' = i$, les micas sont parallèles à la bissectrice du polariseur et de l'analyseur, et l'on a

$$P = \cos 2i \cos 2i' \cos 2i_1 \cos 2i_2 = \cos^2 2i \cos^2 2i_1,$$
$$Q = \sin^2 2i + \sin^2 2i_1 \cos^2 2i \quad = 1 - P,$$
$$\frac{A^2}{r^2} = \frac{1 + P + Q}{2} - Q \sin^2 \frac{\delta}{2} = 1 - (1 - \cos^2 2i \cos^2 2i_1) \sin^2 \frac{\delta}{2}.$$

Le phénomène est représenté par des anneaux isochromatiques sans lignes neutres. Les minima ne peuvent être nuls que pour les directions rectangulaires $\cos 2i_1 = 0$, ce qui donne lieu à quatre

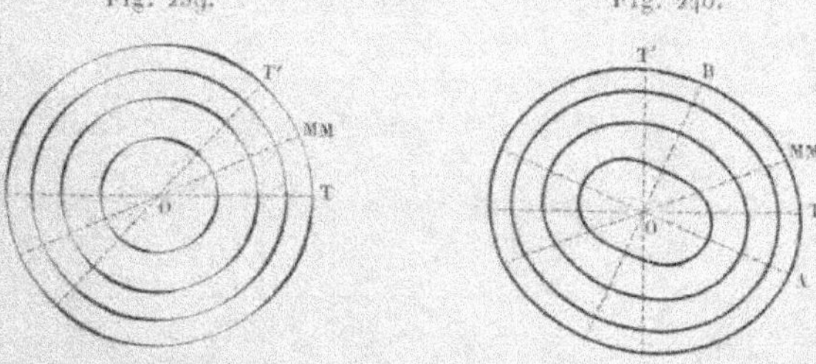

taches noires sur chacun des anneaux, aux extrémités de deux diamètres rectangulaires. Dans la *fig.* 239, on a supposé que l'angle TT' des tourmalines est de 45°, les micas M et M' étant dirigés suivant la bissectrice de cet angle.

Le second cas, $i' - i = 90°$, correspond simplement à l'image extraordinaire du premier, ou

$$\frac{B^2}{r^2} = (1 - \cos^2 2\,i \cos^2 2\,i_1)\sin^2 \frac{\delta}{2}.$$

Les micas sont alors à $45°$ sur la bissectrice du polariseur et de l'analyseur. Les anneaux minima ont une intensité nulle dans toute leur étendue.

$3°$ Si les micas sont croisés, $i_1 + i_2 = 90°$ et

$$R = \sin 2(i' + i)\sin 2\,i_1.$$

Cette quantité est nulle quand la somme $i' + i$ est égale à $90°$ ou zéro, c'est-à-dire quand le polariseur et l'analyseur sont parallèles ou croisés. Les coefficients P et Q ont les mêmes valeurs que dans le cas précédent et donnent les mêmes lignes isochromatiques.

II. D'une manière générale, l'angle α est une fonction des données du problème et les courbes isochromatiques ne sont relativement simples que dans quelques hypothèses.

$1°$ Si les micas sont parallèles, le polariseur et l'analyseur étant croisés, les conditions $i_1 + i_2 = 0$ et $i + i' = 90°$ donnent

$$P = -\cos^2 2\,i \cos^2 2\,i_1 = \cos^2 2\,i \sin^2 2\,i_1 - \cos^2 2\,i,$$
$$Q = \sin^2 2\,i - \cos^2 2\,i \sin^2 2\,i_1,$$
$$R = 2\sin 2\,i \cos 2\,i \sin 2\,i_1.$$

L'équation (1) devient alors, en l'écrivant sous la forme

$$\frac{2A^2}{r^2} = (1 + P + Q)\cos^2 \frac{\delta}{2} + (1 + P - Q)\sin^2 \frac{\delta}{2} + 2R\sin \frac{\delta}{2}\cos \frac{\delta}{2},$$
$$\frac{A^2}{r^2} = \left(\sin 2\,i \cos \frac{\delta}{2} + \cos 2\,i \sin 2\,i_1 \sin \frac{\delta}{2}\right)^2.$$

L'analyseur et le polariseur parallèles correspondent à l'image extraordinaire

$$\frac{B^2}{r^2} = 1 - \left(\sin 2\,i \cos \frac{\delta}{2} + \cos 2\,i \sin 2\,i_1 \sin \frac{\delta}{2}\right)^2.$$

La différence de phase δ_0 relative à l'intensité nulle pour l'image ordinaire est

$$\tan \frac{\delta_0}{2} = -\frac{\tan 2\,i}{\sin 2\,i_1}.$$

En supposant que l'angle i soit inférieur à $45°$, l'angle δ_0 est égal à $(2m+1)\pi$ pour $i_1 = 0$; il prend ensuite une valeur maximum $(2m+1)\pi + 4i$ pour $i_1 = \dfrac{\pi}{4}$, revient à $(2m+1)\pi$ pour $i_1 = \dfrac{\pi}{2}$ et passe par un minimum $(2m+1)\pi - 4i$ pour $i_1 = 3\dfrac{\pi}{2}$. Les deux directions, pour lesquelles le rayon vecteur est maximum et minimum, sont les axes des courbes isochromatiques; elles sont à 45° des axes des micas.

Dans un même plan d'incidence, les différences de phase δ_0 varient de 2π entre deux courbes de même espèce. Les carrés des rayons vecteurs varient donc comme la suite des nombres entiers. La *fig.* 240, construite pour le cas où $\tan 2i = -1$, donne une idée du phénomène.

En introduisant l'angle δ_0 dans l'expression des amplitudes, on peut écrire

$$\frac{A^2}{r^2}\sin^2\frac{\delta_0}{2} = \sin^2 2i \sin^2\frac{\delta - \delta_0}{2},$$

$$\frac{B^2}{r^2}\sin^2\frac{\delta_0}{2} = \sin^2\frac{\delta_0}{2} - \sin^2 2i \sin^2\frac{\delta - \delta_0}{2}.$$

Le premier anneau paraît quelquefois se réduire à deux taches a et a' (*fig.* 241) qui semblent marquer les foyers des anneaux suivants d'apparence elliptique. Cette figure a été construite pour $\tan 2i = 1$.

Fig. 241. Fig. 242.

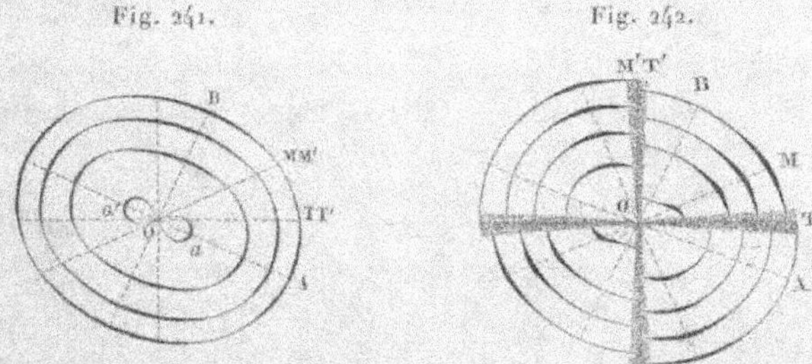

435. *Polariseur elliptique et analyseur rectiligne.* — Pour résoudre ce problème, on peut utiliser les formules relatives à deux lames (392) en supposant que la première est un quart d'onde, ou faire $i' = 0$ dans les facteurs de l'équation (1) et remplacer ensuite i_2 par i''; on a alors

$$P = \cos 2i \cos 2i_1 \cos 2i'',$$
$$- Q = \cos 2i \sin 2i_1 \sin 2i'',$$
$$R = \sin 2i \sin 2i'',$$
$$\tan\alpha = \frac{R}{Q} = - \frac{\tan 2i}{\sin 2i_1};$$
$$\frac{2A^2}{r^2} = 1 + \cos 2i \cos 2i_1 \cos 2i'' + \frac{\sin 2i \sin 2i''}{\sin\alpha} \cos(\delta - \alpha).$$

La condition $\sin 2i'' = 0$ correspond à une croix neutre relative à l'analyseur, dont les deux branches ont des intensités différentes proportionnelles aux expressions $1 \pm \cos 2i \cos 2i_1$.

Si l'analyseur et le polariseur sont croisés, $i + i_1 + i'' = 90°$, les intensités des croix neutres sont proportionnelles à $1 \mp \cos^2 2i$ et ces intensités sont égales pour $i = 45°$.

Quant aux lignes isochromatiques, l'intensité des minima a la moindre valeur lorsque $\sin\alpha = 1$ ou $\sin 2i_1 = 0$, c'est-à-dire pour les rayons vecteurs parallèle et perpendiculaire à la section principale du mica et cette intensité est nulle, car si l'on fait $i_1 = 0$ et $\delta - \alpha = \pi$, il reste

$$\frac{2A^2}{r^2} = 1 + \cos 2i \cos 2i'' - \sin 2i'' \sin 2i = 1 + \cos 2(i + i'') = 0.$$

Cette quantité serait également nulle pour une direction perpendiculaire

$$i_1 = 90°, \qquad \text{et} \qquad \delta - \alpha = 0.$$

Le phénomène présente l'apparence indiquée par la *fig.* 242.

L'image extraordinaire est naturellement complémentaire et donnerait lieu à des courbes analogues.

436. *Lame parallèle à l'axe.* — Pour une lame parallèle à l'axe, les ondes produites par la double réfraction sont toujours polarisées dans un plan parallèle ou perpendiculaire à l'axe, et il n'y a plus de *ligne neutre*. La condition $\sin 2i = 0$ ne peut être satisfaite que si $i = 0$ ou $i = 90°$; le faisceau primitif ne donnerait alors que des rayons réfractés d'une seule espèce. De même, la condition $\sin 2i'' = 0$ ne laisserait passer dans chacune des images de l'analyseur que des rayons réfractés d'une seule espèce. Dans l'un et l'autre cas, toute interférence serait impossible.

En prenant l'axe des x (*fig.* 233) parallèle à la section principale de la lame, et remplaçant respectivement $\rho\cos\varphi$ et $\rho\sin\varphi$ par ξ et η, la différence de marche des ondes qui interfèrent est alors déterminée par la condition (398)

$$u'' - u' = \frac{1}{a}\sqrt{1 - a^2\eta^2 - b^2\xi^2} - \frac{1}{b}\sqrt{1 - b^2\rho^2}.$$

Tant que les angles d'incidence sont très faibles, on peut écrire

$$\frac{\Delta}{e} = \frac{b - a}{ab}\left[1 + \frac{b}{2}(a\eta^2 - b\xi^2)\right],$$

ou, en appelant Δ_0 la différence de marche relative à l'incidence normale, et $p\lambda$ la variation à partir de la normale,

$$\frac{\Delta - \Delta_0}{e} = \frac{p\lambda}{e} = \frac{b - a}{2a}(a\eta^2 - b\xi^2).$$

Cette équation représente une série d'hyperboles sensiblement équilatères, car la tangente $\sqrt{\dfrac{b}{a}}$ de l'angle que font les asymptotes avec l'axe des ξ diffère très peu de l'unité.

Les axes réels des hyperboles sont parallèles à l'axe des η ou des ξ suivant que p est positif ou négatif, c'est-à-dire que le plan d'incidence est perpendiculaire ou parallèle à l'axe.

Les carrés des axes des hyperboles de même espèce que le centre sont encore proportionnels à la suite des nombres pairs, en raison inverse de l'épaisseur du cristal et sensiblement proportionnels à la longueur d'onde.

Comme la valeur de Δ_0 n'est pas nulle, les phénomènes ne seront visibles qu'avec une lumière homogène. Ils ont été observés d'abord et expliqués par Jean Müller[1].

Si l'on fait tourner la lame L autour d'une droite perpendiculaire ou parallèle à la section principale, les hyperboles parallèles à l'axe de rotation marchent vers le centre; celles qui sont perpendiculaires à la section principale ne tardent pas à s'écarter davantage, pour une même inclinaison, quand on les ramène vers le centre, ce qui permet de reconnaître la direction de l'axe.

---

[1] J. Muller, *Pogg. Ann.*, t. XXXIII, p. 283; 1834 et t. XXXV, p. 95; 1835.

L'emploi des polariseurs ou analyseurs circulaires ne conduirait pas à des résultats dignes d'une attention particulière, en dehors des conditions générales indiquées plus haut (429).

437. *Deux lames successives parallèles.* — Si les axes des deux lames sont parallèles, l'onde ordinaire de la première reste ordinaire dans la seconde. Pour une même direction, c'est-à-dire les mêmes valeurs de ξ et de η, la différence de marche finale est

$$\Delta = e\,\frac{b-a}{ab}\left[1 + \frac{b}{2}(a\eta^2 - b\xi^2)\right] + e'\,\frac{b'-a'}{a'b'}\left[1 + \frac{b'}{2}(a'\eta^2 - b'\xi^2)\right].$$

Avec des lames de même signe, les retards relatifs à chacune d'elles s'ajoutent; l'interférence qui correspond à l'incidence normale est d'un ordre plus élevé et les franges sont plus serrées que pour chacune des lames séparément.

Si les lames sont de signes contraires, l'ordre d'interférence au centre est abaissé et les lignes isochromatiques plus espacées que celles de la lame qui donne le plus grand retard.

Dans ce cas, il peut arriver que le retard soit nul pour l'incidence normale, ce qui correspond à la condition

$$e\left(\frac{1}{a} - \frac{1}{b}\right) = e'\left(\frac{1}{b'} - \frac{1}{a'}\right).$$

Les deux lames sont alors *compensées* et le phénomène est visible à la lumière blanche. Si cette condition avait lieu en même temps pour toutes les couleurs, le centre du phénomène et les asymptotes des hyperboles prendraient une teinte neutre, sous la forme de croix blanche, noire ou grise suivant l'orientation relative du polariseur et de l'analyseur; mais la compensation est limitée en général à des couleurs voisines, à cause de l'inégale dispersion des milieux, et les courbes isochromatiques présentent des teintes tout à fait spéciales.

Les coefficients P et Q des termes en ξ^2 et η^2 sont, en général,

$$2P = e'\,\frac{b'(a'-b')}{a'} - e\,\frac{b(b-a)}{a},$$
$$2Q = e(b-a) - e'(a'-b').$$

Lorsque les lames sont compensées pour l'incidence normale,

on peut écrire

$$2\,\mathrm{P} = e\,\frac{b-a}{ab}\,(b'^2 - b),$$

$$2\,\mathrm{Q} = e\,\frac{b-a}{ab}\,(ab - a'b').$$

Il est assez difficile de trouver une combinaison de cristaux telle que les coefficients P et Q soient de même signe, parce que la double réfraction est généralement très faible et que les deux indices de réfraction augmentent ou diminuent en même temps. La condition serait cependant satisfaite, mais l'expérience est à peu près irréalisable, à cause de l'opacité des cristaux, avec le cinabre et l'argent rouge, pour lesquels on a

$$\text{Cinabre}\ldots\ldots\ldots\quad \frac{1}{b} = 2,854,\qquad \frac{1}{a} = 3,199,$$

$$\text{Argent rouge}\ldots\quad \frac{1}{b'} = 3,084,\qquad \frac{1}{a'} = 2,881,$$

$$b - b' = 0,026,\qquad a'b' - ab = 0,003.$$

Les courbes isochromatiques de compensation sont donc des hyperboles; c'est ce qui a lieu en particulier avec des lames de quartz et de spath d'Islande dont les épaisseurs sont dans le rapport de 19 à 1.

Pour que les courbes isochromatiques soient des ellipses dans le cas général, il faut que le rapport $\dfrac{e}{e'}$ des épaisseurs soit compris entre les deux valeurs

$$\frac{b'(a'-b')}{b(b-a)}\,\frac{a}{a'}\quad \text{et}\quad \frac{a'-b'}{b-a}\cdot$$

Avec le quartz et le spath, on en déduit, pour la raie D,

$$16,3983 < \frac{e}{e'} < 18,1869.$$

En prenant les épaisseurs de ces cristaux dans le rapport de la moyenne 17,3 à 1, on obtient un système qui montre facilement les ellipses à la lumière de la soude.

438. *Deux lames croisées.* — Si les sections principales sont à angle droit, les ondes changent d'espèce en passant d'une lame à la suivante. Il faut, en outre, pour la seconde, remplacer η par ξ et ξ par $-\eta$; la différence de marche finale $p\lambda$, à partir de la valeur $\Delta_0 - \Delta'_0$ qui correspond à l'incidence normale, est alors

$$2p\lambda = \eta^2\left[(b-a)e + \frac{b'}{a'}(b'-a')e'\right] - \xi^2\left[\frac{b}{a}(b-a)e + (b'-a')e'\right].$$

Pour des cristaux de même signe, les courbes isochromatiques sont toujours des hyperboles. Il y a compensation lorsque $\Delta_0 = \Delta'_0$ et les phénomènes peuvent s'apercevoir à la lumière blanche.

Lorsque les lames sont identiques, la compensation est complète pour toutes les couleurs à la fois, et la différence de marche devient simplement

$$\Delta = \frac{e}{2}(b-a)\left(1 + \frac{b}{a}\right)(\eta^2 - \xi^2) = \frac{\Delta_0}{2}b(a+b)(\eta^2 - \xi^2).$$

Dans ce cas, les lignes isochromatiques sont des hyperboles équilatères et leurs asymptotes sont des lignes neutres à $45°$ sur les sections principales; les courbes isochromatiques présentent le maximum d'éclat lorsque le polariseur et l'analyseur sont respectivement parallèles à l'une des asymptotes, et les lignes neutres correspondantes paraissent blanches ou noires, suivant que le polariseur et l'analyseur sont parallèles ou croisés (*Pl. III, fig. 4*).

Si l'une des lames est légèrement prismatique, de manière qu'on puisse utiliser des régions d'épaisseurs un peu différentes, et qu'on les fasse glisser l'une sur l'autre, on peut transformer les lignes neutres en hyperboles situées dans l'un ou l'autre des angles de la croix primitive.

Enfin des lames de signes contraires permettent encore d'obtenir des courbes elliptiques pour l'une des conditions

$$\frac{a}{b} \gtrless \frac{(b-a)e}{(a'-b')e'} \gtrless \frac{b'}{a'}.$$

439. *Lame oblique à l'axe*. — Lorsque la lame est taillée dans une direction quelconque, la différence $u'' - u'$ est, pour le cas de petites incidences (399),

$$\frac{1}{c} - \frac{1}{b} - \frac{(b^2 - a^2)\sin 2\psi}{2c^2}\xi + \frac{1}{2}\left[\left(b - \frac{a^2}{c}\right)\eta^2 + \left(b - \frac{a^2 b^2}{c^3}\right)\xi^2\right].$$

Comme la différence de marche n'est pas nulle pour l'incidence normale, les phénomènes ne seront encore visibles que dans la lumière homogène.

A moins que l'angle ψ ne soit nul ou égal à 90°, ce qui rentrerait dans un des cas précédents, le terme du premier ordre en ξ est le plus important. Les portions des courbes isochromatiques voisines de la normale se réduisent sensiblement à des droites *équidistantes* perpendiculaires à la section principale, et l'ordre des franges diminue à mesure que le faisceau se rapproche de l'axe. La frange d'ordre p, à partir de la normale, est déterminée par la condition

$$p\lambda = \Delta_0 - \Delta = e\,\frac{(b^2 - a^2)\sin 2\psi}{2\,c^2}\,\xi.$$

Les courbes peuvent être considérées comme appartenant à des branches d'ellipses ou des branches d'hyperboles, suivant que les coefficients des termes du second degré sont de même signe ou de signes contraires.

Le paramètre c étant toujours compris entre a et b, le coefficient de η^2 est positif ou négatif, suivant le signe du cristal. Le coefficient de ξ^2 est nul pour la condition $c^3 = a^2 b$, ou

$$c^2 = a^2 + (b^2 - a^2)\cos^2\psi = (a^2 b)^{\frac{2}{3}}, \qquad \cos^2\psi = \frac{\left(\dfrac{b}{a}\right)^{\frac{2}{3}} - 1}{\left(\dfrac{b}{a}\right)^2 - 1}.$$

L'angle ψ ainsi déterminé donne lieu à des branches paraboliques. Pour des valeurs de ψ inférieures à cette limite, les deux coefficients des termes du second degré sont de même signe, positifs ou négatifs, suivant le signe du cristal, et les courbes sont des branches d'ellipses. Ces coefficients sont de signes contraires, et les courbes hyperboliques, quand l'angle ψ est plus grand que sa valeur limite.

Les indices de réfraction du quartz donnent, pour la raie D,

$$\frac{b}{a} = \frac{n^e}{n'} = 1,00592, \qquad \psi = 54°5'.$$

Avec le spath d'Islande, où $\dfrac{b}{a} = \dfrac{n^e}{n'} = 0,89684$, on trouve

$$\psi = 53°45'.$$

440. *Deux lames obliques croisées.* — Si l'on superpose deux lames obliques dont les sections principales sont croisées, le retard se calculera encore (**438**) en changeant η en ξ et ξ en $-\eta$, quand on passe de la première lame à la seconde, et faisant la différence des valeurs relatives à chacune d'elles.

La seule application intéressante est celle de deux lames identiques, auquel cas le retard Δ_0 est nul. On a alors, pour le retard final, en ne prenant que les termes du premier degré,

$$p\lambda = e\,\frac{(b^2 - a^2)\sin 2\psi}{2\,c^2}\,(\xi + \eta).$$

Les courbes isochromatiques sont des droites équidistantes, parallèles au plan bissecteur des sections principales, dans l'angle où les deux axes s'écartent de la normale dans le même sens.

La courbe de retard nul est une ligne neutre, noire, blanche ou grise, suivant que le polariseur et l'analyseur sont rectangulaires, parallèles ou dans des directions relatives intermédiaires. Le maximum d'éclat a lieu quand le polariseur est à 45° des sections principales des lames et l'analyseur perpendiculaire ou parallèle au polariseur; le phénomène présente toutes les apparences des franges d'interférence. Cet ensemble de deux lames identiques croisées constitue le *polariscope* de Savart.

En réalité, ces franges rectilignes sont encore des fragments de courbes du second degré vues à une grande distance de leurs sommets; elles s'élargissent d'une manière sensible pour les directions plus rapprochées des axes.

La valeur de c^2 pouvant s'écrire

$$c^2 = a^2\sin^2\psi + b^2\cos^2\psi = \frac{a^2 + b^2}{2} + \frac{b^2 - a^2}{2}\cos 2\psi,$$

on voit que, pour les cristaux positifs $(b > a)$, le facteur des termes du premier degré,

$$\frac{(b^2 - a^2)\sin 2\psi}{2\,c^2} = \frac{(b^2 - a^2)\sin 2\psi}{b^2 + a^2 + (b^2 - a^2)\cos 2\psi},$$

est maximum quand $\sin 2\psi = 1$, c'est-à-dire quand la taille est à 45° sur l'axe. Les franges sont alors plus serrées et paraissent rectilignes sur une grande étendue.

Avec les cristaux négatifs, le maximum de ce facteur, en valeur absolue, aurait lieu pour la condition

$$\cos 2\psi = \frac{a^2 - b^2}{a^2 + b^2} = \frac{n'^2 - n''^2}{n'^2 + n''^2},$$

qui correspond encore à une inclinaison très voisine de 45°.

441. *Lames obliques à sections principales parallèles.* — Si deux lames, de même nature et taillées de la même manière, sont superposées de façon que leurs sections principales soient parallèles et les axes parallèles, l'effet est le même que celui que produirait une lame unique ayant la même épaisseur totale.

Si les lames sont identiques et que l'on tourne l'une d'elles de 180° dans son plan, les sections principales restent parallèles et l'on peut dire que les axes sont renversés. Les retards des deux lames s'ajoutent encore, mais on doit changer ξ en $-\xi$ quand on passe de la première lame à la seconde. Dans ce cas, le terme du premier degré disparaît et l'on a, pour le retard final,

$$\frac{\Delta}{e} = 2\left(\frac{1}{c} - \frac{1}{b}\right) + \left(b - \frac{a^2}{c}\right)\eta^2 + \left(b - \frac{a^2 b^2}{c^3}\right)\xi^2.$$

Comme ce retard n'est pas nul pour l'incidence normale, le phénomène ne sera visible que dans la lumière homogène. Les courbes isochromatiques sont, suivant les cas, des ellipses ou des hyperboles.

La condition nécessaire pour obtenir des ellipses est la même que celle qui détermine des branches elliptiques dans chacune des lames (**439**), mais les ellipses, dans le cas actuel, sont centrées sur la normale à la lame.

Ces lignes isochromatiques en forme d'ellipses, que l'on peut apercevoir dans la lumière homogène, ont été observées d'abord par Ohm ([1]). On les obtient aisément avec les deux lames du polariscope de Savart, qui sont taillées en général sous l'angle de 45°, en faisant tourner l'une d'elles de 180° dans son plan.

Ces ellipses sont en réalité discontinues; quand l'analyseur et le polariseur sont croisés, elles forment une série de taches noires

---

[1] Ohm, *Mém. de l'Acad. de Munich*, t. VII, p. 43 et 265. — *Voir* Bertin, *Ann. de Ch. et de Phys.*, [6], t. II, p. 485; 1884.

aux points d'intersection des deux systèmes de lignes isochromatiques relatifs à chacune des lames (*Pl. III, fig.* 5).

Pour peu que les sections principales cessent d'être parallèles, les taches noires formées aux intersections de deux systèmes de lignes isochromatiques constituent un damier plus complexe.

Lorsqu'on donne à l'angle ψ la valeur limite de $54°5'$ pour le quartz et de $53°45'$ pour le spath, le coefficient de ξ^2 est nul. Les ellipses d'Ohm se réduisent alors à des droites parallèles aux sections principales des deux lames; la différence de phase, à partir de l'incidence normale, étant proportionnelle à η^2 ou au carré de l'angle d'incidence, les distances à la frange centrale des franges de même espèce varient suivant la même loi que les diamètres des anneaux de Newton.

442. *Expérience de H. Soleil.* — Une observation curieuse de H. Soleil ([1]) permet de profiter d'un phénomène analogue aux précédents pour reconnaître si une lame uniaxe est exactement taillée parallèlement à l'axe.

Dans un appareil de Norremberg, on place la lame cristalline sur le miroir M (*fig.* 209) en la séparant de ce miroir par un mica d'un quart d'onde à $45°$ de la section principale de la lame.

La lumière incidente qui provient de la glace transparente G revient à l'analyseur après avoir traversé deux fois le système.

Si la lame cristalline est rigoureusement parallèle à l'axe, la lumière réfléchie reprend l'état primitif de polarisation; elle peut être éteinte complètement par l'analyseur.

Si cette lame est oblique à l'axe, on aperçoit une série de franges rectilignes, perpendiculaires à la section principale, d'autant plus larges que l'axe est plus rapproché de la surface.

Dans le cas de parallélisme absolu, le rayon ordinaire de la lame se divise dans le mica en deux faisceaux d'égale intensité, polarisés à angle droit, dont l'un subit un retard d'un quart de longueur d'onde. Après réflexion, ce faisceau éprouve dans le mica le même effet, ce qui donne un retard total d'une demi-longueur d'onde; ils reconstituent donc un rayon polarisé dans

---

([1]) H. Soleil, *Comptes rendus des séances de l'Académie des Sciences*, t. XLI, p. 669; 1865.

l'azimut $2i$, c'est-à-dire à $90°$ du plan primitif, qui traverse le cristal à l'état extraordinaire dans la même direction. L'inverse a lieu pour le rayon primitivement extraordinaire. Les deux fractions du faisceau primitif se trouvent donc au retour dans le même état, sauf une rotation de $90°$, de sorte que la lumière réfléchie reste polarisée si elle l'était d'abord.

Lorsque la lame est oblique à l'axe, le mica fait encore tourner de $90°$ le plan de polarisation de chaque rayon, mais les retards à l'aller et au retour ne sont plus égaux ; la différence tient seulement aux deux valeurs u'' et u''_1 relatives à l'onde extraordinaire, dont la normale ne fait pas le même angle avec l'axe dans les deux passages (439).

Pour passer du rayon incident SP ($fig.$ 243) au rayon réfléchi

Fig. 243.

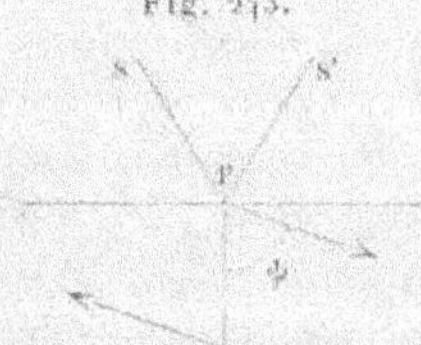

PS', il faut remplacer l'angle ψ par $\pi - \psi$, c'est-à-dire changer ξ en $-\xi$, la valeur de η restant la même ; le retard final est

$$\Delta = e(u'' - u''_1) = e\frac{(a^2 - b^2)\sin 2\psi}{c^2}\xi.$$

Si l'on remplace c^2 par sa valeur $a^2\sin^2\psi + b^2\cos^2\psi$ et ψ par $90° - z$, l'angle z étant supposé très petit, on peut écrire

$$\Delta = 2e\frac{a^2 - b^2}{a^2}z\xi.$$

Les lignes isochromatiques sont donc des droites équidistantes, perpendiculaires à la section principale, et dont la distance est en raison inverse de l'angle z que fait l'axe avec la lame. Elles sont visibles avec la lumière blanche et présentent les mêmes apparences que les franges d'interférence.

On peut dire plus simplement que l'expérience revient à superposer deux lames identiques dans la position qui convient pour les ellipses d'Ohm, en les séparant par une lame d'une demi-onde à $45°$ sur les sections principales.

443. *Lignes neutres*. — Les conditions qui définissent les lignes neutres (427) n'ont plus une interprétation aussi simple dans les cristaux biaxes, parce que l'azimut de polarisation des ondes réfractées varie avec la direction de la lumière incidente. Les lignes neutres ne seront donc pas en général rectilignes.

Il est évident d'abord que les lignes neutres passent toujours par les traces des axes optiques, puisqu'il n'existe qu'une onde réfractée pour les directions correspondantes.

Nous rappellerons (346) que les plans de polarisation de deux ondes normales à une même droite dans l'intérieur du cristal sont bissecteurs des angles formés par les plans qui passent par cette droite et les axes optiques.

Comme la double réfraction est toujours très faible, l'angle des normales aux deux ondes réfractées issues d'une même onde incidente est très petit; leurs plans de polarisation sont donc sensiblement perpendiculaires entre eux et bissecteurs des angles formés par les plans qui passent par la direction moyenne de leurs normales et les axes optiques. Les azimuts de ces plans de polarisation sont encore modifiés par la réfraction à la sortie.

444. *Axes optiques très voisins*. — Supposons d'abord que les axes optiques font un angle très petit, et qu'on observe, avec une lame perpendiculaire à leur bissectrice aiguë, des rayons dont la direction s'en écarte très peu. Sur un plan perpendiculaire à la bissectrice O et situé dans l'intérieur du cristal, les traces NH et NK (*fig.* 244) des plans de polarisation des ondes ayant même normale N sont encore sensiblement rectangulaires et bissectrices des angles formés par les droites NI_1 et NI_2 qui joignent le point N aux traces I_1 et I_2 des axes optiques. La réfraction à la sortie change très peu ces azimuts de polarisation, puisque les angles d'incidence sont très faibles; les lignes neutres correspondent donc aux cas où ces bissectrices sont parallèles ou perpendiculaires, soit au plan primitif de polarisation, soit à la section principale de l'analyseur.

Prenons deux axes rectangulaires Ox et Oy, dont le second est parallèle au plan primitif; appelons x et y les coordonnées du point N, α et β, $-\alpha$ et $-\beta$, celles des traces I_1 et I_2 des axes optiques. Si la bissectrice NH est parallèle au plan primitif, le triangle NCD est isocèle. En écrivant que les tangentes des angles C et D sont égales et combinant ensuite ces rapports égaux par addition et soustraction, on en déduit

$$\frac{y - \beta}{\alpha - x} = \frac{y + \beta}{x - \alpha} = \frac{y}{x} = \frac{\beta}{x},$$

$$xy = \alpha\beta.$$

Fig. 244.

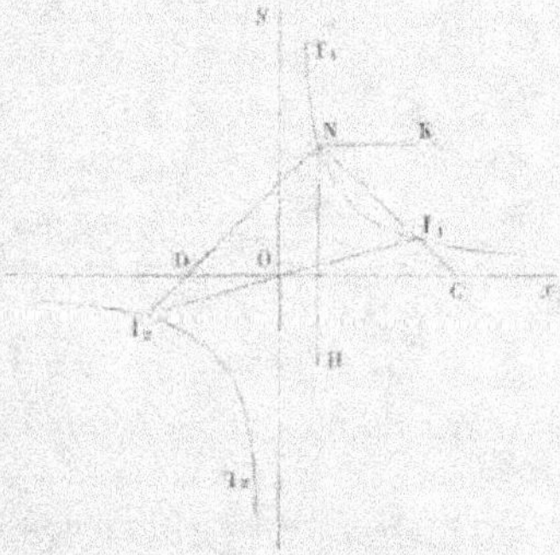

La ligne neutre relative au polariseur correspond donc aux deux branches T_1 et T_2 d'une hyperbole équilatère passant par les traces I_1 et I_2 des axes optiques, asymptotes aux directions Oy et Ox qui sont l'une parallèle et l'autre perpendiculaire au plan primitif de polarisation.

Ces lignes neutres, un peu modifiées par la réfraction, apparaissent dans le champ d'observation comme des branches de forme hyperbolique T et T' (*fig.* 245) qui passent par les images A et A' des axes optiques et qui sont asymptotes à deux droites, l'une parallèle et l'autre perpendiculaire au plan primitif de polarisation PP'.

On verrait, de même, que les lignes neutres dues à l'analyseur sont les deux branches hyperboliques U et U' asymptotes à la section principale SS' de l'analyseur et à la direction perpendiculaire.

Ces lignes neutres sont *grises* quand l'azimut $s = i + i'$ de la section principale de l'analyseur diffère de zéro et de 90°.

Quand $s = 0$, les deux systèmes d'hyperboles se confondent; elles sont *blanches* dans l'image ordinaire et *noires* dans l'image extraordinaire. L'inverse a lieu quand $s = 90°$.

Si l'on a $\alpha = 0$ ou $\beta = 0$, la ligne neutre relative au polariseur se réduit à une croix dont une des branches passe par les images des axes optiques (*Pl. III, fig.* 6); ce système présente quelque analogie avec celui des cristaux à un axe taillés perpendiculairement à l'axe, mais il y a lieu de signaler plusieurs différences importantes. La branche perpendiculaire à la direction des axes optiques est d'abord large au centre et elle se rétrécit ensuite

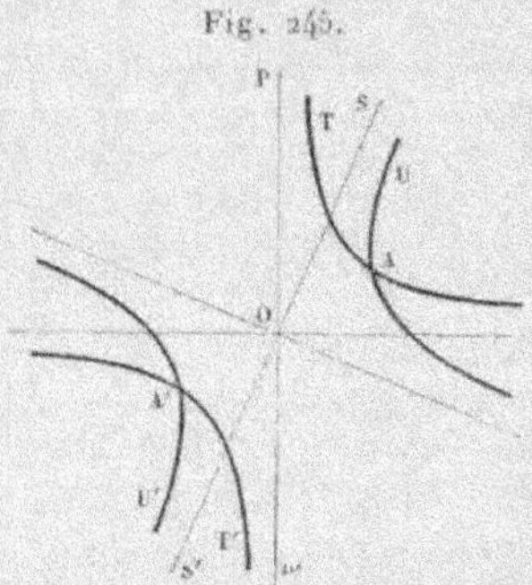

Fig. 245.

avant de s'étaler en éventail. L'autre branche subit la même déformation d'une manière encore plus marquée et devient très étroite sur les axes optiques.

Les mêmes apparences se présentent pour l'autre système de lignes neutres relatif à l'analyseur.

Enfin, quand l'analyseur et le polariseur sont parallèles ou croisés, les deux systèmes de lignes neutres se confondent et forment, soit une croix blanche ou noire (*Pl. III, fig.* 6), soit deux branches hyperboliques (*Pl. III, fig.* 7), suivant la direction du plan des axes optiques.

145. *Axes optiques très écartés.* — Si les axes optiques sont très écartés et qu'on observe dans le voisinage de l'un deux, les parties visibles des deux lignes neutres qui passent par l'image A de ce pôle paraissent se réduire sensiblement à deux droites.

Quand on fait tourner le polariseur ou l'analyseur, les lignes neutres correspondantes tournent dans le même sens. Quand on fait tourner la lame cristalline, les lignes neutres tournent en sens opposé, comme on le voit aisément sur la *fig.* 244, si la ligne A'A des pôles se rapproche des directions OS et OP.

Les apparences deviennent tout à fait régulières lorsque la lame
est perpendiculaire à l'un des axes optiques OI.

On a vu (402) que les plans de polarisation des ondes réfractées
sont sensiblement bissecteurs des angles formés par le plan d'incidence avec le plan des axes optiques.

Pour que l'image M (*fig.* 246) des ondes incidentes considérées

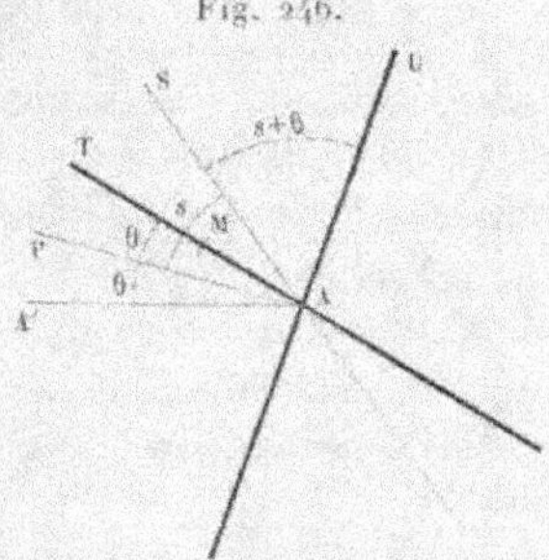

Fig. 246.

appartienne à la ligne neutre, il faut que les bissectrices des
droites AM et AA′ soient l'une parallèle et l'autre perpendiculaire
au plan primitif de polarisation AP. La ligne neutre correspondante T est donc symétrique de la direction des axes AA′ par rapport au plan primitif AP.

On verrait de même que la ligne neutre U correspondant à
l'analyseur est symétrique de la direction AA′ par rapport à la
section principale AS.

En appelant θ l'azimut du polariseur et $\theta + s$ l'azimut de l'analyseur par rapport au plan des axes optiques, les azimuts des lignes
neutres par rapport au même plan sont 2θ et $2(\theta + s)$.

Quand on tourne le polariseur ou l'analyseur, la ligne neutre
correspondante tourne d'un angle double dans le même sens. Si
l'on tourne la lame mince, les deux lignes neutres tournent simultanément du même angle en sens contraire, ou d'un angle
double par rapport au plan des axes.

Ces lignes neutres forment une croix *grise*, quand l'angle s est
égal à ± 45°, et une droite *blanche* ou *noire*, quand l'analyseur
et le polariseur sont parallèles ou croisés.

446. *Lignes isochromatiques.* — Les lignes isochromatiques
sont encore définies par la condition que la différence de marche

soit constante. Elles jouissent également de la propriété de passer d'un maximum à un minimum (ou d'échanger leur teinte contre une teinte complémentaire dans la lumière blanche) à la rencontre d'une ligne neutre simple, et de conserver leur caractère quand elles traversent une ligne neutre double ; les passages sur les lignes neutres sont toujours accompagnés d'une modification graduelle de l'intensité.

Pour traiter d'abord le cas général, nous prendrons trois axes de coordonnées rectangulaires x', y' et z', dont les deux premiers sont parallèles à la lame, et nous mènerons par la même origine trois axes rectangulaires x, y et z, respectivement parallèles aux axes de l'ellipsoïde de polarisation (337).

Représentons ces différents axes par les lettres correspondantes sur une sphère ayant pour centre l'origine commune. En appelant φ et ψ les angles que fait avec les axes x' et x (*fig.* 247) l'inter-

Fig. 247.

section A des plans xy et $x'y'$, θ l'angle de ces deux plans, lequel est égal à l'angle de leurs normales z et z', enfin p, q, r; p', q', r'; p'', q'', r'' les cosinus directeurs des axes x, y et z par rapport au premier système, les formules d'Euler donnent, comme on le voit directement par les propriétés des triangles sphériques,

$$
\begin{aligned}
p &= \cos\varphi\cos\psi - \sin\varphi\sin\psi\cos\theta,\\
q &= \sin\varphi\cos\psi + \cos\varphi\sin\psi\cos\theta,\\
r &= \sin\psi\sin\theta;\\
p' &= -\cos\varphi\sin\psi - \sin\varphi\cos\psi\cos\theta,\\
q' &= -\sin\varphi\sin\psi + \cos\varphi\cos\psi\cos\theta,\\
r' &= \cos\varphi\sin\theta;\\
p'' &= \sin\varphi\sin\theta,\\
q'' &= -\cos\varphi\sin\theta,\\
r'' &= \cos\theta.
\end{aligned}
$$

L'angle d'incidence I et l'angle de réfraction R de l'une des ondes correspondantes satisfont toujours aux relations

$$\sin R = V \sin I = V \rho,$$
$$\cos R = V u,$$
$$1 = V^2 (u^2 + \rho^2).$$

Si le rayon incident est dans le plan $z' x'$, les cosinus directeurs α, β, γ de la normale à l'onde réfractée par rapport aux axes x, y, z sont déterminés par les équations

$$\alpha = p \sin R + r \cos R = V (\rho p + u r),$$
$$\beta = p' \sin R + r' \cos R = V (\rho p' + u r'),$$
$$\gamma = p'' \sin R + r'' \cos R = V (\rho p'' + u r'').$$

Substituant ces valeurs dans l'équation (23) du n° **347**, après l'avoir divisée par V^4, on a

$$(1) \quad \begin{cases} 1 - (b^2 + c^2)(\rho p + u r)^2 \\ - (c^2 + a^2)(\rho p' + u r')^2 - (a^2 + b^2)(\rho p'' + u r'')^2 \\ + (\rho^2 + u^2)[\, b^2 c^2 (\rho p + u r)^2 \\ \qquad + c^2 a^2 (\rho p' + u r')^2 + a^2 b^2 (\rho p'' + u r'')^2] = 0. \end{cases}$$

Cette équation du quatrième degré en u a deux racines négatives qui ne conviennent pas au problème physique et deux racines positives.

Les cosinus r, r' et r'' ne dépendent que de l'orientation de la lame, mais les cosinus p, p' et p'' varient avec le plan d'incidence.

Dans l'équation

$$\rho p = \rho \cos\varphi \cos\psi - \rho \sin\varphi \sin\psi \cos\theta,$$

les facteurs $\rho \cos\varphi$ et $-\rho \sin\varphi$ représentent respectivement les coordonnées ξ et η qui définissent la direction du rayon incident par rapport à deux axes rectangulaires ξ et η, dont le premier est parallèle à l'intersection A de la lame avec le plan de symétrie xy du milieu. En faisant la même transformation pour p' et p'', on a ainsi

$$\rho p = \xi \cos\psi + \eta \sin\psi \cos\theta,$$
$$\rho p' = - \xi \sin\psi + \eta \cos\psi \cos\theta,$$
$$\rho p'' = - \eta \sin\theta.$$

Substituant enfin ces valeurs dans l'équation (1), l'inconnue u se trouvera exprimée en fonction des coordonnées ξ et η de la courbe isochromatique correspondante.

Si l'on développe en série les deux racines positives u' et u'' de cette équation, suivant les puissances croissantes de ξ et η, on aura finalement par leur différence une expression de la forme

$$\Delta = e(u'' - u') = \Delta_0 + B\xi + C\eta + D\xi^2 + E\xi\eta + F\eta^2 + \ldots$$

Lorsque le premier terme Δ_0 qui correspond à l'incidence normale n'est pas nul, la frange centrale est d'un ordre élevé et son observation pourra exiger l'emploi d'une lumière homogène.

Si les coefficients B et C des termes du premier degré ne sont pas nuls, ces termes sont les plus importants dans le voisinage de la normale. Dans le cas général, les franges isochromatiques sont donc des branches de courbes sensiblement rectilignes et équidistantes au centre du phénomène.

Si ces deux coefficients sont nuls, les termes du second degré deviennent les plus importants et les courbes sont sensiblement des coniques.

On trouverait ainsi tous les cas particuliers par des hypothèses convenables sur les angles φ, ψ et θ, mais il est préférable de traiter ces problèmes directement.

447. *Lame parallèle à l'un des plans de symétrie.* — Supposons d'abord que la lame est perpendiculaire à l'axe des z et prenons les coordonnées ξ parallèles au plan des axes optiques. On remplacera respectivement ρ^2, $\rho\cos\varphi$ et $\rho\sin\varphi$ par $\xi^2 + \eta^2$, ξ et η dans les expressions trouvées précédemment (**401**).

On a d'abord, par l'équation (10) de ce paragraphe,

$$\rho^2 c'^2 = b^2 \xi^2 + a^2 \eta^2.$$

L'équation (11), mise sous la forme

$$\left[\left(ab\frac{\Delta}{e}\right)^2 - (a^2 + b^2) + \rho^2(c^2 c'^2 + a^2 b^2)\right]^2 = 4a^2 b^2 (1 - \rho^2 c^2)(1 - \rho^2 c'^2),$$

montre que la projection de la ligne isochromatique sur le plan focal est une courbe du quatrième degré.

La valeur relative à l'incidence normale,

$$\Delta_0 = e\left(\frac{1}{b} - \frac{1}{a}\right) = e\,\frac{a - b}{ab},$$

correspond à un point double de la ligne isochromatique définie par la différence de marche Δ_0.

Si l'on extrait la racine carrée du second membre de l'équation qui précède, en négligeant les termes de degré supérieur au quatrième en fonction des coordonnées ξ et η, il vient

$$(2)\quad \begin{cases} \left(ab\,\dfrac{\Delta}{e}\right)^2 = (a - b)^2 + (a - b)(ab - c^2)(a\eta^2 - b\xi^2) \\[2mm] \qquad + \dfrac{ab}{4}[(b^2 - c^2)\xi^2 + (a^2 - c^2)\eta^2]^2. \end{cases}$$

Enfin, en extrayant de nouveau la racine carrée au même degré d'approximation, on a

$$\frac{\Delta - \Delta_0}{\Delta_0} = \frac{ab - c^2}{2(a - b)}(a\eta^2 - b\xi^2)$$
$$+ \frac{ab[(b^2 - c^2)\xi^2 + (a^2 - c^2)\eta^2]^2 - (ab - c^2)^2(a\eta^2 - b\xi^2)^2}{8(a - b)^2}.$$

Lorsque l'angle $2\,\mathrm{C}$ des axes optiques (340) a une valeur notable, le facteur $(a - b)$ n'est pas très petit et les termes du second degré sont prédominants. Les courbes isochromatiques, au voisinage de la normale, sont donc des branches d'hyperboles sensiblement équilatères

$$(3)\quad 2(a - b)\,\frac{\Delta - \Delta_0}{\Delta_0} = 2ab\,\frac{\Delta - \Delta_0}{e} = (ab - c^2)(a\eta^2 - b\xi^2).$$

Si l'angle des axes optiques est très petit, on pourra, au moins d'une manière approximative, remplacer b par a, ou inversement, dans quelques-uns des facteurs et écrire le second membre de l'équation du quatrième degré sous la forme

$$(a - b)^2 + (a - b)(a^2 - c^2)b(\eta^2 - \xi^2) + \frac{b^2}{4}(a^2 - c^2)^2(\eta^2 + \xi^2)^2$$
$$= \frac{b^2(a^2 - c^2)^2}{4^2}\left[(\eta^2 + \xi^2)^2 - 4\,\frac{a - b}{b(a^2 - c^2)}(\eta^2 - \xi^2) + 4\,\frac{(a - b)^2}{b^2(a^2 - c^2)^2}\right],$$

ce qui donne, en posant

$$\alpha^2 = \frac{2(a-b)}{b(a^2-c^2)},$$

$$(4) \quad \begin{cases} \left(\dfrac{2a}{a^2-c^2}\dfrac{\Delta}{e}\right)^2 = (\eta^2+\xi^2)^2 + 2\alpha^2(\eta^2-\xi^2)+\alpha^4 \\[2mm] = (\eta^2+\xi^2+\alpha^2)^2 - 4\alpha^2\xi^2 \\[2mm] = [\eta^2+(\xi+\alpha)^2][\eta^2+(\xi-\alpha)^2]. \end{cases}$$

Cette équation représente une série de *lemniscates* dont les foyers correspondent sensiblement aux images A et A′ (*fig.* 248) des axes optiques.

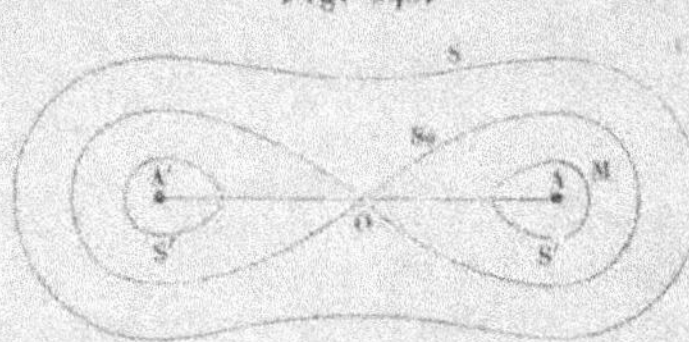

Fig. 248.

En effet, l'angle $2\,C_1$ des axes optiques extérieurs (345) est déterminé par la condition

$$\sin^2 C_1 = \frac{1}{b^2}\sin^2 C = \frac{a^2-b^2}{b^2(a^2-c^2)} = \frac{(a-b)(a+b)}{b^2(a^2-c^2)},$$

ou sensiblement, si l'on remplace le rapport $\dfrac{a+b}{2b}$ par l'unité,

$$\sin^2 C_1 = \frac{2(a-b)}{b(a^2-c^2)} = \alpha^2.$$

Le produit rr' des rayons vecteurs MA et MA′ d'une courbe donnée par rapport aux images A et A′ des axes est donc proportionnel à la différence de marche Δ correspondante.

Pour les points situés sur la ligne des axes et en dehors de leur intervalle, l'un des rayons vecteurs r' varie très peu quand on reste au voisinage de l'axe A; le rayon vecteur r est donc à peu près proportionnel à Δ; par suite, les courbes isochromatiques dans cette région sont équidistantes.

La ligne isochromatique qui correspond à la même différence de marche Δ_0 que pour l'incidence normale est une lemniscate S_0 à deux boucles qui passe par le centre O.

Pour les différences de marche plus grandes, les lemniscates sont des courbes uniques S qui enveloppent la première. Enfin, pour des différences de marche moindres, la courbe isochromatique d'un ordre déterminé comprend deux courbes fermées distinctes S' autour des directions apparentes des axes optiques.

Dans le voisinage des axes, ces courbes tendent évidemment vers la forme elliptique.

Si l'on appelle x et y les coordonnées d'un point M rapportées à l'axe optique A et à la ligne des axes, ce qui revient à remplacer les coordonnées primitives ξ et η par $x + \alpha$ et y, l'équation (2) devient

$$\left(ab\frac{\Delta}{e}\right)^2 = (a-b)^2 + (a-b)(ab-c^2)[ay^2 - b(x+\alpha)^2]$$
$$+ \frac{ab(b^2-c^2)}{4}\left[(x+\alpha)^2 + \frac{a^2-c^2}{b^2-c^2}y^2\right]^2.$$

En remarquant que la différence de marche est nulle pour $x = 0$ et $y = 0$, et négligeant les termes de degré supérieur au second, il reste alors

$$\left(ab\frac{\Delta}{e}\right)^2 = (a-b)(ab-c^2)(ay^2 - 2b\alpha x - bx^2)$$
$$+ \frac{ab(b^2-c^2)^2\alpha^2}{2}\left[2\alpha x + 3x^2 + \frac{a^2-c^2}{b^2-c^2}y^2\right],$$
$$\left(ab\frac{\Delta}{e}\right)^2 = \left[(a-b)(ab-c^2) + \frac{b(b^2-c^2)(a^2-c^2)}{2}\alpha^2\right]ay^2$$
$$+ [a(b^2-c^2)^2\alpha^2 - 2(a-b)(ab-c^2)]b\alpha x$$
$$+ [\tfrac{3}{2}a(b^2-c^2)^2\alpha^2 - (a-b)(ab-c^2)]bx^2.$$

Les facteurs de x^2 et y^2 sont de même signe, ce qui est évident au point de vue physique. Cette équation représente une ellipse symétrique par rapport à la ligne des axes optiques.

L'ordonnée de l'ellipse pour $x = 0$, c'est-à-dire pour les points situés sur la perpendiculaire à la ligne des axes optiques, est

$$ab\frac{\Delta}{e} = y\sqrt{(a-b)(ab-c^2) + \frac{b(b^2-c^2)(a^2-c^2)\alpha^2}{2}}.$$

Cette valeur de y est proportionnelle à la différence de marche; les lignes isochromatiques au voisinage de l'axe sont donc sensiblement équidistantes.

M. — II.

On peut retrouver directement les lignes isochromatiques en forme de lemniscates par un raisonnement géométrique approché, quand on néglige l'angle des normales aux ondes réfractées.

Dans l'expression de la différence de marche (400)

$$\frac{\Delta}{e} = \cos R \, \frac{V_1^2 - V_2^2}{V_1 V_2 (V_1 + V_2)},$$

on remplacera les vitesses V_1 et V_2 au dénominateur par leurs valeurs a et b relatives à l'incidence normale et la différence $V_1^2 - V_2^2$ par sa valeur (347) en fonction des angles θ_1 et θ_2 que fait la direction moyenne de la normale avec les axes optiques. On trouve ainsi, pour de petites incidences,

$$\frac{\Delta}{e} = \frac{a^2 - c^2}{ab(a+b)} \sin\theta_1 \sin\theta_2.$$

Sur un plan parallèle à la lame dans le milieu cristallin, les sinus des angles θ_1 et θ_2 sont sensiblement proportionnels aux distances NI_1 et NI_2 (*fig.* 244) de la trace N de la normale avec les traces I_1 et I_2 des axes optiques. Ces angles étant ensuite réfractés à la sortie, les déviations θ et θ' correspondantes seront, en négligeant la différence des valeurs de a et b,

$$b \sin\theta = \sin\theta_1, \qquad b \sin\theta' = \sin\theta_2.$$

Enfin $\sin\theta$ et $\sin\theta'$ représentent, dans le plan focal, les distances r et r' d'un point de la courbe aux images des axes optiques A et A' (*fig.* 248). On retrouve ainsi l'équation (4) sous la forme

$$(5) \qquad rr' = \frac{2a}{a^2 - c^2} \, \frac{\Delta}{e},$$

qui représente une série de lemniscates ayant pour foyers les images des axes optiques.

Il suffit de permuter les lettres a et c dans ce qui précède pour obtenir les résultats qui conviennent à une lame perpendiculaire à l'axe des x.

Les axes optiques ne sont généralement visibles que sur l'une ou l'autre de ces deux espèces de lames, suivant que la bissectrice de leur angle aigu coïncide avec l'axe des z ou l'axe des x.

448. *Lame perpendiculaire à un axe optique.* — Le raisonnement géométrique s'applique alors avec une approximation encore plus grande. Le facteur $\sin I = \rho$ représente le rayon vecteur de la ligne isochromatique par rapport à l'image de l'axe optique, et l'on a (402)

$$\rho = \frac{b^2}{\sqrt{(a^2 - b^2)(b^2 - c^2)}} \frac{\Delta}{e}.$$

Les premières courbes isochromatiques sont circulaires, comme pour les cristaux à un axe, et d'abord équidistantes, puisque le rayon est proportionnel à la différence de marche (*Pl. III, fig.* 8).

449. *Lame parallèle aux axes optiques.* — Si la lame est parallèle aux plans des axes optiques, la différence de marche ne devient nulle pour aucune direction des rayons incidents et il n'y a plus de lignes neutres.

En permutant les lettres c et b dans l'équation (2), on a

$$ac\frac{\Delta}{e} = a - c + \frac{ac - b^2}{2}(a\tau_1^2 - c\xi_1^2) + \ldots.$$

Dans le voisinage de la normale, les courbes isochromatiques sont des branches d'hyperboles sensiblement équilatères.

Les phénomènes ne seront généralement visibles qu'avec une lumière homogène.

450. *Analyseur et polariseur circulaires.* — Lorsque le polariseur et l'analyseur sont tous deux à vibrations circulaires, les lignes neutres disparaissent et il ne reste plus que les lignes isochromatiques non interrompues (429). Le phénomène est particulièrement remarquable pour les lames sur lesquelles les axes optiques sont apparents.

Les images des axes se réduisent à des points blancs ou noirs suivant que le polariseur et l'analyseur sont de même sens ou de sens contraires, tandis que les lemniscates isochromatiques présentent le maximum d'éclat et des colorations continues.

Si l'analyseur est seul circulaire, l'hyperbole neutre relative au polariseur est conservée; elle paraît grise à la lumière blanche et partage les anneaux isochromatiques au voisinage des axes en deux segments de couleurs complémentaires.

Les maxima et minima de ces lignes isochromatiques ont encore lieu pour des différences de phase intermédiaires à celles qui correspondent au phénomène habituel; la position du premier anneau sombre est particulièrement intéressante à signaler.

Les amplitudes des images droite et gauche sont

$$4\,d^2 = r^2(1 - \sin 2\,i \sin \delta),$$
$$4\,g^2 = r^2(1 + \sin 2\,i \sin \delta).$$

Le premier anneau, qui correspond à $\Delta = \dfrac{\lambda}{4}$ ou $\sin \delta = \pm 1$ se réduit dans l'image droite à une tache noire voisine du point où l'on a $\sin 2\,i = \pm 1$.

Pour définir cette condition, il est nécessaire de préciser le caractère du retard Δ.

Considérons ce premier anneau BDCE (*fig.* 249) et supposons que la bissectrice aiguë est positive.

Fig. 249.

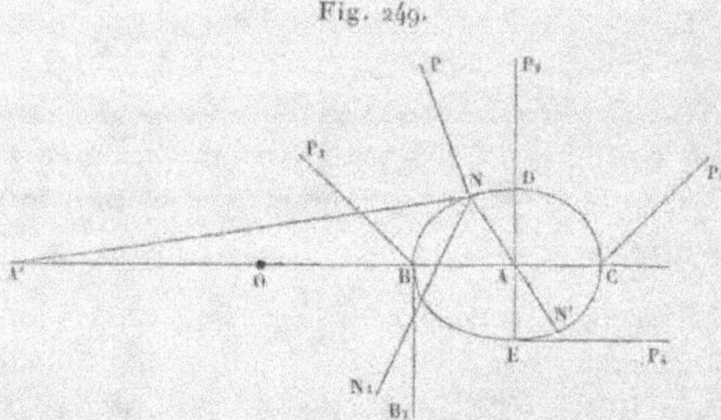

Pour le point B situé dans l'intervalle des axes, le retard porte sur l'onde ordinaire qui est polarisée dans le plan des axes; le cristal se comporte comme une lame positive dont la section principale BB₁ serait perpendiculaire au plan des axes. En suivant la ligne isochromatique dans le sens BDCE, la section principale tourne dans le même sens. Pour un point N, sa direction NN₁ est sensiblement bissectrice des rayons vecteurs NA et NA'; en D, elle est à peu près dans l'azimut de $+45°$ par rapport à la verticale; en C, elle est horizontale; en E, dans l'azimut de $-45°$.

Le plan primitif étant d'abord parallèle à P₁, dans l'azimut de

— 45°, l'angle i est de 45° pour le point B où se trouve la tache
noire. Si ce plan tourne d'une manière continue vers la droite, la
tache tourne dans le même sens BND; elle est en D quand le
plan P_2 est vertical, en C quand le plan P_3 est dans l'azimut de
+ 45°, en E quand le plan P_4 est horizontal. Cette tache parcourt
ainsi toute la ligne isochromatique pendant que le plan de polarisation tourne d'une demi-circonférence. Si on laisse le plan
primitif invariable et qu'on fasse tourner le cristal, la tache se
déplace en sens contraire de la rotation du cristal.

Dans l'image gauche, la tache prend dans chaque cas une position diamétralement opposée, car les plans de polarisation aux
points N et N' sont sensiblement rectangulaires.

Lorsque la bissectrice est négative, les deux espèces d'ondes
changent de rôle ou, ce qui revient au même, la valeur de Δ doit
changer de signe; les positions des taches sont interverties dans
les deux images circulaires.

Cela étant, supposons que le polariseur OP et l'analyseur OS
(*fig.* 250) sont croisés, le plan primitif étant vertical pour fixer

Fig. 250.

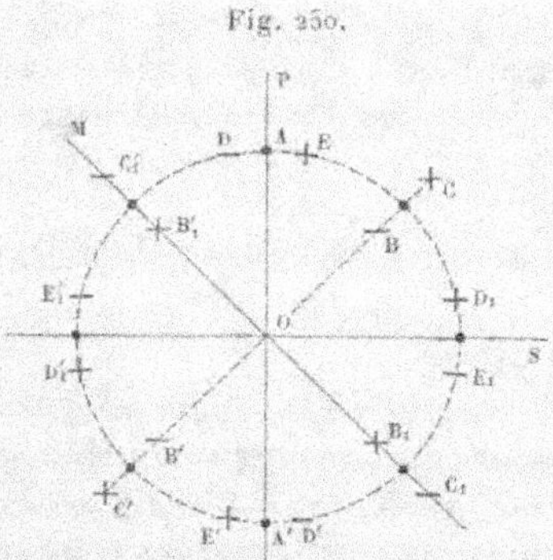

les idées. En mettant une lame d'un quart d'onde M en avant de
l'analyseur dans l'azimut de — 45°, on le transforme en analyseur
circulaire, et les lignes neutres noires deviennent grises.

Si la ligne des axes est d'abord parallèle au plan primitif, la
ligne neutre est une croix; la tache de la première ligne isochromatique est au point E et au point symétrique E' auprès du second

axe A′ si la bissectrice est positive, aux points D et D′ si elle est négative; la ligne des taches tend donc à s'écarter de la section principale du quart d'onde et à figurer avec elle le signe $+$ dans le premier cas; elle s'en rapproche dans le second et tend à figurer le signe $-$.

En tournant le cristal vers la droite, la tache se déplace sur l'anneau en sens contraire. Quand les axes sont dans l'azimut de 45°, auquel cas la ligne neutre est hyperbolique, les taches sont en C et C′ à l'*extérieur* des axes si la bissectrice est positive, *dans l'intervalle* des axes au contraire, en B et B′, si la bissectrice est négative.

Si la ligne des axes devient parallèle à l'analyseur, les taches se placent respectivement en D_1 et D'_1 ou E_1 et E'_1, manifestant ainsi la même tendance à figurer avec la section principale du quart d'onde le signe $+$ ou le signe $-$.

Enfin, pour l'azimut de $3\frac{\pi}{4}$ ou $-45°$, les taches sont en B_1 et B'_1, à l'intérieur des axes pour les cristaux positifs et à l'extérieur, en C_1 et C'_1, pour les cristaux négatifs.

451. *Lames multiples*. — Le problème de la superposition des lames est très complexe pour les milieux biaxes, parce que l'azimut de polarisation des ondes réfractées peut varier beaucoup avec la direction de la lumière.

Nous examinerons, comme exemple, le cas de deux lames identiques, parallèles à l'un des plans de symétrie, dont les sections principales sont croisées.

Au voisinage de la normale, les plans de polarisation des ondes réfractées dans les deux lames restent sensiblement parallèles aux sections principales. Comme ces ondes changent d'espèce en passant de l'une des lames à la suivante, le retard final est la différence des retards relatifs aux deux lames, et la compensation est complète pour l'incidence normale.

Supposons que les lames soient parallèles au plan des xy; pour une direction déterminée, on doit encore, en passant de la première à la seconde, changer η en ξ et ξ en $-\eta$.

L'équation (3) ne renfermant que des termes de degré pair, il suffira d'y permuter les lettres ξ et η et de retrancher le second résultat du premier. La différence de marche Δ, toutes réductions faites, devient

$$(6) \quad \frac{ab}{a+b}\frac{\Delta}{e} = \frac{ab-c^2}{2}(\eta^2-\xi^2) + \frac{a^2 b(a-b)+ab^3-c^4}{8}(\eta^4-\xi^4).$$

Des permutations convenables sur les lettres a, b et c donneraient l'expression du retard pour des lames parallèles aux deux autres plans de symétrie.

La ligne isochromatique qui passe par le centre se réduit à une croix rectangulaire bissectrice des sections principales ; elle est blanche, noire ou grise, suivant que le polariseur et l'analyseur sont parallèles, croisés ou obliques l'un à l'autre. Cette croix forme un système de lignes neutres.

Les autres lignes isochromatiques sont des courbes de forme hyperbolique, asymptotes aux branches de la croix neutre.

Le phénomène conserve cette apparence jusqu'à une distance notable de la normale sur des lames parallèles au plan des axes optiques ; mais il prend ensuite la forme de taches disposées en damier, visibles seulement dans la lumière homogène.

La transformation est beaucoup plus rapide lorsque les lames sont perpendiculaires à la bissectrice aiguë des axes optiques et que ces axes apparaissent dans le champ.

Soient A et A', A_1 et A'_1 (*fig.* 251) les images des axes op-

Fig. 251.

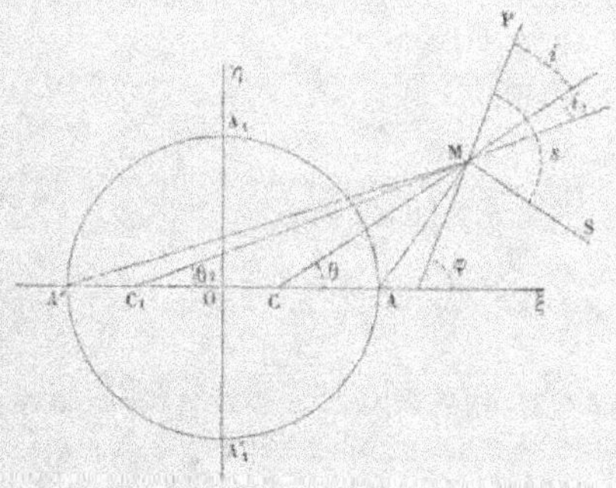

tiques des deux lames, M l'image d'un système d'ondes planes, θ et θ_1 les angles que font avec l'axe $O\xi$ les plans de polarisation

MC et MC, de deux ondes de même espèce dans la première et la seconde lame, φ l'angle du plan primitif MP avec le plan des axes optiques A'A de la première lame, s l'azimut de l'analyseur MS par rapport au polariseur.

Les composantes conjuguées a et a', qui constituent la vibration ordinaire de l'analyseur (430), s'obtiendront en faisant

$$i = \varphi - \theta, \qquad i_1 = \theta - \theta_1,$$
$$i' = s - i - i_1 = s - \varphi + \theta_1.$$

Fig. 252.

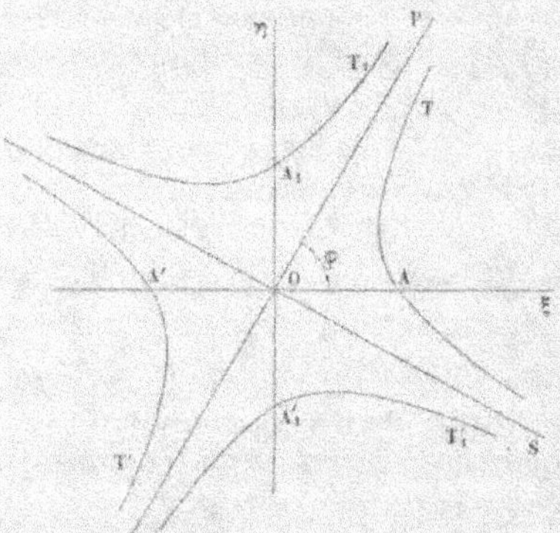

Comme les angles δ, δ_1, θ et θ_1 sont des fonctions des coordonnées ξ et η du point M, le phénomène présentera une série de taches distribuées régulièrement.

Lorsque le polariseur OP et l'analyseur OS (*fig.* 252) sont croisés, on a

$$(7) \quad \begin{cases} \dfrac{a}{r} = -\sin 2(\theta - \theta_1) \sin \dfrac{\delta}{2} \sin \dfrac{\delta_1}{2}, \\[2mm] \dfrac{a'}{r} = \sin 2(\varphi - \theta_1) \cos \dfrac{\delta}{2} \sin \dfrac{\delta_1}{2} + \sin 2(\varphi - \theta) \sin \dfrac{\delta}{2} \cos \dfrac{\delta_1}{2}. \end{cases}$$

La discussion de ces expressions montrerait, conformément à la règle générale, qu'il existe trois systèmes de taches noires : 1° aux intersections des franges sombres, en forme de lemniscates, que produiraient séparément les deux lames ; 2° aux intersections des franges sombres de la seconde lame avec les lignes neutres

T et T' relatives au polariseur pour la première; 3° aux intersections des franges sombres de la première avec les lignes neutres T_1 et T'_1 relatives à l'analyseur pour la seconde.

Si les rayons s'écartent peu de la normale, les droites MC et MC_1 (*fig.* 251) sont sensiblement bissectrices des angles AMA' et $A_1MA'_1$. En désignant par A et A' les angles $MA\xi$ et $MA'\xi$, et par 2α la distance AA', on a

$$\tan A = \frac{\eta_1}{\xi - \alpha}, \qquad \tan A' = \frac{\eta_1}{\xi + \alpha},$$

$$\tan 2\theta = \tan(A + A') = \frac{2\xi\eta}{\xi^2 - \eta_1^2 - \alpha^2};$$

le lieu des points pour lesquels l'angle θ est de 45° est une hyperbole équilatère $\xi^2 - \eta_1^2 = \alpha^2$ passant par les axes optiques.

On a de même pour la seconde lame, en permutant les lettres ξ et η,

$$\tan(\pi - 2\theta_1) = -\tan 2\theta_1 = \frac{2\xi\eta}{\eta_1^2 - \xi^2 - \alpha^2};$$

par suite,

$$\tan 2i_1 = \tan 2(\theta - \theta_1) = \frac{4\alpha^2\xi\eta}{(\xi^2 + \eta_1^2)^2 - \alpha^4}.$$

L'angle i_1 est égal à 45° quand le point M est sur la circonférence passant par les images des axes optiques, ce qui était évident par la construction.

Dans l'intérieur de cette circonférence, l'angle i_1 est plus grand que 45°; il devient droit sur les lignes des axes optiques, entre les images de ces axes. En dehors de la circonférence, l'angle i_1 est plus petit que 45° et devient nul sur les lignes des axes.

Auprès de la normale, l'angle i_1 diffère très peu de 90°; la partie centrale des bissectrices des axes est donc une croix noire de compensation, comme pour les lames croisées de cristaux uniaxes. Sur les directions de ces bissectrices, les conditions $\delta = \delta_1$ et $\theta_1 = 90° - \theta$ donnent

$$a = r \sin 4\theta \sin^2 \frac{\delta}{2},$$

$$a' = -\frac{r}{2} \cos 2\varphi \sin 2\theta \sin \delta.$$

A part la région centrale, l'intensité n'est donc plus nulle qu'aux points où la croix neutre rencontre les franges sombres.

Dans le voisinage de l'axe optique A, l'angle θ_1 est très petit et l'angle θ varie de $0°$ à $90°$; on peut écrire alors, d'une manière approchée,

$$\frac{a}{r} = -\sin 2\theta \sin\frac{\delta}{2}\sin\frac{\delta_1}{2},$$

$$\frac{a'}{r} = \sin 2\varphi \cos\frac{\delta}{2}\sin\frac{\delta_1}{2} - \sin 2(\varphi - \theta)\sin\frac{\delta}{2}\cos\frac{\delta_1}{2}.$$

Sur les franges sombres $\left(\sin\frac{\delta}{2} = 0\right)$ de la première lame, l'amplitude de la vibration se réduit à

$$(8) \qquad\qquad a' = \pm\, r\sin 2\varphi \sin\frac{\delta_1}{2}.$$

Enfin, le phénomène se simplifie lorsque le polariseur et l'analyseur sont respectivement parallèles aux plans des axes optiques des deux lames. Les hyperboles neutres se réduisent alors à une croix rectangulaire passant par les pôles; l'intensité est nulle sur une grande étendue autour des points où ces deux droites rencontrent les franges sombres de chaque lame.

Comme $\sin 2\varphi = 0$, on voit en outre, par l'équation approchée (8), que l'intensité est sensiblement nulle sur toute l'étendue des franges sombres qui entourent chacun des axes optiques.

On peut ainsi se rendre compte des apparences qui se présentent dans la lumière homogène (*Pl. III, fig.* 9 et 10). Ces figures ont été gravées d'après des photographies obtenues avec deux *aragonites* entre un polariseur et un analyseur croisés. Dans le premier cas (*fig.* 9), les directions des axes sont respectivement parallèles aux polariseur et analyseur; la *fig.* 10, qui rappelle les apparences de la polarisation rotatoire, correspond au cas où les axes sont dans les azimuts de $+ 22°,5$ et $- 67°,5$. On y voit que :

1° Quelle que soit l'orientation du système, il existe au centre une croix noire bissectrice des directions des axes; les branches de cette croix sont limitées et se prolongent ensuite par une série de taches noires interrompues.

2° Dans les angles de la croix se trouvent des fragments de courbes dont on peut suivre la succession sur les hyperboles de compensation.

3° En combinant les taches d'une autre manière, on retrouve les lemniscates relatives à chacune des lames ; ces lemniscates se dessinent nettement sur les figures.

4° On trouve enfin une série de taches aux points de rencontre des lignes neutres avec les courbes isochromatiques.

La lumière blanche fait disparaître une partie du phénomène et conserve surtout les interférences d'un ordre peu élevé :

1° Dans la région centrale, la croix neutre des bissectrices est noire et les courbes isochromatiques très vives ; plus loin, la croix devient grise et les couleurs sont lavées de blanc ; ces portions d'hyperboles figurent quatre systèmes de franges d'interférence incomplète, à 45° sur les directions des axes optiques.

2° Les courbes isochromatiques reparaissent très nettes et presque continues autour des axes optiques si les lames ne sont pas trop épaisses ; elles s'affaiblissent peu à peu à mesure qu'on s'en éloigne.

3° Dans le cas de la *fig.* 9, les directions des axes optiques sont marquées par des lignes neutres noires, qui forment comme un voile sous lequel on verrait des franges colorées au voisinage du centre et des axes optiques.

4° Enfin les minima discontinus sont quelquefois visibles à la lumière blanche avec certains cristaux ; tel est le cas de deux *sphènes* croisés.

452. *Surface isochromatique.* — M. Bertin [1] a cherché à représenter l'ensemble des phénomènes par une seule surface, telle que son intersection par un plan parallèle à la lame reproduise la courbe isochromatique correspondante.

Un rayon SA (*fig.* 253), qui tombe sur une lame cristalline, donne deux rayons réfractés AB et AC qui émergent ensuite dans des directions BS' et CS″ parallèles à sa direction primitive.

Si BQ est l'onde relative au rayon AC, les chemins BB' et CC' sont équivalents ; la différence de marche Δ des deux rayons ne dépend donc que des temps qu'ils ont mis à parcourir les lon-

---

[1] Bertin, *Annales de Chimie et de Physique*, [3], t. LXIII, p. 57 ; 1861.

gueurs AB et AC′ avec des vitesses différentes r_1 et r_2,

$$\Delta = \frac{AC'}{r_2} - \frac{AB}{r_1}.$$

La double réfraction étant toujours très faible, les distances AB et AC′ ne diffèrent que d'une quantité du second ordre, car l'angle BAC des rayons est du premier ordre et chacun d'eux n'est écarté que d'un angle du premier ordre de la normale AP à l'onde BQ.

Fig. 253.

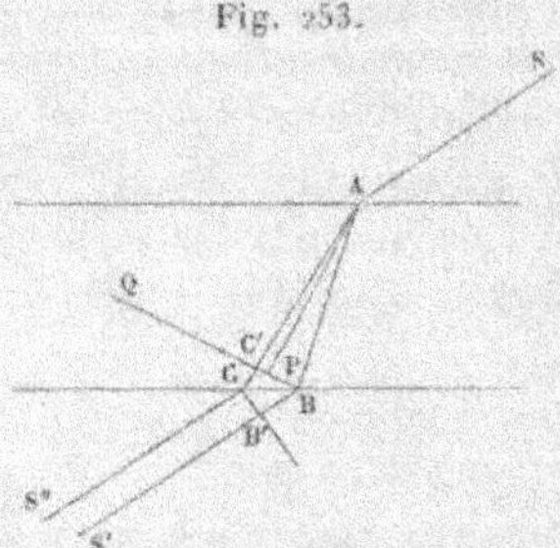

On peut donc, à ce degré d'approximation, considérer les distances AC′ et AB comme égales et écrire

$$(9) \qquad \Delta = AB\left(\frac{1}{r_2} - \frac{1}{r_1}\right).$$

L'hypothèse revient à admettre que l'on fait interférer entre eux deux rayons qui ont parcouru le même chemin dans le cristal, ce qui n'est pas possible en toute rigueur, puisque les rayons réfractés correspondants ne sont plus superposés à la sortie et ne proviennent pas d'un même rayon incident.

Quoi qu'il en soit, si l'on considère un point rayonnant O (*fig.* 254) sur la face d'entrée d'un cristal et que OM soit une direction pour laquelle la différence de marche est

$$\Delta = OM\left(\frac{1}{r_2} - \frac{1}{r_1}\right) = m\lambda,$$

ce point correspondra à une courbe isochromatique d'ordre m.

Le lieu des points M qui jouiront de la même propriété sur la face BB′ de sortie est une ligne isochromatique, ou du moins une courbe telle que, si l'on mène par le second point nodal du système optique un cône de droites parallèles aux rayons réfractés qui émanent de cette courbe, et qui ont pour première origine le point O, ce cône coupera ensuite le plan focal suivant une ligne isochromatique. La courbe des points M sera donc un peu déformée par réfraction.

En prenant sur une autre direction quelconque une distance OM' qui corresponde au même retard, le lieu des points M, M', ... est une *surface isochromatique* S d'ordre m.

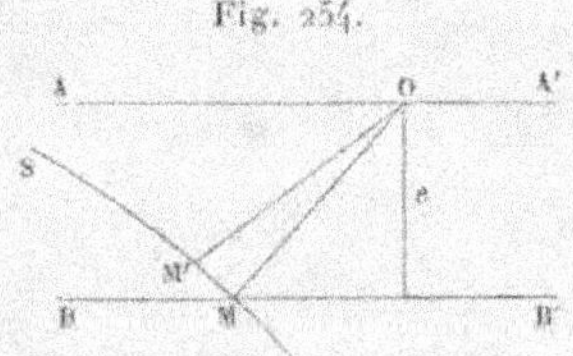

Fig. 254.

La courbe isochromatique de même ordre, pour une lame cristalline, est déterminée par l'intersection de cette surface S avec la face BB' de sortie ; elle est d'autant plus large que l'épaisseur e est plus grande.

En faisant varier le nombre m, on obtiendra une série de surfaces différentes qui sont évidemment toutes semblables.

Pour déterminer une surface ainsi définie, on appellera ρ le rayon vecteur OM de la surface à partir du point rayonnant.

La surface d'onde réciproque (343) jouissant par rapport aux rayons des mêmes propriétés que la surface d'onde ordinaire par rapport aux normales aux ondes planes, on peut obtenir immédiatement l'équation de la surface isochromatique en fonction des angles θ'_1 et θ'_2 du rayon vecteur avec les axes optiques de la surface d'onde réciproque, en mettant l'expression (9) du retard sous la forme

$$(10) \qquad \left(\frac{\Delta}{\rho}\right)^2 = \left(\frac{1}{r_2} - \frac{1}{r_1}\right)^2 = \frac{1}{r_1^2} + \frac{1}{r_2^2} - \frac{2}{r_1 r_2}.$$

La vitesse r suivant le rayon étant l'inverse de la vitesse U des ondes planes correspondantes par rapport à l'onde réciproque, on aura, par les équations du n° 347, en appelant a', b' et c' les inverses des paramètres a, b et c,

$$\frac{1}{r_1^2} + \frac{1}{r_2^2} = a'^2 + c'^2 - (c'^2 - a'^2)\cos\theta'_1\,\cos\theta'_2,$$

$$\frac{1}{r_1^2 r_2^2} = a'^2 c'^2 + \frac{(c'^2 - a'^2)^2}{4}(\cos^2\theta'_1 + \cos^2\theta'_2) - \frac{c'^4 - a'^4}{2}\cos\theta'_1\,\cos\theta'_2.$$

Avec ces substitutions, l'équation (10) donnerait pour chaque direction deux valeurs de ρ égales et de signes contraires.

L'équation se simplifie si l'on néglige encore des quantités qui sont du second ordre; on obtient alors, en prenant

$$\frac{1}{r_2} - \frac{1}{r_1} = \frac{b'}{2}\left(\frac{1}{r_2^2} - \frac{1}{r_1^2}\right) = \frac{b'}{2}(c'^2 - a'^2)\sin\theta'_1\,\sin\theta'_2,$$

$$(11) \qquad\qquad \rho\sin\theta'_1\,\sin\theta'_2 = \frac{2\Delta}{b'(c'^2 - a'^2)}.$$

Pour exprimer l'équation de la surface en coordonnées rectangulaires, nous remarquerons que les cosinus directeurs du rayon vecteur sont respectivement proportionnels aux coordonnées x, y et z du point M correspondant. L'équation (23) du n° 347 appliquée à l'onde réciproque, en remplaçant V par $U = \frac{1}{r}$, donne

$$\rho^2\left(\frac{1}{r_1^2} + \frac{1}{r_2^2}\right) = (b'^2 + c'^2)x^2 + (c'^2 + a'^2)y^2 + (a'^2 + b'^2)z^2,$$

$$\frac{\rho^2}{r_1^2 r_2^2} = b'^2 c'^2 x^2 + c'^2 a'^2 y^2 + a'^2 b'^2 z^2.$$

On trouve alors, en substituant ces valeurs dans l'équation (10) du retard, mise sous la forme

$$\left(\frac{1}{r_1^2} + \frac{1}{r_2^2} - \frac{\Delta^2}{\rho^2}\right)^2 = \frac{4}{r_1^2 r_2^2},$$

$$(12) \quad \left\{ \begin{aligned} &[(b'^2 + c'^2)x^2 + (c'^2 + a'^2)y^2 + (a'^2 + b'^2)z^2 - \Delta^2]^2 \\ &= 4\rho^2[b'^2 c'^2 x^2 + c'^2 a'^2 y^2 + a'^2 b'^2 z^2]; \end{aligned} \right.$$

cette équation représente une surface du quatrième degré.

Il est à remarquer que les facteurs a', b' et c' ne sont autre chose que les trois indices principaux de réfraction n_1, n_2 et n_3 du milieu considéré.

Les surfaces relatives à des retards différents sont homothétiques; il suffira donc de construire l'une d'elles.

M. Bertin a réalisé un modèle de la surface isochromatique en supposant $\Delta = 1^{\text{mm}}$ ou environ 2000 longueurs d'onde et pour un milieu dont les indices de réfraction seraient les suivants, qui conviennent à peu près aux *micas* à deux axes optiques :

$$a' = 1,58, \qquad b' = 1,61, \qquad c' = 1,63.$$

Si l'on veut utiliser cette surface S_1 pour un retard $m\lambda$ et une lame d'épaisseur e, il faudra réduire ses dimensions dans le rapport de 1^{mm} à $m\lambda$ et couper la nouvelle surface S par un plan convenablement orienté à la distance e du centre.

Il n'est pas nécessaire de construire des surfaces différentes, car on obtient évidemment une intersection de même forme en coupant la surface S_1 par un plan dont la distance au centre est égale à $e\dfrac{1^{\text{mm}}}{m\lambda}$ et réduisant ensuite le rayon vecteur de cette section dans le rapport de 1^{mm} à $m\lambda$.

Pour obtenir la surface isochromatique des cristaux à un axe, il suffira de faire $b' = c'$. La surface est alors de révolution autour de l'axe des x et, si l'on appelle r la distance $\sqrt{y^2 + z^2}$ d'un point à l'axe, l'équation (12) peut s'écrire

$$[2b'^2 x^2 + (a'^2 + b'^2)r^2 - \Delta^2]^2 = 4b'^2(x^2 + r^2)(b'^2 x^2 + a'^2 r^2),$$

$$(13) \quad (a'^2 - b'^2)^2 r^4 - 2\Delta^2(a'^2 + b'^2)r^2 - 4b'^2\Delta^2 x^2 + \Delta^4 = 0.$$

Les facteurs a' et b' sont respectivement les indices de réfraction extraordinaire et ordinaire n'' et n' du cristal.

Les *fig.* 255 et 256 représentent les modèles de M. Bertin pour les valeurs données plus haut des indices. La discussion des équations (12) et (13) ferait connaître la forme des différentes sections ou des lignes isochromatiques correspondantes.

453. *Degré d'approximation.* — La surface relative aux cristaux à deux axes (*fig.* 255) conserve les trois plans de symétrie de ces milieux. La section parallèle au plan des axes optiques

$$[(b'^2 + c'^2)x^2 + (a'^2 + b'^2)z^2 - \Delta^2]^2 = 4b'^2(x^2 + z^2)(c'^2 x^2 + a'^2 z^2)$$

est une courbe à quatre branches de forme hyperbolique, dont les asymptotes sont deux droites parallèles aux axes optiques de la surface d'onde réciproque et à la même distance. La surface est asymptote à deux cylindres circulaires droits de même direction; elle ressemble à une croix de Saint-André.

Les sections planes de la surface isochromatique donnent évidemment des courbes qui se rapprochent beaucoup des lignes isochromatiques réelles, mais il importe de vérifier quel est le degré d'approximation que comporte cette méthode.

Pour la frange singulière qui correspond à une différence de marche nulle, c'est-à-dire à la direction des axes optiques, l'équation (10) donnerait évidemment la direction de l'axe optique de l'onde réciproque, au lieu de l'axe optique lui-même.

Fig. 255.   Fig. 256.

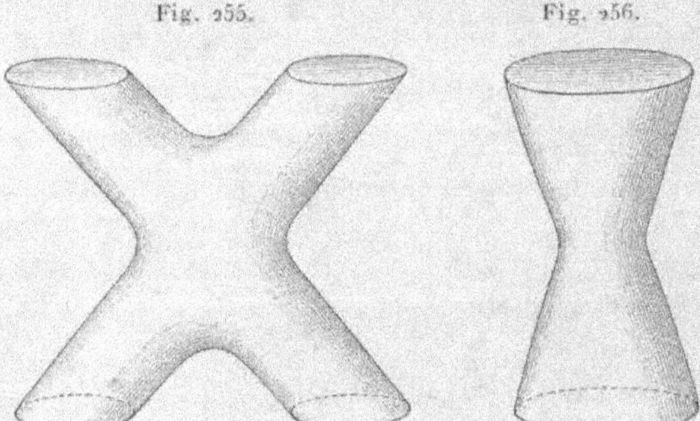

Les angles C et C' de l'axe des z avec l'axe optique réel et avec l'axe optique de l'onde réciproque donnent la relation (345)

$$\operatorname{tang} C' = \frac{c}{a} \sqrt{\frac{a^2 - b^2}{b^2 - c^2}} = \frac{c}{a} \operatorname{tang} C,$$

et l'angle $C - C'$ de ces deux directions est

$$\operatorname{tang}(C - C') = \frac{a(b^2 - c^2) - c\sqrt{(a^2 - b^2)(b^2 - c^2)}}{(ac + b^2)(a - c)}.$$

Avec les indices du mica employé par M. Bertin, l'angle $C - C'$ est de 51'; l'erreur atteint donc près d'un degré.

La surface isochromatique des cristaux uniaxes (*fig.* 256) est sensiblement un hyperboloïde de révolution dont la courbe méridienne serait une hyperbole presque équilatère.

Considérons encore une lame parallèle à l'axe, le plan d'incidence étant perpendiculaire à l'axe, auquel cas les deux rayons suivent la loi de Descartes. Pour un petit angle d'incidence I, la différence de marche réelle est

$$\Delta = e(n'' \cos I'' - n' \cos I') = e\left[n'' - n' + \left(\frac{1}{n'} - \frac{1}{n''} \right) \frac{\sin^2 I}{2} \right].$$

Le retard calculé pour des rayons qui suivraient la même direction I' est

$$\Delta' = \frac{e}{\cos I'} (n'' - n') = e(n'' - n') \left(1 + \frac{1}{n'^2} \frac{\sin^2 I}{2} \right).$$

Les variations, à partir de l'incidence normale, sont

$$\Delta - \Delta_0 = e(n'' - n') \frac{\sin^2 I}{2\, n' n''} = \Delta_0 \frac{\sin^2 I}{2\, n' n''},$$

$$\Delta' - \Delta_0 = e(n'' - n') \frac{\sin^2 I}{2\, n'^2} = \Delta_0 \frac{\sin^2 I}{2\, n'^2},$$

et leur différence

$$\Delta - \Delta' = \Delta_0 \frac{\sin^2 I}{2\, n'} \left(\frac{1}{n''} - \frac{1}{n'} \right).$$

Enfin le rapport de cette différence à la variation $\Delta - \Delta_0$ est

$$\frac{\Delta - \Delta'}{\Delta - \Delta_0} = n'' \left(\frac{1}{n''} - \frac{1}{n'} \right) = 1 - \frac{n''}{n'}.$$

Le rapport $\frac{n''}{n'}$ est égal à 0,96 pour le quartz et 1,115 pour le spath d'Islande. L'erreur commise sur l'ordre de la frange isochromatique à partir de la normale est donc de $\frac{4}{100}$ dans le premier cas et supérieure à $\frac{1}{10}$ dans le second.

La surface isochromatique fournit donc une méthode très ingénieuse pour connaître rapidement la forme des franges, mais elle ne peut servir à des mesures exactes.

APPLICATIONS.

454. *Polariscopes à franges.* — Les phénomènes de polarisation chromatique en lumière convergente ont encore un grand nombre d'applications.

Pour constituer un polariscope, par exemple, il suffit d'employer une lame cristalline, capable de produire des franges, à la suite de laquelle est un analyseur tel qu'une tourmaline. Les interférences apparaissent dès que le faisceau observé renferme une fraction de lumière polarisée; en tournant le système formé par la lame et l'analyseur, les lignes neutres paraissent noires et les franges colorées prennent le maximum d'éclat quand la polarisation partielle ou totale du faisceau est perpendiculaire à celle de l'analyseur.

La disposition la plus simple consiste à utiliser une lame de spath perpendiculaire à l'axe; on estime assez exactement l'azimut du système qui donne le plus de netteté à la croix noire.

Le polariscope de Savart (440) est beaucoup plus sensible. L'analyseur étant monté à 45° sur les sections principales des deux lames croisées, la frange centrale est blanche ou noire suivant que la polarisation primitive est parallèle ou perpendiculaire à celle de l'analyseur. L'observation des franges à centre noir est préférable; si l'analyseur est perpendiculaire à leur direction, elles indiquent le plan de polarisation primitive.

Cet appareil est celui qu'on emploie le plus fréquemment, en particulier dans les observations sur la polarisation atmosphérique. En réalité, il est très difficile de trouver un corps lumineux par réflexion ou diffusion, tel que les eaux et le sol, les murs, les parquets, les plafonds, les meubles, etc., sur lesquels on ne distingue pas les franges rectilignes révélant une polarisation au moins partielle de la lumière.

Les franges disparaissent quand la polarisation primitive est à 45° des franges, c'est-à-dire parallèle à la section principale de l'une des lames. On a quelquefois utilisé cette circonstance dans les appareils où l'on veut déterminer avec une grande exactitude l'azimut de polarisation, par exemple pour la mesure des pouvoirs rotatoires avec une lumière homogène; mais la méthode nous paraît moins précise que celle du nicol ou des analyseurs à pénombre (366 et 407). Les franges reparaissent, il est vrai, pour peu qu'on tourne le système à droite ou à gauche de l'azimut de 45°, mais elles restent toujours visibles dans les régions latérales, lors même qu'elles n'existent plus au milieu du champ ; en outre, l'œil conserve pendant quelque temps l'impression de ces rayures de l'image et prolonge instinctivement les franges latérales. Il semble difficile d'apprécier rigoureusement l'azimut qui les fait disparaître dans la région centrale.

Delezenne (¹) signale aussi l'emploi de deux lames de spath identiques, presque perpendiculaires à l'axe et dont les axes sont renversés (441) ; deux lames perpendiculaires à l'axe inclinées l'une sur l'autre conduisent au même résultat.

Les lignes isochromatiques de même ordre, relatives à chacune des lames, se rencontrent évidemment sur une droite perpendiculaire au plan des deux axes ; les systèmes de lignes isochromatiques dont l'ordre diffère de 1, 2, 3, … unités se rencontrent sensiblement sur des droites parallèles à la première, situées de part et d'autre, comme pour les intersections des anneaux de deux lames isotropes (284).

Lorsque l'analyseur et le polariseur sont croisés et que la lumière est homogène, il existe sur la ligne centrale et sur les lignes latérales une série de taches noires aux intersections des franges sombres des deux lames (430) ; la position de ces taches varie avec la longueur d'onde. Dans la lumière blanche, la superposition partielle des taches qui correspondent aux différentes couleurs forme une ligne médiane grise, bordée de franges latérales irisées qui rappellent les phénomènes d'interférence ; ce système de franges paraît interrompu dans l'intervalle des axes. La distance des franges est d'autant plus grande que les axes des deux lames sont plus rapprochés.

455. *Signe des cristaux uniaxes* (²). — La classe des corps uniaxes négatifs renferme le plus grand nombre des beaux cristaux transparents : tels sont le *spath* d'Islande, les *corindons*, les *éme-*

(¹) DELEZENNE, *Mémoire de la Société des Sciences de Lille*, 1834.
(²) *Voir* BERTIN, *Ann. de Chim. et de Phys.*, [4], t. XIII, p. 240 ; 1868.

raudes et les *tourmalines*. Les cristaux positifs sont plus rares; nous citerons en particulier le *zircon* et le *sulfate de potasse*. Le quartz est bien le type des cristaux positifs, mais il présente dans le voisinage de l'axe des propriétés spéciales qui troublent singulièrement les apparences des anneaux.

On peut reconnaître le signe d'une lame uniaxe perpendiculaire à l'axe en lui superposant un cristal de signe connu qui servira d'épreuve.

Les anneaux primitifs se resserrent ou s'élargissent suivant que la lame primitive est de même signe que la lame d'épreuve ou de signe contraire (432). L'expérience pourrait être douteuse si les anneaux de la lame d'épreuve étaient eux-mêmes plus serrés que ceux de la première, mais il est facile de vérifier par l'observation alternative des deux cristaux si les franges dues à leur superposition sont plus serrées ou plus larges que celles de la lame qui donne les plus grands retards.

Pour éviter cette difficulté, on peut employer, comme épreuve, une lame de quartz perpendiculaire à l'axe, taillée en biseau, que l'on fait glisser à partir de la région la plus mince. La lame observée est positive ou négative suivant que, par ce mouvement, les anneaux se resserrent ou s'écartent d'une manière progressive. L'inconvénient du pouvoir rotatoire n'est sensible que vers le centre du phénomène et n'empêche pas de constater l'effet produit sur les anneaux éloignés.

Il est encore plus commode d'utiliser une lame de mica d'un quart d'onde, suivant la méthode de Norremberg (433).

L'appareil étant réglé de manière à donner une croix noire, on place le mica en avant de l'analyseur dans l'azimut de 45°, de manière à le transformer en analyseur circulaire droit. Le signe formé par la ligne des deux taches noires avec la direction positive du mica indique le signe du cristal.

On aura soin de vérifier la méthode sur un cristal de signe connu, comme le spath d'Islande, et l'on marquera la direction de repère sur la lame de mica.

Avec les lames parallèles à l'axe, si elles sont assez minces pour prendre les teintes de la polarisation chromatique, on apercevra les hyperboles dans la lumière blanche, et il est facile de déterminer l'axe en cherchant la direction autour de laquelle il faut tourner la lame pour que la teinte baisse au centre du phénomène; l'axe est perpendiculaire à cette direction.

Pour une lame plus épaisse, cette relation finira généralement par faire apparaître les couleurs dans la lumière blanche.

L'axe étant connu, on observera les hyperboles dans la lumière homogène, si c'est nécessaire. En supposant une lame de quartz perpendiculaire à l'axe, on ne les modifie pas sensiblement, sauf l'effet du pouvoir rotatoire.

On cherche alors autour de quelle droite il faut faire tourner le quartz pour que les hyperboles de l'ordre le moins élevé s'éloignent du centre. La lame est positive ou négative suivant que la droite de rotation qui produit ce résultat est perpendiculaire (+) ou parallèle (—) à l'axe du cristal.

On peut également utiliser une lame de quartz, parallèle à l'axe et taillée en biseau, dont on introduit une épaisseur croissante. Le cristal est positif ou négatif, suivant que la direction de l'axe du quartz qui rapproche du centre les hyperboles de l'ordre le moins élevé est perpendiculaire (+) ou parallèle (—) à la section principale du cristal.

456. *Signe des cristaux biaxes.* — Nous citerons encore, parmi les cristaux positifs, la *topaze*, la *baryte sulfatée*, le *gypse*, le *boracite*, etc., et, parmi les cristaux négatifs, l'*aragonite*, le *plomb carbonaté*, les *micas*, le *nitre*, l'*orthose*, etc.

Pour que l'on puisse déterminer le signe du cristal, il est nécessaire que la lame soit taillée dans une direction qui permette de distinguer les deux axes optiques ou du moins de connaître la position de leur bissectrice aiguë.

Lorsque le plan d'incidence est parallèle aux axes optiques, il coïncide avec le plan de polarisation des rayons dont la vitesse est constante; pour les directions comprises entre les axes optiques, le retard porte sur le rayon ordinaire ou le rayon extraordinaire, suivant que le cristal est positif ou négatif. En ajoutant une lame uniaxe positive dont la section principale est parallèle au plan des axes optiques, l'ordre d'interférence sur la bissectrice s'abaisse ou s'élève suivant que le cristal est positif ou négatif; l'inverse a lieu quand la section principale de la lame est perpendiculaire au plan des axes optiques.

Biot se servait pour cet usage d'une lame de quartz taillée en biseau, comme celles du compensateur de Babinet (404). On détermine quelle est celle des deux directions rectangulaires suivant laquelle on doit placer la section principale du quartz pour que les franges comprises entre les axes se rapprochent de la bissectrice à mesure qu'on augmente l'épaisseur de la lame auxiliaire. Si l'on a marqué sur le quartz la direction perpendiculaire à l'axe, le cristal est positif quand cette droite est perpendiculaire aux axes optiques (+) et négative quand elle est parallèle (—) à leur plan. Si la direction de l'axe n'est pas marquée sur le quartz, on la vérifie aisément par l'observation d'un cristal connu.

Norremberg emploie de préférence une lame de quartz perpendiculaire à l'axe, qui n'a pas d'abord d'effet sensible dans le voisinage de la bissectrice, à part le trouble produit par le pouvoir rotatoire. On incline ensuite cette lame autour d'une perpendiculaire (+) ou d'une parallèle (—) au plan des axes, de manière à rapprocher les franges de la bissectrice; comme la section principale du quartz est perpendiculaire à la droite de rotation, le cristal est positif dans le premier cas et négatif dans le second.

On peut enfin avoir recours à une lame d'un quart d'onde disposée de manière à rendre l'analyseur circulaire (450). Cette dernière méthode est particulièrement utile pour les lames très minces, parce que le déplacement des franges centrales est difficile à observer; d'autre part, les taches noires s'éloignent beaucoup des axes optiques et prennent, par rapport au mica, la même position relative que pour les cristaux uniaxes (455).

457. *Stauroscope.* — Les directions des lames qui rétablissent l'extinction de la lumière, entre un polariseur et un analyseur croisés (417), déterminent avec une grande exactitude les sections principales; on emploie quelquefois pour cet objet, sous le nom de *stauroscope,* un appareil qui ne paraît pas présenter beaucoup d'avantages.

Le polariseur d'un microscope polarisant est couvert par une plaque métallique, qui sert de porte-objet et qui est mobile sur un cercle gradué; cette plaque est percée d'un petit orifice. Sur le trajet de la lumière qui traverse ensuite un analyseur croisé, on dispose soit une lame de spath perpendiculaire à l'axe, soit la double lame de Delezenne (454); on aperçoit alors les franges habituelles. Quand on couvre l'orifice du porte-objet par une lame cristalline, la croix noire paraît disloquée ou les franges se déforment; on rétablit le phénomène dans son état primitif en tournant la plaque de manière que l'une des directions principales du cristal soit parallèle au plan primitif.

458. *Observation des cristaux microscopiques.* — Comme les éléments qui entrent dans les coupes de roches sont orientés au hasard, on doit utiliser tous les caractères qui permettent de reconnaître leurs propriétés optiques. Nous supposerons toujours que le polariseur et l'analyseur sont croisés.

Si le cristal est uniaxe et que la direction de l'axe soit visible dans le champ, on aperçoit une croix noire plus ou moins complète, dont les branches sont respectivement parallèles au polariseur et à l'analyseur; le centre de cette croix tourne avec la platine porte-objet, pendant que les branches restent parallèles à leurs directions primitives.

Lorsque l'axe n'est pas visible, la rotation de la platine permet encore d'amener dans le champ une des branches de la croix, qui paraît rectiligne et se déplace parallèlement à elle-même.

Pour les cristaux biaxes, la nature du milieu n'est pas douteuse quand les deux axes optiques apparaissent dans le champ.

Si l'un des axes seulement est visible, on aperçoit une ligne neutre de forme hyperbolique qui tourne autour d'un point en sens inverse de la rotation de la platine (443). Lorsque la tangente à la ligne neutre au point fixe est dans l'azimut de 45°, la normale dirigée vers le côté convexe indique la direction du second axe optique.

Si les deux axes optiques sont en dehors du champ et que leur bissectrice soit visible, on en est prévenu par la formation possible d'une croix neutre, qui se disloque ensuite en deux hyperboles par la rotation de la platine.

Quand on n'aperçoit ni les axes optiques, ni leur bissectrice, cette rotation fait généralement passer dans le champ des lignes neutres dont la courbure est appréciable et qui sont douées d'un mouvement de rotation en sens inverse.

Enfin, il arrive quelquefois qu'on ne peut distinguer ni la courbure des lignes neutres, ni leur rotation. Pour ces coupes exceptionnelles, l'expérience ne permet pas de reconnaître si le cristal est uniaxe ou biaxe.

Dans tous les cas où l'on aura reconnu l'axe des cristaux uniaxes et la bissectrice aiguë des cristaux biaxes, on déterminera leur signe par les méthodes générales.

459. *Angle des axes optiques.* — Lorsque les deux axes optiques sont visibles dans l'air sur une lame perpendiculaire à leur bissectrice, il suffit de monter cette lame sur un appareil qui permet d'en mesurer la rotation, et l'on amène successivement les directions apparentes des deux axes sur un même repère.

On peut employer, par exemple, le goniomètre de Wollaston (118) en utilisant une glace noire comme polariseur et en armant l'œil d'un analyseur.

Les microscopes polarisants (431) sont plus commodes, surtout pour les cristaux de petites dimensions.

Si le porte-objet est porté sur un axe horizontal (*fig.* 236) dont la rotation soit indiquée par un cercle gradué, on mesure le déplacement de l'alidade nécessaire pour amener en un même point du champ l'un ou l'autre des deux axes optiques.

On obtient plus de précision en disposant l'appareil horizontalement. Le polariseur est un nicol P auquel il n'est pas nécessaire d'ajouter des verres convergents; la partie supérieure du microscope précédent sert pour l'observation. Le cristal est porté par une pince qui tourne autour d'un axe vertical par une alidade mobile sur un cercle gradué C.

On détermine ainsi l'angle *extérieur* $2E$ des axes optiques, lequel est égal à $2C_1$ ou $2A_1$ (345) suivant que la bissectrice est positive ou négative. L'*angle intérieur* ou l'*angle vrai* $2V$ des axes, qui est $2C$ ou $2A$, suivant le signe du cristal, sera déterminé à l'aide de l'indice moyen n_2 par la relation

$$\sin V = b \sin E = \frac{1}{n_2} \sin E.$$

L'angle $2V$ des axes optiques donne sensiblement le rapport de la différence des indices de réfraction principaux deux à deux.

On a, en effet, pour les cristaux positifs,

$$\tan^2 C = \frac{a^2 - b^2}{b^2 - c^2} = \frac{a(a+b)}{c(b+c)} \cdot \frac{\dfrac{1}{b} - \dfrac{1}{a}}{\dfrac{1}{c} - \dfrac{1}{b}} \cdot$$

Comme la double réfraction est généralement très faible, on peut écrire, d'une manière approchée,

$$\tan^2 C = \frac{n_2 - n_1}{n_3 - n_2} \cdot$$

Les cristaux négatifs donneraient, de même,

$$\tan^2 A = \frac{n_3 - n_2}{n_2 - n_1} \cdot$$

On connaît ainsi, par les angles C ou A, le rapport des biréfringences relatives aux bissectrices des axes optiques ; le rapport de l'une d'elles à la biréfringence $n_3 - n_1$ suivant la perpendiculaire au plan des axes s'obtiendrait par la relation

$$\frac{n_3 - n_1}{n_2 - n_1} = 1 + \frac{n_3 - n_2}{n_2 - n_1} = \frac{1}{\cos^2 A} = \frac{1}{\sin^2 C} \cdot$$

Lorsque l'angle extérieur des axes est supérieur à 90°, l'observation dans l'air devient plus difficile et il est utile de modifier la réfraction à la sortie.

On place le cristal dans une cuve à faces parallèles (¹) renfermant un liquide et dont les parois sont normales à la direction du faisceau de lumière, pour qu'il n'y ait pas de déviation du rayon émergent.

En appelant n l'indice de réfraction du liquide, $2E_n$ l'angle apparent des axes optiques sur une lame positive, on a

$$\sin V = \frac{\sin E}{n_2} = \frac{n}{n_2} \sin E_n \cdot$$

Les liquides que l'on emploie le plus souvent pour cet usage sont l'eau ($n = 1,33$), l'huile d'œillette ($1,46$), la benzine ($1,49$), le sulfure de carbone ($1,63$), la naphtaline monobromée ($1,66$),

---

(¹) GRAILICH, *Krystallographisch optische Untersuchungen*. Wien ; 1858.

Ces valeurs des indices sont approchées pour la raie D et une température de 10°. Comme la réfraction des liquides varie beaucoup suivant leur degré de pureté, ainsi qu'avec la longueur d'onde et la température, il serait nécessaire de déterminer pour chaque expérience l'indice qu'on utilise; on élimine cette difficulté en alternant les mesures sur le cristal observé avec celles d'une lame connue placée dans les mêmes conditions.

En appelant E' et E'_n les angles relatifs à cette lame, on déterminera la valeur de E par la relation

$$\frac{\sin E}{\sin E'} = \frac{\sin E_n}{\sin E'_n}.$$

La mesure de l'angle extérieur des axes optiques ne permet de calculer exactement leur angle vrai que si l'on connaît l'indice de réfraction moyen n_2. Dans certains cas, très rares il est vrai, on peut mesurer directement les angles extérieurs $2C_1$ et $2A_1$ relatifs aux deux bissectrices. Les relations

$$\sin C_1 = n_2 \sin C,$$
$$\sin A_1 = n_2 \sin A = n_2 \cos C,$$
$$\tang C = \frac{\sin C_1}{\sin A_1} = \cot A$$

donnent alors l'écartement vrai des axes par les angles C_1 et A_1.

M. Adams ([1]) a proposé d'intercaler la lame cristalline entre deux lentilles hémisphériques dont on lubrifie les surfaces par un liquide de réfraction supérieure à celle du verre.

Les courbes isochromatiques se forment dans le plan focal de la seconde lentille, sans déviation à la sortie, puisque l'un des rayons relatifs à chacun des faisceaux émerge normalement. Si l'on fait tourner la lunette d'observation ou le système qui porte la lame autour du centre de la double lentille, pour amener successivement les deux axes sur un réticule, la rotation de l'appareil détermine l'angle apparent $2E_n$ des axes dans le verre, à la condition toutefois que le réglage soit suffisant.

Pour les cristaux microscopiques, on est obligé d'amener les objectifs presque au contact des lamelles, et ces mouvements de

---

[1] W.-G. Adams, *Phil. Mag.*, [4], t. L, p. 13; 1875.

rotation ne sont plus possibles. On détermine alors, à l'aide d'un réticule mobile par une vis micrométrique, la distance apparente des axes dans le microscope; une graduation préalable, avec des cristaux connus, permet de connaître la valeur angulaire des divisions du micromètre.

Avec les objectifs à immersion, l'expérience donne l'angle apparent des axes dans le verre de la première lentille.

460. *Corrections de réglage.* — Nous avons supposé, dans ce qui précède, que la bissectrice des axes optiques est rigoureusement perpendiculaire à la lame; le calcul est moins simple quand cette condition n'est pas remplie.

Marquons sur une sphère les directions I_1 et I_2 (*fig.* 257) des

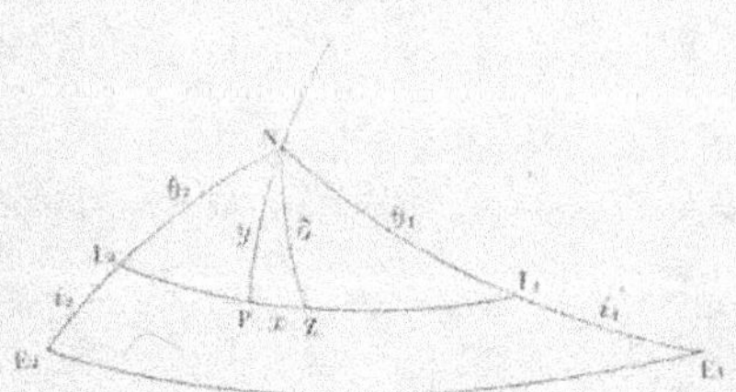

Fig. 257.

axes optiques, Z leur bissectrice, N la normale à la face de sortie, E_1 et E_2 les directions apparentes des axes optiques. Soient encore y l'angle NP de la normale avec le plan des axes, x l'angle ZP, δ l'angle ZN, θ_1 et θ_2 les angles que fait la normale N avec les axes optiques I_1 et I_2, i_1 et i_2 les angles de la normale avec les directions apparentes des axes E_1 et E_2, enfin N l'angle $I_1 N I_2$ des plans d'incidence; on observe directement l'angle $E_1 E_2$ ou $2E'$ des axes extérieurs et l'on peut déterminer les angles i_1 et i_2 et N. Les équations

$$(1)\quad\begin{cases}\cos\delta = \cos x \cos y,\\[4pt]\cos 2V = \cos\theta_1 \cos\theta_2 + \sin\theta_1 \sin\theta_2 \cos N,\\[4pt]\cos\theta_1 = \cos(V + x)\cos y,\\[4pt]\cos\theta_2 = \cos(V - x)\cos y,\\[4pt]n_2 = \dfrac{\sin i_1}{\sin\theta_1} = \dfrac{\sin i_2}{\sin\theta_2},\\[4pt]\cos 2E' = \cos i_1 \cos i_2 + \sin i_1 \sin i_2 \cos N\end{cases}$$

permettraient d'éliminer les inconnues δ, x, y, θ_1 et θ_2 et de calculer ensuite l'angle V en fonction des données de l'expérience E', i_1, i_2 et N.

Lorsque les défauts de réglage x et y sont très petits, on voit *a priori* que la différence $i_1 - i_2$ est très petite, que les angles $2\,E'$, $2\,E$ et $i_1 + i_2$ ne diffèrent que de quantités du second ordre, qu'il en est de même pour les angles $2\,V$ et $\theta_1 + \theta_2$, et enfin que l'angle N est très voisin de π.

En posant $N = \pi - \varepsilon$ et bornant l'approximation aux termes du second ordre, les équations (1) donnent successivement

$$\delta^2 = x^2 + y^2,$$

$$\cos 2\,V = \cos(\theta_1 + \theta_2) + \sin\theta_1 \sin\theta_2 \frac{\varepsilon^2}{2},$$

$$\cos 2\,E' = \cos(i_1 + i_2) + \sin i_1 \sin i_2 \frac{\varepsilon^2}{2},$$

$$\cos\theta_1 = \cos V\left(1 - x \tang V - \frac{\delta^2}{2}\right),$$

$$\cos^2\theta_1 = \cos^2 V - 2\,x \sin V \cos V + x^2 \sin^2 V - \delta^2 \cos^2 V,$$

$$\sin^2\theta_1 = \sin^2 V (1 + 2\,x \cot V - x^2 + \delta^2 \cot^2 V),$$

$$\sin\theta_1 = \sin V\left(1 + x \cot V - \frac{x^2}{2} + \frac{y^2}{2} \cot^2 V\right),$$

$$\sin i_1 = n_2 \sin\theta_1 = \sin E\left(1 + x \cot V - \frac{x^2}{2} + \frac{y^2}{2} \cot^2 V\right).$$

Les valeurs de θ_2 et i_2 se déduiront des précédentes en remplaçant x par $- x$; il en résulte

$$\cos\theta_1 \cos\theta_2 = \cos^2 V (1 - \delta^2 - x^2 \tang^2 V) = \cos^2 V - \delta^2 \cos^2 V - x^2 \sin^2 V,$$

$$\sin\theta_1 \sin\theta_2 = \sin^2 V [1 - x^2 + (y^2 - x^2) \cot^2 V] = \sin^2 V + y^2 \cos^2 V - x^2,$$

$$\cos(\theta_1 + \theta_2) = \cos 2\,V - 2\,y^2 \cos^2 V,$$

$$\frac{\varepsilon^2}{2} = 2\,y^2 \frac{\cos^2 V}{\sin^2 V} = 2\,y^2 \left(\frac{n_2 \cos V}{\sin E}\right)^2.$$

On a, d'autre part,

$$\sin i_1 + \sin i_2 = 2 \sin \frac{i_1 + i_2}{2} \cos \frac{i_1 - i_2}{2} = 2 \sin E\left(1 - \frac{x^2}{2} + \frac{y^2}{2} \cot^2 V\right),$$

$$\sin i_1 - \sin i_2 = 2 \cos \frac{i_1 + i_2}{2} \sin \frac{i_1 - i_2}{2} = 2 \sin E\, x \cot V = 2\,x\, n_2 \cos V,$$

$$i_1 - i_2 = 2\,x \frac{n_2 \cos V}{\cos E}.$$

On en déduit finalement

$$(2) \qquad \cos(i_1 + i_2) = \cos 2E' - 2\,y^2\,n_2^2\,\cos^2 V,$$

$$(3) \qquad \sin\frac{i_1 + i_2}{2} = \sin E\left[1 + \frac{y^2}{2}\cot^2 V + \frac{x^2}{2}\frac{n_2^2 - 1)}{\cos^2 E}\right].$$

Si l'on connaît les erreurs de réglage x et y, ainsi que les valeurs approximatives de V et n_2, l'équation (2) donnera l'angle $i_1 + i_2$ en fonction de l'angle observé $2E'$ et l'équation (3) permettra de calculer l'angle E.

461. *Influence de la couleur.* — L'observation des anneaux à la lumière blanche ne donne que la direction moyenne des axes optiques pour les différentes couleurs. L'angle des axes est quelquefois tellement variable d'une couleur à l'autre que les branches des hyperboles neutres sont fortement irisées et que leur position moyenne n'est plus déterminée qu'avec une approximation grossière ; il est donc nécessaire de rapporter la mesure de cet angle à chacune des lumières homogènes.

En intercalant des verres colorés entre l'œil et l'oculaire, particulièrement un verre rouge et un verre bleu, on peut connaître d'une manière approximative la variation des axes avec la longueur d'onde, mais la lumière reste encore trop complexe pour que les résultats soient bien définis.

Les flammes colorées par la soude, la lithine ou les sels de thallium fournissent déjà trois sources sensiblement homogènes qui suffisent dans la plupart des cas.

Pour généraliser l'expérience, on aura recours aux méthodes d'analyse spectrale. Kirchhoff(1) utilise comme source de lumière le spectre pur produit au foyer principal de la lunette L d'un spectroscope, dont l'oculaire fait ensuite fonction de collimateur. On reçoit le faisceau émergent sur une seconde lunette L′, au foyer de laquelle se dessine une image partielle du premier spectre ; on pointe le réticule sur une raie bien définie. La lumière primitive étant polarisée avant la fente, de manière que les rayons réfractés

---

(1) KIRCHHOFF, *Pogg. Ann.*, t. CVIII, p. 567 ; 1860. — *Ann. de Chim. et de Phys.*, [3], t. LIX, p. 488 ; 1860.

par le prisme soient polarisés dans l'azimut de 45°, on intercale
entre l'œil et l'oculaire de la lunette L' un analyseur orienté dans
un azimut rectangulaire; l'extinction est complète.

La lame cristalline est installée sur un cercle gradué, entre les
lunettes L et L', de manière que le plan des axes optiques, que
nous supposerons commun à toutes les couleurs, soit perpendiculaire à l'axe de rotation. Des bandes d'interférence apparaissent
dans le spectre. Elles se déplacent dans un sens ou dans l'autre,
suivant les conditions de l'expérience, quand on tourne le cristal
à partir de l'incidence normale; on mesure la rotation nécessaire
pour amener successivement sur le réticule les deux franges de retard nul qui correspondent aux axes optiques.

Il suffit alors de faire tourner le prisme du spectroscope pour
éclairer le réticule avec une autre couleur définie, sur laquelle on
répète la même mesure.

M. Dufet ([1]) a employé récemment une disposition analogue
appropriée aux cristaux de petites dimensions.

L'expérience est plus simple quand on place la lame sur la plate-
forme d'un goniomètre disposé de manière à produire, avec les
précautions ordinaires, les bandes d'interférences dues à la double
réfraction (380 et 421).

Lorsque la lame cristalline est assez épaisse et bien homogène,
cette méthode peut donner l'angle extérieur des axes avec une
approximation de 10″ à 15″.

La frange qu'il s'agit d'observer ne se distinguerait par aucun
caractère spécial si la fente du spectroscope était très courte,
puisque toutes les bandes d'extinction seraient des droites perpendiculaires à la longueur du spectre; mais, avec une fente plus haute,
les bandes paraissent courbées en présentant leur concavité vers
celle qui correspond à l'axe. Les deux franges voisines à droite et
à gauche forment même, si la fente est assez longue, une courbe
elliptique qui est coupée suivant un diamètre par la première.

Il est intéressant de suivre la manière dont les bandes paraissent
se déplacer dans le spectre à mesure que la lumière incidente
s'écarte de la normale.

([1]) H. DUFET, *Journal de Physique*, [2], t. V, p. 564; 1886.

Si l'on représente graphiquement la différence de phase δ des deux espèces d'ondes en fonction de l'angle d'incidence i, la courbe a d'abord une ordonnée positive pour l'incidence normale O (*fig.* 258); elle coupe la ligne des abscisses au point qui correspond à l'axe optique et les ordonnées deviennent ensuite négatives, puisque le retard change de signe.

Comme cette différence de phase varie plus rapidement pour les petites longueurs d'onde, la courbe V relative aux rayons violets est plus inclinée que la courbe R des rayons rouges.

1° Le cas le plus simple est celui où les axes optiques A seraient communs à toutes les couleurs.

Fig. 258.

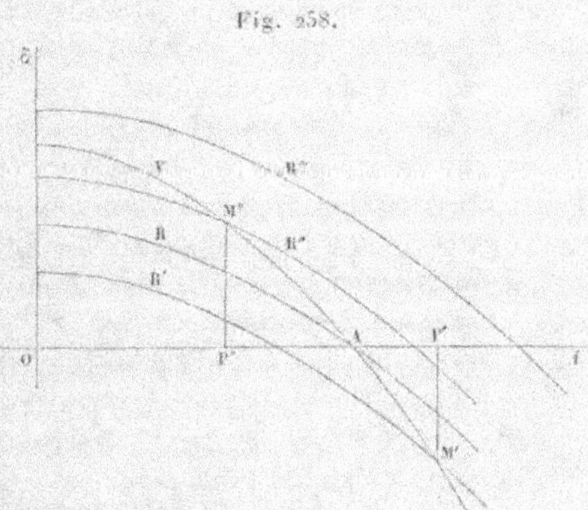

Pour les incidences comprises entre la normale et la direction de l'axe, les bandes obscures du spectre sont d'un ordre moins élevé dans le rouge que dans le violet. La différence de phase diminuant pour chaque couleur quand on s'écarte de la normale, les bandes marchent du rouge au violet.

Sur l'axe optique, l'extinction est complète pour toutes les couleurs et le spectre s'éteint entièrement.

Au delà, l'ordre des interférences, en valeur absolue, est encore moindre pour le rouge et, comme le retard est croissant, les bandes marchent du violet au rouge.

L'inversion du mouvement apparent des bandes se ferait ainsi sur la direction même de l'axe optique; cette condition ne paraît être réalisée pour aucun cristal.

2° Si l'angle des axes est plus faible pour le rouge, le phénomène est représenté par les deux courbes V et R'. Les bandes
marchent encore du rouge au violet jusqu'à l'incidence OP', en
dehors des axes, qui correspond au point de rencontre M'. Pour
cette direction, les bandes situées aux deux extrémités du spectre
sont de même ordre et l'extinction serait complète si les courbes
relatives à toutes les couleurs passaient par le même point M'; en
réalité, les bandes se déforment alors en courbes allongées dans
le spectre. Quand l'incidence augmente ensuite, les bandes marchent du violet au rouge.

La frange isochromatique sur laquelle se fait l'inversion est de
même ordre pour une série de couleurs voisines; c'est la condition
d'achromatisme (**129, 258, 271**). Le phénomène se présente sous
cette forme dans le *nitre* et l'*aragonite*.

3° Si l'angle des axes est plus grand pour le rouge, l'ordre d'interférence restant plus élevé pour le bleu suivant la normale, la
rencontre M" des courbes V et R" a lieu pour une incidence OP"
comprise entre la normale et les axes optiques des différentes couleurs; l'inversion du mouvement des bandes se produit avant la
rencontre des axes. Tel est le cas de la *topaze*.

4° Enfin, si les axes sont plus écartés pour le rouge, en même
temps que l'ordre d'interférence est plus élevé suivant la normale,
la courbe R''' est extérieure à la courbe V; les bandes marchent
toujours du violet au rouge quand l'incidence augmente.

Dans ce cas, on trouverait encore une direction d'arrêt pour les
bandes en faisant tourner la lame de manière que le plan d'incidence soit perpendiculaire au plan des axes optiques, car la différence de phase augmente à partir de la normale et plus rapidement
pour le violet; les deux courbes qui représenteraient le phénomène
dans ce plan se coupent pour une incidence convenable.

Je citerai, comme exemples, la *cérusite* et le *sphène*.

Ces particularités sont importantes à connaître quand on utilise
le déplacement des bandes d'interférence dans le spectre pour déterminer les indices principaux d'un cristal par une lame taillée
parallèlement aux plans de symétrie.

462. *Dispersion de double réfraction.* — Dans les cristaux
uniaxes, la différence des indices principaux de réfraction, ou la

biréfringence, croît habituellement, comme les réfractions elles-mêmes, à mesure que la longueur d'onde diminue. Entre les raies A et H par exemple, la biréfringence varie de 0,00910 à 0,00954 pour le *quartz* et de 0,16728 à 0,18553 pour le *spath*, ou d'un vingtième dans le premier cas et d'un dixième dans le second.

Sur une lame uniaxe perpendiculaire à l'axe et pour de faibles incidences, le rayon vecteur ρ d'un anneau d'ordre m peut être représenté par l'expression (432)

$$\rho^2 = \frac{n^2 m\lambda}{2e\mu},$$

dans laquelle le facteur n est sensiblement l'indice moyen de réfraction et μ la biréfringence $n'' - n'$.

Si le rapport $\dfrac{n^2}{\mu}$ est constant, ce qui a lieu pour le *quartz* à $\dfrac{1}{100}$ près dans toute l'étendue du spectre, les franges isochromatiques présentent exactement les mêmes apparences que les anneaux de Newton dans les lames d'air pour l'incidence normale (266); on en distingue huit ou dix à la lumière blanche. Ce rapport varie de $\dfrac{8}{100}$ pour le *spath* et le nombre des anneaux visibles est un peu moindre.

Pour certains cristaux, tels que l'*hyposulfate de strontiane*, les différentes couleurs sont déjà nettement séparées sur le premier anneau brillant et les franges suivantes disparaissent à partir de la troisième; la biréfringence croît alors très rapidement du rouge au violet.

Dans d'autres cristaux au contraire, tels que l'*apophyllite* uniaxe et la *brucite* du Texas, on peut distinguer une vingtaine d'anneaux. Comme le facteur n^2 ne varie pas beaucoup d'une couleur à l'autre, cette multiplication des franges visibles montre que la biréfringence μ croît avec la longueur d'onde, à l'inverse de ce qui a lieu pour la réfraction elle-même; les indices principaux se rapprochent ainsi, quand on passe du rouge au bleu, de sorte que le cristal tend à devenir isotrope pour une longueur d'onde déterminée et peut-être à changer ensuite de signe.

Enfin, cette variation en sens contraire de la biréfringence pourrait être assez rapide pour que les irisations des anneaux fussent renversées; il faut, pour cela, à part les variations du facteur n^2, que la biréfringence μ augmente plus rapidement que la longueur d'onde. Ce phénomène s'observe sur certains échantillons d'*idocrase* à un axe, où les anneaux sont bordés de vert à l'extérieur et d'une teinte carmin à l'intérieur. Il en résulte que le diamètre des anneaux croît d'abord du rouge au vert, pour diminuer ensuite du vert au violet.

L'emploi de verres colorés permet de constater aisément les variations de diamètres des anneaux pour deux couleurs différentes grossièrement homogènes.

Les verres de *didyme* ont sous ce rapport une propriété curieuse. Ils sont, en effet, presque incolores, mais il font apparaître un très grand nombre de franges quand on les interpose sur le trajet d'une lumière blanche utilisée dans les appareils d'interférence ou de polarisation chromatique. Observés au spectroscope, ces verres présentent des bandes d'absorption assez étroites dans la région la plus brillante du spectre; la lumière qui les a traversés est ainsi toute différente de la lumière blanche ordinaire et présente des conditions spéciales pour l'achromatisme.

463. *Dispersion des axes optiques.* — Dans les milieux à deux axes, il est utile de rechercher la variation de l'angle des axes optiques avec la couleur, parce que ces changements sont liés à la forme cristalline. La seule apparence des courbes isochromatiques dans la lumière blanche suffit d'ailleurs pour indiquer le sens du phénomène, sans qu'il soit nécessaire de faire aucune mesure; on conçoit donc que cette dispersion particulière ait attiré à juste titre l'attention des minéralogistes.[1]

Les conditions de symétrie invoquées à propos des dilatations principales (**310**) trouvent encore leur application quand il s'agit des vibrations lumineuses.

Sans parler ici des cristaux cubiques, qui sont isotropes, ni des cristaux à un axe de symétrie, lesquels sont uniaxes, il reste à considérer les milieux qui ont des plans de symétrie de natures différentes, en nombre plus ou moins restreint. Ces milieux doivent présenter la double réfraction biaxe.

Les caractères de symétrie sont particulièrement nets sur une lame perpendiculaire à la bissectrice aiguë des axes optiques lorsque ces axes apparaissent dans le champ. Nous supposerons toujours que le polariseur et l'analyseur sont croisés, puisque c'est la condition qui donne aux couleurs le plus d'éclat. Le plan des axes sera généralement placé dans l'azimut de 45° sur le polariseur, auquel cas les lignes neutres se réduisent à une hyperbole noire équilatère. Dans certaines circonstances cependant, il sera plus avantageux que la ligne des axes soit parallèle ou perpendiculaire au polariseur, de manière à obtenir une croix neutre qui laisse dégagées les parties latérales des franges.

I. Le *prisme rhomboïdal droit* possède trois plans de symétrie rectangulaires de caractères différents. Pour chaque couleur, les axes optiques sont situés dans un des plans de symétrie et leurs bissectrices respectivement perpendiculaires aux deux autres. Sur une lame parallèle à l'un des plans de symétrie, la forme des courbes isochromatiques et la distribution des couleurs à la lumière blanche sont entièrement symétriques par rapport à deux directions rectangulaires. La dispersion est dite *normale*.

Plusieurs cas peuvent alors se présenter :

1° Si l'angle extérieur des axes optiques était le même pour toutes les couleurs, la ligne neutre serait commune et sans irisation. D'autre part, le premier anneau elliptique brillant, autour de chacun des axes, serait bordé uniformément de rouge à l'extérieur, comme pour les cristaux uniaxes, et le même caractère se conserverait sur les anneaux suivants jusqu'à une certaine distance. On n'en connaît pas d'exemple.

2° Les axes optiques étant dans le même plan pour toutes les couleurs, leur angle apparent peut aller en croissant du violet au rouge, ce que l'on indique par le symbole $r > v$, ou du rouge au violet ($r < v$). Les colorations des premiers anneaux ne sont plus les mêmes sur toute leur étendue et les hyperboles neutres peuvent être irisées de teintes différentes, plus ou moins tranchées, sur les deux bords convexe ou concave (*Pl. IV*, *fig.* 3).

Lorsqu'on a $r > v$, le centre du premier anneau brillant rouge s'éloigne davantage de la bissectrice; l'irisation est donc exagérée sur le bord du segment compris dans la concavité des hyperboles (*Pl. IV*, *fig.* 2). Sur le bord opposé, l'irisation est diminuée si l'anneau rouge reste extérieur à l'anneau bleu, ou disparaît et donne une teinte blanche si ces deux anneaux sont superposés, ou enfin se produit en sens contraire si l'écart des axes est assez grand pour que l'anneau bleu soit coupé par l'anneau rouge.

Le déplacement des lignes neutres montre aussi que la houppe hyperbolique noire doit être teintée de colorations rougeâtres sur le bord convexe et de bleu sur le bord concave. Ces teintes se manifestent nettement sur les bords des segments du premier anneau qui touchent les hyperboles (*topaze*); elle est quelquefois très marquée sur toute leur étendue, comme dans le *platinocyanure de lithium* (*Pl. IV, fig.* 3) lorsque la dispersion des axes est considérable.

L'inverse a lieu pour $r < v$. L'irisation du premier anneau est augmentée sur le bord du segment compris entre les axes; elle est moindre, annulée ou renversée sur le bord opposé (*Pl. IV, fig.* 5). Les houppes neutres sont alors irisées de rouge sur le bord concave et de bleu sur le bord convexe, surtout au contact des segments du premier anneau brillant (*nitre*).

3° Il peut arriver enfin que les axes optiques soient situés dans un plan de symétrie pour certaines couleurs et, pour d'autres, dans un plan perpendiculaire au premier. Il existe alors une longueur d'onde intermédiaire pour laquelle le milieu est uniaxe, au moins dans les conditions physiques de l'expérience. Les colorations sont très vives en conservant les mêmes caractères de symétrie. Lorsque la ligne neutre est en croix, les anneaux semblent presque circulaires et les apparences se rapprochent de celles des cristaux à un axe, mais les variations de teinte sur un même anneau permettent aisément d'établir la distinction.

Tel est le cas de la *sanidine*, variété d'*orthose* qui est, il est vrai, clinorhombique (*Pl. IV, fig.* 6) : les plans des axes sont croisés pour les deux extrémités du spectre et le cristal est uniaxe pour une région du vert.

De Senarmont ([1]) est parvenu à reproduire le phénomène artificiellement en faisant cristalliser ensemble deux sels de Seignette différents. Avec des dissolutions en proportion convenable des deux sels, il a obtenu des cristaux dont les axes optiques relatifs au rouge et au bleu étaient situés dans des plans rectangulaires.

([1]) DE SENARMONT, *Ann. de Chim. et de Phys.*, [2], t. XXXIII, p. 391; 1851.

Nous citerons encore l'*apophyllite*, qui est souvent à deux axes, et dont les différents échantillons présentent la distribution des teintes la plus variée.

II. Le *prisme rhomboïdal oblique* n'a plus qu'un plan de symétrie cristalline. Les axes optiques présentent alors trois dispositions différentes.

1° Si les axes sont situés dans le plan de symétrie, il n'y a aucune raison pour que la bissectrice soit la même pour toutes les couleurs. Les bissectrices C et C' des rayons rouges et violets (*fig.* 259) étant différentes, ce défaut de coïncidence se traduira

Fig. 259.

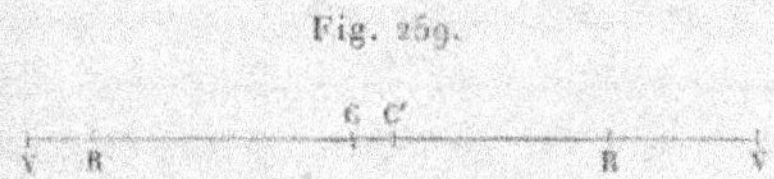

par une distribution inégale des couleurs sur le premier anneau qui entoure chacun des axes optiques. La dispersion des axes est dite *inclinée*.

Généralement, les axes des différentes couleurs n'arrivent pas à chevaucher l'un sur l'autre, de sorte qu'ils se succèdent des deux côtés dans le même ordre. Les axes rouges peuvent paraître à l'intérieur des axes bleus (*Pl. IV, fig.* 7) : c'est le cas du *gypse*, de la *quercite*. D'autres fois, les axes rouges sont à l'extérieur, comme dans le *platinocyanure de baryum* (*Pl. IV, fig.* 8).

2° Lorsque le plan des axes est perpendiculaire au plan de symétrie, l'une des bissectrices, commune à toutes les couleurs, est normale au plan de symétrie et les autres bissectrices sont situées dans ce plan.

Si le plan de symétrie renferme les bissectrices aiguës, les axes RR, VV (*fig.* 260) des différentes couleurs sont situés sur des

Fig. 260.

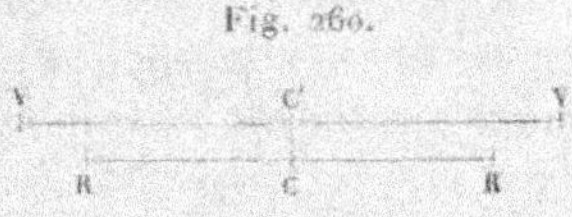

lignes parallèles et le phénomène est symétrique par rapport à une droite qui leur est perpendiculaire commune.

Sur le premier anneau brillant qui entoure les axes, la différence des dispersions se manifestera surtout aux points qui sont opposés sur un diamètre perpendiculaire à la ligne des axes.

La dispersion des axes est alors dite *horizontale*; c'est le cas de l'*orthose* (*Pl. IV, fig.* 9); on l'observera plus facilement en mettant le plan des axes parallèle au polariseur ou à l'analyseur, de manière à remplacer l'hyperbole neutre par une croix.

3° Enfin, si la bissectrice commune correspond à l'angle aigu, les axes optiques RR, VV (*fig.* 261) de toutes les couleurs paraissent orientés dans des plans différents, et les phénomènes sont symétriques par rapport à un même point C.

Sur le premier anneau brillant qui entoure les axes, les couleurs présentent une distribution toute différente, comme si elles avaient tourné dans un certain sens sur une courbe qui passe par la direction moyenne des axes. On dit que la dispersion est *tournante* ou *croisée* : exemples, *borax* et *séléniate de cuivre* (*Pl. IV, fig.* 10); il est encore avantageux d'observer avec une croix neutre.

Fig. 261.

III. Le *prisme doublement oblique* n'a plus de plan de symétrie et il n'existe aucune relation nécessaire entre la forme cristalline et les plans principaux de la surface d'onde.

Les axes optiques relatifs aux différentes couleurs n'étant plus reliés entre eux, l'orientation de leur plan change en même temps que leur bissectrice. Les apparences sont alors très variées, sans que l'on y retrouve aucune des conditions de symétrie signalées précédemment.

En résumé, si les couleurs des franges isochromatiques dans les cristaux à deux axes montrent l'existence de deux plans de symétrie rectangulaires, le milieu appartient au système *orthorhombique*; si la symétrie existe par rapport à un seul plan ou à un point, le milieu est *clinorhombique*; s'il n'existe aucune symétrie dans la distribution des couleurs, le milieu est *diclinique*.

L'angle des axes optiques présente quelquefois de très grandes variations pour une même espèce minérale. Dans les *topazes*, par exemple, cet angle varie de 49° à 65° ; dans le *mica*, de 0° à 45° ; le mélange des *sels de Seignette* donne des cristaux pour lesquels l'angle des axes optiques varie de 76° dans un plan à 60° dans le plan qui lui est perpendiculaire.

Enfin, la distribution des couleurs est souvent beaucoup plus complexe, soit dans les milieux homogènes, soit dans les groupements de cristaux différents ; elle fournit ainsi de précieux renseignements pour la cristallographie.

464. *Franges achromatiques.* — Les lignes isochromatiques sont plus ou moins faciles à distinguer à la lumière blanche, suivant la manière dont leur position apparente varie avec la couleur ; mais il existe le plus souvent une direction pour laquelle les franges de même ordre relatives aux couleurs les plus importantes du spectre sont superposées. L'interférence est alors sensiblement *achromatique* (129).

L'ordre m d'une frange est proportionnel au produit de l'épaisseur e de la lame par une fonction de la longueur d'onde et de l'angle d'incidence,

$$m = e f(i, \lambda).$$

L'achromatisme a lieu lorsque, pour une valeur constante de m, l'incidence i passe par un maximum ou un minimum, c'est-à-dire pour $\dfrac{\partial f}{\partial \lambda} = 0$. Cette condition est très complexe, car les paramètres a, b et c de la surface d'onde sont eux-mêmes des fonctions de λ. Pour une lame orthorhombique perpendiculaire à l'axe des z, observée dans le plan des axes optiques, l'équation (401)

$$m = \frac{e}{\lambda}\left[\frac{1}{b}\sqrt{1 - b^2 \rho^2} - \frac{1}{a}\sqrt{1 - c^2 \rho^2}\right]$$

donne, en effet,

$$\frac{m}{e} + \frac{1}{a^2}\sqrt{1 - c^2 \rho^2}\,\frac{da}{d\lambda} + \frac{c\rho^2}{a\sqrt{1 - c^2 \rho^2}}\,\frac{dc}{d\lambda} - \frac{1}{b^2\sqrt{1 - b^2 \rho^2}}\,\frac{db}{d\lambda} = 0.$$

En remplaçant m par son expression précédente, on voit que la valeur de ρ, ou de l'angle d'incidence qui correspond à l'achromatisme, est indépendante de l'épaisseur du cristal, ce qui était évident. On en déduira l'ordre *m* de la frange achromatisée sur la partie de son contour située dans le plan des axes.

Sans avoir besoin de recourir à ce calcul, qui exigerait de connaître la dispersion des trois indices principaux, on peut remarquer simplement que les axes optiques entraînent avec eux les lignes isochromatiques correspondantes; comme les anneaux violets sont toujours plus petits que les anneaux rouges, la frange achromatique se trouvera du côté vers lequel se déplacent les axes violets. La *fig.* 258 montre immédiatement, par la rencontre des courbes relatives aux différences de phase, quelle doit être la position de la frange achromatique.

Dans les cristaux orthorhombiques, où la dispersion des axes est *normale*, si la différence de phase relative à l'incidence normale est plus petite pour le rouge, les franges achromatiques sont dans l'intervalle des axes pour $r > v$ (*Pl. IV, fig.* 2 et 3), et en dehors des axes pour $r < v$ (*Pl. IV, fig.* 5).

Si, en même temps que $r > v$, la différence de phase suivant l'incidence normale est encore plus grande pour le rouge, la frange achromatique se trouve alors sur une perpendiculaire à la direction des axes (*Pl. IV, fig.* 4).

Avec les cristaux clinorhombiques et pour la dispersion *oblique*, les franges achromatiques se trouveront, de même, soit en dehors des axes (*Pl. IV, fig.* 7), soit dans l'intervalle (*Pl. IV, fig.* 8), mais avec cette différence qu'elles ne sont pas de même ordre par rapport aux deux axes optiques.

Dans ce dernier cas, si les axes optiques violets se rapprochent assez pour que la différence de phase sous l'incidence normale soit plus petite que pour le rouge, les franges achromatiques se montreront de part et d'autre de la ligne des axes et à la même distance, mais la droite normale à la ligne des axes menée par les points où l'achromatisme est le plus complet ne passe plus au milieu de l'intervalle apparent des axes.

Pour la dispersion *horizontale* (*Pl. IV, fig.* 9), l'achromatisme a lieu sur des franges de même ordre, mais sur les branches qui sont situées d'un même côté par rapport à la ligne des axes. La dissymétrie des couleurs par rapport à la direction des axes apparaît alors d'une manière très manifeste.

Enfin, si la dispersion est *croisée* (*Pl. IV, fig.* 10), les franges

achromatiques sont symétriques par rapport au centre du phénomène et situées de part et d'autre de la ligne des axes.

La position des franges achromatiques permet donc d'apprécier
au premier coup d'œil, et plus sûrement que l'irisation des hyperboles neutres ou les teintes du premier anneau, quelle est l'espèce
de dispersion des axes. L'observation est d'autant plus facile que,
par la nature même de la compensation qui s'opère, le nombre des
franges visibles au voisinage de l'achromatisme est beaucoup plus
grand; car, si la condition $\dfrac{\partial f}{\partial \lambda} = 0$ est réalisée, la distance apparente
di de deux franges voisines, pour lesquelles $dm = 1$, est

$$1 = c\,\frac{\partial f}{\partial i}\,di,$$

et l'angle di est indépendant de la couleur. La direction d'achromatisme est donc indiquée simplement par la multiplication des
franges visibles.

Ce mode d'observation est particulièrement avantageux pour
les cristaux très colorés, en rouge foncé par exemple, auquel cas
les autres caractères font défaut ou deviennent très difficiles à apprécier; la lumière transmise n'est jamais assez homogène pour
que les franges présentent la même netteté dans toute l'étendue
du champ et l'on peut ainsi distinguer très facilement la région
où se fait l'achromatisme.

Il est nécessaire d'ajouter encore que l'observation donne seulement l'angle extérieur $2E$ des axes optiques, l'angle vrai $2V$ étant
déterminé par la condition

$$\sin V = \frac{1}{n_2}\sin E.$$

Comme l'indice n_2 croît en sens inverse de la longueur d'onde, si
l'angle E est plus petit pour le violet que pour le rouge, il en sera de
même à plus forte raison pour les angles intérieurs; mais il peut
arriver, dans le cas de $v > r$, que, par suite de l'accroissement de
l'indice, l'angle intérieur des rayons violets soit au contraire plus
petit que celui des rayons rouges. La dispersion réelle des axes
optiques serait alors l'inverse de la dispersion apparente.

Lorsque le cristal est placé dans un liquide d'indice n, l'angle apparent E_n des axes est

$$\sin E_n = \frac{1}{n}\sin E;$$

il peut arriver encore que la dispersion apparente soit l'inverse de celle que l'on observerait dans l'air.

Enfin la taille des cristaux est aussi une cause d'erreur contre laquelle on doit se prémunir. Dans les cristaux orthorhombiques, par exemple, si la lame, étant perpendiculaire au plan des axes, n'était pas exactement normale à leur bissectrice, les colorations des premiers anneaux et les franges achromatiques ne conservant plus leur symétrie, la dispersion des axes paraîtrait *inclinée*.

On aurait de même les apparences d'une dispersion *horizontale* sur une lame parallèle à la bissectrice de l'angle obtus des axes, mais inclinée sur la bissectrice aiguë.

465. *Influence de la température. — Cristaux uniaxes.* — Les variations de température modifient, en général, les indices de réfraction, ou la vitesse de propagation de la lumière dans les différents milieux; la biréfringence éprouve des modifications de même ordre.

En plaçant une lame parallèle à l'axe dans l'appareil destiné à l'étude des dilatations (**307**), M. Fizeau ([1]) a mesuré le déplacement qu'éprouvent les franges produites entre les deux surfaces du cristal suivant que l'on utilise le rayon ordinaire ou le rayon extraordinaire. Ce déplacement tient, en même temps, à la dilatation du cristal et à la variation de l'indice de réfraction.

Pour le rayon ordinaire, la lumière primitive est polarisée dans la section principale. Si t est la variation de température, a_0 le coefficient de dilatation relatif à la température moyenne, e l'épaisseur primitive, n' et $n'+\delta n'$ les valeurs des indices de réfraction pour les températures extrêmes, le nombre m des franges déplacées a pour expression

$$m\lambda = 2e[(n'+\delta n')(1+a_0 t) - n'],$$

([1]) H. FIZEAU, *Ann. de Chim. et de Phys.*, [4], t. II, p. 177; 1864.

ou sensiblement

$$\frac{m\lambda}{2e} = \delta n' + n' a_3 t;$$

on en déduit la variation $\delta n'$.

Il suffit de polariser la lumière à angle droit pour répéter la même expérience sur le rayon extraordinaire.

Avec le *spath d'Islande*, les variations $\delta n'$ et $\delta n''$ des indices sont positives; cette variation est alors presque insensible pour le rayon ordinaire et assez rapide pour le rayon extraordinaire dont l'indice est le plus faible. Pour une élévation de température de 1°, on a, en multipliant tous les nombres des quatre premières colonnes par 10^5,

$n'-n''$.	$\delta n'$.	$\delta n''$.	$\delta(n-n'')$.	$\dfrac{\delta(n'-n'')}{n'-n''}$.
17192	0,06	1,08	−1,02	−0,00006

La diminution relative de biréfringence est très faible, mais le milieu tend à devenir isotrope, en même temps que les dilatations inégales rapprochent le cristal de la forme cubique.

Le *quartz* présente la même diminution de biréfringence, mais par un mécanisme tout différent. Les variations $\delta n'$ et $\delta n''$ sont négatives et les rapports $\dfrac{\delta n'}{t}$ et $\dfrac{\delta n''}{t}$ croissent en valeur absolue avec la température moyenne. Pour une élévation de température de 1° dans le voisinage de 20°, on a alors, en faisant encore abstraction du même facteur 10^5,

$n''-n'$.	$\delta n''$.	$\delta n'$.	$\delta(n''-n')$.	$\dfrac{\delta(n''-n')}{n''-n'}$.
915	−0,628	−0,535	−0,093	−0,0001

Le milieu tendrait donc aussi à devenir optiquement isotrope, tandis que les dilatations inégales dans les deux directions principales éloignent la forme cristalline du système cubique, à l'inverse de ce qui a lieu pour le spath.

M. Dufet (¹) a repris ces mesures sur le *quartz* en déterminant les variations de biréfringence par les bandes de double réfraction dans le spectre (421) et les variations de chacun des indices par

---

(¹) H. DUFET, *Journal de Physique*, [2], t. III, p. 251; 1884.

l'observation des bandes de Talbot. Il a obtenu ainsi, pour les températures t inférieures à 100°, les valeurs suivantes, qui sont notablement plus élevées que celles de M. Fizeau :

$$-\frac{dn''}{dt} = 0,720.10^{-5} + 0,117.10^{-7}t,$$

$$-\frac{dn'}{dt} = 0,622.10^{-5} + 0,085.10^{-7}t,$$

$$-\frac{d(n''-n')}{dt} = 0,9724.10^{-8} + 0,3232.10^{-8}t.$$

Cette marche contradictoire des dilatations et de la biréfringence dans le quartz est sans doute en rapport avec une propriété curieuse découverte par M. Le Chatelier ([1]). La dilatation est toujours plus faible suivant l'axe que dans une direction perpendiculaire, mais toutes deux croissent très rapidement de 480° à 570°. Il se produit alors un changement d'état par une dilatation brusque ; le cristal se contracte ensuite à mesure que la température s'élève et plus rapidement dans la direction de l'axe. Le phénomène est d'ailleurs réversible : le cristal se dilate dans les deux directions quand on revient à 570°, où il se contracte brusquement de la même quantité et retrouve ensuite son état primitif à la température ordinaire.

La biréfringence subit des modifications analogues ([2]). En observant les bandes de double réfraction produites dans le spectre par une lame parallèle à l'axe, on les voit se déplacer d'abord du rouge vers le violet, quand la température s'élève jusqu'à 570°, indiquant une diminution continue de la biréfringence. Les franges se troublent alors et reparaissent ensuite pour marcher en sens contraire, accusant une augmentation de la biréfringence.

Pour les longueurs d'onde λ comprises entre $0^\mu,589$ et $0^\mu,390$ et des températures t comprises entre 0° et 570°, la biréfringence $n''-n'$ du quartz serait représentée par l'expression

$$10^5(n''-n') = 878,2 - 0,0919\,t - 0,000184\,t^2 + (12,68 + 0,00072\,t)\frac{1}{\lambda^2},$$

<hr>

([1]) H. LE CHATELIER, *Comptes rendus des séances de l'Acad. des Sciences*, t. CVIII, p. 1046; 1889.

([2]) E. MALLARD et H. LE CHATELIER, *Comptes rendus des séances de l'Académie des Sciences*, t. CX, p. 399; 1890.

dans laquelle les valeurs numériques des longueurs d'onde sont exprimées en millièmes de millimètre.

A 570°, il se fait une diminution brusque de

$$22,3 + 2,73\,\frac{1}{\lambda^2},$$

et l'on aurait ensuite

$$10^8(n'' - n') = \left(743,2 + 10,36\,\frac{1}{\lambda^2}\right)[1 + 0,0000755\,(t - 570)].$$

La loi du phénomène est ainsi très différente de part et d'autre de la température limite de 570° et le cristal s'éloigne définitivement d'un milieu isotrope par l'ensemble de ses propriétés.

466. *Cristaux biaxes. — Variation des axes optiques.* — L'influence de la température sur les valeurs des indices principaux a été aussi déterminée directement pour quelques cristaux. L'angle des axes optiques étant défini par les différences des carrés des indices principaux, lesquels sont très voisins les uns des autres, on conçoit que la moindre inégalité dans les variations des indices puisse se traduire par un déplacement notable des axes optiques. L'observation devient ainsi beaucoup plus délicate que pour les milieux uniaxes.

C'est en effet sur le *gypse* que l'influence de la température a été reconnue pour la première fois par Mitscherlisch (¹). Ce cristal est clinorhombique et présente la dispersion inclinée. L'angle apparent des axes est d'environ 95° dans les conditions habituelles; mais, quand on élève progressivement la température, on voit les axes se rapprocher; le cristal paraît uniaxe vers 92°, au moins pour les principales couleurs, et les axes s'écartent ensuite dans une direction perpendiculaire à la première jusque vers 115°. On ne peut prolonger l'expérience au delà de cette température, parce que le gypse se déshydrate et devient opaque. Par refroidissement, les phénomènes passent par les mêmes apparences en sens contraire, et le cristal reprend ses propriétés primitives.

(¹) Mitscherlisch, *Pogg. Ann.*, t. VIII, p. 126; 1826. — *Ann. de Chim. et de Phys.*, [2], t. XXXVII, p. 206; 1828.

Pour réaliser cette belle expérience, il suffit de porter la lame de gypse par une plaque métallique et de la placer sur un microscope polarisant, en séparant la plaque métallique de l'appareil par des lamelles de liège. En chauffant la plaque à l'aide d'une lampe à alcool, l'élévation de température se communique au gypse par conductibilité.

Brewster ([1]) a observé la même propriété avec la *glaubérite* (sulfate de soude) qui appartient au même système et présente aussi la dispersion inclinée, $r > v$.

Quand on élève la température, l'angle des axes diminue pour toutes les couleurs. Vers 50°, le cristal paraît uniaxe pour le violet, puis les axes violets s'écartent dans une direction perpendiculaire, de sorte que le phénomène ressemble à celui que présente la sanidine à la température ordinaire. De même que pour le gypse, la transformation est passagère et le cristal reprend par refroidissement ses propriétés primitives.

Ces modifications ont été constatées sur plusieurs autres cristaux, l'*aragonite*, les *sulfates de strontiane, de baryte* et *de plomb*, la *calamine*, le *sel de Seignette potassique*, la *quereite*, etc.; elles sont une conséquence naturelle des changements qu'éprouvent les propriétés mécaniques des milieux; elles apparaissent surtout quand le degré de symétrie cristallin est moins élevé et sont généralement temporaires.

M. Des Cloizeaux ([2]) a trouvé cependant des cas où le changement des axes se maintient en partie d'une manière définitive. Jusque vers 500° ou 600°, l'angle des axes optiques varie d'une manière temporaire et réversible pour l'*orthose*, la *cymophane* et la *brookite*; mais, si l'on a chauffé les cristaux au delà de cette température, jusqu'à 800° ou 1000°, les axes ne reprennent plus, à la température ordinaire, leur écartement primitif.

([1]) Brewster, *Phil. Mag.*, [3], t. I, p. 417; 1833.
([2]) Des Cloizeaux, *Annales de Chimie et de Physique*, [3], t. LXVIII, p. 191; 1863.

CHAPITRE XI.

PHÉNOMÈNES DIVERS.

CRISTAUX IRRÉGULIERS.

467. *Cristaux maclés.* — Lorsque les cristaux ne sont pas entièrement homogènes, la propagation de la lumière est modifiée en tous les points où se manifestent des changements dans les propriétés du milieu ; il peut en résulter des phénomènes très variés dont quelques-uns conservent encore une certaine régularité.

L'une des altérations les plus fréquentes consiste dans l'*hémitropie* ou le groupement de deux parties d'un même cristal accolées suivant une surface plane par rapport à laquelle la cristallisation des deux fragments est symétrique.

Supposons, d'une manière générale, qu'un cristal renferme une lamelle intercalée, c'est-à-dire une couche de même nature dont les plans de symétrie sont différents.

Le cristal étant taillé par deux faces parallèles AA' et BB' (*fig.* 262), si on le fait traverser par un faisceau de rayons dont la direction est SI, on aura d'abord dans le prisme P, limité à la lamelle intercalée L, deux ondes réfractées qui rencontrent ensuite la première surface CC'. Chacune d'elles donne deux ondes réfractées dans la lamelle et chacune de ces ondes nouvelles, deux ondes réfractées sur la seconde face DD'. Il existera finalement dans le prisme P' et, par suite, à la sortie du cristal, huit ondes réfractées dans plusieurs directions différentes et qui auront subi dans leur passage des retards inégaux. Désignons par O et E, O' et E', O″ et E″ les deux espèces d'ondes qui se propagent dans le prisme P, la lame L et le prisme P', les ondes O″ et E″ étant respectivement de même nature que les ondes O et E. Les huit ondes réfractées dans le prisme P' peuvent être représentées, d'une manière symbolique, par les quatre groupes

$$\text{I.} \begin{cases} OO'O'', \\ OE'O'', \end{cases} \qquad \text{III.} \begin{cases} EO'O'', \\ EE'O'', \end{cases}$$

$$\text{II.} \begin{cases} OO'E'', \\ OE'E'', \end{cases} \qquad \text{IV.} \begin{cases} EO'E'', \\ EE'E''. \end{cases}$$

Remarquons d'abord que deux ondes qui sont de même espèce dans le prisme P' et qui proviennent d'une même onde dans le prisme P sont parallèles entre elles, puisqu'elles ont traversé un milieu à faces parallèles; il existe donc au plus quatre directions d'ondes à la sortie, correspondant aux systèmes I, II, III, IV.

Fig. 262.

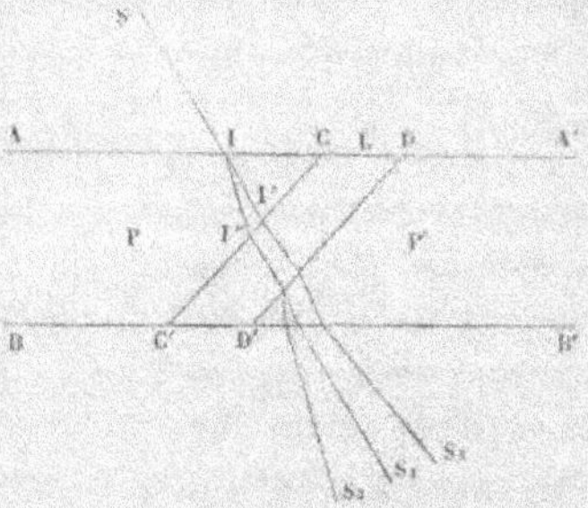

En outre, les systèmes I et IV émergent suivant une direction S_1 parallèle au faisceau incident SI, puisqu'ils sont respectivement parallèles aux ondes O et E issues de la lumière incidente. Les deux ondes de chaque système ont des différences de marche Δ_1 et Δ_4 inégales, dues aux retards inégaux qu'elles ont éprouvés dans la lamelle hémitrope.

Les systèmes II et III émergent respectivement dans des directions S_2 et S_3 situées de part et d'autre de la première, et présentent aussi des différences de marche inégales Δ_2 et Δ_3. La déviation de ces systèmes est variable avec l'inclinaison du cristal et avec la longueur d'onde de la lumière; si l'on observe au travers du cristal un objet blanc de dimensions restreintes, on verra trois images : l'une blanche et de position invariable, les deux autres irisées en sens contraires et mobiles avec l'inclinaison de la lame.

Remarquons encore que, dans chacun des systèmes I et IV, les ondes sont ramenées respectivement dans le même plan de polarisation que les ondes primitives O et E, tandis que le plan de polarisation des systèmes latéraux II et III a tourné de 90°.

Si la lamelle intercalée est très mince, les trois images seront colorées, comme si cette lamelle se trouvait entre un polariseur et un analyseur parallèles pour l'image centrale, ou entre les mêmes appareils croisés pour les images latérales. Toutefois, la coloration de l'image centrale est beaucoup moins apparente parce qu'elle est due à la superposition de deux teintes correspondant à des retards différents.

468. *Spath hémitrope.* — Ces colorations s'observent particulièrement dans le *spath d'Islande*, où l'on rencontre souvent des lamelles L (*fig.* 263) parallèles à deux arêtes en zigzag

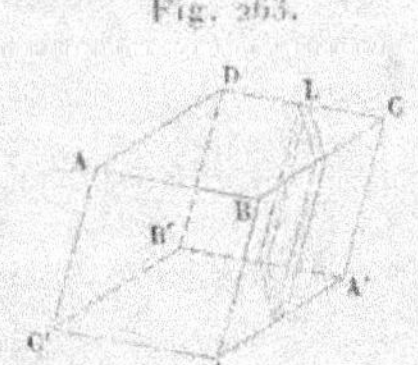
Fig. 263.

opposées BD' et DB' du rhomboèdre primitif, orientées par rapport au cristal comme si elles avaient tourné de 180° dans leur plan. Ces lamelles donnent trois images quand on les observe au travers de l'une des faces latérales BA' ou DA' et présentent les teintes de polarisation chromatique. Les effets sont beaucoup plus faibles au travers des bases AC, parce que les ondes réfractées ne se dédoublent plus dans la lamelle hémitrope lorsque le plan d'incidence coïncide avec la section principale du cristal.

Si l'on taille une lame perpendiculaire à l'axe du cristal et qu'on l'observe en lumière convergente, les anneaux habituels paraissent disloqués et présentent des formes très complexes sur toutes les parties où la lumière rencontre la lamelle hémitrope.

Nous citerons à ce sujet une disposition expérimentale qui permet d'observer les anneaux du spath d'Islande sur une lame de clivage. Cette lame L (*fig.* 264) est collée au baume entre deux prismes de verre dont les faces AB et A'B' sont perpendiculaires à l'axe de cristallisation; il suffit alors de placer le système dans une pince à tourmalines et de viser dans la direction de l'axe.

On clive généralement des cristaux par une lame tranchante agissant dans une direction convenable, mais différentes actions mécaniques sont aussi capables de produire le même résultat, et il arrive quelquefois que l'on obtient un véritable glissement des couches de clivage.

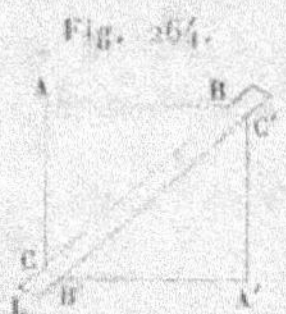

Fig. 264.

M. Baumhauer ([1]) a donné à cette expérience une forme saisissante qui mérite d'être rappelée. Après avoir clivé un spath en prisme allongé, on le pose sur l'une de ses arêtes AB' (*fig.* 265)

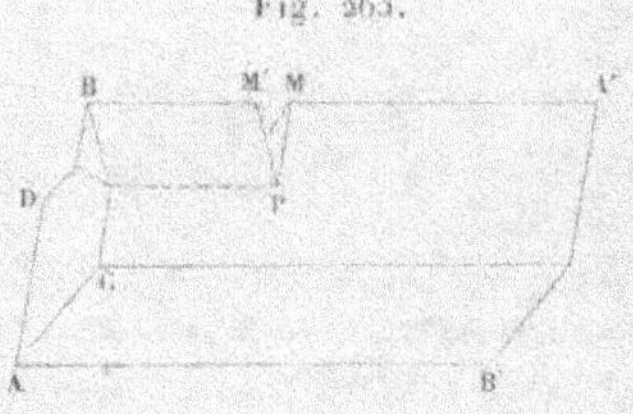

Fig. 265.

et l'on appuie normalement une lame de couteau sur l'arête supérieure M; la lame entre comme dans un corps mou, avec une résistance proportionnelle à la profondeur, et produit une fente en forme de V, dont la face MP est parallèle à ACD. Ce premier résultat est conforme aux règles du clivage, mais le morceau écarté PM'B reste transparent, sans brisure visible, sans se détacher, et la face PM' est inclinée sur l'arête d'un angle égal en sens contraire; il devient un cristal hémitrope accolé au premier.

469. *Cristaux idiocyclophanes.* — Lorsque l'un des systèmes de rayons traverse une lamelle hémitrope (*fig.* 262) dans une di-

---

([1]) H. Baumhauer, *Zeitschrift für Kryst. und Min.*, t. III, p. 588; 1879.

rection voisine de l'axe pour les cristaux uniaxes ou voisine de l'un des axes optiques pour les milieux biaxes, la différence de marche correspondante est très faible; on pourra donc distinguer les franges isochromatiques à centre blanc dans l'image fixe ou les franges à centre noir dans les images latérales.

La différence de marche ne peut être nulle que pour l'une des images latérales, car une seule des ondes O et E est capable de se réfracter dans la lamelle hémitrope suivant la direction de l'axe; on verra donc le centre du phénomène soit par les systèmes I et II, soit par les systèmes III et IV. Les franges sont moins éclatantes dans l'image fixe, parce qu'elles se trouvent toujours mélangées à la lumière blanche qui provient de l'un des faisceaux I ou IV. Enfin la déviation des images latérales peut avoir pour résultat de déplacer la frange achromatique.

J. Herschel ([1]) a proposé d'appeler *idiocyclophanes* les cristaux qui montrent ainsi par eux-mêmes les franges de polarisation chromatique, sans qu'il soit nécessaire d'employer un polariseur et un analyseur; Brewster avait depuis longtemps signalé cette particularité dans certains échantillons de *nitre maclé* et surtout dans le *bicarbonate de potasse*.

On apercevrait les courbes isochromatiques directement dans un spath hémitrope en coupant le cristal (*fig.* 263) par deux faces à peu près perpendiculaires à l'axe de la lamelle hémitropique, mais ces lamelles sont généralement trop minces pour donner des anneaux assez resserrés.

M. J. Müller ([2]) a imité ce phénomène en collant au baume une lame de *spath* clivé AA' (*fig.* 266) entre deux morceaux de spath AC et A'C' retournés de 180°. On enlève ensuite les fragments ADE et A'D'E' par des faces AE et A'E' parallèles aux axes optiques et qui sont sensiblement perpendiculaires à l'axe optique de la lame intercalée. Cet appareil CC' donne en général trois images d'un objet extérieur; pour une direction convenable, voisine de la normale aux faces AE et A'E', on voit apparaître les anneaux à centre blanc dans l'image centrale et les anneaux à centre noir dans l'une des images latérales.

([1]) J. HERSCHEL, *Traité de la lumière*, t. II, n° 1082.
([2]) Dr J. MULLER, *Pogg. Ann.*, t. XLI, p. 110; 1837.

Le dédoublement des ondes O et E dans la lame hémitrope ne peut évidemment avoir lieu quand le plan d'incidence est parallèle ou perpendiculaire à la section principale, ce qui correspond aux croix neutres.

L'opération est encore plus simple en intercalant une lame de clivage L (*fig.* 267) entre les deux moitiés d'un rhomboèdre de spath séparées par une section parallèle à l'axe.

Fig. 266. Fig. 267.

M. Em. Bertrand arrive au même résultat sans lamelle intercalée. Considérons une lame formée par deux faces de clivage AB', BA' (*fig.* 268) et prenons pour plan de figure la section prin-

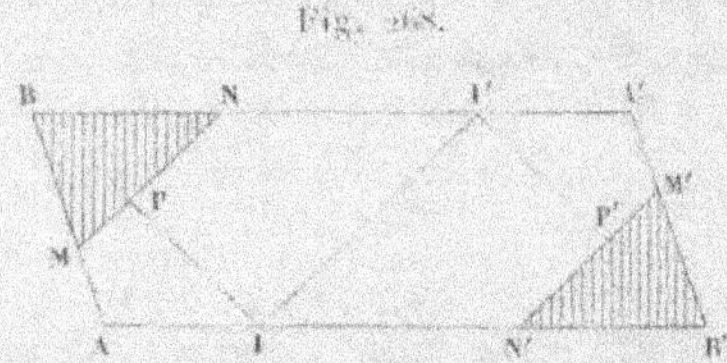

Fig. 268.

cipale; on coupe cette lame par deux faces MN et M'N' perpendiculaires aux directions IP et I'P' suivant lesquelles se réfléchissait sur les premières faces un rayon II' parallèle à l'axe. L'angle de l'axe II' avec la normale à la face AB' étant de $44°36',5$ (**364**), les faces MN et M'N' sont sensiblement parallèles à l'axe.

Si la lumière tombe sur la surface MN dans une direction voisine de la normale, les ondes produites par la première réfraction se subdivisent de nouveau à chacune des réflexions en I et I', de sorte que la lumière émergeant par la surface M'N' est composée de quatre couples d'ondes réfractées suivant trois directions différentes, comme pour le cas de la *fig.* 262. L'appareil donne trois images et l'on peut distinguer les anneaux à croix blanche dans l'image centrale, en même temps que les anneaux à croix noire dans une des images latérales.

Les franges isochromatiques peuvent encore être observées dans des conditions analogues, où la polarisation est due simplement à la réflexion de la lumière dans l'intérieur de la lame.

Fig. 269.

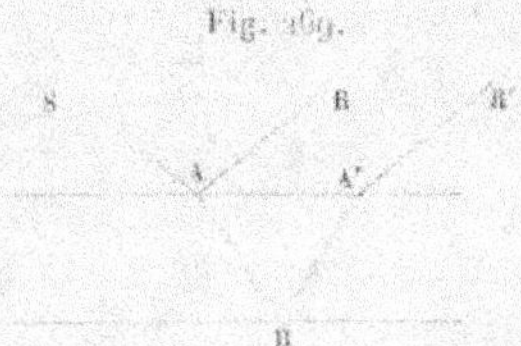

Supposons que la lumière tombe sur une lame cristalline dans une direction SA (*fig.* 269) voisine de l'incidence principale de polarisation (314). Le faisceau réfracté AB subit ensuite une réflexion partielle en B sur la seconde surface, également sous l'angle de polarisation (317), pour émerger finalement dans une direction A'R'. Cette réflexion joue le rôle d'un analyseur pour les rayons AB réfractés à l'entrée et le rôle d'un polariseur pour les rayons réfléchis BA'.

Si les faisceaux tels que AB traversent le cristal dans une direction voisine de l'axe pour les milieux uniaxes, ou voisine de l'un des axes optiques pour les milieux biaxes, il suffira que la lumière primitive soit polarisée pour que les franges isochromatiques apparaissent à l'œil nu dans le faisceau émergent A'R'.

Si la polarisation primitive est perpendiculaire au plan d'incidence, le rayon réfléchi AR est très faible; on apercevra, dans le premier cas, les anneaux colorés avec une croix noire dont les branches sont parallèle et perpendiculaire au plan d'incidence et, dans le second cas, les anneaux elliptiques avec une branche d'hyperbole noire.

Il en est de même si les faisceaux BA' cheminent dans une direction voisine de l'axe ou de l'un des axes optiques et qu'on reçoive la lumière émergente sur un analyseur.

En outre, comme la déviation du faisceau final A'R' varie avec la couleur, le résultat est analogue à celui qu'on obtiendrait en visant le phénomène au travers d'un prisme réfringent. La frange achromatique est donc déplacée et l'on peut observer un plus grand nombre de franges que dans les conditions habituelles.

Brewster[1] a constaté d'abord ce phénomène sur la *topaze* et le *mica*, où il a compté jusqu'à quatorze franges ; il l'a ensuite reproduit avec un grand nombre de cristaux biaxes ou uniaxes.

470. *Agate et opale.* — Si la lame L intercalée dans un milieu uniaxe (*fig.* 262) est isotrope et de même indice de réfraction que le rayon ordinaire, ce rayon II′ pénétrera en totalité dans le second milieu, tandis que le rayon extraordinaire II″ sera partiellement réfléchi. Le faisceau émergent ne renferme plus que deux espèces d'ondes, OO′O″ et EO′E″, dont la première a la même intensité que si la lame intercalée n'existait pas, la seconde étant affaiblie par les deux réflexions sur cette lame.

En outre, le rayon extraordinaire n'émerge plus parallèlement au faisceau primitif lorsque la lame L n'est pas terminée par des faces parallèles, et il devient tout à fait diffus si elle est limitée par des surfaces courbes, tandis que le rayon ordinaire passe toujours sans altération. Telle est, sans doute, l'explication du phénomène observé par Brewster[2] sur l'*agate*.

Quand on examine à la loupe une surface taillée dans ce cristal, on y reconnaît une succession de couches minces disposées en zigzag, plus ou moins serrées suivant les échantillons, et qui paraissent être formées de quartz amorphe, qui seraient intercalées dans la masse cristalline.

La flamme d'une bougie vue au travers de certains échantillons d'agate donnait une image régulière polarisée dans la section principale, entourée d'une nébulosité plus ou moins large, représentant le rayon extraordinaire et qui était, en effet, polarisée dans un plan perpendiculaire.

D'ailleurs, les couches alternantes de quartz cristallisé et de quartz amorphe n'ont le plus souvent qu'une transparence imparfaite et présentent des colorations plus ou moins foncées. Il y a

---

[1] Brewster, *Phil. Trans. L. R. S.*, p. 187 ; 1814.
[2] Brewster, *Phil. Trans. L. R. S*, p. 101 ; 1815.

donc en même temps une diffusion de lumière qui affaiblit l'image ordinaire et trouble la polarisation de la partie diffusée.

Cette diffusion peut même faire disparaître toute propagation régulière. Elle donne au cristal une couleur d'un gris laiteux quand les obstacles rencontrés par la lumière sont très inégaux et de dimensions notables par rapport à la longueur d'onde (**223**); la teinte vire au bleu lorsque les troubles de réfraction deviennent extrêmement petits. Les colorations bleues que présente quelquefois l'*opale* sont dues probablement à la présence de particules étrangères de cet ordre.

471. *Cristaux nacrés et striés.* — Les chatoiements irisés que l'on observe dans un assez grand nombre de cristaux, tels que le *labrador*, l'*hypersthène*, la *pholérite*, l'*opale noble*, etc., sont manifestement localisés sur certaines surfaces situées dans l'intérieur; ils présentent, comme la nacre de perle, les caractères optiques des réseaux et sont dus à des systèmes de stries parallèles plus ou moins régulières ([1]).

En effet, ces couleurs n'apparaissent, en chaque point, que pour certains azimuts du plan d'incidence; elles varient rapidement avec la direction des rayons incidents ou des rayons diffractés et peuvent être vues par réflexion ou par transmission. Elles sont très pures quand les stries sont équidistantes, et plus lavées dans le cas contraire.

Les couleurs correspondent généralement au premier spectre; l'intervalle e des stries peut être déterminé par la mesure des angles i d'incidence et i' de diffraction, comptés du même côté de la normale, qui correspondent à une longueur d'onde λ, à l'aide de la relation

$$\lambda = e(\sin i + \sin i').$$

Babinet cite de beaux échantillons d'*agate* dont les stries sont espacées par soixantièmes de millimètre. Quand l'intervalle est beaucoup plus petit, la somme des angles i et i' doit être très grande pour que la diffraction soit visible et elle peut n'avoir lieu

---

[1] *Voir* BABINET, *Comptes rendus des séances de l'Académie des Sciences*, t. IV, p. 738; 1837

que pour les couleurs les plus réfrangibles. L'hypersthène et le
labrador ne montrent guère que des teintes bleues et violettes, et
il faut avoir soin d'observer sous de grandes incidences, presque
sur la direction de retour de la lumière primitive.

Remarquons encore que les stries sont formées par la surface
ondulée qui sépare deux milieux dont les propriétés optiques sont
très peu différentes. Les troubles que les inégalités produisent sur
la réfraction régulière (229) croissent avec l'angle d'incidence et
la lumière diffractée croît dans le même sens.

Les jeux de lumière que l'on observe sur la *pierre de lune*
semblent dus à une cause analogue. Quand on place une lame de
ce cristal entre l'œil et la flamme d'une bougie, on aperçoit une
espèce de houppe bleue qui paraît s'expliquer par une série de
stries à peu près parallèles dont les dimensions transversales,
étant inégales et de l'ordre des longueurs d'onde, ne produiraient
qu'une diffraction disséminée des rayons les plus réfrangibles, de
teinte analogue au bleu du ciel (225).

Ces stries sont disposées sur des surfaces de clivage à peu près
planes et parallèles, qui donnent par réflexion, dans le plan des
houppes, une image confuse teintée de bleu. Ce sont ces images
qui produisent les reflets intérieurs du cristal.

472. *Filaments intercalés. — Traînées, astéries et cercles
parhéliques.* — Lorsqu'il existe dans une lame cristalline une série
de filaments plus opaques parallèles entre eux et à la surface,
chacun d'eux se comporte comme une fente de même diamètre
et donne des spectres de diffraction. Tous les phénomènes se
confondent en une *traînée* lumineuse transversale, si les diamètres sont très différents ; les spectres se superposent en prenant
plus d'éclat quand les filaments sont de même largeur. Le *diopside*, le *quartz* et le *gypse fibreux*, le *béryl*, etc., montrent
quelquefois, de part et d'autre d'une source de lumière, des images
irisées dans lesquelles le rouge est le plus dévié et qui sont manifestement dues à ce genre de diffraction.

Babinet signale aussi dans ces cristaux, ainsi que dans la *withé-
rite* et la *crocidolite*, des couronnes qu'il attribue à des filaments
orientés suivant toutes les directions, dont les maxima de diffraction de première classe se superposeraient d'autant plus nette-

ment que le diamètre des filaments serait plus uniforme; c'est un phénomène dont je n'ai pu trouver aucun exemple et qui paraît difficilement compatible avec une distribution systématique des filaments enclavés.

Les facettes latérales des filaments sont souvent assez larges pour donner lieu à une réflexion régulière et, comme elles sont orientées au hasard, cette réflexion produit une traînée lumineuse transversale qui se superpose à celle de diffraction. La pierre dite *œil-de-chat*, qui renferme un seul système de filaments d'asbeste, ne montre qu'une traînée transversale à leur direction.

Le *gypse fibreux* montre une image de la source par réflexion beaucoup plus nette que la pierre de lune. L'image directe de la source et l'image réfléchie sont en outre traversées par une traînée lumineuse transversale aux fibres et entourées d'une lumière générale de diffusion. Les deux régions paraissent séparées par une sorte de bande noire qui indique le plan moyen des surfaces réfléchissantes.

L'ensemble des traînées dues à plusieurs systèmes de filaments constitue une *astérie*.

L'astérie à trois branches inclinées l'une sur l'autre à 60°, que présente le *saphir* dans la direction de l'axe, est due à trois systèmes de filaments parallèles aux côtés de la base du prisme hexaèdre.

On trouve les mêmes astéries à trois branches dans le *béryl*, la *tourmaline*, l'*émeraude* taillées perpendiculairement à l'axe.

En inclinant la lame sur la lumière, on observe presque toujours sur certaines branches de l'astérie une image plus nette qui indique la prédominance d'une direction parallèle à l'axe pour les facettes réfléchissantes. Dans le *zircon*, l'*idocrase* et tous les cristaux du système quadratique, les astéries ont quatre branches formant deux systèmes de croix inclinées à 45°.

S'il existe un système de filaments normaux à la lame et qu'on observe dans une direction oblique, on aperçoit un *cercle parhélique* qui passe par la source. La déviation du rayon réfléchi sur les facettes latérales de ces filaments est en effet double de l'angle que fait le rayon avec la surface (58), lequel varie depuis zéro jusqu'à l'angle I de la source avec la normale à la lame. Le lieu des images est une circonférence dont le centre est dans la direction des filaments, c'est-à-dire de la normale à la lame.

Sur les lames rhomboédriques perpendiculaires à l'axe, les cercles parhéliques passent par les points où les branches d'astéries présentent des taches beaucoup plus brillantes, dues également à la réflexion sur des faces parallèles à l'axe.

On retrouve ces phénomènes dans tous les cristaux producteurs d'astéries, le *diopside*, le *gypse* et le *quartz fibreux*, le *béryl*, l'*aigue marine*, etc.

Si les filaments ne sont pas perpendiculaires à la lame, les cercles parhéliques ne sont plus centrés sur la normale.

Le *grenat* montre une astérie à deux branches rectangulaires quand on le coupe perpendiculairement à l'axe d'un angle quadrièdre. Coupé normalement à l'axe d'un angle trièdre, il paraît donner une astérie à trois branches inclinées à 60°, mais l'une des branches est formée en réalité par deux cercles parhéliques de très grand diamètre dont les courbures sont de sens contraire.

Il arrive souvent que l'on aperçoit plusieurs images directes de la source ou plusieurs systèmes voisins de cercles parhéliques. Cette multiplication des phénomènes tient sans doute à un enchevêtrement de cristaux; elle est particulièrement remarquable dans certains échantillons de *diopside*.

Lorsque les surfaces réfléchissantes ne sont pas bien planes, les cercles parhéliques sont moins nettement dessinés, et quand on les amène à se concentrer sur l'image directe de la source, ils l'entourent d'une tache de lumière diffuse; tels sont le *gypse* et le *quartz fibreux*.

473. *Anneaux concentriques.* — Une lame de *gypse* perpendiculaire aux fibres, vue dans la direction normale, montre une image confuse de la source, puis une zone plus pâle limitée par un anneau brillant dont le rayon est d'environ 6°. Autour de cet anneau est un espace sombre, et au delà, à partir d'une déviation d'environ 20°, se trouve un large anneau blanc bordé à l'intérieur d'une teinte bleue et comprenant des zones d'éclats différents jusqu'à la direction rasante.

Ces apparences n'ont aucune analogie avec les couronnes de diffraction. En effet, quand on incline le cristal, l'image centrale se transforme en un cercle parhélique, l'anneau brillant en un second cercle parhélique concentrique au premier et plus rapproché, en même temps qu'un troisième cercle parhélique apparaît dans l'intérieur à la même distance. Enfin l'on aperçoit d'autres anneaux plus pâles autour du même centre avec de légères teintes bleues ou vertes. Le *quartz fibreux* présente les mêmes caractères, avec une diffusion plus faible.

La réfraction paraît jouer un rôle dans la production des cercles parhéliques supplémentaires, car ils sont un peu irisés de rouge du côté du cercle principal et donnent lieu à un minimum de déviation.

Dans la *pierre de lune*, on voit ainsi une sorte de halo très irrégulier ayant pour centre l'image directe et dont le rayon est d'environ 25°. Les images un peu discontinues qui composent ce halo sont bordées de rouge à l'intérieur; elles sont donc produites par réfraction et passent par un minimum de déviation pour une inclinaison convenable du cristal; il y aurait à rechercher quels sont les angles dièdres des cristaux enclavés auxquels est due cette réfraction particulière.

Il y a d'ailleurs dans les cristaux naturels ou artificiels des variétés de structure et d'accouplement presque illimitées et plusieurs phénomènes restent sans explication suffisante.

POLYCHROISME.

474. *Milieux isotropes.* — Les corps qui n'ont pas le même degré de transparence pour toutes les couleurs (**222**) peuvent présenter à la lumière blanche des teintes différentes, car, en appelant x l'épaisseur et m le *coefficient d'absorption* pour une couleur déterminée, la fraction de lumière transmise est $\mu = e^{-mx}$; le facteur μ peut donc être considéré comme un *coefficient de transmission* relatif aux conditions de l'expérience.

A mesure que l'épaisseur augmente, les corps paraissent d'abord incolores, puis certaines couleurs sont rapidement absorbées, ce qui modifie la teinte résultante, et enfin il ne reste plus que les rayons dont le coefficient d'absorption est le plus faible, quelle que soit leur intensité primitive. Ce phénomène s'observe avec tous les verres et les liquides colorés, et l'on peut constater facilement l'absorption relative des différentes couleurs en étudiant au spectroscope la composition de la lumière transmise.

Dans la plupart des cas, l'absorption varie d'une manière continue à partir d'une longueur d'onde déterminée ou de plusieurs longueurs d'onde différentes ; le spectre présente alors une ou plusieurs bandes très larges plus ou moins sombres suivant la coloration ou l'épaisseur du milieu.

Quelquefois le phénomène se localise davantage. La *cyanine*, par exemple, donne une bande assez étroite voisine de la raie D et dont la position varie avec la nature du dissolvant. Le *permanganate de potasse* produit cinq bandes d'absorption très limitées qui rappellent les raies du spectre quand on opère avec une dissolution très étendue ; ces bandes s'élargissent progressivement avec des dissolutions plus riches ou des épaisseurs plus grandes, pour se confondre ensuite et s'étaler peu à peu dans toute l'étendue du spectre.

Les bandes sont encore plus étroites pour les verres et les dissolutions de *didyme*, qui sont presque incolores et montrent dans le spectre un véritable système de raies noires.

Il en est de même pour les gaz colorés, comme les vapeurs d'*iode*, de *brome* ou d'acide *hypoazotique*.

Les couleurs des milieux isotropes, solides, liquides ou gazeux, quoique variables avec les conditions de l'expérience, sont indépendantes de la direction de la lumière et de sa polarisation ; elles sont définies uniquement par la quantité de matière absorbante que rencontrent les rayons transmis.

Il arrive fréquemment aussi que les milieux absorbants possèdent une coloration superficielle et réfléchissent les différentes couleurs d'une manière très inégale. Il est naturel de penser que les couleurs les plus facilement absorbées se réfléchiront au contraire en plus grande proportion. C'est ce qui a lieu, par exemple, pour l'or qui est jaune par réflexion et d'un vert bleu par transmission sous une faible épaisseur.

L'expérience de M. Stokes (¹) sur le permanganate de potasse est encore plus directe. On éclaire un cristal sous l'angle de polarisation et l'on observe la lumière réfléchie avec un analyseur qui éteint les rayons polarisés dans le plan d'incidence ; la teinte résiduelle est verte et elle donne dans le spectre une série de bandes

---

(¹) STOKES, *Phil. Mag.*, [4], t. VI, p. 393 ; 1853.

brillantes qui correspondent exactement aux bandes noires d'absorption.

On peut donc considérer comme une règle générale que les rayons les plus absorbés sont en même temps les plus réfléchis; l'absorption ne s'exerce ensuite que sur la portion de lumière qui a échappé à la réflexion. Pour un faisceau qui traverse une lame à faces parallèles, le même effet se produit à l'entrée et à la sortie; si f est le coefficient de réflexion pour une couleur déterminée, la fraction de lumière réfractée est $1 - f$, celle qui arrive à la seconde surface $(1 - f)\mu$ et celle qui est transmise $(1 - f)^2\mu$. A moins que le coefficient de réflexion ne soit très faible, on devra donc en tenir compte pour évaluer la lumière transmise qui intervient dans la composition de la teinte résultante.

175. *Milieux anisotropes.* — Dans les milieux anisotropes, l'absorption ne s'exerce pas de la même manière sur les deux espèces de rayons réfractés; la couleur de la lumière transmise sous une même épaisseur varie alors avec la direction des rayons par rapport aux plans de symétrie et avec leur polarisation primitive.

Les lames uniaxes colorées présentent ainsi deux teintes principales suivant que le trajet de la lumière est parallèle ou perpendiculaire à l'axe; on a appelé d'abord *dichroïques* les cristaux qui jouissent de cette propriété. Toutefois, même avec les cristaux uniaxes, on peut obtenir plus de deux teintes différentes quand la lumière est inclinée sur l'axe et surtout quand on observe séparément les deux espèces de rayons réfractés; il en est ainsi, à plus forte raison, pour les milieux biaxes. L'expression plus générale de *polychroïsme* convient donc mieux au phénomène.

On appelle *teinte principale* celle qu'on obtient sous l'incidence normale sur une lame parallèle à l'un des plans de symétrie quand la lumière primitive est polarisée dans l'un des deux autres plans ou que, la lumière incidente étant naturelle, on observe avec un analyseur qui ne laisse passer que l'une des vibrations principales. Les cristaux à deux axes optiques ont ainsi trois teintes principales et il n'en existe que deux pour les cristaux uniaxes.

Le premier phénomène de cette nature paraît avoir été observé par Arago [1] sur la *baryte sulfatée*; les propriétés les plus remar-

---

[1] *Journal de Physique*, t. XC, p. 40; 1820.

quables sont celles de la *tourmaline* (319), que Biot [1] a retrouvées
à un moindre degré dans la *topaze jaune*, l'*émeraude*, le *mica*,
la *dichroïte*, le *corindon* et l'*idocrase*. Brewster [2] avait indiqué
déjà une liste comprenant plus de soixante cristaux uniaxes ou
biaxes, tous colorés, qui présentent le même caractère.

Ainsi, certains échantillons de *tourmaline* sont d'un rouge foncé
suivant l'axe et verts dans une direction perpendiculaire. Le *sous-
sulfate de fer*, qui cristallise en prismes hexagonaux, est vert ou
d'un rouge sang très foncé, d'après Herschel, suivant qu'on l'observe dans une direction perpendiculaire ou parallèle aux arêtes
du prisme. Dans un rhomboïde de *spath jaune*, l'image ordinaire
est d'un blanc jaunâtre et l'image extraordinaire d'un jaune orangé
plus sombre. La *cordiérite* (dichroïte, iolite, saphir d'eau) donne
à la lumière naturelle, dans les trois directions perpendiculaires
aux plans de symétrie, une couleur bleu de saphir, un blanc
grisâtre ou un blanc jaunâtre.

Les deux espèces de rayons réfractés subissant des absorptions
inégales, la lumière émergente est en partie polarisée; la polarisation paraît complète pour des lames de sous-sulfate de fer de 1^{mm}
d'épaisseur parallèles à l'axe; les tourmalines noires donnent le
même résultat sous une épaisseur de $\frac{1}{10}$ de millimètre. Cette propriété est une des raisons physiques invoquées par Fresnel (333)
pour déterminer la direction des vibrations.

De Senarmont [3] a reproduit artificiellement des corps polychroïques en faisant cristalliser certains sels dans des liqueurs
colorées. Il semble que la matière colorante ne peut s'incorporer
aux cristaux que si elle est elle-même cristallisable; dans le cas contraire, elle reste séparée et les cristaux sont limpides comme s'ils
se produisaient au sein d'une dissolution incolore. Les cristaux
d'*azotate de strontiane* formés dans une teinture de campêche ou
de fernambouc présentent d'une manière remarquable les effets
de polychroïsme.

Babinet [4] avait énoncé la règle que les cristaux à un axe né-

---

[1] Biot, *Bulletin de la Société philomathique pour* 1819, p. 109 et 132.

[2] Brewster, *Phil. Trans. L. R. S.*, p. 11; 1819. — *Journal de Physique*,
t. XC, p. 177; 1820.

[3] De Senarmont, *Ann. de Chim. et de Phys.*, [3], t. XLI, p. 319; 1854.

[4] Babinet, *Comptes rendus des séances de l'Académie des Sciences*, t. IV,
p. 739; 1837.

gatifs (tourmalines, corindon) éteignent plus rapidement le rayon ordinaire, tandis que les cristaux positifs (quartz enfumé, zircon) éteignent le rayon extraordinaire. Il est à remarquer que, dans les deux cas, le rayon le plus absorbé est celui dont la vitesse de propagation est la plus faible.

On pourrait s'en rendre compte en admettant que l'énergie perdue s'est communiquée au milieu par une sorte de frottement proportionnel à la vitesse v de vibration et représenté par Av. Le travail absorbé pendant le temps dt est

$$A v . v\, dt = A v^2\, dt \, ;$$

en appelant u^2 le carré moyen de la vitesse (150), le travail absorbé pendant une période, c'est-à-dire par une épaisseur égale à la longueur d'onde, est

$$A u^2 T = \frac{A u^2 \lambda}{V},$$

de sorte que pour l'unité de longueur et une lumière de nature déterminée le travail absorbé $\dfrac{A u^2}{V}$ est en raison inverse de la vitesse de propagation. Toutefois, la règle est contraire à l'observation de Brewster sur le spath coloré, et Babinet avait également reconnu plusieurs exceptions; on en a depuis constaté un très grand nombre, de sorte que cette règle ne reste plus qu'à titre d'indication générale.

Quant à l'action exercée sur les différentes couleurs, elle est élective et tient à la constitution du milieu; il n'y a donc pas lieu de chercher à établir *a priori* une relation analogue à celle qui a été démontrée (225) pour la diffraction dans les milieux qui renferment des corpuscules opaques.

476. *Ellipsoïde d'absorption.* — Grailich ([1]) a émis l'opinion que l'absorption de la lumière par un milieu anisotrope peut être représentée par un ellipsoïde ayant les mêmes plans de symétrie optique. M. Mallard ([2]) en a donné une explication théorique en

---

([1]) Grailich, *Krystall. optische Unters.*, p. 52; 1858.

([2]) Mallard, *Traité de Cristallographie*, t. II, p. 353; 1884.

admettant que l'absorption est due au travail d'une force résistante dont la direction varie avec celle de la vibration; on peut arriver au même résultat par des considérations plus simples.

L'absorption de la lumière ne dépend évidemment que de la direction de la vibration. Pour les cristaux orthorhombiques qui possèdent trois plans de symétrie physique, nous désignerons par m_1, m_2 et m_3 les coefficients d'absorption relatifs aux cas où la lumière est polarisée respectivement dans les trois plans de symétrie, la vibration étant alors dirigée suivant les normales correspondantes.

Une vibration quelconque étant définie par ses cosinus directeurs α, β et γ, nous admettrons, ce qui paraît au moins très vraisemblable, que, pour une épaisseur infiniment petite, la quantité de lumière absorbée est la somme de celles qui correspondent aux composantes principales de la vibration, dont les intensités sont respectivement proportionnelles à α^2, β^2 et γ^2; le coefficient d'absorption m relatif à la vibration considérée est donc

$$(1) \qquad m = m_1 \alpha^2 + m_2 \beta^2 + m_3 \gamma^2.$$

Le facteur $\sqrt{m}$ est la perpendiculaire, parallèle à la vibration, abaissée du centre sur le plan tangent à l'ellipsoïde

$$(2) \qquad \frac{\xi^2}{m_1} + \frac{\eta^2}{m_2} + \frac{\zeta^2}{m_3} = 1,$$

que l'on peut appeler *ellipsoïde d'absorption*.

L'inverse du facteur $\sqrt{m}$ est le rayon vecteur, dans la même direction, de l'ellipsoïde polaire réciproque

$$(3) \qquad m_1 \xi^2 + m_2 \eta^2 + m_3 \zeta^2 = 1,$$

que l'on appellera *ellipsoïde inverse d'absorption*.

Nous supposerons toujours que les lames sont à faces parallèles et que la lumière est très voisine de l'incidence normale.

Il est important de remarquer encore que, si le facteur mx est très petit, ce qui a lieu pour les lames très minces ou très peu absorbantes, on a sensiblement

$$\mu = e^{-mx} = 1 - mx.$$

Le facteur μ étant le coefficient de transmission, si l'on néglige les pertes par réflexion, la différence $1 - \mu = mx$ représente la fraction de lumière absorbée. En multipliant par x tous les termes de l'équation (1) et désignant par μ_1, μ_2 et μ_3 les coefficients principaux de transmission, on aura

$$1 - \mu = (1 - \mu_1)\alpha^2 + (1 - \mu_2)\beta^2 + (1 - \mu_3)\gamma^2,$$
$$(4) \qquad \mu = \mu_1\alpha^2 + \mu_2\beta^2 + \mu_3\gamma^2.$$

Dans ces conditions particulières, les coefficients de transmission sont reliés entre eux par la même équation (1) que les coefficients d'absorption.

477. *Absorption dans une lame cristalline.* — Considérons une lame taillée dans une direction quelconque; soient m' et m'' les coefficients d'absorption relatifs aux vibrations principales x' et y', μ' et μ'' les coefficients de transmission correspondants, en négligeant les pertes par réflexion.

Si la lumière incidente d'intensité L est polarisée et que la vibration primitive fasse l'angle i avec la vibration x', les composantes principales du faisceau sont respectivement $L\cos^2 i$ et $L\sin^2 i$. La lumière transmise est donc

$$(5) \quad P = L(\mu'\cos^2 i + \mu''\sin^2 i) = \frac{L}{2}[\mu' + \mu'' + (\mu' - \mu'')\cos 2i];$$

elle est maximum ou minimum quand $\cos 2i = \pm 1$, c'est-à-dire quand l'angle i est égal à zéro ou $90°$. Les directions principales de la lame correspondent toujours aux vibrations qui subissent la plus grande ou la plus faible absorption, quelles que soient les valeurs relatives des coefficients principaux.

Pour un faisceau polarisé à angle droit, il suffirait de changer le signe de $\cos 2i$.

Une lumière naturelle d'intensité $2L$ pouvant être remplacée par deux faisceaux indépendants d'intensité L et polarisés à angle droit, la lumière transmise est

$$M = L(\mu' + \mu'');$$

elle est la même que si les deux composantes étaient parallèles aux directions principales.

Inversement, si la lumière primitive d'intensité $2L$ est naturelle

M. — II.

et qu'on observe le faisceau transmis avec un analyseur dont les vibrations sont dans l'azimut i, la lumière incidente étant remplacée par les deux composantes principales, l'intensité de l'image sera la somme des intensités relatives à ces deux faisceaux, c'est-à-dire

$$(6) \qquad L(\mu' \cos^2 i + \mu'' \sin^2 i) = P.$$

Le résultat est le même que si la lumière marchait en sens contraire avec l'intensité L. La loi générale du retour des rayons (**177**) est donc applicable dans le cas actuel.

Pour tenir compte des réflexions sur les surfaces, on pourra supposer, ce qui n'est pas tout à fait évident, que les deux composantes principales du faisceau primitif se réfléchissent séparément et donnent séparément les rayons réfractés; on aura alors, en appelant f' et f'' les coefficients de réflexion,

$$P = L[(1 - f')^2 \mu' \cos^2 i + (1 - f'')^2 \mu'' \sin^2 i].$$

Les relations sont exactement les mêmes, à la seule condition de remplacer les facteurs μ par $(1 - f)^2 \mu$.

Si la lumière primitive est blanche, les facteurs L et μ ont des valeurs particulières pour chacune des couleurs, et l'on doit faire la somme des intensités correspondantes. Les relations (5) et (6) montrent, ce qui était évident, que la combinaison des teintes produites par deux faisceaux polarisés à angle droit est la teinte donnée par la lumière naturelle.

L'intensité totale qui correspond à un faisceau primitif de lumière blanche polarisée est

$$\Sigma P = \Sigma L \frac{\mu' + \mu''}{2} + \cos 2i \, \Sigma L \frac{\mu' - \mu''}{2}.$$

Le premier terme du second membre représente la teinte correspondant au cas où la lumière primitive est naturelle ou polarisée dans un plan bissecteur des directions principales; le dernier terme est une teinte particulière dont on ajoute algébriquement à la précédente une fraction variable $\cos 2i$. Les teintes relatives aux vibrations principales sont $\Sigma L \mu'$ et $\Sigma L \mu''$.

Si la lame est parallèle à l'un des plans de symétrie, les facteurs μ' et μ'' correspondent à deux des coefficients principaux d'absorption du milieu et l'expérience pourra donner deux des teintes principales.

Dans les milieux uniaxes, il n'existe plus que deux coefficients principaux μ_1 et μ_2. Pour une lame parallèle à l'axe, les intensités O et E de lumière transmise, pour les cas où la polarisation primitive est parallèle ou perpendiculaire à la section principale, sont

$$O = L\mu_1, \qquad E = L\mu_2.$$

Si la lame est oblique et que sa normale fasse un angle θ avec l'axe optique, la vibration extraordinaire fait l'angle θ avec la normale à l'axe et l'on a

$$(7) \quad \begin{cases} m' = m_1, \\ m'' = m_1 \cos^2\theta + m_2 \sin^2\theta = \dfrac{m_1 + m_2}{2} + \dfrac{m_1 - m_2}{2} \cos 2\theta. \end{cases}$$

La quantité X de lumière transmise pour un faisceau primitif polarisé perpendiculairement à la section principale est $X = L\mu''$, ce qui donne

$$(8) \quad \frac{X^2}{OE} = \frac{\mu''^2}{\mu_1 \mu_2} = e^{(m_2 - m_1)x\cos 2\theta}.$$

Lorsque l'absorption est très faible, les coefficients de transmission jouissent des mêmes propriétés que les coefficients m, et la seconde des équations (7) donne immédiatement

$$X = O\cos^2\theta + E\sin^2\theta.$$

C'est la relation par laquelle J. Herschel [1] considère que les observations sur le *sous-sulfate de fer* peuvent être représentées avec une exactitude suffisante. Elle a été également vérifiée d'une manière approximative par les expériences de M. H. Becquerel [2] sur la *pennine*, mais on ne tarderait pas sans doute à en constater l'inexactitude pour des épaisseurs notables de cristaux dont les coefficients d'absorption ont des valeurs très différentes.

Le phénomène est plus complexe pour les cristaux appartenant

---

[1] J.-F.-W. HERSCHEL, *Traité d'Optique*, n° 1064.
[2] H. BECQUEREL, *Ann. de Chim. et de Phys.*, [6], t. XIV, p. 188; 1888.

aux systèmes obliques, parce que les plans de symétrie optique sont variables avec la couleur.

Le polychroïsme est une des propriétés auxquelles on a recours pour distinguer les espèces cristallines encastrées dans les coupes de roches ; les *amphiboles*, par exemple, ont un polychroïsme notablement plus grand que les *pyroxènes*, quoique ces deux espèces se rapprochent beaucoup par les autres caractères.

Dans les cristaux clinorhombiques, on peut encore, pour chacune des couleurs, rapporter l'absorption à trois directions principales rectangulaires dont l'une est perpendiculaire au plan de symétrie, mais les deux autres sont indéterminées et n'ont aucune relation nécessaire avec les plans principaux de la surface d'onde correspondante.

Sur une lame parallèle au plan de symétrie, si l'on appelle θ l'angle des droites d'extinction principale avec les vibrations réfractées, les coefficients m' et m'' ont des expressions de la forme

$$m' = m_2 \cos^2\theta + m_3 \sin^2\theta = \tfrac{1}{2}[m_2 + m_3 + (m_2 - m_3)\cos 2\theta],$$
$$m'' = m_2 \sin^2\theta + m_3 \cos^2\theta = \tfrac{1}{2}[m_2 + m_3 - (m_2 - m_3)\cos 2\theta].$$

Il n'est plus évident que le maximum et le minimum de lumière polarisée transmise correspondent aux valeurs m_2 et m_3 des coefficients principaux d'absorption.

En outre, la réfraction des milieux colorés varie d'une manière anormale, les indices des radiations voisines d'un maximum d'absorption se rapprochant beaucoup de celui qui correspond à la lumière la plus absorbée. On doit donc prévoir que les plans de symétrie optique, perpendiculaires à la lame considérée, pourront éprouver aussi des déplacements très rapides, de sorte que les azimuts de polarisation primitive relatifs au maximum et au minimum de lumière transmise présentent des variations considérables pour les bandes d'absorption.

Enfin le phénomène est encore plus complexe pour les milieux dépourvus de symétrie cristalline, car l'ellipsoïde d'absorption et la surface d'onde doivent présenter des formes très variables d'une couleur à l'autre.

478. *Méthodes d'observation*. — L'appareil le plus employé pour ce genre de recherches est la *loupe dichroscopique* imaginée

par Haidinger ([1]). Un rhomboèdre de spath est complété sur deux faces opposées par des prismes de verre dont les faces extérieures sont perpendiculaires aux arêtes latérales, de manière à supprimer pour la plus grande partie l'irisation des images observées dans la direction de ces arêtes. L'appareil est monté dans un tube de métal qui porte à l'une de ses extrémités une plaque percée d'une ouverture rectangulaire, dont les deux images vues par double réfraction paraissent en contact; à l'autre extrémité est une loupe qui vise dans le plan des images.

En plaçant une lame polychroïque en avant de l'ouverture, les deux images apparaissent de couleurs différentes, correspondant aux teintes que donneraient deux faisceaux primitivement polarisés à angle droit. Les couleurs varient avec l'orientation du cristal; elles prennent respectivement les teintes principales $\Sigma L \mu_1$ et $\Sigma L \mu_2$ lorsque les sections principales de la lame et du rhomboèdre sont parallèles ou perpendiculaires.

Dans un appareil de polarisation ordinaire, ou un microscope polarisant pour des lames de dimensions très petites, il suffit de supprimer l'analyseur et d'observer les teintes que prend le cristal quand on l'oriente dans les deux azimuts principaux par rapport au plan primitif. Cette méthode a l'inconvénient que les deux teintes apparaissent successivement et sont moins faciles à comparer; on les observerait en même temps si l'on supprimait le polariseur en se servant d'un analyseur à double image.

Pour connaître l'action réelle du milieu, il est nécessaire de déterminer les coefficients principaux de transmission μ_1, μ_2 et μ_3 relatifs aux différentes couleurs.

Beer ([2]) avait déjà envisagé le phénomène à ce point de vue; l'analyse spectrale du faisceau à la lumière blanche permet de comparer, pour chaque couleur, l'intensité de la lumière transmise à l'intensité primitive.

Dans le spectrophotomètre de M. Glan ([3]), par exemple, la fente du collimateur est divisée en deux parties A et B, l'une supérieure et l'autre inférieure, par une lame de laiton taillée en

---

([1]) Haidinger, *Pogg. Ann.*, t. LXV, p. 4; 1845.
([2]) Beer, *Pogg. Ann.*, t. LXXXII, p. 429; 1851.
([3]) Glan, *Wiedemann Annalen*, t. I, p. 353; 1877.

forme de V, dont la largeur est ainsi variable à volonté à l'aide d'un simple glissement.

A la suite du collimateur est un prisme duplicateur de Wollaston (367) qui donne deux images de la fente dans un même plan vertical : ces deux images sont polarisées à angle droit, dans des directions parallèle et perpendiculaire à la fente. On obtient ainsi quatre spectres, deux de la fente A, deux autres de la fente B, dans lesquels les raies de Fraunhofer sont superposées, et l'appareil est réglé de façon que, pour une couleur déterminée, le spectre inférieur A′ de la fente A soit au-dessus et en contact avec le spectre supérieur B′ de la fente B.

L'angle de duplication étant variable avec la couleur, il est nécessaire de rétablir ce contact pour chaque observation en faisant varier, soit la distance de la fente à l'objectif du collimateur, soit la largeur de la lame de laiton. On a soin d'ailleurs d'éliminer les deux autres spectres par un écran de forme convenable situé dans le plan focal.

Si l'on couvre la moitié A de la fente par une lame absorbante, les deux spectres n'ont plus le même éclat : soient A et B les intensités correspondantes. En interposant un nicol entre le prisme duplicateur et l'appareil de dispersion, on peut en régler le zéro par la condition d'éteindre l'une ou l'autre des deux images et l'on mesure l'angle i dont il faut faire tourner le nicol, à partir de l'une de ces positions, pour que l'éclat $A \cos^2 i$ du spectre A′ soit égal à l'éclat $B \sin^2 i$ du spectre B′, ce qui donne

$$\frac{A}{B} = \frac{J}{I} = \operatorname{tang}^2 i.$$

Lorsqu'il s'agit de milieux isotropes, le rapport $\dfrac{A}{B}$ est égal au rapport $\dfrac{M}{L}$ des lumières fournies par les deux fentes, en supposant toutefois que l'appareil est absolument symétrique, le prisme de Wollaston, en particulier, fournissant deux images égales.

Pour éliminer cette dernière cause d'erreur, appelons α et β les coefficients de transmission des deux images quand la fente est découverte ; on a alors

$$\frac{A}{B} = \frac{M}{L} \frac{\alpha}{\beta} = \operatorname{tang}^2 i.$$

Une seconde expérience, répétée en supprimant la lame absorbante, établira l'égalité des images pour un azimut i' du nicol et donne

$$\frac{\alpha}{\beta} = \operatorname{tang}^2 i';$$

il en résulte

$$\frac{M}{L} = \left(\frac{\operatorname{tang} i}{\operatorname{tang} i'}\right)^2 = \mu.$$

Quand on connaît ainsi le coefficient de transmission μ pour une épaisseur x du milieu, on en déduit le coefficient d'absorption m par la relation habituelle

$$\mu = e^{-mx}, \qquad m = \frac{1}{x}\, l\frac{1}{\mu} = \frac{1}{x}\, l\frac{L}{M}.$$

Pour appliquer la méthode aux milieux cristallisés, on doit y apporter quelques modifications, parce que la lumière émanée de l'une des fentes ne se partage pas également entre les deux images du prisme duplicateur. On couvre d'abord les deux moitiés de la fente avec la lame cristalline dont la section principale est orientée parallèlement à la fente et, par suite, parallèlement à celle du prisme duplicateur.

L'une des images A' ne renferme alors que le rayon ordinaire et l'autre B' le rayon extraordinaire : l'égalisation des teintes par le nicol analyseur donne le rapport des deux coefficients de transmission correspondants μ' et μ''. Relevant ensuite la lame de manière à couvrir seulement la moitié supérieure de la fente, on obtiendra de la même manière le rapport de l'intensité du rayon ordinaire transmis à celle de la lumière primitive, ce qui détermine directement le coefficient μ'.

479. *Exemples.* — Pour donner une idée du phénomène, nous reproduisons les nombres obtenus par M. Pulfrich (¹) avec deux échantillons de *tourmaline* de couleurs différentes et qui présentent des caractères très distincts.

(¹) PULFRICH, *Zeitschrift für Krystall.*, t. VI, p. 142; 1881. — *Journal de Phys.*, [2], t. I, p. 285; 1882.

Longueur d'onde.	$\dfrac{m_1}{2\pi}$	$\dfrac{m_2}{2\pi}$	$\dfrac{m_2}{m_1}$
0,6365	0,224	0,0616	0,275
0,6031	0,223	0,0351	0,158
0,5751	0,223	0,0293	0,131
0,5511	0,223	0,0322	0,145
0,5304	0,223	0,0343	0,154
0,6777	3,256	0,592	0,182
0,6376	3,514	0,545	0,155
0,6033	3,589	0,613	0,171
0,5750	3,621	0,752	0,208
0,5509	3,654	0,848	0,232

Tourmaline verte … (lignes 1 à 5) ; Tourmaline rouge… (lignes 6 à 10).

Le coefficient d'absorption m_1 des rayons ordinaires varie très peu avec la couleur, quoiqu'il augmente d'une manière sensible avec la réfrangibilité pour la tourmaline rouge. Le coefficient m_2 relatif aux rayons extraordinaires est beaucoup plus faible et très variable d'une couleur à l'autre ; les rapports de ces coefficients présentent des valeurs de même ordre dans les deux cas.

Entre les limites des observations, l'absorption extraordinaire est maximum pour la tourmaline verte dans le rouge et paraît présenter un minimum dans le jaune ; pour la tourmaline rouge, elle est maximum dans le vert avec un minimum dans l'orangé.

Avec d'autres cristaux, les bandes d'absorption sont beaucoup plus marquées et il arrive aussi, particulièrement avec les sels de *didyme*, qu'elles se localisent de manière à figurer de véritables raies noires. Ces bandes ou raies doivent naturellement présenter des caractères différents pour les rayons polarisés dans les différentes sections principales.

M. Bunsen ([1]) l'a observé d'abord pour le sulfate de *didyme* et M. Sorby ([2]) pour certains *zircons* uranifères.

L'étude détaillée de ce phénomène dans plusieurs cristaux a fait l'objet d'un travail très étendu de M. H. Becquerel ([3]). Les systèmes de raies sont surtout remarquables pour les sels artificiels ou les substances minérales qui renferment en proportions notables

([1]) BUNSEN, *Pogg. Ann.*, t. CXXVIII, p. 100 ; 1866.
([2]) SORBY, *Pogg. Ann.*, t. CXXXVIII, p. 58 ; 1869.
([3]) H. BECQUEREL, *Ann. de Chim. et de Phys.*, [6], t. XIV, p. 170 et 257 ; 1888.

de l'*uranium*, du *lanthane*, du *didyme*, de l'*yttria*, de l'*erbine* ou des terres analogues.

Les spectres relatifs aux différentes sections principales d'un même cristal et ceux de leurs dissolutions présentent cependant la même forme générale, avec quelques modifications dans la position ou l'intensité des groupes de raies sombres correspondantes. Cette analogie se retrouve également dans les différents sels d'une même base.

Le spectre moyen d'absorption d'un corps solide peut être également déterminé par l'observation de la lumière diffusée sur la poudre obtenue en le pulvérisant, puisque cette lumière provient de rayons qui ont traversé le milieu sous une certaine épaisseur (222).

M. H. Becquerel a constaté aussi que dans certains cristaux, tels que le *sulfate de didyme* et l'*azotate double de lanthane et d'ammoniaque*, qui cristallisent en prismes clinorhombiques, les variations des spectres d'absorption au travers d'une lame parallèle au plan de symétrie ne paraissent pas symétriques par rapport aux plans principaux de la surface d'onde, et il attribue ce fait curieux à la coexistence de plusieurs matières ayant la même forme, mais des propriétés optiques différentes.

Pour rendre la conclusion plus rigoureuse, il serait nécessaire de rapporter chacune des observations aux plans principaux relatifs à la longueur d'onde correspondante, lesquels doivent varier beaucoup dans le voisinage des bandes d'absorption.

L'identité des directions qui correspondent à l'absorption maximum ou minimum avec celles des vibrations principales n'a été démontrée d'ailleurs qu'en admettant que la lumière transmise pour un faisceau polarisé est la somme de celles qui correspondent à ses composantes principales.

Dans les lames parallèles à l'un des plans de symétrie cristalline, l'une des vibrations est ordinaire; l'absorption est définie par un des coefficients principaux. Pour l'autre vibration, les directions qui correspondent au maximum et au minimum de lumière transmise doivent être rectangulaires et les carrés des coefficients d'absorption représentés par les rayons vecteurs de l'ellipse suivant laquelle l'ellipsoïde inverse d'absorption (3) est coupé par le plan de symétrie.

Cette relation ne paraît pas se vérifier pour l'*épidote* de Sulz-bachtal, d'après les observations de M. Ramsay ([1]). Sur une série de lames de même épaisseur, perpendiculaires au plan de symétrie du cristal, qui est clinorhombique, M. Ramsay fait tomber un faisceau homogène de lumière polarisée et observe les images avec la loupe dichroscopique. Les sections principales du polariseur, de la lame et de la loupe étant d'abord parallèles, l'une des images est éteinte. En tournant ensuite le polariseur d'un angle convenable, on rétablit l'égalité des deux images. Cet angle serait de 45° si la lame n'était pas dichroïque, et sa valeur donne le rapport du coefficient de transmission de la vibration extraordinaire au coefficient constant relatif à la vibration ordinaire.

L'expérience montre d'abord que les directions d'absorption maximum ne sont pas normales aux plans correspondants de symétrie optique; l'écart varie de 11° à 45° pour les radiations comprises entre les raies B et *b* du spectre solaire. Il en résulterait déjà, ce qui n'a rien d'imprévu, que les ellipsoïdes d'absorption et de polarisation n'ont pas les mêmes axes.

En outre, les directions d'absorption maximum et minimum ne sont pas rectangulaires; la courbe qui représente les coefficients d'absorption n'est pas une ellipse, mais une sorte de lemniscate sans axes de symétrie.

Ces phénomènes si complexes seraient conformes, d'après M. Drude ([2]), à la théorie de M. Voigt ([3]) sur l'absorption dans les milieux anisotropes, théorie qu'il ne nous serait pas possible d'exposer brièvement.

Dans tous les cas, on peut conclure des observations de M. Ramsay qu'au moins pour les systèmes obliques on ne peut pas représenter les phénomènes d'absorption avec une exactitude suffisante par la considération d'un ellipsoïde.

480. *Réflexion dichroïque.* — La relation générale (474) qui existe entre la réflexion et la transmission permet de prévoir que

---

([1]) W. Ramsay, *Zeitschr. für Krystall. und. Min.*, t. XIII, p. 97; 1887. — *Journal de Physique*, [2], t. VII, p. 263; 1888.

([2]) P. Drude, *Zeitschr. für Kryst. und. Min.*, t. XIII, p. 567; 1887.

([3]) Voigt, *Wied. Ann.*, t. XXIII, p. 577; 1884.

certains milieux paraîtront également polychroïques par réflexion. L'exemple le plus remarquable est fourni par le *platinocyanure de magnésium* qui cristallise en prismes carrés (¹). Les lames de clivage parallèles à la base paraissent d'un beau rouge par transparence normale, les coefficients d'absorption étant considérables pour la région moyenne du spectre et encore très grands pour le bleu et le violet.

Au travers des faces parallèles à l'axe, on reconnaît que la lumière rouge est presque seule transmise par les rayons extraordinaires.

Supposons maintenant qu'on observe, à la loupe dichroscopique, la lumière réfléchie sur une des faces latérales du prisme.

Quand le plan d'incidence est perpendiculaire à l'axe et qu'on s'écarte progressivement de la normale, l'image ordinaire, qui est polarisée parallèlement à l'axe, est d'abord blanche et devient ensuite d'un beau bleu, tandis que l'image extraordinaire est d'abord verte et devient ensuite incolore.

Quand le plan d'incidence est parallèle à l'axe, l'image ordinaire reste neutre ou de la couleur rouge du cristal; l'image extraordinaire est d'abord verte, puis bleue et finalement incolore.

Sans le secours d'un analyseur, la superposition de ces teintes d'intensités inégales donne au cristal des reflets très variés d'apparence métallique.

Des phénomènes analogues s'observent sur un certain nombre de cristaux colorés, tels que le *platinocyanure d'yttrium*, l'*hérapatite*, le *picrate* et le *chrysammate de potasse*, etc.

HOUPPES DES CRISTAUX.

481. *Observations de Brewster.* — On doit encore à Brewster la découverte dans les cristaux polychroïques d'un phénomène très singulier. Il a fait tailler sur un cristal de *cordiérite* des faces perpendiculaires à la bissectrice aiguë des axes optiques et des faces perpendiculaires à chacun des axes qui font entre eux l'angle de 62°50'. En observant, à la lumière blanche naturelle, suivant des directions normales à ces trois systèmes de faces, on aperçoit.

(¹) HAIDINGER, *Pogg. Ann.*, t. LXXI, p. 321; 1847.

de part et d'autre de chacun des axes optiques P et P' (*fig.* 270), des espèces de *houppes* bleues recourbées, dont l'origine, dans le voisinage des axes, est plus sombre et qui s'éclairent graduellement à mesure qu'elles s'étalent davantage. Sur la ligne PP' des axes, la couleur est d'un blanc jaunâtre, sauf dans la région moyenne O où se produit encore une tache bleue.

Fig. 270.

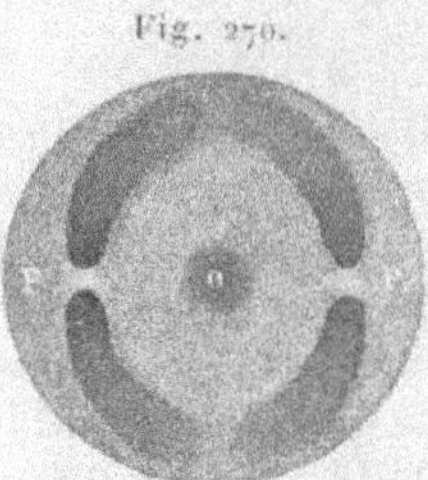

Brewster ([1]) semble indiquer que le phénomène est plus net quand la lumière est primitivement polarisée dans le plan des axes optiques; il signale encore les mêmes apparences dans la *topaze,* l'*épidote* et le *mica.* Les houppes ont été constatées depuis dans plusieurs autres cristaux ([2]). Les plus remarquables à ce point de vue sont l'*andalousite,* l'*épidote* et l'*azotate de strontiane* obtenu par de Senarmont.

Dans l'*andalousite,* les houppes sont très dilatées, d'un rouge brun sur un fond blanc un peu verdâtre. Dans l'*épidote,* les houppes sont colorées sur toute leur longueur en rouge brun d'un côté, en vert foncé de l'autre; ces colorations tiennent à la grande dispersion des axes optiques. D'après de Senarmont, les grandes lames d'*azotate de strontiane coloré* montrent dans la direction de chaque axe optique une tache orangée brillante, traversée par une branche hyperbolique sombre. Ces branches s'épanouissent à droite et à gauche du plan des axes sous forme de pinceaux courbes, mi-partie de violet et de bleu sombre et partageant le champ en deux régions où les masses pourpres se dégradent régulièrement de part et d'autre de leurs limites communes. Les

---

([1]) BREWSTER, *Traité d'Optique,* traduction française, t. II, p. 67.
([2]) *Voir* BERTIN, *Ann. de Chim. et de Phys.,* [5], t. XV, p. 396; 1878.

houppes sombres, interrompues par la tache lumineuse, sont
frangées vers la pointe d'un peu de jaune et de bleu.

482. *Cristaux biaxes.* — Les houppes paraissent surtout régulières quand on les observe sur des lames perpendiculaires à
l'un des axes optiques ; elles présentent alors l'aspect de la *fig.* 271.

Fig. 271.

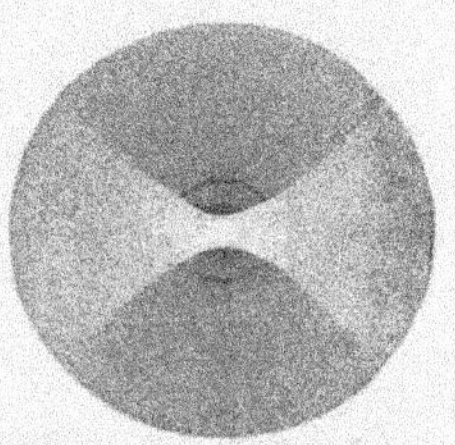

donnée par M. Bertin pour l'*épidote* verte, avec cette différence
que les variations d'intensité sont plus continues dans les houppes
et que les bords paraissent moins nets. La *fig.* 15 (*Pl. III*) est
la reproduction aussi exacte que possible du phénomène observé
dans l'*andalousite*, et la *fig.* 11 (*Pl. IV*) montre l'irisation des
houppes dans l'*épidote*.

Le phénomène se rattache évidemment au polychroïsme, puisqu'on ne l'observe que sur des cristaux qui jouissent de cette
propriété à un degré notable. L'explication la plus rationnelle en
a été donnée par M. Mallard [1].

Considérons une lame perpendiculaire à un axe optique. L'absorption de la lumière au voisinage de la normale peut être déterminée d'une manière approximative par l'ellipse d'absorption relative à la direction de l'axe. Pour des rayons également écartés de
l'axe, les directions M (*fig.* 272) correspondantes forment dans
le plan focal une circonférence dont l'axe optique A est le centre,
et le chemin parcouru par les ondes dans le cristal est sensiblement le même.

Lorsque le plan d'incidence AM fait l'angle 2φ avec le plan des

---

[1] MALLARD, *Traité de Cristallographie*, t. II, p. 361 ; 1884.

axes optiques, les plans de vibration Mx' et My' des ondes réfractées font respectivement les angles φ et $\frac{\pi}{2} + \varphi$ avec le plan des axes. Tant que les déviations restent très faibles, on peut admettre que les coefficients d'extinction m' et m'' correspondants sont les

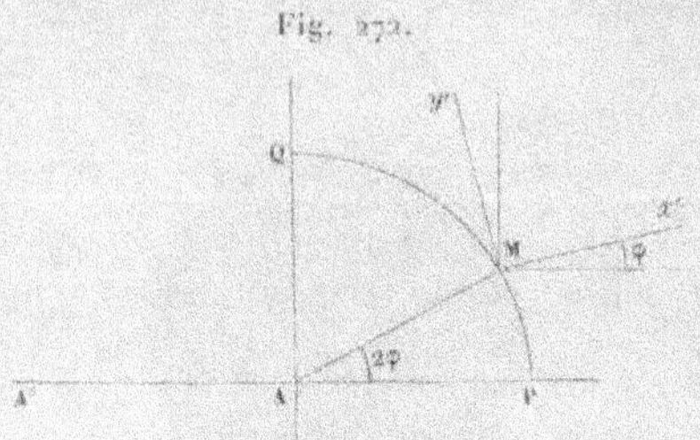

Fig. 272.

mêmes que pour des vibrations parallèles qui se propageraient dans la direction de l'axe optique; par suite,

$$m' = \cos^2\varphi\,(m_1\cos^2 C + m_3\sin^2 C) + m_2\sin^2\varphi,$$
$$m'' = \sin^2\varphi\,(m_1\cos^2 C + m_3\sin^2 C) + m_2\cos^2\varphi$$

ou, en posant

$$2u = m' + m'' = m_1\cos^2 C + m_3\sin^2 C + m_2,$$
$$2v = m' - m'' = (m_1\cos^2 C + m_3\sin^2 C - m_2)\cos 2\varphi,$$
$$m' = u + v, \qquad m'' = u - v.$$

Si la lumière primitive est naturelle et d'intensité $2L$, elle peut être remplacée par deux faisceaux indépendants, d'intensité moitié moindre, dont les vibrations sont respectivement parallèles à x' et y'. La quantité M de lumière transmise dans une épaisseur x de cristal est alors

$$M = L(\mu' + \mu'') = Le^{-ux}(e^{-vx} + e^{vx}).$$

Le coefficient u est indépendant de l'angle φ. Le coefficient v est nul pour le point Q situé sur la perpendiculaire à la ligne des axes, et sa valeur maximum w correspond aux points P sur la ligne des axes

$$w = m_1\cos^2 C + m_3\sin^2 C - m_2 = \frac{m_1 + m_3}{2} - m_2 + \frac{m_1 - m_2}{2}\cos 2 C.$$

Le rapport des intensités P et Q correspondantes de lumière transmise est

$$\frac{P}{Q} = \frac{e^{wx} + e^{-wx}}{2} = 1 + \frac{(wx)^2}{1.2} + \frac{(wx)^4}{1.2.3.4} + \dots$$

L'intensité est donc toujours plus faible sur une perpendiculaire aux axes optiques que dans le plan des axes, et, comme leur rapport est une fonction de la longueur d'onde, les deux plages n'auront pas la même teinte.

La différence des intensités croît avec l'épaisseur x du milieu traversée par la lumière. Il y a donc tout avantage à employer des lames épaisses, et c'est à quelque distance de l'axe optique que le phénomène sera le plus marqué.

L'expérience montre que l'inégalité d'éclairement s'atténue ensuite quand on s'en éloigne beaucoup, mais on ne peut plus alors assimiler l'absorption à celle qui aurait lieu pour des vibrations parallèles se propageant dans la direction de l'axe optique.

La relation

$$\frac{dM}{dv} = Mx\,\frac{e^{vx} - e^{-vx}}{e^{vx} + e^{-vx}} = Mvx^2\,\frac{1 + \dfrac{(vx)^2}{1.2.3} + \dots}{1 + \dfrac{(vx)^2}{1.2} + \dots}$$

montre que la variation relative d'intensité croît avec la valeur de v. Le phénomène doit présenter une bande brillante suivant la ligne des axes optiques, et l'éclat diminue rapidement quand on s'en écarte dans les deux sens; on verra ainsi deux espèces de houppes sombres à bords estompés, qui sont vaguement limitées par des courbes de forme hyperbolique dont l'axe transverse est perpendiculaire à la ligne des axes. Les bords des houppes sont irisés, parce que leur courbe limite varie avec la couleur et surtout à cause de la dispersion des axes optiques. Dans l'*andalousite*, elles sont d'un rouge foncé et presque symétriques, quoique la teinte soit jaunâtre sur l'un des bords et un peu carmin sur l'autre. Dans l'*épidote* au contraire, l'un des bords est nettement vert, l'autre rouge, et la partie médiane brune.

Les houppes ne peuvent être bien visibles que si le coefficient w a une valeur notable; le coefficient d'absorption m_2 relatif aux vibrations polarisées dans le plan des axes optiques doit donc être très différent de la moyenne des deux autres coefficients m_1 et m_3, surtout si l'angle $2C$ des axes est voisin de $90°$.

On rend ainsi compte de l'aspect général du phénomène, mais diverses circonstances paraissent moins faciles à expliquer; tel est, par exemple, l'arrêt brusque des houppes sombres à quelque distance de l'axe.

L'observation montre que dans la direction même de l'axe optique l'intensité est maximum, comme si l'on remplaçait la lumière primitive par deux faisceaux polarisés dans le plan des axes et dans le plan perpendiculaire, tandis que le calcul indiquerait une valeur un peu différente. En effet, d'après les expériences de réfraction conique intérieure (**360**), la lumière se partage alors en une série de faisceaux polarisés dont les vibrations sont distribuées uniformément dans tous les azimuts d'une demi-circonférence. La quantité de lumière qui comprend les vibrations situées dans l'angle $d\varphi$ est $\dfrac{2L}{\pi}\,d\varphi$, et le coefficient d'absorption correspondant est

$$m = u + v = u + w\cos 2\varphi,$$

ce qui donne, pour l'intensité A relative à l'axe optique,

$$A = \frac{2L}{\pi}\int_0^\pi e^{-mx}\,d\varphi = \frac{2L}{\pi}e^{-ux}\int_0^\pi e^{-wx\cos 2\varphi}\,d\varphi.$$

Si l'on remplace l'exponentielle par son développement

$$e^{-wx\cos 2\varphi} = 1 - \frac{wx\cos 2\varphi}{1} + \frac{(wx\cos 2\varphi)^2}{1.2} - \ldots \pm \frac{(wx\cos 2\varphi)^m}{1.2\ldots m},$$

il est clair que les intégrales relatives aux termes de degré impair sont nulles. On a donc, en tenant compte de la propriété générale (**212**),

$$\int_0^\pi \cos^{2n}\theta\,d\theta = \frac{1}{2}\int_0^{2\pi}\cos^{2n}\theta\,d\theta = \frac{1.3\ldots(2n-1)}{1.2.3\ldots n}\,\frac{\pi}{2^n},$$

$$\frac{A}{Q} = 1 + \left(\frac{wx}{2}\right)^2 + \ldots + \frac{1}{(1.2.3\ldots n)^2}\left(\frac{wx}{2}\right)^{2n}.$$

L'intensité est plus grande que sur la perpendiculaire au plan des axes optiques, mais elle devrait être moindre que sur la ligne des axes, ce qui n'est pas conforme à l'observation.

Lorsque les axes sont assez peu écartés pour que l'on aperçoive l'ensemble du phénomène sur une lame perpendiculaire à leur bissectrice, l'intensité N relative au faisceau normal est

$$N = L(e^{-m_1 x} + e^{-m_2 x}),$$

ce qui donne

$$\frac{N}{P} = \frac{e^{-m_1 x} + e^{-m_2 x}}{e^{-ux}(e^{wx} + e^{-wx})}$$

Si les exposants sont assez petits pour que leurs carrés soient négligeables, on en déduit

$$\frac{N}{P} = \frac{2 - (m_1 + m_2)x}{2(1 - ux)} = 1 - \frac{m_1 + m_2 - 2u}{2}x,$$

$$\frac{N}{P} = 1 - \frac{m_1 - m_2}{2} x \sin^2 C.$$

L'intensité sur la bissectrice est donc plus petite ou plus grande que sur la ligne des axes suivant que la différence $m_1 - m_3$ est positive ou négative. Le premier cas a lieu pour la *dichroïte*, d'après les observations de Brewster.

483. *Cristaux uniaxes.* — Les mêmes apparences doivent se rencontrer également dans les cristaux uniaxes, quoiqu'elles aient longtemps échappé à l'observation.

L'ellipsoïde d'absorption, à cause de la symétrie du milieu, ne renferme plus que deux coefficients m_1 et m_2. Pour une lame perpendiculaire à l'axe, si l'on appelle i'' l'angle de réfraction de l'onde extraordinaire, le coefficient d'absorption correspondant est

$$m'' = m_1 \cos^2 i'' + m_2 \sin^2 i'' = m_1 + (m_2 - m_1) \sin^2 i''.$$

Ce coefficient est plus grand ou plus petit que m_1, suivant que la différence $m_2 - m_1$ est positive ou négative, c'est-à-dire, en admettant la règle de Babinet, que les cristaux sont négatifs ou positifs. La plage centrale paraîtra donc plus éclairée dans le premier cas, et plus sombre dans le second, que les régions situées à quelque distance de l'axe.

M. Em. Bertrand ([1]) a signalé pour la première fois ce phé-

---

([1]) Em. Bertrand, *Journal de Phys.*, t. VIII, p. 227; 1879.

nomène dans le *platinocyanure de magnésium*, qui cristallise en prisme carré avec un clivage perpendiculaire à l'axe. Le coefficient m_2 relatif aux rayons extraordinaires est très grand pour toutes les couleurs à l'exception du rouge, tandis que le coefficient m_1 est notablement plus faible, surtout pour les rayons bleus et violets. Une lame de ce cristal paraît en général d'un beau rouge : mais, si elle est très mince et perpendiculaire à l'axe, on aperçoit une plage centrale, d'une couleur carmin violacé, se détachant sur un fond rouge vermillon plus pâle, parce que les couleurs très réfrangibles ont alors disparu dans le rayon extraordinaire.

Si la lumière primitive est polarisée, l'intensité est beaucoup moindre dans un plan perpendiculaire au plan primitif, où le cristal ne transmet que le rayon extraordinaire; on apercevra donc dans cette direction deux houppes rouges plus pâles se détachant sur un fond carmin. Il en est de même si la lumière primitive est naturelle et qu'on observe avec un analyseur.

Entre deux nicols ou deux tourmalines parallèles, l'apparence des houppes ne change pas et les anneaux isochromatiques sont divisés en quatre parties par la croix neutre habituelle.

Si le polariseur et l'analyseur sont croisés, les houppes disparaissent; les anneaux et la croix noire se détachent sur un fond uniformément rouge, parce que les rayons bleus qui ne sont pas absorbés par le cristal le sont par l'analyseur et inversement.

Les mêmes apparences s'observent encore, mais à un moindre degré, sur quelques autres cristaux uniaxes, tels que la *pennine*, la *biotite*, l'*alurgite*, etc.

484. *Franges dans les houppes.* — On distingue souvent dans les houppes les premiers anneaux isochromatiques, sans qu'il soit nécessaire de polariser ni d'analyser la lumière; les lames cristallines sont donc *idiocyclophanes*.

M. Bertin a essayé d'en rendre compte par l'inégalité d'absorption des deux espèces de rayons réfractés, mais cette explication ne paraît pas suffisante.

En effet, si la ligne des axes AP (*fig.* 272) est dans l'azimut i par rapport à la vibration primitive, les amplitudes des composantes parallèles aux directions $M x'$ et $M y'$ sont $r \cos(i - \varphi)$ et $r \sin(i - \varphi)$; après avoir traversé le cristal, elles deviennent respectivement $r\sqrt{\mu'}\cos(i-\varphi)$ et $r\sqrt{\mu''}\sin(i-\varphi)$. En recevant cette lumière sur un analyseur dans l'azimut $s = i + i'$ par rapport au polariseur, les amplitudes des composantes qui forment l'image ordinaire sont

$$r\sqrt{\mu'}\cos(i-\varphi)\cos(i'+\varphi) \quad \text{et} \quad -r\sqrt{\mu''}\sin(i-\varphi)\sin(i'+\varphi).$$

L'une de ces composantes ayant éprouvé une perte de phase supplémentaire δ, l'amplitude A de la résultante sera, d'après la règle générale (155),

$$\frac{A^2}{r^2} = \mu'\cos^2(i-\varphi)\cos^2(i'+\varphi) + \mu''\sin^2(i-\varphi)\sin^2(i'+\varphi)$$
$$-\tfrac{1}{2}\sqrt{\mu\mu'}\sin 2(i-\varphi)\sin 2(i'+\varphi)\cos\delta.$$

L'amplitude B relative à un faisceau polarisé à angle droit s'obtiendrait en remplaçant i par $i + 90^\circ$, ce qui donne

$$A^2 + B^2 = r^2\left[\mu'\cos^2(i'-\varphi) + \mu''\sin^2(i'+\varphi)\right].$$

Comme le terme qui renferme $\cos\delta$ a disparu dans cette addition, l'intensité de la lumière résultante est indépendante de la différence de phase.

La lumière naturelle pouvant être remplacée par deux faisceaux polarisés à angle droit, les franges isochromatiques devraient être invisibles quand la lumière primitive n'est pas polarisée. Il en serait de même si elle était d'abord polarisée et observée ensuite à l'œil nu, sans analyseur.

Ces considérations ne permettent donc pas d'expliquer l'apparition des franges quand on se borne à polariser ou analyser la lumière, à plus forte raison quand on n'emploie aucun de ces moyens d'observation.

L'expression de A^2 montre aussi que l'absorption ne doit pas modifier la forme des lignes neutres ni celle des courbes isochromatiques, mais les interférences ne sont plus complètes. En effet, la condition $s = i + i' = 90^\circ$, qui devrait correspondre à l'existence de franges noires, donne

$$\frac{A^2}{r^2} = (\mu' + \mu'')\cos^2(i'+\varphi)\sin^2(i'+\varphi) + \tfrac{1}{2}\sqrt{\mu'\mu''}\sin^2 2(i'+\varphi)\cos\delta$$
$$= \cos^2(i'+\varphi)\sin^2(i'+\varphi)(\mu' + \mu'' + 2\sqrt{\mu'\mu''}\cos\delta).$$

Le dernier facteur ne peut être nul, car le rapport

$$\frac{\mu' + \mu''}{2\sqrt{\mu'\mu''}} = \frac{e^{-\nu x} + e^{\nu x}}{2}$$

est toujours plus grand que l'unité.

M. Mallard ([1]) a fait intervenir un autre genre de considérations, en admettant que la fraction de lumière réfléchie dépend uniquement des composantes de la vibration primitive parallèle et perpendiculaire à la ligne des axes. Si l'on remplace la lumière naturelle d'intensité $2L$ par ces deux composantes et qu'on appelle f_1 et f_2 les coefficients de réflexion, on aura, à l'entrée du cristal, deux faisceaux, $L(1 - f_1)$ et $L(1 - f_2)$, qui constituent une lumière partiellement polarisée. Si $f_1 > f_2$, la fraction polarisée dans le plan des axes est

$$\frac{L(1 - f_2) - L(1 - f_1)}{L(1 - f_2) + L(1 - f_1)} = \frac{f_1 - f_2}{2 - (f_1 + f_2)}.$$

Le même effet se produisant à la sortie, le cristal se trouve dans les mêmes conditions que s'il était placé entre un polariseur et un analyseur imparfaits, parallèles au plan des axes; on pourra donc apercevoir une partie des franges isochromatiques.

Toutefois, pour les directions voisines du point P, la lumière polarisée dans le plan des axes ne donnera qu'un rayon réfracté et, par suite, pas d'interférences. Pour les directions voisines du point Q, au contraire, les plans de polarisation des ondes réfractées sont à 45° du plan des axes et les interférences seront possibles. C'est, en effet, seulement dans la région des houppes sombres que l'on aperçoit les franges isochromatiques.

Ces phénomènes ne peuvent être visibles que si les coefficients de réflexion f_1 et f_2 ont des valeurs notables et très différentes, ce qui a lieu pour les cristaux très absorbants dont les coefficients principaux sont très inégaux, c'est-à-dire dans les conditions favorables à la production des houppes.

Il est clair que l'on rend les franges beaucoup plus apparentes en employant un polariseur ou un analyseur parallèles ou perpendiculaires au plan de polarisation partielle par réflexion.

---

[1] MALLARD, *Traité de Cristallographie*, t. II, p. 372; 1884.

DOUBLE RÉFRACTION ACCIDENTELLE.

485. *Actions mécaniques.* — Une pression uniforme exercée sur toute la surface d'un corps solide produit une contraction régulière sans en modifier la structure mécanique. Soumis à une action de cette nature, un milieu isotrope reste isotrope et un milieu cristallisé conserve ses plans primitifs de symétrie, quoique les relations numériques des constantes puissent être modifiées.

Lorsque les actions mécaniques ne se réduisent plus à une pression uniforme, il y a compression sur certains points et dilatation sur d'autres, ou du moins des modifications inégales ; la double réfraction apparaît alors dans les corps isotropes et elle éprouve une altération dans les corps cristallisés.

486. *Compression des corps isotropes.* — Brewster (¹) a découvert d'abord ce phénomène sur des matières pâteuses, telles que la gelée de pied de veau ou la colle de poisson. Une plaque de ces substances étant placée entre un polariseur et un analyseur croisés, il suffit de les comprimer entre les doigts par leurs faces latérales pour observer des colorations qui s'élèvent rapidement dans l'échelle des teintes et révèlent une double réfraction énergique.

Le verre jouit des mêmes propriétés à un degré moindre. Quand on comprime entre les branches d'une pince un parallélépipède en verre, l'image observée dans une direction normale à la compression présente un système de lignes noires séparant des régions voisines couvertes de franges colorées.

Les lignes neutres correspondent aux points où la compression est nulle ou du moins aux directions pour lesquelles la somme algébrique des effets s'annule ; de part et d'autre, sont les régions qui correspondent à un excès de compression ou de dilatation.

En ployant une lame de verre allongée que l'on observe ensuite dans une direction perpendiculaire au plan de flexion, Brewster constata qu'une ligne neutre occupe sensiblement la région moyenne et que les lignes isochromatiques à peu près parallèles à la première, situées de part et d'autre, correspondent à des

---

(¹) BREWSTER, *Phil. Trans. L. R. S.*, p. 29, 5o (1815); p. 46 (1816).

biréfringences de signes contraires. Sur les régions dilatées, du côté convexe de la ligne neutre, le verre est comparable à une lame de quartz dont l'axe serait parallèle à la dilatation; la double réfraction est *positive*. Les régions comprimées ont une double réfraction *négative* parallèle à la direction de compression. En d'autres termes, l'onde extraordinaire présente respectivement la même apparence qu'une sphère déformée par traction ou compression. Toutefois, l'acide phosphorique sirupeux présente une exception à cette règle, car il devient positif par compression.

Les lignes isochromatiques successives sont à peu près équidistantes; comme les allongements ou contractions des différents filets sont proportionnels à leur distance à la ligne neutre, il en résulte que la double réfraction est sensiblement proportionnelle à la variation de longueur.

Fresnel [1] a constaté en outre, par l'interférence des rayons qui ont traversé une lame courbée de part et d'autre de la ligne neutre, que la vitesse de propagation des rayons ordinaires est elle-même modifiée, et que cette variation est double de la différence des vitesses des deux espèces de rayons. Comme la vitesse des rayons ordinaires augmente dans le cas d'une dilatation, l'accroissement de vitesse moyenne est ainsi égale à une fois et demie la différence constatée par la double réfraction.

Dans une seconde expérience restée célèbre, Fresnel [2] a mis en évidence la double réfraction du verre comprimé par un procédé analogue à celui qu'il avait employé pour la topaze (336). Quatre prismes A (*fig.* 273) à base rectangle isoscèle sont placés

Fig. 273.

l'un à côté de l'autre; ils sont achromatisés par trois prismes B semblables, disposés en sens inverse, et par deux prismes C de 45°, toutes les surfaces intérieures étant collées à la térébenthine.

---

[1] FRESNEL, *OEuvres*, t. I, p. 708.
[2] *Ibid.*, p. 713.

Le système est comprimé parallèlement aux arêtes entre deux mâchoires garnies de bois et de carton. Les prismes A sont un peu plus longs que les autres, de sorte qu'ils subissent seuls la compression et acquièrent la double réfraction. En faisant traverser l'ensemble des prismes par un rayon normal aux faces extrêmes des prismes C, Fresnel a obtenu une double image dont l'écartement était de $1^{mm},5$ à la distance de 1^m, ce qui correspond à une déviation angulaire de $5'$.

Biot avait observé aussi qu'une lame de verre en vibration devient biréfringente sur les nœuds où se produisent des alternatives de condensations et de dilatations mécaniques.

Wertheim (^{1}) a déterminé, pour plusieurs verres différents, la relation qui existe entre la force mécanique et la double réfraction. Le verre, choisi parmi les échantillons les mieux recuits, est taillé en parallélépipède rectangle; il présente presque toujours à la lumière polarisée des couleurs dues à la trempe, mais on a soin de limiter l'observation aux plages qui paraissent le mieux dépourvues de trempe.

Le bloc de verre est disposé de manière à porter sur sa face supérieure, par l'intermédiaire d'un étrier, des charges croissantes que l'on distribue aussi uniformément que possible par les surfaces d'appui. En faisant usage d'un analyseur à double image, on éteint d'abord l'une des images, ordinaire par exemple, lorsque toutes les charges sont enlevées; en augmentant peu à peu la charge, l'image extraordinaire s'affaiblit, puis disparaît pour une différence de marche $\Delta = \dfrac{\lambda}{2}$; elle reparaît ensuite et l'image ordinaire s'éteint de nouveau pour $\Delta = \lambda$, et ainsi de suite. Ces extinctions sont complètes lorsque la source de lumière est homogène; elles se traduisent par une teinte sensible quand on opère avec la lumière blanche.

L'expérience a montré que la différence de marche est proportionnelle au chemin parcouru par la lumière dans le milieu, ce qui était évident, et à la pression par unité de surface. Si $n'' - n'$ est la différence des indices de réfraction due à une pression P par unité de surface, la différence de marche Δ relative à l'épais-

---

(^{1}) WERTHEIM, *Ann. de Chim. et de Phys.*, 3ᵉ série, t. XL, p. 156; 1854.

seur e peut s'écrire

$$\Delta = e(n'' - n') = e\frac{P}{C} = p\lambda,$$

expression dans laquelle C est le *coefficient d'élasticité optique*.

En réalité, les vérifications numériques de cette formule ne sont pas très exactes, car le rapport de la différence de marche à la pression est d'abord plus grand pour les petites charges et diminue ensuite. Il est plus correct de définir le coefficient d'élasticité par le rapport de l'accroissement de charge δP à l'accroissement correspondant $\lambda\,\delta p$ de la différence de marche

$$\frac{1}{C} = \frac{\lambda}{e}\frac{\delta p}{\delta P};$$

les valeurs ainsi déterminées sont beaucoup plus constantes quand on néglige l'effet des premières charges.

L'accroissement de pression par millimètre carré qui est nécessaire pour augmenter la différence de marche d'une demi-longueur d'onde, au travers d'une épaisseur de 1^{mm}, varie de 7^{kg} à 15^{kg}, c'est-à-dire de 700^{atm} à 1500^{atm}, pour plusieurs variétés de verre. En prenant ainsi $0^{\mu},5$ pour longueur d'onde, l'expression $\frac{\lambda}{e}\,\delta p$ est égale à $\frac{1}{4000}$; les valeurs des coefficients C, rapportées aux mêmes unités, varient de 28000 à 60000.

Wertheim a construit sur ce principe un *dynamomètre chromatique* destiné à mesurer les efforts de pression par la teinte qu'ils produisent dans une lame de verre.

Il n'existe d'ailleurs aucune relation entre le coefficient d'élasticité optique, l'indice de réfraction du verre ou le *coefficient d'élasticité mécanique* E défini par le quotient de la pression à la diminution de longueur correspondante; le rapport $\frac{C}{E}$ a varié de 5 à 10 pour différentes espèces de verre et présenté des variations de même ordre pour des cristaux cubiques, tels que la *fluorine*, le *sel gemme* et l'*alun*.

Les expériences indiquent aussi que la différence de marche est indépendante de la couleur; la différence de phase est donc en raison inverse de la longueur d'onde et les teintes sont identiques à celles des anneaux de Newton dans les lames d'air. Toutefois ce n'est là qu'une relation approximative. Dans un flint très dispersif, la différence de marche décroît du rouge au violet; en outre, si la compression est irrégulière, la différence de marche croît du rouge au violet pour le verre ordinaire et du violet au rouge pour un verre très dispersif ([1]).

La tension produit évidemment des effets analogues et de signes contraires. L'expérience est alors plus difficile, parce que les verres doivent être collés aux montures et que la traction brise facilement les mastics; cependant Wertheim a pu démontrer que, dans les limites des observations, les différences de marche produites par une traction sont exactement complémentaires de celles que donne une compression de même valeur.

487. *Compression des cristaux.* — Des effets de même nature doivent évidemment se produire pour les cristaux. Brewster ([2]) a reconnu que, si l'on comprime une lame de *quartz* suivant l'axe, l'ordre des interférences observées dans une direction perpendiculaire devient plus élevé; l'inverse a lieu pour les cristaux négatifs. La double réfraction est donc augmentée dans le premier cas et diminuée dans le second; l'ellipsoïde de l'onde extraordinaire s'allonge davantage dans le sens de la compression : c'est le contraire de l'effet produit sur les corps isotropes.

Lorsque le cristal est comprimé dans une direction perpendiculaire à l'axe, il acquiert trois plans de symétrie rectangulaires différents, dont l'un est perpendiculaire à l'axe et un autre à la droite de compression.

Brewster avait remarqué déjà que la compression latérale sur une lame perpendiculaire à l'axe déforme les anneaux. Moigno et Soleil ([3]), en plaçant dans une pince à compression un cristal de *quartz*, ont pu obtenir les lemniscates caractéristiques des cristaux à deux axes, la ligne des axes étant parallèle à la compression. Avec le *béryl* ou la *tourmaline*, qui sont négatifs, le même

---

([1]) MACÉ DE LÉPINAY, *Ann. de Chim. et de Phys.*, [5], t. XIX, p. 5; 1880.

([2]) BREWSTER, *Edimb. Trans.*, t. VIII, p. 281; 1817.

([3]) MOIGNO et SOLEIL, *Comptes rendus des séances de l'Académie des Sciences*, t. XXX, p. 361; 1850.

effet se produit, mais la ligne des axes est perpendiculaire à la compression. Cette expérience fournit donc une nouvelle méthode pour distinguer le signe des cristaux.

Le *spath* présente des phénomènes plus compliqués ([1]). Les anneaux se déforment encore en ellipses allongées perpendiculairement à la compression, et la croix neutre se brise en deux branches d'hyperbole, mais on n'obtient pas de lemniscates véritables. Quand la pression augmente davantage, la plaque éprouve, à certains moments, une sorte de secousse instantanée et acquiert des propriétés optiques qui persistent après que la compression a cessé; il s'y produit sans doute des macles intérieures permanentes, analogues à celles que l'on obtient par diverses actions mécaniques (468).

Si l'on comprime un cristal uniaxe dans la direction de l'axe, les indices ordinaire et extraordinaire deviennent $n' + \delta n'$ et $n'' + \delta n''$; l'expérience indique que l'on a $\delta n' - \delta n'' > 0$ pour les cristaux positifs et $\delta n'' - \delta n' < 0$ pour les cristaux négatifs; dans les deux cas, c'est donc l'indice ordinaire qui éprouve la plus grande variation. Ce résultat est conforme à l'observation de Fresnel sur le verre.

Lorsque le cristal est comprimé dans une direction normale à l'axe, l'ellipsoïde de polarisation, dont le demi-axe de révolution était $\frac{1}{a}$ et le rayon équatorial $\frac{1}{b}$, devient un ellipsoïde à trois axes inégaux dont les paramètres sont $a - \alpha$ dans la direction de l'axe primitif, $b - \beta$ parallèlement à la compression et $b - \beta'$ suivant la direction perpendiculaire aux deux précédentes.

Si le cristal était négatif $(a > b)$, le plan des axes est perpendiculaire à la compression. En posant

$$a' = a - \alpha, \qquad b' = b - \beta, \qquad c' = b - \beta',$$

le paramètre a' reste toujours plus grand que b', puisque les effets sont très petits par rapport à la double réfraction primitive et $c' < b'$; par suite $\beta' > \beta$, c'est-à-dire que l'altération est plus grande dans une direction perpendiculaire à la compression. Les

---

([1]) F. Pfaff, *Ann. de Chim. et de Phys.*, [3], t. LVII, p. 506; 1859.

indices principaux deviennent

$$n_1 = \frac{1}{a}\left(1 + \frac{\alpha}{a}\right), \qquad n_2 = \frac{1}{b}\left(1 + \frac{\beta}{b}\right), \qquad n_3 = \frac{1}{b}\left(1 + \frac{\beta'}{b}\right),$$

et l'angle $2\mathrm{A}$ des axes optiques

$$\operatorname{tang}^2 \mathrm{A} = \frac{b'^2 - c'^2}{a'^2 - b'^2},$$

ou sensiblement

$$\operatorname{tang}^2 \mathrm{A} = \frac{b' - c'}{a' - b'} = \frac{\beta' - \beta}{a - b}.$$

Pour un cristal positif $(a < b)$, le plan des axes optiques est parallèle à la compression; on posera donc

$$a' = b - \beta, \qquad b' = b - \beta', \qquad c' = a - \alpha,$$

ce qui donne encore $\beta' > \beta$, et l'angle des axes optiques est

$$\operatorname{tang}^2 \mathrm{C} = \frac{a' - b'}{b' - c'} = \frac{\beta' - \beta}{b - a}.$$

M. Bücking [1] a étudié ainsi trois espèces de cristaux uniaxes, l'*apatite*, le *béryl* et la *tourmaline*. Avec l'apatite, qui présentait déjà deux axes optiques écartés de 3°, cet angle fut annulé par une pression de $0^{kg},15$ par millimètre carré parallèle au plan des axes. En portant la pression à $0^{kg},82$ et $2^{kg},50$, les axes s'écartèrent dans une direction perpendiculaire de 10° et de 17°. Après suppression de la pression, les axes faisaient encore un angle de 5° dans le plan primitif; une nouvelle application de la pression de $2^{kg},50$ ne produisit plus qu'un écart transitoire de 14° et l'écart permanent resta le même. La variation des indices est de même ordre que celle qui a été obtenue par Wertheim pour les substances isotropes. Le béryl et la tourmaline n'ont pas donné de déformation permanente; l'angle des axes temporaires était à peu près le même pour l'apatite dans le béryl et beaucoup plus faible dans la tourmaline.

Il en est de même pour les cristaux biaxes. Si le milieu a trois plans rectangulaires de symétrie et que la compression soit per-

---

[1] BÜCKING, *Zeitschrift für Krystall.*, t. VII, p. 555; 1883. — *Journal de Physique* [2], t. III, p. 106; 1884.

pendiculaire à l'un deux, ces plans ne sont pas modifiés et l'altération se traduit par un déplacement des axes optiques dans le même plan ou dans un plan perpendiculaire au premier.

M. Bucking a constaté ainsi que, pour la *sanidine*, une pression normale au plan de symétrie écarte ou rapproche les axes optiques suivant qu'ils sont situés dans ce plan ou dans un plan perpendiculaire. Le cristal, qui est négatif, se comporte également comme un milieu uniaxe négatif. Les effets seraient évidemment plus complexes si la compression était oblique aux plans de symétrie ou si le milieu ne présentait plus de symétrie cristalline.

488. *Trempe.* — Seebeck [1] avait désigné sous le nom de figures *entoptiques* les courbes colorées que l'on observe, entre un polariseur et un analyseur, sur des lames de verre de différentes formes chauffées au rouge et refroidies rapidement dans l'air; ces phénomènes se manifestent au plus haut degré sur les *larmes bataviques,* quand on parvient à les user suivant deux faces parallèles sans en provoquer la rupture. Brewster [2] a expliqué ces colorations par une double réfraction due aux inégalités de tension que la trempe produit en différents points d'une masse brusquement refroidie. La double réfraction peut être temporaire dans une masse de verre qui s'échauffe ou se refroidit, par suite des inégalités de température, et disparaître en grande partie dès que la température est devenue uniforme.

Les apparences sont très variables avec la forme des fragments qui ont été soumis à la trempe; on donne aux plaques de verre préparées pour ces observations des contours variés, en rectangles, carrés, cercles, triangles ou polygones quelconques. Entre un polariseur et un analyseur croisés, on aperçoit habituellement un système de lignes noires, correspondant aux points où les effets de double réfraction sont nuls ou compensés, qui séparent des régions de signes différents sur lesquelles des lignes isochromatiques sont très vivement colorées.

Les effets de trempe sont une des plus grandes difficultés que l'on rencontre dans la construction des verres, lentilles et prismes,

[1] Seebeck, *Journal de Schweigger*, t. VII, p. 250, 382; 1813; — t. XI, p. 72 et t. XII, p. 1; 1814.
[2] Brewster, *Phil. Trans. L. R. S.*, p. 1; 1815, et p. 46; 1816.

destinés aux expériences d'Optique; on n'élimine presque jamais ce défaut d'une manière complète, même par un long recuit et un refroidissement des masses fondues qui peut durer des semaines ou des mois entiers, suivant les dimensions des pièces.

Les glaces coulées conservent toujours des traces de trempe, que l'on réduit par la pratique au degré qui convient pour éviter leur rupture spontanée. Quand on les observe suivant leur tranche ([1]), on trouve deux couches neutres parallèles à la surface, séparant une région centrale où la béréfringence est négative et deux régions superficielles qui sont positives; le verre serait donc à l'état de tension au voisinage de la surface et de compression dans la région centrale. Dans une bonne glace du commerce de 10^{mm} à 15^{mm} d'épaisseur, la double réfraction centrale produit encore une différence de marche de $\frac{1}{3}$ à $\frac{1}{2}$ longueur d'onde pour une épaisseur de 10^{cm}. Si l'on compare ce résultat aux nombres fournis par les expériences de Wertheim sur la compression, on voit que la région intérieure des lames est dans le même état que si elle était soumise à une pression normale d'environ 8^{atm}.

L'observation peut être faite facilement sur des fragments de forme quelconque, sans qu'il soit nécessaire de les tailler régulièrement en lames, si l'on a soin de les plonger dans un liquide, tel que l'acide phénique concentré, qui possède très sensiblement la même réfraction et la même dispersion, et qui est contenu dans une cuve à faces parallèles. Le verre immergé devient presque invisible, mais l'emploi de la lumière polarisée fait apparaître tous les effets de double réfraction.

Cette disposition est surtout avantageuse dans le cas des larmes bataviques, dont la taille est très difficile. On aperçoit alors une série de courbes isochromatiques très brillantes qui suivent la forme du contour; l'ordre des interférences indique que l'on peut assimiler l'état du milieu à celui que produirait une pression normale aux faces d'environ 1600^{atm}.

M. Macé de Lépinay a étudié la forme des courbes isochromatiques dans les plaques carrées ou rectangulaires, ainsi que la manière dont varient la différence de marche et les deux indices avec la distance au bord; il a reconnu, en particulier, que la différence de

---

([1]) Mascart, *Journal de Physique*, t. III, p. 139; 1874.

marche est sensiblement indépendante de la couleur pour le verre ordinaire, comme dans les effets dus à la compression, mais que cette loi est encore en défaut pour le flint très dense.

489. *Corps organisés.* — La double réfraction traduit également les particularités de structure des corps organisés. En noyant un *cristallin* dans du baume de Canada, Brewster ([1]) put y distinguer à la lumière polarisée douze sections différentes traversées par la croix noire des cristaux à un axe, avec deux cercles noirs concentriques. Les *grains d'amidon* présentent également une croix noire, d'autant plus régulière qu'ils s'approchent davantage de la forme sphérique.

Malus ([2]) avait déjà reconnu que la plupart des corps organisés possèdent la double réfraction : tels sont les *tuyaux de plume*, les *fibres* animales ou végétales, *filaments* de coton, ou de lin, etc.; quand l'observation est faite dans l'air, les phénomènes se compliquent de la polarisation des rayons réfractés sur les bords, mais on isole facilement les effets de double réfraction en immergeant ces corps dans des liquides de même réfringence moyenne.

Les *gelées* organiques, *résines*, etc., solidifiées dans des conditions irrégulières, de même que le *caoutchouc* tendu, se comportent également comme des verres trempés.

Les couches de *gélatine* ([3]) présentent les apparences d'une plaque négative perpendiculaire à l'axe; elles sont donc comparables à des plaques de verre comprimé. Les lames de *gomme* ou de *dextrine* sont au contraire positives. Ces propriétés différentes paraissent conformes à l'état de tension que prennent ces différents corps en se solidifiant.

490. *Polarisation lamellaire.* — Nous rapprocherons des effets de trempe les phénomènes très variés que Biot ([4]) a désignés sous le nom de *polarisation lamellaire*. Les cristaux d'*alun*, quoique cubiques, présentent souvent des traces de double réfraction, qui

---

([1]) Brewster, *Ann. de Chim. et de Phys.*, [2], t. IV, p. 431; 1817.

([2]) Malus, *Mémoires de l'Institut*, t. XI, Part. 2, p. 142; 1810.

([3]) Bertin, *Ann. de Chim. et de Phys.*, [5], t. XV, p. 129; 1878.

([4]) Biot, *Comptes rendus des séances de l'Académie des Sciences*, t. XVIII, p. 735; 1844.

sont dues sans doute à des lames orientées dans différentes directions
et soumises à des effets mécaniques irréguliers. Il en est de même
pour plusieurs cristaux appartenant au système cubique, tels que le
spath-fluor, le *sel gemme*, l'*analcime*, le *sel ammoniac* ([1]).

Enfin beaucoup d'irrégularités constatées dans les cristaux à un
axe, particulièrement dans les nombreuses variétés de *béryl*, semblent devoir être attribuées à des causes de même nature.

491. *Relations théoriques.* — Fresnel ([2]) avait essayé déjà de
déterminer la dilatation ou la contraction absolue dans une lame
de verre courbé. On peut alors calculer les changements qui en
résultent, au moins pour la propagation du rayon ordinaire, en
admettant que le carré de la vitesse est en raison inverse de la
densité du milieu, ce qui est également conforme à la théorie de
l'émission et aux idées de Fresnel sur la réfraction dans la théorie
des ondulations. Les variations ainsi calculées seraient doubles de
celles que donne l'expérience pour les rayons ordinaires.

Neumann ([3]) a rattaché les phénomènes de double réfraction
accidentelle à la théorie de l'élasticité. On démontre aisément que
les dilatations (ou contractions), produites dans un milieu soumis à
des actions quelconques, peuvent être représentées en chaque point,
quand on néglige les quantités du second ordre par rapport aux
déformations, par un ellipsoïde dont le rayon vecteur est en raison
inverse des dimensions acquises par l'unité de longueur primitive.
Pour les directions parallèles aux axes de cet ellipsoïde, les dilatations sont radiales.

D'autre part, si l'on considère un élément de surface dans un corps
solide et qu'on enlève par la pensée toute la matière qui se trouve
d'un côté, l'équilibre peut être rétabli par une force convenable
appliquée à l'élément; cette force représente la pression interne,
mais elle n'est plus normale à la surface comme dans les fluides.

Pour tous les éléments qui passent par un point, si l'on mène une
droite égale à l'inverse de la pression par unité de surface, et parallèle à sa direction, le lieu des extrémités de ces droites est aussi

---

[1] BREWSTER. *Phil. Trans. L. R. S.*, p. 29; 1815.

[2] FRESNEL, *Œuvres*, t. I, p. 710.

[3] NEUMANN, *Pogg. Ann.*, t. LIV, p. 449; 1841. — *Voir* également VERDET,
Œuvres, t. VI, p. 386.

un ellipsoïde et la pression est normale sur les éléments parallèles aux plans principaux de cet ellipsoïde.

On admet encore que les axes de l'ellipsoïde des pressions coïncident avec ceux de l'ellipsoïde des dilatations, ce qui paraît assez évident lorsque le milieu est primitivement isotrope.

S'appuyant sur une théorie particulière de la double réfraction, Neumann en déduit les relations suivantes, dans lesquelles n est l'indice de réfraction du milieu primitif, n_1, n_2 et n_3 les indices principaux de la double réfraction produite, ε_1, ε_2 et ε_3 les trois dilatations principales correspondantes de l'unité de longueur, ε la dilatation cubique, c'est-à-dire la somme $\varepsilon_1 + \varepsilon_2 + \varepsilon_3$, enfin p et q deux coefficients numériques :

$$\frac{1}{n_1^2} = \frac{1}{n^2} + p\varepsilon_1 + q(\varepsilon_2 + \varepsilon_3) = \frac{1}{n^2} + (p-q)\varepsilon_1 + q\varepsilon,$$

$$\frac{1}{n_2^2} = \frac{1}{n^2} + p\varepsilon_2 + q(\varepsilon_3 + \varepsilon_1) = \frac{1}{n^2} + (p-q)\varepsilon_2 + q\varepsilon,$$

$$\frac{1}{n_3^2} = \frac{1}{n^2} + p\varepsilon_3 + q(\varepsilon_1 + \varepsilon_2) = \frac{1}{n^2} + (p-q)\varepsilon_3 + q\varepsilon.$$

La variation des indices étant très faible, la première équation se réduit sensiblement à

$$\frac{2(n-n_1)}{n^3} = p\varepsilon_1 + q(\varepsilon_2 + \varepsilon_3) = (p-q)\varepsilon_1 + q\varepsilon,$$

et il en est de même pour les suivantes; il en résulte

$$\frac{n^3}{2} = \frac{n-n_1}{(p-q)\varepsilon_1 + q\varepsilon} = \frac{n-n_2}{(p-q)\varepsilon_2 + q\varepsilon} = \frac{n-n_3}{(p-q)\varepsilon_3 + q\varepsilon}$$

$$(1) \qquad \frac{n^3}{2} = \frac{n_2 - n_1}{(p-q)(\varepsilon_1 - \varepsilon_2)}.$$

Lorsque les actions mécaniques se réduisent à une pression ou traction dans une seule direction, le milieu devient uniaxe; deux des indices n_2 et n_3 deviennent égaux, ainsi que les dilatations correspondantes ε_2 et ε_3.

Dans ce cas, la différence $n_2 - n_1$ s'obtient directement par l'ordre des interférences sur une lame d'épaisseur connue.

Pour les observations relatives à une lame courbée, Neumann admettait que les files de molécules correspondant à un même phénomène sont assimilables à des tiges cylindriques comprimées ou dilatées dans le sens de la longueur.

Afin de connaître séparément les indices n_1 et n_2, il employait, comme Fresnel, une méthode d'interférence directe entre deux faisceaux dont l'un traverse une région dilatée et l'autre une région comprimée, en observant avec un analyseur qui n'utilise que la lumière polarisée dans un des plans de symétrie. On doit changer le signe de la variation des indices, en même temps que celui de la variation d'épaisseur, quand on passe d'une région à l'autre.

Si la polarisation est parallèle à la compression, le retard produit dans la région dilatée, pour une épaisseur primitive e, est, en négligeant les termes du second ordre,

$$n_1 e(1 + \varepsilon_2) = ne(1 + \varepsilon_2) + \frac{n^3 e}{2}[(p-q)\varepsilon_1 + q\varepsilon],$$

les valeurs de ε_1 et ε_2 étant de signes contraires.

Quand on compare deux points situés de part et d'autre de la ligne neutre et à égale distance, la différence de marche finale Δ_1 a pour expression

$$(2) \qquad \frac{\Delta_1}{ne} = 2\varepsilon_2 + n^2[(p-q)\varepsilon_1 + q\varepsilon].$$

Pour la polarisation perpendiculaire à la compression, le retard sur l'un des faisceaux serait, de même,

$$n_2 e(1 + \varepsilon_2) = ne(1 + \varepsilon_2) + \frac{n^3 e}{2}[(p-q)\varepsilon_2 + q\varepsilon],$$

et la différence de marche Δ_2 devient

$$(3) \qquad \frac{\Delta_2}{ne} = 2\varepsilon_2 + n^2[(p-q)\varepsilon_2 + q\varepsilon].$$

En prenant pour ε_1 et ε_2 les valeurs déterminées par Cagniard-Latour, qui comportent la condition

$$\frac{1}{2} = \frac{\varepsilon}{\varepsilon_1} = \frac{\varepsilon_1 + 2\varepsilon_2}{\varepsilon_1} \qquad \text{ou} \qquad \varepsilon_2 = -\frac{\varepsilon_1}{4},$$

les équations deviennent

$$(1') \qquad n^2(p - q) = \frac{8}{5n} \frac{n_2 - n_1}{\varepsilon_1},$$

$$(2') \qquad n^2\left(p - \frac{q}{2}\right) = \frac{1}{ne} \frac{\Delta_1}{\varepsilon_1} + \frac{1}{2},$$

$$(3') \qquad n^2 \frac{p + q}{2} = \frac{-3}{ne} \frac{\Delta_2}{\varepsilon_1} - 1.$$

Toutefois, les observations ne sont pas aussi nettes qu'il serait nécessaire et Neumann ne semble pas avoir tenu compte du changement d'épaisseur dans le calcul des retards. Il a déduit de ces expériences

$$n^2 p = -0,131, \qquad n^2 q = -0,213,$$

ce qui donne, par différence,

$$n^2(p - q) = 0,082,$$

tandis que l'observation directe des interférences conduirait à la valeur très différente 0,126.

Le signe négatif des coefficients p et q semble néanmoins bien établi ; car, si l'on admet entre les dilatations la relation, au moins plus approchée, qui résulte des expériences de Wertheim

$$\frac{1}{3} = \frac{\varepsilon}{\varepsilon_1} = \frac{\varepsilon_1 + 2\varepsilon_2}{\varepsilon_1} \qquad \text{ou} \qquad \varepsilon_2 = -\frac{\varepsilon_1}{3},$$

les équations précédentes deviennent

$$(1'') \qquad n^2(p - q) = \frac{3}{2n} \frac{n_2 - n_1}{\varepsilon_1},$$

$$(2'') \qquad n^2\left(p - \frac{2}{3} q\right) = \frac{1}{ne} \frac{\Delta_1}{\varepsilon_1} + \frac{2}{3},$$

$$(3'') \qquad n^2(p - 2 q) = \frac{-3}{ne} \frac{\Delta_2}{\varepsilon_1} - 2.$$

On en déduit encore pour p et q des valeurs négatives.

Pour le verre employé par Neumann, le rapport des coefficients d'élasticité mécanique et optique serait 0,158 et Wertheim a trouvé 0,191 pour un verre à glaces sans doute comparable.

Ces expériences ont été reprises par M. Mach (*). La double

____

(*) E. MACH, *Pogg. Ann.*, t. CXLVI, p. 313 ; 1872. — *Journal de Physique*, t. II, p. 220 ; 1873.

réfraction était déterminée en plaçant une lame de verre sur le trajet de la lumière qui produit un spectre cannelé à l'aide d'un gypse clivé. Les bandes se déplacent quand on soumet la lame de verre à une traction et on les ramène à leur position primitive par un compensateur.

Il a placé ensuite deux lames de verre identiques sur les deux faisceaux de l'appareil de Jamin (**286**), en observant les franges dans un spectre avec un analyseur à double image. Quand on comprime l'une des lames, les deux systèmes de franges glissent dans le même sens et le déplacement est double pour les rayons polarisés parallèlement à la compression. C'est le résultat déjà obtenu par Fresnel. Le déplacement de ce système est triple de l'autre quand les lames sont plongées dans l'eau.

M. Mach a trouvé, d'après ces expériences, que le rapport de la dilatation transversale à la contraction longitudinale est $0,239$, au lieu de la valeur $\frac{1}{3} = 0,333$ admise par Wertheim; il en a déduit également pour les coefficients p et q des valeurs de même signe et de même ordre que celles qui avaient été obtenues déjà par Neumann.

Quand on opère avec deux lames d'égale d'épaisseur e, dont l'une reste inaltérée, les différences de marche Δ_1 et Δ_2, qui correspondent aux expériences dans l'air pour les rayons ordinaire et extraordinaire, donnent

$$(4) \qquad \begin{cases} \Delta_1 + ne = n_1 e(1 + \varepsilon_2), \\ \Delta_2 + ne = n_2 e(1 + \varepsilon_2); \end{cases}$$

$$(4') \qquad \frac{n_1}{n_2} = \frac{\Delta_1 + ne}{\Delta_2 + ne}.$$

Les différences de marche observées Δ'_1 et Δ'_2, quand les lames sont plongées dans un liquide dont l'indice de réfraction est n', donnent, de même,

$$(5) \qquad \begin{cases} \Delta'_1 + ne = n_1 e(1 + \varepsilon_2) - n'e\varepsilon_2 = (n_1 - n')(1 + \varepsilon_2) + n'e, \\ \Delta'_2 + ne = n_2 e(1 + \varepsilon_2) - n'e\varepsilon_2 = (n_2 - n')(1 + \varepsilon_2) + n'e; \end{cases}$$

$$(5') \qquad \frac{n_1 - n'}{n_2 - n'} = \frac{\Delta'_1 + (n - n')e}{\Delta'_2 + (n - n')e}.$$

Les équations $(4')$ et $(5')$ déterminent les deux indices n_1 et n_2.

Des relations expérimentales $\Delta_1 = 2\Delta_2$ et $\Delta'_1 = 3\Delta'_2$, obtenues par M. Mach, il résulterait

$$n = (2n_2 - n_1)(1 + \varepsilon_2),$$
$$2(n - n') = (3n_2 - n_1 - 2n')(1 + \varepsilon_2),$$

et, par suite, la condition

$$\frac{2(n - n')}{n} = \frac{3n_2 - n_1 - 2n'}{2n_2 - n_1}.$$

Les indices n_1 et n_2 principaux du milieu modifié étant connus, l'une des équations (4) ou (5) permettrait ensuite de calculer la dilatation transversale ε_2.

Telle est, en effet, la méthode employée par M. Kerr [1], à l'aide du réfractomètre de Jamin, sur une lame de verre d'indice égal à 1,53, dont la région centrale, détachée en partie des bords par deux fentes parallèles, était seule soumise à la compression ou à la traction. En faisant les expériences alternativement dans l'air et dans l'eau, M. Kerr a trouvé que l'indice extraordinaire n_2 reste toujours égal à l'indice primitif n du verre.

Toutefois, la dilatation (ou contraction) ε_1 parallèle à l'action mécanique (tension ou compression) reste encore inconnue; elle doit être empruntée à des observations étrangères ou déduite d'une relation hypothétique entre les deux effets simultanés ε_1 et ε_2. Il serait utile, pour une comparaison rigoureuse avec la théorie, de reprendre ces expériences en déterminant sur une même substance tous les éléments du problème.

492. *Double réfraction électrique.* — M. Kerr [2] a montré que la plupart des corps diélectriques ou médiocrement conducteurs acquièrent une double réfraction temporaire quand on les place dans un champ électrique. Pour réaliser cette curieuse expérience, on perce, par exemple, dans une plaque de *verre* et parallèlement à la plus grande face deux trous cylindriques opposés, dont les extrémités sont séparées de quelques millimètres; on y introduit

---

[1] J. KERR, *Phil. Mag.* [5], t. XXVI, p. 321; 1888. — *Journal de Physique* [2], t. VIII, p. 86; 1889.

[2] J. KERR, *Phil. Mag.*, 1875 à 1882, passim. — *Journ. de Phys.*, 1875 à 1882.

des tiges de métal convenablement mastiquées. Si la plaque de verre est placée entre un polariseur et un analyseur croisés, dont les azimuts sont à 45° à droite et à gauche de la ligne des tiges, cet appareil laisse passer généralement un peu de lumière à cause de la trempe primitive du verre; mais il est facile de compenser la double réfraction due à la trempe par une autre lame située en avant de l'analyseur. Les deux tiges étant mises séparément en communication avec les pôles d'une bobine d'induction capable de produire dans l'air des étincelles de plusieurs centimètres, on voit la lumière reparaître dès que la bobine est en jeu et l'on reconnaît à l'aide d'une lame auxiliaire comprimée ou étirée que la biréfringence due à l'action du champ électrique est négative; le verre se trouve donc dans le même état que s'il avait été comprimé parallèlement à la direction du champ.

Avec cette disposition le phénomène n'est pas simple, parce que le champ électrique n'est pas uniforme entre les deux électrodes. Il se produit une plage sensiblement homogène dans la région moyenne; l'effet augmente ensuite au voisinage des pôles et diminue quand on s'en éloigne. En outre, la biréfringence n'apparaît que quelques secondes après la mise en marche de la bobine, augmente ensuite jusqu'à un maximum et s'affaiblit lentement quand on supprime le courant inducteur. Le retard du début et la durée de la biréfringence résiduelle varient avec la distance explosive de la bobine. Le *quartz* se comporte comme le verre, tandis que la *résine* dans les mêmes conditions devient, au contraire, positive.

Les liquides conviennent mieux, parce que l'effet optique est instantané; il paraît et disparaît en même temps que l'électrisation, mais l'expérience est plus délicate, parce que les milieux doivent être absolument transparents, privés de toute poussière et que l'on doit éviter surtout les produits de décomposition que pourrait y produire le passage des étincelles.

Pour déterminer la loi du phénomène, M. Kerr a placé dans le *sulfure de carbone*, qui est particulièrement actif à ce point de vue, deux petits disques de cuivre séparés par un intervalle de 2^{mm} environ, entre lesquels il est facile de réaliser un champ électrique sensiblement uniforme. Ces disques sont mis en communication séparément avec les armatures d'une bouteille de Leyde et les électrodes d'un électromètre.

Entre un polariseur et un analyseur croisés, dont les sections principales sont à 45° de la direction du champ, l'appareil ne laisse passer aucune lumière, sauf l'effet dû à la trempe des glaces qui forment la cavité, effet qu'on annule par une autre plaque trempée. En chargeant d'une manière progressive la bouteille de Leyde, on voit apparaître successivement les teintes des anneaux à centre noir. La mesure par un compensateur de la différence de marche des deux composantes principales, ramenée à l'unité d'épaisseur, montre que la biréfringence est proportionnelle au carré du rapport de la différence de potentiel des armatures et à la distance des disques, c'est-à-dire au carré de la force électrique ou de l'intensité du champ.

D'après les idées de Faraday ([1]), le carré de la force électrique est proportionnel à l'énergie du diélectrique par unité de volume ou à la tension électrostatique du milieu.

On peut dire encore que la biréfringence est proportionnelle à l'attraction des deux disques.

Les expériences de M. Kerr ont porté sur plus de cent liquides différents. La pluplart d'entre eux sont négatifs, comme s'ils étaient soumis à une compression ou traction parallèle au champ. Tels sont le *sulfure de carbone*, le *chlorure d'amyle*, le *brome*, le *soufre* et le *phosphore* fondus, l'*eau*, etc. Le *chloroforme* et l'*aniline* sont négatifs.

Il paraît exister une relation entre les fonctions chimiques des corps et le signe de la double réfraction électrique. Ainsi les hydrocarbures et les acides gras liquides sont positifs, tandis que les huiles grasses et les alcools (sauf l'alcool méthylique) sont négatifs; les oxydes, les oxydes hydratés et les sulfures des radicaux alcooliques sont négatifs; les hydrosulfures, iodures, bromures et chlorures sont positifs.

Enfin quelques liquides sont sans action.

Ajoutons encore que certaines particularités, moins faciles à traduire par des relations simples, se présentent pour les milieux dont la conductibilité électrique est notable.

---

[1] Mascart et Joubert, *Leçons sur l'Électr. et le Magn.*, t. I, p. 103 et 109.

CHAPITRE XII.

POLARISATION ROTATOIRE.

PHÉNOMÈNES GÉNÉRAUX.

493. *Découverte d'Arago.* — Dans la série d'expériences qui l'ont conduit à la découverte de la polarisation chromatique, Arago (¹) reconnut qu'une lame de quartz perpendiculaire à l'axe présente des phénomènes analogues, quoique la lumière se propage alors dans une direction suivant laquelle la double réfraction ordinaire est supprimée.

En observant une plaque de cristal de roche de plus de 6^{mm} d'épaisseur éclairée par la lumière polarisée, Arago vit les deux images d'un analyseur se colorer de teintes complémentaires.

La couleur de chaque image ne varie pas quand on fait tourner la plaque de quartz dans son plan.

Quand on tourne l'analyseur de 180° dans un certain sens, l'une des images, qui était d'abord rouge, par exemple, devient successivement orangée, jaune, jaune verdâtre, vert bleuâtre, violacée et enfin rouge ; l'autre image reste toujours complémentaire sans qu'aucune d'elles passe jamais par une teinte neutre.

De l'étude des teintes, Arago conclut que les rayons se comportent comme s'ils avaient traversé des lames cristallines orientées d'une manière inégale pour les différentes couleurs et dont l'azimut augmenterait avec la réfrangibilité.

Les apparences s'expliquent aisément, comme il est facile de s'en assurer, en admettant que la plaque de quartz imprime au plan de polarisation de chacune des lumières homogènes du faisceau primitif une rotation déterminée, dans un certain sens, qui croît

---

(¹) ARAGO, *Mém. de l'Institut*, t. XII, p. 115; 1811. — *Œuvres complètes*, t. X, p. 54.

avec la réfrangibilité. De là l'expression de *polarisation rotatoire*.
Toutefois c'est encore à Biot que revint le mérite d'en dégager
les lois expérimentales.

494. *Expériences de Biot* [1]. — En employant l'appareil de
polarisation décrit précédemment (371), on règle d'abord l'analyseur de manière que l'image ordinaire soit éteinte ; l'interposition
d'une lame de quartz la fait reparaître colorée. Pour des épaisseurs
assez faibles, une rotation convenable de l'analyseur permet d'é-
teindre de nouveau cette image ou du moins de l'amener à une
intensité très faible, formée par une fraction très petite des couleurs extrêmes. Le même résultat s'obtient en tournant l'analyseur
d'un angle R dans un sens ou de l'angle supplémentaire $\pi - $ R
dans l'autre sens, mais on doit évidemment prendre le plus petit
de ces angles pour les moindres épaisseurs, et la suite des expériences ne laisse plus de doute sur le sens du phénomène.

Ce premier Mémoire de Biot renferme plusieurs conclusions
discutables, qu'il ne serait plus utile d'examiner ; mais elles ont
montré que la rotation R relative à cette teinte particulière est
proportionnelle à l'épaisseur du cristal, comme on le voit par les
nombres suivants :

Épaisseur e.	Rotation R.	$\dfrac{R}{e} = \rho$.
mm		
0,4	9,75	24,37
0,488	11,50	23,57
1,032	25	24,23
1,184	28,30	23,89
2,094	50	23,88
2,997	70	23,35
3,478	80	23,00
11,673	274,55	23,52

Les nombres de la dernière colonne, qui représentent la rotation
pour 1^{mm}, ou la rotation spécifique, sont à peu près constants,
quoiqu'ils tendent à diminuer à mesure que l'épaisseur observée
augmente, sans doute parce que le mode d'observation devient de
plus en plus incorrect.

---

[1] Biot, *Mém. de l'Institut*, t. XIII, p. 218 ; 1812.

Biot reconnut aussi qu'avec certains échantillons de quartz la succession des teintes qu'il observait en tournant l'analyseur vers la gauche se présentait, au contraire, pour une rotation vers la droite. Il existe donc deux espèces de cristaux qu'on appelle *droits* ou *gauches*, *dextrogyres* ou *lévogyres*, suivant qu'ils font tourner vers la droite ou vers la gauche le plan de polarisation de la lumière qui les traverse ; on indique habituellement ce caractère par les signes / et \.

Les apparences des couleurs sont les mêmes dans les deux cas ; les deux espèces de cristaux ont donc le même *pouvoir rotatoire*. Deux plaques successives de sens contraires se comportent comme une plaque unique d'épaisseur égale à leur différence et de même nature que la plus épaisse : cette propriété a été vérifiée sur un grand nombre d'échantillons. D'une manière plus générale, si l'on donne des signes aux rotations, suivant leur sens, la rotation produite par une série de lames successives est la somme algébrique des rotations relatives à chacune d'elles.

Ainsi une plaque droite de $4^{mm},5105$ était presque entièrement compensée par deux plaques gauches, l'une de $0^{mm},4$ et l'autre de $4^{mm},005$, formant une épaisseur totale de $4^{mm},405$. La différence, $0^{mm},105$, ne donnerait, en effet, qu'une rotation de $2°,45$.

Dans un second travail présenté à l'Académie des Sciences en 1818, Biot [1] reconnut que la rotation varie d'une manière continue avec la couleur et chercha à déterminer la loi de cette *dispersion rotatoire*.

Il fit tomber successivement sur la glace polarisante les couleurs principales du spectre définies à la manière de Newton (146). La proportionnalité de la rotation à l'épaisseur du cristal s'est vérifiée pour chaque couleur et les rotations ramenées à une épaisseur constante sont sensiblement en raison inverse des carrés des longueurs d'accès (5), c'est-à-dire des longueurs d'onde.

Aucune détermination numérique n'est rapportée à l'appui de cette loi ; Biot signale cependant que le violet extrême paraissait donner une rotation un peu plus rapide, mais il attribue cette différence à la difficulté de vérifier si le violet dont il s'est servi correspond exactement à la couleur définie par Newton.

---

[1] Biot. *Mém. de l'Institut*, t. II, p. 41; 1817.

C'est en partant de cette loi de dispersion, considérée comme rigoureuse, que Biot a calculé la rotation relative aux différentes couleurs. Il estima que le rouge du verre coloré, dont la rotation spécifique est de $18°,41$, correspondait à peu près au tiers de la distance du rouge extrême de Newton à la limite de l'orangé et du rouge ; les valeurs des longueurs d'accès déterminées par Newton permettent alors d'en déduire les rotations spécifiques suivantes :

Rouge extrême	$17°,50$		Rouge	$18°,99$
Rouge-orangé	$20,48$		Orangé	$21,40$
Orangé-jaune	$22,31$		Jaune	$23,99$
Jaune-vert	$25,68$		Vert	$27,86$
Vert-bleu	$30,05$		Bleu	$32,31$
Bleu-indigo	$34,57$		Indigo	$36,13$
Indigo-violet	$37,68$		Violet	$40,88$
Violet extrême	$44,08$			

Le nombre $23°,52$ obtenu précédemment par l'emploi de la lumière blanche correspond donc à un jaune un peu orangé.

On peut ainsi trouver dans l'expérience un nouveau contrôle de la loi de dispersion rotatoire en calculant la teinte qui correspond à chaque observation avec la lumière blanche.

Soit, en effet, $u^2 dx$ l'intensité de la lumière dont la rotation est comprise entre les angles x et $x + dx$, s l'azimut de l'analyseur par rapport au plan primitif de polarisation. L'angle de l'analyseur avec le plan de polarisation de la lumière considérée à sa sortie du quartz étant $x - s$, quantité de cette lumière qui entre dans l'image ordinaire, est

$$u^2 \cos^2(x - s)\, dx = \frac{u^2}{2}\left[1 + \cos 2(x - s)\right] dx,$$

et l'intensité totale O de l'image ordinaire

$$O = \frac{1}{2} \Sigma\, u^2 \left[1 + \cos 2(x - s)\right] dx.$$

Le facteur u^2 est une fonction de x, mais on peut le considérer comme constant pour une région limitée du spectre, de couleur sensiblement uniforme, dont les rotations extrêmes sont x_1 et x_2, et l'intensité totale $u^2(x_2 - x_1)$; la fraction f de cette couleur qui entre dans l'image ordinaire est

$$f = \frac{1}{2(x_2 - x_1)} \int_{x_1}^{x_2} [1 + \cos 2(x - s)]\, dx$$

$$= \frac{1}{2}\left[1 + \frac{\sin(x_2 - x_1)}{x_2 - x_1} \cos(x_1 + x_2 - 2s)\right].$$

Tant que l'épaisseur est assez faible pour que la différence $x_2 - x_1$ ne dépasse pas $18°$, le rapport du sinus à l'angle diffère de l'unité de moins de $\frac{1}{50}$; on peut donc, en rappelant R la rotation moyenne $\frac{x_1 + x_2}{2}$ relative à la couleur considérée, prendre l'expression approchée

$$f = \frac{1}{2}[1 + \cos(x_1 + x_2 - 2s)] = \cos^2(R - s).$$

On partage alors, suivant la règle de Newton (146), une circonférence en 474 parties dont on affecte respectivement 80, 45, 72, 80, 72, 45 et 80 aux différentes couleurs, du rouge au violet, et l'on applique au centre de gravité de chacun des secteurs correspondants un poids proportionnel au produit $f\mathrm{S}$ du facteur f par la surface S du secteur. Le centre de gravité M de tous ces poids indique la teinte de la couleur résultante.

Le calcul est plus simple quand l'analyseur est parallèle au polariseur ($s = 0$). Les intensités des images ordinaire et extraordinaires sont alors, en donnant des indices de 1 à 7 aux intensités I des couleurs primitives et aux rotations correspondantes

$$\mathrm{O} = \mathrm{I}_1 \cos^2 \mathrm{R}_1 + \mathrm{I}_2 \cos^2 \mathrm{R}_2 + \ldots + \mathrm{I}_7 \cos^2 \mathrm{R}_7,$$
$$\mathrm{E} = \mathrm{I}_1 \sin^2 \mathrm{R}_1 + \mathrm{I}_2 \sin^2 \mathrm{R}_2 + \ldots + \mathrm{I}_7 \sin^2 \mathrm{R}_7.$$

D'autre part, si l'épaisseur croît d'une manière continue, le point M qui définit la teinte résultante dans chaque cas se déplace lui-même d'une manière continue, suivant une certaine courbe, dans le cercle figuratif des couleurs; c'est la méthode appliquée depuis par Maxwell (148) au triangle des couleurs.

Biot a tracé avec le plus grand soin ces courbes, dites en *cœur* à cause de leur forme, pour les images ordinaire et extraordinaire, dans le cas où l'analyseur est parallèle au polariseur. La teinte déduite du calcul s'est toujours trouvée conforme à celle que donnait

l'observation, mais c'est là un genre de contrôle qui ne comporte
pas une grande précision.

Nous signalerons en particulier deux teintes très belles, un violet
dans l'image ordinaire pour une épaisseur de $3^{mm},8$ et un vert
bleu dans l'image extraordinaire pour une épaisseur de 9^{mm}.

Pour des épaisseurs inférieures à 1^{mm}, la fraction $\sin^2 R$ de chaque
couleur qui entre dans l'image extraordinaire est sensiblement
égale à $R^2 = \rho^2 e^2$. Chaque couleur intervient donc par une fraction
proportionnelle au carré de sa rotation spécifique ρ, de sorte que
l'ensemble constitue une teinte déterminée, indépendante de l'é-
paisseur du cristal et dans laquelle dominent les portions les plus
réfrangibles du spectre. C'est une couleur bleu pâle, très rabattue
de blanc, dont l'éclat est proportionnel au carré de l'épaisseur.

A mesure que l'épaisseur augmente, les courbes en cœur
finissent bientôt par se rapprocher du centre et les images tendent
vers le blanc.

Le calcul approché des teintes ne tarde pas d'ailleurs à devenir
incorrect. Pour une épaisseur de 3^{cm}, par exemple, la rotation du
rouge extrême serait de $525°$ et celle du violet de $1322°$, ce qui
donne une différence de $797°$ ou plus de deux circonférences; les
rotations relatives aux deux limites du vert diffèrent alors de plus
de $30°$. On voit que les teintes disparaissent beaucoup moins vite
que pour la polarisation chromatique.

495. *Teinte sensible* [1]. — Une circonstance très digne d'attention se présente, pour les observations à la lumière blanche et
de faibles dispersions, quand les rayons jaunes les plus intenses du
spectre n'entrent pas dans l'image considérée.

La fraction de chaque couleur qui compose l'image extraordinaire étant $\sin^2(\rho e - s) = \sin^2(R - s)$, si l'analyseur est parallèle
au plan de polarisation de l'une d'elles, les angles $R - s$ sont très
petits pour toutes les autres et peuvent remplacer les sinus. Lorsque
l'angle s correspond à la rotation des rayons les plus intenses, l'i-
mage ne renferme plus qu'une fraction très faible des autres couleurs, avec prédominance des rayons extrêmes rouge et violet. On

---

[1] Biot, *Mém. de l'Institut*, t. XIII, p. 80; 1835.

obtient alors une *teinte sensible* ou *teinte de passage* d'un bleu violacé très pâle qui rappelle la fleur de lin.

Ces expressions se justifient aisément. En effet, dès que l'analyseur est en deçà ou au delà de l'azimut qui correspond aux rayons jaunes, l'éclat de l'image augmente rapidement, et elle prend l'une ou l'autre de deux couleurs très différentes, un beau bleu ou un violet pourpre.

Cette observation permet d'apprécier le signe du cristal; car, au passage de la teinte sensible, la couleur passe du violet au rouge ou du rouge au violet, suivant qu'on tourne l'analyseur dans le sens ou en sens contraire de la rotation produite par le quartz.

A la suite de nombreuses expériences, Biot [1] a reconnu qu'il existe un rapport sensiblement constant égal à $\frac{23}{30}$ entre la rotation de la lumière que laisse passer le verre rouge et celle des rayons dont la suppression fait apparaître la teinte sensible. En appelant ρ_0 la rotation spécifique correspondante, on aura

$$\frac{\rho_0}{18°,414} = \frac{30}{23} \qquad \text{ou} \qquad \rho_0 = 24°;$$

c'est une valeur très voisine de celle que donnaient ses premières observations pour les épaisseurs les plus faibles.

La rotation serait de m angles droits pour des épaisseurs multiples par m de $3^{mm},75$. L'écart spécifique des limites des différentes couleurs, à partir des rayons jaunes les plus intenses, est :

Rouge extrême...	— 6,50	Vert bleu.........	+ 6,05
Rouge orangé....	— 3,52	Bleu indigo.......	+10,57
Orangé jaune....	— 1,69	Indigo violet......	+13,68
Jaune vert.......	+ 1,68	Violet extrême....	+20,08

Verre rouge............ $-5°,59$.

Quand les rotations deviennent un peu grandes, il n'est plus permis de remplacer le sinus de la différence des rotations par l'angle correspondant. La composition de la teinte sensible est alors modifiée et la rotation relative à cette couleur n'est plus dans un rapport constant avec celle d'une lumière homogène.

---

[1] Biot, *Comptes rendus des séances de l'Académie des Sciences*, t. XXI, p. 97; 1845.

496. *Variétés de quartz.* — Le choix des cristaux pour la polarisation rotatoire exige quelques précautions. On remarque assez fréquemment que les lames présentent plusieurs plages distinctes, de couleurs différentes, qui appartiennent à des cristaux de signes contraires accolés par des faces parallèles à l'axe.

Il arrive aussi que les cristaux élémentaires sont rapprochés par les facettes obliques de l'un des rhomboèdres dérivés du prisme hexagonal. Dans ce cas, les lames perpendiculaires à l'axe présentent des plages voisines à teinte uniforme, séparées par des teintes dégradées sur les parties qui correspondent aux soudures.

Ce mélange de cristaux à propriétés optiques inverses est en réalité le cas général et se présente avec les caractères les plus variés, de sorte que les beaux échantillons de quartz homogène sont une rareté minéralogique.

Le groupement est souvent irrégulier, mais il a lieu quelquefois dans un certain ordre. Les variétés de quartz colorés en violet, que l'on désigne sous le nom d'*améthystes,* en présentent un exemple remarquable. Sur une lame coupée dans un prisme hexagonal, on voit trois bandes incolores très étroites qui partent du centre normalement à trois côtés non adjacents de l'hexagone, où elles s'étalent en triangle. Ces bandes ont un signe déterminé dans leur partie étroite, puis leur base élargie se partage en deux zones, l'une droite et l'autre gauche, qui se succèdent alternativement quand on suit le contour.

La matière colorante est concentrée sur les secteurs intermédiaires, qui sont partagés en couches alternativement de signes contraires, parallèles aux bandes précédentes et réunies par des faces obliques à l'axe.

497. *Généralisation du pouvoir rotatoire.* — Dans une observation fortuite, Biot ([1]) fit aussi la découverte importante que plusieurs substances sont capables, comme le quartz, de faire tourner le plan de polarisation de la lumière. En cherchant à vérifier si les couleurs de polarisation chromatique sont modifiées quand on change les accès de la lumière, il eut l'idée de faire passer d'abord le faisceau primitif dans une colonne d'essence de térébenthine.

([1]) Biot, *Bulletin de la Société philomathique,* p. 190; 1815.

Les colorations prennent, en effet, un aspect différent ; mais elles persistent quand on enlève la lame cristalline mise en observation et présentent alors toutes les teintes de la polarisation rotatoire. L'action est moins énergique que celle du quartz, mais elle paraît suivre les mêmes lois. Avec des longueurs différentes des colonnes liquides il obtient, pour le verre rouge, les résultats suivants à la température de 20°, la rotation ayant lieu vers la gauche :

Longueur. $c.$	Rotation. $R.$	$\dfrac{R}{c}.$
15,15	40,0	2,64
16,35	45,0	2,75
31,50	82,5	2,62
33,85	87,0	2,57
33,85	94,0	2,78
173,0	472,0	2,73
303,70	820,5	2,702

La rotation est encore proportionnelle à l'épaisseur du milieu et environ 68,2 fois moindre que pour le quartz. Une seconde série d'expériences à la température de 3° a donné une valeur un peu plus élevée 2°,86 ; Biot attribue cette différence, sans raison suffisante, au seul accroissement de densité du liquide ; il avait vérifié, en effet, sur des mélanges d'essence avec l'huile d'olive, que la rotation est proportionnelle à la fraction d'essence renfermée dans l'unité de volume.

La loi de dispersion rotatoire est aussi la même, au moins approximativement. En plaçant à la suite d'une colonne d'essence de 33^{cm},85, qui équivaut à 4^{mm},94 de quartz, une plaque de quartz droit de 3^{mm},90, il observe les mêmes couleurs que celle d'un quartz de $4,94 - 3,90 = 1^{\text{mm}},04$.

Enfin la compensation a été presque absolue avec un quartz droit de 7^{mm},510 et un quartz gauche de 2^{mm},997, dont l'ensemble équivaut à une lame droite de 4^{mm},513, et une colonne d'essence de 31^{cm},5 qui correspondrait à 4^{mm},60 de quartz.

Les mêmes propriétés se retrouvent dans un certain nombre de corps, solides, liquides ou même gazeux. On appelle *actifs* ceux qui jouissent du pouvoir rotatoire et *inactifs* ceux qui en sont privés : nous reviendrons plus loin sur cette question.

498. *Interprétation de Fresnel.* — Aussitôt après la publication de ces expériences, Fresnel ([1]) montra qu'il est facile de les expliquer en admettant qu'un rayon de lumière qui traverse le quartz dans la direction de l'axe, ou un milieu actif, se partage en deux rayons à vibrations circulaires inverses de même période, qui se propagent avec des vitesses différentes.

Ces vibrations reconstituent à la sortie une vibration rectiligne dont le plan de polarisation a tourné d'un angle égal à la moitié de la différence de phase δ des vibrations circulaires (**171**) et, par suite, proportionnel à l'épaisseur du milieu.

Il en résulte alors que le milieu possède une double réfraction particulière. Si l'on appelle V_0 la vitesse de propagation dans l'air, W_1 et W_2 les vitesses relatives aux deux ondes à vibrations circulaires droite et gauche, m_1 et m_2 les indices de réfraction correspondants, Δ_1 et Δ_2 les retards produits par une lame d'épaisseur e et $\Delta = \Delta_2 - \Delta_1$ la différence de marche finale, on a

$$\Delta_1 = V_0 \frac{e}{W_2} = m_1 e, \qquad \Delta_2 = V_0 \frac{e}{W_2} = m_2 e\,;$$

$$\frac{\delta}{2} = \pi \frac{\Delta_2 - \Delta_1}{\lambda} = (m_2 - m_1) \frac{\pi e}{\lambda}.$$

La rotation est droite ou gauche suivant que $\Delta_2 \gtrless \Delta_1$, et la loi approchée de dispersion adoptée par Biot montre que la différence $m_2 - m_1$ des indices est sensiblement en raison inverse de la longueur d'onde. Cette différence est d'ailleurs très faible, car la rotation des rayons les plus intenses est d'une circonférence pour un quartz de 15^{mm}, ce qui donne, en prenant $\lambda = 0^{\mu},60$,

$$m_2 - m_1 = \frac{2\lambda}{15^{mm}} = \frac{12}{150000} = 0,00008.$$

Pour l'essence de térébenthine, la différence serait de $0,000001$.

L'indice de réfraction ordinaire n' du quartz étant d'environ $1,545$, on a

$$\frac{m_2 - m_1}{n'} = 0,00005.$$

([1]) FRESNEL, *Œuvres*, t. I, p. 655.

L'indice de réfraction du quartz ne varie donc que de $\frac{1}{20\,000}$ quand on passe du rayon circulaire droit au rayon circulaire gauche.

Le contrôle de cette interprétation consistait à démontrer qu'il existe réellement une double réfraction pour le quartz dans la direction de l'axe cristallographique et pour les milieux homogènes actifs dans une direction quelconque.

Fresnel réalisa d'abord l'expérience avec l'essence de térébenthine. En produisant des anneaux colorés entre les faces hypoténuses de deux prismes isoscèles (265), il éclaira l'appareil par une lampe sous l'incidence de polarisation complète et observa le phénomène avec une lorgnette de spectacle au travers d'une colonne d'essence de $1^{m},715$ de longueur.

« Avec la lunette seule, dit-il, je n'apercevais pas plus d'anneaux au travers de l'huile de térébenthine qu'avant l'interposition de ce liquide ; mais, en plaçant un rhomboèdre de chaux carbonatée dans l'intérieur de la lunette, de manière à produire deux images séparées, je voyais dans chacune d'elles un bien plus grand nombre d'anneaux : ils s'étendaient à des épaisseurs de la lame d'air où je n'avais pas pu en découvrir auparavant. »

La même expérience avait déjà été réalisée par Arago [1], sans qu'il en eût donné l'explication.

Les anneaux primitifs de deux lentilles de verre superposées, vus sous l'angle de polarisation, paraissent entourés d'une multitude d'anneaux de moindre largeur, de plus grand diamètre et de même centre, quand on les observe au travers d'une plaque de quartz perpendiculaire à l'axe.

On ne peut rendre compte de ces phénomènes, d'après Fresnel, qu'en supposant une diminution dans le retard des deux systèmes d'ondes qui concourent à la production des franges, c'est-à-dire en supposant qu'une partie du système d'ondes réfléchi à la première surface de la lame d'air a parcouru le tube d'essence un peu plus lentement que l'autre partie d'un système réfléchi sur la seconde surface.

L'expérience suivante est encore plus directe. Le tube à essence

---

[1] Arago, *Œuvres complètes*, t. X, p. 93.

a été placé sur le trajet de la lumière qui émane d'un point lumineux pour tomber ensuite sur un système de deux miroirs (130). En observant à la loupe la lumière réfléchie, Fresnel aperçut trois systèmes de franges qui se touchaient et se mêlaient un peu les uns aux autres. Le système du milieu, qui provient des rayons qui ont subi la même réfraction, était beaucoup plus intense que les deux autres, résultant des rayons de réfractions opposées.

Fresnel s'est évidemment servi de lumière polarisée en observant avec un analyseur, quoiqu'il ne le dise pas explicitement; car ces conditions sont nécessaires pour la production d'interférences latérales, comme on le verra plus loin.

Dans cette hypothèse, l'essence de térébenthine laisse passer sans altération un rayon de lumière polarisé circulairement et ne doit plus alors présenter aucune coloration; c'est, en effet, ce que Fresnel a constaté avec un tube de $o^m,5o$ de longueur qu'il faisait traverser par un rayon polarisé circulairement (386). La lumière transmise par le tube d'essence n'est plus colorée par un analyseur. Il en est de même pour une lame de quartz perpendiculaire à l'axe.

En outre, ces rayons sortis de l'essence ou du quartz, quand on les fait tomber ensuite sur une lame cristalline, présentent toutes les couleurs auxquelles donnent lieu les rayons polarisés circulairement. Si on les reçoit au contraire sur un analyseur circulaire, ils reconstituent de la lumière polarisée.

Enfin, si la lumière primitive est polarisée et qu'on l'observe à la sortie de l'essence par un analyseur circulaire, le faisceau présente les mêmes propriétés que s'il avait traversé une lame cristalline parallèle à l'axe. En effet, les vibrations circulaires droites, par exemple, qui ont seules traversé l'analyseur, présentent entre elles des différences de phase dues au pouvoir rotatoire, et ces différences de phase se conservent sur leurs projections.

499. *Double réfraction circulaire.* — Ces expériences si remarquables paraissent bien démontrer que la véritable vibration simple dans les milieux actifs est circulaire; mais Fresnel [1] a réussi à mettre en évidence la différence des vitesses de propagation

---

[1] FRESNEL, *Œuvres*, t. I, p. 738.

suivant le sens de la vibration, par la méthode qu'il avait utilisée
déjà pour la double réfraction du verre comprimé.

Il s'est servi d'abord d'un prisme de quartz dont les faces également
inclinées sur l'axe formaient un angle de 152°, qu'il a complété
par des prismes en verre de Saint-Gobain dont la somme des
angles réfringents était notablement moindre que 152°, à cause de
l'inégale dispersion des deux milieux.

Cet appareil donne bien deux rayons réfractés quand la lumière
traverse le quartz dans la direction de l'axe, mais on obtient un
meilleur résultat en achromatisant le quartz intermédiaire ABC
(*fig.* 274) qui est gauche, par exemple, à l'aide de deux quartz
droits ABC′ et ACB′, de manière que l'ensemble constitue un parallélépipède rectangle.

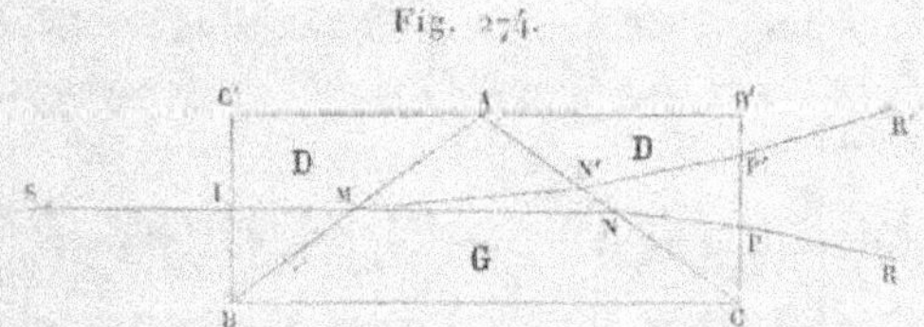

Fig. 274.

Pour un faisceau incident SI, normal à la face d'entrée du premier prisme ABC′, le rayon droit, en traversant la surface de séparation AB, acquiert une vitesse moindre et se rapproche de la
normale suivant une direction telle que MN. L'effet contraire a
lieu sur la surface AC et, après une nouvelle réfraction à la sortie,
ce rayon émerge finalement suivant PR. L'inverse a lieu pour le
rayon gauche, dont la direction finale est P′R′.

La déviation est d'ailleurs extrêmement petite ; car, en appelant m
la valeur moyenne des indices m_1 et m_2 des deux rayons circulaires
et 2μ leur différence, l'indice de réfraction relatif sur les surfaces
intermédiaires est

$$\frac{m_2}{m_1} = \frac{m+\mu}{m-\mu} = 1 + \frac{2\mu}{m}.$$

La déviation D_1 dans le prisme BAC du rayon qui était d'abord
droit est (69)

$$D_1 = 2\frac{2\mu}{m}\tang\frac{A}{2}.$$

L'angle d'incidence à la sortie étant D_1, l'angle d'émergence est

$$i_1 = m_1 D_1 = 4\mu \frac{m_1}{m} \tang \frac{A}{2}.$$

La déviation i_2 a la même valeur en sens contraire pour l'autre rayon, de sorte que l'écartement final $D = i_1 + i_2$ est

$$D = 4\mu \frac{m_1 + m_2}{m} \tang \frac{A}{2} = 8\mu \tang \frac{A}{2}.$$

Avec un angle de $152°$, la tangente de la moitié est $4,011$; on a donc, pour les rayons jaunes,

$$D = 4 \times 0,00008 \times 4,011 = 0,00128 = 4'.$$

On peut également remplacer le triprisme de Fresnel par deux prismes rectangles, dont l'angle de réfraction est B et qui sont rapprochés par leurs faces hypoténuses. Les déviations des deux rayons sont encore

$$i_1 = 2\mu \frac{m_1}{m} \tang B \qquad \text{et} \qquad i_2 = 2\mu \frac{m_2}{m} \tang B.$$

L'écartement final, $D = 2\mu \tang B$, est le même que précédemment si l'on a

$$\tang B = 2 \tang \frac{A}{2},$$

et il est facile de voir que, sous cette condition, les deux appareils ont alors la même longueur.

La double réfraction circulaire est beaucoup plus grande pour les rayons violets que pour les rayons rouges; car la différence $m_2 - m_1$ des indices est à peu près en raison inverse de la longueur d'onde, de sorte que la *dispersion de double réfraction circulaire* est presque égale à la double réfraction relative aux rayons rouges. Quand on observe, en effet, une ligne lumineuse perpendiculaire au plan de réfraction, les deux images sont fortement irisées d'un bleu violâtre sur les bords extrêmes et d'un rouge fauve sur les bords les plus voisins (¹).

(¹) Le triprisme Fresnel, ou le biprisme équivalent, constitue le plus parfait des analyseurs circulaires. Il a l'inconvénient de donner un très petit écart an-

Dans ce prisme composé, un rayon polarisé donne toujours deux images d'égale intensité, quel que soit l'azimut de la polarisation primitive; mais, si la lumière est d'abord polarisée circulairement, on n'observe plus qu'une image, droite ou gauche, suivant le sens de la vibration primitive.

Chacun des deux rayons ainsi séparés ne se dédouble plus quand on le fait de nouveau traverser un prisme de quartz dans la direction de l'axe. Enfin chacun d'eux développe dans une lame cristalline les mêmes colorations que celles qui sont produites par de la lumière polarisée circulairement, et donne toujours deux images d'égale intensité dans un analyseur à double image.

500. *Interférence des vibrations circulaires*. — Toutes ces vérifications ne laissent aucun doute sur l'état des rayons qui traversent le quartz dans la direction de l'axe; mais on peut encore en trouver une dernière preuve dans une expérience indiquée par Fresnel (¹), à l'imitation de celle qu'il avait réalisée avec l'essence de térébenthine.

Sur le trajet d'une lumière polarisée qui émane d'une source S (*fig.* 275), pour aboutir à un appareil d'interférence quelconque,

Fig. 275.

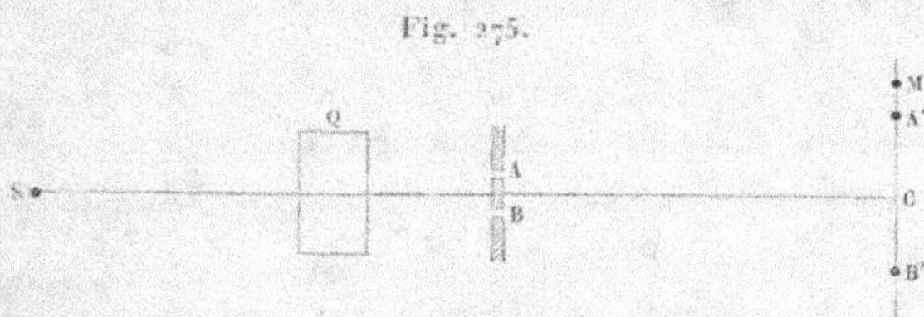

par exemple aux deux fentes A et B d'Young (123), on interpose une plaque de quartz Q perpendiculaire à l'axe. La vibration primitive pouvant être remplacée par deux vibrations circulaires inverses d'égale amplitude, qui prennent dans le quartz une différence de phase δ, il en résulte que chacune des fentes A et B émet deux espèces de vibrations circulaires non concordantes, que nous

gulaire des deux images, mais on peut en tirer un grand profit si l'on a soin d'observer une source linéaire dont l'angle apparent soit assez petit.

(¹) FRESNEL, *Œuvres*, t. I, p. 748.

désignerons par A_d et A_g, B_d et B_g. Au milieu C du champ d'observation se trouvent les franges ordinaires, produites respectivement par l'interférence des rayons circulaires de même espèce, A_d et B_d, A_g et B_g.

Si le quartz est gauche, la vibration circulaire droite est en retard. La différence de marche des rayons A_d et B_g se trouvera donc nulle vers la droite du centre C, en un point A', où la vibration rectiligne primitive est rétablie. A droite et à gauche de ce point la vibration résultante est encore rectiligne, mais dans un azimut variable avec la différence de marche. Il en est de même de l'autre côté, où la vibration primitive est rétablie au point symétrique B' pour les rayons circulaires A_g et B_d. On aperçoit, en effet, deux systèmes de franges latérales quand on observe avec un analyseur. Chacune des images montre alors trois systèmes de franges, le système central primitif à centre blanc et deux systèmes latéraux moins nets, puisque chacun d'eux, celui qui provient de A_g et B_d, par exemple, est superposé à l'éclairement général relatif à l'autre système A_d et B_g.

Babinet [1] réalise l'expérience d'une autre manière en interposant sur le trajet des deux faisceaux des lames de mica d'un quart d'onde qui les transforment en rayons circulaires de sens inverses. Si l'on observe alors les franges avec un analyseur, elles occupent leur position primitive; mais, quand on oblige en outre les rayons à traverser une lame de quartz perpendiculaire à l'axe, les franges se déplacent à droite ou à gauche d'une quantité proportionnelle au retard relatif des vibrations circulaires.

501. *Frange achromatique.* — Toutefois ce n'est pas aux points A' et B' correspondant à une différence de marche nulle que paraissent les centres des systèmes latéraux, et les mesures faites par différents observateurs paraissaient ainsi en contradiction avec la théorie de Fresnel. M. Cornu [2] a montré que l'accord est complet quand on calcule la position que doit occuper la frange achromatique.

---

[1] Babinet, *Comptes rendus des séances de l'Académie des Sciences*, t. IV, p. 900; 1837.

[2] Cornu, *Comptes rendus des séances de l'Académie des Sciences*, t. XCIII, p. 809; 1881.

En effet, si l'on appelle α l'angle apparent des fentes A et B vues du point C et x la distance CM d'un point M du champ, la différence de marche correspondante est αx (124) et la différence de phase $2\pi \dfrac{\alpha x}{\lambda}$.

La rotation du quartz pour une couleur déterminée était R, la différence de phase résultante des vibrations A_d et B_g qui aboutissent au point M est $2\left(\pi \dfrac{\alpha x}{\lambda} - R\right)$, de sorte que la rotation finale du plan de polarisation en ce point est $\pi \dfrac{\alpha x}{\lambda} - R$. La frange produite par un analyseur paraîtra achromatique si cette rotation est à peu près indépendante de la longueur d'onde, c'est-à-dire si sa dérivée est nulle (129), ce qui a lieu pour la condition

$$\frac{\pi \alpha x}{\lambda^2} + \frac{dR}{d\lambda} = 0.$$

Soient p l'ordre de la frange du système central qui correspond au retard géométrique αx de la frange achromatisée et p_0 l'ordre de la frange située au point A' où le retard géométrique est $\dfrac{R\lambda}{\pi}$; on a

$$p = \frac{\alpha x}{\lambda} = -\frac{\lambda}{\pi} \frac{dR}{d\lambda} = -p_0 \frac{\lambda}{R} \frac{dR}{d\lambda}.$$

Si l'on représente le pouvoir rotatoire par une loi plus générale $R = k \dfrac{e}{\lambda^n}$, il en résulte

$$\frac{1}{R} \frac{dR}{d\lambda} = -\frac{n}{\lambda}, \qquad p = np_0.$$

Comme l'exposant n est voisin de 2, la frange achromatique du système latéral se trouve à une distance du centre à peu près double de celle du point où la différence de marche des vibrations circulaires est nulle.

La valeur $n = 2,13$ paraît plus approchée et donne des résultats absolument conformes à l'observation.

La frange achromatique a le même caractère (blanche, noire ou intermédiaire) dans les deux systèmes latéraux et, si l'analyseur est à double image, elle présente dans l'une et dans l'autre des intensités complémentaires.

Enfin, quand on fait tourner lentement l'analyseur, les franges latérales se déplacent d'une manière continue dans un sens ou dans l'autre; elles s'éloignent ou se rapprochent en même temps du système central suivant qu'on tourne l'analyseur dans le sens ou en sens contraire de la rotation du quartz, et le déplacement est d'une frange entière pour une rotation de 180°.

On conçoit bien que les franges latérales n'apparaissent pas quand la lumière primitive est naturelle, car on peut considérer cette lumière comme formée de deux groupes de rayons polarisés à angle droit (328); les azimuts de polarisation des franges latérales relatives à ces deux groupes, étant eux-mêmes rectangulaires, donneraient en chaque point une intensité constante dans chacune des images de l'analyseur.

502. *Vitesse moyenne des vibrations circulaires.* — Il est à présumer que le changement de vitesse imprimé aux rayons à vibrations circulaires par la dissymétrie du quartz a la même valeur pour les deux espèces sauf le signe, et que la moyenne des vitesses relatives aux rayons circulaires est égale à la vitesse de propagation du rayon ordinaire. M. Cornu (¹) a vérifié cette relation par des expériences directes.

Deux prismes en quartz de même angle, travaillés ensemble, sont taillés de manière que l'axe soit parallèle à l'arête pour l'un d'eux et perpendiculaire au plan bissecteur de l'angle de réfraction pour l'autre. Ce double prisme étant placé sur un spectroscope dans la position qui correspond à la déviation minimum des rayons ordinaires, on observe les images d'une raie brillante produite par des vapeurs métalliques. On aperçoit alors quatre images : l'une très écartée, due au rayon extraordinaire dans le premier prisme, et trois autres très voisines qui sont dues au rayon ordinaire du premier prisme et aux deux rayons circulaires du second. Les mesures micrométriques montrent que la première de ces trois images est exactement intermédiaire aux deux autres et il en est ainsi depuis le rouge extrême jusqu'aux radiations ultraviolettes les plus réfrangibles. La moyenne m des indices de ré-

---

(¹) Cornu, *Comptes rendus des séances de l'Académie des Sciences*, t. XCII, p. 1365; 1881.

fraction m_1 et m_2, relatifs aux rayons circulaires, est donc égale à l'indice ordinaire n' du quartz.

Toutefois, l'expérience ne comporte pas une grande précision, parce que l'inégale dilatation du quartz dans les deux directions principales (308) ne permet pas de conserver aux deux prismes l'égalité des angles qu'ils avaient à la température du polissage. Ce défaut est plus grave pour les rayons rouges, dont la double réfraction est moindre, et il peut être diminué en complétant les prismes par des lames de verre collées sur les deux faces.

La méthode des interférences permet d'obtenir une vérification plus rigoureuse.

On interpose, sur le trajet des rayons, deux plaques de quartz d'égale épaisseur, dont l'une A est traversée perpendiculairement et l'autre B parallèlement à l'axe; par un petit déplacement du système, on peut faire en sorte que les deux faisceaux traversent la plaque A ou séparément les deux plaques. La lumière étant polarisée parallèlement à l'axe du cristal A, on observe avec un analyseur. Dans le premier cas, on n'aperçoit que le système central des interférences; dans le second cas, les deux systèmes latéraux apparaissent. Par des mesures micrométriques ou à l'aide d'un compensateur, on constate que la direction moyenne de deux franges similaires des systèmes latéraux coïncide exactement avec la frange centrale du système primitif. Le retard de l'une des vibrations circulaires sur la vibration ordinaire est donc égal à l'avance de l'autre.

La relation des indices

$$m_1 = \frac{V_0}{W_1} = \frac{V_0}{V'}(1 - \varepsilon),$$

$$m_2 = \frac{V_0}{W_2} = \frac{V_0}{V'}(1 + \varepsilon)$$

donne alors, à cause de la petitesse du facteur ε,

$$W_1 = V'(1 + \varepsilon),$$
$$W_2 = V'(1 - \varepsilon);$$
$$W_1 + W_2 = 2V'.$$

La moyenne des vitesses de propagation des vibrations circulaires est égale à la vitesse relative aux vibrations ordinaires.

503. *Vibrations tournantes.* — On a dit quelquefois que la conception de Fresnel sur les vibrations circulaires dans le quartz n'est qu'une décomposition arbitraire des mouvements vibratoires sans relation nécessaire avec un phénomène physique réel; il est donc utile d'examiner la question de plus près.

Le fait démontré par l'expérience, c'est qu'un rayon de lumière polarisé qui traverse normalement une lame de quartz dans la direction de l'axe est transformé en un autre rayon polarisé dans un azimut différent.

Si l'on appelle λ_1 et λ_2 les longueurs d'onde dans le quartz des deux rayons circulaires droit et gauche, et λ la longueur d'onde dans l'air (ou dans le vide) de la lumière incidente, on a

$$\lambda = m_1 \lambda_1 = m_2 \lambda_2,$$

et les variations de phase pour une épaisseur e sont

$$\delta_1 = \frac{2\pi e}{\lambda} m_1 = 2\pi \frac{e}{\lambda_1},$$

$$\delta_2 = \frac{2\pi e}{\lambda} m_2 = 2\pi \frac{e}{\lambda_2}.$$

Quand on remplace la vibration incidente $r \sin \omega t$ **(171)** par deux vibrations circulaires inverses d'égale amplitude, et que les vibrations droite et gauche éprouvent dans la lame des pertes de phase δ_1 et δ_2, la vibration résultante est rectiligne, de même amplitude que la vibration primitive, avec laquelle elle présente une différence de phase

$$\delta' = \frac{\delta_1 + \delta_2}{2} = \pi e \left(\frac{1}{\lambda_1} + \frac{1}{\lambda_2} \right),$$

et le plan de polarisation a tourné vers la droite de l'angle

$$R = \frac{\delta_2 - \delta_1}{2} = \pi e \left(\frac{1}{\lambda_2} - \frac{1}{\lambda_1} \right).$$

On peut donc représenter le phénomène, dans l'intérieur du quartz, par une vibration *tournante*

$$x' = r \sin \left[\omega t - \pi e \left(\frac{1}{\lambda_1} + \frac{1}{\lambda_2} \right) \right].$$

Pour que deux ondes successives de cette nature soient concordantes, c'est-à-dire de même phase, mais sans que les vibrations soient parallèles, il faut que leur distance e, qui représente alors une longueur d'onde particulière λ', satisfasse à la condition

$$\lambda'\left(\frac{1}{\lambda_1} + \frac{1}{\lambda_2}\right) = 2 \qquad \text{ou} \qquad \frac{2}{\lambda'} = \frac{1}{\lambda_1} + \frac{1}{\lambda_2}.$$

La vibration tournante et les vibrations circulaires ayant même période, la vitesse de propagation W' de la première satisfait à la relation

$$T = \frac{\lambda'}{W'} = \frac{\lambda_1}{W_1} = \frac{\lambda_2}{W_2}$$

ou

$$\frac{2}{W'} = \frac{1}{W_1} + \frac{1}{W_2}.$$

Si l'on appelle indice de réfraction de la vibration tournante le rapport $m' = \dfrac{V_0}{W'}$, il en résulte

$$m' = \frac{m_1 + m_2}{2}.$$

Cette valeur de m' est la moyenne des indices de réfraction des ondes à vibrations circulaires droite et gauche : elle est donc égale à l'indice ordinaire du quartz.

Remarquons toutefois que, si les ondes sortent du cristal par une face oblique à l'axe, on ne peut plus appliquer aux vibrations tournantes les théorèmes généraux qui servent à déterminer la direction du rayon réfracté (**28**).

Deux points de la face de sortie, situés sur deux ondes voisines, ont bien des vibrations rectilignes et de même phase; mais ces vibrations ne sont pas parallèles et, par suite, ne peuvent interférer complètement pour aucune direction du rayon réfracté. En remplaçant les vibrations tournantes par les ondes de Fresnel à vibrations circulaires, on retrouve, au contraire, sur la face de sortie, deux systèmes d'ondes régulières qui conduisent à deux espèces différentes de rayons réfractés.

Quoique les deux manières de considérer les phénomènes ne diffèrent pas au fond, puisqu'elles correspondent à deux décompositions équivalentes d'un même mouvement vibratoire, la conception de Fresnel est ainsi la seule qui corresponde à une propagation d'ondes régulières.

Les systèmes de franges multiples produites par l'interposition d'une lame de quartz, que nous avons examinés directement, peuvent être évidemment calculés par la considération des vibrations tournantes.

En recevant la vibration résultante x', qui a tourné de l'angle R, sur un analyseur orienté dans l'azimut s, la vibration ordinaire est

$$\xi' = x' \cos(s - R) = r \cos(s - R) \sin\left(\omega t - \frac{\delta_1 + \delta_2}{2}\right).$$

Si l'on combine dans un appareil d'interférence deux vibrations semblables d'égale amplitude et qu'on observe à une distance x du centre correspondant à la différence de marche αx, l'amplitude de la vibration résultante est (155)

$$A = 2\, r \cos(s - R) \cos \pi \frac{\alpha x}{\lambda}.$$

Cette expression montre que, dans la lumière homogène, il n'y a qu'un système de franges dont la position, définie par le dernier facteur, est indépendante de la polarisation rotatoire; mais l'intensité des maxima est variable avec la couleur, à cause de la rotation R, et variable aussi avec l'orientation de l'analyseur.

Pour avoir le phénomène observé dans la lumière blanche, nous remarquerons qu'on peut écrire

$$A = r\left[\cos\left(s - R + \pi\frac{\alpha x}{\lambda}\right) + \cos\left(s - R - \pi\frac{\alpha x}{\lambda}\right)\right].$$

Si l'on représente encore par u^2 l'intensité primitive d'une couleur déterminée, l'intensité totale O de l'image ordinaire se réduit à

$$O = \Sigma u^2 \cos^2\left(s - R + \pi\frac{\alpha x}{\lambda}\right) + \Sigma u^2 \cos^2\left(s - R - \pi\frac{\alpha x}{\lambda}\right).$$

En effet, comme les angles R et $\pi\dfrac{\alpha x}{\lambda}$ varient rapidement d'une couleur à l'autre, chacun des cosinus que renferme le double produit

$$\cos\left(s - R + \pi\frac{\alpha x}{\lambda}\right) \cos\left(s - R - \pi\frac{\alpha x}{\lambda}\right)$$

prend toutes les valeurs possibles de -1 à $+1$, et la somme des termes correspondants est nulle.

Chacun des deux termes dont la somme représente l'image passe par une valeur indépendante de la longueur d'onde pour des positions qu'on obtient en égalant à zéro la dérivée par rapport à la longueur d'onde de l'expression $R \pm \pi \dfrac{\alpha x}{\lambda}$; nous retrouvons ainsi la condition par laquelle on a déterminé plus haut les franges achromatiques (501).

Pour toute autre valeur de x, chacun des termes a une valeur sensiblement constante égale à la moitié de l'intensité totale, car on peut écrire

$$\Sigma u^2 \cos^2\left(s - R \pm \pi \frac{\alpha x}{\lambda}\right) = \frac{1}{2}\Sigma u^2 + \frac{1}{2}\Sigma u^2 \cos 2\left(s - R \pm \pi \frac{\alpha x}{\lambda}\right),$$

et le dernier terme du second membre est nul.

Tandis que les franges minima sont noires dans le système central, elles sont *grises* dans les systèmes latéraux, puisque ces systèmes sont superposés à l'éclairage général qui serait produit par l'une des deux sources.

504. *Analyse spectrale des rotations.* — Les expériences de Biot sont évidemment insuffisantes pour déterminer exactement la dispersion rotatoire; la rotation des rayons violets dans le quartz lui avait déjà paru un peu trop grande et il a reconnu que la dispersion des dissolutions du camphre suit manifestement une marche différente. Il était donc probable que la loi de l'inverse des carrés des longueurs d'onde n'est, pour tous les cas, qu'une première approximation.

M. Broch ([1]) a montré qu'en utilisant une méthode d'observation imaginée par MM. Fizeau et Foucault ([2]) on pouvait déterminer les rotations des milieux actifs avec une grande précision. Il suffit d'examiner au spectroscope un faisceau de lumière blanche qui a traversé le milieu actif, une plaque de quartz par exemple, placé entre deux nicols.

([1]) Broch, *Ann. de Chim. et de Phys.* [3], t. XXXIV, p. 119; 1852.
([2]) Fizeau et Foucault, *Ann. de Chim. et de Phys.* [3], t. XXX, p. 155; 1850.

Si la source de lumière est une fente éclairée parallèle à l'arête du prisme, on peut distinguer dans le spectre les raies de Fraunhofer et rapporter ainsi les rotations à des longueurs d'onde bien définies. Suivant la grandeur de la rotation, le spectre porte un nombre variable de bandes noires correspondant aux rayons qui sont éteints par l'analyseur.

Le milieu actif étant d'abord supprimé, on détermine l'azimut de l'analyseur qui produit une extinction complète. En intercalant ensuite le milieu, on peut faire tourner l'analyseur jusqu'à ce que le milieu d'une bande noire coïncide avec l'une des raies du spectre.

Pour connaître le sens de la rotation, il suffit de se rappeler qu'elle augmente avec la réfrangibilité. Si donc on tourne l'analyseur dans le sens de la rotation, les bandes se déplacent du rouge au violet; elles marchent du violet au rouge quand l'analyseur tourne en sens contraire de la rotation. L'inverse a lieu quand on tourne le polariseur.

Il reste à prendre plusieurs précautions importantes, surtout quand il s'agit du quartz.

Il faut d'abord que le cristal soit traversé par la lumière exactement dans la direction de l'axe. Nous verrons, en effet, que le pouvoir rotatoire existe encore pour des rayons obliques à l'axe, mais il diminue à mesure qu'on s'en écarte; si l'on fait tourner le cristal lentement, en visant l'une des bandes noires, on la voit se déplacer dans le spectre et marcher vers le violet à mesure que les rayons s'écartent de l'axe.

On déplacera donc le cristal lentement à la main, de manière que cette bande se rapproche le plus possible du rouge; c'est un effet analogue au minimum de déviation dans les prismes.

En second lieu, on éprouve quelque difficulté à faire coïncider le milieu de la bande avec une raie déterminée, puisque cette raie cesse d'être visible par l'extinction de la lumière. On peut munir la lunette d'observation d'un réticule, pointer le fil sur une raie et amener ensuite par la rotation de l'analyseur le milieu de la bande sur le fil du réticule. Ce mode d'observation est quelquefois incorrect si le nicol analyseur n'a pas ses faces d'entrée et de sortie rigoureusement parallèles, parce qu'il donne aux rayons une déviation latérale et que les raies se déplacent par rapport au réticule de la lunette quand on fait tourner l'analyseur. Pour éviter cet inconvénient, il suffirait de placer le polariseur en avant de la fente et de mesurer les rotations par le polariseur.

Enfin on trouve un nouvel obstacle dans la largeur même de la bande obscure correspondant à l'ensemble des rayons voisins de ceux qui sont absolument éteints.

La dispersion des couleurs pour une épaisseur de 1^{mm} étant d'environ $27°$, les différents azimuts de polarisation n'occupent pas un angle de $180°$ tant que l'épaisseur du quartz sera inférieure à 7^{mm}. Dans ce cas, il n'existe pas deux couleurs différentes polarisées dans le même plan et le spectre ne présente qu'une bande obscure. Si l'intensité du spectre était uniforme dans l'étendue occupée par cette bande, son milieu apparent correspondrait exactement aux rayons éteints, mais il n'en est pas ainsi en général. Lorsque la bande est dans le voisinage d'un maximum de lumière, les rayons compris entre le milieu de la bande et le maximum conserveront une intensité plus grande, toutes choses égales, que ceux qui sont situés de l'autre côté; le milieu apparent de la bande paraîtra donc plus éloigné du maximum de lumière qu'il ne doit être réellement. Pour les rayons situés dans le vert, par exemple, le milieu apparent de la bande noire sera rejeté vers le violet; on attribuera donc la rotation observée à des rayons trop réfrangibles et, par conséquent, les nombres obtenus seront trop faibles. Pour les rayons orangés, au contraire, les rotations observées seront trop fortes.

Le seul moyen de diminuer cette cause d'erreur quand on ne peut pas modifier les rotations est d'augmenter autant que possible l'éclat de la lumière incidente, soit en la concentrant avec une lentille sur la fente, soit même en élargissant cette fente au risque de diminuer la pureté du spectre, afin de réduire la largeur apparente de la bande d'extinction.

Avec des quartz de 15^{mm} ou d'épaisseurs plus grandes, les azimuts de polarisation des différents rayons couvrent une ou plusieurs circonférences. A chaque position de l'analyseur correspondent alors dans le spectre plusieurs bandes d'extinction plus étroites, dont le centre se détermine plus exactement. Les rotations sont ainsi évaluées à un multiple près de demi-circonférences, mais il ne peut y avoir de doute sur la valeur de ce multiple par suite des mesures relatives à différentes épaisseurs.

La sensibilité absolue du phénomène est alors moindre, parce

qu'une bande vient se substituer à la bande voisine pour une rotation de 180° de l'analyseur, mais la précision relative augmente
avec l'épaisseur du cristal, puisque, par le rétrécissement des
bandes, il est plus facile de distinguer les rotations de deux rayons
de longueurs d'onde voisines.

M. Broch couvrait par le quartz une partie seulement de la
lumière émanée de la fente, afin que l'on pût distinguer dans le
spectre les raies de Fraunhofer. Il observait à l'œil nu ou avec une
lunette de Galilée visant à la distance de l'image virtuelle de la
fente dans le prisme.

Dans une suite d'expériences sur les essences de térébenthine
et de citron, M. *G. Wiedemann* ([1]) s'est servi d'une lunette à
réticule, en pointant d'abord le fil sur une raie et amenant ensuite
le milieu d'une bande noire sur le fil par la rotation de l'analyseur;
les défauts du prisme de Nicol sont sans inconvénient s'il est
placé à la suite du réticule.

M. Gernez ([2]) faisait traverser le système des deux nicols et du
milieu actif par un faisceau de lumière solaire et plaçait à la suite
un spectroscope en avant duquel était une lentille cylindrique
convergente, pour augmenter l'éclat du spectre en concentrant la
lumière sur la fente du collimateur.

M. Stéfan ([3]) recevait la lumière à la sortie du quartz sur un
cône de verre ayant une ouverture angulaire de 70°, de sorte que
les rayons se réfléchissaient sous l'angle de polarisation. En re-
cueillant le faisceau réfléchi sur un écran, on obtient alors une
image circulaire colorée sur laquelle les rayons polarisés perpendiculairement au plan de réflexion sont éteints. Cette méthode
doit être considérée surtout comme un mode de démonstration
ingénieux qui ne paraît pas comporter des mesures exactes.

Dans le même ordre d'idées, nous citerons une expérience curieuse de Govi ([4]). Si l'on observe avec un prisme à vision directe
lié à l'analyseur, et qu'on fasse tourner le système assez rapide-

---

([1]) G. Wiedemann, *Pogg. Ann.*, t. LXXXII, p. 215; 1851. — *Ann. de Chim.
et de Phys.* [3], t. XXXIV, p. 121; 1852.

([2]) Gernez, *Ann. de l'École Normale supérieure*, t. I, p. 12; 1864.

([3]) Stéfan, *Sitzungsberichte der Wiener Akad.*, t. L, 2ᵉ section, p. 88; 1864.

([4]) Govi, *Journal de Physique*, [2], t. I, p. 372; 1882.

ment pour que la persistance des impressions sur la rétine laisse voir un anneau à couleurs concentriques dont le rouge forme la circonférence de moindre rayon, les bandes noires se déplacent d'une manière continue dans le spectre et occupent, pour chaque position du système, une position déterminée qui paraîtra fixe dans l'espace. Comme une bande d'ordre déterminé reprend la même situation quand l'appareil a tourné de 180°, chacune d'elles formera sur l'anneau une sorte de double spirale noire. L'ensemble de ces doubles spirales sur le disque coloré constitue un phénomène d'Optique remarquable. Les spirales paraissent droites ou gauches suivant que le quartz est lui-même droit ou gauche. Le sens des spirales paraît inverse quand on examine le phénomène par projection sur un écran.

L'emploi d'une source homogène, telle que la flamme d'alcool salé utilisée par M. Fizeau (¹), peut dispenser d'avoir recours à l'analyse spectrale, si l'on a soin que la flamme soit assez peu intense pour conserver sa pureté.

Dans un travail d'une autre nature (²), j'ai eu l'occasion de déterminer également le pouvoir rotatoire du quartz pour les raies du sodium et la raie verte du thallium à l'aide de la disposition suivante. Une étincelle d'induction entre deux électrodes du métal est placée devant une lentille qui en forme l'image sur la fente d'un collimateur. A la suite du collimateur se trouvent une série de prismes réfringents, puis un ou plusieurs blocs de quartz; on observe avec une lunette munie d'un nicol porté par un cercle gradué et situé derrière le réticule. On place un nicol en avant de la fente, de manière que le plan de polarisation soit parallèle ou perpendiculaire au plan de réfraction, afin qu'il ne soit pas modifié par les prismes. On éteint par l'analyseur la raie brillante sur laquelle on veut faire porter l'observation.

Si la dispersion et la rotation sont assez grandes, l'expérience peut être tellement délicate qu'elle permet d'éteindre successivement les trois raies brillantes du magnésium qui correspondent au groupe b du spectre solaire. L'emploi du spectroscope est encore utile même avec la flamme de l'alcool salé, parce que la lu-

---

(¹) H. Fizeau, *Ann. de Chim. et de Phys.* [4], t. II, p. 176; 1864.

(²) Mascart, *Ann. de l'École Normale supérieure* [2], t. I, p. 196; 1872.

mière doit être relativement intense et qu'elle renferme alors en proportion notable des couleurs différentes du jaune.

Ces expériences sur le quartz ont été l'objet d'un grand nombre de travaux; nous signalerons, en particulier, les recherches de MM. L. Soret et Sarazin (^{1}) qui ont étendu les mesures depuis l'extrême rouge jusqu'aux rayons chimiques les plus réfrangibles fournis par les vapeurs de cadmium.

505. *Addition des rotations inverses.* — Quand on dispose de plusieurs quartz, ou plus généralement de milieux actifs de rotations contraires, on peut déterminer directement la somme de leurs rotations. Il suffit, en effet, d'ajouter séparément tous les milieux droits, puis tous les gauches et d'intercaler entre eux une lame d'une demi-onde.

La section principale de la lame étant dans l'azimut i par rapport au plan primitif, si la rotation du premier système est $-\mathrm{R}$, la lame d'une demi-onde fait tourner le plan de polarisation du faisceau émergent de l'angle $2(i+\mathrm{R})$, de sorte que la rotation devient $2i+\mathrm{R}$; le second système produisant une rotation $+\mathrm{R}'$, la rotation finale est $2i+\mathrm{R}+\mathrm{R}'$. Elle se réduit à la somme $\mathrm{R}+\mathrm{R}'$ des rotations des deux systèmes lorsque la lame d'une demi-onde est parallèle au plan primitif.

On peut dire, plus simplement, que la lame d'une demi-onde change alors le sens des vibrations circulaires droites et gauches (378) sans modifier leurs phases, de sorte que celle qui était en retard dans le premier système est de nouveau en retard dans le second, et la rotation totale est la même que si tous les milieux étaient de même sens.

Si l'on opère, par exemple, avec un grand nombre de quartz dont les deux systèmes soient presque équivalents, le spectre ne montre d'abord aucune bande d'extinction, et l'introduction d'une lame d'une demi-onde suffit pour en faire apparaître brusquement un nombre considérable; l'expérience, réalisée sous cette forme, paraît donc un peu paradoxale.

Le même artifice peut être utilisé pour multiplier la rotation

---

(^{1}) J.-L. Soret et E. Sarazin, *Archives de Genève* [3], t. VII, p. 5, 97 et 203; 1882.

due à un quartz unique. Lorsque, par une réflexion normale, on fait revenir sur lui-même le rayon qui a traversé un quartz, les rotations s'annulent et la polarisation primitive est rétablie; car les deux rotations à l'aller et au retour sont de même sens pour l'observateur qui reçoit la lumière, c'est-à-dire de sens contraires en valeur absolue. Mais, si l'on interpose entre le quartz et le miroir réflecteur une lame d'un quart d'onde dont la section principale est parallèle au plan primitif, les deux passages d'aller et de retour au travers de cette lame établissent une différence de marche d'une demi-longueur d'onde entre les composantes de la vibration; le plan de polarisation se trouve alors dans l'azimut — R par rapport au rayon incident, c'est-à-dire dans l'azimut R pour le rayon réfléchi. Le nouveau passage dans le quartz faisant tourner le plan de polarisation du même angle, la rotation finale est 2R. Un second miroir couvert d'un quart d'onde produirait le même effet pour une seconde réflexion et donnerait après le troisième passage une rotation 3R.

D'une manière générale, pour un rayon réfléchi p fois dans ces conditions, la rotation finale serait $(p + 1)$R, c'est-à-dire proportionnelle au nombre des passages dans le cristal.

506. *Influence de la température.* — M. Dubrunfaut [1] a reconnu, pour la première fois, que le pouvoir rotatoire du quartz augmente avec la température; en chauffant le cristal jusqu'à $199°,5$, l'accroissement de rotation a été d'environ $0,00015$ par degré. Cet effet tient en partie à la dilatation du cristal, mais il est beaucoup plus grand que celui qui résulterait de l'allongement, au moins entre les températures de $0°$ et de $100°$.

Pour une rotation primitive de $194°,97$ avec la lumière jaune, M. Fizeau a trouvé que l'accroissement produit par une élévation de température de $60°,54$ est de $1°,4$, tandis que l'effet dû à la dilatation serait seulement $0°,1$. Il en résulte pour l'accroissement réel du pouvoir rotatoire par degré $0,00011$. Entre les températures de $20°$ et $94°$, M. von Lang [2] a obtenu un nombre plus

[1] Dubrunfaut, *Ann. de Chim. et de Phys.* [3], t. XVIII, p. 106; 1846.
[2] Von Lang, *Sitzungsb. der Wiener Akad.*, t. LXXI, p. 707; 1875. — *Journal de Physique*, t. V, p. 35; 1876.

élevé 0,000141 pour la raie rouge du lithium, la lumière jaune du sodium et la raie verte du thallium; il en a conclu que la variation est proportionnelle à la température et indépendante de la longueur d'onde.

D'après M. Sohncke ([1]), la rotation ne serait pas représentée par une formule linéaire et les discordances entre les résultats des différents observateurs tiendraient au choix des limites de température; il propose de traduire la rotation, abstraction faite de la dilatation, par une expression du second degré $R_0(1 + \alpha t + \beta t^2)$, avec les valeurs

$$\alpha = 999 . 10^{-7}, \qquad \beta = 318 . 10^{-7}.$$

M. Joubert ([2]) a étendu ces recherches de — 20° à 840° et même jusqu'à la température de ramollissement de la porcelaine, qui peut être évaluée à 1500°. Le rapport de l'accroissement de rotation à l'accroissement de température augmente de 0,000149 à 0,000190, mais sans que l'on puisse le représenter par une formule régulière. Le coefficient de variation croît d'abord assez rapidement de zéro à 300°, puis reste à peu près constant jusque vers 500° pour diminuer ensuite lentement.

M. Gernez ([3]) a indiqué l'avantage d'employer deux quartz de même épaisseur et de sens contraires dont l'un seulement subit les variations de température. On élimine ainsi diverses causes d'erreur et l'on observe directement les changements de rotation, ce qui permet d'utiliser la lumière blanche.

M. Le Chatelier ([4]) a montré que l'irrégularité des variations, signalée par M. Joubert, est due à une transformation allotropique que le quartz éprouve brusquement à une température voisine de 570°, et qui se manifeste également par des variations brusques de la dilatation ou de la double réfraction (465).

Entre 0° et 570°, le pouvoir rotatoire peut être représenté par

---

([1]) Sohncke, *Wied. Ann.*, t. III, p. 516; 1878. — *Journal de Physique*, t. VII, p. 320; 1878.

([2]) Joubert, *Comptes rendus des séances de l'Académie des Sciences*, t. LXXXVII, p. 497; 1878.

([3]) Gernez, *Journal de Physique*, t. VIII, p. 57; 1879.

([4]) Le Chatelier, *Comptes rendus des séances de l'Académie des Sciences*, t. CIX, p. 264; 1889.

une formule du second degré, avec les valeurs

$$\alpha = 96.10^{-6}, \qquad \beta = 217.10^{-9}.$$

Il se produit à $570°$ une variation brusque de $0,043$. Au delà de cette température, le phénomène change de caractère et la rotation est représentée par une expression linéaire

$$R = R_0[1,165 + 15.10^{-6}(t - 570)].$$

Enfin MM. Soret et Sarazin ont constaté que la variation croît d'une manière manifeste avec la réfrangibilité. Entre les températures de $0°$ et de $20°$, le coefficient relatif aux radiations de longueur d'onde $0^{\mu},22$ est $0,000179$, au lieu du nombre $0,000149$ qui convient pour la région moyenne du spectre lumineux.

APPLICATIONS.

507. *Bilame de Soleil.* — Un analyseur armé d'une lame de quartz permet de reconnaître aisément si une lumière renferme les moindres traces de polarisation, car elle fera apparaître les couleurs du pouvoir rotatoire, et l'on observera la teinte sensible en dirigeant l'analyseur dans un azimut convenable. Avec un quartz de $3^{mm},75$ d'épaisseur (**495**), le plan de polarisation partielle ou totale de la lumière primitive, pour la région du spectre qui correspond aux couleurs les plus intenses, est parallèle à celui de l'analyseur lorsque la teinte sensible apparaît.

Ce polariscope, indiqué par Arago, permet de mesurer le pouvoir rotatoire d'un milieu quelconque; car, si l'on intercale le milieu sur le trajet de la lumière primitive, après avoir d'abord réglé le polariscope à la teinte sensible, le déplacement nécessaire de l'analyseur pour rétablir la même teinte détermine la rotation du milieu, au moins tant qu'elle reste assez faible.

On rend l'observation beaucoup plus délicate par l'emploi de deux lames de quartz d'égale épaisseur et de rotations contraires (¹) formant deux demi-cercles accolés. Ces deux secteurs prennent la même teinte quand l'analyseur et le polariseur sont parallèles ou

---

(¹) Soleil, *Comptes rendus des séances de l'Académie des Sciences,* t. XX, p. 1805; 1845.

croisés et donnent, dans le premier cas, la teinte sensible si les quartz sont de $3^{mm},75$; le moindre changement dans l'orientation du plan primitif se manifeste par l'apparition de couleurs différentes sur les deux secteurs.

508. *Polariscope de Senarmont* ([1]). — Imaginons que les deux prismes du compensateur de Babinet (405) soient formés de deux quartz, droit et gauche, et que la lumière les traverse dans la direction de l'axe. Sur la région moyenne OO' (*fig.* 217) les rayons parcourent des épaisseurs égales, de rotations contraires, et se trouvent de nouveau polarisés dans le plan primitif. A la distance OM $= x$, la différence des chemins est $2x \tan g\alpha$; le plan de polarisation a tourné à droite ou à gauche, suivant la nature du quartz qui domine, d'un angle proportionnel à x et qui change de signe avec cette distance.

En observant à l'aide d'un analyseur qui éteint la lumière primitive, on verra sur l'appareil une large bande noire au milieu, accompagnée à droite et à gauche de bandes colorées symétriques, analogues aux franges d'interférence. Pour une épaisseur BC de $7^{mm},5$, qui fait tourner de 180° le plan de polarisation des rayons jaunes, la première bande sombre serait aux bords A et B de la lame et présenterait la teinte sensible.

Si l'on fait tourner l'analyseur vers la droite, la bande noire se déplace du côté qui correspond aux plus grandes épaisseurs du quartz de même sens et d'une quantité proportionnelle à cette rotation. Les bandes marchent donc de part et d'autre du milieu, suivant qu'on tourne l'analyseur à droite et à gauche. Elles prennent la position des maxima primitifs quand la rotation est d'un angle droit; le phénomène est alors symétrique par rapport à une frange centrale blanche.

En associant ce biprisme d'une manière invariable avec un nicol, on reconnaîtra donc, par l'apparition des franges, si la lumière observée renferme des traces de polarisation et la section principale du nicol est parallèle au plan primitif quand la bande noire est placée exactement au milieu.

La sensibilité de l'appareil augmente encore quand on associe

([1]) DE SENARMONT, *Ann. de Chim. et de Phys.* [3], t. XXVIII, p. 279; 1850.

deux biprismes identiques ou deux morceaux du même biprisme
dont l'un a été retourné dans son plan de 180°, comme on le voit
sur la *fig.* 276 où l'on a marqué par la lettre G les bases des

Fig. 276.

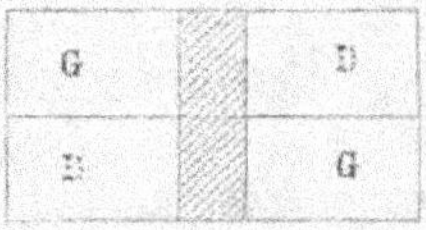

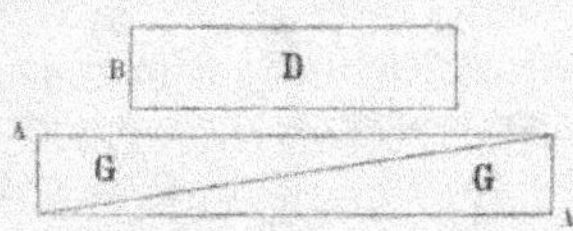

prismes gauches situés en avant et par la lettre D en pointillé les
bases des prismes droits situés en arrière. Si la section principale
du nicol avec lequel on observe est parallèle au plan primitif, les
bandes noires des deux biprismes sont exactement sur le prolongement l'une de l'autre. Pour peu que l'on fasse tourner l'analyseur, les bandes se déplacent dans des sens différents et le défaut
de coïncidence devient manifeste.

La même méthode convient évidemment avec la lumière homogène, et c'est une des plus précises que l'on puisse utiliser pour
déterminer le plan de polarisation partielle ou totale d'une source
quelconque.

509. *Compensateur de Soleil* ([1]). — Le biprisme de quartz
inverses constitue pour les vibrations circulaires un compensateur
analogue à celui de Babinet pour les vibrations rectilignes.

Soleil en a fait un compensateur à teintes plates qui correspond
exactement au compensateur de Biot (406). Les deux quartz A
et A' (*fig.* 277), qui constituent le biprisme, sont de même signe,

Fig. 277.

par exemple gauche, et placés derrière un quartz droit B de même

---

([1]) Soleil, *Comptes rendus des séances de l'Académie des Sciences*, t. XXI,
p. 426; 1845.

épaisseur. Dans cet état, la rotation par le premier quartz B est compensée par le biprisme, et la polarisation est rétablie dans le plan primitif; mais, si l'on fait glisser l'un sur l'autre les prismes A et A′, l'épaisseur de la région commune augmente ou diminue d'une quantité proportionnelle au déplacement, de sorte que, pour les rayons qui traversent cette région, le plan de polarisation a tourné, à droite ou à gauche, suivant le sens de ce déplacement.

Cet appareil, une fois gradué par expérience, peut servir utilement pour déterminer la rotation du plan de polarisation dans un phénomène physique, en observant le déplacement du compensateur qui rétablit la polarisation primitive.

510. *Coloration des images de double réfraction.* — Duboscq a eu l'idée ingénieuse d'utiliser le pouvoir rotatoire du quartz pour mettre en évidence l'inégale distribution des azimuts de polarisation d'une série de rayons différents. Nous en ferons d'abord l'application à une expérience de P. Desains ([1]), relative à la double réfraction du spath d'Islande.

Sur une plaque à faces parallèles, on fait tomber une nappe de rayons convergents ayant la forme d'une surface conique de révolution autour d'une perpendiculaire à la plaque et dont le sommet se trouve dans le voisinage de la face d'entrée. Les rayons réfractés ordinaires coupent la face de sortie suivant un anneau circulaire; les rayons extraordinaires la coupent généralement suivant un anneau elliptique, qui devient aussi circulaire quand la plaque est perpendiculaire à l'axe.

Les deux espèces de rayons émergents issus d'un même rayon primitif sont parallèles entre eux. Les rayons ordinaires forment donc une nappe conique de même ouverture que la nappe primitive; la forme de la nappe extraordinaire varie avec la courbe de sortie, mais toutes ses génératrices sont respectivement parallèles aux génératrices correspondantes de la nappe ordinaire. Enfin on peut projeter sur un écran, à l'aide d'un système de lentilles, la section de ces nappes par un plan quelconque.

Considérons seulement le cas d'un cristal perpendiculaire à l'axe. Les nappes sont alors toutes deux coniques et les sections

---

[1] P. Desains, *Leçons de Physique*, t. II, p. 430; 1865.

par un plan voisin de la face de sortie sont deux anneaux, l'un intérieur AB formé par les rayons ordinaires (*fig.* 278) et l'autre A′ B′ par les rayons extraordinaires.

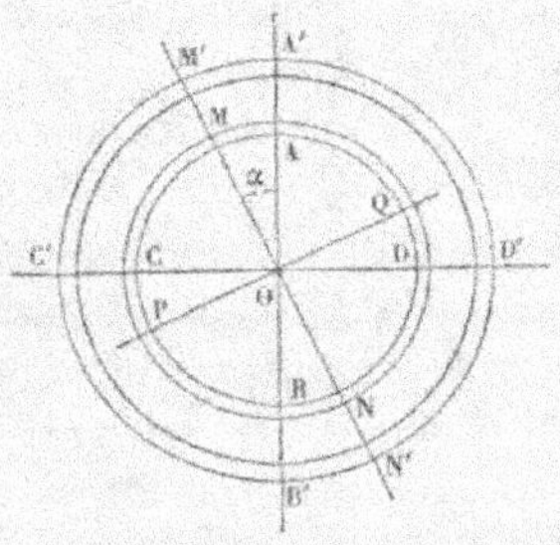

Fig. 278.

En un point quelconque A du premier anneau, le plan de polarisation est dirigé suivant le diamètre OA ; au point A′, il est dans une direction perpendiculaire. Si donc on observe le phénomène avec un analyseur dont le plan de polarisation soit OA, les points A et B de l'anneau ordinaire sont des maxima et les points C et D du diamètre perpendiculaire des minima nuls. L'inverse a lieu pour l'anneau extraordinaire, où les minima sont en A′ et B′ et les maxima en C′ et D′.

Supposons maintenant qu'on intercale sur le trajet de la lumière, après le spath, une lame de quartz droit perpendiculaire à l'axe, dont la rotation est R. Aux extrémités M et N d'un diamètre, le plan de polarisation, qui faisait d'abord l'angle α à gauche du polariseur, se trouve ensuite dans l'azimut $\alpha - R$, compté également vers la gauche ; l'intensité de l'image correspondante dans l'analyseur est donc proportionnelle à $\cos^2(\alpha - R)$.

Comme l'angle α varie de zéro à π quand le point M parcourt la demi-circonférence ACB, les colorations successives représentent la série des teintes relatives au quartz considéré quand, dans l'expérience habituelle, on fait tourner l'analyseur de 0° à 180° à droite du polariseur. Les points M′ et N′ de l'anneau extraordinaire présentent la teinte complémentaire de celle des points M et N, ou la teinte qui se trouve aux extrémités P et Q du diamètre perpendiculaire au premier. Les deux anneaux se partagent donc par moitié en deux secteurs semblables, dont les teintes sont symétriques par rapport au centre.

511. *Double réfraction conique.* — Le phénomène est particulièrement intéressant quand on utilise le pouvoir rotatoire pour montrer la polarisation qui accompagne la réfraction conique dans les milieux à deux axes optiques.

Supposons, pour simplifier, qu'un faisceau étroit de lumière naturelle tombe normalement sur une lame perpendiculaire à l'un des axes (360). Les plans de polarisation des rayons qui forment l'image annulaire (*fig.* 188) passent tous par un même point J. Si l'on interpose une lame de quartz droit de rotation R, et qu'on appelle β l'angle PJI du plan de polarisation JP de l'analyseur avec le plan JI des axes optiques, l'intensité de l'image relative au point M est proportionnelle à

$$\cos^2(\alpha + R + \beta) = \cos^2[R + (\beta + \alpha)].$$

L'angle $\beta + \alpha = $ PJM n'est autre chose que l'angle s de l'analyseur avec le plan primitif avant l'entrée dans le quartz, et cet angle varie de zéro à π quand on observe la suite des rayons, à partir du point P, sur la circonférence.

L'anneau entier présentera donc, dans le sens gauche PJMI, toute la série des teintes que l'on observerait sur le quartz employé en faisant croître de zéro à π, pour une expérience ordinaire, l'angle de l'analyseur avec le polariseur compté vers la gauche, c'est-à-dire en sens inverse de la rotation du quartz. Ces colorations se déplacent naturellement avec l'analyseur et parcourent la circonférence entière quand l'analyseur tourne de 180°.

Les images circulaires qui correspondent à la réfraction conique intérieure ou extérieure (359) donneront sensiblement les mêmes apparences par l'interposition d'une lame de quartz perpendiculaire à l'axe, parce que la réfraction oblique modifie très peu les azimuts de polarisation.

512. *Saccharimètres.* — On appelle généralement *saccharimètres,* à cause de leur emploi fréquent pour l'étude des sucres, et quelquefois *polaristrobomètres,* les appareils destinés à la mesure du pouvoir rotatoire des liquides actifs.

Dans l'appareil qui a été longtemps en usage sur les indications de Biot (¹), le polariseur est une glace noire à peu près horizontale placée à l'extérieur d'une chambre obscure dans laquelle la lumière réfléchie pénètre par une petite ouverture et l'analyseur est un prisme de spath à double image. Sur le trajet de la lumière réfléchie se placent les tubes, fermés par des glaces parallèles, qui renferment les liquides à observer.

Biot recommande un grand nombre de précautions minutieuses pour n'utiliser que la lumière blanche des nuées, pour garantir l'observateur contre l'introduction de toute lumière étrangère au phénomène et pour améliorer l'exactitude des mesures par les moyennes des lectures, soit à la teinte sensible, soit avec un verre rouge de nature déterminée.

Cette disposition compliquée des expériences, qui exige une installation spéciale, n'était pas compensée par l'exactitude des observations, car les variations d'éclat de la lumière extérieure modifient la sensibilité dans de grandes proportions.

Mitscherlich employait simplement des prismes de nicol comme polariseur et analyseur, ce qui permet d'opérer avec une source artificielle, mais la teinte sensible ne correspond plus exactement à la même couleur élémentaire.

Soleil (²) a construit pour l'observation de la teinte sensible un appareil très ingénieux. Le polariseur P est un nicol derrière lequel se trouve une bilame de quartz (507) à deux rotations et à teinte sensible. La lumière traverse ensuite la dissolution active, puis tombe sur un compensateur (509) et est observée finalement au travers d'un nicol analyseur A par une petite lunette de Galilée qui vise sur la plaque à deux rotations.

L'analyseur étant parallèle au polariseur, la plaque à deux rotations paraît un cercle uniforme coloré de la teinte sensible quand le compensateur est au zéro et le liquide supprimé. Si l'on interpose le liquide, les deux demi-disques de la plaque paraissent colorés de teintes différentes, mais on peut donner au compensateur une rotation égale et de sens contraire à celle du liquide en

---

(¹) Biot, *Ann. de Chim. et de Phys.* [3], t. X et XI; 1884.

(²) Soleil, *Comptes rendus des séances de l'Académie des Sciences*, t. XXI, p. 426; 1845, et t. XXIV, p. 973; 1847.

déplaçant les pièces mobiles par une vis micrométrique et rétablir ainsi l'égalité des teintes primitives.

L'une des pièces mobiles du compensateur porte une division et l'autre un vernier, de sorte que la position du vernier sur l'échelle donne, par une graduation préalable, la rotation du liquide.

Lorsque les dissolutions sont colorées, on peut encore établir la compensation, mais la plaque à deux rotations n'a plus la teinte sensible et la précision des mesures est diminuée. Soleil remédiait à cet inconvénient en plaçant en avant du polariseur un appareil producteur de teintes sensibles. C'est un prisme de nicol N suivi d'une lame de quartz l, perpendiculaire à l'axe. En tournant ce nicol à l'aide d'une tige de renvoi et d'une vis placée sous la main de l'observateur, on peut faire en sorte que la couleur de la lame l vue par le polariseur P soit complémentaire de celle du liquide, auquel cas la teinte sensible se trouve à très peu près rétablie sur la plaque à deux rotations. L'expérience consiste donc à égaler d'abord les deux couleurs de cette plaque par le compensateur; on tourne ensuite le nicol N de manière à produire aussi exactement que possible la teinte sensible et l'on achève de les rendre identiques par un nouveau réglage du compensateur.

Dans tous les cas, l'utilisation de la teinte sensible n'est correcte que si l'on peut compenser le liquide par le quartz, c'est-à-dire si les deux milieux ont exactement la même dispersion rotatoire; il est donc préférable de ramener dans chaque cas la mesure des rotations à une couleur de longueur d'onde déterminée.

L'appareil de Soleil peut encore servir pour une lumière homogène comme celle de la soude, car le jeu du compensateur rétablira une teinte uniforme sur les deux moitiés de l'image; l'éclat est d'autant moindre que la rotation produite par la plaque est plus voisine de $90°$, mais l'observation devient difficile quand on arrive à l'extinction complète.

Si la rotation de la bilame est de $90° \pm \alpha$ et que le liquide avec le compensateur laisse une rotation résiduelle β, les intensités des deux moitiés de l'image sont respectivement proportionnelles à $\sin^2(\alpha + \beta)$ et $\sin^2(\alpha - \beta)$ et leur différence relative est

$$2\,\frac{\sin^2(\alpha + \beta) - \sin^2(\alpha - \beta)}{\sin^2(\alpha + \beta) + \sin^2(\alpha - \beta)} = 4\,\frac{\sin 2\alpha \sin 2\beta}{1 - \cos 2\alpha \cos 2\beta}$$

Dans le *polaristrobomètre* de M. Wild ([1]), l'adjonction d'un jeu de lentilles permet d'observer dans la lumière convergente un polariscope de Savart (440) lié avec l'analyseur. On détermine d'abord sur un cercle gradué l'azimut de l'analyseur qui fait disparaître les franges, au moins sur la région centrale, pour la lumière directe, puis l'azimut de disparition quand on a interposé le corps actif, ce qui donne directement la rotation. Toutefois ce mode d'observation présente quelques difficultés (454) : il fatigue rapidement la vue et ne paraît pas aussi rigoureux que les méthodes dans lesquelles on compare des champs uniformes d'une certaine étendue.

M. Laurent ([2]) a utilisé un polariseur à *pénombre* (407) formé par une lame d'une demi-onde pour la lumière jaune, qui couvre la moitié du champ. L'analyseur tourne encore sur un cercle gradué et l'on égalise les deux moitiés du champ, avant et après l'introduction du liquide. Cet appareil donne des résultats très précis, surtout quand la source de lumière à sel marin est très intense et que l'on a soin de placer en avant du polariseur un verre coloré ou une dissolution saline qui absorbe tous les rayons étrangers à la lumière jaune.

La lame d'une demi-onde ne peut convenir que pour une seule espèce de lumière; la disposition proposée par M. Poynting ([3]) s'appliquerait à une couleur homogène quelconque. Le polariseur est suivi de deux lames de quartz, d'épaisseurs un peu inégales, qui forment les deux parties de l'image; l'ensemble ne peut prendre une teinte homogène que si l'azimut de l'analyseur est bissecteur de l'angle des deux nouveaux plans de polarisation.

On peut d'ailleurs faire varier la sensibilité en remplaçant l'une des lames par un compensateur à teintes plates ou par une dissolution sucrée dans laquelle on introduit des lames de verre de différentes épaisseurs.

M. Nodot ([4]) a construit dernièrement un saccharimètre répé-

---

([1]) H. WILD, *Pogg. Ann.*, t. CXXII, p. 626; 1864. — *Ann. de Chim. et de Phys.* [4], t. III, p. 501; 1864.

([2]) H. LAURENT, *Journal de Physique*, t. III, p. 183; 1874.

([3]) J.-H. POYNTING, *Phil. Mag.* [5], t. IV, p. 18; 1880. — *Journal de Phys.*, t. X, p. 49; 1881.

([4]) NODOT, *Revue des Travaux scientifiques*, t. IX, p. 638; 1888.

titeur où il utilise les bandes produites dans un spectre. La lumière, d'abord polarisée, traverse deux quartz inverses d'égale épaisseur, à la suite desquels se trouve une fente perpendiculaire à leur intersection. En visant cette fente au travers d'un analyseur et d'un prisme à vision directe (79), à l'aide d'une petite lunette, les deux moitiés fournissent deux spectres cannelés superposés, où les bandes d'extinction se correspondent exactement quand l'analyseur et le polariseur sont parallèles.

L'interposition d'un corps actif déplace les deux systèmes de bandes en sens contraires; on rétablit leur correspondance sur un point quelconque du spectre en tournant l'analyseur d'un angle convenable, qui mesure la rotation du corps interposé pour une couleur déterminée.

L'appareil peut être répétiteur; car, si l'on rétablit la coïncidence des bandes par le polariseur, après avoir enlevé le corps actif, et qu'on introduise de nouveau ce dernier, la rotation de l'analyseur sera doublée.

PROPRIÉTÉS DU QUARTZ EN DEHORS DE L'AXE.

513. *Hypothèse de Sir G. Airy.* — Arago avait déjà constaté les changements de couleur que présente une lame de quartz quand la direction de la lumière s'écarte notablement de l'axe et Biot a donné des tableaux très étendus de cette modification continue des teintes, mais l'effet est trop complexe pour qu'il semble possible d'en déterminer les lois par l'observation à la lumière blanche.

La transformation du phénomène est évidemment continue, quand la normale aux ondes réfractées passe d'une direction parallèle à une direction perpendiculaire à l'axe. Dans le premier cas, les vibrations sont circulaires, droites ou gauches; dans le second cas, elles sont rectilignes.

L'hypothèse la plus simple consiste à admettre (¹) que, pour une direction intermédiaire des rayons lumineux, le milieu transmet des vibrations elliptiques conjuguées (169): l'une d'elles a son grand axe perpendiculaire à la section principale et se transforme peu à peu en vibration rectiligne ordinaire, à mesure que la normale à

(¹) G. Airy, *Cambr. Phil. Trans.*, t. IV, Part I, p. 79, 198; 1831.

l'onde s'éloigne de l'axe de cristallisation ; l'autre a son grand axe dans la section principale et se transforme de même en vibration rectiligne extraordinaire.

Au lieu de considérer des rayons qui tombent obliquement sur une lame perpendiculaire à l'axe, il est à peu près équivalent de supposer qu'ils traversent normalement une lame oblique à l'axe. La lumière primitive étant polarisée, si l'on appelle i l'azimut de la section principale par rapport au plan primitif de polarisation et δ la différence de phase des deux vibrations elliptiques, on a vu (173) que la vibration émergente est elliptique et peut être remplacée par deux composantes conjuguées, l'une d'amplitude q, qui a tourné de l'angle R en sens contraire du mouvement sur la vibration elliptique retardée, l'autre d'amplitude p dans l'azimut $2i$, avec une avance de phase égale à $\frac{\pi}{2}$ sur la première.

Les quantités R, p et q sont données d'ailleurs, en appelant r l'amplitude de la vibration primitive et $\tang\varphi$ le rapport des axes des vibrations elliptiques, par les relations

$$(1) \quad \begin{cases} \tang R = \sin 2\varphi \, \tang \dfrac{\delta}{2}, \\[2mm] p = r \cos 2\varphi \sin \dfrac{\delta}{2}, \\[2mm] q = \dfrac{r}{\sin R} \sin 2\varphi \sin \dfrac{\delta}{2} = \dfrac{r}{\cos R} \cos \dfrac{\delta}{2}. \end{cases}$$

La différence de phase δ est proportionnelle à l'épaisseur de la lame par un facteur qui dépend de l'écart de la normale avec l'axe du cristal ; l'angle φ est également une fonction du même écart. Pour la direction de l'axe, on a

$$\tang\varphi = 1, \qquad R = \frac{\delta}{2}, \qquad p = 0, \qquad q = r,$$

c'est-à-dire la polarisation rotatoire habituelle.

En supposant la rotation droite et appelant γ l'angle $2i - R$ des composantes conjuguées p et q, θ et θ' les angles que fait l'un des axes A de l'ellipse résultante avec leur bissectrice et avec la composante p, on a

$$\theta + \frac{\gamma}{2} = \theta', \qquad 2\theta = 2\theta' - \gamma.$$

Si l'on pose ensuite (174)

$$(2) \qquad \tan\frac{\delta'}{2} = \frac{p}{q} = \sin R \cot 2\varphi,$$

les angles I et θ', qui définissent les éléments de la vibration finale, satisfont aux équations (160 et 158)

$$(3) \quad \left\{ \begin{aligned} \sin 2I &= \sin\gamma \sin\delta' = \sin(2i - R)\sin\delta', \\ \tan(2\theta' - \gamma) &= \tan\gamma \cos\delta' = \tan(2i - R)\cos\delta', \\ \frac{\sin 2(\gamma - \theta')}{\sin 2\theta'} &= \sin 2\gamma \cot 2\theta' - \cos 2\gamma = \tan^2\frac{\delta'}{2}, \\ \frac{1}{\cos 2I} &= \frac{\cos(2\theta' - \gamma)}{\cos\gamma} = \cos 2\theta' + \sin 2\theta'\tan\gamma, \\ \tan^2 I &= \tan\theta' \tan(\gamma - \theta'). \end{aligned} \right.$$

Si l'on connaît l'angle i, l'étude des vibrations elliptiques permet de déterminer, par expérience, les angles I et θ', d'où l'on déduira successivement les angles γ, δ' et R à l'aide des équations (3); l'équation (2) donnera ensuite l'angle φ, et la première des équations (1) la différence de phase δ.

On pourrait aussi remplacer la vibration elliptique par deux composantes conjuguées, d'amplitudes $q_1 = r\cos\frac{\delta_1}{2}$ et $p_1 = r\sin\frac{\delta_1}{2}$, la première parallèle à la vibration primitive et l'autre qui aurait tourné de l'angle γ_1. L'angle θ'_1 de l'axe A avec la vibration p_1 est $\theta' + \gamma_1 - 2i$, ce qui donne

$$2\theta'_1 - \gamma_1 = 2(\theta' - 2i) + \gamma_1,$$

et l'on déterminera les angles δ_1 et γ_1 par les équations

$$(4) \quad \left\{ \begin{aligned} \sin 2I &= \sin\gamma_1 \sin\delta_1 = \sin\gamma \sin\delta', \\ \frac{1}{\cos 2I} &= \frac{\cos[2(\theta' - 2i) + \gamma_1]}{\cos\gamma_1} = \cos 2(\theta' - 2i) - \sin 2(\theta' - 2i)\tan\gamma_1. \end{aligned} \right.$$

La lame cristalline homoédrique équivalente au quartz considéré (164) a pour différence de phase δ_1, et sa section principale se trouve dans l'azimut $\frac{\gamma_1}{2}$.

514. *Méthodes expérimentales*. — La marche la plus correcte pour étudier les propriétés du quartz consiste à utiliser une série de lames inégalement inclinées sur l'axe, en ayant soin que la lumière soit constamment normale; c'est la méthode employée par M. Hecht([1]) dans des expériences trop peu nombreuses. L'épaisseur pourrait d'ailleurs être modifiée d'une manière continue par la superposition de deux lames prismatiques à angles opposés, que l'on ferait glisser l'une sur l'autre.

On obtiendra ainsi une série de valeurs de la différence de phase ramenées à l'unité d'épaisseur, ainsi que de l'angle φ correspondant, et il sera facile d'en déduire par interpolation toutes les valeurs intermédiaires. Les vitesses de propagation de deux ondes planes parallèles sont également définies, puisque l'on connaît leur différence de marche et que l'on peut admettre, comme pour les rayons dirigés suivant l'axe, que la vitesse moyenne est la même que si le pouvoir rotatoire n'existait pas.

L'expérience est plus facile quand on observe une lame sous des incidences variables, ce qui modifie en même temps l'épaisseur et l'inclinaison sur l'axe. Dans ce cas, il n'est pas exact en toute rigueur de dire que les vibrations sur les deux ondes réfractées sont conjuguées, puisque ces ondes ne sont plus parallèles, ni que la vibration à la sortie conserve la forme qu'elle avait dans l'intérieur du cristal; toutefois, les erreurs qui en résultent sont très faibles tant qu'on ne s'écarte pas beaucoup de la normale. On peut alors calculer la direction des ondes réfractées par l'indice de réfraction ordinaire du cristal.

D'ailleurs, au lieu de prendre le problème général, il sera toujours préférable de choisir les conditions dans lesquelles le calcul se simplifie :

1° Sir G. Airy a employé, dans certains cas, une lumière primitivement elliptique dont la forme était modifiée de façon qu'elle fût transmise par le quartz sans altération. En observant avec un analyseur elliptique qui éteint la lumière primitive, l'interposition de la lame ne doit pas la faire reparaître.

Si la lumière est blanche, avec la même forme de vibration pour toutes les couleurs, et qu'on observe un faisceau convergent

----

([1]) R. Hecht, *Wied. Ann.*, t. XX, p. 426; 1883. — *Journal de Physique* [2], t. III, p. 180; 1884.

à l'aide d'un analyseur ordinaire, le champ présente une zone
incolore correspondant aux directions pour lesquelles la double
réfraction disparaît. Cette méthode donnerait bien la forme des
ellipses conjuguées, c'est-à-dire l'angle φ, mais ne ferait pas connaître leur différence de phase.

2° Une méthode plus générale consiste à étudier les compo-
santes rectangulaires $a \sin(\omega t - \alpha)$ et $b \sin(\omega t - \beta)$ de la vibration émergente pour un faisceau primitivement polarisé, en déter-
minant la différence de phase $\beta - \alpha$ par un compensateur qui
rétablit la polarisation primitive, et le rapport des amplitudes a
et b par l'azimut de polarisation rétablie.

Il est naturel de choisir alors les composantes parallèles aux
directions principales de la lame et l'on a

$$ab \sin(\beta - \alpha) = pq \sin(2i - R),$$
$$a^2 = p^2 \cos^2 i + q^2 \cos^2(i - R),$$
$$b^2 = p^2 \sin^2 i + q^2 \sin^2(i - R).$$

Si la lumière primitive est polarisée successivement dans deux
azimuts rectangulaires, les valeurs de a et b sont permutées et la
différence de phase reste la même en valeur absolue.

Jamin ([1]) a vérifié cette dernière propriété, pour les cas où la
lumière primitive est successivement polarisée dans les deux plans
principaux, en constatant que les azimuts de polarisation rétablie,
dont la tangente est égale au rapport des amplitudes, sont alors
rectangulaires. C'est une première confirmation de la théorie.

Si l'on fait $i = o$, c'est-à-dire si la polarisation primitive est
parallèle à la section principale, l'expression de la différence de
phase se réduit à

$$\sin^2(\beta - \alpha) = \frac{p^2}{p^2 + q^2 \cos^2 R},$$

$$\tan(\beta - \alpha) = \frac{p}{q \cos R} = \cos 2\varphi \tan\frac{\delta}{2}.$$

L'azimut ψ de polarisation rétablie est d'ailleurs

$$\tan^2\psi = \frac{b^2}{a^2} = \frac{q^2 \sin^2 R}{p^2 + q^2 \cos^2 R} = \frac{q^2 \sin^2 R}{p^2} \sin^2(\beta - \alpha).$$

([1]) Jamin, *Ann. de Chim. et de Phys.* [3], t. XXX, p. 61; 1850.

On connaît ainsi séparément les angles φ et δ, par les relations

$$\operatorname{tang} 2\varphi = \frac{q \sin R}{p} = \frac{\operatorname{tang} \psi}{\sin (\beta - \alpha)},$$

$$\operatorname{tang} \frac{\delta}{2} = \frac{\operatorname{tang} (\beta - \alpha)}{\cos 2\varphi}.$$

3° On peut encore déterminer les conditions dans lesquelles la lumière émergente reste polarisée, ce qui exige que les composantes conjuguées, d'amplitudes p et q, soient parallèles ou que l'une d'elles devienne nulle.

Ces composantes sont parallèles et la lumière est polarisée dans l'azimut $2i$ si l'on a $2i - R = m\pi$, ce qui donne

$$R = 2i - m\pi.$$

D'autre part, l'amplitude p de la première composante est toujours plus petite que r en valeur absolue, à moins que $\cos 2\varphi$ ne devienne égal à l'unité ou $\varphi = o$, ce qui supprimerait la double réfraction elliptique; cette première composante est la seule qui puisse s'annuler. Elle devient nulle pour $\delta = 2 m\pi$, c'est-à-dire quand la différence de marche est un nombre entier de longueurs d'onde. Il ne reste alors que la composante q, de même amplitude que la vibration primitive et dont la rotation est $R = m\pi$, de sorte que la lumière reste polarisée dans le plan primitif.

Des expériences analogues, répétées pour une série de lames d'épaisseurs différentes, permettraient de connaître par interpolation les valeurs de R et de δ ramenées à l'unité d'épaisseur relative à toutes les inclinaisons du rayon sur l'axe; on en déduirait les valeurs correspondantes de φ.

4° Pour les différences de phase intermédiaires à celles que l'on vient de considérer, on a

$$\delta = (2m + 1)\pi, \qquad \cos \frac{\delta}{2} = o, \qquad R = (2m + 1)\frac{\pi}{2},$$

$$\frac{p}{q} = \sin R \operatorname{tang} 2\varphi = \pm \operatorname{tang} 2\varphi.$$

L'angle $2i - R$ des deux composantes rectilignes conjuguées est alors droit lorsque la lumière primitive est polarisée dans l'un des plans principaux et les axes de la vibration émergente sont dans les plans principaux; l'angle 2φ sera déterminé encore par l'azimut de la polarisation rétablie en introduisant un retard d'un quart d'onde sur l'une des composantes principales.

5° Si l'on suppose la vibration primitive elliptique, la forme et la direction des axes de la vibration elliptique émergente varient d'une manière continue quand on modifie graduellement la différence de phase.

Pour les lames homoédriques, si la vibration primitive est rectiligne, le rectangle qui a pour diagonale cette vibration et dont les côtés sont parallèles aux directions principales est toujours circonscrit à la vibration elliptique produite par la lame; l'un des axes de cette vibration oscille dans l'angle $2i$ que fait la vibration primitive avec sa symétrique par rapport à la vibration principale et l'autre axe dans l'angle supplémentaire $\pi - 2i$ (159). De même, si la vibration primitive est elliptique, les diagonales du rectangle parallèle aux directions principales qui lui est circonscrit déterminent l'angle dans lequel oscille l'un des axes de la vibration à la sortie de la lame.

La transformation du phénomène est moins simple pour les milieux actifs, mais elle présente quelque analogie avec la précédente lorsque la vibration primitive est rectiligne et parallèle ou perpendiculaire à la section principale (¹).

Considérons, par exemple, le cas d'une vibration polarisée dans la section principale, pour laquelle $i = 0$, qui traverse, sous des incidences croissantes, une lame perpendiculaire à l'axe. On déduit d'abord de l'équation (2)

$$\sin\delta' = \frac{2\tan\dfrac{\delta'}{2}}{1 + \tan^2\dfrac{\delta'}{2}} = \frac{2\sin R \cot 2\varphi}{1 + \sin^2 R \cot^2 2\varphi},$$

$$\sin R \sin\delta' = \frac{2\sin^2 R \cot 2\varphi}{1 + \sin^2 R \cot^2 2\varphi} = \frac{2\tan^2 R \cot 2\varphi}{1 + \dfrac{\tan^2 R}{\sin^2 2\varphi}},$$

et, en remplaçant l'angle R dans le second membre par sa valeur

---

(¹) WIENER, *Wied. Ann.*, t. XXXV, p. 1; 1858. — W. WEDDING, *ibid.*, p. 25. — *Journal de Phys.* [2], t. VIII, p. 88; 1889.

tirée des équations (1),

$$\sin R \sin \delta' = \frac{2 \sin 2\varphi \cos 2\varphi \, \mathrm{tang}^2 \frac{\delta}{2}}{1 + \mathrm{tang}^2 \frac{\delta}{2}} = \sin 4\varphi \sin^2 \frac{\delta}{2}.$$

La première des équations (3) donne alors, pour $i = 0$,

$$(5) \qquad - \sin 2\mathrm{I} = \sin R \sin \delta' = \sin 4\varphi \sin^2 \frac{\delta}{2}.$$

Le rapport des axes de l'ellipse est nul pour $\sin 4\varphi = 0$, ce qui correspond au pouvoir rotatoire suivant l'axe du cristal. Ce rapport est encore nul, comme on le savait déjà (3°), pour les valeurs $\delta = 2m\pi$, auquel cas la lumière reste polarisée dans le plan primitif.

Dans les intervalles, le rapport des axes passe par une série de maxima qui correspondent à des différences de phase d'abord plus grandes, puis plus petites que les valeurs intermédiaires $\delta = (2m + 1)\pi$, puisque l'angle φ, qui était d'abord égal à 45°, va ensuite en diminuant. En outre, ces maxima successifs décroissent à mesure que l'incidence augmente.

Comme l'angle γ est égal à $- R$, la troisième des équations (3), qui détermine la rotation θ' du grand axe de l'ellipse, donne

$$- \cot 2\theta' = \frac{\sin^2 R \cot^2 2\varphi}{\sin 2R} + \cot 2R = \frac{1 + \mathrm{tang}^2 R (\cot^2 2\varphi - 1)}{2 \, \mathrm{tang} R},$$

et, en remplaçant l'angle R par sa valeur,

$$(6) \qquad - \mathrm{tang}\, 2\theta' = \frac{2 \sin 2\varphi \, \mathrm{tang} \frac{\delta}{2}}{1 + \cos 4\varphi \, \mathrm{tang}^2 \frac{\delta}{2}} = \frac{2 \sin 2\varphi}{\cot \frac{\delta}{2} + \cos 4\varphi \, \mathrm{tang} \frac{\delta}{2}}.$$

On retrouve d'abord la valeur $- 2\theta'_0 = \delta_0 = 2 R_0$, pour la direction de l'axe, en faisant $\sin 2\varphi = 1$ et $\cos 4\varphi = - 1$.

Quand l'inclinaison augmente, l'angle θ' est nul pour $\delta = 2m\pi$, en même temps que le rapport des axes. Il est encore nul pour les valeurs intermédiaires $(2m + 1)\pi$, qui correspondent sensiblement aux maxima du rapport des axes.

Tant que l'on a $\cos 4\varphi < 0$ ou $\varphi > \frac{\pi}{8}$, l'angle $- 2\theta'$ va toujours croissant avec l'incidence et il prend des valeurs égales à $\pm \dfrac{\pi}{2}$

pour $\tan^2 \dfrac{\delta}{2} = -\dfrac{1}{\cos 4\varphi}$.

Dès que l'angle φ est inférieur à $\dfrac{\pi}{8}$, la rotation $-\theta'$ du grand axe de l'ellipse émergente se fait alternativement vers la droite ou la gauche entre deux valeurs nulles consécutives, et les écarts diminuent d'une manière continue.

Dans tous les cas, si l'on détermine, pour une direction donnée, les angles I et θ', on en déduira les valeurs de φ et de δ par les équations (5) et (6), ou par les équations (1), (2) et (3), qui donnent successivement, à l'aide des angles auxiliaires R et δ',

$$(7) \quad \begin{cases} -\tan(R + \theta') = \dfrac{\tan^2 I}{\tan \theta'}, & \cot 2\varphi = \dfrac{1}{\sin R}\tan\dfrac{\delta'}{2}, \\[2ex] -\sin\delta' = \dfrac{\sin 2I}{\sin R}, & \tan\dfrac{\delta}{2} = \dfrac{\tan R}{\sin 2\varphi}. \end{cases}$$

515. *Séparation du pouvoir rotatoire et de la double réfraction.* — La méthode d'Airy correspond au phénomène réel de la propagation des ondes régulières dans le quartz, mais les effets de rotation et de double réfraction restent mélangés dans les formules. L'angle R, par exemple, qui représente la rotation pour la direction de l'axe, prend ensuite des valeurs croissantes à mesure qu'on s'en écarte, quoique la double réfraction finisse par devenir prédominante. M. Gouy [1] a séparé les deux effets en mettant en évidence, dans le résultat final, la différence de marche qui serait due à la double réfraction homoédrique.

Lorsqu'une lumière elliptique tombe normalement sur une lame en même temps active et biréfringente, les composantes principales de la vibration, après avoir traversé une épaisseur e, sont de la forme

$$(8) \quad \begin{cases} x = a\sin\omega t, \\ y = b\sin(\omega t - \beta), \end{cases}$$

l'angle β étant une fonction des deux propriétés du milieu.

Les angles θ et I (158), qui définissent la direction et le rapport

---

[1] Gouy, *Journ. de Phys.* [2], t. IV, p. 149; 1885.

des axes de l'ellipse, sont, en posant $\tang i = \dfrac{b}{a}$,

$$\tang 2\theta = \tang 2i \cos\beta,$$
$$\sin 2I = \sin 2i \sin\beta.$$

Si le milieu était inactif, les variations des angles θ et I, relatives à un accroissement infiniment petit de de l'épaisseur, seraient

$$2\,d\theta = -\ \tang 2i \cos^2 2\theta \sin\beta\,d\beta,$$
$$2\,dI = \ \frac{\sin 2i}{\cos 2I} \cos\beta\,d\beta.$$

Lorsque le milieu est actif, on peut considérer la transformation finale comme produite par deux causes distinctes, dont les effets se superposent : $1°$ la double réfraction seule, qui est donnée par les expressions précédentes, dans lesquelles $d\beta$ peut être remplacé par $\Delta_1\,de$, Δ_1 étant la différence de phase de double réfraction pour l'unité d'épaisseur; $2°$ un pouvoir rotatoire spécial, que l'on peut appeler *réduit*, qui fait simplement tourner les axes de cette ellipse, sans en modifier la forme, d'un angle $\rho\,de$, également proportionnel à l'épaisseur et qui correspond à la différence de phase $2\rho\,de$; on aura donc

$$(9) \quad \begin{cases} 2\,d\theta = (2\rho - \Delta_1 \tang 2i \cos^2 2\theta \sin\beta)\,de, \\[2mm] 2\,dI = \Delta_1 \dfrac{\sin 2i}{\cos 2I} \cos\beta\,de. \end{cases}$$

Pour que la vibration se propage sans altération, ce que M. Gouy appelle *vibration privilégiée*, il faut que les variations dI et $d\theta$ soient constamment nulles. Comme les angles i et I sont alors invariables, il faut que l'on ait toujours $\cos\beta = 0$. Cette condition indique d'abord que les axes de la vibration (8) sont parallèles aux plans principaux de la lame et donne

$$\sin\beta = \pm 1, \qquad \cos^2 2\theta = 1.$$

En appelant φ la valeur que prend l'angle i pour $d\theta = 0$, ω et δ_1 les pertes de phase relatives au pouvoir rotatoire réduit et à la double réfraction pour une même épaisseur, la première des équations (9) donne

$$(10) \qquad \tang 2\varphi = \pm\ \frac{2\rho}{\Delta_1} = \pm\ \frac{\omega}{\delta_1}.$$

Cette équation détermine pour l'angle φ deux valeurs différentes φ_1 et φ_2, qui correspondent aux deux valeurs $\sin\delta = \pm 1$ et qui sont liées par la condition

$$\operatorname{tang} 2\varphi_1 + \operatorname{tang} 2\varphi_2 = 0$$

ou

$$\operatorname{tang}\varphi_1 \operatorname{tang}\varphi_2 = \pm 1, \qquad b_1 b_2 = \pm a_1 a_2.$$

Les vibrations privilégiées ne sont autres que les vibrations elliptiques conjuguées d'Airy, ce qui était évident. Il est clair qu'en faisant $\rho = 0$ ou $\Delta_1 = 0$, on retrouvera la double réfraction homoédrique ou le pouvoir rotatoire dans la direction de l'axe.

Ce mode de raisonnement permet alors d'exprimer la différence de phase δ des vibrations elliptiques conjuguées en fonction des quantités ω et δ_1. Si l'on applique, en effet, le calcul séparément aux composantes x et y, la valeur de $\sin 2i$ est nulle pour chacune d'elles, dI est également nul, de sorte que, pour l'épaisseur $e + de$, la vibration est encore rectiligne et a tourné de l'angle $\rho\, de$.

D'autre part, si $\Delta\, de$ est la différence de phase des deux composantes elliptiques conjuguées, l'épaisseur de donne lieu, pour chacune de ces vibrations x et y, à une composante p infiniment petite (173), parallèle ou de sens contraire à la vibration primitive, et une composante de même amplitude q, dont la perte de phase est $\dfrac{\Delta\, de}{2}$ et qui a tourné de l'angle $\mathrm{R} = \sin 2\varphi\, \dfrac{\Delta\, de}{2}$.

Cette rotation devant être égale à $\rho\, de$, il en résulte

$$\rho = \frac{\Delta}{2}\sin 2\varphi, \qquad \operatorname{tang}^2 2\varphi = \frac{4\rho^2}{\Delta^2 - 4\rho^2} = \frac{\omega^2}{\delta_1^2 - \omega^2},$$

ou, en tenant compte de l'équation (10),

$$(11) \qquad\qquad \delta^2 = \delta_1^2 + \omega^2.$$

Le carré de la différence de phase δ des vibrations elliptiques est donc égal à la somme des carrés des différences de phase ω et δ_1, qui correspondent séparément au pouvoir rotatoire réduit et à la double réfraction homoédrique.

Si l'on remplace dans l'équation (6) $\operatorname{tang} 2\varphi$ par sa valeur (10), elle devient

$$(12) \qquad\qquad -\operatorname{tang} 2\theta' = \frac{\omega\delta \sin\delta}{\delta_1^2 + \omega^2 \cos\delta}.$$

Le facteur ρ représente encore le pouvoir rotatoire dans la direction de l'axe, mais il tend ensuite vers zéro à mesure qu'on s'en écarte et que la double réfraction régulière reparaît. Si l'on détermine par expérience les valeurs de φ et δ, et que l'on calcule ensuite δ, au moyen des indices du quartz, les équations (10) et (11) devront fournir la même valeur pour ω, et l'azimut des axes de l'ellipse produite par une lumière primitivement polarisée dans la section principale est défini par l'équation (12).

816. *Forme de la surface d'onde*. — La première idée d'Airy avait été d'admettre que la surface d'onde dans le quartz est formée de deux ellipsoïdes de révolution dont les rayons équatoriaux correspondent aux vitesses de propagation des ondes ordinaire et extraordinaire, tandis que les rayons parallèles à l'axe seraient définis par la propagation des vibrations circulaires dans cette direction. Cette hypothèse n'est pas conforme aux expériences.

Jamin a fait, à la lumière blanche, une série de mesures sur des lames perpendiculaires à l'axe, sous des inclinaisons différentes, et comparé ses résultats avec des formules données par Cauchy.

Si $p\lambda$ est la différence de marche des deux ondes à vibrations elliptiques sur une lame d'épaisseur égale à l'unité, $p_0\lambda$ la différence de marche des ondes à vibrations circulaires relatives à l'incidence normale, les formules de Cauchy se réduisent, pour de faibles incidences, à

$$(13)\quad \left\{ \begin{aligned} & p^2 - p_0^2 \cos^4 r = m^2 \sin^4 r, \\ & m = \frac{n'(n^2 - n')}{n^0\lambda}, \\ & \tang 2\varphi = \frac{p_0}{m\,\tang^2 r} = \frac{p_0 \cos^2 r}{m \sin^2 r}, \end{aligned} \right.$$

r étant l'angle de réfraction du rayon ordinaire, c'est-à-dire l'angle de la normale aux ondes avec l'axe du cristal.

Entre les incidences de $0°$ et $26°40'$, qui comprennent toutes les expériences réalisées par les différentes méthodes, la valeur de p pour 1^{mm} d'épaisseur a varié de $0,120$, ce qui correspond au pouvoir rotatoire normal, jusqu'à $1,361$; le rapport des axes des ellipses conjuguées $k = \tang\varphi$ a varié de 1 à $0,047$.

L'accord du calcul avec l'observation est très satisfaisant, car les écarts sont indifféremment positifs et négatifs et, à part quelques mesures isolées, l'erreur relative moyenne est d'environ $\pm$ 0,02. Des comparaisons plus précises, surtout en ce qui concerne les différences de marche, exigeraient que les expériences fussent rapportées à une lumière homogène.

Le second membre dans la première des équations (13) représente le carré du nombre p_1 de longueurs d'onde auquel correspond la différence de marche qui serait due à la double réfraction homoédrique; car on a, pour de petites incidences (432),

$$p_1 = \frac{1}{\lambda}\,\frac{n'' - n'}{n'\,n''}\,\sin^2 i = m \sin^2 r,$$

ce qui donne

$$(13')\qquad \begin{cases} p^2 = p_1^2 + p_0^2 \cos^4 r, \\[2mm] \tan 2\varphi = \dfrac{p_0 \cos^2 r}{p_1}. \end{cases}$$

Si l'on se reporte à l'équation (11), on voit que l'expression $p_0 \lambda \cos^2 r$ représente la différence de marche relative à la rotation réduite. Dans la théorie de Cauchy, cette rotation serait donc proportionnelle au carré du cosinus de l'angle que fait avec l'axe la normale aux ondes propagées dans le quartz.

Plusieurs géomètres ont traité le problème du quartz en partant de certaines hypothèses sur la nature du milieu. Toutes ces théories aboutissent à l'une ou l'autre des deux expressions

$$(14)\qquad\qquad p^2 = P_1^2 \sin^4 r + p_0^2,$$
$$(15)\qquad\qquad p^2 = P_2^2 \sin^4 r + p_0^2 \cos^4 r,$$

dans lesquelles les nombres p et p_0 ont la même signification que précédemment et où la valeur du coefficient P_1 ou P_2 est particulière à chacune des théories.

Ces expressions prennent d'ailleurs la même forme

$$(16)\qquad\qquad p^2 = p_0^2 + P^2 r^2,$$

lorsque l'inclinaison sur l'axe est très faible, et ne diffèrent entre elles que par la valeur du coefficient P.

M. Mc Connel ([1]) a répété l'expérience avec des soins particu-

---

([1]) J.-C. Mc Connel, *Proceed. of the Royal Society*, t. XXXIX, p. 409; 1885.

liers, en employant la lumière de la soude et déterminant, soit sur
une lame perpendiculaire à l'axe, soit sur une lame parallèle à l'axe,
les incidences pour lesquelles la polarisation primitive est rétablie.
L'angle de la normale aux ondes réfractées avec l'axe a varié de $4°$
à $39°$ dans le premier cas et de $53°$ à $90°$ dans le second.

La comparaison des résultats avec ces deux formules montre
que le facteur P_1, déduit des observations comprises entre $4°$ et $11°$,
a présenté des valeurs très différentes, comprises entre $15,054$ et
$15,269$; cette expression (14) ne paraît donc pas correcte.

Le facteur P_2, au contraire, ne varie qu'entre des limites très
rapprochées, de $15,220$ à $15,292$, et la valeur la plus probable est

$$P_2 = 15,30 \pm 0,01.$$

La première expression (14) est fournie par les théories de
Mac Cullagh, Clebsch, Lang, Boussinesq et Voigt, avec la même
valeur du coefficient P_1 qui est, pour 1^{mm} d'épaisseur,

$$P_1 = \frac{b+a}{2b}\frac{b-a}{b^2\lambda} = \frac{n'(n''^2 - n'^2)}{2n''^2\lambda} = 15,306.$$

La seconde expression (15) convient aux autres théories, mais
avec des valeurs différentes du coefficient P_2, qui sont

$$\text{Cauchy}\ldots\ldots \quad \frac{b-a}{b^2\lambda} = \frac{n'(n''-n')}{n''\lambda} = 15,351.$$

$$\text{Lommel}\ldots\ldots \quad \frac{1-b^2}{1-a^2}\frac{b+a}{2b}\frac{b-a}{b^2\lambda} = \frac{(n'^2-1)(n''^2-n'^2)}{(n''^2-1)2n'\lambda} = 15,178.$$

$$\text{Ketteler}\ldots\ldots \quad \frac{b+a}{2a}\frac{b-a}{b^2\lambda} = \frac{n''^2-n'^2}{2n''\lambda} = 15,486.$$

$$\text{Sarrau}\ldots\ldots \quad \frac{b+a}{2b}\frac{b-a}{b^2\lambda} = \frac{n'(n''^2-n'^2)}{2n''^2\lambda} = 15,306.$$

La formule de M. Sarrau paraît ainsi conforme aux phénomènes
avec toute l'exactitude que comporte l'expérience.

Dans ce dernier cas, la différence de phase relative à la rotation
réduite ne se présente plus d'une manière aussi simple, car on a,
pour de petites incidences,

$$P_1 \sin^2 r = \frac{b+a}{2b} p_1 = \frac{n'+n'}{2n''} p_1$$

et, par suite,

$$4\rho^2 = p^2 - p_1^2 = p_0^2 \cos^2 r - \frac{(n'' - n')(3n'' + n')}{4n''^2}\, p_1^2.$$

517. *Images dans un analyseur.* — Supposons que la lumière primitive soit polarisée et qu'elle tombe normalement sur une lame oblique à l'axe, ou dans une direction oblique sur une lame perpendiculaire à l'axe. En appelant i l'azimut de la section principale par rapport au plan primitif et observant avec un analyseur dans l'azimut $s = i + i'$, les amplitudes A et B des vibrations ordinaire et extraordinaire sont (174)

$$(17) \qquad \left\{ \begin{aligned} A^2 &= p^2 \cos^2(i' - i) + q^2 \cos^2(i' + i - R), \\ B^2 &= p^2 \sin^2(i' - i) + q^2 \sin^2(i' + i - R). \end{aligned} \right.$$

Remplaçant p, q et R par leurs valeurs en fonction de la différence de phase δ des vibrations elliptiques conjuguées et de l'angle φ, on peut prendre l'une et l'autre des expressions

$$(18) \quad \left\{ \begin{aligned} \frac{A^2}{r^2} &= \cos^2 s + \frac{1}{2} \sin 2s \sin 2\varphi \sin \delta \\ &\quad + (\sin 2i \sin 2i' - \cos 2i \cos 2i' \sin^2 2\varphi) \sin^2 \frac{\delta}{2}, \\ \frac{A^2}{r^2} &= \cos^2 s + \frac{1}{2} \sin 2s \sin 2\varphi \sin \delta \\ &\quad - \cos 2s \sin^2 2\varphi \sin^2 \frac{\delta}{2} + \sin 2i \sin 2i' \cos^2 2\varphi \sin^2 \frac{\delta}{2}; \\ \frac{2A^2}{r^2} &= 1 + \cos 2i \cos 2i' \cos^2 2\varphi + \sin 2s \sin 2\varphi \sin \delta \\ &\quad - (\sin 2i \sin 2i' - \cos 2i \cos 2i' \sin^2 2\varphi) \cos \delta, \end{aligned} \right.$$

et la valeur B^2 s'en déduit par la relation

$$A^2 + B^2 = r^2.$$

Si l'on y fait $\varphi = 0$, on retrouve l'expression habituelle de la polarisation chromatique (381).

Dans le cas où $\tan \varphi = 1$, c'est-à-dire d'un faisceau parallèle à l'axe, on retrouve aussi la polarisation rotatoire simple, car

$$(19) \quad \frac{A^2}{r^2} = \cos^2 s + \frac{1}{2} \sin 2s \sin \delta - \cos 2s \sin^2 \frac{\delta}{2} = \cos^2\left(s - \frac{\delta}{2}\right).$$

Lorsque la lumière primitive n'est pas homogène, l'intensité des

images est donnée par une somme d'expressions analogues à (17)
relatives aux différentes couleurs, dans lesquelles les angles δ et φ
sont variables avec la longueur d'onde.

Pour une lame perpendiculaire à l'axe éclairée normalement,
par exemple, ou $\sin 2\varphi = 1$, les intensités des images ordinaire et
extraordinaire sont, d'après l'équation (18),

$$(20) \quad \begin{cases} O = \cos^2 s\, \Sigma\, u^2 + \dfrac{1}{2} \sin 2s\, \Sigma\, u^2 \sin\delta - \cos 2s\, \Sigma\, u^2 \sin^2\dfrac{\delta}{2}, \\[2ex] E = \sin^2 s\, \Sigma\, u^2 - \dfrac{1}{2} \sin 2s\, \Sigma\, u^2 \sin\delta + \cos 2s\, \Sigma\, u^2 \sin^2\dfrac{\delta}{2}. \end{cases}$$

La composition de la lumière, c'est-à-dire la teinte résultante, dépend de l'angle s. Elle varie d'une manière continue aussi bien
quand on tourne l'analyseur que lorsqu'on fait varier l'épaisseur
du cristal. Ces teintes, qui caractérisent le pouvoir rotatoire, ne
présentent aucune analogie avec celles que produit la polarisation
chromatique ordinaire.

518. *Analyseurs et polariseurs circulaires.* — La vibration
de la lumière primitive étant toujours rectiligne, les amplitudes
des vibrations circulaires droite et gauche, équivalentes à la vibration elliptique finale, sont (**174**)

$$(21) \quad \begin{cases} \dfrac{4d^2}{r^2} = 1 + \sin 2i \cos 2\varphi \sin\delta - \cos 2i \sin 4\varphi \sin^2\dfrac{\delta}{2}, \\[2ex] \dfrac{4g^2}{r^2} = 1 - \sin 2i \cos 2\varphi \sin\delta + \cos 2i \sin 4\varphi \sin^2\dfrac{\delta}{2}. \end{cases}$$

Ces expressions déterminent les intensités des images à vibrations
circulaires droite et gauche que fournirait un analyseur circulaire
à double image.

En faisant $\varphi = 0$, on retrouve les résultats déjà obtenus pour les
lames homoédriques (**389**).

La condition $\tan\varphi = 1$ donne

$$2d^2 = 2g^2 = \frac{r^2}{2}.$$

Il est évident, en effet, que, dans le cas du pouvoir rotatoire simple,
l'intensité primitive se partage également entre les deux images de
l'analyseur circulaire.

Si la lumière primitive n'est pas homogène, les intensités D et G des images droite et gauche sont

$$2\,\mathrm{D} = \Sigma\,u^2 + \sin 2i\,\Sigma\,u^2\cos 2\varphi\,\sin\delta - \cos 2i\,\Sigma\,u^2\sin 4\varphi\,\sin^2\frac{\delta}{2},$$

$$2\,\mathrm{G} = \Sigma\,u^2 - \sin 2i\,\Sigma\,u^2\cos 2\varphi\,\sin\delta + \cos 2i\,\Sigma\,u^2\sin 4\varphi\,\sin^2\frac{\delta}{2}.$$

La série des teintes obtenues quand on fait varier les angles φ et δ, c'est-à-dire la direction des rayons ou l'épaisseur de la lame, suit encore une loi toute particulière.

En vertu du théorème général sur la réciprocité des phénomènes, on arriverait au même résultat si la lumière primitive était polarisée circulairement et reçue par un analyseur rectiligne.

Les résultats sont encore plus simples lorsque le polariseur et l'analyseur sont tous deux circulaires.

La vibration primitive étant circulaire droite et d'amplitude a, les amplitudes des vibrations résultantes gauche et droite ont pour expressions (176)

$$g = a\cos 2\varphi\,\sin\frac{\delta}{2},$$

$$d = \frac{a}{\cos\mathrm{R}}\cos\frac{\delta}{2} = a\sqrt{1 - \cos^2 2\varphi\,\sin^2\frac{\delta}{2}}.$$

Avec une lumière primitive non homogène, les intensités des images gauche et droite seront donc

$$\mathrm{G} = \Sigma\,u^2\cos^2 2\varphi\,\sin^2\frac{\delta}{2},$$

$$\mathrm{D} = \Sigma\,u^2 - \Sigma\,u^2\cos^2 2\varphi\,\sin^2\frac{\delta}{2}.$$

La loi des teintes obtenues, quand on fait varier les angles φ et δ, est aussi spéciale au mode d'observation.

519. *Deux lames successives.* — Si l'on superpose plusieurs lames de quartz inégalement inclinées sur l'axe et dont les sections principales sont dans des azimuts différents, on peut traiter le problème en remplaçant la vibration primitive par deux vibrations elliptiques conjuguées dont l'une éprouve un retard dans la première lame. La vibration émergente sera remplacée de nouveau par les deux vibrations elliptiques qui conviennent à la seconde lame, et ainsi de suite pour les lames successives.

Au lieu de suivre cette méthode, il est préférable de raisonner sur les vibrations rectilignes conjuguées comme on l'a fait pour la superposition des lames homoédriques (392).

Supposons que la lumière primitive est polarisée et considérons d'abord le cas de deux lames. En posant

$$\alpha = \cos 2\varphi \sin\frac{\delta}{2}, \qquad \beta = \frac{1}{\cos R}\cos\frac{\delta}{2} = \frac{\sin 2\varphi}{\sin R}\sin\frac{\delta}{2},$$

les composantes rectilignes conjuguées, à la sortie de la première lame, sont :

Amplitude.	Différence de phase.	Azimut de polarisation.
$q = r\beta$	0	R
$p = r\alpha$	$\dfrac{\pi}{2}$	$2i$

Dans la lame suivante, dont l'azimut par rapport à la première est i_1, chacune des vibrations d'amplitude p et q donnera, de même, deux vibrations rectilignes conjuguées. En désignant par l'indice 1 les quantités relatives à cette lame, on aura, à la sortie, les quatre vibrations suivantes :

Amplitude.		Différence de phase.	Azimut de polarisation.
$r\beta$	β_1	0	$R + R_1$
	α_1	$\dfrac{\pi}{2}$	$R + 2(i - R + i_1) = 2(i + i_1) - R$
$r\alpha$	β_1	$\dfrac{\pi}{2}$	$2i + R_1$
	α_1	$2\dfrac{\pi}{2}$	$2i - 2(i - i_1) = 2i_1$

Les vibrations d'amplitude $r\beta\alpha_1$ et $r\alpha\beta_1$ ont la même phase et font entre elles l'angle $R + R_1 - 2i_1$; on peut les composer comme des forces et leur résultante P est

$$P^2 = r^2[\beta^2\alpha_1^2 + \alpha^2\beta_1^2 + 2\alpha\beta\alpha_1\beta_1\cos(R + R_1 - 2i_1)].$$

Les vibrations d'amplitude $r\beta\beta_1$ et $r\alpha\alpha_1$ ont une différence de phase égale à π et font entre elles le même angle $R + R_1 - 2i_1$; leur résultante Q est

$$Q^2 = r^2[\beta^2\beta_1^2 + \alpha^2\alpha_1^2 - 2\alpha\beta\alpha_1\beta_1\cos(R + R_1 - 2i_1)].$$

La somme $P^2 + Q^2$ est égale à r^2, ce qui était évident.

Les rotations χ et ψ des vibrations P et Q sont déterminées par les conditions

$$P\cos\chi = r\{\beta\alpha_1\cos[2(i + i_1) - R] + \alpha\beta_1\cos(2i + R_1)\},$$
$$Q\cos\psi = r[\beta\beta_1\cos(R + R_1) - \alpha\alpha_1\cos2i_1].$$

Avec un analyseur dans l'azimut s, les carrés des amplitudes des vibrations ordinaire et extraordinaire sont

$$A^2 = P^2\cos^2(s - \chi) + Q^2\cos^2(s - \psi),$$
$$B^2 = P^2\sin^2(s - \chi) + Q^2\sin^2(s - \psi).$$

520. *Lames identiques et de signes contraires.* — Le problème est surtout intéressant lorsque les deux lames sont identiques et de signes contraires, leurs sections principales étant parallèles, c'est-à-dire quand on a $i_1 = 0$, $\varphi = \varphi_1$, et $R + R_1 = 0$.

Dans ce cas, l'une des vibrations finales, d'amplitude

$$Q = r(\beta\beta_1 - \alpha\alpha_1) = r(\beta^2 - \alpha^2),$$

reste polarisée dans le plan primitif, et la vibration conjuguée, dont l'amplitude est

$$P = r(\beta\alpha_1 + \alpha\beta_1) = 2r\,\alpha\beta,$$

a tourné de l'angle $2i - R$.

On peut écrire

$$\sin\theta = 2\alpha\beta = \frac{\cos2\varphi}{\cos R}\sin\delta = \frac{\sin\frac{1}{2}\varphi}{\sin R}\sin^2\frac{\delta}{2},$$

$$\cos\theta = \beta^2 - \alpha^2 = 1 - 2\cos^2 2\varphi\sin^2\frac{\delta}{2} = \sin^2 2\varphi + \cos^2 2\varphi\cos\delta.$$

$$(22) \qquad\qquad P = r\sin\theta, \qquad Q = r\cos\theta.$$

Pour un analyseur situé dans l'azimut s, les amplitudes des vibrations ordinaire et extraordinaire sont

$$\frac{A^2}{r^2} = \cos^2\theta \cos^2 s + \sin^2\theta \cos^2(s - 2i + R)$$
$$= \cos^2 s + \sin(2i - R)\sin(2i' + R)\sin^2\theta,$$
$$\frac{B^2}{r^2} = \cos^2\theta \sin^2 s + \sin^2\theta \sin^2(s - 2i + R)$$
$$= \sin^2 s - \sin(2i - R)\sin(2i' + R)\sin^2\theta.$$

Les relations

$$\cos R \sin\theta = \cos 2\varphi \sin\delta,$$

$$\sin R \sin\theta = \sin 4\varphi \sin^2\frac{\delta}{2},$$

$$\sin(2i - R)\sin\theta = \sin 2i \cos 2\varphi \sin\delta - \cos 2i \sin 4\varphi \sin^2\frac{\delta}{2},$$

$$\sin(2i' + R)\sin\theta = \sin 2i' \cos 2\varphi \sin\delta + \cos 2i' \sin 4\varphi \sin^2\frac{\delta}{2},$$

permettent d'exprimer ces amplitudes en fonction des angles φ et δ; il en résulte

$$\frac{A^2}{r^2} = \cos^2 s + \sin 2i \sin 2i' \cos^2 2\varphi \sin^2\delta - \cos 2i \cos 2i' \sin^2 4\varphi \sin^4\frac{\delta}{2}$$
$$+ \sin 2(i - i') \cos 2\varphi \sin 4\varphi \sin\delta \sin^2\frac{\delta}{2}$$

et, lorsque l'analyseur et le polariseur sont parallèles,

$$\frac{A^2}{r^2} = 1 - \sin^2 2i \cos^2 2\varphi \sin^2\delta - \cos^2 2i \sin^2 4\varphi \sin^4\frac{\delta}{2}$$
$$- \sin 4i \cos 2\varphi \sin 4\varphi \sin\delta \sin^2\frac{\delta}{2}.$$

Les teintes relatives à la lumière blanche présentent une constitution tout à fait particulière.

On peut réaliser l'expérience avec une lame unique que l'on place sur le miroir inférieur M de l'appareil de Norremberg (387). En effet, pour chacune des vibrations elliptiques qui sortent de la lame après le premier passage, la réflexion change le sens du mouvement vibratoire, comme si la lumière avait traversé une lame du signe contraire. La vibration finale pour la lumière émergente est donc la même que si le faisceau avait traversé deux lames identiques et de rotations inverses.

M. — II.   20

521. *Polariseur rectiligne et analyseur circulaire.* — Les amplitudes des vibrations circulaires équivalentes aux vibrations conjuguées P et Q sont (172)

$$(23) \quad \begin{cases} \dfrac{4\,d^2}{r^2} = 1 + 2\,\dfrac{PQ}{r^2}\sin(2\,i - R) = 1 + \sin 2\theta \sin(2\,i - R), \\[2mm] \dfrac{4\,g^2}{r^2} = 1 - 2\,\dfrac{PQ}{r^2}\sin(2\,i - R) = 1 - \sin 2\theta \sin(2\,i - R). \end{cases}$$

Les images droite et gauche dans un analyseur circulaire seront d'égale intensité pour chacune des conditions

$$\sin 2\theta = 0 \qquad \text{et} \qquad \sin(2\,i - R) = 0.$$

L'angle 2φ étant voisin de $90°$ quand on ne s'écarte pas beaucoup de l'axe, $\cos\theta$ est toujours positif.

Comme on a, d'autre part,

$$\sin^2\theta = \cos^2 2\varphi \sin^2\delta\,(1 + \operatorname{tang}^2 R) = \cos^2 2\varphi \sin^2\delta + \sin^2 4\varphi \sin^4\frac{\delta}{2},$$

la première condition correspond à

$$\sin\frac{\delta}{2} = 0, \qquad \delta = 2\,m\,\pi.$$

Il en est de même, d'après la loi de retour des rayons, quand le polariseur est circulaire et l'analyseur rectiligne.

En remplaçant $\sin(2\,i - R)\sin\theta$ par sa valeur (**520**), on trouve ainsi, pour les amplitudes des vibrations résultantes en fonction des angles φ et δ,

$$\frac{4\,d^2}{r^2} = 1 + 2\cos\theta\left(\sin 2\,i \cos 2\varphi \sin\delta - \cos 2\,i \sin 4\varphi \sin^2\frac{\delta}{2}\right),$$

$$\frac{4\,g^2}{r^2} = 1 - 2\cos\theta\left(\sin 2\,i \cos 2\varphi \sin\delta - \cos 2\,i \sin 4\varphi \sin^2\frac{\delta}{2}\right),$$

avec la condition

$$\cos\theta = \sin^2 2\varphi + \cos^2 2\varphi \cos\delta = 1 - 2\cos^2 2\varphi \sin^2\frac{\delta}{2}.$$

On réalise encore l'expérience avec une seule lame placée sur le miroir inférieur de l'appareil de Norremberg, en mettant en avant de l'analyseur une lame d'un quart d'onde dans l'azimut de $45°$ par rapport à sa section principale.

522. *Polariseur et analyseur circulaires.* — Si la vibration primitive est circulaire droite, et d'amplitude a, les amplitudes des composantes circulaires à la sortie de la première lame s'expriment, en fonction de a, de la même manière que les composantes q et p pour une vibration primitive rectiligne et en tenant compte des mêmes différences de phase (176).

On a donc

$$d = \frac{a}{\cos \mathrm{R}} \cos \frac{\delta}{2} = a\beta,$$

$$g = a \cos 2\varphi \sin \frac{\delta}{2} = a\alpha.$$

La vibration droite donnera de même, dans la seconde lame, deux vibrations circulaires

$$d_1 = a\beta\beta_1, \qquad g_1 = a\beta\alpha_1,$$

et la vibration gauche les deux circulaires

$$d_2 = a\alpha\alpha_1, \qquad g_2 = a\alpha\beta_1.$$

Les vibrations $d_1 = a\beta\beta_1$ et $d_2 = a\alpha\alpha_1$ ont une différence de phase égale à π, comme précédemment (519), tandis que les vibrations g_1 et g_2 sont concordantes. Les amplitudes des composantes circulaires finales sont donc

$$d' = a(\beta\beta_1 - \alpha\alpha_1), \qquad g' = a(\beta\alpha_1 + \alpha\beta_1).$$

Pour des lames de quartz identiques et de signes contraires, on a encore (520)

$$d' = a(\beta^2 - \alpha^2) = a\cos\theta,$$
$$g' = 2a\alpha\beta = a\sin\theta.$$

L'image gauche dans un analyseur circulaire, c'est-à-dire celle dont la vibration est de sens contraire à la vibration primitive, est nulle pour $\sin\theta = 0$, ou $\sin\delta = 0$.

Remplaçant enfin $\sin^2\theta$ par sa valeur en fonction de φ et de δ trouvée précédemment (521), on voit que les intensités des images droite et gauche, à la lumière blanche, seront

$$\mathrm{D}^2 = \Sigma u^2 - \Sigma u^2 \cos^2 2\varphi \sin^2\delta - \Sigma u^2 \sin^2 4\varphi \sin^4\frac{\delta}{2},$$

$$\mathrm{G}^2 = \Sigma u^2 \cos^2 2\varphi \sin^2\delta + \Sigma u^2 \sin^2 4\varphi \sin^4\frac{\delta}{2}.$$

523. *Problème de Verdet.* — La double réfraction ordinaire ne tarde pas, dès que les rayons s'écartent de l'axe du cristal, à voiler la polarisation rotatoire. On pourrait tourner cette difficulté, comme l'a montré Verdet (¹), en observant une série de lames de quartz identiques entre elles, taillées dans une direction quelconque, mais superposées de façon que leurs sections principales soient distribuées indifféremment dans tous les azimuts. Il se trouve alors, par une compensation particulière des effets optiques, que la double réfraction disparaît et ne laisse comme résidu que les phénomènes rotatoires.

Pour conserver la symétrie dans les formules, nous appellerons i_1, i_2, i_3, ... les angles, comptés dans le même sens, que font les sections principales, de la première lame avec le plan primitif de polarisation, de la seconde avec la première, etc.

La différence de phase δ étant la même pour toutes les lames, on a, après la première, les deux vibrations rectilignes conjuguées :

Amplitude.	Différence de phase.	Azimut de polarisation.
$r\beta$	0	R
$r\alpha$	$\dfrac{\pi}{2}$	$2i_1$

La seconde lame donne les quatre vibrations (519) :

Amplitude.	Différence de phase.	Azimut de polarisation.
$r\beta^2$	0	$2R$
$r\beta\alpha$	$\dfrac{\pi}{2}$	$2(i_1 + i_2) - R$
$r\alpha\beta$	$\dfrac{\pi}{2}$	$2i_1 + R$
$r\alpha^2$	$2\dfrac{\pi}{2}$	$2i_2$

Après un nombre quelconque $m - 1$ de lames, la suivante transforme chacune des vibrations en deux autres : pour l'une d'elles, l'amplitude est multipliée par β, sans changement de phase, et la rotation augmente de R ; pour l'autre, l'amplitude est multipliée

---

(¹) VERDET, *Œuvres*, t. VI, p. 334.

par z, la différence de phase augmentée de $\frac{\pi}{2}$, tandis que la rotation, si elle était R_{m-1}, devient

$$R_m = R_{m-1} + 2[\Sigma_m i - R_{m-1}] = 2\Sigma_m i - R_{m-1}.$$

Après le nombre total de m lames, il y aura donc : une vibration d'amplitude $r\beta^m$ qui a tourné de l'angle mR; m vibrations d'amplitude $r\beta^{m-1}z$, dont la différence de phase est $\frac{\pi}{2}$ et qui sont orientées dans différentes directions; autant de vibrations d'amplitude $r\beta^{m-2}z^2$ qu'il y a de combinaisons des m lames deux à deux, c'est-à-dire $\frac{m(m-1)}{1.2}$, d'orientations variables et dont la différence de phase est $2\frac{\pi}{2}$, et ainsi de suite; enfin, une dernière vibration dont l'amplitude est $r z^m$, la différence de phase $m\frac{\pi}{2}$ et la rotation $R_m = 2\Sigma i - R_{m-1}$.

On représentera ces vibrations par le Tableau suivant :

Amplitude.	Nombre.	Différence de phase.	Azimut de polarisation.
$r\beta^m$	1	0	mR
$r\beta^{m-1}z$	m	$\frac{\pi}{2}$	variable
$r\beta^{m-2}z^2$	$\dfrac{m(m-1)}{1.2}$	$2\frac{\pi}{2}$	»
$\vdots$	$\vdots$	$\vdots$	$\vdots$
$r\beta^{m-p}z^p$	$\dfrac{m(m-1)\ldots(m-p+1)}{1.2\ldots p}$	$p\frac{\pi}{2}$	»
$\vdots$	$\vdots$	$\vdots$	$\vdots$
$r\beta z^{m-1}$	m	$(m-1)\frac{\pi}{2}$	»
$r z^m$	1	$m\frac{\pi}{2}$	R_m

Pour trouver l'azimut de la dernière vibration, on fera l'opération de proche en proche, qui donne

$$
\begin{aligned}
R_2 &= 2(i_1 + i_2) - 2i_1 = 2i_2, \\
R_3 &= 2(i_1 + i_2 + i_3) - R_2 = 2(i_1 + i_3), \\
R_4 &= 2(i_1 + i_2 + i_3 + i_4) - R_3 = 2(i_2 + i_4),
\end{aligned}
$$

D'une manière générale, l'angle R_m est le double de la somme des angles i dont les indices sont de même parité que m.

On peut, de même, trouver une expression générale pour la rotation des autres vibrations. Considérons, par exemple, celles dont l'amplitude est $r\beta^{m-1}\alpha$. S'il y a d'abord $q-1$ modifications de l'ordre β, la rotation correspondante est $(q-1)R$; après la lame suivante, la rotation est $2\Sigma_q i-(q-1)R$. Les $m-q$ lames qui restent produisant une rotation $(m-q)R$, la rotation finale est

$$2\Sigma_q i-(q-1)R+(m-q)R=(m+1)R+2\Sigma_q i-2qR.$$

Si le nombre des lames est très grand, ces m vibrations sont orientées dans toutes les directions et donnent une résultante nulle; il en serait de même pour les vibrations d'amplitudes différentes. Si l'épaisseur totale de la pile de lames est limitée et que l'on augmente de plus en plus leur nombre, l'amplitude $r\alpha^m$ de la dernière vibration tend manifestement vers zéro, parce que la différence de phase δ est très petite. Il ne restera finalement que la première vibration $r\beta^m$ dont la rotation est mR, c'est-à-dire la même que pour une lame unique ayant l'épaisseur totale de la pile et dont l'amplitude doit tendre à devenir égale à celle de la vibration primitive.

En effet, l'angle δ étant très petit, on a

$$\alpha < \frac{\delta}{2}\cos 2\varphi, \qquad \beta^m > \left[1-\frac{\delta^2}{4}\cos^2 2\varphi\right]^{\frac{m}{2}}.$$

En appelant $e\Delta$ la différence de phase $m\delta$ relative à l'épaisseur totale et posant

$$\frac{1}{p}=\frac{\delta^2}{4}\cos^2 2\varphi=\frac{e^2\Delta^2\cos^2 2\varphi}{4m^2},$$

on peut écrire

$$\beta^m > \left[\left(1-\frac{1}{p}\right)^p\right]^{\frac{e^2\Delta^2\cos^2 2\varphi}{8m}}.$$

A mesure que le nombre des lames augmente, le second membre tend vers l'unité et la rotation finale est sensiblement

$$mR=m\frac{\delta}{2}\sin 2\varphi=\frac{e\Delta}{2}\sin 2\varphi.$$

Il en serait de même, évidemment, pour des lames d'épaisseurs inégales et de même coupe distribuées au hasard dans tous les azimuts, car il ne resterait encore que la première vibration d'amplitude r, ayant tourné d'un angle $\Sigma R = \dfrac{\sin 2\varphi}{2}\Sigma\delta = \dfrac{e\Delta}{2}\sin 2\varphi$ égal à la somme des rotations relatives à toutes les lames.

Le système de lames considéré équivaut donc à une lame unique perpendiculaire à l'axe, et la rotation spécifique est

$$\frac{\Delta}{2}\sin 2\varphi = \frac{mR}{e}.$$

La mesure de la rotation mR donnerait ainsi le produit $\Delta\sin 2\varphi$ relatif à l'unité d'épaisseur.

Pour des rayons notablement inclinés sur l'axe, la différence de phase Δ diffère très peu de celle qui correspond à la double réfraction ordinaire.

Si les lames font l'angle $\dfrac{\pi}{2} - \theta$ avec l'axe et sont traversées normalement par la lumière, les vitesses de propagation des deux ondes sont sensiblement (50)

$$V' = b, \qquad V''^2 = b^2\cos^2\theta + a^2\sin^2\theta,$$

et l'on a

$$\Delta = 2\pi\left(\frac{1}{V''} - \frac{1}{V'}\right).$$

Si les lames sont perpendiculaires à l'axe et qu'on les observe sous l'angle d'incidence I, on a (397)

$$\Delta = 2\pi(u'' - u') = \frac{2\pi}{b}\left[\sqrt{1 - a^2\sin^2 I} - \sqrt{1 - b^2\sin^2 I}\right].$$

On connaîtra ainsi l'angle φ ou le rapport des axes des vibrations elliptiques conjuguées.

524. *Cas d'une dissolution.* — Supposons que la dissolution d'un corps jouissant du pouvoir rotatoire se compose d'une infinité de lamelles ayant une orientation déterminée par rapport au système cristallin et disséminées dans le liquide. Soit $\varepsilon\varphi(I)$ la rotation d'une lame d'épaisseur très petite ε quand elle est traversée par un rayon sous l'angle d'incidence I.

Si ces lames sont d'égale épaisseur et distribuées au hasard, le nombre $d\mathrm{N}$ de celles qui correspondent à l'angle $d\mathrm{I}$ est proportionnel à la zone comprise entre les angles I et $\mathrm{I} + d\mathrm{I}$; on a donc

$$d\mathrm{N} = kd[2\pi(1 - \cos\mathrm{I})] = k\,2\pi \sin\mathrm{I}\, d\mathrm{I}.$$

Le nombre total N des lames est

$$\mathrm{N} = 2\pi k \int_0^{\frac{\pi}{2}} \sin\mathrm{I}\, d\mathrm{I} = 2\pi k,$$

ce qui donne

$$d\mathrm{N} = \mathrm{N} \sin\mathrm{I}\, d\mathrm{I}.$$

La rotation de la dissolution, pour une épaisseur totale e des lamelles traversées par la lumière, est

$$\mathrm{R} = \mathrm{N}\varepsilon \int_0^{\frac{\pi}{2}} \varphi(\mathrm{I}) \sin\mathrm{I}\, d\mathrm{I} = e \int_0^{\frac{\pi}{2}} \varphi(\mathrm{I}) \sin\mathrm{I}\, d\mathrm{I}.$$

Si la rotation $\varphi(\mathrm{I})$ relative à l'unité d'épaisseur était une constante ρ, on aurait

$$\mathrm{R} = e\rho \int_0^{\frac{\pi}{2}} \sin\mathrm{I}\, d\mathrm{I} = e\rho;$$

la rotation serait la même que pour un rayon qui traverse normalement une épaisseur égale d'une lame unique ou d'une infinité de lames orientées dans tous les azimuts.

Lorsque les lames sont perpendiculaires à l'axe du cristal, la rotation est maximum pour un rayon normal; si cette rotation variait suivant la loi simple

$$\varphi(\mathrm{I}) = \rho \cos\mathrm{I},$$

on aurait

$$\mathrm{R} = e\rho \int_0^{\frac{\pi}{2}} \cos\mathrm{I} \sin\mathrm{I}\, d\mathrm{I} = \frac{e\rho}{2}[\sin^2\mathrm{I}]_0^{\frac{\pi}{2}} = \frac{e\rho}{2}.$$

Dans ce cas, la rotation produite par la dissolution serait la moitié de celle qui correspondrait à la même épaisseur de cristal dans la direction de l'axe.

L'expérience n'a pas été réalisée sur des paquets de lames de quartz, mais le résultat n'est pas douteux, à part les difficultés qu'elle peut présenter. Il semble que les dissolutions de quartz actif ou le quartz fondu permettraient de contrôler cette explication, mais ces liquides paraissent avoir perdu totalement leur pouvoir rotatoire. D'autre part, M. Des Cloizeaux (¹) a constaté que le pouvoir rotatoire du *sulfate de strychnine* diminue beaucoup dans les dissolutions du sel.

325. *Réflexions multiples.* — L'emploi des réflexions multiples avec des quarts d'onde sur les miroirs (505) permettrait encore de mettre la rotation en évidence sur des lames obliques à l'axe.

Soient R la rotation et i l'azimut de la lame. Le premier passage donne une vibration d'amplitude $r\beta$ polarisée dans l'azimut R et une vibration $r\alpha$ dans l'azimut $2i$. Après la première réflexion, avec l'intermédiaire du quart d'onde, les plans de polarisation deviennent symétriques par rapport au plan primitif, c'est-à-dire qu'ils ne sont pas modifiés pour l'observateur, mais la section principale de la lame se trouve alors dans l'azimut $-i$.

Après le deuxième passage, les vibrations $r\beta$ et $r\alpha$ donnent chacune deux vibrations rectilignes :

Amplitude.	Azimut de polarisation.
$r\beta^2$	$2R$
$r\beta\alpha$	$-(i+i+R)=-(2i+R)$
$r\alpha\beta$	$2i+R$
$r\alpha^2$	$-i+3i=-4i$

On verrait, comme plus haut, qu'après m passages ou $m-1$ réflexions, il existe une série de vibrations rectilignes :

Amplitude.	Nombre de vibrations.	Azimut de polarisation.
$r\beta^m$	1	mR
$r\beta^{m-1}\alpha$	m	variable
$r\beta^{m-2}\alpha^2$	$\dfrac{m(m-1)}{1.2}$	»
⋮	⋮	⋮
$r\beta\alpha^{m-1}$	m	»
$r\beta^m$	1	$(-1)^{m+1}2mi$

(¹) Des Cloizeaux, *Comptes rendus des séances de l'Académie des Sciences*, t. XLIV, p. 909; 1857.

Avec un grand nombre de réflexions, il ne resterait encore sensiblement que la première vibration polarisée dans l'azimut mR, surtout si l'on tient compte de l'affaiblissement produit par les réflexions successives.

INTERFÉRENCES DES ONDES PLANES.

526. *Lame perpendiculaire à l'axe.* — Il n'est intéressant de considérer le phénomène que dans le cas où les lames sont sensiblement perpendiculaires à l'axe et pour des incidences assez faibles, puisque la polarisation rotatoire disparaît rapidement quand on s'éloigne de cette direction.

Pour un faisceau incident qui fait un petit angle I avec l'axe, si R_0 est la rotation relative à l'incidence normale et δ_1 la différence de phase calculée en supposant le quartz homoédrique, la différence de phase relative aux deux ondes à vibrations elliptiques peut être représentée par l'expression

$$(1) \qquad \delta = \delta_1 + 2 R_0 f(I),$$

dans laquelle la fonction $f(I)$, qui part de l'unité pour $I = 0$, tend vers zéro à mesure que l'angle I va croissant.

La théorie des phénomènes que l'on observe dans ces conditions a été donnée par Sir G. Airy [1].

527. *Polariseur et analyseur rectilignes.* — L'intensité O de l'image ordinaire avec une lumière primitivement blanche peut s'écrire alors (517)

$$(2) \quad \left\{ \begin{aligned} &O = \cos^2 s \, \Sigma u^2 + \frac{1}{2} \sin 2s \, \Sigma u^2 \sin 2\varphi \sin \delta \\[2mm] &\quad - \cos 2s \, \Sigma u^2 \sin^2 2\varphi \sin^2 \frac{\delta}{2} + \sin 2i \sin 2i' \, \Sigma u^2 \cos^2 2\varphi \sin^2 \frac{\delta}{2}. \end{aligned} \right.$$

On voit qu'il n'y a pas de lignes *neutres*, au moins dans le voisinage de l'axe, puisque l'intensité n'est indépendante de la différence de phase pour aucun azimut.

---

[1] G. Airy, *Cambr. Phil. Trans.*, t. IV, Part I, p. 79, 198; 1831.

A mesure qu'on s'écarte de l'axe, $\sin 2\varphi$ tend vers zéro et l'on retrouve bientôt les phénomènes habituels de la polarisation chromatique. Les croix neutres ($\sin 2i \sin 2i' = 0$) paraissent, en effet, à quelque distance de l'axe (*Pl. III, fig.* 11 et 12).

Les lignes *isochromatiques* ne sont pas circulaires en général. En effet, les valeurs de φ et δ sont bien des fonctions de l'inclinaison I et de la longueur d'onde, de sorte que les trois premiers termes dans le second membre de l'équation (2) représentent, sur une même circonférence et pour chaque position de l'analyseur, une couleur déterminée différente du blanc, mais on doit y ajouter le dernier terme qui correspond à une fraction variable avec le plan d'incidence d'une autre teinte $\Sigma u^2 \cos^2 2\varphi \sin^2 \dfrac{\delta}{2}$.

Lorsque l'analyseur est parallèle au plan primitif, ou $s = 0$, les images se réduisent à

$$(3) \quad \begin{cases} O = \Sigma u^2 - \sin^2 2i\, \Sigma u^2 \cos^2 2\varphi \sin^2 \dfrac{\delta}{2} - \Sigma u^2 \sin^2 2\varphi \sin^2 \dfrac{\delta}{2}, \\[2ex] E = \quad\ + \sin^2 2i\, \Sigma u^2 \cos^2 2\varphi \sin^2 \dfrac{\delta}{2} + \Sigma u^2 \sin^2 2\varphi \sin^2 \dfrac{\delta}{2}. \end{cases}$$

Les courbes isochromatiques sont alors *circulaires*, car l'image extraordinaire est nulle pour $\delta = 2m\pi$ (*Pl. III, fig.* 11).

L'image extraordinaire présente des anneaux *noirs* dans une lumière homogène. Dans la lumière blanche, comme l'angle φ change très peu avec la couleur, cette image renferme sensiblement, sur un anneau de rayon déterminé, une fraction variable $\sin^2 2i \cos^2 2\varphi + \sin^2 2\varphi$ d'une même teinte $\Sigma u^2 \sin^2 \dfrac{\delta}{2}$.

Sur un anneau de rayon $\rho = \sin I$, la différence de phase δ_1 est sensiblement porportionnelle à ρ^2 et l'on peut écrire

$$\delta_1 = 2H\rho^2.$$

Pour deux anneaux successifs de rayons ρ et ρ' et de même espèce, la différence $\delta' - \delta$ est égale à 2π; il en résulte

$$\pi = H(\rho'^2 - \rho^2) + R_0[f(I') - f(I)].$$

Si la fonction $f(I)$ était constante, ce qui est sensiblement vrai pour le voisinage de l'axe, les rayons des anneaux de même ordre que le centre varieraient suivant la même loi que pour les cristaux homoédriques.

528. *Courbes quadratiques.* — Pour se représenter la forme des lignes isochromatiques dans le cas général, nous supposerons d'abord qu'à une faible distance de l'axe l'angle φ peut être considéré comme constant, au moins d'une manière approximative. Le long d'un rayon vecteur, c'est-à-dire pour une certaine valeur de l'angle i, les points d'intensité maximum ou minimum s'obtiendront en égalant à zéro la dérivée du carré A^2 de l'amplitude (517) par rapport à δ, ce qui donne

$$(4) \qquad \left\{ \begin{aligned} \tan\delta &= \frac{\sin 2s \sin 2\varphi}{\cos 2i \cos 2i' \sin^2 2\varphi - \sin 2i \sin 2i'} \\ &= \frac{\sin 2s \sin 2\varphi}{\cos 2s - \cos 2i \cos 2i' \cos^2 2\varphi}. \end{aligned} \right.$$

Fig. 279.

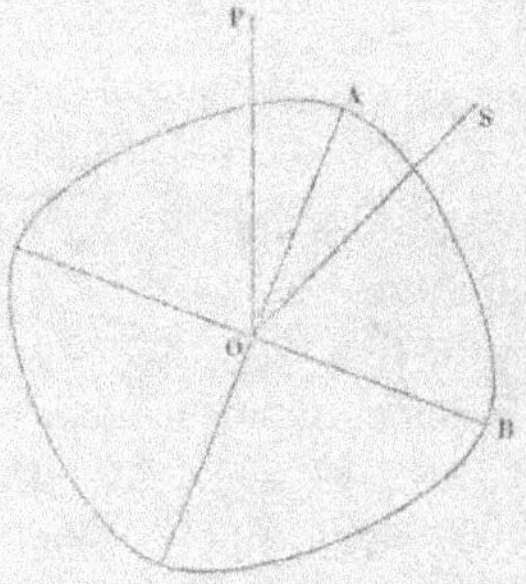

Pour une ligne isochromatique de nature déterminée, l'angle δ et, par suite, le rayon vecteur ρ de la courbe sont maxima quand le produit $\cos 2i \cos 2i'$ est lui-même maximum. Comme on a

$$2 \cos 2i \cos 2i' = \cos 2s + \cos 2(2i - s),$$

ce maximum a lieu lorsque l'angle $2i - s$ est nul ou égal à π, c'est-à-dire pour la bissectrice de l'angle du polariseur avec l'analyseur et pour la direction perpendiculaire. L'angle δ est au contraire minimum pour les directions situées à $45°$ des précédentes.

La ligne isochromatique est donc une sorte de carré à angles émoussés, ou une courbe *quadratique* (*fig.* 279), dont les diagonales OA et OB sont l'une parallèle et l'autre perpendiculaire à la bissectrice de l'angle POS du polariseur avec l'analyseur.

La teinte centrale s'étend ainsi dans les directions des diagonales et forme une tache à quatre branches (*Pl. III, fig.* 12).

329. *Polariseur rectiligne et analyseur circulaire. — Spirales quadratiques.* — Les lignes neutres disparaissent encore, au moins dans le voisinage de l'axe, lorsque le polariseur est rectiligne et l'analyseur circulaire, ou inversement.

Quant aux lignes isochromatiques, on obtiendra comme précédemment, et d'une manière approximative, les points qui correspondent à un maximum ou un minimum dans un azimut déterminé, en considérant l'angle φ comme invariable et égalant à zéro la dérivée par rapport à δ du carré de l'amplitude d'une des images droite ou gauche (**318**). En écrivant l'expression relative à l'image droite sous la forme

$$\frac{4d^2}{r^2} = 1 - \frac{\cos 2i \sin 4\varphi}{2} + \cos 2\varphi (\sin 2i \sin \delta + \cos 2i \sin 2\varphi \cos \delta),$$

cette condition donne

$$(5) \qquad \operatorname{tang}\delta = \frac{\sin 2i}{\cos 2i \sin 2\varphi} = \frac{\operatorname{tang} 2i}{\sin 2\varphi}.$$

Pour une courbe de nature déterminée (maximum ou minimum), l'angle δ croît d'une manière continue avec l'angle i. En remplaçant $\sin 2\varphi$ par sa valeur approchée, qui est l'unité, il en résulte

$$\delta = 2i + m\pi.$$

On a alors, suivant que m est pair ou impair,

$$\frac{4d^2}{r^2} = 1 - \frac{\cos 2i \sin 4\varphi}{2} \pm \cos 2\varphi (\sin^2 2i + \cos^2 2i \sin 2\varphi),$$

$$\frac{4g^2}{r^2} = 1 + \frac{\cos 2i \sin 4\varphi}{2} \mp \cos 2\varphi (\sin^2 2i + \cos^2 2i \sin 2\varphi).$$

Les valeurs paires de m correspondent donc aux minima de l'image gauche et les valeurs impaires à ceux de l'image droite.

Comme la perte de phase δ croît proportionnellement à ρ^2, si l'on néglige les variations de $f(\mathrm{I})$, on peut écrire

$$\delta = \delta_0 + \delta_1 = 2\mathrm{R}_0 + 2\mathrm{H}\rho^2.$$

Les valeurs paires de m correspondant à la même courbe, si l'angle i croît d'une manière continue, le lieu des minima de l'image gauche est

$$\mathrm{H}\rho^2 = \frac{\delta}{2} - \mathrm{R}_0 = i - \mathrm{R}_0.$$

Cette équation représente une spirale (*fig.* 280) formée de deux branches OA et OB, tangente à l'origine à la droite OQ qui fait l'angle R_0 avec le plan primitif OP. La différence des carrés des

Fig. 280.

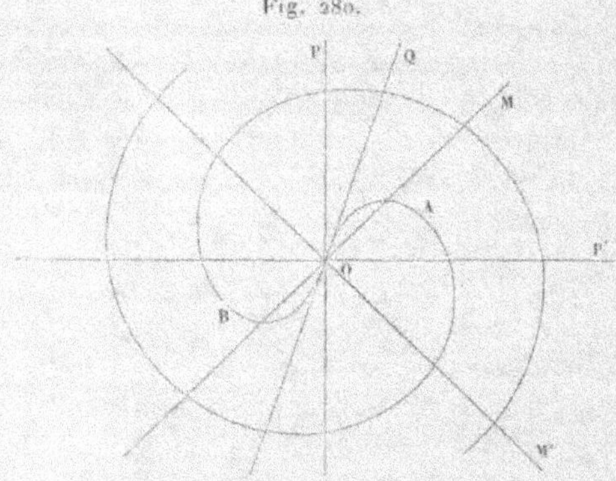

rayons vecteurs de deux spires successives dans un même azimut est constante et égale à $\dfrac{\pi}{\mathrm{H}}$.

Lorsque le quartz est droit, la valeur de δ est positive; le rayon vecteur croît avec l'angle i et la spirale est droite. La spirale est gauche avec un quartz gauche.

Pour l'image droite, la tangente à l'origine de la spirale minima est dans l'azimut $\mathrm{R}_0 + \dfrac{\pi}{2}$, c'est-à-dire perpendiculaire à celle de l'image gauche.

Dans la lumière blanche, les lignes d'intensité maximum relatives à chaque couleur ont des tangentes à l'origine différentes, à cause de la dispersion rotatoire. On apercevra donc une spirale irisée qui se développe dans un sens ou dans l'autre suivant le signe du cristal (*Pl. III, fig.* 13).

Toutefois les spirales ne sont pas en réalité aussi régulières. La perte de phase donnée par l'équation (5) n'est égale à $2i + m\pi$ que si les tangentes sont nulles ou infinies, c'est-à-dire pour la condition

$$2i + m\pi = m'\frac{\pi}{2}, \qquad i = (m' - 2m)\frac{\pi}{4} = p\frac{\pi}{4},$$

qui correspond aux directions OP et OP′ parallèle et perpendiculaire au plan primitif, ainsi qu'à leurs bissectrices OM et OM′. Pour tout autre azimut, on a $\delta > 2i + m\pi$, à cause du facteur $\sin 2\varphi$ qui est plus petit que l'unité; les spirales sont donc de forme *quadratique*.

Pour $m = 0$, c'est-à-dire la spirale minima de l'image gauche, les valeurs de δ sont exactement $2p\pi$ dans le plan primitif, $(2p + 1)\pi$ dans le plan perpendiculaire, $2p\pi + \dfrac{\pi}{2}$ dans l'azimut de $45°$ et $2p\pi + 3\dfrac{\pi}{2}$ dans l'azimut de $-45°$.

On aurait exactement les mêmes résultats si la vibration primitive était circulaire et observée par un analyseur rectiligne.

530. *Polariseur et analyseur circulaires.* — Dans ce cas, les lignes neutres n'existent plus pour aucune distance, conformément à la règle générale (429).

Les lignes isochromatiques sont rigoureusement *circulaires*, puisque le terme variable $\cos^2 2\varphi \sin^2 \dfrac{\delta}{2}$ de chacune des images (518) est une fonction de l'inclinaison des rayons sur l'axe.

Quand la vibration primitive est circulaire droite, les minima de l'image gauche sont nuls pour $\delta = 2m\pi$, comme dans l'image extraordinaire fournie par un polariseur et un analyseur rectilignes et parallèles (527). Les maxima de cette image n'ont jamais l'intensité de la lumière primitive; les minima de l'image droite ne sont donc pas nuls.

En appelant φ' la dérivée de l'angle φ par rapport à δ, on obtiendra les maxima de l'image gauche en égalant à zéro la dérivée de l'amplitude, ce qui donne

$$\tan\frac{\delta}{2} = \frac{1}{4\tan 2\varphi \cdot \varphi'}.$$

La dérivée φ' étant négative et l'angle 2φ plus petit que $90°$, le rayon des anneaux maxima pour l'image gauche et, par suite, minima pour l'image droite, est un peu plus grand que celui qui correspondrait à la valeur $\delta = (2m+1)\pi$ intermédiaire à celle des minima.

531. *Superposition de deux quartz inverses. — Doubles spirales.* — Si l'on superpose deux lames de quartz de rotations inverses et de même épaisseur, la différence de marche est nulle pour les rayons centraux, mais la compensation n'existe plus pour les rayons obliques à l'axe. On peut donc éteindre le centre de l'une des images et obtenir sur cette région des colorations plus éclatantes que dans les cas précédents.

Le problème est assez simple lorsque le polariseur et l'analyseur sont parallèles ou croisés. En effet, si l'on fait $s = 0$ dans les équations du n° 520, on a

$$\frac{B^2}{r^2} = \sin^2(2i - R)\sin^2\theta.$$

Les lignes isochromatiques présentent deux systèmes différents. L'image extraordinaire est d'abord nulle pour $\sin\theta = 0$, c'est-à-dire pour la condition (521)

$$\sin\frac{\delta}{2} = 0, \qquad \delta = 2m\pi,$$

ce qui donne une série d'anneaux circulaires pour lesquels la différence de marche des deux vibrations elliptiques conjuguées est un nombre entier de longueur d'onde. La différence des carrés des diamètres successifs de ces anneaux sombres est sensiblement constante.

Un second système de lignes noires a lieu pour

$$2i - R = m'\pi, \qquad 2i = R + m'\pi.$$

Dans le voisinage de l'axe, l'angle φ différant très peu de $45°$, on a sensiblement

$$R = \frac{\delta}{2} = R_0 + H\rho^2,$$

$$H\rho^2 = R - R_0 = 2i - R_0 - m'\pi.$$

La courbe correspondant à cette équation est composée de deux spirales différentes A'OA, B'OB (*fig.* 281) dont les tangentes OC et OC′ à l'origine ($\rho = o$) sont déterminées par les conditions

$$(6) \qquad \begin{cases} m' = o, & 2\,i = R_0, \\ m' = 1, & 2\,i = R_0 + \pi. \end{cases}$$

Les premières parties de la courbe forment une croix rectangulaire dont l'une des branches est tangente à la bissectrice OC de l'angle R_0, que ferait avec le plan primitif OP le plan de polarisation à la sortie de la première lame.

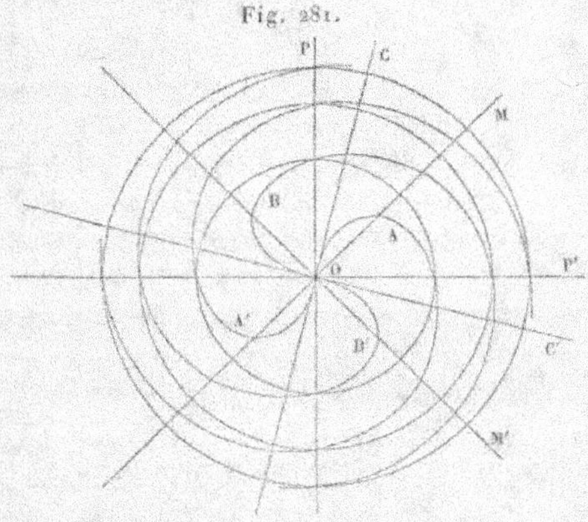

Fig. 281.

Les spirales sont droites ou gauches, suivant le sens de la rotation dans la première lame, et la différence des carrés des rayons successifs dans un même azimut est constante.

Ces spirales, au moins dans le voisinage de l'axe, coupent les anneaux noirs suivant les directions parallèle et perpendiculaire au plan primitif, car les intersections des deux systèmes satisfont à la condition

$$2\,i = m'\pi + R = m'\pi + \frac{\delta}{2} = (m' + m)\pi;$$

les valeurs correspondantes de l'angle i sont des multiples pairs ou impairs de $90°$, suivant que les nombres m et m' sont de même parité ou de parités différentes.

Les maxima seraient déterminés par le maximum en valeur absolue de l'expression

$$\sin(2\,i - R)\sin\theta = \sin 2\,i \cos 2\varphi \sin\delta - \cos 2\,i \sin 4\varphi \sin^2\frac{\delta}{2}.$$

M. — II. 21

Les conditions sont très complexes, puisque la lumière est distribuée sur une série de plages comprises entre les deux systèmes de lignes noires (*Pl. III, fig.* 14).

Dans l'image ordinaire, les maxima correspondent naturellement aux minima de l'image extraordinaire, mais l'intensité n'est jamais nulle.

Avec la lumière blanche, les colorations sont très brillantes pour l'image extraordinaire dans le voisinage du centre, où les branches des spirales s'ouvrent en éventail pour les différentes couleurs.

Les couleurs sont alors distribuées d'une manière très curieuse et l'on peut s'en rendre compte en remarquant que les diamètres des anneaux noirs diminuent, en même temps que la rotation augmente, à mesure que la longueur d'onde diminue. Si l'on observe une teinte déterminée sur le bord d'une des branches de spirale, à partir du centre, on voit cette teinte quitter la spirale à la rencontre du premier anneau, qu'elle suit dans un quadrant; elle prend ensuite une branche de la seconde spirale dans le deuxième quadrant, puis un quart du deuxième anneau dans le troisième quadrant, etc. La teinte passe ainsi d'un système à l'autre à tous les points de rencontre.

On observe habituellement ce beau phénomène à l'aide de deux lames de quartz d'égale épaisseur et de rotations contraires, mais on peut l'obtenir par une seule lame avec l'appareil de Norremberg (387) en utilisant la lentille convergente pour éclairer le cristal par un faisceau d'une grande ouverture angulaire.

532. *Polariseur et analyseur circulaires.* — Si le polariseur est rectiligne et l'analyseur circulaire, l'une des images ne peut s'éteindre que si l'on a (521)

$$\sin 2\theta \sin(2i - R) = \pm 1,$$

c'est-à-dire si les angles 2θ et $2i - R$ sont en même temps des multiples impairs de $\frac{\pi}{2}$, ce qui correspond toujours aux intersections de deux systèmes de courbes et, par suite, à une série de taches noires dans le champ.

Les courbes d'égale intensité pour les deux images correspondent aux conditions

$$\sin(2i - R) = 0 \qquad \text{et} \qquad \sin 2\theta = 0.$$

La dernière équivaut, comme on l'a vu précédemment (521), à $\sin\theta = 0$. Ces courbes sont donc identiques aux deux systèmes d'anneaux et de spirales noirs observés avec un polariseur et un analyseur rectiligne croisés (531).

Enfin le phénomène est beaucoup plus simple lorsque le polariseur et l'analyseur sont tous deux circulaires.

Si le polariseur est droit, l'amplitude de l'image gauche est (522)

$$g'^2 = a^2 \sin^2\theta = a^2 \left(\cos^2 2\varphi \, \sin^2\delta + \sin^2 4\varphi \, \sin^4 \frac{\delta}{2} \right).$$

L'intensité est d'abord nulle au centre, où l'angle φ est de $45°$; elle est encore nulle pour la condition $\delta = 2m\pi$, qui correspond aux seuls anneaux obscurs observés avec un polariseur et un analyseur rectilignes croisés (531). Les minima ne seront pas nuls dans l'image droite, puisque $\sin\theta$ n'est jamais égal à l'unité.

La lumière blanche donnera aussi des anneaux circulaires, avec des teintes plus éclatantes dans l'image gauche, sans apparition de lignes neutres à aucune distance.

On doit évidemment permuter les résultats lorsque le polariseur est circulaire gauche.

PROPRIÉTÉS DES GROUPEMENTS DE LAMELLES.

533. *Expériences de Norremberg* [1]. — Le *sel de Seignette* ordinaire (tartrate double de soude et de potasse), qui cristallise en prisme rhomboïdal droit, est absolument isomorphe avec celui qu'on obtient en remplaçant la potasse par l'ammoniaque; mais leurs axes optiques, quoique ayant sensiblement le même écart, sont situés dans des plans rectangulaires de symétrie cristalline. Les deux sels peuvent cristalliser en toutes proportions par un mélange convenable des dissolutions, et les cristaux mixtes présentent des propriétés intermédiaires : les axes optiques sont situés

---

[1] *Voir* BERTIN, *Ann. de Chim. et de Phys.*, [4], t. XX, p. 207; 1870.

dans l'un ou l'autre des plans de symétrie, suivant le sel qui prédomine, avec un écartement plus faible, et le milieu se montre quelquefois uniaxe, au moins pour certaines couleurs.

Après avoir constaté cette propriété curieuse, de Senarmont [1] émit l'idée que l'on peut considérer les cristaux mixtes comme formés par des lamelles alternatives des deux espèces distinctes; les grandes variations que l'on observe dans l'angle des axes optiques du mica pourraient s'expliquer également par la superposition de lamelles appartenant à deux espèces de mica ayant même forme cristalline et dont les axes optiques seraient situés dans des plans rectangulaires.

Norremberg a réalisé cette combinaison en formant des piles d'épaisseur totale constante, qui renferment un nombre variable de lames de mica identiques dont les axes sont alternativement croisés. En observant ces piles dans la lumière convergente, on voit les lemniscates se déformer de plus en plus, à mesure que le nombre des lames augmente, et le phénomène finit par présenter les anneaux circulaires avec les croix neutres des cristaux uniaxes; on obtient déjà ce résultat avec vingt-quatre lames dont chacune est de $\frac{1}{8}$ d'onde.

534. *Expériences de M. Reusch* [2]. — Les phénomènes sont beaucoup plus variés lorsque les plans des axes des micas superposés ne sont plus rectangulaires.

Nous appellerons, avec M. Mallard, *paquet* de lamelles un ensemble de p lamelles cristallines superposées de manière que leurs sections principales de même espèce fassent successivement des angles α, α', α'', ...; les paquets sont de deux natures différentes, suivant que les angles de *combinaison* α sont comptés vers la droite ou la gauche.

Le paquet est *binaire, ternaire, quaternaire*, etc., suivant le nombre des lamelles qui le constituent.

Le paquet est *symétrique* lorsque les lamelles sont identiques et les angles successifs de combinaison égaux entre eux. Enfin, un paquet *symétrique* de p lamelles est *fermé* quand l'angle commun

---

[1] DE SENARMONT, *Ann. de Chim. et de Phys.* [3], t. XXXIV, p. 171; 1852.
[2] REUSCH, *Pogg. Ann.*, t. CXXXVIII, p. 628; 1889.

de combinaison est égal à $\frac{\pi}{p}$, de sorte qu'une lamelle ajoutée serait parallèle à la première; il est *ouvert* dans le cas contraire.

La superposition d'un ensemble de paquets constitue une *pile*.

M. Reusch a réalisé avec des lamelles clivées dans un mica, dont l'angle des axes était de $71°45'$, une série d'expériences du plus grand intérêt au point de vue théorique.

Un paquet binaire est nécessairement ouvert lorsque les sections principales ne sont pas croisées. Une pile de paquets binaires de cette nature, formés avec des lamelles de $\frac{1}{8}$ d'onde, donne lieu à des phénomènes assez complexes : elle jouit, suivant l'incidence normale, d'une rotation elliptique, c'est-à-dire de propriétés analogues à celles d'une lame de quartz oblique à l'axe, intermédiaires entre la double réfraction homoédrique et la polarisation rotatoire; elle présente, en outre, deux axes optiques, dont l'angle apparent est moindre que pour le mica primitif.

Avec des paquets ternaires fermés, constitués par des lamelles de $\frac{1}{4}$ d'onde, M. Reusch a obtenu tous les phénomènes des lames de quartz perpendiculaires à l'axe. Sous l'incidence normale, la pile fait tourner le plan de polarisation de la lumière primitive à droite ou à gauche suivant que l'on a porté l'angle de combinaison, qui est de $60°$, vers la gauche ou la droite; cette rotation est proportionnelle à l'épaisseur de la pile et sensiblement en raison inverse du carré de la longueur d'onde, de sorte que l'effet produit sur la lumière blanche peut être exactement compensé par une lame de quartz [1].

Dans la lumière convergente, on retrouve les croix neutres interrompues, et l'on peut reproduire les spirales que donne le quartz; la variation du phénomène en dehors de la normale présente donc les mêmes caractères dans les deux cas.

Les mêmes effets s'observent avec des paquets quaternaires fermés, pour lesquels l'angle de combinaison est de $45°$.

Enfin, si les lamelles ne sont plus de même épaisseur, les phénomènes deviennent irréguliers. Avec une pile de dix paquets ternaires combinés sous l'angle de $60°$, dont chacun renfermait une lame de $\frac{1}{8}$ d'onde et deux autres de $\frac{1}{4}$ d'onde, M. Reusch

---

[1] Soncke, *Pogg. Ann., Erganzungsband*, t. VIII, p. 16; 1878.

obtient, sous l'incidence normale, une rotation elliptique et, dans la lumière convergente, une apparence de deux axes optiques analogue à celle que l'on observe assez souvent dans les lames de quartz non homogènes.

535. *Action d'une suite de lames.* — La méthode indiquée précédemment (391) permettrait de déterminer l'action d'un ensemble quelconque de lames cristallines, mais il est préférable dans le cas actuel de diriger autrement les calculs.

M. Sohncke a donné la théorie des phénomènes produits sous l'incidence normale dans les expériences de Norremberg et de M. Reusch; M. Mallard (¹) a traité le même problème d'une manière plus générale.

Nous examinerons d'abord l'effet produit par une lame cristalline sur une vibration elliptique.

La vibration primitive étant gauche et représentée par les composantes parallèles aux axes

$$(1) \quad \begin{cases} \xi = r \cos \mathrm{I} \sin(\omega t - \alpha), \\ \eta = - r \sin \mathrm{I} \cos(\omega t - \alpha), \end{cases}$$

nous appellerons θ l'angle (158) de l'axe ξ avec la direction x de l'une des vibrations principales de la lame.

La phase α peut être choisie de façon que les composantes de la vibration elliptique, parallèles aux directions principales x et y de la lame, soient de la forme

$$(2) \quad \begin{cases} x = a \sin \omega t, \\ y = b \sin(\omega t - \delta). \end{cases}$$

En posant $\tang i = \dfrac{b}{a}$, on a les relations

$$(3) \quad \begin{cases} \sin 2\mathrm{I} = \sin 2i \sin \delta, & \tang 2\mathrm{I} = \sin 2\theta \, \tang \delta, \\ \tang 2\theta = \tang 2i \cos \delta, & \cos 2i = \cos 2\mathrm{I} \cos 2\theta, \\ \tang \alpha = \tang \theta \, \tang \mathrm{I}, & \cos \mathrm{I} \sin \alpha = \sin i \sin \theta \sin \delta. \end{cases}$$

(¹) E. Mallard, *Ann. des Mines* [7], t. X, p. 60; 1876, et t. XIX, p. 256; 1881. — *Traité de Cristallographie*, t. I, p. 262; 1884.

Si δ_1 est la perte de phase supplémentaire imprimée par la lame à la composante y, les éléments I_1, θ_1 et α_1, qui définissent la nouvelle vibration elliptique à la sortie de cette lame, sont déterminés par les conditions

$$(4) \quad \left\{ \begin{aligned} &\sin 2\,I_1 = \sin 2\,i \sin(\delta + \delta_1), \\ &\tang 2\,\theta_1 = \tang 2\,i \cos(\delta + \delta_1), \\ &\tang \alpha_1 = \tang \theta_1 \tang I_1. \end{aligned} \right.$$

536. *Lames infiniment minces.* — Les résultats se simplifient beaucoup et sont particulièrement utiles quand la perte de phase δ_1 est très petite, auquel cas les différences des équations correspondantes (3) et (4) peuvent être considérées comme les différentielles dues à l'accroissement δ_1 de la variable δ. Les variations relatives des équations (3) donnent alors

$$(5) \quad \left\{ \begin{aligned} &\frac{2(I_1 - I)}{\tang 2\,I} = \frac{\delta_1}{\tang \delta}, \\ &\frac{2(\theta_1 - \theta)}{\sin 2\theta \cos 2\theta} = -\,\delta_1 \tang \delta - \frac{\delta_1^2}{2}, \\ &\frac{\alpha_1 - \alpha}{\sin 2\alpha} = \frac{\theta_1 - \theta}{\sin 2\theta} + \frac{I_1 - I}{\sin 2\,I}. \end{aligned} \right.$$

On a pris le terme du second ordre dans le dernier membre de la deuxième équation, parce que nous supposerons que l'angle I est aussi très petit, de sorte que l'angle δ sera lui-même du premier ordre. On trouve alors, en tenant compte des équations (3),

$$2(I_1 - I) = \delta_1 \sin 2\theta,$$
$$-2(\theta_1 - \theta) = \delta_1 \cos 2\theta (\tang 2\,I + I_1 - I) = (I + I_1)\,\delta_1 \cos 2\theta.$$

Lorsque l'angle I est très petit, les angles δ et α sont du premier ordre et l'on peut remplacer l'angle i par θ dans la dernière des équations (3); enfin l'angle $\theta_1 - \theta$, qui exprime la rotation vers la gauche du grand axe de la nouvelle vibration elliptique, étant du second ordre, la dernière des équations (5) se réduit à

$$(\alpha_1 - \alpha) = (I_1 - I)\frac{\alpha}{I} = \delta_1 \frac{\alpha}{\delta} = \delta_1 \sin^2\theta = \frac{\delta_1(1 - \cos 2\theta)}{2}.$$

En appelant i_1 l'angle θ, qui est l'azimut de la section principale de la lamelle par rapport au plan de polarisation du grand axe de l'ellipse (1), on a donc

$$(6) \quad \begin{cases} 2(I_1 - I) = \delta_1 \sin 2 i_1, \\ -2(\theta_1 - \theta) = (I + I_1)\delta_1 \cos 2 i_1, \\ 2(\alpha_1 - \alpha) = \delta_1 - \delta_1 \cos 2 i_1. \end{cases}$$

537. *Paquet de lamelles.* — Quand on place ensuite une seconde lamelle, de différence de phase δ_2, dans l'azimut i_2 par rapport à la première, l'angle que fait avec la vibration principale x_2 de cette nouvelle lame le grand axe ξ_1 de la vibration elliptique incidente ne diffère de la somme $i_1 + i_2$ que d'une quantité du second ordre. Les équations (6) donnent alors, en remplaçant i_1 par $i_1 + i_2$ et indiquant par l'indice 2 les éléments de la vibration à la sortie,

$$\begin{aligned} 2(I_2 - I_1) &= \delta_2 \sin 2(i_1 + i_2), \\ -2(\theta_2 - \theta_1) &= (I_1 + I_2)\delta_2 \cos 2(i_1 + i_2), \\ 2(\alpha_2 - \alpha_1) &= \delta_2 - \delta_2 \cos 2(i_1 + i_2). \end{aligned}$$

La loi est évidente pour les lamelles successives qui constituent un paquet et peut être facilement généralisée, tant que le nombre des lamelles est limité ou du moins tant que l'épaisseur du paquet reste très petite.

En appelant $j_q = i_1 + i_2 + \ldots + i_q$ l'angle des vibrations ξ_q et x_q pour la $q^{\text{ième}}$ lamelle, sur laquelle la différence de phase est δ_q, les éléments $I + dI$, $d\theta$ et $\alpha + d\alpha$ qui définissent la vibration elliptique à la sortie d'un paquet de p lamelles sont

$$(7) \quad \begin{cases} 2\,dI = \sum_1^p \delta_q \sin 2 j_q, \\ -2\,d\theta = \sum_1^p (I_{q-1} + I_q)\delta_q \cos 2 j_q, \\ 2\,d\alpha = \sum_1^p \delta_q - \sum_1^p \delta_q \cos 2 j_q. \end{cases}$$

538. *Polygone des phases.* — Ces résultats peuvent être traduits géométriquement. Prenons sur une droite OX (*fig.* 282) une longueur OC égale à 2 I. A partir de C, construisons un polygone $CM_1 M_2 \ldots M$, dont les côtés sont respectivement égaux aux différences de phase $\delta_1, \delta_2, \ldots, \delta_q, \ldots, \delta_p$ des lamelles successives, chacune d'elles faisant l'angle $2j_q$ avec la droite OY perpendiculaire à la première. Appelons maintenant ε et $2j$ la droite CM qui ferme le polygone et l'angle qu'elle fait avec la droite OY. Ces valeurs de ε et de j sont indépendantes de l'ordre suivant lequel on a superposé les lamelles, pourvu que chacune d'elles conserve

Fig. 282.

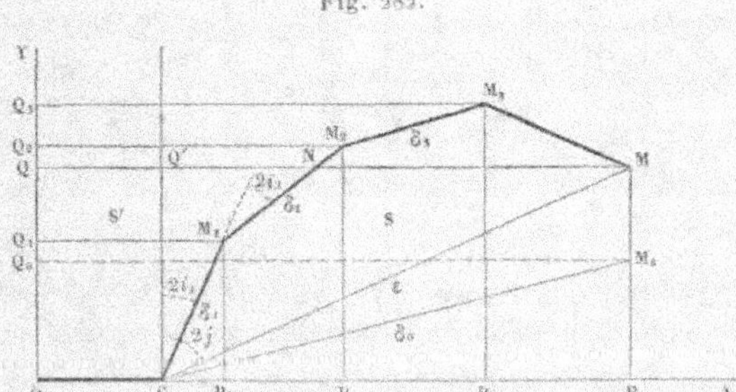

la même orientation. En abaissant sur la droite OY les perpendiculaires $M_1 Q_1, M_2 Q_2, \ldots, MQ$, on a

$$OQ_1 = \delta_1 \cos 2i_1, \quad Q_1 Q_2 = \delta_2 \cos 2i_2, \quad \ldots, \quad OQ = \varepsilon \cos 2j,$$

et, d'après les équations précédentes,

$$M_1 Q_1 = 2I + \delta_1 \sin 2i_1 = 2I_1,$$
$$M_2 Q_2 = 2I_1 + \delta_2 \sin 2j_2 = 2I_2,$$
$$\cdots\cdots\cdots\cdots\cdots\cdots\cdots\cdots\cdots$$
$$QM = 2(I + dI).$$

D'autre part, l'aire du trapèze CQ_1 est égale à $-2(\theta_1 - \theta)$; l'aire du trapèze $M_1 Q_2$ est égale à $-2(\theta_2 - \theta_1)$, et ainsi de suite, ces aires devant être considérées comme positives ou négatives suivant le signe de la projection du côté correspondant δ_q sur la droite OY. La valeur finale de $-2\,d\theta$ est donc représentée par l'aire CQ comprise entre les droites NQ, QO, OC et le contour CN du polygone, diminuée de l'aire comprise entre la droite NM et l'autre partie du contour; c'est l'aire du trapèze OCMQ, diminuée de la surface S comprise entre le contour du polygone et la droite OM qui le ferme.

Enfin $\Sigma \delta_q$ est le contour δ_s du polygone. Il en résulte

$$(8) \quad \begin{cases} \Sigma \delta_q \sin 2 j_q = \varepsilon \sin 2 j, \\ \Sigma (I_{q-1} + I_q) \delta_q \cos 2 j_q = (2I + dI) \varepsilon \cos 2 j - S, \\ \Sigma \delta_q - \Sigma \delta_q \cos 2 j_q = \delta_s - \varepsilon \cos 2 j. \end{cases}$$

La substitution de ces valeurs dans les équations (7) détermine les variations des éléments de l'ellipse produites par le paquet :

$$(9) \quad \begin{cases} 2\, dI = \varepsilon \sin 2 j, \\ 2\, d\theta = S - 2 I \varepsilon \cos 2 j - \dfrac{\varepsilon^2}{4} \sin 4 j, \\ 2\, d\alpha = \delta_s - \varepsilon \cos 2 j. \end{cases}$$

539. *Propriétés d'un paquet.* — La forme de la vibration résultante ne dépend ainsi que des différences de phase des deux ondes réfractées dans chaque lamelle. Si l'on veut obtenir la phase réelle $\omega t - \alpha - \beta$ sur le grand axe de l'ellipse, il faut ajouter à $d\alpha$ la somme δ' des pertes de phase de toutes les ondes relatives aux composantes x polarisées dans la section principale ; la somme δ'' des pertes de phase des vibrations y est alors $\delta' + \delta_s$. En remplaçant δ_s par $\delta'' - \delta'$, on a donc

$$\beta = \delta' + d\alpha = \frac{\delta' + \delta''}{2} - \frac{\varepsilon}{2} \cos 2 j = \frac{\delta' + \delta'' - \varepsilon}{2} \cos^2 j + \frac{\delta' + \delta'' + \varepsilon}{2} \sin^2 j,$$

ce qu'on peut écrire

$$(10) \qquad \beta = \alpha' \cos^2 j + \alpha'' \sin^2 j,$$

en posant

$$2\alpha' = \delta' + \delta'' - \varepsilon, \qquad 2\alpha'' = \delta' + \delta'' + \varepsilon.$$

La perte de phase β sur le grand axe de l'ellipse est α' ou α'', suivant que l'angle j est nul ou droit. Dans les deux cas, l'ellipse conserve la même forme, puisque la valeur de dI est nulle, et la rotation est $\dfrac{S}{2} \pm I \varepsilon$; ces deux rotations ont la même valeur $\dfrac{S}{2}$ quand on a $I = 0$, c'est-à-dire quand la vibration primitive est rectiligne.

Abstraction faite de la rotation, on peut dire que le paquet a une section principale dans l'azimut j par rapport au plan primitif. Les pertes de phase relatives à une vibration primitive parallèle à l'une des vibrations principales du paquet sont α' et α''; leur différence $\alpha'' - \alpha' = \varepsilon$ est la différence de phase résultante du paquet, et leur moyenne est égale à la moyenne des pertes de phase δ' et δ'' qui correspondraient aux vibrations principales d'un paquet dont toutes les lamelles auraient la même direction.

Lorsque la surface S du polygone est nulle, la lame définie par les éléments j, α' et α'' produirait la même vibration elliptique que le paquet, mais avec une autre phase.

Dans le cas contraire, on déterminerait les éléments de la lame équivalente (164) en prenant sur la droite MP un point M_0 tel que l'aire du trapèze OCM_0Q_0 soit égale à $2\,d\theta$. Le côté CM_0 et l'angle $2\,i_0$ qu'il fait avec la droite OY donnent la différence de phase δ_0 et l'azimut i_0 de la lame équivalente. Ces éléments varient avec l'ordre suivant lequel ont été superposées les lamelles, ainsi qu'avec la forme et la direction de la vibration primitive.

La construction paraît en défaut quand la distance OP est nulle, c'est-à-dire quand le polygone se termine sur la droite OY. Dans ce cas, la vibration finale est rectiligne et forme un certain angle avec le grand axe de la vibration primitive ; le même résultat n'est plus réalisable, en effet, avec une lamelle infiniment mince, mais on l'obtiendrait facilement avec une lame d'épaisseur finie. Si la lumière primitive est rectiligne, par exemple, cette rotation pourra être produite par une lame d'une demi-onde.

540. *Pile de paquets fermés.* — Le paquet est *ouvert* ou *fermé*, sans que les lamelles soient nécessairement identiques, suivant que le polygone des phases est lui-même ouvert ou fermé. Quand on superpose un certain nombre de paquets pour constituer une *pile*, on peut les orienter d'une manière arbitraire lorsqu'ils sont fermés ; le résultat varie, au contraire, avec l'orientation relative de leurs sections principales, quand ils sont ouverts.

Pour les paquets fermés, la valeur de ε est toujours nulle et le phénomène relatif à chacun d'eux se réduit à une rotation du plan de polarisation vers la gauche $d\theta - \dfrac{S}{2}$, ou plus généralement une rotation du grand axe de l'ellipse primitive, qui conserve la même forme ; l'effet d'une pile est donc aussi une rotation $\frac{1}{2}\Sigma S$.

On a alors

$$\alpha' = \alpha'' = \frac{\delta' + \delta''}{2},$$

c'est-à-dire que la vitesse de propagation moyenne de la vibration tournante est égale à la vitesse moyenne relative aux vibrations principales des différentes lamelles (503).

Si ces lamelles sont de même nature et que leurs indices principaux de réfraction soient n' et n'', l'indice de réfraction n de la vibration tournante, ou l'indice moyen des deux vibrations circulaires équivalentes (502), est

$$n = \frac{n' + n''}{2}.$$

La perte de phase de l'une des vibrations circulaires, qui est droite dans le cas actuel, est égale à S. Enfin les indices de réfraction m_1 et m_2 des vibrations circulaires droite et gauche sont, en appelant e l'épaisseur du paquet,

$$m_1 + m_2 = n' + n'',$$

$$\frac{2\pi(m_1 - m_2)e}{\lambda} = S,$$

$$m_1 = \frac{n' + n''}{2} + \frac{S\lambda}{4\pi e}, \qquad m_2 = \frac{n' + n''}{2} - \frac{S\lambda}{4\pi e},$$

341. *Pile de paquets symétriques.* — Lorsqu'un paquet fermé de p lamelles identiques est *symétrique*, l'angle de combinaison est constant et égal à $\dfrac{\pi}{p}$; le polygone des phases est alors fermé et régulier. La rotation R_p produite par ce paquet est

$$(11) \qquad 2R_p = p\,\frac{\delta_1^2}{4\tan\dfrac{\pi}{p}} = \frac{(p\,\delta_1)^2}{4\pi}\,\frac{1}{\dfrac{p}{\pi}\tan\dfrac{\pi}{p}}.$$

La rotation est gauche ou droite, suivant que l'angle de combinaison est compté vers la droite ou la gauche.

Dans un paquet binaire, les deux lamelles sont croisées et l'aire du polygone est nulle; la vibration reste polarisée dans le plan primitif et l'appareil se comporte, au moins pour l'incidence nor-

male, comme une lame uniaxe perpendiculaire à l'axe. C'est le cas
des expériences de Norremberg (533).

Pour les paquets d'ordre plus élevé, la surface du polygone
n'est pas nulle, et le système jouit du pouvoir rotatoire, conformément aux expériences de M. Reusch (534).

Pour un paquet ternaire, $p = 3$, on a

$$2\mathrm{R}_3 = \frac{3}{4}\frac{\delta_1^2}{\sqrt{3}} = \delta_1^2\frac{\sqrt{3}}{4}.$$

Pour un paquet quaternaire, $p = 4$,

$$2\mathrm{R}_4 = \delta_1^2, \qquad \ldots$$

Si l'épaisseur totale du paquet reste constante et qu'on augmente
de plus en plus le nombre des lamelles qui le constituent, la rotation va croissant, car le contour $p\delta_1$ du polygone ne change pas
et l'apothème augmente. La rotation est maximum quand le polygone devient une circonférence; le dénominateur du dernier
terme dans l'équation (11) est alors égal à l'unité et l'on a

$$2\mathrm{R}_\pi = \frac{(p\,\delta_1)^2}{4\pi}.$$

On approche assez rapidement de cette limite; car, en donnant
à p différentes valeurs, on trouve :

$p.$	$\frac{p}{\pi}\tang\frac{\pi}{p}.$	$p.$	$\frac{p}{\pi}\tang\frac{\pi}{p}.$
3.........	1,654	6.........	1,102
4.........	1,273	8.........	1,055
5.........	1,156	10.........	1,034

La rotation R produite par une pile de N paquets identiques est

$$\mathrm{R} = \mathrm{NR}_p = \frac{p\,\delta_1}{8\pi}\frac{\mathrm{N}p\,\delta_1}{\frac{p}{\pi}\tang\frac{\pi}{p}}.$$

L'expression $\mathrm{N}p\,\delta_1$ représente la différence de phase relative à
une lame unique dont l'épaisseur E serait égale à la somme Ne des
épaisseurs e de tous les paquets, ou à l'épaisseur totale de la pile.

On a alors

$$p \delta_1 = 2\pi \frac{(n'' - n')e}{\lambda},$$

$$(12) \quad 2R = \frac{\pi e}{\frac{\ell}{\pi} \tang \frac{\pi}{p}} \frac{(n'' - n')^2 E}{\lambda^2} = \frac{\pi}{\frac{\ell}{\pi} \tang \frac{\pi}{p}} \frac{E}{N} \frac{(n'' - n')^2 E}{\lambda^2}.$$

La constitution de chaque paquet étant invariable, on voit que la rotation de la pile est proportionnelle à son épaisseur et à peu près en raison inverse du carré de la longueur d'onde, ce qui représente, d'une manière très approximative, le pouvoir rotatoire du quartz. On remarquera même, par la manière dont varie la différence $n'' - n'$ des indices, que le produit de la rotation par le carré de la longueur d'onde va croissant du rouge au violet.

Enfin le dernier membre de l'équation (11) montre que la rotation est d'autant plus grande que le nombre $\frac{N}{E}$ des paquets par unité d'épaisseur de la pile est plus petit.

La valeur limite de la rotation, qui correspond à un très grand nombre de lamelles dans chaque paquet, est

$$2R = \pi e \frac{(n'' - n')^2 E}{\lambda^2} = \frac{\pi}{N} \frac{(n'' - n')^2 E^2}{\lambda^2}.$$

542. *Application au quartz.* — Pour avoir une idée des résultats fournis par un pareil système, nous allons chercher d'abord quelles seraient les propriétés des lamelles capables de reproduire le pouvoir rotatoire du quartz.

Appliquée aux paquets ternaires, l'équation (12) donne

$$\frac{N}{E} = \frac{\pi E}{2R} \frac{(n'' - n')^2}{1,654 \lambda^2}.$$

Les rapports $\frac{N}{E}$ et $\frac{R}{E}$ représentent respectivement le nombre des paquets et la rotation relatifs à l'unité d'épaisseur. On a alors pour la raie D, avec le millimètre comme unité de longueur,

$$\frac{R}{E} = 21°,72, \qquad \lambda = 0,589.10^{-3},$$

ce qui donne

$$\frac{N}{E} = 7,22.10^6 (n'' - n')^2.$$

En prenant o,o1 pour la différence des indices, c'est-à-dire une valeur un peu supérieure à celle (o,oo9) qui conviendrait aux deux indices principaux du quartz, mais inférieure à celle du mica, on trouve

$$\frac{N}{E} = 7,22 . 10^2 = 722.$$

Il y aurait donc, par millimètre, 722 paquets de $1^\mu,385$ d'épaisseur; comme ils contiennent trois lamelles, l'épaisseur de chaque lamelle serait de $0^\mu,462$, c'est-à-dire inférieure à la longueur d'onde de la lumière jaune. La différence des indices de réfraction que l'on doit faire intervenir dans le calcul est probablement beaucoup plus grande; la valeur décuple o,1 donnerait 100 fois plus de paquets par millimètre et, par suite, une épaisseur 100 fois moindre pour les lamelles.

543. *Pile de paquets ouverts.* — Considérons une pile de paquets ouverts identiques, dont les sections principales sont parallèles. Lorsqu'un faisceau de lumière, primitivement polarisée, a traversé une épaisseur finie E de cette pile, la vibration elliptique à la sortie peut encore être représentée par les équations (1), le grand axe ξ de l'ellipse faisant l'angle θ avec la section principale de la pile.

Pour calculer les valeurs de I et θ, M. Mallard suppose que ces angles restent très petits et détermine dans ces conditions l'effet produit par un paquet supplémentaire d'épaisseur dE. Puisque la constitution de la pile est uniforme, on peut poser, pour ce nouveau paquet,

$$\varepsilon = \Delta\, dE, \qquad S = \sigma\, dE, \qquad \delta_s = s\, dE,$$

les facteurs Δ, σ et s étant des quantités constantes qui représentent les sommes relatives à l'unité d'épaisseur.

Si le plan primitif est parallèle à la section principale de la pile, on a, pour le paquet dE, d'après les équations (8),

$$(13) \quad \left\{ \begin{aligned} \Sigma \delta_q \sin 2j_q &= \varepsilon \sin 2j = 0, \\ \Sigma \delta_q \cos 2j_q &= \varepsilon \cos 2j = \Delta\, dE, \\ \Sigma(I_{q-1}+I_q)\delta_q \cos 2j_q &= 2I\varepsilon - S = (2I\Delta - \sigma)\, dE. \end{aligned} \right.$$

Les variations dI, $d\theta$ et $d\alpha$, produites par ce paquet, s'obtiendront en remplaçant l'angle j_q par $j_q + \theta$ dans les équations (7), ce qui donne

$$2\,dI = \cos 2\theta\, \Sigma \delta_q \sin 2 j_q + \sin 2\theta\, \Sigma \delta_q \cos 2 j_q,$$
$$- 2\,d\theta = \cos 2\theta\, \Sigma (I_{q-1} + I_q)\delta_q \cos 2 j_q - \sin 2\theta\, \Sigma (I_{q-1} + I_q)\delta_q \sin 2 j_q,$$
$$2\,d\alpha = \delta_s - \cos 2\theta\, \Sigma \delta_q \cos 2 j_q + \sin 2\theta\, \Sigma \delta_q \sin 2 j_q.$$

En tenant compte des équations (13) et remarquant que l'angle θ est très petit, auquel cas le dernier terme de la valeur de $d\theta$ est négligeable, il reste les équations différentielles simultanées

$$(14) \qquad \begin{cases} 2\,dI = 2\theta \Delta\, dE, \\ 2\,d\theta = (\sigma - 2 I \Delta)\, dE, \\ 2\,d\alpha = (s - \Delta)\, dE. \end{cases}$$

On déduit des deux premières

$$(2 \Delta I - \sigma)\, dI + 2 \Delta \theta\, d\theta = 0,$$
$$\Delta I^2 - \sigma I + \Delta \theta^2 = 0.$$

La constante relative à cette intégration est nulle, puisque l'équation doit être satisfaite pour les circuits fermés, auquel cas $\Delta = 0$ et $I = 0$. On a aussi

$$\sigma - 2 \Delta I = \sqrt{\sigma^2 - 4 \Delta^2 \theta^2},$$

et l'on doit, pour la même raison, prendre le radical avec le signe $+$. Portant cette valeur dans la seconde des équations (14), il vient

$$\Delta\,dE = \frac{2 \Delta\, d\theta}{\sqrt{\sigma^2 - 4 \Delta^2 \theta^2}},$$
$$\Delta E = \operatorname{arc\,sin} \frac{2 \Delta \theta}{\sigma}.$$

La constante relative à l'intégration est encore nulle, puisque $\theta = 0$ pour $E = 0$. Les éléments de l'ellipse produite par une épaisseur E de la pile sont donc

$$(15) \qquad \begin{cases} \theta = \dfrac{\sigma}{2 \Delta} \sin \Delta E = \dfrac{\sigma E}{2} \dfrac{\sin \Delta E}{\Delta E}, \\[2ex] \Delta I = \dfrac{\sigma}{2} (1 - \cos \Delta E) = \sigma \sin^2 \dfrac{\Delta E}{2}. \\[2ex] I = \theta \tang \dfrac{\Delta E}{2}. \end{cases}$$

En appelant α' la valeur de l'angle α relative au cas considéré, la dernière des équations (13) donne

$$2\alpha' = (s - \Delta)E.$$

Si le plan primitif de polarisation est perpendiculaire à la section principale du paquet dE, il suffit de remplacer $\cos 2j$ par -1 dans les équations (13), ce qui revient à changer le signe de Δ. Le même changement étant fait dans les équations (15), on voit que la valeur de θ reste la même et que I change de signe, c'est-à-dire que la vibration elliptique est de sens contraire. La valeur α'' de l'angle α est alors

$$2\alpha'' = (s + \Delta)E.$$

Enfin, pour examiner le cas où la section principale de la pile est dans un azimut quelconque j, il suffit de traiter séparément les deux composantes $r\cos j$ et $r\sin j$ de la vibration primitive.

La comparaison de ces résultats avec ceux que donne une lame de quartz peut se faire d'une manière très simple en remplaçant les vibrations elliptiques par leurs composantes circulaires. Les amplitudes g' et g'' des composantes circulaires gauches correspondantes sont, en changeant le signe de I pour la seconde,

$$2g' = r\cos j(\cos I + \sin I),$$
$$2g'' = r\sin j(\cos I - \sin I).$$

La différence des pertes de phase est $\alpha'' - \alpha' = \Delta E$; mais, comme les axes homologues des ellipses sont rectangulaires, la différence de phase des projections sur un même axe de leurs composantes circulaires est

$$\alpha'' - \alpha' - \frac{\pi}{2} = \Delta E - \frac{\pi}{2}.$$

L'amplitude de la composante circulaire gauche finale est donc

$$g^2 = g'^2 + g''^2 + 2g'g''\cos\left(\Delta E - \frac{\pi}{2}\right),$$
$$\frac{4g^2}{r^2} = 1 + \cos 2j\sin 2I + \sin 2j\cos 2I\sin\Delta E,$$

et celle de la composante circulaire droite

$$\frac{4d^2}{r^2} = 1 - \cos 2j\sin 2I - \sin 2j\cos 2I\sin\Delta E.$$

M. — II.

Si l'on identifie avec les équations (31) du n° 174, dans lesquelles on changera les signes de R et de δ, en égalant les coefficients des sinus et cosinus des angles $2i$ et $2j$, il vient

$$(16) \qquad \begin{cases} \sin 2\mathrm{I} = \cos 2\varphi \, \tang \mathrm{R} \sin \delta, \\ \cos 2\mathrm{I} \sin \Delta\mathrm{E} = \cos 2\varphi \sin \delta, \end{cases}$$

avec la condition

$$(17) \qquad \tang \mathrm{R} = \sin 2\varphi \, \tang \frac{\delta}{2}.$$

Les trois équations (16) et (17) déterminent les angles R, φ et δ en fonction des éléments de la pile et les valeurs ainsi calculées sont indépendantes de l'azimut de polarisation primitive. La pile de paquets ouverts équivaut donc à une lame de quartz oblique à l'axe, comme si la lumière incidente se partageait en deux ondes à vibrations elliptiques conjuguées, dont les axes sont l'un parallèle et l'autre perpendiculaire à la section principale, et qui se propagent avec des vitesses différentes.

Comme on a supposé I et θ très petits, il résulte des équations (14) que le facteur σ est lui-même du premier ordre. Les équations (16) donnent alors

$$2\mathrm{I} = \cos 2\varphi \, \tang \mathrm{R} \sin \delta,$$
$$\sin \Delta\mathrm{E} = \cot 2\varphi \sin \delta,$$
$$\tang \mathrm{R} = \frac{2\mathrm{I}}{\sin \Delta\mathrm{E}} = \frac{\sigma}{\Delta} \tang \frac{\Delta\mathrm{E}}{2}.$$

L'angle R est aussi très petit, ainsi que l'angle δ, d'après l'équation (17). Par suite, l'angle I est du second ordre et le facteur Δ du premier ordre, c'est-à-dire que les paquets sont presque fermés; il reste alors

$$(18) \qquad \begin{cases} \mathrm{R} = \dfrac{\sigma\mathrm{E}}{2}, \\[2mm] \tang 2\varphi = \dfrac{2\mathrm{R}}{\Delta\mathrm{E}} = \dfrac{\sigma}{\Delta}, \\[2mm] \delta^2 = \left(\dfrac{\Delta\mathrm{E}}{\cos 2\varphi} \right)^2 = (\Delta^2 + \sigma^2)\mathrm{E}^2. \end{cases}$$

La rotation R et la différence de phase δ sont proportionnelles à l'épaisseur de la pile.

Pour les paquets fermés, où $\Delta = 0$, l'angle 2φ est égal à $90°$ et l'on retrouve la simple rotation R de la vibration primitive.

544. *Composantes elliptiques d'un paquet.* — Cette restriction, sur l'ordre de grandeur des angles I et θ, paraît inadmissible pour toutes les épaisseurs de piles; elle n'est pas nécessaire si l'on a recours à une autre forme de raisonnement.

Pour obtenir les composantes elliptiques d'un paquet, il suffit, en effet, de choisir la vibration incidente (2), de façon qu'elle soit privilégiée (515), c'est-à-dire qu'elle se transmette dans le paquet sans altération. Si l'on considère séparément les composantes x et y, on a, pour chacune d'elles, à la sortie du paquet, d'après les équations (9),

$$dI = 0 \quad \text{et} \quad 2\,d\theta = S,$$

tandis que leurs pertes de phase $d\alpha'$ et $d\alpha''$ sont respectivement

$$2\,d\alpha' = \delta_g - \varepsilon, \qquad 2\,d\alpha'' = \delta_g + \varepsilon.$$

Ces deux vibrations ont donc tourné du même angle $\dfrac{S}{2}$ et sont devenues

$$x' = a \sin\left(\omega t - \frac{\delta_g - \varepsilon}{2}\right),$$

$$y' = b \sin\left(\omega t - \delta - \frac{\delta_g + \varepsilon}{2}\right).$$

Les angles I' et θ', qui définissent la forme de l'ellipse et l'angle de l'un de ses axes avec la composante x', sont

$$(19) \qquad \begin{cases} \sin 2\,\mathrm{I}' = \sin 2i \sin(\delta + \varepsilon), \\ \tan g\, 2\theta' = \tan g\, 2i \cos(\delta + \varepsilon). \end{cases}$$

Pour que la vibration reste identique à elle-même, après avoir traversé le paquet, il faut qu'on ait

$$\mathrm{I}' = \mathrm{I} \quad \text{et} \quad \theta' + \frac{S}{2} = \theta.$$

Si l'on néglige, comme il est permis, les quantités du second ordre, la première condition est réalisée pour

$$\delta = \pm \frac{\pi}{2};$$

il faut donc que les axes de la vibration primitive soient parallèles aux directions principales du paquet, et l'on a

$$\theta = 0, \qquad 2\theta' + S = 0.$$

La seconde des équations (19) donne alors

$$\operatorname{tang} 2i = \pm \frac{\operatorname{tang} \varepsilon}{\sin \varepsilon} = \pm \frac{S}{s} = \pm \frac{\sigma}{\Delta}.$$

L'expression trouvée précédemment dans les équations (18), pour la forme des ellipses conjuguées, est donc générale.

545. *Structure des milieux actifs.* — D'après M. Mallard, les propriétés rotatoires des cristaux et même, d'une manière plus générale, celles de tous les corps actifs, sont dues à une superposition analogue de lamelles cristallines disposées en paquets symétriques. Pour le quartz, en particulier, il admet que le cristal est formé par des paquets ternaires de lamelles à deux axes optiques, et cette manière de voir paraît confirmée par les apparences de double réfraction à deux axes que présentent certains échantillons, dans lesquels le groupement des lamelles n'aurait pas pris sa forme régulière.

Le pouvoir rotatoire du quartz (542) permettrait d'établir une relation entre l'épaisseur des lamelles et la différence de deux indices principaux n_1 et n_2 et ferait même connaître la dispersion relative à la biréfringence $n_2 - n_1$. La moyenne de ces deux indices doit d'ailleurs être égale à l'indice ordinaire du quartz.

Lorsque la lumière tombe obliquement sur une pile de paquets fermés, tout en faisant un angle très petit avec la normale, les variations correspondantes des azimuts i_1, i_2, ... et des différences de phase δ_1, δ_2, ... sont également très petites, et même d'un ordre supérieur au premier en fonction de l'angle d'incidence. Comme le nombre des lamelles dans chacun des paquets est limité, la surface S du polygone des phases ne varie que d'une quantité du second ordre. Pour toute direction peu inclinée sur la normale, la variation du facteur σ est donc du second ordre, ainsi que la valeur de la différence de phase résultante.

Pour calculer exactement l'influence de l'inclinaison, on doit faire intervenir le troisième indice n_3 du milieu à deux axes; la solution complète de ce problème permettrait d'obtenir un contrôle très rigoureux de la théorie.

Quand on s'écarte beaucoup de l'axe, le milieu doit présenter les propriétés des cristaux homoédriques. On ne pourrait arriver à ce résultat si les lamelles avaient une grande étendue; mais on doit admettre que leur surface est aussi très petite, de même ordre que les dimensions de la molécule, et qu'elles forment une série de colonnes juxtaposées, indépendantes les unes des autres. Pour une direction perpendiculaire à l'axe, en particulier, comme l'épaisseur des lamelles est sans doute inférieure à la longueur d'onde, le milieu conserve sa transparence (**221**) et possède deux plans de symétrie rectangulaires; les vibrations lumineuses doivent donc s'y propager avec deux vitesses différentes.

Remarquons encore que la méthode employée dans le cas actuel permet d'obtenir une solution immédiate et plus générale du problème de Verdet (**523**).

Quand on superpose, en effet, une série de paquets dont les sections principales sont dans des azimuts différents $j, j', j'', \ldots$ par rapport au plan primitif, les variations finales dI et $d\theta$ de la vibration sont, d'après les équations (9),

$$2\,dI = \Sigma \varepsilon \sin 2j.$$
$$2\,d\theta = \Sigma S - 2 \Sigma I \varepsilon \cos^2 j - \tfrac{1}{2} \Sigma \varepsilon^2 \sin 4j.$$

Si les paquets sont identiques et très nombreux, leurs sections principales étant orientées au hasard, ces équations se réduisent évidemment à

$$2\,dI = o, \qquad 2\,\theta = \Sigma S.$$

L'ensemble de ces paquets, c'est-à-dire d'une série de lamelles de quartz identiques, dont les sections principales sont indifféremment distribuées dans tous les azimuts, produit donc simplement une rotation de la vibration primitive égale à la somme des rotations relatives à chacune des lamelles.

Il en serait de même pour des paquets de natures différentes, sous la condition que les différences de phase ε de toutes grandeurs correspondent également à des paquets orientés au hasard.

Les liquides et les dissolutions qui jouissent du pouvoir rotatoire renfermeraient, dans cette hypothèse, des molécules consti-

tuées avec leur caractère de dissymétrie et distribuées au hasard.
La rotation doit être alors proportionnelle à l'épaisseur du milieu
traversé par la lumière et en raison inverse du carré de la longueur d'onde (541), sous la réserve des écarts dus à la dispersion
de biréfringence.

La théorie de M. Mallard est conforme aux lois de la cristallographie et semble trouver sa confirmation directe dans les propriétés optiques que présentent certains échantillons de quartz ou
de minéraux actifs. De même, la dissémination de molécules cristallines à structure dissymétrique dans les liquides ou les dissolutions ne paraît pas contradictoire avec la constitution possible de
ces milieux. Enfin il est nécessaire d'aller plus loin et d'admettre
que cette structure se conserve dans les gaz, puisque les vapeurs
des liquides actifs conservent leur pouvoir rotatoire.

Cette théorie permet aussi de comprendre les modifications
qu'éprouvent les propriétés du quartz par une pression perpendiculaire à l'axe, auquel cas le cristal acquiert deux axes optiques
dont le plan est parallèle à la compression (487).

MM. Mach et Merten ([1]) ont constaté que la teinte relative à la
direction de l'axe se modifie dans le sens d'un accroissement de
rotation. La polarisation rotatoire et la double réfraction temporaire sont alors des phénomènes indépendants qui se superposent,
et l'on doit prévoir que la rotation réduite (515) sera indépendante de la pression ([2]).

On arrive au même résultat en assimilant le quartz à une pile
de lamelles biaxes combinées régulièrement, car, ces lames étant
positives, la compression augmente le retard produit par chacune
d'elles et, par suite, la rotation correspondante.

GÉNÉRALISATION DU POUVOIR ROTATOIRE.

546. *Liquides actifs.* — Après avoir découvert l'existence de
la polarisation rotatoire dans l'essence de *térébenthine* (497),
Biot reconnut aussi les mêmes propriétés dans un grand nombre

---

([1]) E. Mach et Merten, *Pogg. Ann.*, t. CLVI, p. 639; 1875. — *Journal de
Physique*, t. V, p. 33, 231; 1876.

([2]) F. Beaulard, *Comptes rendus des séances de l'Académie des Sciences*,
t. CXI, p. 173; 1890.

de liquides et de solutions, mais seulement dans les milieux qui renferment des produits d'origine organique.

Parmi les substances actives, les unes se comportent comme le quartz droit ; on les appelle *positives, droites* ou *dextrogyres*. Les autres se comportent comme le quartz gauche ; elles sont *négatives, gauches* ou *lévogyres*.

Dans tous les corps actifs, la rotation du plan de polarisation est proportionnelle à l'épaisseur du milieu traversé par la lumière. Pour définir l'action spécifique d'une substance, on appellera encore *pouvoir rotatoire* la rotation ρ relative à l'unité d'épaisseur ; on prend généralement le décimètre pour unité de longueur dans le cas actuel, parce que les rotations sont toujours beaucoup plus faibles que celle du quartz.

547. *Pouvoir rotatoire moléculaire.* — Pour rendre les phénomènes plus comparables entre eux, on peut admettre d'abord que le pouvoir rotatoire est proportionnel à la quantité de matière active traversée par la lumière et ramener toutes les mesures à la même densité ; on appelle *pouvoir rotatoire moléculaire*, représenté par le symbole $[\rho]$, le quotient du pouvoir rotatoire par la densité du corps actif, c'est-à-dire par le rapport du poids p au volume correspondant v. Si R est la rotation dans une colonne liquide de longueur l mesurée en décimètres, on a donc

$$\rho = \frac{R}{l}, \qquad [\rho] = \rho\,\frac{v}{p} = \frac{R}{l}\,\frac{v}{p}.$$

Cette considération est particulièrement utile pour les dissolutions de corps actifs dans des liquides neutres. Dans ce cas, p désigne simplement le poids du corps actif contenu dans un volume v de la dissolution.

Biot traduisait cette relation d'une manière plus compliquée. En appelant ε le poids du corps actif dans l'unité de poids total et δ la densité de la dissolution, le poids correspondant du dissolvant est $1 - \varepsilon$ et la densité du corps actif est $\delta\varepsilon$; on a alors

$$[\rho] = \frac{\varepsilon}{\delta\varepsilon} = \frac{R}{l\,\delta\varepsilon}.$$

Lorsqu'il n'y a pas d'action chimique entre les corps qui entrent dans la dissolution, le pouvoir rotatoire moléculaire se conserve en général sans altération.

Biot vérifiait cette loi en prenant des tubes de longueurs différentes renfermant des dissolutions de richesses inégales, ou des tubes de longueurs croissantes et de même diamètre, dans lesquels il introduisait une même quantité de corps actif additionné d'un dissolvant inactif, de manière à remplir le tube pour chacune des opérations successives. Dans ce dernier cas, la rotation doit rester constante. Il est plus simple d'introduire dans un même tube des quantités variables de corps actif et de remplir chaque fois le tube avec un liquide inactif; la rotation est alors proportionnelle au poids du corps actif.

La conservation du pouvoir rotatoire moléculaire dans les dissolutions de sucre a été vérifiée depuis par M. Arndtsen [1] avec une grande exactitude pour les différentes couleurs.

Les expériences de Biot ont porté en particulier sur les dissolutions de *sucre* dans l'eau et d'essence de *térébenthine* dans l'éther; mais c'est en réalité une loi limite qui souffre un assez grand nombre d'exceptions.

Cette méthode permet d'étudier le pouvoir rotatoire de substances qu'il serait impossible d'observer directement, soit parce qu'elles ne sont pas suffisamment transparentes, telles que les *gommes*, les matières *mucilagineuses*, la *dextrine*, soit parce que leur forme cristalline complique le phénomène et voile le pouvoir rotatoire; c'est le cas des *sucres*, du *camphre*, des *acides* et des *alcaloïdes* organiques et de la plupart des *sels*.

De même, pour un mélange de corps actifs sans actions chimiques réciproques, la rotation finale est la somme algébrique des rotations relatives à chacun d'eux. En désignant par $p, p', p'', \ldots$ les poids de différents corps renfermés dans le volume v de la dissolution, et par $[\rho], [\rho'], [\rho''], \ldots$ leurs pouvoirs rotatoires moléculaires respectifs, la rotation R produite par un tube de longueur l a pour expression

$$\frac{R}{l} = [\rho]\frac{p}{v} + [\rho']\frac{p'}{v} + \ldots = \frac{1}{v}\left(p[\rho] + p'[\rho'] + \ldots\right).$$

[1] A. ARNDSTEN, *Ann. de Chim. et de Phys.* [3], t. LIV, p. 403; 1858.

Le pouvoir rotatoire moléculaire est généralement altéré quand il existe des réactions chimiques entre les corps dissous.

Dans tous les cas, la mesure du pouvoir rotatoire fournit une méthode d'analyse chimique très précieuse pour vérifier la pureté d'un composé, reconnaître l'existence de plusieurs corps de natures différentes par les changements qu'éprouve la rotation à la suite de certaines réactions et enfin pour révéler l'existence d'actions chimiques particulières qui seraient souvent inappréciables par tout autre procédé.

548. *Dispersion rotatoire.* — Le pouvoir rotatoire est ainsi une constante spécifique pour chaque substance; on la rapportait autrefois, à l'exemple de Biot, à la lumière que laisse passer un verre rouge coloré par l'oxydule de cuivre. Comme cette couleur est mal définie et peu homogène, on mesure aujourd'hui les rotations à l'aide de la flamme colorée par les sels de soude, en ayant soin d'éliminer, par un absorbant coloré en jaune, tel qu'une solution de bichromate de potasse, les rayons étrangers à ceux qui donnent la double raie D.

Cette seule constante ne suffit pas pour définir les propriétés optiques du corps actif, car la dispersion rotatoire peut être très différente. Biot avait constaté que l'on peut compenser presque absolument une lame de quartz perpendiculaire à l'axe par une colonne d'essence de *térébenthine,* de telle sorte qu'un faisceau polarisé de lumière blanche reste entièrement polarisé dans le plan primitif après avoir traversé l'ensemble des deux milieux. La dispersion rotatoire est donc la même pour cette essence que pour le quartz et, dans tous les cas analogues, on pourra remplacer l'observation à la lumière homogène par celle de la teinte sensible à la lumière blanche.

Il a reconnu lui-même que cette règle n'est pas générale, car il est impossible de compenser l'essence de *térébenthine* ou l'essence de *citron* (¹) par une solution de *camphre* dans l'acide acétique; le maximum d'extinction obtenu à la lumière blanche laisse toujours des colorations persistantes qui tiennent à ce que

---

(¹) Biot, *Comptes rendus des séances de l'Académie des Sciences,* t. II, p. 540; 1835.

la rotation des rayons violets par la solution de camphre est d'environ $\frac{1}{4}$ plus grande que ne l'indiquerait la loi approchée de l'inverse du carré des longueurs d'onde.

Cette loi, d'ailleurs, qui n'est pas vraie pour le quartz, ne l'est pas non plus pour les liquides actifs, comme l'ont montré les expériences de M. Wiedemann ([1]) sur les essences de *térébenthine* et de *citron*, et celles de M. Gernez ([2]) sur les essences de *bigarade* et d'*orange*. Entre les raies C et G, le produit du pouvoir rotatoire par le carré de la longueur d'onde varie d'environ $\frac{1}{4}$ pour les essences d'orange et de bigarade, tandis que la variation n'est que de $\frac{1}{15}$ pour l'essence de térébenthine. La loi de dispersion est ainsi spéciale à chaque substance.

L'emploi de la teinte sensible comme procédé d'observation ne fournirait donc pas de résultats comparables.

549. *Dispersions singulières.* — Biot avait constaté déjà que les dissolutions d'*acide tartrique* présentent des propriétés spéciales, que la rotation n'augmente pas d'une manière continue en sens inverse de la longueur d'onde, un maximum ayant lieu pour la région moyenne du spectre. Ces expériences ont été précisées par M. Arndtsen, qui a rapporté les mesures aux principales raies du spectre. Pour une solution d'acide tartrique dans un poids d'eau égal à la température de $25°$, par exemple, il a obtenu les rotations suivantes, la raie e étant située entre F et G, très près de cette dernière :

Raies.	C.	D.	E.	$b.$	F.	$e.$
ρ.......	$+11°,9$	$12°,98$	$13°,97$	$13°,71$	$13°,32$	$10°,32$

La rotation est maximum pour les rayons voisins de la raie E. L'observation ne donnera donc plus de teinte de passage avec la lumière blanche, car lorsqu'on a éteint les rayons les plus intenses et qu'on déplace un peu l'analyseur à droite ou à gauche, on fait disparaître ou on avive en même temps des couleurs qui appartiennent aux deux extrémités du spectre.

([1]) G. WIEDEMANN, *Pogg. Ann.*, t. LXXXII, p. 215; 1851. — *Ann. de Chim. et de Phys.* [3], t. XXXIV, p. 121; 1852.

([2]) D. GERNEZ, *Ann. de l'École Normale supérieure*, t. I, p. 1; 1864.

M. Von Wyss (^{1}) a constaté que certains échantillons d'essence
de *térébenthine* présentent également une rotation maximum
pour une couleur verte dont la longueur d'onde est voisine de
$0^\mu,565$. Il a pu reproduire artificiellement la même dispersion par
un mélange en proportions convenables d'essence dextrogyre et
d'essence lévogyre. Ce résultat prouve aussi que les deux espèces
d'essence n'ont pas la même loi de dispersion.

550. *Influence de la température.* — Le pouvoir rotatoire
des dissolutions d'*acide tartrique* croît, comme celui du quartz,
avec la température, mais l'inverse a lieu généralement.

On peut représenter le pouvoir rotatoire moléculaire par une
expression de la forme

$$[\rho] = a - bt - ct^2 = a(1 - \beta t - \gamma t^2).$$

Comme les liquides, et les essences en particulier, éprouvent
souvent une altération notable quand on les maintient à une température élevée, M. Gernez opérait sur des essences chauffées
d'abord jusque vers 160°, qu'il laissait ensuite revenir lentement
à la température ordinaire, en déterminant à différents intervalles
leur pouvoir rotatoire. Il a obtenu ainsi les résultats suivants :

Essence d'orange ƒ.

Raies.	a.	$-b$.	$-c$.	$-\beta$.	$-\gamma$.
C....	90,45	0,0893	$0,54.10^{-4}$	$0,99.10^{-3}$	$0,60.10^{-6}$
D....	115,91	0,1237	0,16	1,07	0,13
E....	148,82	0,1585	0,28	1,07	0,19
F....	180,67	0,1979	0,01	1,09	0,005
G ...	241,20	0,2331	1,81	0,97	0,75

Essence de bigarade ƒ.

Raies.	a.	$-b$.	$-c$.	$-\beta$.	$-\gamma$.
C....	92,79	0,1041	$1,06.10^{-4}$	$1,12.10^{-3}$	$1,14.10^{-6}$
D....	118,53	0,1175	2,16	0,99	1,83
E....	153,81	0,1667	1,98	1,08	1,28
F....	186,89	0,2162	1,52	1,16	0,81
G ...	249,33	0,2638	4,03	1,06	1,62

(^{1}) G.-H. von Wyss. *Wied. Ann.*, t. XXXIII, p. 554 ; 1888. — *Journ. de Phys.*
[2], t. VIII, p. 488 ; 1889.

Essence de térébenthine \.

Raies.	a.	$-b$.	$-c$.	$-\beta$.	$-\gamma$.
C....	28,29	0,003187	»	$1,12.10^{-4}$	»
D ...	36,61	0,004437	»	1,21	»
E....	46,29	0,006187	»	1,34	»
F....	55,00	0,007000	»	1,27	»
G ...	71,01	0,008437	»	1,19	»

On voit, par la valeur à peu près constante du coefficient β pour chaque corps, que le rapport des rotations relatives aux différentes couleurs est sensiblement indépendant de la température et que, par suite, il en est de même pour la loi de dispersion.

331. *Influence du dissolvant et des actions chimiques.* — Le temps suffit quelquefois pour modifier d'une manière notable les propriétés des dissolutions actives. D'après Biot, le pouvoir rotatoire des solutions d'essence de *térébenthine* dans l'alcool ou l'acide acétique augmente d'une manière continue pendant des mois entiers. Pour une solution d'*acide tartrique* traitée par l'*acide borique*, par exemple (¹), la rotation a passé en vingt jours de 41°,5 à 66°,09.

Dubrunfaut (²) a constaté, au contraire, que le pouvoir rotatoire du *glucose* de raisin, aussitôt après sa dissolution dans l'eau, est presque double de celui qu'il conserve ensuite et qui devient définitif au bout de quelques heures.

Avec le *glucosate de sel marin*, M. Pasteur (³) a obtenu, aussitôt après la dissolution, une rotation de 41°,28; elle était réduite à 24°,04 au bout de deux heures, pour arriver après cinq heures à la valeur définitive de 21°,60.

En dehors de ces modifications avec le temps, il existe en réalité très peu de cas où le pouvoir rotatoire moléculaire n'est pas altéré par la dissolution, sans qu'il y ait lieu de prévoir aucune réaction entre les corps en présence. Ce pouvoir augmente, par exemple, avec la quantité du dissolvant, pour les solutions d'es-

---

(¹) Biot, *Ann. de Chim. et de Phys.* [3], t. XXIX, p. 348; 1850.
(²) Dubrunfaut, *Ann. de Chim. et de Phys.* [3], t. XXI, p. 180; 1847.
(³) Pasteur, *Ann. de Chim. et de Phys.*, [3], t. XXXI, p. 95; 1850

sence de *térébenthine* dans l'alcool et surtout dans l'acide acétique. L'inverse a lieu pour le *camphre* dissous dans l'alcool.

Si l'on appelle e la fraction du dissolvant par rapport au poids total du liquide, la valeur de $[\rho]$ peut se représenter par une expression de la forme

$$[\rho] = A + Be,$$

dans laquelle la constante A ne dépend que du corps actif et le coefficient B de la nature du dissolvant.

Biot en a trouvé surtout un exemple remarquable dans les dissolutions d'*acide tartrique* [1] par l'eau, l'alcool et l'esprit-de-bois. Pour l'eau et la lumière du verre rouge, le coefficient B est à peu près indépendant de la température et égal à $14°,315$, tandis que la constante A est extrêmement variable, comme l'indiquent les valeurs suivantes :

Température.	A.	Température.	A.
°	°	°	°
6	−2,239	21	−0,171
9	−1,729	22	−0,068
12	−1,276	23	−0,033
15	−0,869	24	−0,131
18	−0,503	27	+0,406

Cette constante serait nulle vers la température de $22°,6$.

D'après les mesures postérieures de M. Arndsten, les valeurs de A et B relatives à l'acide tartrique dissous dans l'eau, pour les principales raies du spectre et à la température de $24°$, sont :

Raies.	A.	B.
	°	°
C	+2,75	− 9,45
D	+1,95	+13,03
E	+0,15	+17,51
b	−0,83	+19,15
F	−3,60	+23,98
c	−9,66	+31,44

Si l'on fait $e = 0$, condition qui correspond à l'acide tartrique anhydre, la rotation pour la lumière rouge, à une température inférieure à $22°$, serait gauche, tandis que celle de la dissolution

---

[1] Biot, *Mém. de l'Académie des Sciences*, t. XV, p. 93; 1836.

est droite. Biot [1] a pu constater cette inversion des propriétés sur un échantillon d'acide tartrique fondu que Laurent était parvenu à préparer.

En outre, l'acide tartrique anhydre, à la température de $24°$, serait droit pour la lumière rouge, gauche pour la lumière bleue et inactif pour une certaine couleur verte.

On observe des phénomènes analogues pour les dissolutions d'*acide malique* dans l'eau et pour celles du *camphre* dans l'alcool. Dans les deux cas, le pouvoir rotatoire moléculaire diminue avec la richesse du liquide.

Pour le camphre, d'après M. Arndsten, les valeurs de A et B sont

Raies.	A.	B.	$\dfrac{A}{B}$.
C............	$38,55$	$-8,52$	$0,221$
D............	$51,95$	$-9,64$	$0,181$
E............	$74,33$	$-13,43$	$0,180$
b............	$79,35$	$-14,51$	$0,182$
F............	$99,60$	$-19,12$	$0,192$
e............	$147,70$	$-23,46$	$0,160$

Pour l'acide malique à la température de $20°$, le rapport des constantes A et B relatives à la raie D est égal à $-0,6576$, de sorte que la rotation devient nulle si la solution renferme $34,24$ pour 100 d'acide [2].

Les solutions aqueuses d'acide malique présentent aussi cette propriété que le sens même du pouvoir rotatoire peut varier avec la température. Les solutions qui renferment de 24 à 40 pour 100 d'acide sont droites à $10°$ et gauches à $30°$; entre les mêmes températures, les solutions plus riches restent droites et les solutions moins riches sont gauches [3].

L'action de l'acide borique [4], inactif par lui-même, sur les dissolutions d'acide tartrique est également remarquable; il se forme alors ce que Biot appelle un *tartrate d'acide borique,* dont le pouvoir rotatoire augmente avec le temps.

---

[1] Biot, *Ann. de Chim. et de Phys.* [3], t. XXIX, p. 52; 1850.
[2] G.-H. Shneider, *Ann. der Chem.*, t. CCVII, p. 257; 1881.
[3] Th. Thomsen, *Berichte der deutsch. chem. Ges.*, t. XV, Bd. I, p. 446; 1882.
[4] Biot, *Mém. de l'Académie des Sciences*, t. XVI, p. 259; 1837.

Considérons une dissolution qui renferme les poids suivants :

$$
\begin{aligned}
&\text{Acide tartrique} \dots\dots\dots && \varepsilon \\
&\text{Acide borique} \dots\dots\dots && \beta \\
&\text{Eau} \dots\dots\dots\dots\dots\dots && e = 1 - \varepsilon - \beta
\end{aligned}
$$

Quand on ajoute à une dissolution aqueuse d'acide tartrique, définie par le rapport du poids e de l'eau au poids ε de l'acide qu'elle renferme, une quantité croissante β d'acide borique, le pouvoir rotatoire moléculaire $[\rho]$ rapporté à l'acide tartrique augmente très rapidement. Voici quelques nombres de Biot, qui correspondent à l'état final acquis par la dissolution au bout d'un certain temps :

$\dfrac{e}{\varepsilon}$	β	$[\rho]$	$\delta[\rho]$	$\dfrac{\delta[\rho]}{\beta}$
$1,0367\dots$	0	7,63	»	»
	0,0035	9,07	1,44	412
	0,0344	22,91	15,28	444
	0,094	42,43	34,80	370
$3,0\dots$	0	9,87	»	»
	0,0018	11,05	1,18	655
	0,0122	19,41	9,54	782
	0,0492	37,35	27,48	559

L'acide borique (¹) exerce la même action sur l'acide tartrique gauche découvert par M. Pasteur et des actions analogues sur les acides maliques.

L'accroissement $\delta[\rho]$ du pouvoir moléculaire est d'abord sensiblement proportionnel à la richesse du liquide en acide borique, tant qu'elle est très faible, il croît ensuite plus rapidement, puis plus lentement; la dérivée du pouvoir rotatoire, considéré comme une fonction de la quantité d'acide borique, passe donc par un maximum. On voit aussi que l'influence d'une même quantité d'acide borique est d'autant plus grande que la solution est elle-même moins riche en acide tartrique.

Lorsqu'il existe des actions chimiques évidentes entre les corps dissous, il est plus facile de prévoir que le pouvoir rotatoire moléculaire doit être modifié.

(¹) Biot, *Ann. de Chim. et de Phys.* [3], t. XXVIII, p. 108; 1850.

La *morphine* est un des rares exemples où le pouvoir rotatoire moléculaire résiste aux actions chimiques, car il conserve sensiblement la même valeur, de $-88°$ à $-90°$, quand on dissout cet alcali dans l'alcool, ou dans les acides chlorhydrique, azotique et sulfurique [1].

Nous citerons encore les expériences suivantes de M. Pasteur [2] sur l'*acide malique* et les *malates*.

$$
\begin{array}{lr}
 & [\alpha] \\
 & \overset{\circ}{} \\
\text{Acide malique dans l'eau } (e = 0,67,\ t = 10°)\ldots & -\ 5,0 \\
\text{Addition de 2 pour 100 d'acide borique}\ldots\ldots & -\ 7,0 \\
\text{Bimalate d'ammoniaque dans l'eau}\ldots\ldots\ldots & -\ 7,22 \\
\text{\qquad\qquad » \qquad dans l'acide nitrique}\ldots & +\ 5,60 \\
\text{Malate de chaux dans l'acide chlorhydrique}\ldots & -\ 10,88 \\
\text{\qquad » \qquad saturé par l'ammoniaque}\ldots\ldots & +\ 4,34 \\
\text{Malate double d'ammoniaque et d'antimoine}\ldots & -115,47 \\
\end{array}
$$

Cette modification continue du pouvoir rotatoire moléculaire avec la proportion du dissolvant ou celle des corps en présence conduisit Biot à penser qu'il se forme dans les liquides des combinaisons moléculaires à proportions continûment variables.

Il paraît plus conforme aux règles générales, surtout quand on tient compte de l'influence du temps, d'admettre l'existence dans le liquide de plusieurs combinaisons définies, mélangées en proportions variables, suivant les quantités relatives des corps en présence, et capables de se dissocier.

M. Gernez [3] s'est attaché à résoudre cette question par une méthode ingénieuse, en choisissant des cas où la dissociation risquait moins de masquer le phénomène principal. Ses expériences ont porté sur l'étude des modifications qu'éprouvent les dissolutions aqueuses d'*acide tartrique* et d'*acide malique* quand on y ajoute successivement, par fractions très petites, des quantités croissantes de molybdates ou de tungstates alcalins.

Les observations sont faites dans le même tube et à la même température, sur un même volume de liquide qui renferme une

---

[1] BOUCHARDAT, *Ann. de Chim. et de Phys.*, [3], t. IX, p. 213; 1843.

[2] PASTEUR, *Ann. de Chim. et de Phys.*, [3], t. XXXI, p. 81; 1851

[3] D. GERNEZ, *Journal de Physique* et *Comptes rendus des séances de l'Académie des Sciences*, passim, 1887 à 1890.

quantité constante du corps actif et une quantité variable du sel,
que l'on représentera par le nombre de ses équivalents par rapport
à un équivalent du corps actif. Voici quelques exemples :

Acide tartrique. Rotation : $+ 22'$.

Nombre d'équivalents.	Molybdate neutre			
	de soude.	de magnésie.	de lithine.	d'ammoniaque.
1.........	6 26	6 33	7 55	12 11
2.........	13 39	13 50	12 48	20 39
3.........	13 21	13 27	12 22	19 47
4.........	13 11	13 4	12 4	18 28
5.........	12 57	12 42	11 54	17 13

Acide malique. Rotation : $- 11'$.

Nombre d'équivalents.	Molybdate neutre		
	de soude.	de lithine.	de magnésie.
1...............	— 9 4	— 10 8	— 9 40
2...............	+14 1	+ 11 22	+14 10
2,25...........	»	+15 36	+18 14
3...............	— 0 50	+12 8	+ 6 4
3,5............	— 1 33	»	»
4...............	— 0 30	— 2 22	— 1 6
5...............	+ 2 10	— 0 48	+ 3 40
6...............	+ 5 19	— 1 43	+ 6 54
7...............	+ 7 10	+ 5 10	+ 8 44
8...............	+10 15	+ 8 10	»

On constate que la variation du pouvoir rotatoire est d'abord
proportionnelle à la quantité de sel, en général jusqu'à ce qu'il
atteigne un équivalent; elle est ensuite moins régulière.

Dans le cas de l'*acide tartrique*, la rotation devient maximum
pour deux équivalents de l'un quelconque des molybdates et diminue lentement à mesure que la proportion du sel augmente.
Cette marche du phénomène indique que les premières portions
du sel forment immédiatement avec l'acide tartrique un composé
défini dont la formule est $C^8 H^6 O^{12}, MO, MoO^3$, puis le composé
à deux équivalents de sel $C^8 H^6 O^{12}, 2(MO, MoO^3)$, mélangé d'a-
bord avec le premier, qui correspond au maximum de pouvoir
rotatoire, et que ce composé se dissocie ensuite lentement quand
on augmente la proportion de molybdate. Pour appliquer ces résultats au molybdate d'ammoniaque, on doit considérer qu'un

équivalent du sel a pour formule $\frac{1}{3}(7\,Mo\,O^3, 3\,Az\,H^4\,O, 4\,HO)$, de sorte que la relation est rapportée à un équivalent d'ammoniaque. On remarquera aussi que, dans ce dernier cas, la rotation maximum $20°39'$ est 57 fois plus grande que celle de l'acide tartrique.

Avec l'*acide malique*, la rotation atteint un premier maximum, en valeur absolue, pour un équivalent de sel; on doit conclure qu'il se forme un premier composé à équivalents égaux. La rotation diminue ensuite, devient positive et atteint un second maximum, de sens contraire au premier, quand la dissolution renferme 2 équivalents de molybdate de soude ou 2,25 équivalents des autres molybdates. La rotation diminue de nouveau et passe par un troisième maximum pour 3,5 équivalents de molybdate de soude et 4 équivalents des deux autres sels. Enfin elle augmente encore jusqu'à la limite de solubilité et même de sursaturation, ce qui dénote encore un composé plus riche en molybdate.

La rotation maximum $18°14'$ produite par le molybdate de magnésie est presque centuple de celle du corps actif.

L'action du molybdate d'ammoniaque indiquerait également l'existence de trois ou quatre composés définis. Un équivalent de ce sel, représenté par la formule $7\,Mo\,O^3, 3\,Az\,H^4\,O, 4\,HO$, produit une rotation de $72°20'$, c'est-à-dire 364 fois celle de l'acide malique; il suffit encore que la dissolution renferme $\frac{1}{381}$ d'équivalent de molybdate pour que la rotation soit doublée.

L'importance des variations produites par des quantités aussi faibles de corps neutres doit être signalée d'une manière spéciale. Elle montre que l'on doit s'assurer avec le plus grand soin de la pureté des corps, quand on détermine leur pouvoir rotatoire comme une constante spécifique, et que les moindres traces de matières étrangères peuvent modifier beaucoup les résultats; c'est sans doute à une cause analogue que sont dues les discordances signalées quelquefois par différents observateurs dans les résultats obtenus pour une même substance chimique.

552. *Rayons calorifiques*. — L'emploi de la pile thermo-électrique permit à Biot et Melloni ([1]) de constater que le pouvoir

---

([1]) Biot et Melloni, *Comptes rendus des séances de l'Académie des Sciences*, t. II, p. 194; 1836.

rotatoire du quartz se manifeste également pour les rayons calorifiques. Le faisceau émis par une lampe de Locatelli, après avoir traversé deux piles de lames de mica croisées, n'exerçait plus qu'une action calorifique très faible due aux rayons qui avaient échappé à la polarisation et à l'extinction.

Quand on intercalait, en dehors de l'intervalle des piles de mica, une lame de quartz de $7^{mm},5$ d'épaisseur, capable de faire tourner de $131°$ le plan de polarisation des rayons rouges extrêmes, l'effet calorifique diminuait un peu, par suite de l'absorption dans cette lame, mais il augmentait beaucoup quand la lame était placée entre le polariseur et l'analyseur. Deux lames de quartz d'égale épaisseur et de signes contraires ne produisaient alors aucun effet appréciable.

Ces observations ont été étendues par de la Provostaye et Desains ([1]) à différents liquides actifs, tels que l'essence de *térébenthine*, les solutions de *sucre* et de *camphre*, en utilisant l'action calorifique de rayons lumineux isolés dans un spectre solaire. Les faisceaux étaient polarisés et analysés par des prismes de spath qui permettent une extinction plus complète. Comme le plan de polarisation des rayons transmis ne pourrait être déterminé que par tâtonnements, on mesure les intensités des faisceaux transmis par l'analyseur dans deux azimuts rectangulaires, qui font ainsi les angles θ et $90° - \theta$ avec le plan d'azimut de polarisation ; ces intensités sont respectivement proportionnelles, d'après la loi de Malus, à $\cos^2\theta$ et $\sin^2\theta$, de sorte que leur rapport donne $\tang^2\theta$ et, par suite, l'angle inconnu θ. L'expérience comporte une vérification, car la somme des intensités relatives à deux azimuts rectangulaires quelconques doit être constante et la même que si l'analyseur était orienté de manière à laisser passer le faisceau total, abstraction faite de l'absorption. La rotation relative à la chaleur des rayons verts s'est trouvée encore proportionnelle à l'épaisseur du milieu et la même que pour la lumière correspondante.

M. Desains ([2]) s'est servi enfin de rayons calorifiques obscurs

---

([1]) F. DE LA PROVOSTAYE et DESAINS, *Ann. de Chim. et de Phys.* [3], t. XXX, p. 267; 1850.

([2]) P. DESAINS, *Comptes rendus des séances de l'Académie des Sciences,* t. LXII, p. 1277; 1866, et t. LXXXIV, p. 1056; 1877.

qu'il empruntait à la région du spectre moins réfrangible que le rouge. En prenant dans le spectre solaire produit par un prisme de flint les rayons situés en deçà du rouge extrême, à peu près à la même distance que le bleu de l'autre côté, la rotation du plan de polarisation dans le quartz a été 16 fois moindre que pour le violet; la longueur d'onde serait donc 4 fois plus grande, d'après la loi approchée de dispersion. Ce sont à peu près les rayons que laisse passer une dissolution d'iode dans le sulfure de carbone; ce mode d'absorption partielle les isole assez nettement pour qu'il soit possible d'en déterminer la déviation dans un réseau et de mesurer ainsi leur longueur d'onde directement.

Les sources artificielles permettent d'aller encore plus loin. La lampe de Bourbouze et Wiesnegg, où l'on maintient une toile de platine au rouge blanc à l'aide de la combustion du gaz d'éclairage alimentée par un courant d'air sous pression, a permis d'atteindre des radiations obscures qui sont à peu près symétriques du violet le plus éloigné et pour lesquelles la rotation est 132 fois moindre que pour l'extrême violet, ce qui correspondrait à une longueur d'onde 11,5 fois plus grande ou environ $4^\mu,6$.

553. *Changements d'état des corps.* — Le pouvoir rotatoire des cristaux paraît dû à l'arrangement des molécules et non à leur nature, car il n'existe plus, d'après de Senarmont, dans le *quartz* fondu ou dissous par l'acide fluorhydrique.

M. Des Cloizeaux (¹) a constaté également que le *camphre*, qui cristallise en prismes hexagonaux réguliers, ne montre aucune trace de pouvoir rotatoire dans la direction de l'axe des cristaux, tandis que ses dissolutions sont actives.

Enfin, dans les cristaux octaédriques à base carrée de *sulfate de strychnine*, le pouvoir rotatoire moléculaire suivant l'axe est de 24 à 25 fois supérieur à celui du même corps en dissolution (²).

Biot a reconnu, au contraire, que le pouvoir rotatoire se conserve dans l'*acide tartrique* à l'état vitreux, dans l'essence de *térébenthine* congelée en masse, dans la *dextrine* pulvérisée et réduite par pression en plaques solides transparentes, dans le *sucre* con-

---

(¹) Des Cloizeaux, *Ann. de Chim. et de Phys.*, [3], t. LVI, p. 219; 1859.
(²) Des Cloizeaux, *ibid.* [3], t. LI, p. 361; 1857.

centré en sirop et coulé. M. Gernez a retrouvé également le pouvoir rotatoire dans le *camphre* fondu à la température de 195°, la température de fusion normale étant de 175°.

Les considérations de structure ne paraissent pas exister au même degré pour les gaz, et il y avait lieu de chercher si les vapeurs des liquides actifs jouissent encore du pouvoir rotatoire.

554. *Pouvoir rotatoire des vapeurs*. — Biot [1] a essayé de résoudre cette question, pour l'essence de *térébenthine*, par une expérience célèbre, installée au Luxembourg dans une ancienne église qui servait d'orangerie à la Chambre des Pairs. L'appareil était composé de deux tubes concentriques fermés par des glaces de verre et munis d'ajutages qui permettaient de faire passer un courant de vapeurs d'essence dans les deux tubes. Un rayon solaire polarisé traversant le tube central était reçu par un analyseur biréfringent réglé à l'extinction pour l'image ordinaire.

L'expérience, essayée d'abord avec un appareil de 30^m de longueur, ne put aboutir, parce que les tubes fléchissaient par les variations de température.

Avec des tubes de 15^m, l'appareil se comporta mieux; quand il fut plein de vapeurs, Biot vit l'image éteinte réapparaître en bleu; mais, au moment où il se disposait à tourner l'analyseur pour vérifier le sens de la rotation, les vapeurs d'essence prirent feu et déterminèrent un commencement d'incendie. La conservation du pouvoir rotatoire dans les essences était donc probable, sinon démontrée, par cette expérience que Biot n'osa pas renouveler.

M. Gernez l'a reprise avec succès, il y a quelques années, en opérant avec des tubes de 4^m seulement fermés par des glaces et entourés d'un tube concentrique à huile qui était chauffé directement par une rampe de gaz, de manière que la température fût uniforme d'une extrémité à l'autre. L'observation montre d'abord que les vapeurs de toutes les *essences* actives et celles du *camphre* conservent le pouvoir rotatoire.

Par des mesures de rotation directes, rapportées aux raies du spectre et comparées à celles du *liquide fourni par la vapeur condensée*, M. Gernez a constaté que le rapport des rotations à

---

[1] Biot, *Mém. de l'Académie des Sciences*, t. II, p. 125; 1817.

deux températures différentes est indépendant de la longueur
d'onde. La loi de dispersion est donc la même pour la vapeur que
pour le liquide correspondant. Quand les rotations ne sont pas trop
grandes (elles étaient de 40° environ pour les liquides et de 10°
pour les vapeurs), on est autorisé à se servir de la teinte sensible
dans les expériences de comparaison, ce qui permet d'employer
une source de lumière autre que celle du soleil.

Si l'on tient compte de l'influence de la température, on constate, en outre, que le pouvoir rotatoire moléculaire n'éprouve
aucun changement brusque quand le liquide se transforme en vapeur. Ainsi une essence de *bigarade* a donné :

	Température.	$[\rho]$.	
	0	$+94,15$	calculé.
	11,5	92,87	observé.
Liquide...	100	83,80	»
	156	78,06	»
	172	75,70	»
Vapeur...	190	70,22	»

Ces différents nombres se traduisent par une courbe continue :
l'observation relative à la vapeur est très sensiblement représentée
par la formule calculée à l'aide des observations faites sur le liquide
qu'elle produit par condensation.

RELATION DU POUVOIR ROTATOIRE AVEC LA CRISTALLISATION.

555. *Dissymétrie du quartz.* — W. Herschel ([1]) eut l'idée de
chercher si la dissymétrie moléculaire que le pouvoir rotatoire
fait présumer dans une lame de quartz ne se traduit pas également sur la forme des cristaux.

Considérons un cristal de *quartz* sous la forme qu'il présente
souvent d'un prisme hexagonal terminé par des pyramides égales
à six faces. Par rapport à un rhomboèdre primitif qui servira de
type, tous les éléments de ce cristal sont identiques de deux en
deux, quand on tourne autour de l'axe.

Les faces latérales du prisme forment deux groupes distincts p

---

([1]) W. Herschel, *Cambr. Phil. Trans.*, t. I, p. 47; 1822.

et p' (*fig.* 283); les trois faces de la pyramide supérieure qui correspondent aux faces p et leurs symétriques de la pyramide inférieure forment un rhomboèdre; les autres faces des pyramides donnent un second rhomboèdre; enfin les angles latéraux A, C, E de la base supérieure et les angles symétriques A', C', E' doivent être considérés comme étant de même nature physique, tandis que les angles B, D, F et leurs symétriques forment un groupe d'espèce différente.

Toute forme cristalline dérivée est symétrique, quand on l'obtient par une modification symétrique des éléments de même nature pris sur le rhomboèdre primitif.

Fig. 283.

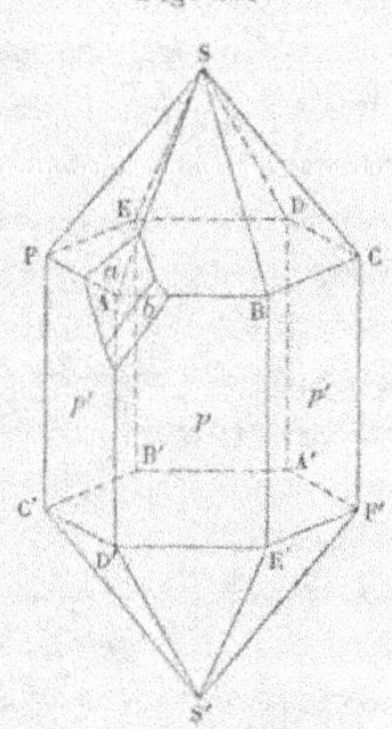

La forme résultante est *homoédrique, hémiédrique* ou *tétartoédrique* quand le cristal porte la totalité, la moitié ou le quart des modifications qu'exigerait la symétrie.

Ainsi, lorsqu'une troncature sur l'arête A est perpendiculaire au plan ADA'D' et se répète sur les six angles de même nature, elle conduit à un rhomboèdre homoédrique.

Si cette troncature, telle que b, fait des angles différents α et α' avec les plans p et p' et n'est pas accompagnée de sa symétrique par rapport au plan ADA'D', la même modification répétée sur les six angles de même nature conduit à un solide particulier, le plagièdre d'Haüy ou trapézoèdre trigonal T, qui est hémiédrique.

La troncature semblable qui ferait les angles α' et α avec les plans p et p' donnerait le trapézoèdre trigonal T′ symétrique de T.

Lorsque des facettes de cette nature existent sur un cristal, elles indiquent l'existence d'une dissymétrie de structure; on conçoit alors qu'une vibration circulaire qui traverse le milieu dans la direction de l'axe, ne se comporte pas de la même manière, suivant qu'elle est droite ou gauche, et que sa vitesse de propagation dépende du sens de la rotation.

Ces troncatures hémiédriques b sont habituellement accompagnées dans les cristaux par une troncature a rhomboédrique; elles sont ainsi à droite ou à gauche pour l'observateur qui regarde le cristal en mettant l'angle modifié A à la partie supérieure.

J. Herschel a constaté, par plusieurs exemples, que les quartz optiquement droits proviennent de cristaux dont les facettes hémiédriques sont à droite et les quartz gauches de cristaux dont les facettes hémiédriques sont à gauche.

Toutefois Biot a montré que cette règle n'est pas absolue, car il a trouvé des quartz jouissant du pouvoir rotatoire, sans que les cristaux eussent les facettes hémiédriques signalées par Herschel, d'autres échantillons dont le pouvoir rotatoire était contraire au sens indiqué par l'hémiédrie et enfin des cristaux beaucoup plus rares possédant les deux systèmes de facettes sur des angles différents ou sur les mêmes angles.

D'après les observations de M. Des Cloizeaux ([1]), la relation de l'hémiédrie et du pouvoir rotatoire serait parfaitement rigoureuse si l'on considère trois plagièdres inférieurs, différents du plagièdre d'Haüy sur lequel avaient porté les observations d'Herschel.

On peut remarquer d'ailleurs que les facettes hémiédriques sont un accident d'importance très variable dans les cristaux; on conçoit donc qu'une molécule intégrante puisse être dissymétrique sans se traduire nécessairement sur les cristaux par des facettes de même caractère. Si l'existence de facettes hémiédriques semble traduire une dissymétrie moléculaire, les groupements complexes d'éléments de signes contraires peuvent encore donner lieu à un cristal dont les propriétés optiques ne sont pas liées aux accidents de sa forme générale.

---

[1] DES CLOIZEAUX, *Ann. de Chim. et de Phys.* [3], t. XLV, p. 129; 1855.

C'est l'idée d'une relation entre la dissymétrie moléculaire et les propriétés optiques qui a conduit Delafosse ([1]) à chercher, sans succès, le pouvoir rotatoire dans l'*apatite* (phosphate de chaux). Cette substance cristallise en rhomboèdres; si on la rapporte à un prisme hexagonal, l'observation montre que les six arêtes du prisme sont souvent modifiées par des troncatures inégalement inclinées sur les faces latérales. Une observation attentive montre que ce n'est pas une dissymétrie véritable, car si, pour une position déterminée du cristal, les facettes hémjédriques sont plus développées à droite qu'à gauche de l'arête, il suffit de retourner le cristal, en prenant le sommet pour base et inversement, pour voir les facettes à la gauche de l'arête; le pouvoir rotatoire ne peut donc pas exister à moins d'être droit ou gauche, suivant que la propagation se ferait dans un sens ou en sens contraire. D'ailleurs rien ne distingue sur les cristaux la face principale de la troncature et, suivant qu'on choisit l'un ou l'autre, les facettes se trouvent à droite ou à gauche des arêtes.

Cette expérience négative de Delafosse présente néanmoins un intérêt historique, parce qu'elle a été le point de départ des recherches de M. Pasteur, qui ont fixé la science sur ce point.

M. Pasteur a montré que le pouvoir rotatoire est en relation avec l'hémiédrie *dissymétrique*, c'est-à-dire une hémiédrie telle que les deux formes hémiédriques conjuguées, qui sont l'image l'une de l'autre, ne soient pas superposables, chacune d'elles n'ayant plus de plan de symétrie.

Il est donc nécessaire de chercher d'une manière générale comment ce genre d'hémiédrie peut se produire.

Les différents systèmes cristallins peuvent être distingués les uns des autres par le nombre et la position de leurs plans de symétrie. Une troncature est hémiédrique quand elle supprime une des espèces de symétrie.

536. *Cristaux cubiques*. — Dans le système cubique, il existe neuf plans de symétrie de deux espèces différentes, la première formée de trois plans parallèles aux faces du cube et la seconde de six plans diagonaux qui passent par deux arêtes opposées.

([1]) DELAFOSSE, *Mém. des Savants étrangers*, t. VIII, p. 688; 1843.

Le tétraèdre régulier s'obtient par des troncatures symétriques sur les angles du cube, mais en modifiant quatre angles seulement,

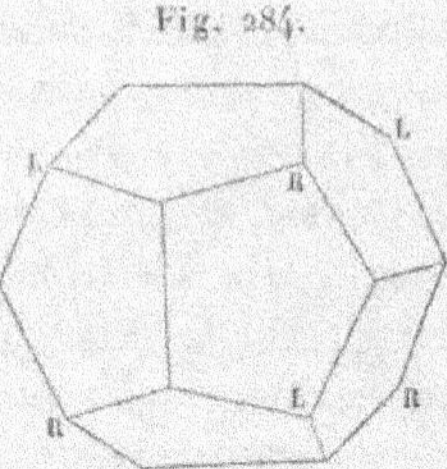

Fig. 284.

de façon que deux d'entre eux ne soient pas symétriques par rapport aux plans de première espèce, parallèles aux faces du cube. L'hémiédrie du tétraèdre régulier reste symétrique par rapport aux plans diagonaux.

Supposons maintenant qu'on modifie chaque arête du cube par deux troncatures symétriques et que des vingt-quatre facettes ainsi obtenues on en supprime une sur chaque arête de manière à conserver la symétrie de première espèce, par rapport aux plans parallèles aux faces du cube. On obtient ainsi un dodécaèdre pentagonal hémiédrique (*fig.* 284), où les angles trièdres L et R, qui correspondent aux angles du cube, sont formés d'angles plans égaux entre eux.

La superposition de ces deux hémiédries (*fig.* 285) constitue

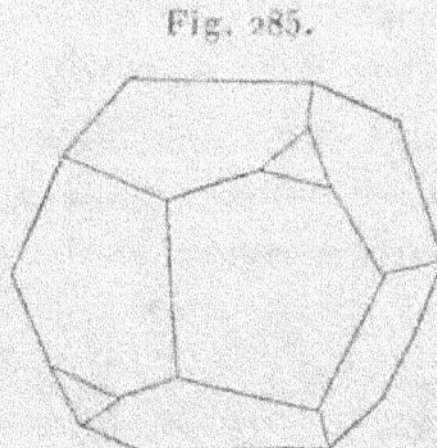

Fig. 285.

une tétartoédrie dissymétrique, car le cristal a perdu séparément les deux espèces de symétrie. Les angles R du dodécaèdre étant modifiés par les facettes du tétraèdre, on voit, en effet, que si l'on prend comme base de l'un des pentagones le côté qui correspond à une face du cube, tous les angles latéraux de gauche R seront coupés par la face tétraédrique et l'on peut dire que le cristal est droit; le tétraèdre conjugué modifierait au contraire tous les angles latéraux de droite L et donnerait des cristaux gauches.

Comme les cristaux cubiques sont isotropes, ils se présentent dans des conditions très favorables pour l'observation directe du pouvoir rotatoire.

Marbach ([1]) a constaté cette forme particulière de tétartoédrie dissymétrique dans les cristaux de *chlorate de soude* [NaO, ClO^5] et dans les cristaux de *sulfo-antimoniate de sulfure de sodium hydraté* [3NaS, SbS^3+18HO]; il a reconnu, en même temps, que ces cristaux sont optiquement droits ou gauches, suivant que la dissymétrie cristalline, comme on l'a définie plus haut, est elle-même droite ou gauche.

Le pouvoir rotatoire par millimètre est $\rho = \pm 3^\circ,64$ pour le chlorate de soude et $\rho = \pm 2^\circ,44$ pour le second sel.

Par contre, il a observé aussi le pouvoir rotatoire dans les cristaux cubiques de *bromate de soude* [Na, BrO^3; $\rho = 2^\circ,80$] et d'*acétate d'urane et de soude* [NaO^2.U^{2}O^3.3C^{4}H^{3}O^3; $\rho = 1^\circ,76$], sans avoir pu découvrir aucune trace de facettes hémiédriques; ces exemples montrent encore que la traduction de la dissymétrie optique dans les cristaux, si elle a lieu fréquemment, ne paraît pas une condition nécessaire.

Les dissolutions de ces différents sels sont d'ailleurs inactives.

557. *Cristaux uniaxes.* — Dans le prisme droit à base carrée, il y a cinq plans de symétrie, dont trois sont parallèles aux faces du prisme et deux aux plans diagonaux qui passent par les arêtes latérales opposées. L'hémiédrie dissymétrique peut être obtenue de plusieurs manières différentes par des considérations analogues à celles qu'on a fait intervenir pour le système cubique; elle a été observée sur le *carbonate de guanidine* qui jouit aussi du pouvoir rotatoire [$\rho = 14^\circ$].

A la température de 40°, le *sulfate de strychnine* cristallise avec 12 équivalents d'eau en aiguilles qui appartiennent au prisme

---

([1]) Marbach, *Ann. de Chim. et de Phys.* [3], t. XLIII, p. 252, et t. XLIV, p. 41; 1855.

rhomboïdal droit, tandis qu'il cristallise avec 13 équivalents d'eau dans le système quadratique quand l'opération se fait de 10° à 20°. M. Des Cloizeaux a constaté sur ces cristaux l'existence d'un pouvoir rotatoire de —9° à —10° pour les rayons rouges. L'hémiédrie n'apparaît pas sur les cristaux, mais elle se révèle par les figures de corrosion (Baumhauer).

On trouve encore le pouvoir rotatoire dans les cristaux quadratiques de *diacétyl-phénol-phtaléine* $[\rho = 19°,7]$ et dans ceux de *sulfate d'éthylène-diamine* $[\rho = 15°,45]$, sans qu'on y ait constaté les facettes hémiédriques.

Le système rhomboédrique présente plusieurs plans de symétrie passant par la même droite. Les conditions de cristallographie sont différentes suivant qu'on rapporte le cristal au rhomboèdre ou au prisme hexagonal régulier. On a vu plus haut (355) comment peut se produire l'hémiédrie dissymétrique, que l'on observe assez fréquemment dans le *quartz*.

On retrouve aussi les facettes hémiédriques sur les cristaux de *periodate de soude* $[\mathrm{NaO}, \mathrm{IO}^7 + 32\,\mathrm{HO}]$, qui appartiennent au même système et dont le pouvoir rotatoire $[\rho = 23°,3]$ est un peu plus grand que celui du quartz; le sens de la rotation change encore régulièrement avec le sens de l'hémiédrie cristalline. Il en est de même pour l'*hyposulfate de potasse anhydre* $[\rho = 8°,38]$ et l'*hyposulfate de chaux hydraté* $[\rho = 2°,09]$.

Par contre, M. Des Cloizeaux a observé dans le *cinabre*, qui cristallise aussi en rhomboèdres, une rotation de 52° à 60° pour une épaisseur de $\frac{1}{2}$ de millimètre, ce qui correspondrait à un pouvoir rotatoire à peu près quinze ou seize fois aussi grand que celui du quartz; mais les cristaux n'ont présenté cette fois aucun caractère d'hémiédrie.

Les facettes hémiédriques n'apparaissent pas non plus dans les cristaux actifs de *benzyle* $[\rho = 24°,92]$, ni dans les *hyposulfates hydratés de plomb* $[\rho = 5°,53]$ ou de *strontiane* $[\rho = 1°,64]$, ni dans le *matico-camphre* $[\rho = 2°,4]$.

En résumé, parmi les trois premiers systèmes cristallins, qui comprennent les milieux isotropes et les milieux à un axe optique, on rencontre quelques exemples de corps doués du pouvoir rotatoire à l'état solide, mais aucun d'eux ne conserve ce pouvoir rotatoire dans les dissolutions.

558. *Milieux biaxes.* — Les systèmes suivants correspondent aux milieux biréfringents à deux axes optiques ; les symétries qui restent sont en plus petit nombre et de natures différentes, de sorte que toute hémiédrie qui supprime l'une d'elles conduit à un solide dissymétrique, non superposable à son conjugué.

Le prisme rhomboïdal droit, par exemple, comporte trois plans de symétrie rectangulaires entre eux.

Une troncature non perperdiculaire à l'un des plans de symétrie donne lieu à huit facettes parallèles deux à deux. Si l'on supprime les trois facettes symétriques de l'une d'entre elles par rapport aux plans de symétrie et celle qui lui est parallèle, on obtient un tétraèdre dissymétrique non superposable à son image.

Ce cristal déjà hémiédrique devient un tétartoèdre, quand on n'y conserve qu'une des facettes relatives à chaque base ; tel est le cas du *tartrate d'ammoniaque.*

La forme tétartoédrique ne comprend alors que deux plans ; elle est *ouverte* et ne pourrait plus suffire à limiter un cristal.

Dans le prisme rhomboïdal oblique, il n'y a plus qu'un plan de symétrie. Les troncatures homoédriques n'ont que quatre faces parallèles deux à deux et donnent des formes ouvertes ; les formes hémiédriques ne comprennent que deux faces non symétriques et constituent évidemment avec la forme primitive un solide dissymétrique.

Enfin, dans le prisme doublement oblique, le cristal primitif lui-même n'est pas superposable à son image ; les troncatures homoédriques n'ont plus que deux faces parallèles et l'hémiédrie se réduit à une seule facette.

559. *Travaux de M. Pasteur* ([1]). — L'acide tartrique et les tartrates que l'on retire des marcs de raisin donnent habituellement des dissolutions actives et droites. M. Kestner obtint par hasard, en 1819, dans le traitement de tartres bruts tirés d'Italie, des sels et un acide ayant la même composition que les tartrates et l'acide tartrique, mais qui en différaient par la grosseur des cristaux et leur solubilité. L'acide correspondant fut appelé *paratartrique.*

---

[1] L. Pasteur, *Comptes rendus des séances de l'Académie des Sciences* et *Ann. de Ch. et de Phys.* [3], passim ; 1848 à 1861.

Mitcherlich, en 1844, montra par des mesures exactes que l'on doit considérer les acides tartrique et paratartrique comme absolument identiques au point de vue de la forme des cristaux, de la double réfraction et du poids spécifique, la solubilité des sels étant seule un peu différente, tandis que les solutions de tartrates sont actives et celles de paratartrates inactives. M. Pasteur reprit l'étude de ces tartrates en 1849.

En préparant le *paratartrate double de soude et d'ammoniaque,* qui cristallise en prismes rhomboïdaux droits, il remarqua que les cristaux fournis par la dissolution ne sont pas identiques entre eux; ils possèdent tous des facettes hémiédriques, mais ils se partagent à peu près également en deux séries de cristaux hémièdres et non superposables, que l'on peut appeler droits ou gauches, suivant la position des facettes hémiédriques.

Après avoir trié à la main les cristaux des deux espèces et les avoir dissous séparément, il reconnut que chacune des solutions devient active, mais que leurs pouvoirs rotatoires sont égaux et de signes contraires.

Une seconde cristallisation des solutions actives séparément ne donne dans chacune d'elles que des cristaux présentant une seule espèce d'hémiédrie.

Pour extraire les acides renfermés dans les sels droit et gauche, il suffit de les transformer par le nitrate de plomb en sels de plomb que l'on traite ensuite par l'acide sulfhydrique.

L'acide qui provient des sels droits paraît identique avec l'acide tartrique ordinaire par toutes ses propriétés : forme des cristaux, solubilité et pouvoir rotatoire, tant pour l'acide lui-même que pour ses différents sels; c'est donc simplement de l'acide tartrique, et les paratartrates droits qu'il produit ne sont autre chose que des tartrates ordinaires.

L'acide fourni par les sels gauches, ayant des propriétés optiques et cristallines inverses, est un nouvel acide tartrique gauche. A part le sens de la rotation, il jouit de toutes les propriétés physiques et chimiques de l'acide droit.

Quand on mélange deux solutions concentrées également riches des acides tartriques droit et gauche, il se précipite avec dégagement de chaleur un acide inactif que M. Pasteur a désigné sous le nom d'*acide racémique.*

M. Pasteur a fait de nombreuses tentatives pour séparer, plus facilement que par le triage des cristaux, les tartrates droits des tartrates gauches et surtout pour transformer l'acide tartrique droit en acide gauche. Il y a réussi surtout en faisant intervenir des agents qui sont eux-mêmes dissymétriques, tels que la fermentation ou les bases organiques douées de pouvoir rotatoire.

La fermentation du *racémate d'ammoniaque*, par exemple, se porte presque exclusivement sur le tartrate droit; quand on arrête l'opération à temps et que l'on concentre la liqueur, on obtient une abondante cristallisation du tartrate gauche.

D'autre part, l'action graduelle de la chaleur sur le *tartrate droit de cinchonine* permet, après le traitement du résidu par l'eau et le chlorure de calcium, d'obtenir des cristaux de racémate de chaux, d'où l'on retirera ensuite les acides tartriques droit et gauche. Enfin la liqueur renferme encore un sel plus soluble qui cristallise peu à peu, quand on l'abandonne à elle-même, et qui présente la plus grande analogie avec le racémate précédent. L'acide qu'on en extrait est encore un isomère de l'acide tartrique, mais il est inactif, ses sels sont inactifs, les cristaux ne présentent aucun caractère d'hémiédrie et ne peuvent pas être dédoublés en deux espèces de sels, droits et gauches.

Il existe donc quatre espèces différentes d'acides tartriques, bien distinctes par leurs propriétés optiques et cristallographiques : l'acide *droit*, l'acide *gauche*, l'acide *racémique*, qui est un mélange ou une association des deux premiers en quantités égales, neutre par compensation, et enfin l'acide tartrique *inactif*.

L'acide tartrique ne constitue pas un cas isolé; nous citerons encore les exemples suivants d'isomères analogues :

Trois acides *camphoriques* : droit, gauche et racémique.
Deux acides *maliques* : gauche et inactif.
Deux acides *aspartiques* : actif et inactif.

Des expériences récentes ont montré aussi qu'il existe quatre *inosites* présentant entre elles les mêmes relations que les acides tartriques : l'inosite *inactive* ordinaire, l'inosite *droite* obtenue par la β-pinite, l'inosite *gauche* préparée au moyen de la quebrachite, et enfin l'inosite *racémique* qui résulte de l'union à poids égaux des inosites droite et gauche.

Les faits relatifs aux *lévuloses* sont particulièrement intéressants, parce que c'est l'application des méthodes de M. Pasteur qui a permis de les constater. Par l'action de la baryte sur le bibromure d'acroléine, on obtient un isomère des glucoses (*α-acrose*) dépourvu du pouvoir rotatoire et que l'on doit considérer comme du lévulose *racémique*.

M. E. Fischer ([1]) en a séparé, en effet, du lévulose gauche par fermentation alcoolique partielle. D'autre part, l'oxydation de ce produit fournit un acide mannonique neutre par compensation, car il donne, quand on le chauffe avec une solution alcoolique de strychnine, des cristaux d'un sel *gauche*, tandis que le sel *droit* reste en dissolution. En isolant ensuite les deux acides, on obtient, par hydrogénation, les lévuloses droite et gauche.

Ces propriétés si imprévues ont conduit M. Pasteur à émettre l'opinion que tous les corps actifs doivent être susceptibles de présenter les quatre variétés différentes et même qu'il peut en être ainsi pour la plupart des corps de la nature dont nous ne connaissons le plus souvent que les variétés inactives, la production du pouvoir rotatoire dans un sens déterminé étant d'ailleurs liée plus ou moins directement à l'intervention d'un phénomène vital.

A ce dernier point de vue, les expériences de M. Jungfleisch ([2]) méritent d'être signalées. L'acide tartrique, que MM. Perkin et Duppa ont préparé au moyen de l'acide succinique bibromé et de l'oxyde d'argent, peut être aussi obtenu avec l'acide succinique déduit par synthèse de l'éthylène. Cet acide tartrique est inactif, mais il se transforme partiellement en acide racémique quand on chauffe sa dissolution dans l'eau vers 175°. Avec l'acide racémique on forme ensuite le sel double de soude et d'ammoniaque dont on sépare les cristaux droit et gauche, soit par triage, soit par une méthode plus rapide due à M. Gernez ([3]), qui consiste à mettre dans la solution sursaturée un cristal gauche ou un cristal droit, sur lequel se déposent uniquement les cristaux de même forme.

Les corps actifs peuvent donc être obtenus par synthèse, à

([1]) E. Fischer, *Berichte der deutsc. chem. Ges.*, t. XXIII, Bd. I, p. 370; 1890.
([2]) Jungfleisch, *Comptes rendus des séances de l'Académie des Sciences*, t. LXXV, p. 286; 1873.
([3]) D. Gernez, *ibid.*, t. LXIII, p. 843; 1866.

partir des éléments, avec cette réserve toutefois qu'il se produit alors des quantités égales de corps à rotations contraires.

On peut se demander encore si tous les corps actifs, au moins par leurs dissolutions, présentent la dissymétrie cristalline, et inversement si tous les corps à hémiédrie dissymétrique jouissent également du pouvoir rotatoire.

L'expérience paraît répondre d'une manière négative à la première question. La division des cristaux de tartrates en deux séries distinctes par la forme cristalline n'est pas un fait général; elle ne s'observe guère que sur les tartrates doubles de soude et d'ammoniaque, de soude et de potasse. Dans les autres cas, les sels se montrent parfaitement homoèdres. L'hémiédrie cristalline n'est donc que la traduction possible et nullement nécessaire de la dissymétrie moléculaire.

D'autre part, le *sulfate de magnésie* $[\mathrm{MgO, SO^3 + 7HO}]$ ainsi que le *formiate de strontiane* $[\mathrm{SrO, C^2HO^3 + 2HO}]$, qui cristallisent en prismes rhomboïdaux droits très voisins d'être des prismes carrés, présentent nettement l'hémiédrie dissymétrique, tandis que leurs dissolutions sont inactives. Toutefois, la dissymétrie cristalline n'a pas le même caractère que celle des tartrates.

Dans les cristaux fournis par une dissolution de formiate de strontiane, on trouve des quantités inégales de cristaux droits et de cristaux gauches; ils sont même quelquefois tous d'une seule espèce. Une dissolution de cristaux droits cristallisant de nouveau ne fournit pas uniquement des cristaux droits, mais un mélange des deux espèces. Il ne paraît donc pas qu'il existe aucune relation entre les formes des cristaux et les propriétés du liquide dont ils proviennent.

Le formiate de strontiane serait ainsi comparable au chlorate de soude, où la dissymétrie est liée à la structure cristalline plutôt qu'à la nature même de la substance, et le pouvoir rotatoire ne doit apparaître que dans les cristaux; malheureusement le formiate de strontiane possède la double réfraction à deux axes et toutes les tentatives faites jusqu'à présent pour mettre le pouvoir rotatoire en évidence dans les milieux de cette nature sont restées infructueuses.

POLARISATION ROTATOIRE MAGNÉTIQUE.

560. *Découverte de Faraday.* — Après de nombreuses recherches, restées longtemps infructueuses, sur les relations qui peuvent exister entre l'électricité et la lumière, Faraday [1] découvrit, en 1845, qu'un corps transparent, inactif par lui-même, acquiert un pouvoir rotatoire quand on le place dans un champ magnétique produit par des aimants, des courants ou des électro-aimants. L'effet est maximum quand le rayon polarisé traverse le milieu parallèlement aux lignes de force; il est nul quand ces deux directions sont rectangulaires.

Le phénomène est surtout marqué pour un flint très riche en plomb, dont la densité peut dépasser 5 et qui est connu sous le nom de *verre pesant de Faraday*. Les mêmes propriétés se retrouvent à des degrés différents dans tous les corps transparents isotropes, solides et liquides, y compris ceux qui jouissent déjà du pouvoir rotatoire, et même dans les milieux biréfringents.

Faraday réalisait cette expérience en plaçant le corps à essayer, par exemple un verre taillé en parallélépipède rectangle, dans l'intérieur d'une hélice magnétisante ou en dehors des deux pôles d'un électro-aimant en fer à cheval. L'électro-aimant fournit un champ magnétique plus intense, mais le corps se trouve en dehors de la région où les lignes de force sont parallèles et de plus grande intensité. M. Ed. Becquerel [2] a amélioré la méthode en armant les pôles de deux pièces de fer doux percées à leur partie centrale d'ouvertures cylindriques qui permettent ainsi le passage de la lumière dans une région où l'intensité du champ est maximum. Ruhmkorff [3] a rendu encore l'expérience plus commode en plaçant en face l'un de l'autre, suivant une ligne horizontale, deux électro-aimants munis de larges plaques de fer doux aux extrémités de signes contraires qui sont en regard l'une de l'autre, et en

---

[1] Faraday, *Comptes rendus des séances de l'Académie des Sciences,* t. XXII, p. 113; 1846.

[2] Ed. Becquerel, *Comptes rendus des séances de l'Académie des Sciences,* t. XXII, p. 952; 1846.

[3] Ruhmkorff, *Comptes rendus des séances de l'Académie des Sciences,* t. XXIII, p. 417; 1846.

creusant un canal cylindrique dans l'axe de l'appareil pour le passage de la lumière. Le corps soumis à l'épreuve est placé entre ces deux armatures, où le champ est sensiblement uniforme.

561. *Caractères du phénomène.* — La polarisation rotatoire magnétique se distingue de celle du quartz et des corps naturellement actifs par différents caractères. La rotation, en effet, est temporaire, elle paraît et disparaît en même temps que l'aimantation du système; elle est de sens et de grandeur variables avec les conditions de l'expérience; enfin, ce qui est surtout à signaler. la rotation apparente change de sens quand la lumière se propage dans une direction opposée.

Il semble parfois que la rotation s'établit graduellement, pour disparaître aussitôt, dès que l'on interrompt le courant excitateur; mais cette circonstance tient aux extra-courants de fermeture qui ralentissent l'établissement de l'aimantation maximum; le retard du phénomène optique est insensible quand les appareils producteurs du champ ne renferment pas de fer doux et l'on doit considérer qu'il ne s'écoule pas un temps appréciable entre la production réelle du champ magnétique et l'apparition des propriétés optiques correspondantes.

Toutes choses égales, la rotation est encore proportionnelle à l'épaisseur du milieu traversé par la lumière.

La rotation passe de droite à gauche, ou inversement, avec la même valeur absolue, soit que l'on renverse le courant. ou, d'une manière plus générale, la direction du champ magnétique en leur conservant la même intensité, soit qu'on fasse marcher la lumière dans une direction opposée.

Avec un tube qui renferme de l'essence de térébenthine, par exemple, on peut disposer l'expérience de manière que la rotation naturelle soit d'abord annulée par la rotation magnétique, mais les deux rotations s'ajoutent lorsqu'on renverse ensuite le sens de propagation de la lumière.

En tenant compte de la position relative de l'observateur dans ces deux expériences, on voit que le champ magnétique fait tourner le plan de polarisation de la lumière dans un sens déterminé en valeur absolue, quelle que soit la direction de propagation, à l'inverse de ce qui a lieu pour les corps naturellement actifs.

Il résulte de là, comme l'a indiqué Faraday, que si l'on fait réfléchir la lumière normalement sur un miroir, pour qu'elle traverse de nouveau le milieu dans une direction opposée, l'action sera la même à chacun des passages (179). Le principe général du retour des rayons (177) n'est plus applicable, et l'on peut profiter de ces réflexions multiples pour augmenter la grandeur des rotations observées.

Un assez grand nombre d'observations ([1]), jointes à celles de Faraday, ont beaucoup augmenté la liste des corps qui jouissent du pouvoir rotatoire magnétique; M. Bertin a signalé en particulier deux liquides : le *bichlorure d'étain* et le *sulfure de carbone*, dont l'action est comparable à celle du verre pesant.

Enfin le pouvoir rotatoire magnétique s'exerce également sur les rayons calorifiques. Cette propriété, entrevue d'abord par M. Wartmann ([2]), a été mise hors de doute par de la Provostaye et Desains ([3]). Si la section principale du spath analyseur est alternativement dans les azimuts de $\pm 45°$ par rapport au plan de polarisation du faisceau qui sort d'une plaque de flint, avant l'excitation de l'électro-aimant entre les branches duquel elle est placée, les actions des deux faisceaux transmis sur la pile thermoélectrique sont égales entre elles. Dès que l'on fait passer le courant dans l'appareil, l'intensité augmente sur l'un des faisceaux et diminue sur l'autre, tandis que le minimum d'éclat passe de la seconde image à la première quand on renverse le courant.

Il semble aussi que les corps les plus énergiques sont ceux dont l'indice de réfraction est le plus élevé; mais les expériences de Verdet ([4]) ont montré que cette relation n'est pas générale et que les classifications des corps à ces deux points de vue présentent de nombreuses inversions; nous y reviendrons plus loin.

Pour comparer les résultats, il convient encore d'appeler *pou-*

([1]) MATTHIESSEN, *Comptes rendus des séances de l'Académie des Sciences*, t. XXIV, p. 969; 1847, et t. XXV, p. 20 et 173; 1847. — BERTIN, *Ann. de Chim. et de Phys.* [3], t. XXIII, p. 5; 1848. — ED. BECQUEREL, *Ann. de Chim. et de Phys.* [3], t. XXVIII, p. 334; 1850.

([2]) WARTMANN, *Journal l'Institut*, 6 mai 1846.

([3]) F. DE LA PROVOSTAYE et P. DESAINS, *Ann. de Chim. et de Phys.* [3], t. XXVII, p. 232; 1849.

([4]) VERDET, *Ann. de Chim. et de Phys.*, [3], t. XLI, p. 370, 1854; t. XLIII, p. 529, 1856; t. LII, p. 129, 1858; t. LXIX, p. 415, 1863.

voir rotatoire magnétique d'une substance, dans un champ magnétique déterminé, la rotation qui correspond à l'unité d'épaisseur; de même, le *pouvoir rotatoire moléculaire* est le quotient du pouvoir rotatoire par la densité.

562. *Corps positifs et négatifs.* — M. Bertin a constaté aussi que les dissolutions de *nitrate d'ammoniaque* et de *sulfate de protoxyde de fer* ont un pouvoir rotatoire plus faible que l'eau; M. Ed. Becquerel a conclu d'une observation analogue sur les dissolutions de *protochlorure de fer* que le pouvoir rotatoire varie en raison inverse de la puissance magnétique des corps, mais cette relation n'est pas générale.

Verdet a vérifié d'abord que le pouvoir rotatoire moléculaire se conserve dans les dissolutions, c'est-à-dire que la rotation finale est la somme des rotations individuelles, calculées pour chacune des substances en raison de sa densité réelle dans le mélange.

Dans cette manière de voir, si l'on prend pour unité le pouvoir rotatoire magnétique de l'eau, l'expérience indique qu'une dissolution de *nitrate d'ammoniaque,* dont la densité est $1,2566$ et qui renferme 43 parties d'eau et 57 parties de nitrate, a un pouvoir rotatoire de $0,908$; mais, comme le volume de l'eau a augmenté d'un tiers, il reste encore une rotation $0,242$ produite par le nitrate, ce qui donne pour ce sel un pouvoir rotatoire moléculaire de $0,401$.

Il n'en est pas de même pour les sels de *protoxyde de fer;* le pouvoir rotatoire de la dissolution est toujours plus faible que celui qui conviendrait à l'eau contenue dans le mélange. Les choses se passent donc comme si le sel de fer dissous exerçait sur la lumière polarisée une action contraire à celle de l'eau, et le calcul des expériences indique encore pour le sel un pouvoir rotatoire moléculaire sensiblement constant.

Il y a donc lieu de distinguer deux modes d'action sur la lumière polarisée de la part des corps transparents soumis à l'action du magnétisme. Verdet appelle *positif* le pouvoir rotatoire de l'eau et de la généralité des substances transparentes non magnétiques, *négatif* celui des sels de protoxyde de fer et des corps qui agissent dans le même sens.

Il convient aussi de rapporter ces définitions à la direction du champ magnétique. La rotation est droite pour les corps positifs quand les directions du champ magnétique et de propagation de la lumière sont parallèles et de sens contraires, elle est gauche si ces deux directions sont de même sens; l'inverse a lieu quand il s'agit des corps négatifs.

La relation est encore plus simple quand la lumière chemine suivant l'axe d'une bobine magnétisante; la rotation se fait dans le sens du courant pour les corps positifs et en sens inverse pour les corps négatifs. Cette règle est facile à appliquer si le champ est dû à des aimants, car il suffit de rapporter la rotation aux courants qui seraient capables de produire le même champ.

Toutefois, si le signe du pouvoir rotatoire est, d'une manière générale, en rapport avec les propriétés magnétiques des corps, c'est encore une loi qui souffre quelques exceptions. Les sels de *nickel*, de *cobalt* et de *protoxyde de manganèse*, ainsi que le *cyanure rouge de fer et de potassium* sont positifs, quoique nettement magnétiques, tandis que le *chlorate de potasse*, le *bichlorure de titane*, le *nitrate d'urane* et les sels de *magnésium* sont négatifs et diamagnétiques.

563. *Lois de Verdet.* — On doit à M. Bertin la première tentative pour déterminer la relation qui existe entre la rotation et l'action des aimants. En faisant agir un seul pôle magnétique sur une plaque de flint placée à différentes distances, il observa que la rotation diminue en progression géométrique lorsque la distance de la substance transparente croît en progression géométrique. Cette loi peut être exacte dans certaines circonstances, au moins d'une manière approchée, mais on doit la considérer comme purement empirique, car M. Bertin considérait comme *pôle* d'un électro-aimant la surface terminale du fer doux dont il est armé. Or on sait qu'un aimant n'est réductible à deux pôles que si l'on considère son action sur un point très éloigné; pour les points plus rapprochés, au contraire, on doit tenir compte de la distribution réelle du magnétisme et calculer la résultante des forces qui émanent de toutes les masses agissantes. Il n'est plus possible alors de remplacer l'aimant par deux masses invariables situées en des points déterminés, et d'ailleurs ces masses ne seraient, en aucun cas, situées sur les surfaces convexes des armatures.

M. Wiedemann[1] a trouvé une relation plus simple en plaçant la substance à étudier dans l'axe d'une bobine magnétisante dépourvue de fer doux. L'action est alors beaucoup moindre qu'avec les électro-aimants, mais la variation du champ magnétique est connue, car son intensité en chaque point est proportionnelle à celle du courant. Dans une série d'expériences sur le *sulfure de carbone*, où le courant a varié du simple au double, le rapport de la rotation à l'intensité du courant pour différentes raies du spectre a donné les valeurs suivantes, dont nous ne reproduirons que les extrêmes et les moyennes :

Raies.	C.	D.	b.	F.
Rapports......	$\begin{cases} 2,70 \\ 3,07 \end{cases}$	$\begin{cases} 4,23 \\ 3,58 \end{cases}$	$\begin{cases} 3,60 \\ 4,44 \end{cases}$	$\begin{cases} 4,12 \\ 5,05 \end{cases}$
Moyennes......	2,92	3,97	4,19	4,70

Ces nombres s'accordent assez bien avec l'hypothèse de la proportionnalité entre les deux effets, mais l'exactitude des mesures n'est pas suffisante, et la loi n'a été mise hors de doute que par les travaux de Verdet.

Pour rendre les mesures plus exactes, Verdet place la substance transparente entre deux électro-aimants opposés, munis d'armatures percées d'un canal suivant l'axe et terminées par de larges surfaces planes afin d'obtenir un champ magnétique uniforme dans une grande étendue. L'intensité du champ était modifiée à volonté, soit par la diminution progressive du courant, soit en variant la distance des armatures. On la déterminait, suivant la méthode de Weber, par l'arc d'impulsion, corrigé de l'amortissement, qu'imprime à l'aiguille d'un galvanomètre balistique la décharge induite dans une petite bobine dont le plan est d'abord normal au champ, quand on lui donne rapidement une rotation de 180°, de manière à renverser le sens suivant lequel elle est traversée par les forces magnétiques ; ces épreuves étaient alternées avec la mesure des rotations.

Les expériences ont porté sur des *verres pesants*, sur le *flint* commun et sur des colonnes de *sulfure de carbone* terminées par

---

[1] G. Wiedemann, *Pogg. Ann.*, t. LXXXII, p. 215; 1851. — *Ann. de Chim. et de Phys.*, [3], t. XXXIV, p. 121; 1852.

des plaques de verre dont l'effet avait été reconnu négligeable par expérience. Les rotations ont été mesurées, soit par la teinte sensible à la lumière blanche, soit par l'observation d'une couleur homogène dans le spectre.

Nous citerons, comme exemple, une série de mesures relatives à un verre pesant; le champ F est exprimé en unités arbitraires, par les divisions de l'échelle du galvanomètre balistique, et le rapport Q de la rotation au champ est calculé par l'évaluation des rotations en minutes.

$$\text{Flint pesant} \ldots \ldots \ldots \ldots \quad e = 3^{\text{cm}},72$$

Lumière blanche.

Champ F.	Rotation R.	$\dfrac{R}{F} = Q.$
148,25	6° 55′ 15″	2,80
116,37	5 28	2,82
107,00	5 9 30	2,89
92,87	4 26	2,84
89,37	4 25	2,91
83,50	4 4 20	2,93
59,37	2 57 15	2,98
	Moyenne.	2,88

L'observation de la teinte sensible n'étant pas exacte à moins de deux ou trois minutes, l'erreur probable était de cinq à six minutes sur la mesure des rotations et d'une demi-division sur celle du champ; ces incertitudes suffisent à rendre compte des différences que l'on trouve entre les diverses valeurs du rapport de la rotation à l'action magnétique.

Les expériences sur le sulfure de carbone vérifient également la proportionnalité, admise jusqu'alors sans démonstration suffisante, de la rotation à l'épaisseur du milieu.

Ainsi *la rotation du plan de polarisation, dans un champ magnétique uniforme, est proportionnelle à l'intensité du champ et à l'épaisseur du milieu traversé par la lumière,*

La rotation, produite par une épaisseur donnée d'une substance transparente soumise à une action magnétique de grandeur donnée, est une constante physique aussi caractéristique de la substance que l'indice de réfraction ou le pouvoir dispersif. On appelle au-

jourd'hui *constante de Verdet* la valeur de cette rotation ramenée
aux unités C.G.S., c'est-à-dire celle qui correspond à une épaisseur de 1^{cm} traversée par la lumière dans un champ magnétique
dont l'intensité est égale à l'unité C.G.S.

La constante de Verdet étant 0',043 pour le sulfure de carbone
à la température de 0°, la rotation serait 4',3 dans une colonne
de 1^m et peut devenir 21',5 avec cinq passages alternatifs de la
lumière en sens contraires. Comme la composante horizontale du
champ magnétique terrestre est 0,194 à Paris, l'effet produit par
cinq passages sous l'influence de la Terre serait de 4',17; le
double 8',32 de cette valeur est le changement de rotation que
l'on obtiendrait en dirigeant l'appareil alternativement vers le
Nord et vers le Sud magnétiques. Cette rotation est assez grande
pour que l'expérience directe ait pu être réalisée (¹).

564. *Influence de l'obliquité du champ.* — Faraday avait constaté déjà que la rotation est nulle lorsque le rayon de lumière est
perpendiculaire à la direction du champ, et M. Bertin avait trouvé
des rotations variables avec l'angle de ces deux directions. Pour
déterminer la loi du phénomène, Verdet a monté sur les branches
d'un électro-aimant vertical deux plaques rectangulaires de fer
doux, à bords exactement parallèles. En écartant ces plaques d'un
intervalle convenable, il était facile de reconnaître, par les courants
induits, que l'action magnétique était sensiblement constante
dans toute l'étendue du volume compris entre elles, et restait
constante à une petite distance en dehors du plan des bords.

Le corps transparent étant disposé de manière que le rayon
lumineux pût le traverser au-dessus du plan des bords, suivant
une direction quelconque par rapport à celle du champ magnétique. Les expériences sur le verre pesant et le sulfure de carbone
ont montré que, jusqu'à une inclinaison de 75°, la rotation est *proportionnelle au cosinus de l'angle compris entre la direction
du rayon de lumière et celle du champ*. En d'autres termes, la
rotation est proportionnelle à la composante du champ parallèle
à la direction de la lumière.

(¹) H. BECQUEREL, *Comptes rendus des séances de l'Académie des Sciences*,
t. LXXXVI, p. 1075; 1878.

Il était important, surtout au point de vue des conséquences théoriques qui doivent en résulter, de vérifier si la loi est encore exacte pour des inclinaisons beaucoup plus grandes du rayon sur la direction du champ. Les effets étant alors très faibles, il est nécessaire que le champ magnétique soit très intense et que le corps observé possède un pouvoir rotatoire magnétique très élevé.

MM. Cornu et Potier ([1]) ont utilisé un champ magnétique dont l'intensité était d'environ 6000 unités C.G.S. et dont l'uniformité était reconnue par l'examen des spectres magnétiques de la limaille de fer; le corps employé était une solution saturée *d'iodure rouge de mercure et d'iodure de potassium*, dont le pouvoir rotatoire est triple de celui du sulfure de carbone.

Pour éviter la mesure du champ, on déterminait par expérience les angles β et β' que doivent faire avec la normale aux lignes de force deux tubes de longueurs différentes e et e' pour donner la même rotation. La direction normale au champ était déterminée, d'ailleurs, exactement par la condition que la rotation fût annulée. La relation $e \sin\beta = e' \sin\beta'$ s'est vérifiée, avec toute l'exactitude que comportaient les mesures, quand l'angle β a varié de $1°$ à $6°$ de part et d'autre de la normale, auxquels cas le double de la rotation variait de $0°,36$ à $9°,40$.

Cette loi élémentaire permettra de calculer l'effet produit dans un champ quelconque. Le pouvoir rotatoire développé dans une tranche infiniment mince du corps, perpendiculaire au rayon de lumière, est proportionnelle en chaque point à la composante du champ correspondant.

Le résultat peut se traduire alors sous une forme très simple ([2]). Si V est le potentiel magnétique au point M, $V + \dfrac{\partial V}{\partial x}\,dx$ le potentiel en un point voisin, situé à la distance dx du premier sur le trajet de la lumière, la composante X du champ parallèle au rayon a pour expression $X = -\dfrac{\partial V}{\partial x}$. La constante de Verdet relative à la substance considérée étant ρ, l'accroissement de rotation dR

([1]) A. Cornu et A. Potier, *Comptes rendus des séances de l'Académie des Sciences*, t. CII, p. 385; 1886.

([2]) J.-Cl. Maxwell, *Electricity and Magnetism*, t. II, p. 400; 1873.

produit par l'élément dx est

$$dR = \rho X\, dx = -\rho\, \frac{\partial V}{\partial x}\, dx.$$

Entre deux points M et M', où les potentiels sont respectivement V et V', la rotation est

$$R = -\rho \int \frac{\partial V}{\partial x}\, dx = \rho\,(V - V').$$

Quelle que soit la nature du champ, on voit ainsi que *la rotation entre deux points est proportionnelle à la différence de leurs potentiels magnétiques.*

565. *Surface d'onde.* — Le pouvoir rotatoire magnétique s'explique encore, comme celui du quartz, par la décomposition du rayon polarisé primitif en deux rayons à vibrations circulaires inverses se propageant avec des vitesses différentes. En effet, si l'on fait interférer deux faisceaux polarisés circulairement et qui ont traversé séparément deux plaques de flint lourd identiques, dont l'une est soumise à l'action d'un champ magnétique, entre les branches d'un électro-aimant, et l'autre en dehors du champ, on constate que la frange centrale est déplacée à droite ou à gauche quand on excite l'électro-aimant ([1]). Le déplacement relatif est doublé quand on renverse le sens du courant; il est de même ordre que celui que l'on peut calculer par la grandeur de la rotation ou, plus exactement, par la différence des rotations produites sur les deux plaques.

La différence totale des rotations étant de $24°\,26'$ dans une expérience de M. H. Becquerel, ce qui correspond à un retard de $0,068$ de longueur d'onde, le déplacement observé du système a été d'environ 7 centièmes de frange.

M. Cornu ([2]) a répété encore l'expérience de Fresnel en faisant interférer deux faisceaux polarisés qui ont traversé séparément

---

([1]) A. Righi, *Nuovo Cimento* [3], t. III, p. 212; 1878. — H. Becquerel, *Comptes rendus des séances de l'Académie des Sciences*, t. LXXXVIII, p. 334; 1879.

([2]) Cornu, *Comptes rendus des séances de l'Académie des Sciences*, t. XCII, p. 1369; 1881.

deux plaques de flint, dont l'une est placée entre les branches d'un électro-aimant et dont l'autre est soustraite à l'action magnétique, soit par un éloignement suffisant, soit par l'insertion dans l'intérieur de l'une des armatures. On observe alors, avec un analyseur, deux systèmes de franges voisins, dont le déplacement atteignait à peine $\frac{1}{10}$ de frange; mais il a été possible de constater, à moins de $\frac{1}{200}$ de frange, que leur position moyenne est identique à celle que l'on observe lorsque l'action du champ magnétique est supprimée. L'indice moyen de réfraction des ondes à vibrations circulaires est donc égal à l'indice du milieu non altéré (**502**) et la même relation s'applique aux vitesses de propagation.

La loi de Verdet permet alors de déterminer la forme de la surface d'onde relative aux vibrations circulaires ([1]) dans un champ magnétique uniforme.

Si V_0 et V sont les vitesses de propagation de la lumière dans le vide et dans le milieu soustrait aux actions magnétiques, W_1 et W_2 les vitesses de propagation des ondes à vibrations circulaires inverses, lorsque le rayon lumineux fait un angle z avec la direction du champ F, la rotation R a pour expression

$$R = p e F \cos z = \frac{\pi e}{\lambda}\left(\frac{V_0}{W_2} - \frac{V_0}{W_1}\right),$$

ce qui donne

$$\frac{1}{W_2} - \frac{1}{W_1} = \frac{\lambda p F}{\pi V_0} \cos z = 2\,k \cos z.$$

Comme les vitesses W_1 et W_2 diffèrent très peu de V, on peut écrire

$$W_1 - W_2 = 2\,k\,W_1\,W_2 \cos z = 2\,k\,V^2 \cos z;$$

on déduit alors de la relation $W_1 + W_2 = 2V$

$$W_1 = V + k\,V^2 \cos z = V + h \cos z,$$
$$W_2 = V - k\,V^2 \cos z = V - h \cos z.$$

Les vitesses de propagation relatives aux vibrations circulaires diffèrent donc de la vitesse dans le milieu non altéré d'une quantité proportionnelle au cosinus de l'angle z.

([1]) A. Cornu, *Comptes rendus des séances de l'Académie des Sciences*, t. XCIX, p. 1045; 1884.

Pour une onde plane P, dont la vitesse dans le milieu non altéré est $OA = V$ (*fig.* 286) et dont la normale fait l'angle α avec la direction OF du champ, la vitesse OC_1 de l'une des ondes P_1

Fig. 286.

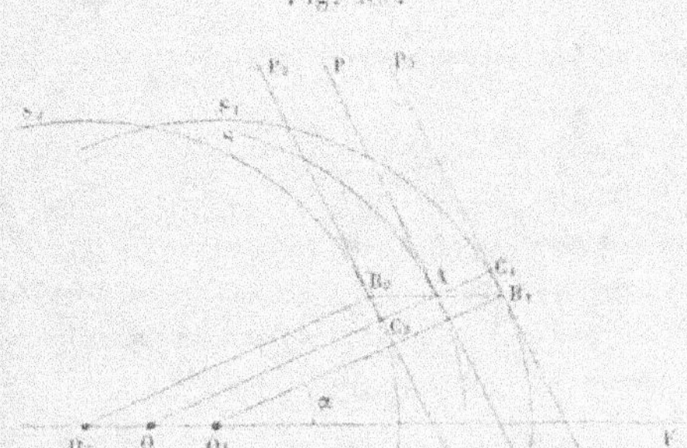

à vibrations circulaires est augmentée de la projection AC_1 d'une quantité constante $AB_1 = h$, la vitesse de l'autre est diminuée de la même quantité AC_2.

Les ondes P_1 et P_2 sont respectivement tangentes, aux points B_1 et B_2, à des sphères de même rayon V qui ont pour centres les points O_1 et O_2, situés de part et d'autre du centre primitif et à des distances égales à $h = k V^2$.

L'onde sphérique primitive se *dédouble* ainsi en deux nappes à vibrations circulaires inverses, qui sont encore sphériques et de même rayon, mais dont les centres se sont déplacés en sens contraires sur la direction du champ.

Ce phénomène est accompagné d'une véritable double réfraction. Les angles θ_1 et θ_2, que font avec la normale les rayons OB_1 et OB_2 des deux ondes P_1 et P_2, sont déterminés par les conditions

$$\operatorname{tang}\theta_1 = \frac{B_1 C_1}{OC_1} = \frac{h\sin\alpha}{V + h\cos\alpha},$$

$$\operatorname{tang}\theta_2 = \frac{B_2 C_2}{OC_2} = \frac{h\sin\alpha}{V - h\cos\alpha},$$

et l'angle θ des deux rayons est

$$\operatorname{tang}\theta = \operatorname{tang}(\theta_1 + \theta_2) = \frac{2 V h\sin\alpha}{V^2 - h^2}.$$

Comme le facteur h est très petit, on peut écrire sensiblement, en appelant n l'indice de réfraction du milieu,

$$\theta = \frac{2h}{V}\sin z = \rho\,\frac{\lambda F}{\pi n}\sin z.$$

La double réfraction est maximum dans une direction normale à celle du champ.

Pour avoir une idée de la grandeur du phénomène, nous appliquerons cette formule au sulfure de carbone dont la constante magnétique relative à la lumière de la soude est $\rho = 0',043 = 2'',6$ et l'indice $n = 1,633$. L'intensité du champ ne pouvant guère dépasser $20000 = 2.10^4$, on a alors, en remarquant que la longueur d'onde est $0^\mu,589 = 0^{cm},589.10^{-4}$,

$$\rho\,\frac{\lambda F}{\pi n} = 2'',6\,\frac{0.589 \times 2}{\pi \times 1,63} = 0'',59.$$

On pourrait sans doute multiplier cet effet en augmentant le nombre des passages de la lumière par une série de réflexions successives, mais il semble bien difficile de mettre en évidence des déviations aussi faibles.

566. *Dispersion rotatoire magnétique.* — M. Ed. Becquerel a vérifié qu'il est possible de compenser la rotation magnétique dans le flint par la rotation naturelle d'une dissolution sucrée, et les mesures directes de M. Wiedemann sur l'essence de térébenthine ont donné un rapport constant entre les deux rotations pour les différentes raies du spectre. La dispersion rotatoire magnétique est donc sensiblement la même que la dispersion rotatoire naturelle du quartz; mais on peut prévoir que la loi de la raison inverse du carré des longueurs d'onde n'est encore qu'une première approximation, déjà mise en défaut par les mesures de M. Wiedemann sur le sulfure de carbone.

Les expériences de Verdet ont porté sur un grand nombre de liquides et de dissolutions contenus dans des tubes entre les pôles d'un électro-aimant, en ayant soin de retrancher des rotations observées celles qui étaient dues aux plaques de verre terminales; nous en citerons quelques résultats, tous les nombres étant rapportés à la valeur relative à la raie E.

Raies.	C.	D.	E.	F.	G.
Loi des carrés des longueurs d'onde.....	0,64	0,80	1,00	1,18	1,50
Eau distillée.........................	0,63	0,79	»	1,20	1,55
Dissolution de chlorure de calcium......	0,61	0,80	»	1,19	1,54
» » zinc..........	0,61	0,78	»	1,19	1,61
Sulfure de carbone....................	0,60	0,77	»	1,23	1,65
Créosote	0,60	0,76	»	1,23	1,69

On voit que la rotation magnétique croît toujours plus rapidement que l'inverse du carré de la longueur d'onde, mais d'une manière très inégale, de sorte que chacune des substances obéit en réalité à une loi particulière.

Pour chercher s'il existe une relation entre la rotation magnétique et la dispersion, Verdet a étudié d'une manière spéciale le *sulfure de carbone* et la *créosote* du commerce. Le champ magnétique était produit par une bobine de grandes dimensions, sans armatures de fer doux, qui ne contenait pas moins de 125^{k8} de cuivre; la seule mesure du courant permet alors de ramener chaque observation à la même intensité.

Les liquides étaient renfermés dans un long tube dépassant la bobine de plus de 10^{cm} et l'effet des plaques terminales était insensible; un courant d'eau circulant dans un manchon placé entre le tube et la bobine, permettait de maintenir constante la température du liquide. Enfin les indices de réfraction n étaient déterminés dans les mêmes conditions par la méthode du prisme.

Verdet a comparé ses observations avec différentes formules théoriques; la plus correcte paraît être la suivante, que Maxwell a obtenue dans la théorie électromagnétique de la lumière :

$$\rho = A \frac{n^2}{\lambda^2} \left(n - \lambda \frac{dn}{d\lambda} \right).$$

Voici les résultats de cette comparaison :

Sulfure de carbone.

Raies.	C.	D.	E.	F.	G.
Rotations observées........	0,592	0,768	1,000	1,234	1,704
Formule de Maxwell......	0,589	0,760	»	1,234	1,713
$\dfrac{n^2(n^2-1)}{\lambda^2}$	0,600	0,768	»	1,220	1,672

Créosote.

Raies.	C.	D.	E.	F.	G.
Rotations observées.......	0,573	0,738	1,000	1,241	1,723
Formule de Maxwell......	0,617	0,780	»	1,210	1,603
$\dfrac{n^2(n^2-1)}{\lambda^4}$	0,613	0,782	»	1,210	1,602

On voit que les nombres fournis par la formule de Maxwell sont sensiblement identiques avec ceux de l'observation dans le cas du sulfure de carbone, mais qu'ils s'écartent des valeurs obtenues pour la créosote de quantités très supérieures aux erreurs d'observation et donneraient une variation du pouvoir rotatoire manifestement trop lente; cette formule n'a donc pas le caractère d'une loi générale.

Nous y avons ajouté les résultats d'une expression par laquelle M. H. Becquerel [1] a proposé de traduire le pouvoir rotatoire magnétique. Cette expression plus simple paraît presque équivalente à la formule de Maxwell, quoiqu'elle s'écarte davantage des observations pour le sulfure de carbone; elle ne peut pas non plus être considérée comme une loi rigoureuse.

M. H. Becquerel a constaté aussi que l'accroissement du pouvoir rotatoire, à mesure que la longueur d'onde diminue, est encore plus rapide pour les corps négatifs et que la fonction $\dfrac{n^2(n^2-1)}{\lambda^4}$, de même forme que la première, « représente assez bien les observations » relatives au *bichlorure de titane*; il étend ensuite cette relation « aux corps très magnétiques ou qui se comportent comme tels avec la lumière polarisée ».

Les premières mesures faites par l'auteur sur le bichlorure de titane ne paraissent pas suffisantes pour établir une loi, car elles sont relatives aux couleurs médiocrement homogènes que laissent passer des verres rouges colorés au protoxyde de cuivre, des verres vert foncé et une dissolution de sulfate de cuivre ammoniacal, et l'erreur relative est quadruplée dans la formule, puisque la longueur d'onde y entre à la quatrième puissance.

---

[1] H. BECQUEREL, *Ann. de Chim. et de Phys.* [5], t. XII, p. 5; 1877.

Des expériences ultérieures ([1]) rapportées aux raies du spectre permettent un contrôle plus exact :

Bichlorure de titane.

Raies.	C.	D.	E.	F.	G.	H.
Rotations........	0,637	1,00	1,590	2,271	4,328	5,450
$\dfrac{n^2(n^2-1)}{\lambda^2}$	0,627	1,00	1,614	2,336	4,110	5,240

La vérification paraît assez approchée, mais les différences du calcul et de l'observation sont encore supérieures aux erreurs de lecture, puisque la rotation était évaluée à 0,01 près.

567. *Relation du pouvoir rotatoire avec la réfraction.* — De la Rive ([2]) avait émis l'idée que les forces magnétiques agissent sur l'éther par l'intermédiaire des particules pondérables et que la rotation magnétique doit croître avec la densité du milieu. Cette règle se vérifiait assez exactement sur les résultats connus alors, mais les expériences de Verdet ont montré que l'ordre des indices de réfraction est entièrement différent de l'ordre des pouvoirs rotatoires magnétiques; il suffira de citer l'exemple de quelques liquides, en rapportant les rotations à celle de l'eau :

Liquides.	Indice de réfraction.	Pouvoir rotatoire magnétique.
Dissolution de chlorure de calcium ...	1,354	1,085
» carbonate de potasse ..	1,355	1,050
» sel ammoniac.	1,359	1,184
» protochlorure d'étain..	1,364	1,348
» » ..	1,378	1,525
» » ..	1,424	2,047
» nitrate d'ammoniaque .	1,448	0,908
Chlorure de carbone................	1,466	1,264

Les trois premiers, dont les indices de réfraction sont presque identiques, ont des pouvoirs rotatoires très différents; le *chlorure de carbone*, plus réfringent que les trois dissolutions de *proto-*

---

[1] H. Becquerel, *Comptes rendus des séances de l'Académie des Sciences,* t. LXXXV, p. 1227; 1877.
[2] De la Rive, *Traité d'Électricité,* t. I, p. 555; 1854.

chlorure d'étain, a un moindre pouvoir rotatoire; la dissolution de *nitrate d'ammoniaque*, dont l'indice de réfraction est l'un des plus élevés, a un pouvoir rotatoire plus faible que l'*eau*.

M. H. Becquerel a étudié sous ce point de vue un très grand nombre de liquides; il considère que le quotient du pouvoir rotatoire par la fonction $n^2(n^2-1)$ caractérise la nature chimique de la substance. En rapportant les pouvoirs rotatoires R au sulfure de carbone, les observations avec la lumière jaune donnent :

Substances.	$\dfrac{R}{n^2(n^2-1)}$.	
Acides oxygénés	0,109 à 0,177	
Alcools, chloroforme et protochlorure de carbone	0,160	0,169
Xylène, toluène et benzine	0,194	0,226
Soufre et sulfure	0,186	0,192
Chlorures de métalloïdes, phosphore et sulfure de carbone	0,212	0,231
Dissolutions diverses	0,177	0,362
Verres	0,155	0,234
Corps cristallisés monoréfringents	0,204	0,256

Les nombres correspondant au *spath fluor* (0,10), au *rubis spinelle* (0,087) et au *diamant* (0,010) ne rentrent dans aucune des catégories qui précèdent.

S'il est à peu près exact que les rapports de la dernière colonne conservent des valeurs de même ordre pour des substances analogues, les variations paraissent cependant trop grandes pour qu'on puisse les négliger dans l'établissement d'une loi.

M. Becquerel a constaté aussi que, si le pouvoir rotatoire moléculaire se conserve sensiblement dans les dissolutions de corps diamagnétiques inégalement étendus, comme l'avait indiqué Verdet, il peut être très différent de celui qu'on observe sur les corps à l'état anhydre. Les pouvoirs rotatoires du *sel gemme* et du *chlorure de potassium* cristallisé, par exemple, rapportés à l'eau, sont de 1,21 et 1,18, au lieu des valeurs 1,57 et 1,36 que l'on déduit de leurs dissolutions.

En outre, la relation est inexacte pour les dissolutions de corps diamagnétiques et négatifs, dont le pouvoir rotatoire moléculaire diminue très rapidement avec la richesse du liquide. Les nombres ont varié de —1,343 à — 0,521 pour le *protochlorure de fer* dans l'eau et de — 15,869 à — 2,153 pour le *perchlorure*.

568. *Influence de la température.* — Le pouvoir rotatoire magnétique des liquides diminue, en général, un peu plus vite que la densité, d'après les observations faites par de la Rive [1].

Pour les corps solides, différents observateurs ont constaté que l'élévation de la température produit tantôt une diminution, tantôt un accroissement de rotation, mais cette contradiction dans les résultats paraît tenir aux phénomènes de double réfraction dus à la trempe qui accompagne nécessairement un échauffement inégal du milieu.

En opérant sur un échantillon de *flint*, M. Joubert [2] a obtenu les nombres suivants, qui ont été ramenés à une même valeur du champ, par comparaison avec la rotation produite sur un autre échantillon du même flint maintenu à température constante dans un appareil identique au premier :

Température...	10°	325°	500°	180°	10°
Rotation......	3°,37	3°,60	3°,69	3°,31	3°,32

Il est nécessaire que les températures élevées soient maintenues constantes pendant quelques heures, car la rotation est d'abord beaucoup plus faible, en même temps que l'apparition d'une croix noire indique l'existence d'une double réfraction, et l'on doit attendre que cette croix ait disparu avant de faire les mesures; c'est à cette cause qu'était due en particulier la petite diminution du pouvoir rotatoire final.

L'accroissement relatif de rotation entre les températures extrêmes a été d'environ 0,1.

D'après les expériences de M. Bichat [3], la rotation du *sulfure de carbone* liquide, en fonction de la température, peut se traduire par la formule

$$\rho = \rho_0 [1 - 0,00104\, t - 0,000014\, t^2].$$

[1] A. DE LA RIVE, *Ann. de Chim. et de Phys.* [4], t. XXII, p. 241; 1871.

[2] JOUBERT, *Comptes rendus des séances de l'Académie des Sciences,* t. LXXXVII, p. 984; 1878.

[3] E. BICHAT, *Journal de Physique*, t. VIII, p. 204; 1879.

Le pouvoir rotatoire diminue d'abord comme la densité, mais la diminution est beaucoup plus rapide au voisinage de la température d'ébullition.

569. *Gaz et vapeurs* ([1]). — Le pouvoir rotatoire magnétique moléculaire ne se conserve pas dans les vapeurs ; la rotation dans la vapeur de *sulfure de carbone* est moitié moindre que si on la calculait par le pouvoir moléculaire du liquide.

Si l'on ramène les observations à la pression de 760^{mm} et à la température de zéro, en admettant que l'effet est proportionnel au poids spécifique du gaz, le quotient du pouvoir rotatoire par la fonction $n^2(n^2-1)$, qui est $0,231$ pour le liquide, devient $0,234$ d'après une expérience de M. H. Becquerel sur un mélange d'air et de vapeur à $28°,6$. M. Bichat a obtenu, par la vapeur elle-même, sous la pression de 740^{mm} et à $70°$, un nombre un peu plus élevé, $0,25$; l'*acide sulfureux* lui a donné aussi $0,24$ pour le liquide et $0,22$ pour le gaz. Le phénomène est donc sensiblement conforme à la relation indiquée par M. Becquerel, quoique la rotation de la vapeur soit toujours trop élevée.

On peut d'ailleurs, quand il s'agit des gaz et des vapeurs, traduire cette relation d'une manière beaucoup plus simple, parce que l'excès de l'indice de réfraction sur l'unité est très petit et que le produit $n^2(n^2-1)$ est alors sensiblement égal à n^2-1 ou $2(n-1)$. Si l'indice atteignait, par exemple, la valeur $1,001$ qui n'est réalisée pour aucun gaz, le produit $n^2(n^2-1)$ ne différerait que de $\frac{1}{100}$ du résultat approché $2(n-1)=0,002$.

En rapportant les rotations au sulfure de carbone pour la lumière jaune, les expériences de M. Becquerel ont donné :

Gaz.	Rotation $1000\,R$.	Rapport à l'air.	$1000(n-1)$.	$\dfrac{R}{2(n-1)}$.
Oxygène	$0,146$	$0,918$	$0,2706$	$0,269$
Air	$0,159$	$1,000$	$0,2936$	$0,271$
Azote	$0,161$	$1,012$	$0,2977$	$0,271$
Acide carbonique	$0,302$	$1,900$	$0,4544$	$0,332$
Protoxyde d'azote	$0,393$	$2,471$	$0,5159$	$0,381$
Acide sulfureux	$0,730$	$4,591$	$0,6650$	$0,549$
Gaz oléfiant	$0,802$	$5,044$	$0,6780$	$0,591$

______

[1] H. Becquerel, *Journal de Physique*, t. VIII, p. 198 ; 1879, et t. IX, p. 265 ; 1880. — E. Bichat, *ibid.*, t. VIII, p. 204 ; 1879, et t. IX, p. 275 ; 1880.

Les rapports de la dernière colonne paraissent identiques pour les trois premiers gaz; ils sont plus grands, en général, quelquefois du simple au double, que les valeurs correspondantes calculées pour les solides et les liquides par le produit $n^2(n^2-1)$; ils croissent nettement avec l'indice de réfraction.

Pour étudier la dispersion dans les gaz, M. Becquerel s'est servi de la lumière Drummond avec le secours de divers écrans colorés qui donnent des lumières assez homogènes: les rotations, sauf pour le *protoxyde d'azote* et surtout l'*oxygène*, sont sensiblement en raison inverse du carré de la longueur d'onde.

La dispersion rotatoire de l'oxygène paraît présenter une anomalie, car elle est extrêmement faible et la rotation semble même plus grande pour le rouge que pour le vert; cette propriété serait en rapport avec le caractère magnétique du gaz.

570. *Corps biréfringents.* — En associant deux plaques de *quartz* perpendiculaires à l'axe, d'égale épaisseur et de rotations contraires, M. Ed. Becquerel a reconnu que ce système, dont les effets naturels se compensent, acquiert un pouvoir rotatoire magnétique, beaucoup plus faible, il est vrai, que celui des milieux isotropes aussi réfringents; le *béryl* et la *tourmaline* ont montré aussi la polarisation rotatoire magnétique. M. Bertin faisait traverser la lame de quartz deux fois en sens inverses, par une réflexion normale, ce qui a pour résultat de compenser la rotation naturelle et de doubler la rotation magnétique.

Ce phénomène a été l'objet d'une étude très détaillée, sur le *spath d'Islande*, par M. Chauvin ([1]).

L'expérience présente des difficultés qui expliquent l'insuccès et le désaccord de plusieurs observations antérieures, car l'effet est très faible et la moindre incorrection dans le réglage de l'appareil peut annuler la rotation ou en changer le sens.

Sur une lame perpendiculaire à l'axe, M. Chauvin fait tomber, sous différentes inclinaisons, un faisceau de lumière jaune polarisée dans la section principale. La lumière reste polarisée dans le même plan à la sortie; mais, si le spath est soumis à l'action d'un champ magnétique, la vibration émergente devient elliptique, en

---

([1]) CHAUVIN, *Journal de Physique*, [2], t. IX, p. 5; 1890.

général, et son grand axe A a tourné d'un certain angle θ, à droite ou à gauche de la vibration primitive.

Pour déterminer la direction de cet axe, on reçoit la lumière sur un analyseur dont le champ est à moitié couvert par une lame d'une demi-onde dont la section principale est inclinée sur celle de l'analyseur. Avec de la lumière polarisée, l'éclairement des deux plages du champ ne peut évidemment être uniforme que si la vibration est parallèle ou perpendiculaire à la section principale de la demi-onde; avec une lumière elliptique, il faut aussi que l'un des axes de l'ellipse soit situé dans cette direction, puisque la demi-onde, en changeant le signe de l'une des composantes rectangulaires, transforme l'ellipse en une vibration symétrique.

Les axes de l'ellipse étant A et B, on peut représenter l'intensité de la lumière primitive par $A^2 + B^2$.

Si la vibration principale dans la lame d'une demi-onde est dans l'azimut α, par rapport à l'axe A de l'ellipse, et le plan de polarisation de l'analyseur dans l'azimut s par rapport au plan primitif, les intensités I' et I'' des deux moitiés du champ sont

$$I' = A^2 \cos^2(s - \theta) + B^2 \sin^2(s - \theta),$$
$$I'' = A^2 \cos^2(s - \theta - 2\alpha) + B^2 \sin^2(s - \theta - 2\alpha);$$

il en résulte

$$I'' - I' = (A^2 - B^2) \sin 2\alpha \sin 2(s - \theta - \alpha),$$
$$\frac{I'' + I'}{2} = \frac{A^2 + B^2}{2} + \frac{A^2 - B^2}{2} \cos 2\alpha \cos 2(s - \theta - \alpha).$$

L'éclairement des deux plages ne peut rester le même pour toutes les positions de l'analyseur que si l'angle α est nul ou égal à $90°$; d'autre part, pour un azimut déterminé de cette lame, la différence relative des deux éclairements est maximum quand le produit $\cos 2\alpha \cos 2(s - \theta - \alpha)$ est négatif, avec la plus grande valeur absolue. Si l'angle α est très petit, par exemple, les meilleures conditions de sensibilité correspondent à $2(s - \theta - \alpha) = \pi$, ou $s - \theta = 90°$, c'est-à-dire que la vibration de l'analyseur doit être perpendiculaire au grand axe de la vibration elliptique.

On détermine ensuite par l'emploi d'un quart d'onde (**410**) le rapport des axes de la vibration elliptique émergente.

M. Chauvin a constaté que la rotation du grand axe de l'ellipse, sous l'action d'un champ magnétique parallèle au rayon, est maximum quand la lumière se propage suivant l'axe du cristal, qu'elle devient nulle pour une série d'inclinaisons différentes et enfin que les rotations sont alternativement de signes contraires entre deux zéros consécutifs.

Comme ces inclinaisons sont extrêmement petites, les différences de marche dues à la double réfraction peuvent être calculées par la relation approchée (432)

$$\Delta = e \frac{a^2 - b^2}{2\,b}\, p^2 = m\,\frac{\lambda}{2}.$$

Les valeurs de m relatives aux inclinaisons successives qui donnent des rotations nulles représentent sensiblement la suite des nombres entiers, quoique d'abord un peu plus faibles.

D'autre part, la vibration émergente reste polarisée pour toutes les valeurs paires de m (y compris $m = 0$, avec cette différence que la rotation est alors un maximum absolu), et le rapport des axes de l'ellipse est maximum pour toutes les valeurs impaires.

Ces propriétés sont exactement les mêmes que celles qui ont été constatées pour le quartz (514). Les phénomènes rotatoires dans le spath n'ayant été observés que pour des inclinaisons sur l'axe inférieures à 2°, la composante du champ parallèle à l'axe du cristal était sensiblement constante.

On peut dire alors que le milieu transmet sans altération des vibrations circulaires suivant l'axe et des vibrations elliptiques conjuguées lorsque la direction des rayons est oblique à l'axe.

La différence de marche des ondes à vibrations elliptiques conjuguées est d'abord un peu plus grande que celle des ondes parallèles, à vibrations rectilignes, qui correspondent à la double réfraction homoédrique; l'expérience montre aussi que le pouvoir rotatoire réduit (515) est sensiblement constant, ce qui doit avoir lieu, puisque l'angle du champ magnétique avec la direction de propagation reste très petit.

Le pouvoir rotatoire magnétique acquis par le spath est de même ordre que celui de la plupart des corps. En effet, une lame de 26^{mm} d'épaisseur donne, suivant l'axe, une rotation de $1°28' = 88'$ dans un champ de 1808 unités; il en résulte, pour une épaisseur d'un centimètre et dans l'unité de champ, une rotation de $0',019$, c'est-à-dire la moitié environ du pouvoir rotatoire magnétique du sulfure de carbone.

Pour un champ de 20000 unités, la rotation serait de $380' = 6°20'$, c'est-à-dire 374 fois moindre que la rotation naturelle du quartz. L'altération de la surface d'onde d'Huygens, déjà extrêmement petite dans le quartz (**499**), est encore d'un ordre beaucoup plus faible pour le spath placé dans un champ magnétique. Il n'y a donc pas lieu de s'étonner que les directions pour lesquelles la vibration émergente reste polarisée dans la section principale, ou présente une valeur maximum du rapport des axes, paraissent coïncider, dès les plus faibles inclinaisons, avec les directions pour lesquelles la différence de marche de double réfraction est un nombre entier de demi-longueurs d'onde.

M. Wedding (^{1}) avait déjà réalisé des expériences analogues sur des plaques de verre, qui permettent d'observer séparément la rotation magnétique, ainsi que la double réfraction due à la compression, et d'étudier ensuite la vibration elliptique produite par les deux actions simultanées. Dans ce cas encore, le pouvoir rotatoire réduit est indépendant de la double réfraction accidentelle.

(^{1}) W. WEDDING, *Wied. Ann.*, t. XXXV, p. 25; 1888. — *Journal de Physique* [2], t. VIII, p. 88; 1889.

CHAPITRE XIII.

RÉFLEXION ET RÉFRACTION.

MILIEUX ISOTROPES TRANSPARENTS.

571. *Théorie de Fresnel.* — Les considérations géométriques et le principe des interférences, qui suffisent pour déterminer la direction des ondes réfléchies et réfractées, ne font pas connaître les modifications que subissent les vibrations lumineuses à la surface de séparation de deux milieux, ni les proportions de lumière réfléchie et réfractée.

On pourrait commencer l'étude des phénomènes par expérience, mais la plupart des recherches entreprises à ce sujet ont été guidées par des vues théoriques qu'il est nécessaire d'examiner.

Le premier pas a été fait par Young ([1]), qui a traité le cas de l'incidence normale. Fresnel ([2]) a abordé le problème dans toute sa généralité, en s'appuyant sur des principes qui doivent paraître évidents et sur certaines hypothèses relatives à la constitution mécanique des milieux. Nous exposerons d'abord cette théorie de Fresnel; si nous avons parfois à en signaler les imperfections, ces critiques ne peuvent porter aucune atteinte à l'admiration légitime qu'elle doit inspirer.

572. *Principe des forces vives.* — Les milieux parfaitement transparents ne conservent aucune trace de la lumière qui les a traversés; l'énergie de la lumière incidente doit donc se retrouver en totalité dans la lumière réfléchie et dans la lumière réfractée. Ce principe est évidemment en défaut lorsque les milieux absorbent une partie de la lumière; mais, si l'on excepte les corps à co-

---

([1]) TH. YOUNG, *Phil. Trans. L. R. S.*, p. 12; 1802.
([2]) FRESNEL, *OEuvres*, t. I, p. 441, 685, 691, 753, 767.

loration superficielle, l'absorption n'est sensible en général que sous une certaine épaisseur et, comme la formation définitive des ondes réfléchies et réfractées s'effectue certainement dans un espace extrêmement petit au voisinage de la surface de séparation, on peut admettre que la perte d'énergie lumineuse est inappréciable pendant cette transformation.

Nous supposerons aussi que les rayons réfléchis et transmis sont de même nature que les rayons incidents, ce qui exclut les corps phosphorescents ou fluorescents.

Enfin, on doit admettre, en outre, que l'éther dont les vibrations servent à propager la lumière n'a pas la même densité dans le vide que dans les milieux pondérables et que cette densité varie avec la nature des corps.

Supposons que deux milieux isotropes, où les vitesses de propagation de la lumière sont V et V', soient séparés par une surface plane Σ (*fig.* 287) et qu'un système d'ondes planes P, de longueur

Fig. 287.

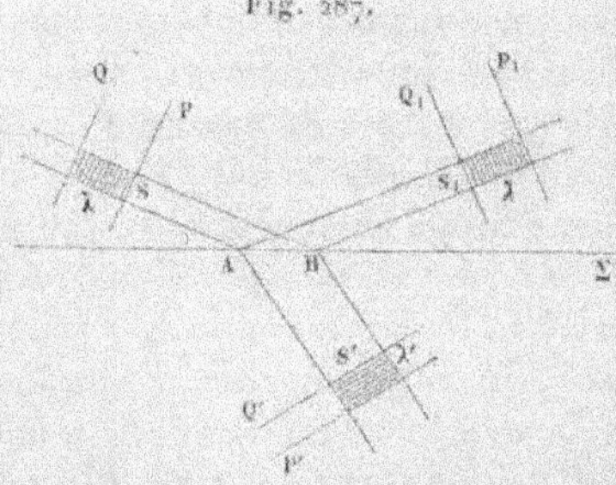

d'onde λ, se progageant dans le premier milieu, rencontre cette surface sous l'angle d'incidence i. Il en résulte un système d'ondes réfléchies P_1 sous le même angle et un système P' d'ondes réfractées sous l'angle i', déterminé par la condition

$$\frac{\sin i}{\sin i'} = \frac{V}{V'} = n = \frac{\lambda}{\lambda'},$$

où n est l'indice de réfraction du second milieu par rapport au premier et λ' la longueur d'onde dans le second milieu.

Considérons, avec Fresnel, deux ondes incidentes consécutives

P et Q, dont la distance est λ, ainsi que les ondes réfléchies et réfractées P_1 et Q_1, P' et Q', qu'elles ont produites au bout d'un même temps, après leur passage sur la surface de séparation.

Si l'on isole sur l'onde P une surface S, ou le faisceau de rayons limité à son contour, le faisceau réfléchi aura la même section $S_1 = S$ et le faisceau réfracté une section S'. Comme les sections S et S' sont les projections d'une même étendue AB de la surface de séparation Σ, on a

$$\frac{S}{S'} = \frac{\cos i}{\cos i'}.$$

Il est clair que l'énergie vibratoire comprise primitivement dans le volume $S\lambda$, limité par le faisceau incident et les ondes P et Q, est égale à la somme des énergies comprises dans le même volume $S\lambda$ pour les ondes réflectées et, pour les ondes réfractées, dans le volume correspondant

$$S'\lambda' = S\lambda \, \frac{\cos i'}{n \cos i}.$$

Si r est l'amplitude résultante de la vibration incidente, r_1 et r' les amplitudes résultantes respectives des vibrations réfléchie et réfractée, d et d' les densités de l'éther dans le milieu supérieur et le milieu inférieur, ou du moins les masses qui participent au mouvement, le principe de la conservation de l'énergie se traduira par l'équation

$$S\lambda \, dr^2 = S\lambda \, dr_1^2 + S'\lambda' d' r'^2,$$

$$(\text{1}) \qquad r^2 - r_1^2 = r'^2 \frac{S'\lambda'd'}{S\lambda d} = r'^2 \frac{d'}{d} \frac{\cos i'}{n \cos i}.$$

573. *Indépendance des vibrations principales.* — Dans le cas des milieux isotropes, l'équation (1) des forces vives peut être dédoublée. Par raison de symétrie, en effet, si la vibration primitive est parallèle au plan d'incidence, les deux vibrations réfléchie et réfractée resteront dans le même plan; de même, si elle est perpendiculaire au plan d'incidence, les vibrations réfléchie et réfractée seront également perpendiculaires à ce plan.

Soient donc a, a_1 et a' les amplitudes respectives des composantes des vibrations incidente, réfléchie et réfractée perpendiculaires au plan d'incidence, c'est-à-dire, suivant les idées de Fresnel, des composantes polarisées dans le plan d'incidence que nous appellerons souvent, pour abréger, le *premier azimut*; soient, de même, b, b_1 et b' les amplitudes des composantes situées dans le plan d'incidence, ou polarisées dans le *second azimut*. L'équation (1), appliquée séparément à chacun des deux systèmes de composantes, que nous appellerons *principales*, donne

$$(2) \quad \begin{cases} a^2 - a_1^2 = a'^2 \dfrac{d'}{d} \dfrac{\cos i'}{n \cos i}, \\[2mm] b^2 - b_1^2 = b'^2 \dfrac{d'}{d} \dfrac{\cos i'}{n \cos i}. \end{cases}$$

574. *Principe de continuité.* — L'état vibratoire dans le milieu supérieur résulte des ondes incidente et réfléchie; il est produit dans le milieu inférieur par les seules ondes réfractées.

Deux points infiniment voisins, situés de part et d'autre de la surface de séparation et sur une même normale, n'ont pas des mouvements identiques, puisque les réactions élastiques y sont différentes. Le principe de continuité consiste à admettre que les déplacements de ces deux points, à partir de leur position d'équilibre, ne diffèrent que d'une quantité infiniment petite qui s'annule avec leur distance. Ce résultat paraît évident, puisqu'un point placé sur la surface même de séparation peut être considéré comme appartenant à l'un ou l'autre milieu. On traduira donc le principe en écrivant que, sur cette surface, la résultante des vibrations incidente et réfléchie est identique à la vibration réfractée.

En appliquant le principe de continuité, Fresnel y ajoute encore plusieurs hypothèses plus ou moins explicites, qu'il est important de dégager.

Il admet d'abord que le changement des états vibratoires, quand on passe d'un milieu à l'autre, se fait brusquement, sur une surface géométrique, à partir de laquelle les vibrations ont acquis leur état définitif, les amplitudes des composantes principales restant ensuite invariables et la différence de phase en deux points situés sur un même rayon ne dépendant plus que de leur distance.

Cette hypothèse paraît difficilement acceptable; il est plus naturel de considérer, au contraire, que la transition d'un éther à un autre éther se fait physiquement d'une manière continue. Il existerait ainsi, au voisinage de la surface de séparation, une couche intermédiaire, dont l'épaisseur serait de l'ordre des longueurs d'onde et dans laquelle les vibrations éprouveraient une transformation graduelle, conforme d'ailleurs au principe de continuité. Un grand nombre d'expériences montrent, en effet, que le milieu inférieur doit avoir une épaisseur appréciable pour que la lumière réfléchie acquière ses propriétés régulières.

Il peut se faire, dans certains cas, que l'hypothèse d'un changement brusque soit équivalente à celle de la transformation graduelle, mais c'est là une pure coïncidence n'ayant pas de valeur démonstrative. L'application du principe de continuité aux vibrations définitives supprime ainsi la couche de transition.

Pour voir nettement les conséquences de ce principe, nous l'appliquerons d'abord aux composantes normales au plan d'incidence.

La vibration incidente étant $a \sin \omega t$, nous supposerons que les vibrations réfléchie et réfractée ont éprouvé sur la surface des pertes de phase α et α'; l'équation de continuité

$$a \sin \omega t + a_1 \sin(\omega t - \alpha) = a' \sin(\omega t - \alpha')$$

devant être satisfaite à toute époque, il en résulte les conditions

$$(3) \qquad \begin{cases} a + a_1 \cos \alpha = a' \cos \alpha', \\ a_1 \sin \alpha = a' \sin \alpha'. \end{cases}$$

Il est à remarquer que, si les différentes amplitudes a, a_1 et a' ont les mêmes directions dans l'espace, elles auront également la même direction apparente pour l'observateur qui reçoit alternativement le rayon incident, le rayon réfléchi ou le rayon réfracté.

Lorsque les vibrations sont dans le plan d'incidence, nous supposerons aussi que les amplitudes b, b_1 et b' (*fig.* 288) sont comptées dans la même direction *apparente*, c'est-à-dire qu'elles se superposent quand on rabat le rayon réfléchi AS_1 et le rayon réfracté AS' sur le prolongement du rayon incident SA.

Si le principe de continuité est exact pour les vibrations elles-mêmes, il a lieu également pour leurs projections sur un axe quelconque. En supposant encore, pour plus de généralité, que les vibrations incidente, réfléchie et réfractée ont des phases différentes sur la surface Σ, l'application du principe aux composantes parallèles et aux composantes normales à cette surface donne, de même,

$$b \cos i \sin \omega t - b_1 \cos i \sin (\omega t - \beta) = b' \cos i' \sin (\omega t - \beta'),$$
$$b \sin i \sin \omega t + b_1 \sin i \sin (\omega t - \beta) = b' \sin i' \sin (\omega t - \beta'),$$

et, par suite.

$$(4) \quad \begin{cases} b - b_1 \cos \beta = b' \dfrac{\cos i'}{\cos i} \cos \beta', \\[2mm] - b_1 \sin \beta = b' \dfrac{\cos i'}{\cos i} \sin \beta'; \end{cases}$$

$$(5) \quad \begin{cases} b + b_1 \cos \beta = b' \dfrac{\sin i'}{\sin i} \cos \beta', \\[2mm] b_1 \sin \beta = b' \dfrac{\sin i'}{\sin i} \sin \beta'. \end{cases}$$

Fig. 288.

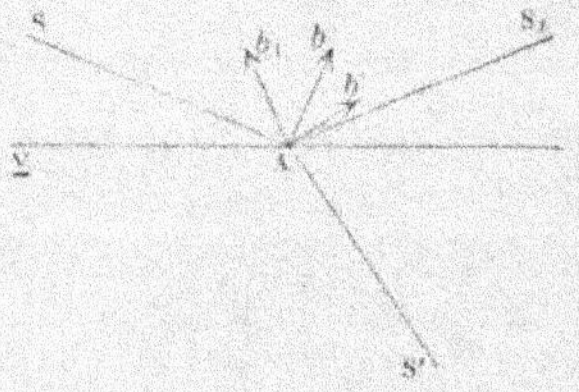

On en déduit, par addition et soustraction,

$$b = b' \frac{\sin (i + i')}{\sin 2 i} \cos \beta',$$

$$0 = b' \frac{\sin (i + i')}{\sin 2 i} \sin \beta';$$

$$b_1 \cos \beta = b' \frac{\sin (i' - i)}{\sin 2 i} \cos \beta',$$

$$b_1 \sin \beta = b' \frac{\sin (i' - i)}{\sin 2 i} \sin \beta';$$

$$\tang \beta = \tang \beta' = 0.$$

La perte de phase β de la vibration réfléchie est donc nulle ou égale à π et la seconde solution revient simplement à changer le signe de l'amplitude b_1; il en est de même pour β'. Ainsi, la première conséquence du principe de continuité, dans le cas actuel, est que les trois espèces de vibrations ont la même phase, sauf un changement possible de signe sur la surface de séparation des deux milieux.

Les équations (4) et (5) deviennent alors

$$(4') \qquad b - b_1 = b' \frac{\cos i'}{\cos i},$$

$$(5') \qquad b + b_1 = b' \frac{\sin i'}{\sin i}.$$

On en conclut aussi

$$(6) \qquad b^2 - b_1^2 = b'^2 \frac{\cos i'}{n \cos i},$$

mais ce résultat est incompatible avec l'équation correspondante des forces vives (2), à moins d'admettre que la densité de l'éther soit la même dans les deux milieux; c'est une difficulté sur laquelle on reviendra plus loin.

575. *Hypothèse sur la densité de l'éther*. — Fresnel admet, à l'exemple d'Young, que la formule de Newton pour la propagation du son dans les gaz convient également aux ondes lumineuses, c'est-à-dire que la vitesse est égale à la racine carrée du rapport de l'élasticité du milieu (ou de la pression ramenée à l'unité de surface) à sa densité. Cette extension ne paraît pas légitime.

Aucune raison ne permet de penser d'abord que l'éther, surtout lorsqu'il est lié aux molécules pondérables, se comporte comme un fluide. En second lieu, la démonstration de Newton suppose que les vibrations sont longitudinales et produisent des variations périodiques de densités et de pressions, tandis que les vibrations lumineuses sont au contraire transversales, ce qui supprime la base même du raisonnement.

D'ailleurs il n'est pas nécessaire de recourir à la formule de Newton, car Fresnel suppose ensuite, ce qui est au moins contestable, que l'élasticité de l'éther est la même dans tous les milieux. Son hypothèse se réduit donc à admettre simplement que les vitesses de propagation V et V' dans les deux milieux sont en raison inverse des racines carrées des densités correspondantes d et d' de l'éther, ce qui donne

$$\frac{d'}{d} = \frac{\mathrm{V}^2}{\mathrm{V}'^2} = n^2,$$

$$\frac{d'}{nd} = n = \frac{\sin i}{\sin i'}.$$

Les équations (2) des forces vives deviennent alors

$$(2') \quad \left\{ \begin{aligned} a^2 - a_1^2 &= a'^2 \frac{\operatorname{tang} i}{\operatorname{tang} i'}, \\ b^2 - b_1^2 &= b'^2 \frac{\operatorname{tang} i}{\operatorname{tang} i'}. \end{aligned} \right.$$

Comme l'indice de réfraction varie avec la couleur, il résulte aussi de la formule de Newton que le rapport des densités de l'éther dans deux milieux différents serait une fonction de la longueur d'onde.

Cette conséquence montre que le phénomène est moins simple. Fresnel considère l'éther dans les corps transparents comme formé de deux parties, l'une identique à celle qui existe dans le vide et l'autre engagée dans le réseau des molécules pondérables. Admettre que l'excès de densité $d' - d$ dépend de la longueur d'onde revient à admettre que la portion d'éther liée aux molécules participe au mouvement vibratoire pour une fraction variable avec la période, et cette interprétation n'est plus contradictoire.

576. *Hypothèse sur les phases.* — L'origine des travaux de Fresnel sur la réflexion a été la découverte de cette propriété capitale que, si la lumière incidente est polarisée, la lumière réfléchie et la lumière réfractée restent également polarisées. Il en résulte que la réflexion n'établit pas de différence de phase entre les deux composantes principales de la vibration réfléchie ou de la vibration réfractée. Si le principe de continuité était appliqué en toute rigueur, l'égalité des phases qui en résulte pour les vibrations situées dans le plan d'incidence entraînerait ainsi la même condition pour les vibrations normales à ce plan; mais le raisonnement est en défaut, puisque, pour respecter le principe indiscutable des forces vives, on sera obligé de renoncer à l'une des équations (4') ou (5'), dont l'ensemble est incompatible avec ce principe.

On fait donc, en réalité, une nouvelle hypothèse en admettant, avec Fresnel, que la phase est la même, sur la surface de séparation, pour les vibrations incidente, réfléchie et réfractée, c'est-à-dire en faisant

$$\alpha = \alpha' = 0 \quad \text{et} \quad \beta = \beta' = 0.$$

Les équations de continuité (3) se réduisent alors à

$$(3') \qquad\qquad a + a_1 = a'.$$

577. *Lumière polarisée dans les azimuts principaux.* — Lorsque les vibrations sont perpendiculaires au plan d'incidence, c'est-à-dire polarisées dans le premier azimut, l'équation de continuité (3'), combinée avec l'équation correspondante des forces vives ($2'$), donne

$$a - a_1 = a' \frac{\tang i}{\tang i'} = a' \frac{\sin i \cos i'}{\cos i \sin i'},$$

$$a = \frac{a'}{2}\left(1 + \frac{\sin i \cos i'}{\cos i \sin i'}\right) = a' \frac{\sin(i + i')}{2\cos i \sin i'},$$

$$a_1 = \frac{a'}{2}\left(1 - \frac{\sin i \cos i'}{\cos i \sin i'}\right) = a' \frac{\sin(i' - i)}{2\cos i \sin i'};$$

$$(7) \qquad \begin{cases} a_1 = a \dfrac{\sin(i' - i)}{\sin(i + i')}, \\[2ex] a' = a \dfrac{2\cos i \sin i'}{\sin(i + i')}. \end{cases}$$

Dans aucun cas, il n'y a de changement de signe pour les vibrations réfractées.

Les vibrations incidente et réfléchie sont de même sens quand le milieu inférieur est moins réfringent.

Si le milieu inférieur est plus réfringent ($i > i'$), les amplitudes a_1 et a sont de signes contraires. On traduira ce résultat en disant que la vibration réfléchie a subi une perte de phase égale à π ou un retard d'une demi-longueur d'onde. C'est le phénomène observé dans les anneaux de réflexion (268).

On peut appeler *facteur de réflexion* le coefficient

$$h = \frac{\sin(i' - i)}{\sin(i + i')},$$

par lequel on doit multiplier l'amplitude a de la vibration incidente pour obtenir l'amplitude a_1 de la vibration réfléchie, et *facteur de réfraction* le rapport analogue

$$h' = \frac{2\cos i \sin i'}{\sin(i + i')}.$$

Le *coefficient de réflexion* est le rapport de l'intensité de la lumière réfléchie à l'intensité de la lumière incidente, c'est-à-dire h^2.

L'intensité de la lumière réfractée étant l'excès de la lumière incidente sur la lumière réfléchie, le *coefficient de réfraction* est égal à $1 - h^2$ ou, en tenant compte de l'équation des forces vives, à $\dfrac{a'^2}{a^2}\dfrac{\tang i}{\tang i'}$, ce qui donne

$$1 - h^2 = \frac{\sin 2i \sin 2i'}{\sin^2(i + i')}.$$

Pour des rayons très voisins de la normale, on a, en remplaçant i par ni' et les sinus par les angles correspondants,

$$(8) \quad h_0 = -\frac{n-1}{n+1}, \qquad h_0^2 = \left(\frac{n-1}{n+1}\right)^2, \qquad 1 - h_0^2 = \frac{4n}{(n+1)^2}.$$

Ce sont les résultats donnés déjà par Young.

Lorsque les vibrations sont dans le plan d'incidence, c'est-à-dire polarisées dans le second azimut, le principe de continuité donne lieu aux deux équations $(4')$ et $(5')$, mais nous savons que l'une d'elles doit être sacrifiée.

Si l'on établissait la continuité pour les composantes normales à la surface, l'équation $(5')$, combinée avec l'équation correspondante des forces vives $(2')$, donnerait

$$b - b_1 = b'\frac{\tang i}{\tang i'}\frac{\sin i}{\sin i'} = b'n^2\frac{\cos i'}{\cos i},$$

$$b = \frac{b'}{2}\left(\frac{1}{n} + n^2\frac{\cos i'}{\cos i}\right),$$

$$b_1 = \frac{b'}{2}\left(\frac{1}{n} - n^2\frac{\cos i'}{\cos i}\right),$$

et il en résulterait pour l'incidence normale,

$$(9) \quad \frac{b_1}{b} = -\frac{n^3 - 1}{n^3 + 1}.$$

Cette solution ne peut être acceptée puisque rien ne distingue plus le plan d'incidence, quand la lumière est normale à la surface, et que l'équation (9) est incompatible avec les équations (8).

En établissant, au contraire, la continuité pour les composantes parallèles à la surface, on déduit des équations $(2')$ et $(4')$

$$b + b_1 = b' \frac{\sin i}{\sin i'},$$

$$b = \frac{b'}{2} \left(\frac{\sin i}{\sin i'} + \frac{\cos i'}{\cos i} \right) = b' \frac{\sin(i + i') \cos(i - i')}{2 \cos i \sin i'},$$

$$b_1 = \frac{b'}{2} \left(\frac{\sin i}{\sin i'} - \frac{\cos i'}{\cos i} \right) = b' \frac{\cos(i + i') \sin(i - i')}{2 \cos i \sin i'};$$

$$(10) \quad \begin{cases} b_1 = b \dfrac{\tang(i - i')}{\tang(i + i')} \cdot \\[2mm] b' = b \dfrac{2 \cos i \sin i'}{\sin(i + i') \cos(i - i')} \cdot \end{cases}$$

Les facteurs de réflexion et de réfraction sont

$$k = \frac{\tang(i - i')}{\tang(i + i')} = - h \frac{\cos(i + i')}{\cos(i - i')},$$

$$k' = \frac{2 \cos i \sin i'}{\sin(i + i') \cos(i - i')} = \frac{h'}{\cos(i - i')} \cdot$$

Le coefficient de réflexion est k^2 et le coefficient de réfraction $1 - k^2$ ou $\dfrac{b'^2}{b^2} \dfrac{\tang i}{\tang i'}$, ce qui donne

$$1 - k^2 = \frac{\sin 2i \sin 2i'}{\sin^2(i + i') \cos^2(i - i')} = \frac{1 - h^2}{\cos^2(i - i')},$$

$$h^2 - k^2 = h^2 \frac{\sin 2i \sin 2i'}{\cos^2(i - i')} = (1 - h^2) \tang^2(i - i') = (1 - k^2) \sin^2(i - i').$$

La valeur du facteur de réflexion relative à l'incidence normale, $k_0 = \dfrac{n - 1}{n + 1}$, est égale et de signe contraire à celle (8) qui a été obtenue pour la lumière polarisée dans le premier azimut; mais, comme on a supposé que la vibration conservait la même direction *apparente* pour l'observateur, la valeur positive de b_1 prouve que la vibration a réellement changé de sens dans l'espace, de sorte que les résultats sont identiques pour les deux vibrations principales, dans le cas de l'incidence normale, ce qui devait être.

Les courbes de la *fig.* 289 représentent la marche des facteurs h,

Fig. 289.

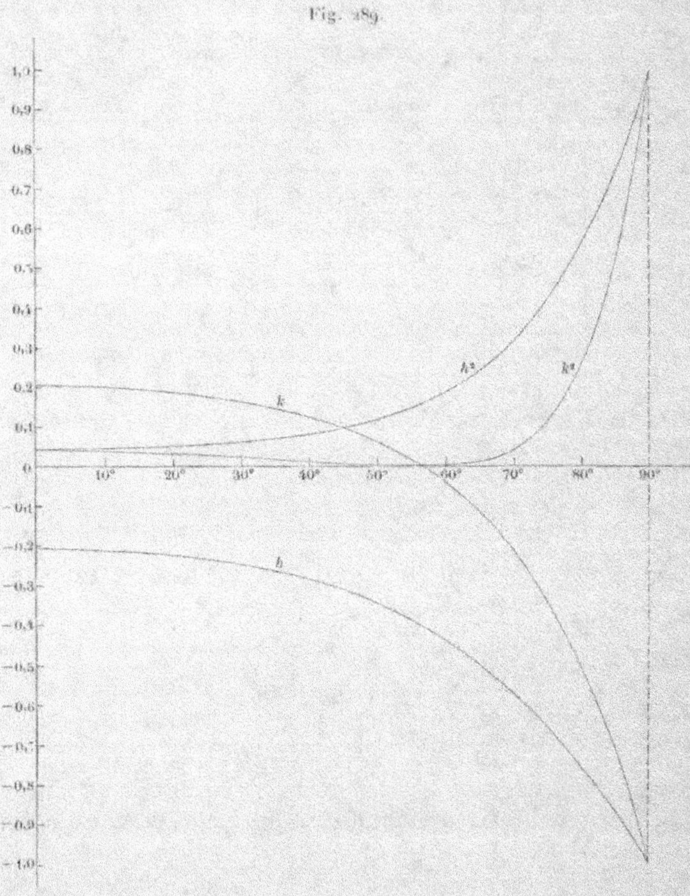

k, h^2 et k^2 pour la valeur $n = 1,52$ qui convient au verre ordinaire. Nous appellerons encore pour abréger, h^2 et k^2 les *coefficients principaux* de réflexion.

Si les rayons incidents sont peu écartés de la normale, la perte de phase apparente est nulle lorsque le milieu inférieur est plus réfringent, à l'inverse de ce qui avait lieu pour la lumière polarisée dans le premier azimut; mais l'explication des anneaux colorés reste la même, puisque le changement du signe se présente alors quand le second milieu devient moins réfringent.

Le caractère du phénomène ne change pas tant que l'angle $i + i'$ est plus petit que $90°$. Pour cette valeur particulière, la lumière réfléchie est nulle; c'est, en effet, l'*incidence principale* définie par les lois de Malus et de Brewster (317).

Quand on a $i + i' > 90°$, la valeur de k change de signe; la vibration réfléchie présente alors une différence de phase apparente avec la vibration primitive.

Sous l'incidence rasante, les vibrations parallèle et perpendiculaire au plan d'incidence changent toutes deux de signe dans la réflexion, quand le milieu inférieur est plus réfringent.

Enfin la vibration réfractée conserve encore le même signe.

Pour justifier le défaut de continuité qui persiste alors entre les composantes normales à la surface, Fresnel s'exprime dans les termes suivants ([1]) :

« D'après la nature de l'élasticité que je considère, qui est celle qui s'oppose au glissement d'une tranche d'un même milieu sur la tranche suivante, ou au déplacement relatif des tranches en contact de deux milieux différents, les tranches contiguës des deux milieux doivent exécuter parallèlement à la surface qui les sépare des oscillations de même amplitude, sans quoi l'une de ces tranches aurait glissé sur l'autre d'une quantité d'un ordre bien supérieur aux déplacements relatifs des tranches contiguës de chaque milieu considéré séparément, d'où naîtrait une résistance beaucoup plus grande, qui s'opposerait à ce déplacement. Ainsi l'on peut admettre, comme une conséquence évidente de notre hypothèse fondamentale sur la nature de l'élasticité mise en jeu par les vibrations lumineuses, que les vitesses absolues des molécules voisines de la surface réfringente *parallèlement* à cette surface doivent être égales dans les deux milieux. »

---

[1] FRESNEL, *OEuvres*, t. I, p. 769.

Les variations du phénomène avec l'angle d'incidence s'obtiendront aisément par l'étude des facteurs h et k. On trouve, en effet, toutes réductions faites,

$$(11)\quad \left\{ \begin{aligned} &dh = 2h \tang i'\, di, \\ &dh^2 = 2h\, dh = 4h^2 \tang i'\, di; \\ &dk = \frac{2h \tang i'}{\cos^2(i - i')}\, di, \\ &dk^2 = 2k\, dk = -\, 4h^2 \tang i' \,\frac{\cos(i + i')}{\cos^3(i - i')}\, di. \end{aligned} \right.$$

Pour les vibrations polarisées dans le premier azimut, le coefficient de réflexion croît d'une manière continue avec l'incidence; pour le second azimut, il décroît d'abord pour devenir nul sous l'angle de polarisation et augmenter ensuite. Sous l'incidence rasante ils sont tous deux égaux à l'unité.

578. *Lumière polarisée dans un azimut quelconque.* — Si le plan primitif de polarisation OP (*fig.* 290) est dans l'azimut θ,

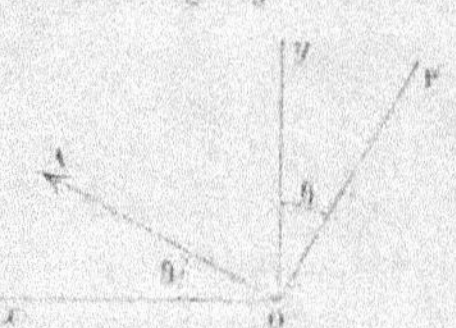

compté vers la droite du plan d'incidence Oy, et que les composantes a et b de l'amplitude $OA = r$ soient comptées positivement suivant les directions Ox et Oy, on a

$$\frac{a}{\cos\theta} = \frac{b}{\sin\theta} = r, \qquad \tang\theta = \frac{b}{a}.$$

Si l'on appelle θ_1 et θ' les azimuts de polarisation, comptés dans le même sens, des faisceaux réfléchi et réfracté, les équations (7) et (10) donnent

$$(12)\quad \left\{ \begin{aligned} &\tang\theta_1 = \frac{b_1}{a_1} = -\,\frac{\cos(i + i')}{\cos(i - i')}\, \tang\theta, \\ &\tang\theta' = \frac{b'}{a'} = \frac{1}{\cos(i - i')}\, \tang\theta. \end{aligned} \right.$$

Au voisinage de la normale, les azimuts θ_1 et θ sont égaux et de signes contraires; la polarisation du faisceau réfléchi est alors symétrique de la polarisation primitive par rapport au plan d'incidence. La vibration a changé ou n'a pas changé de signe, en conservant la même direction absolue, suivant que $i \gtrless i'$, et le retournement de l'observateur la fait apparaître dans un plan symétrique.

Pour la condition $i + i' = 90°$, on a $\theta_1 = 0$. Enfin, pour des incidences plus grandes, les azimuts θ_1 et θ sont de même signe.

A mesure que l'angle d'incidence augmente, à partir de la normale, le plan de polarisation de la lumière réfléchie est d'abord symétrique du plan primitif, puis il se rapproche du plan d'incidence, avec lequel il coïncide pour l'incidence principale, conformément à la loi de Malus; il s'en écarte ensuite, pour revenir au plan primitif sous l'incidence rasante.

Pour la lumière réfractée, l'azimut de polarisation reste de même signe que l'azimut primitif et s'éloigne toujours du plan d'incidence.

Les amplitudes r_1 et r' des vibrations réfléchie et réfractée sont déterminées par les relations

$$(13) \quad \begin{cases} r_1 \cos\theta_1 = a_1 = rh \cos\theta, \\ r' \cos\theta' = a' = rh' \cos\theta, \\ r_1 \sin\theta_1 = b_1 = rk \sin\theta, \\ r' \sin\theta' = b' = rk' \sin\theta. \end{cases}$$

On en déduit

$$(14) \quad \begin{cases} r_1^2 = r^2(h^2 \cos^2\theta + k^2 \sin^2\theta), \\ r'^2 = r^2(h'^2 \cos^2\theta + k'^2 \sin^2\theta); \\ \dfrac{1}{r_1^2} = \dfrac{1}{r^2}\left(\dfrac{\cos^2\theta_1}{h^2} + \dfrac{\sin^2\theta_1}{k^2} \right), \\ \dfrac{1}{r'^2} = \dfrac{1}{r^2}\left(\dfrac{\cos^2\theta'}{h'^2} + \dfrac{\sin^2\theta'}{k'^2} \right). \end{cases}$$

Le coefficient de réflexion l^2, c'est-à-dire le rapport de l'intensité de la lumière réfléchie à la lumière primitive, est

$$l^2 = h^2 \cos^2\theta + k^2 \sin^2\theta,$$

et le coefficient de réfraction

$$1 - l^2 = \frac{r'^2}{r^2} \frac{\tang i}{\tang i'} = \frac{\tang i}{\tang i'} (h'^2 \cos^2\theta + k'^2 \sin^2\theta).$$

579. *Théorème de Mac Cullagh* [1]. — Les équations (12) peuvent s'écrire

$$(15) \qquad \begin{cases} \tang\theta = \tang\theta'\cos(i-i'), \\ \tang\theta_1 = -\tang\theta'\cos(i+i'). \end{cases}$$

Représentons sur une sphère (*fig.* 291) le grand cercle ΣX pa-

Fig. 291.

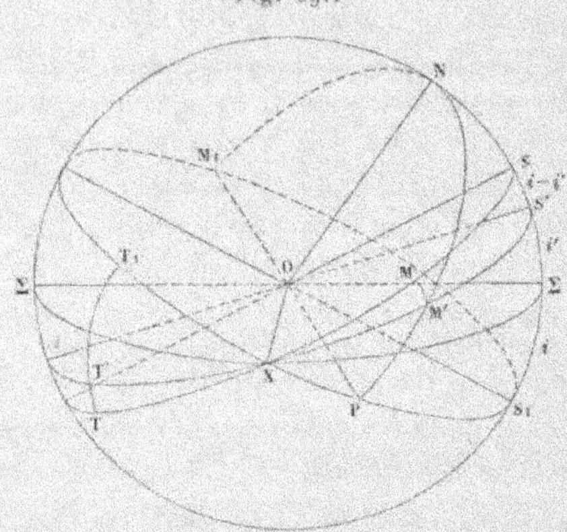

rallèle à la surface de séparation des deux milieux et les grands cercles SX, S_1X et $S'X$, respectivement parallèles aux ondes incidente, réfléchie et réfractée, lesquels ont pour intersection commune la normale OX au plan d'incidence.

Soit OM' la direction de la vibration réfractée, de sorte que l'angle $M'X$ représente l'azimut θ'. Si l'on projette cette droite, en OM et OP, sur les plans d'incidence SX et de réflexion S_1X, les triangles sphériques MXM' et PXM' donnent, en remarquant que les angles en X sont respectivement égaux à $i-i'$ et $i+i'$,

$$\tang MX = \tang\theta'\cos(i-i'),$$
$$\tang PX = \tang\theta'\cos(i+i').$$

En comparant avec les équations (15), on voit qu'il en résulte $MX = \theta$, $PX = -\theta_1$. La direction OM est donc parallèle à la vibration primitive et, si l'on tient compte du retournement de l'ob-

---

[1] Mac Cullagh, *Trans. of the R. Irish Acad.*, t. XVIII, Part I, p. 31; 1837.

servateur, la direction OP est également parallèle à la vibration réfléchie. Donc :

Les vibrations incidente et réfléchie coïncident avec les projections de la vibration réfractée sur les ondes correspondantes ;

ou, en d'autres termes :

Les plans de vibration des ondes incidente, réfléchie et réfractée passent par une même droite, qui est la direction de la vibration réfractée.

Il faut remarquer toutefois que la droite OP ne donne pas le sens de la vibration réfléchie, car, pour $i + i' < 90°$, la direction apparente de l'une des composantes principales change de signe, de sorte que la vibration réfléchie est dirigée suivant la droite OM_1, qui est alors opposée à la direction OP.

Mac Cullagh appelait *transversale* d'un rayon une droite parallèle à l'intersection du plan de l'onde avec le plan de polarisation.

La transversale est donc perpendiculaire au plan de la vibration de Fresnel. Comme les trois transversales sont respectivement perpendiculaires aux plans de vibration qui passent par la même droite, on voit qu'elles sont situées dans un même plan, perpendiculaire à la vibration réfractée.

En prenant ces transversales à gauche de la vibration pour l'observateur qui reçoit la lumière, leurs directions seront données par les points T, T' et T_1, situés sur la circonférence de grand cercle dont le pôle est M'.

La considération des transversales permet de représenter par une construction géométrique les relations de Fresnel.

Les triangles sphériques XT'T et XT'T_1, qui sont rectangles en T', donnent

$$\sin TT' = \cos\theta \, \sin(i - i'),$$
$$\sin T_1 T' = \cos\theta_1 \sin(i + i');$$

par suite, en comparant avec les équations (13),

$$-\frac{r_1}{r} = \frac{\sin TT'}{\sin T_1 T'}.$$

Si l'on porte sur les transversales des longueurs respectivement

M. — II.   27

proportionnelles aux vibrations correspondantes (*fig.* 292), on voit par cette relation que la transversale T' du rayon réfracté est dirigée suivant la diagonale du parallélogramme construit sur les transversales des rayons incident et réfléchi.

On a d'ailleurs, en appelant ρ la résultante de ces deux transversales,

$$\frac{\rho}{r} = \frac{\sin TT_1}{\sin T'T_1}.$$

Fig. 292.

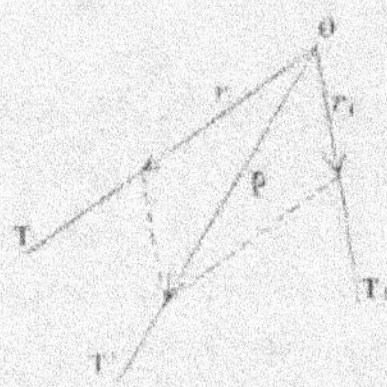

Les triangles sphériques donnent encore

$$\frac{\sin TT_1}{\sin 2i} = \frac{\cos\theta}{\sin T_1}, \qquad \frac{\sin T'T_1}{\sin(i+i')} = \frac{\cos\theta'}{\sin T_1};$$

il en résulte, en tenant compte de (13),

$$\rho = r\,\frac{\cos\theta}{\cos\theta'}\,\frac{\sin 2i}{\sin(i+i')} = r'\,\frac{\sin 2i}{2\cos i \sin i'} = nr'.$$

On obtient ainsi la transversale du rayon réfracté en divisant la résultante des transversales des rayons incident et réfléchi par l'indice de réfraction du second milieu ou, dans l'hypothèse de Fresnel, par la racine carrée du rapport des densités de l'éther dans le second milieu et le premier.

580. *Rotation du plan de polarisation.* — Il est important d'étudier de plus près la manière dont le plan de polarisation a tourné quand on passe du rayon incident aux rayons réfléchi et réfracté. Les équations (12) peuvent s'écrire encore

$$\tang\theta_1 = \frac{k}{h}\tang\theta, \qquad \tang\theta' = \frac{k'}{h'}\tang\theta.$$

Quand on fait varier l'azimut primitif θ, pour une même incidence, la variation correspondante de l'azimut θ_1 est

$$\frac{d\theta_1}{\cos^2\theta_1} = \frac{k}{h}\frac{d\theta}{\cos^2\theta},$$

ou, en tenant compte des relations (13),

$$\frac{d\theta_1}{d\theta} = \frac{k}{h}\frac{r^2 h^2}{r_1^2} = hk\frac{r^2}{r_1^2}.$$

La variation $d\theta'$ étant donnée par une expression analogue, il en résulte

$$(16) \qquad \begin{cases} r_1^2\, d\theta_1 = hk\, r^2\, d\theta, \\ r'^2\, d\theta' = h'k'\, r^2\, d\theta. \end{cases}$$

Pour une même intensité de la lumière primitive et sous la même incidence, les amplitudes r_1 et r' des rayons réfléchi et réfracté sont respectivement le rayon vecteur d'une ellipse, d'après les équations (14). Les relations (16) peuvent se traduire par l'énoncé suivant :

Les aires décrites par les amplitudes r_1 et r' du rayon réfléchi et du rayon réfracté sont proportionnelles à l'aire décrite par l'amplitude r de la vibration primitive. (M. Cornu.)

C'est donc pour les azimuts correspondant aux valeurs les plus faibles des amplitudes r_1 et r' que la rotation du plan de polarisation est plus rapide sur le rayon réfléchi et le rayon réfracté.

Comme l'angle θ_1 est toujours plus petit, en valeur absolue, que l'angle θ, la rotation $R_1 = \theta - \theta_1$ du plan de polarisation, comptée vers la gauche, est

$$\operatorname{tang} R_1 = \operatorname{tang}\theta\,\frac{\cos(i-i') + \cos(i+i')}{\cos(i-i') - \cos(i+i')\operatorname{tang}^2\theta},$$

$$\operatorname{tang} R_1 = \frac{\sin 2\theta}{\cos 2\theta + \operatorname{tang} i\,\operatorname{tang} i'}.$$

Sous une même incidence, cette rotation croît avec l'azimut θ; pour un même azimut, le maximum a lieu sous l'incidence rasante et est égal à 2θ, ce qu'on voyait *a priori*.

L'angle θ' est, au contraire, plus grand que l'angle θ; le plan de polarisation du rayon réfracté est d'abord parallèle au plan primitif pour l'incidence normale et se rapproche ensuite du second azimut.

La rotation $R' = \theta' - \theta$ du plan de polarisation pour le rayon réfracté, comptée également vers la gauche, est

$$\tang R' = \tang \theta \frac{1 - \cos(i - i')}{\cos(i - i') + \tang^2\theta}.$$

Sous une même incidence, la rotation est maximum pour la condition $\tang^2\theta = \cos(i - i)$ et elle a pour valeur

$$\tang R'_m = \frac{1 - \cos(i - i')}{2\sqrt{\cos(i - i')}} = \frac{1}{\sqrt{\cos(i - i')}} \sin^2\frac{i - i'}{2}.$$

Cette rotation croît d'ailleurs avec l'angle d'incidence; pour la lumière rasante, où $i = 90°$, la rotation R' est

$$\tang R' = \tang \theta \frac{n - 1}{1 + n \tang^2\theta},$$

et sa valeur maximum, pour $\tang^2\theta = \dfrac{1}{n}$,

$$\tang R'_m = \frac{n - 1}{2} \tang \theta = \frac{n - 1}{2\sqrt{n}}.$$

581. *Effet de plusieurs réflexions et réfractions.* — Considérons d'abord une lame à faces parallèles, en supposant que la seconde surface de la lame soit en contact avec un troisième milieu dont n'' est l'indice de réfraction par rapport au premier et i'' l'angle de réfraction correspondante. L'azimut θ'_1 de la lumière réfléchie sur la seconde surface est

$$\tang \theta'_1 = -\frac{\cos(i' + i'')}{\cos(i' - i'')} \tang \theta' = -\frac{\cos(i' + i'')}{\cos(i' - i'') \cos(i - i')} \tang \theta,$$

et l'azimut θ_2 de la lumière réfractée dans le milieu supérieur

$$\tang \theta_2 = \frac{1}{\cos(i - i')} \tang \theta'_1 = -\frac{\cos(i' + i'')}{\cos(i' - i'') \cos^2(i - i')} \tang \theta.$$

On aurait, de même, pour un rayon réfléchi trois fois à l'intérieur de la lame, en posant

$$\tang \gamma = \frac{k}{h} = -\frac{\cos(i + i')}{\cos(i - i')}, \qquad \tang \gamma' = -\frac{\cos(i' + i'')}{\cos(i' - i'')},$$

$$\tang \theta_3 = \tang \gamma \, \tang^2 \gamma' \frac{\tang \theta}{\cos^2(i - i')};$$

et, pour un rayon réfléchi $2m+1$ fois,

$$\operatorname{tang}\theta_{2m+1} = \operatorname{tang}^m\gamma\,\operatorname{tang}^{m+1}\gamma'\,\frac{\operatorname{tang}\theta}{\cos^2(i-i')}.$$

L'azimut de polarisation θ'' du rayon transmis, sans réflexion intérieure, est

$$\operatorname{tang}\theta'' = \frac{1}{\cos(i'-i'')}\operatorname{tang}\theta' = \frac{\operatorname{tang}\theta}{\cos(i-i')\cos(i'-i'')},$$

et, si ce rayon a subi $2m$ réflexions intérieures,

$$\operatorname{tang}\theta^{(2m)} = (\operatorname{tang}\gamma\,\operatorname{tang}\gamma')^m\,\frac{\operatorname{tang}\theta}{\cos(i-i')\cos(i'-i'')}.$$

Lorsque le troisième milieu est identique au premier, $i''=i$ et l'azimut de polarisation du rayon transmis directement est

$$\operatorname{tang}\theta'' = \frac{\operatorname{tang}\theta}{\cos^2(i-i')}.$$

Dans une *pile de glaces*, formée par une suite de p lames parallèles, l'azimut de polarisation θ''_p du rayon transmis directement au travers du système est

$$\operatorname{tang}\theta''_p = \frac{\operatorname{tang}\theta}{\cos^{2p}(i-i')}.$$

On peut isoler ce rayon, comme l'a fait M. Fizeau (^{1}), en employant des lames légèrement prismatiques, un peu inclinées l'une sur l'autre, de manière à éliminer toutes les réflexions intérieures.

La rotation $\mathrm{R}''_p = \theta''_p - \theta$ produit par cette pile est alors

$$\operatorname{tang}\mathrm{R}''_p = \operatorname{tang}\theta\,\frac{1-\cos^{2p}(i-i')}{\cos^{2p}(i-i')+\operatorname{tang}^2\theta}$$

et sa valeur maximum R''_m, sous une même incidence, a lieu pour la condition

$$\operatorname{tang}^2\theta = \cos^{2p}(i-i'),$$

ce qui donne

$$\operatorname{tang}\mathrm{R}''_m = \frac{1}{2}\left[\frac{1}{\cos^p(i-i')} - \cos^p(i-i')\right].$$

(^{1}) H. Fizeau, *Ann. de Chim. et de Phys.* [3], t. LVIII, p. 132; 1860.

Il en est de même pour la réfraction dans un *prisme*. En appelant r et r' les angles du rayon avec la normale dans l'intérieur du prisme (66), l'azimut de polarisation θ'' du rayon réfracté est

$$\tan g\,\theta'' = \frac{\tan g\,\theta}{\cos(i-r)\cos(i'-r')},$$

la rotation

$$\tan g\,\mathrm{R}'' = \tan g\,\theta\,\frac{1-\cos(i-r)\cos(i'-r')}{\cos(i-r)\cos(i'-r')+\tan g^2\theta},$$

et sa valeur maximum, pour une incidence déterminée,

$$\tan g\,\mathrm{R}''_m = \frac{1-\cos(i-r)\cos(i'-r')}{2\sqrt{\cos(i-r)\cos(i'-r)}}.$$

Dans le cas du minimum de déviation, les angles r et r' sont égaux à la moitié de l'angle A du prisme et les angles i et i' sont aussi égaux entre eux; on a alors

$$\tan g\,\theta'' = \frac{\tan g\,\theta}{\cos^2(i-r)},$$

et la rotation maximum devient

$$\tan g\,\mathrm{R}''_m = \frac{1-\cos^2(i-r)}{2\cos(i-r)} = \frac{1}{2}\sin(i-r)\tan g(i-r).$$

582. *Lumière primitive elliptique.* — Si la vibration primitive est elliptique, les composantes principales ont des phases différentes

$$x = a\sin\omega t,$$
$$y = b\sin(\omega t - \delta).$$

Les composantes principales de la vibration réfléchie

$$x_1 = ah\sin\omega t,$$
$$y_1 = bk\sin(\omega t - \delta),$$

présentent la même différence de phase. La vibration réfléchie est donc aussi elliptique, mais de forme différente. Pour des incidences inférieures à l'incidence principale, les facteurs h et k sont de signes contraires; le mouvement apparent sur l'ellipse a changé de sens. Sous l'incidence normale, en particulier, la vibration elliptique conserve la même forme, les axes apparents de la nouvelle ellipse étant symétriques des premiers par rapport au plan d'incidence; une vibration circulaire droite, par exemple, deviendra gauche par réflexion et inversement.

A mesure que l'angle d'incidence va croissant, l'ellipse s'aplatit de plus en plus, quelle que soit sa forme primitive, et devient rectiligne sous l'incidence principale, pour reprendre ensuite le même sens apparent que la vibration incidente, puisque les facteurs h et k sont alors de même signe.

Si l'un des axes de l'ellipse primitive est dans le plan d'incidence, auquel cas $\delta = 90°$, l'un des axes de la vibration réfléchie est également dans ce plan.

Ces résultats se voient d'ailleurs aisément par les formules. Le sens du mouvement sur les vibrations incidente et réfléchie étant déterminé par le signe des expressions $ab \sin \delta$ et $abhk \sin \delta$ (157), ces mouvements seront de sens contraires jusqu'à l'incidence principale, à partir de laquelle ils deviennent ensuite de même sens jusqu'à l'incidence rasante.

En posant encore

$$\tan \theta = \frac{b}{a}, \qquad \tan \theta_1 = \frac{bk}{ah} = \tan \gamma \tan \theta.$$

les angles ψ et ψ_1 des axes des ellipses incidente et réfléchie avec la normale au plan d'incidence sont déterminés par les relations

$$\tan 2\psi = \tan 2\theta \cos \delta,$$
$$\tan 2\psi_1 = \tan 2\theta_1 \cos \delta.$$

Entre la normale et l'incidence principale, les angles ψ et ψ_1 sont de signes contraires, comme les angles θ et θ_1, et deviennent ensuite de même signe. Pour la lumière réfractée, la vibration elliptique est toujours de même sens que la vibration primitive.

583. *Lumière incidente naturelle.* — Lorsque la lumière primitive est naturelle et d'intensité $2L$, on peut la remplacer par deux composantes principales, d'intensités A et B respectivement égales à L et indépendantes.

Les intensités A_1 et B_1 des faisceaux réfléchis correspondants sont alors

$$A_1 = A h^2 = L h^2,$$
$$B_1 = B k^2 = L k^2.$$

L'intensité totale $2L_1$ du faisceau réfléchi ayant alors pour expression

$$2L_1 = A_1 + B_1 = L(h^2 + k^2),$$

le coefficient de réflexion est

$$\frac{h^2 + k^2}{2} = \frac{h^2}{2}(1 + \tan^2\gamma) = \frac{h^2}{2\cos^2\gamma}.$$

Comme on a pour toutes les incidences $k^2 < h^2$, le faisceau B_1, polarisé dans le second azimut, a toujours une intensité plus faible. La lumière réfléchie peut être considérée comme renfermant un excès P_1 de lumière polarisée dans le plan d'incidence

$$P_1 = A_1 - B_1 = L(h^2 - k^2) = Lh^2\frac{\sin 2i \sin 2i'}{\cos^2(i - i')}$$

et une quantité N_1 de lumière naturelle

$$N_1 = 2B_1 = 2Lk^2,$$

qui s'annule avec k pour l'incidence principale.

La fraction f de lumière polarisée par réflexion est

$$f = \frac{A_1 - B_1}{A_1 + B_1} = \frac{h^2 - k^2}{h^2 + k^2} = \cos 2\gamma.$$

On a d'ailleurs

$$h^2 + k^2 = h^2\left[1 + \frac{\cos^2(i + i')}{\cos^2(i - i')}\right] = h^2\frac{1 + \cos 2i \cos 2i'}{\cos^2(i - i')}$$

et, par suite,

$$f = \frac{\sin 2i \sin 2i'}{1 + \cos 2i \cos 2i'}.$$

Cette fraction n'est égale à l'unité que pour $i + i' = 90°$, c'est-à-dire pour l'incidence principale; la lumière réfléchie est alors complètement polarisée, conformément à la loi de Malus.

Le coefficient de réflexion est $\left(\dfrac{n-1}{n+1}\right)^2$ sous l'incidence normale et égal à l'unité sous l'incidence rasante. Pour que l'intensité de la lumière réfléchie passe par un minimum dans l'intervalle, il faut qu'on ait $dh^2 + dk^2 = 0$ ou, en tenant compte des équations (11),

$$4h^2\tan i'\left[1 - \frac{\cos(i + i')}{\cos^2(i - i')}\right] = 0.$$

Si l'on met à part l'incidence normale, il reste simplement

$$\cos^3(i - i') = \cos(i + i').$$

Cette équation n'est possible que si l'on a, pour des incidences très petites, $\cos^3(i - i') < \cos(i + i')$, condition qui équivaut à $(n - 2)^2 > 3$, c'est-à-dire

$$n > 2 + \sqrt{3} = 3,732,$$
$$n < 2 - \sqrt{3} = 0,268.$$

La seconde solution n'est pas admissible et l'on ne connaît pas de corps dont l'indice de réfraction soit aussi élevé que la première. Le coefficient de réflexion est donc toujours minimum sous l'incidence normale et présente un maximum égal à l'unité pour l'incidence rasante.

La réfraction étant complémentaire de la réflexion, les intensités A' et B' des composantes principales du rayon réfracté sont

$$A' = L - A_1 = L(1 - h^2),$$
$$B' = L - B_1 = L(1 - k^2).$$

Ce faisceau renferme alors un excès $P' = B' - A'$ de lumière polarisée dans le second azimut, qui est égal à la quantité de lumière polarisée par réflexion dans un azimut rectangulaire, et une quantité N' de lumière naturelle

$$N' = 2A' = 2L(1 - h^2).$$

La fraction f' de lumière polarisée,

$$f' = \frac{h^2 - k^2}{1 - k^2 + 1 - h^2} = \frac{\sin^2(i - i')}{1 + \cos^2(i - i')} = \frac{1}{1 + 2\cot^2(i - i')},$$

est nulle pour l'incidence normale et égale à $\dfrac{n^2 - 1}{n^2 + 1}$ sous l'incidence rasante; elle passe alors par un maximum, parce que l'angle $i - i'$ augmente toujours avec l'incidence.

Pour une *pile* de p lames parallèles, les intensités des composantes principales du rayon transmis directement sont

$$B' = L(1 - k^2)^{2p},$$
$$A' = L(1 - h^2)^{2p} = L(1 - k^2)^{2p} \cos^{4p}(i - i')$$

La fraction de lumière polarisée dans le second azimut a pour expression

$$f' = \frac{B' - A'}{B' + A'} = \frac{1 - \cos^{4p}(i - i')}{1 + \cos^{4p}(i - i')};$$

elle tend rapidement vers l'unité, à mesure que le nombre des lames augmente, pour peu que les rayons s'écartent de la normale.

Le rayon réfracté par un *prisme* donne, de même, en appelant ici h'^2 et k'^2 les coefficients de réflexion sur la face de sortie,

$$B' = L(1 - h^2)(1 - k'^2),$$
$$A' = L(1 - h^2)(1 - h'^2) = B' \cos^2(i - r)\cos^2(i' - r').$$

La fraction de lumière polarisée augmente rapidement, toutes choses égales, avec l'angle du prisme et l'indice de réfraction, car elle a pour expression

$$f' = \frac{B' - A'}{B' + A'} = \frac{1 - \cos^2(i - r)\cos^2(i' - r')}{1 + \cos^2(i - r)\cos^2(i' - r')}.$$

La réflexion et la réfraction permettent ainsi, comme la double réfraction (384), de réaliser un faisceau partiellement polarisé dans une proportion quelconque.

584. *Propriétés des piles de glaces.* — Pour calculer l'action d'une lame à faces parallèles, il faut tenir compte des réflexions successives entre les deux surfaces. Si la lumière est hétérogène et la lame assez épaisse pour ne pas donner d'anneaux colorés, il suffit alors de faire la somme des intensités de tous les faisceaux qui constituent la lumière totale réfléchie ou transmise. En effet, la différence de phase de ces faisceaux deux à deux varie très rapidement avec la longueur d'onde et l'intensité moyenne pour une teinte déterminée se réduit à la somme des intensités relatives à toutes les vibrations élémentaires.

L'intensité de la composante primitive polarisée dans le premier azimut étant représentée par a^2, celle du faisceau réfléchi sur la première surface est $a^2 h^2$, celle du faisceau qui a subi $2m + 1$ réflexions intérieures est $a^2(1 - h^2)^2 h^{2(2m+1)}$ et leur somme A a pour expression

$$A = a^2 h^2 \left[1 - (1 - h^2)^2(1 + h^4 + h^8 + \ldots + h^{4m} + \ldots)\right]$$
$$= a^2 h^2 \left[1 - \frac{(1 - h^2)^2}{1 - h^4}\right] = a^2 \frac{2h^2}{1 + h^2}.$$

Un calcul analogue donnerait l'intensité A' du faisceau transmis correspondant; mais, comme il est complémentaire du faisceau réfléchi, on peut écrire immédiatement

$$A' = a^2 - A = a^2 \frac{1 - h^2}{1 + h^2}.$$

On aurait, de même, pour la composante d'intensité b^2 polarisée dans le second azimut,

$$B = b^2 \frac{2 k^2}{1 + k^2},$$

$$B' = b^2 \frac{1 - k^2}{1 + k^2}.$$

Les sommes totales R et T des quantités de lumière réfléchie et transmise sont donc

$$(17) \quad \begin{cases} R = A + B = 2\left(\dfrac{a^2 h^2}{1 + h^2} + \dfrac{b^2 k^2}{1 + k^2} \right), \\ T = A' + B' = a^2 \dfrac{1 - h^2}{1 + h^2} + b^2 \dfrac{1 - k^2}{1 + k^2}. \end{cases}$$

L'excès de lumière polarisée dans le premier azimut que renferme le faisceau réfléchi est

$$A - B = 2\left(\frac{a^2 h^2}{1 + h^2} - \frac{b^2 k^2}{1 + k^2} \right),$$

et l'excès de lumière polarisée par transmission dans le second azimut

$$B' - A' = b^2 - B - (a^2 - A) = A - B - (a^2 - b^2).$$

Lorsque la lumière primitive est naturelle et d'intensité $2L$, les facteurs a^2 et b^2 sont égaux à L et l'on a

$$R = 2L\left(\frac{h^2}{1 + h^2} + \frac{k^2}{1 + k^2} \right) = 2L \frac{h^2 + k^2 + 2 h^2 k^2}{(1 + h^2)(1 + k^2)},$$

$$T = L\left(\frac{1 - h^2}{1 + h^2} + \frac{1 - k^2}{1 + k^2} \right) = 2L \frac{1 - k^2 h^2}{(1 + h^2)(1 + k^2)}.$$

Les coefficients r et t de réflexion et de transmission sont égaux respectivement aux facteurs de $2L$ dans ces deux expressions et leur somme est égale à l'unité, ce qui doit avoir lieu, puisqu'on a toujours négligé la lumière absorbée.

Les quantités de lumière polarisée par réflexion et par transmission

$$A - B = 2L\left(\frac{h^2}{1 + h^2} - \frac{k^2}{1 + k^2}\right) = 2L \cdot \frac{h^2 - k^2}{(1 + h^2)(1 + k^2)}$$

sont encore égales, comme pour une seule surface; c'est en réalité à ce phénomène que correspond l'expérience d'Arago (316).

Les fractions f et f' de lumière polarisée, dans les faisceaux réfléchi et transmis, sont

$$(18) \qquad \begin{cases} f = \dfrac{h^2 - k^2}{h^2 + k^2 + 2h^2 k^2}, \\[2ex] f' = \dfrac{h^2 - k^2}{1 - k^2 h^2}. \end{cases}$$

Le rapport des intensités des deux faisceaux est

$$\frac{R}{T} = \frac{h^2 + k^2 + 2h^2 k^2}{1 - h^2 k^2}.$$

Ce rapport est égal à une fraction quelconque m pour l'incidence définie par la condition

$$(19) \qquad m = h^2 + k^2 + (2 + m)h^2 k^2.$$

Si les faisceaux sont d'égale intensité, ou $m = 1$, la fraction de lumière polarisée est la même de part et d'autre.

Ces considérations permettent de préciser les propriétés des *piles de glace* (321). Si l'on considère une suite de lames parallèles, on doit faire encore la somme des lumières résultant de toutes les réflexions que produisent les différentes surfaces.

Supposons que, pour une pile de p lames identiques, qui renferme $2p$ surfaces, les coefficients de transmission et de réflexion relatifs à la lumière polarisée dans le premier azimut soient t_{2p} et $r_{2p} = 1 - t_{2p}$. Pour évaluer la lumière transmise, nous ajouterons une nouvelle surface S à la suite de la pile. L'intensité de la lumière transmise à la première réfraction, pour un faisceau primitif égal à l'unité, est $t_{2p}(1 - h^2)$ et il se produit un faisceau réfléchi $t_{2p}h^2$. Celui-ci, en retournant sur la pile, donne une lumière transmise, dont il n'y a plus à tenir compte, et un faisceau réfléchi $t_{2p}h^2 r_{2p}$, d'où résultera, sur la surface S, un faisceau transmis

$t_{2p}h^2 r_{2p}(1-h^2)$ et un faisceau réfléchi $t_{2p}h^2 r_{2p}h^2$, et ainsi de suite. Finalement, le total t_{2p+1} des lumières transmises est

$$t_{2p+1} = t_{2p}(1-h^2)\left[1 + h^2 r_{2p} + (h^2 r_{2p})^2 + \ldots\right] = t_{2p}\frac{1-h^2}{1-h^2 r_{2p}},$$

$$t_{2p+1} = t_{2p}\frac{1-h^2}{1-h^2 + t_{2p}h^2} = t_{2p}\frac{1}{1 + t_{2p}\dfrac{h^2}{1-h^2}}.$$

En faisant l'opération de proche en proche, on trouve successivement

$$t_1 = 1 - h^2,$$

$$t_2 = (1-h^2)\frac{1}{1+h^2} = \frac{1-h^2}{1+h^2},$$

$$t_3 = \frac{\dfrac{1-h^2}{1+h^2}}{1 + \dfrac{h^2}{1+h^2}} = \frac{1-h^2}{1+2h^2},$$

$$t_4 = \frac{\dfrac{1-h^2}{1+2h^2}}{1 + \dfrac{h^2}{1+2h^2}} = \frac{1-h^2}{1+3h^2},$$

$$\ldots\ldots\ldots\ldots\ldots\ldots\ldots\ldots\ldots\ldots\ldots$$

La règle est générale. Les coefficients de transmission et de réflexion relatifs à la pile de p lames sont donc

$$t_{2p} = \frac{1-h^2}{1+(2p-1)h^2},$$

$$r_{2p} = 1 - t_{2p} = \frac{2ph^2}{1+(2p-1)h^2}.$$

Il suffira de remplacer h par k pour obtenir les coefficients relatifs à la lumière polarisée dans le second azimut.

Si la lumière primitive est naturelle, les intensités des faisceaux polarisés dans les azimuts principaux sont respectivement

$$A = 2L\frac{ph^2}{1+(2p-1)h^2}, \qquad A' = L\frac{1-h^2}{1+(2p-1)h^2};$$

$$B = 2L\frac{pk^2}{1+(2p-1)k^2}, \qquad B' = L\frac{1-k^2}{1+(2p-1)k^2}.$$

Les sommes totales R et T de lumière réfléchie et de lumière transmise sont alors

$$(20) \quad \left\{ \begin{array}{l} R = A + B = 2L\, \dfrac{p[h^2 + k^2 + 2(2p-1)h^2 k^2]}{[1 + (2p-1)h^2][1 + (2p-1)k^2]}, \\[1.2em] T = A' + B' = 2L\, \dfrac{1 + (p-1)(h^2 + k^2) - (2p-1)h^2 k^2}{[1 + (2p-1)h^2][1 + (2p-1)k^2]}. \end{array} \right.$$

Enfin, l'excès de lumière polarisée dans le premier azimut pour le faisceau réfléchi, et dans le second azimut pour le faisceau transmis, est

$$A - B = B' - A' = 2L\, \frac{p(h^2 - k^2)}{[1 + (2p-1)h^2][1 + (2p-1)k^2]},$$

et les fractions de lumière polarisée par réflexion ou par transmission, dans des azimuts rectangulaires,

$$(21) \quad \left\{ \begin{array}{l} f = \dfrac{h^2 - k^2}{h^2 + k^2 + 2(2p-1)h^2 k^2}, \\[1.2em] f' = \dfrac{p(h^2 - k^2)}{1 + (p-1)(h^2 + k^2) - (2p-1)h^2 k^2}. \end{array} \right.$$

La lumière réfléchie est toujours entièrement polarisée sous l'incidence principale, ce qui était évident, puisque la polarisation est complète dans chacune des réflexions ; la multiplication des lames présente l'avantage d'augmenter beaucoup l'intensité de la lumière, car le coefficient de réflexion tend alors vers l'unité.

Toutefois, dès qu'on s'écarte de l'incidence principale, la fraction de lumière polarisée par réflexion diminue d'une manière sensible quand on accroît le nombre des lames.

Pour le faisceau transmis, au contraire, l'intensité varie en sens inverse du nombre des lames, mais la fraction de lumière polarisée va toujours en croissant, car on peut écrire

$$f' = \frac{h^2 - k^2}{\dfrac{(1 - h^2)(1 - k^2)}{p} + h^2 + k^2 - 2h^2 k^2}.$$

Lorsque la lumière primitive est déjà en partie polarisée, on la remplacera par deux faisceaux d'intensités a^2 et b^2 polarisés dans les azimuts principaux, ou par un faisceau $a^2 - b^2$ de lumière polarisée dans le premier azimut et un faisceau complémentaire $2b^2$ de lumière naturelle.

Si les composantes principales a^2 et b^2 proviennent d'une lumière primitive déjà polarisée dans un azimut θ, le rapport des faisceaux B et A polarisés dans les azimuts principaux est

$$\frac{\mathrm{B}}{\mathrm{A}} = \tang^2\theta \, \frac{k^2}{h^2} \, \frac{1 + (2p - 1)h^2}{1 + (2p - 1)k^2} = \tang^2\theta_1.$$

On a considéré quelquefois la lumière réfléchie comme étant polarisée elle-même dans l'azimut θ_1, mais il n'est pas inutile de montrer que ce raisonnement est inexact.

En effet, la phase de la vibration finale dépend des amplitudes et des chemins parcourus par toutes les vibrations qui se combinent entre elles; le résultat est tout différent suivant que l'on envisage les vibrations polarisées dans l'un ou l'autre des azimuts principaux. D'autre part, la différence de phase des deux composantes principales de la vibration résultante est très variable avec la longueur d'onde et la vibration réelle est elliptique dans le cas général.

On doit donc considérer les composantes principales comme entièrement indépendantes, pour peu que la lumière ne soit pas homogène, et le faisceau résultant ne peut être comparé qu'à de la lumière partiellement polarisée.

Le même raisonnement s'applique au faisceau transmis, qui est aussi partiellement polarisé,

585. *Réflexion totale.* — Les formules précédentes deviennent imaginaires dans le cas de la réflexion totale, tandis qu'elles devraient donner un rayon réfracté nul et un rayon réfléchi de même intensité que le rayon incident.

Si l'on suppose $i' > i$ en remplaçant n par $\frac{1}{n}$, l'angle i' est imaginaire dès que l'angle d'incidence est supérieur à la valeur limite J définie par la condition

$$\sin \mathrm{J} = \frac{1}{n}, \qquad \tang^2 \mathrm{J} = \frac{1}{n^2 - 1}.$$

Fresnel est parvenu néanmoins, par une sorte d'intuition sur la manière dont il convient d'interpréter les quantités imaginaires, à en déduire les résultats qui conviennent réellement à la réflexion totale.

« Si ces formules (les expressions de h et de k), dit Fresnel ([1]), sont vraies depuis l'incidence perpendiculaire jusqu'à celle où $i' = 90°$, qui les rend l'une et l'autre égales à 1, elles doivent encore exprimer une chose vraie passé cette limite, lorsqu'elles deviennent en partie imaginaires et prennent la forme $a + b\sqrt{-1}$....

» Cependant, en vertu de la loi générale de continuité, si elles étaient une expression exacte de la réflexion jusqu'à la limite dont nous venons de parler, elles doivent encore l'être après; mais l'embarras est de les interpréter et de deviner ce que l'analyse annonce dans les expressions imaginaires...

» Que signifie donc ce terme imaginaire? Il signifie sans doute que les périodes (phases) de vibration des ondes réfléchies, qui, dans les bases du calcul, avaient été supposées coïncider *à la surface* pour les ondes incidentes et réfléchies, ne coïncident plus; en effet, si c'est la véritable interprétation de l'expression imaginaire, l'analyse, ne pouvant pas abandonner dans ses réponses la supposition fondamentale de cette coïncidence, nous donnera nécessairement, pour coefficient des vitesses absolues réfléchies, une quantité imaginaire...

» Cela posé, et suivant toujours la même idée, nous pouvons concevoir le système d'ondes réfléchies décomposé en deux autres différant d'un quart d'ondulation et dont l'un aurait toujours à la surface, entre ses vibrations et celles des ondes incidentes, la coïncidence de période (phase) que nous avions supposée primitivement dans notre calcul, ou, en d'autres termes, serait réfléchi à la surface même de séparation des deux milieux; alors le coefficient de ce système d'ondes serait réel et celui de l'autre imaginaire. Si la forme à laquelle nous avons amené la valeur de v (h ou k) met en évidence ces deux coefficients, il faut que le carré du premier terme plus le carré du second, qui dans la valeur de v est affecté du facteur imaginaire $\sqrt{-1}$, donnent une somme égale à l'unité : or c'est effectivement ce qui a lieu. »

En suivant la marche indiquée par Fresnel, on trouve, en effet, l'expression des pertes de phase des vibrations réfléchies polarisées dans les deux azimuts principaux, et, par suite, celle de leur

---

([1]) Fresnel, *OEuvres*, t. I, p. 758, 781, 783 et 784.

différence; nous arriverons aux mêmes résultats par une induction équivalente et des calculs plus rapides.

Si l'on représente par $a \cos \omega t$ la vibration incidente sur la surface, la vibration réfléchie est $ah \cos \omega t$; on peut considérer $\cos \omega t$ comme la partie réelle de l'exponentielle

$$e^{\omega t \sqrt{-1}} = \cos \omega t + \sqrt{-1} \sin \omega t$$

et représenter la vibration réfléchie par l'expression $ahe^{\omega t \sqrt{-1}}$, dont on prendra la partie réelle.

Le facteur h relatif au premier azimut peut s'écrire

$$h = \frac{\sin (i' - i)}{\sin (i' + i)} = \frac{1 - \operatorname{tang} i \cot i'}{1 + \operatorname{tang} i \cot i'}.$$

Lorsque l'angle i est supérieur à la limite J, on a

$$(22) \qquad \begin{cases} \sin i' = n \sin i, \\ \cos i' = \sqrt{1 - n^2 \sin^2 i} = \sqrt{-1}\sqrt{n^2 \sin^2 i - 1}, \end{cases}$$

$$\operatorname{tang} i \cot i' = \sqrt{-1}\,\frac{\sqrt{n^2 \sin^2 i - 1}}{n \cos i},$$

et, en posant

$$(23) \qquad \operatorname{tang} \frac{\alpha}{2} = \frac{\sqrt{n^2 \sin^2 i - 1}}{n \cos i},$$

$$h = \frac{1 - \sqrt{-1}\,\operatorname{tang} \dfrac{\alpha}{2}}{1 + \sqrt{-1}\,\operatorname{tang} \dfrac{\alpha}{2}} = e^{-\alpha\sqrt{-1}}.$$

La vibration réfléchie est alors $a \cos(\omega t - \alpha)$; elle a donc la même amplitude et le même signe que la vibration incidente, mais avec une perte de phase égale à α.

On a de même, pour le second azimut,

$$k = \frac{\operatorname{tang}(i - i')}{\operatorname{tang}(i + i')} = \frac{\sin 2i - \sin 2i'}{\sin 2i + \sin 2i'} = \frac{\sin i \cos i - \sin i' \cos i'}{\sin i \cos i + \sin i' \cos i'},$$

et, en tenant compte des équations (22) et (23),

$$k = \frac{\cos i - \sqrt{-1}\, n \sqrt{n^2 \sin^2 i - 1}}{\cos i + \sqrt{-1}\, n \sqrt{n^2 \sin^2 i - 1}} = \frac{1 - \sqrt{-1}\, n^2 \operatorname{tang} \dfrac{\alpha}{2}}{1 + \sqrt{-1}\, n^2 \operatorname{tang} \dfrac{\alpha}{2}}.$$

M. — II.   28

Si l'on pose encore

$$(24) \qquad \operatorname{tang} \frac{\beta}{2} = n^2 \operatorname{tang} \frac{\alpha}{2} = \frac{n}{\cos i} \sqrt{n^2 \sin^2 i - 1},$$

la vibration réfléchie $b \cos(\omega t - \beta)$ a aussi la même amplitude et le même signe que la vibration primitive, avec une perte de phase β.

La différence de phase $\delta = \beta - \alpha$ des vibrations principales est

$$(25) \quad \left\{ \begin{aligned} \operatorname{tang} \frac{\delta}{2} &= \frac{(n^2 - 1) \operatorname{tang} \dfrac{\alpha}{2}}{1 + n^2 \operatorname{tang}^2 \dfrac{\alpha}{2}} = \frac{\cos i \sqrt{n^2 \sin^2 i - 1}}{n \sin^2 i}, \\[2ex] \sin \delta &= 2 n \frac{\cos i \sin^2 i \sqrt{n^2 \sin^2 i - 1}}{n^2 \sin^2 i - \cos^2 i}. \end{aligned} \right.$$

Les composantes principales d'une vibration primitive polarisée n'ayant pas la même phase, la vibration réfléchie est une ellipse et la réflexion est dite *elliptique*.

Les valeurs de α, β et δ sont imaginaires tant que $n \sin i < 1$, c'est-à-dire tant qu'il existe un rayon réfracté, comme cela devait être, puisque les premières formules de Fresnel basées sur l'accord des vibrations sont alors applicables.

Au début de la réflexion totale, l'angle δ est nul; on a dépassé alors l'incidence principale, puisque

$$\sin J = \frac{1}{n} = \operatorname{tang} I.$$

La différence de phase δ devient ensuite réelle et positive, pour être encore nulle sous l'incidence rasante; elle passe donc par un maximum. Comme on peut écrire

$$(26) \quad \operatorname{tang}^2 \frac{\delta}{2} = \frac{\cot^2 i}{n^2} \left(n^2 - \frac{1}{\sin^2 i} \right) = \frac{\cot^2 i (n^2 - 1 - \cot^2 i)}{n^2},$$

on voit que le maximum δ_m et l'indice correspondant i_m sont

$$(27) \quad \left\{ \begin{aligned} \cot^2 i_m &= \frac{n^2 - 1}{2}, \qquad \sin^2 i_m = \frac{2}{n^2 + 1}, \\[1.5ex] \operatorname{tang} \frac{\delta_m}{2} &= \frac{n^2 - 1}{2n} = \frac{1}{2} \left(n - \frac{1}{n} \right), \\[1.5ex] \sin \delta_m &= \frac{4 n (n^2 - 1)}{(n^2 + 1)^2}. \end{aligned} \right.$$

En prenant pour indice de réfraction la valeur 1,5 qui convient aux verres ordinaires, on a

$$I = 18°20',6, \qquad J = 19°30',8,$$
$$i_m = 51°40',2, \qquad \delta_m = 45°10',4.$$

La différence de marche des deux composantes principales est alors un peu supérieure à $\frac{1}{8}$ de longueur d'onde.

Pour étudier les variations de δ en fonction de l'angle i, on déduit de l'équation (25)

$$\frac{d\delta}{di} = 2 \frac{2\cos^2 i - (n^2 - 1)\sin^2 i}{n\sin^3 i \sqrt{n^2\sin^2 i - 1}} \cos^2 \frac{\delta}{2}.$$

Cette dérivée d'abord est infinie à la limite J de réflexion totale; elle est ensuite positive, devient nulle pour l'incidence i_m, puis négative et prend à l'incidence rasante la valeur $- 2\dfrac{\sqrt{n^2-1}}{n}$.

On peut ainsi tracer la forme de la courbe des différences de phase δ. Pour les rayons compris entre la normale et l'incidence principale I la différence de phase apparente est égale à π et sera représentée par une droite AB (*fig.* 293). Depuis cette direction

Fig. 293.

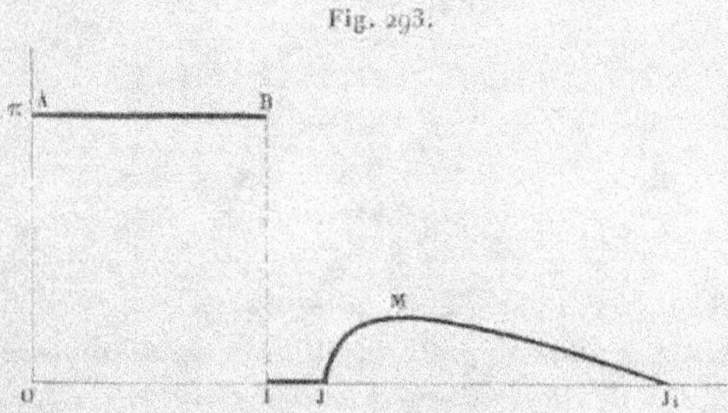

jusqu'au début J de la réflexion totale, la différence de phase est nulle ou égale à 2π et représentée par une droite IJ, au moins si l'on suppose, à titre provisoire, que le passage ait lieu brusquement d'une valeur à l'autre.

Dans la zone de réflexion totale, la différence sera figurée par la courbe JMJ₁, ce dernier point correspondant à l'incidence rasante. A mesure que l'indice de réfraction augmente, les angles I et J diminuent, tandis que la zone de réflexion totale et les différences de phase vont en croissant.

Pour une même substance, la différence de phase relative à une même incidence dépend de la couleur; la dérivée de cette quantité par rapport à l'indice est, d'après l'équation (25),

$$\frac{d\delta}{dn} = \frac{2\cos i\,\sin^2 i}{(n^2\sin^2 i - \cos^2 i)\sqrt{n^2\sin^2 i - 1}} = \frac{\sin\delta}{n(n^2\sin^2 i - 1)}.$$

Cette dérivée est très variable avec l'indice au début de la réflexion totale, où elle peut être imaginaire pour certaines couleurs et réelle pour d'autres.

Si l'on écrit l'expression précédente sous la forme

$$\frac{d\delta}{\sin\delta} = \frac{1}{n^2\sin^2 i - 1}\frac{dn}{n},$$

on voit que la variation relative de différence de phase diminue très rapidement à mesure que l'incidence croît dans le champ de réflexion totale.

Quand la différence de phase est maximum, par exemple, on a

$$\frac{d\delta}{\sin\delta} = \frac{n^2+1}{n^2-1}\frac{dn}{n}.$$

Dans le verre $(n = 1,5)$, la dispersion relative, du rouge au violet, est d'environ $0,013$; il en résulte

$$\frac{d\delta}{\sin\delta} = \frac{13}{5}\frac{dn}{n} = 0,034, \qquad \frac{d\delta}{\delta} = 0,031.$$

La variation de l'angle δ avec la couleur, que l'on peut appeler la *dispersion des phases*, est très notable au début de la réflexion totale, mais elle devient insensible dès que l'on a dépassé l'incidence i_m qui correspond au maximum.

586. *Théorie de Cauchy.* — Fresnel avait ainsi traité complètement le problème de la réflexion sur les corps isotropes, sans s'arrêter aux difficultés de détail, laissant aux progrès ultérieurs de la théorie le soin de les résoudre.

Cauchy a repris cette question d'une manière plus générale. Il considère les milieux dans lesquels se propage la lumière comme discontinus et formés par des molécules ou des centres de force, dont les distances réciproques sont notablement plus grandes que la longueur d'onde, ces molécules exerçant les unes sur les autres des actions attractives ou répulsives qui sont des fonctions de la distance. La vitesse de propagation des vibrations dépend des forces moléculaires, sans qu'il soit nécessaire de faire intervenir aucune relation hypothétique avec la densité de l'éther. Pour expliquer les phénomènes de réflexion et de réfraction, Cauchy [1] donne alors plus d'extension au principe de continuité.

La transition d'un milieu à l'autre se fait nécessairement par une couche de passage. Si l'on considère des points situés sur une même normale, la courbe qui représente les élongations à partir de la position d'équilibre est également continue. En outre, cette courbe ne doit pas présenter de points singuliers avec deux tangentes distinctes, car, en supposant même que les réactions élastiques changent brusquement d'un milieu à l'autre, ces variations ne peuvent affecter que la dérivée seconde du déplacement. On est ainsi conduit à admettre qu'il y a concordance, non seulement entre les vibrations dans les deux milieux, mais aussi entre leurs dérivées par rapport à la distance normale à la surface.

Le principe est facile à appliquer lorsque les vibrations sont perpendiculaires au plan d'incidence. En effet, si l'on désigne encore par α et α' les pertes de phase des vibrations réfléchie et réfractée sur la surface, les vibrations incidente et réfléchie à la distance z de la surface sont respectivement

$$a \sin\left(\omega t + \frac{2\pi \cos i}{\lambda} z\right), \qquad a_1 \sin\left(\omega t - \alpha - \frac{2\pi \cos i}{\lambda} z\right),$$

et la vibration réfractée à la distance $- z$

$$a' \sin\left(\omega t - \alpha' + \frac{2\pi \cos i'}{\lambda'} z\right).$$

La continuité des vibrations donne d'abord, pour $z = o$,

$$a \sin \omega t + a_1 \sin(\omega t - \alpha) = a' \sin(\omega t - \alpha'),$$

[1] CAUCHY, *Comptes rendus des séances de l'Académie des Sciences*, passim, t. VII et VIII, 1839; t. X, 1840; et t. XXVIII, 1849.

d'où résultent les conditions déjà trouvées (3). La continuité des dérivées par rapport à z devient, pour $z = 0$, en remplaçant le rapport des longueurs d'onde $\dfrac{\lambda}{\lambda'}$ par $\dfrac{\sin i}{\sin i'}$,

$$a \cos \omega t - a_1 \cos(\omega t - \alpha) = a' \frac{\sin i \cos i'}{\cos i \sin i'} \cos(\omega t - \alpha')$$

et, par suite,

$$a - a_1 \cos \alpha = a' \frac{\sin i \cos i'}{\cos i \sin i'} \cos \alpha',$$

$$a - a_1 \sin \alpha = a' \frac{\sin i \cos i'}{\cos i \sin i'} \sin \alpha'.$$

Ces équations, combinées avec les précédentes (3), donnent

$$\alpha' = \alpha = 0,$$
$$a + a_1 = a',$$
$$a - a_1 = a' \frac{\sin i \cos i'}{\cos i \sin i'}.$$

On retrouverait ainsi les formules de Fresnel, sans changement de phase, et le principe des forces vives serait applicable sous la même forme.

Lorsque les vibrations sont situées dans le plan d'incidence, il est nécessaire de supposer qu'il existe des vibrations *évanescentes*, qui deviennent rapidement insensibles dès qu'on s'écarte de la surface et qui sont *longitudinales*, c'est-à-dire parallèles à la direction de propagation. Ces vibrations particulières ne paraissent correspondre à aucun phénomène visible; certaines expériences permettent bien de constater que le milieu inférieur participe au mouvement vibratoire sous une certaine épaisseur, mais les effets observés ne semblent pas dus aux vibrations évanescentes.

Cauchy n'a donné que les principes et les résultats de sa théorie, sans en développer les calculs; cette lacune a été comblée par différents mathématiciens qui sont arrivés, soit aux mêmes formules, soit à des formules équivalentes au point de vue expérimental (¹).

(¹) V. Ettingshausen, *Pogg. Ann.*, t. L, p. 409; 1840, et *Wien. Sitz. Ber.*, t. XVIII, p. 369; 1855. — A. Beer, *Pogg. Ann.*, t. XCI, p. 268 et 467; 1854. — F. Eisenlohr, *Pogg. Ann.*, t. CIV, p. 346; 1858. — C. Briot, *Journal de Liouville*, [2], t. XI, p. 305; 1866.

En appelant encore $\tan g\gamma$ le rapport des facteurs de réflexion pour les deux composantes principales sous leur forme définitive et δ leur différence de phase, on a

$$(28) \quad \begin{cases} \tan g^2\gamma = \dfrac{\cos^2(i+i') + \varepsilon^2 \sin^2 i \sin^2(i+i')}{\cos^2(i-i') + \varepsilon^2 \sin^2 i \sin^2(i-i')}, \\[2mm] \tan g\delta = \varepsilon \sin i \dfrac{\tan g(i+i') + \tan g(i-i')}{1 - \varepsilon^2 \sin^2 i \tan g(i+i') \tan g(i-i')}. \end{cases}$$

Cette dernière correspondrait à $\delta = \beta - \alpha$, en définissant les angles α et β par les équations

$$(29) \quad \begin{cases} \tan g\alpha = \varepsilon \sin i \tan g(i'-i), \\ \tan g\beta = \varepsilon \sin i \tan g(i'+i). \end{cases}$$

Le facteur ε, que M. Jamin a appelé *coefficient d'ellipticité*, est très petit pour la plupart des corps et les formules se réduisent à celles de Fresnel, quand on y fait $\varepsilon = 0$.

Ce facteur est en général inférieur à $0,01$, sauf pour certaines substances exceptionnelles, où il peut atteindre $0,2$. Dans ces conditions, les formules de Cauchy peuvent être simplifiées.

En effet, comme le terme $\cos(i-i')$ est toujours très différent de zéro, ε^2 est négligeable au dénominateur de $\tan g^2\gamma$ et il reste

$$\tan g^2\gamma = \frac{\cos^2(i+i')}{\cos^2(i-i')} + \varepsilon^2 \sin^2 i \frac{\sin^2(i+i')}{\cos^2(i-i')}.$$

Le terme de correction n'a d'importance qu'au voisinage de l'incidence principale I, ou de la condition $i+i' = 90°$, et il devient

$$\varepsilon^2 \frac{\sin^2 I}{\sin^2 2I} = \frac{\varepsilon^2}{4\cos^2 I} = \varepsilon^2 \frac{n^2+1}{4}.$$

Le minimum du rapport des facteurs de réflexion a lieu très sensiblement pour l'incidence principale; on appelle quelquefois *azimut principal* la valeur C que prend alors l'angle γ,

$$(30) \quad \tan gC = \frac{\varepsilon}{2\cos I} = \frac{\varepsilon}{2}\sqrt{n^2+1},$$

et l'on a, d'une manière très approximative,

$$(31) \quad \tan g^2\gamma = \frac{\cos^2(i+i')}{\cos^2(i-i')} + \tan g^2 C.$$

D'autre part, l'angle α est toujours très petit et l'angle β n'a de valeur sensible que lorsque l'angle $i + i'$ est voisin de $90°$; on peut donc faire $\delta = \beta$ pour toute la partie utile du phénomène, ce qui donne

$$(32) \qquad \tang\delta = \varepsilon \sin i \, \tang(i + i').$$

La traduction graphique des différences de phase δ en fonction de l'incidence i, au lieu d'être figurée par deux lignes droites OI et AB (*fig.* 294), avec un changement brusque sous l'incidence principale, est représentée par une courbe OCB, ce qui est plus conforme à la continuité physique des phénomènes. Les ordonnées de cette courbe sont positives ou négatives suivant le signe

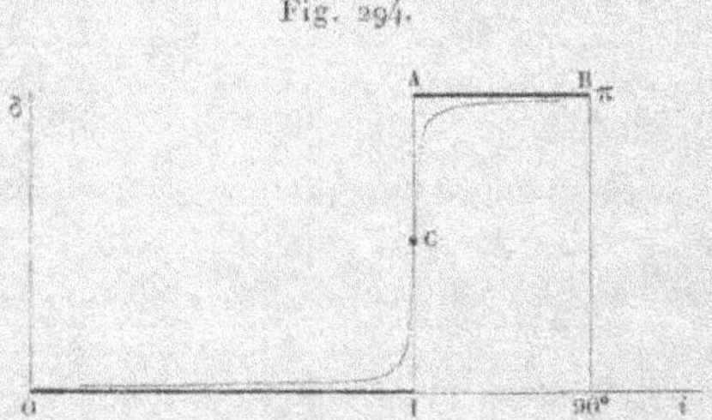

Fig. 294.

du coefficient d'ellipticité ε; il en résulte deux espèces possibles de réflexions, que M. Jamin a appelées *positive* ou *négative*.

En outre, si ε_1 et ε_2 sont les coefficients d'ellipticité relatifs à la réflexion dans l'air sur deux milieux A_1 et A_2, $\varepsilon_{2,1}$ le coefficient relatif à la réflexion dans le premier milieu sur une surface qui le sépare du second, on doit avoir, d'après la théorie, la relation suivante, qui comporte un contrôle expérimental,

$$(33) \qquad \varepsilon_{2,1} = \varepsilon_2 - \varepsilon_1.$$

Enfin, si l'on compare les réflexions qui ont lieu de part et d'autre de la surface de séparation de deux milieux d'indices n_1 et n_2 sous des angles correspondants liés par la loi de Descartes, l'angle γ doit rester le même et la différence de phase prend des valeurs égales et de signes contraires; il en résulte

$$(34) \qquad n_2\varepsilon_{2,1} + n_1\varepsilon_{1,2} = 0.$$

La différence de phase des deux composantes principales n'étant appréciable, pour l'observation, que dans le voisinage de l'incidence principale, on peut écrire l'équation (32) sous une autre forme [1]. Si l'on remplace les angles i et i' par $I - di$ et $I' - di'$, le second membre devient $\dfrac{\varepsilon \sin I}{di + di'}$ et l'on a, en tenant compte de la relation

$$\frac{di}{di'} = \frac{n \cos I'}{\cos I} = \tan^2 I,$$

$$(35) \qquad \tan \delta = \varepsilon \frac{\sin^3 I}{di} = \varepsilon \frac{\sin^3 I}{I - i} = \varepsilon \frac{\sin^3 I}{\sin(I - i)}.$$

La dernière expression comporte une interprétation géométrique. Soient, sur une sphère, ANB (*fig.* 295) le grand cercle du

Fig. 295.

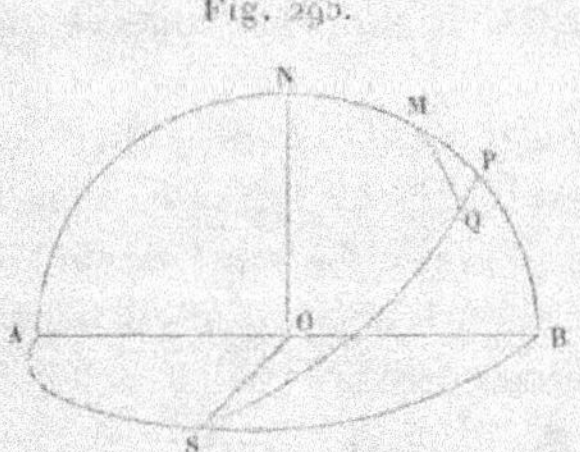

plan d'incidence, ASB la surface réfléchissante, N la normale, NM l'angle i, NP l'incidence principale I. Prenons sur le grand cercle PS, normal au plan d'incidence, un arc PQ dont la tangente est égale à $\varepsilon \sin^3 I$. Le triangle sphérique PQM, qui est rectangle en P, donne

$$\varepsilon \sin^3 I = \sin(I - i) \tan PMQ.$$

L'angle PMQ représente donc la différence de phase; il prend sensiblement les valeurs extrêmes 0 et π pour les incidences normale et rasante, puisque l'arc PQ est très petit.

On voit aussi, par l'équation (32), que la courbe des différences

[1] A. CORNU, *Comptes rendus des séances de l'Académie des Sciences*, t. LXXXVI, p. 649; 1878.

de phase (*fig.* 294) est sensiblement symétrique par rapport au
point C, qui correspond à l'incidence principale.

Dans le cas de la réflexion totale, les principes de Cauchy conduisent à cette conséquence que le mouvement vibratoire pénètre
aussi dans le milieu jusqu'à une distance très petite de la surface,
où il donne lieu à des vibrations évanescentes.

La différence de phase des deux composantes principales est
encore définie par une expression

$$\tan\frac{\delta}{2} = \cos i \left(\frac{\sqrt{n^2 \sin^2 i - 1}}{n \sin^2 i} + \varepsilon \right),$$

qui ne diffère de l'équation (25), donnée par Fresnel, que par une
quantité ε très petite pour la plupart des substances sur lesquelles
on peut faire l'observation; il serait donc très difficile d'établir
entre les deux formules aucune différence expérimentale.

587. *Théorie de Green.* — A la même époque, Green (¹) admettait aussi que les milieux sont formés de molécules discontinues agissant les unes sur les autres suivant une fonction de leur
distance et que le rayon d'activité moléculaire est insensible par
rapport à la longueur d'onde.

Les composantes de l'action qui s'exerce sur chaque molécule
sont alors les dérivées partielles d'une fonction des forces, qui ne
contient que deux coefficients arbitraires A et B, le second désignant la *rigidité* du milieu et le premier étant lié d'une manière
moins simple à sa *compressibilité*. Green suppose ensuite que ces
constantes sont les mêmes dans les deux milieux et que le rapport
des vitesses de propagation des ondes à vibrations longitudinales
ou transversales est pratiquement infini.

Les formules auxquelles il arrive coïncident avec celles de
Fresnel pour le premier azimut, mais elles ne conviennent au second azimut que comme première approximation. D'après Haughton (²), les formules de Green sont également incompatibles avec
celles de Cauchy, car le phénomène ne dépendrait que de l'indice
de réfraction. Toutefois, il suffit que le rapport des vitesses de

(¹) G. GREEN, *Cambr. Phil. Soc. Trans.*, t. VII, Part I, p. 1 et 113; 1837.
(²) S. HAUGHTON, *Ph. Mag.*, [3], t. VI, p. 81; 1853.
```
```

propagation ne soit pas infini pour que l'introduction d'une nouvelle constante dans les formules permette de les identifier à celles de Cauchy.

Enfin lord Rayleigh [1] a montré qu'il n'est pas nécessaire, dans la théorie de Green, d'admettre que le coefficient A est le même dans les deux milieux et qu'une analyse plus complète conduit exactement aux formules de Cauchy.

Dans le cas de la réflexion totale, Green trouve encore pour l'angle α la même expression (23); pour β, il suffirait de retrancher au dernier membre de l'équation (24) le terme

$$\frac{(n^2 - 1)^2 \tang i}{n^2 + 1},$$

qui n'est sensible que pour les substances très réfringentes, à moins que le rayon ne se rapproche beaucoup de la surface.

588. *Théorie de Mac Cullagh et de Neumann.* — Comme le défaut de concordance des vibrations perpendiculaires à la surface paraît une objection sérieuse à la théorie de Fresnel, Mac Cullagh fut conduit naturellement, après avoir découvert les propriétés des transversales (579), à admettre qu'elles représentent réellement les vibrations lumineuses; pour que la vibration réfractée soit la résultante des vibrations incidente et réfléchie, il suffit de faire alors une nouvelle hypothèse, en admettant que la densité de l'éther est la même dans tous les milieux. Dans ce cas, la concordance est complète entre les vibrations des deux milieux, de part et d'autre de la surface qui les sépare. Neumann [2] arrivait de son côté au même résultat par une méthode équivalente.

L'application rigoureuse du principe de continuité (572) a pour conséquence qu'il n'existe aucune différence de phase pour les composantes situées dans le plan d'incidence; les équations qui déterminent les vibrations réfléchie et réfractée sont alors

$$b - b_1 = b' \frac{\cos i'}{\cos i}, \qquad b + b_1 = b' \frac{\sin i'}{\sin i},$$

[1] J.-W. STRUTT (L. RAYLEIGH), *Ph. Mag.*, [4], t. XLII, p. 95; 1871.
[2] F.-E. NEUMANN, *Abhand. Berl. Akad.*, 1re Partie, p. 1; 1835. — *Journal de Liouville*, t. VII, p. 369; 1842.

et elles comprennent le principe des forces vives. Il en résulte

$$(36) \quad \begin{cases} b = b' \dfrac{\sin(i+i')}{\sin 2i}, & b_1 = b' \dfrac{\sin(i'-i)}{\sin 2i}; \\[2ex] b_1 = b \dfrac{\sin(i'-i)}{\sin(i+i')}, & b' = b \dfrac{\sin 2i}{\sin(i+i')}. \end{cases}$$

Le facteur de réflexion est identique à celui qui a été obtenu dans la théorie de Fresnel (628) pour la lumière polarisée dans le plan d'incidence. La différence qui existe pour le facteur de réfraction n'est qu'apparente, car elle tient au choix de la densité dans le second milieu.

Pour les composantes normales au plan d'incidence, les équations (3) et celle des forces vives renfermant quatre inconnues a_1, a', α_1 et α'; il faut admettre encore qu'il n'y a pas de changement de phase et le problème est alors déterminé, car on a

$$a + a_1 = a',$$
$$a - a_1 = a' \frac{\cos i'}{n \cos i} = a' \frac{\sin 2 i'}{\sin 2 i}.$$

On en déduit

$$a = a' \frac{\sin 2i + \sin 2i'}{2 \sin 2i} = a' \frac{\sin(i+i')\cos(i-i')}{\sin 2i},$$
$$a_1 = a' \frac{\sin 2i - \sin 2i'}{2 \sin 2i} = a' \frac{\cos(i+i')\sin(i-i')}{\sin 2i};$$
$$(37) \quad a_1 = a \frac{\tang(i-i')}{\tang(i+i')}, \qquad a' = a \frac{\sin 2i}{\sin(i+i')\cos(i-i')}.$$

Ces résultats sont également conformes à ceux de Fresnel pour la lumière polarisée dans le second azimut.

L'expérience sera donc impuissante à manifester aucune différence entre les deux théories; on peut montrer d'ailleurs qu'un simple changement de variables suffit pour donner dans les deux cas la même forme aux équations fondamentales ([1]).

Toutefois, si l'esprit peut être satisfait, au point de vue mathé-

---

([1]) A. Cornu, *Ann. de Chim. et de Phys.* [4], t. XI, p. 303; 1867.

matique, par l'application intégrale du principe de continuité, il est important de remarquer que cette théorie nouvelle repose sur deux hypothèses physiques très graves, à savoir que les vibrations lumineuses sont situées dans le plan de polarisation et que la densité de l'éther est la même dans tous les milieux.

Sans qu'il existe encore aujourd'hui aucune raison absolument démonstrative pour admettre que les vibrations sont perpendiculaires au plan de polarisation, un certain nombre de faits sont venus cependant s'ajouter aux motifs déjà indiqués par Fresnel à l'appui de cette opinion (333).

D'autre part, les phénomènes de l'aberration et une expérience célèbre de M. Fizeau paraissent incompatibles avec l'idée que la densité de l'éther, ou au moins la densité du milieu fictif qui participe au mouvement vibratoire, ne varie pas en sens inverse de la vitesse de propagation.

Malgré l'accord des formules avec les résultats des observations, on doit donc faire toutes réserves sur la substitution de cette théorie à celle de Fresnel.

Comme elle est encore compatible avec l'existence d'une différence de phase pour les vibrations perpendiculaires au plan d'incidence, M. Jamin ([1]) a pensé qu'on pourrait y trouver l'explication de la réflexion elliptique au voisinage de l'incidence principale. En effet, les conditions de concordance et le principe des forces vives donnent les équations (3) et

$$a^2 - a_1^2 = a'^2 \frac{\sin 2\,i'}{\sin 2\,i},$$

qui déterminent les quantités a_1, a' et α en fonction de a et a'. En représentant par δ la différence $\alpha - \alpha'$, on en déduit

$$\frac{a}{\sin \delta} = \frac{a'}{\sin \alpha} = \frac{a_1}{\sin \alpha'},$$

$$\frac{\sin 2\,i'}{\sin 2\,i} = \frac{\sin^2 \delta - \sin^2 \alpha'}{\sin^2 \alpha} = \frac{\sin(\delta - \alpha')}{\sin(\delta + \alpha')},$$

$$(38) \qquad \frac{\tan g(i - i')}{\tan g(i + i')} = \frac{\tan g\,\alpha'}{\tan g\,\delta}.$$

---

[1] JAMIN, *Ann. de Chim. et de Phys.*, [3], t. LIX, p. 421; 1860.

Si l'on pose $\tang \delta = \varepsilon' \tang(i + i')$, il en résulte

$$k^2 = \frac{\sin^2 \alpha'}{\sin^2 \delta} = \frac{\tang^2 \alpha'}{\tang^2 \delta} \frac{1 + \tang^2 \delta}{1 + \tang^2 \alpha'} = \frac{\tang^2(i - i')}{\tang^2(i + i')} \frac{1 + \varepsilon'^2 \tang^2(i + i')}{1 + \varepsilon'^2 \tang^2(i - i')},$$

$$\tang^2 \gamma = \frac{\sin^2(i - i')}{\sin^2(i + i')} \frac{\cos^2(i + i') + \varepsilon'^2 \sin^2(i + i')}{\cos^2(i - i') + \varepsilon'^2 \sin^2(i - i')}.$$

Il suffit de faire $\varepsilon'^2 = \varepsilon^2 \sin^2 i$, pour que cette expression soit identique à celle de Cauchy (586). Comme les termes de correction correspondants ne sont sensibles qu'au voisinage de l'incidence principale, on aurait, d'une manière très approximative.

$$\varepsilon'^2 = \varepsilon^2 \sin^2 I = \varepsilon^2 \frac{n^2}{n^2 + 1}.$$

L'accord est le même pour la différence de phase, car les angles α' et δ de l'équation (37) sont respectivement égaux aux angles δ_1 et δ_2 de l'équation (29).

589. *Continuité de la couche de transition.* — Au lieu de considérer les phénomènes de réflexion et de réfraction comme ayant lieu brusquement sur la surface de séparation géométrique des deux milieux, M. Lorenz ([1]) suppose que, dans le passage d'un milieu à l'autre, la lumière traverse une série de couches parallèles dont l'indice de réfraction varie d'une manière continue. Si l'angle d'incidence est x sur l'une de ces surfaces, l'angle de réfraction correspondant en diffère infiniment peu et peut être remplacé par $x + dx$. Les facteurs de réflexion et de réfraction sur cette surface deviennent alors, en adoptant les formules de Fresnel pour chacune des opérations partielles,

$$k = \frac{dx}{\sin 2x}, \qquad h' = 1 + \frac{dx}{\sin 2x},$$

$$k = - \frac{dx}{\tang 2x}, \qquad k' = 1 + \frac{dx}{\sin 2x}.$$

Pour avoir l'amplitude de la vibration réfractée, il faut alors, comme dans la pile de glaces (584), tenir compte de toutes les ré-

---

([1]) Lorenz, *Pogg. Ann.*, t. CXI, p. 460; 1860. — *Ann. de Chim. et de Phys.*, [3], t. LXII, p. 117; 1861.

flexions, en nombre pair, qui ont lieu sur les différentes surfaces des couches successives, et les mêmes réflexions, en nombre impair, interviennent également pour constituer la vibration réfléchie définitive.

Ce calcul ramène aux formules primitives quand on néglige la différence de phase des différentes vibrations à combiner; mais, si l'épaisseur de la couche intermédiaire n'est pas négligeable par rapport à la longueur d'onde, les vibrations polarisées dans les azimuts principaux ont éprouvé respectivement par la réflexion des pertes de phase α et β.

En appelant m l'indice de réfraction $\dfrac{\sin i}{\sin x}$ de la couche située à la profondeur e et sur laquelle l'angle d'incidence est x, les expressions finales des vibrations réfléchies sont

$$h = \frac{\sin(i' - i)}{\sin(i + i')\cos\alpha},$$

$$k = \frac{\tang(i - i')}{\tang(i + i')\cos\beta},$$

$$\tang\alpha = \frac{4\pi\cos i}{\lambda(n^2 - 1)} \int_1^{n^2} e\,dm^2,$$

$$\tang\beta = \frac{4\pi n^4}{\lambda(n^2\cos^2 i - \cos^2 i')} \int_1^{n^2} e\left(\frac{\cos^2 i'}{n^4} - \frac{\sin^2 i'}{m^4}\right)dm^2.$$

L'angle α est toujours très petit et la différence de phase δ des composantes principales est sensiblement égale à β.

La dernière équation peut s'écrire, en remplaçant $n\sin i'$ par $\sin i$,

$$\tang\beta = \frac{4\pi}{\lambda(n^2 - 1)}\,\frac{1 + \tang^2 i}{n^2 - \tang^2 i}$$

$$\times\left[(n^2 - \sin^2 i)\int_1^{n^2} e\,dm^2 - n^4\sin^2 i\int_1^{n^2} e\,\frac{dm^2}{m^4}\right].$$

La seconde intégrale est manifestement plus petite que la première; l'angle β est donc positif, au moins pour les petites incidences, et la réflexion vitrée serait toujours positive, ce qui ne semble pas conforme aux observations. Il est sans doute peu probable qu'il soit permis d'appliquer les formules de Fresnel aux phénomènes de réflexion qui ont lieu sur une série de couches infiniment voisines.

Green ([1]) avait émis déjà l'idée que, si le rayon d'activité moléculaire est dans un rapport fini avec la longueur d'onde, la transformation des propriétés de l'éther se fait graduellement quand on passe d'un milieu à l'autre. M. Potier ([2]) admet que l'élasticité est la même dans les deux milieux contigus et que, comme Fresnel l'avait indiqué, la matière pondérable, participant au mouvement de l'éther, a simplement pour effet d'en augmenter la masse dans une mesure variable avec la longueur d'onde. Si l'on y ajoute l'hypothèse que la densité de l'éther fictif, ainsi substitué au milieu vibrant, ne varie que dans une couche d'épaisseur très petite, on retrouve les formules de Cauchy, mais avec des différences importantes susceptibles d'être vérifiées par expérience.

On démontre d'abord que, pour les vibrations perpendiculaires au plan d'incidence, il existe dans la couche de passage une surface, parallèle à la surface de séparation, sur laquelle les vibrations incidente, réfléchie et réfractée sont concordantes, quelle que soit l'incidence, et se comportent suivant les lois de Fresnel. Cette surface définit la séparation optique des deux milieux, mais sa position dépend à la fois des deux indices, de sorte que, pour la lumière polarisée dans le premier azimut, l'épaisseur optique d'une lame mince varie avec la nature des milieux qui la limitent.

Si les vibrations sont situées dans le plan d'incidence, l'accord n'a plus lieu sur la surface de séparation optique qui précède; la perte de phase sur la vibration réfléchie varie avec l'angle d'incidence et ce rayon ne s'annule pour aucune incidence.

Il en résulte encore que le coefficient d'ellipticité ε, au lieu d'être une constante caractéristique du milieu, est au contraire variable et croît rapidement avec la réfrangibilité de la lumière. Ce coefficient est proportionnel à $\dfrac{1}{\lambda}\dfrac{n^2}{n^2-1}$, de sorte que l'expression $\lambda\varepsilon(1 - \cot^2 I)$ serait une quantité constante.

En outre, la théorie n'indique pas que la condition (33) doive être satisfaite, ni qu'il existe aucune relation analogue entre les coefficients d'ellipticité de deux milieux.

([1]) G. GREEN, *Cambr. Ph. Soc. Trans.*, t. VII, Part I, p. 115; 1837.

([2]) A. POTIER, *Comptes rendus des séances de l'Académie des Sciences*, t. LXXV, p. 617; 1872, et t. CVIII, p. 599; 1889.

RÉFLEXION MÉTALLIQUE.

590. *Caractères de la réflexion métallique.* — Les premières expériences de Brewster [1] et de Biot [2] avaient montré que les surfaces métalliques polarisent la lumière au moins d'une manière partielle, contrairement à l'opinion de Malus, et que la fraction de lumière ainsi polarisée augmente avec le nombre des réflexions; en effet, la lumière naturelle, réfléchie sur un métal, fait apparaître les colorations des lames cristallines.

Nous résumerons rapidement les principaux caractères du phénomène, qui ont été particulièrement mis en évidence par les observations ultérieures de Brewster [3].

1° Si la lumière incidente est polarisée dans un des azimuts principaux, le faisceau réfléchi reste, par raison de symétrie, polarisée dans le même plan.

2° Pour tout autre azimut du plan primitif, à part les incidences normale et rasante, la lumière réfléchie paraît partiellement dépolarisée, c'est-à-dire que la vibration est devenue elliptique.

3° Deux réflexions sous le même angle dans des plans rectangulaires rétablissent la polarisation primitive.

4° Pour m réflexions successives dans des plans parallèles et sous le même angle, il existe $m + 1$ incidences capables de rétablir encore la polarisation, mais dans une autre direction que celle de l'azimut primitif.

Toutes ces propriétés s'expliquent en admettant qu'il existe entre les deux composantes principales une différence de phase apparente qui varie d'une manière continue depuis π pour l'incidence normale jusqu'à 2π ou 0 pour l'incidence rasante.

Appelant h et k les facteurs principaux de réflexion, ces facteurs étant pris avec un signe convenable pour tenir compte de la perte apparente de phase relative à la normale, les composantes principales de la vibration réfléchie, dues à une vibration incidente

---

[1] D. BREWSTER, *A Treatise on new phil. instr.*, p. 347. Edimb., 1813.
[2] BIOT, *Ann. de Chimie*, t. XCIV, p. 209; 1815.
[3] D. BREWSTER, *Phil. Trans. L. R. S.*, p. 69; 1830.

M. — II.

$r \sin \omega t$ polarisée dans l'azimut θ compté vers la gauche, peuvent être représentées par

$$x = hr \cos\theta \sin\omega t = ha \sin\omega t,$$
$$y = kr \sin\theta \sin(\omega t - \delta) = kb \sin(\omega t - \delta),$$

et l'expérience indique que, pour tous les métaux, l'angle δ varie de 0 à π, c'est-à-dire que la réflexion est *positive*.

Il en résulte d'abord que la vibration de la lumière réfléchie est généralement elliptique.

On voit ensuite que, si deux réflexions successives ont lieu dans des plans rectangulaires, la perte de phase δ, en même temps que les facteurs h et k, se portent successivement sur les deux composantes, et la polarisation est rétablie dans l'azimut primitif.

Enfin, après m réflexions successives dans des plans parallèles et sous la même incidence, la différence de phase finale $m\delta$ peut s'écrire

$$m\delta = p \frac{\pi}{2}.$$

Comme l'angle δ varie d'une manière continue, le facteur p peut prendre les $m+1$ valeurs paires $0, 2, 4, \ldots, 2m$, ce qui correspond à $m+1$ incidences différentes, en y comprenant les incidences normale et rasante. Les amplitudes a_m et b_m des composantes principales sont alors

$$a_m = h^m a = h^m r \cos\theta,$$
$$b_m = k^m b = k^m r \sin\theta.$$

En représentant encore par $\operatorname{tang}\gamma$ le rapport des facteurs k et h, l'azimut θ_m de polarisation rétablie est

$$\operatorname{tang}\theta_m = \pm \frac{b_m}{a_m} = \pm \operatorname{tang}^m\gamma \operatorname{tang}\theta,$$

les signes $+$ ou $-$ correspondant aux cas où le nombre p est un multiple pair ou impair de 2.

Pour un nombre pair de réflexions, par exemple, les azimuts successifs de polarisation rétablie sont alternativement de même signe que l'azimut θ et de signe contraire, à mesure que le nombre p ou l'incidence de polarisation rétablie va croissant. L'inverse a lieu pour un nombre impair de réflexions, puisque le rapport $\tan g\gamma$ des deux facteurs est négatif.

Lorsque l'azimut θ est à droite du plan d'incidence, les amplitudes a et b des composantes primitives sont de signes contraires; les amplitudes ha et kb des composantes principales, après une seule réflexion, sont alors de même signe. La perte de phase δ étant positive, la vibration réfléchie est une ellipse gauche (159); la vibration serait droite si l'azimut θ était à gauche du plan d'incidence. La vibration elliptique est donc de sens contraire à celui de l'azimut primitif.

En général, pour m réflexions successives sous la même incidence, l'angle ψ_m, compté vers la gauche, de l'un des axes de la vibration elliptique réfléchie avec la composante polarisée dans le premier azimut est donné par l'équation (158)

$$\tan g\, 2\psi_m = \frac{2 a_m b_m}{a_m^2 - b_m^2} \cos m\delta = \frac{(hk)^m \sin 2\theta}{h^{2m} \cos^2\theta - k^{2m} \sin^2\theta} \cos m\delta.$$

Le mouvement est gauche ou droit suivant que $(hk)^m \sin 2\theta \sin m\delta$ est positif ou négatif (157); les ellipses sont donc de sens contraires de part et d'autre d'une incidence de polarisation rétablie.

Les axes de l'ellipse sont situés dans les azimuts principaux quand p est un nombre impair, c'est-à-dire quand la différence de marche des deux composantes finales est un nombre impair de quarts d'ondulation.

La vibration est circulaire si l'on a en même temps

$$a_m^2 = b_m^2, \qquad \text{ou} \qquad \tan g^2\theta = \cot^{2m}\gamma.$$

Dans la réflexion vitrée, la différence de phase des deux composantes varie brusquement, ou du moins d'une manière très rapide, de 0 à $\pm\pi$ au voisinage de l'incidence principale.

Par analogie, on appelle encore *incidence principale*, dans la réflexion métallique, celle qui donne une différence de phase de $90°$, ou un retard d'un quart d'ondulation sur la composante polarisée dans le second azimut. La valeur de cette incidence I varie de $70°$ à $79°$ et sa tangente de $2,75$ à $5,15$. Si donc on appliquait par analogie la loi de Brewster (317), on en déduirait, pour l'indice des métaux, des valeurs beaucoup plus grandes que celles qui conviennent aux corps transparents.

Sous l'incidence principale, la vibration réfléchie est symétrique par rapport aux azimuts principaux et elle devient circulaire quand on a $\tan^2\theta = \cot^2\gamma$, c'est-à-dire quand la somme ou la différence des angles θ et γ est égale à $90°$.

Les coefficients h^2 et k^2 ont la même valeur pour l'incidence normale et deviennent tous deux égaux à l'unité sous l'incidence rasante, mais h^2 croît toujours avec l'incidence, tandis que k^2 diminue d'abord et passe par un minimum. Les deux incidences qui correspondent aux minima de k^2 ou du rapport $\tan^2\gamma$ sont très voisines de l'incidence principale I, mais il existe réellement trois incidences différentes, de propriétés particulières, quoique l'expérience soit généralement impuissante à les distinguer.

L'observation seule permettrait de déterminer les facteurs principaux de réflexion h et k, ou leur rapport, ainsi que la différence de phase δ, et de faire connaître ainsi d'une manière empirique toutes les circonstances du phénomène; mais les expériences ont été encore guidées le plus souvent par des considérations théoriques et seront discutées avec plus de profit si on les compare aux formules destinées à les représenter. Il est donc utile d'indiquer d'abord l'ordre d'idées dans lequel le problème a été étudié.

591. *Formules de Mac Cullagh.* — Fresnel a insisté à plusieurs reprises sur l'analogie que présente la réflexion métallique avec la réflexion totale, mais il n'a laissé à ce sujet que des indications générales. Mac Cullagh ([1]) a trouvé une solution très heureuse de ce problème par une interprétation des formules relatives à la réflexion vitrée analogue à celle dont Fresnel avait déjà tiré tant de profit pour la réflexion totale.

Comme la portion de lumière qui pénètre dans un métal pendant la réflexion est rapidement absorbée sous une faible épaisseur, Mac Cullagh représente la vitesse de propagation V′ de la lumière dans ces milieux par une expression imaginaire $\frac{1}{m}e^{x\sqrt{-1}}$, dans laquelle m désigne le *module* et x la *caractéristique* du métal considéré.

([1]) Mac Cullagh, *Irish Acad. Proc.*, I, p. 2; 1836. — *Irish Trans.*, t. XVIII, Part I, p. 31; 1838.

L'angle de réfraction i', correspondant à un angle d'incidence i, sera lui-même imaginaire et déterminé par la loi de Descartes. On peut donc écrire

$$(1) \quad \begin{cases} m \sin i' = \sin i \, e^{x\sqrt{-1}}, \\ m' \cos i' = \cos i \, e^{-x'\sqrt{-1}}, \end{cases}$$

les facteurs m' et x' étant des fonctions des quantités m, x et i, définies par la relation habituelle

$$\sin^2 i' + \cos^2 i' = 1.$$

Si l'on égale séparément dans cette équation les parties réelles et les parties imaginaires, on obtient

$$(2) \quad \begin{cases} \dfrac{\sin^2 i}{m^2} \cos 2x + \dfrac{\cos^2 i}{m'^2} \cos 2x' = 1, \\[2mm] \dfrac{\sin^2 i}{m^2} \sin 2x - \dfrac{\cos^2 i}{m'^2} \sin 2x' = 0, \\[2mm] \tan 2x' = \dfrac{\sin^2 i \sin 2x}{m^2 - \sin^2 i \cos 2x} \cdot \end{cases}$$

Il en résulte, en posant

$$(3) \quad \begin{cases} \mathrm{M}^4 = (m^2 - \sin^2 i \cos 2x)^2 + (\sin^2 i \sin 2x)^2 \\ \quad = m^4 + \sin^4 i - 2m^2 \sin^2 i \cos 2x \\ \quad = (m^2 - 1)^2 + 4m^2 \sin^2 i \sin^2 x, \end{cases}$$

$$(4) \quad \begin{cases} \mathrm{M}^2 \sin 2x' = \sin^2 i \sin 2x, \\ \mathrm{M}^2 \cos 2x' = m^2 - \sin^2 i \cos 2x, \\ m'^2 = m^2 \dfrac{\cos^2 i \sin 2x'}{\sin^2 i \sin 2x} = m^2 \dfrac{\cos^2 i}{\mathrm{M}^2}, \end{cases}$$

Pour la lumière polarisée dans le premier azimut, le facteur de réflexion peut s'écrire, en représentant par ξ la somme $x + x'$ et tenant compte des équations (1),

$$\frac{\sin(i'-i)}{\sin(i'+i)} = \frac{1 - \tan i' \cot i}{1 + \tan i' \cot i} = \frac{m - m' e^{\xi\sqrt{-1}}}{m + m' e^{\xi\sqrt{-1}}} = h e^{-z\sqrt{-1}}.$$

Les valeurs de h et de z s'obtiendront encore en égalant séparément les parties réelles et les parties imaginaires des deux derniers membres; il en résulte, en posant

$$(5) \qquad \tang\varphi = \frac{m'}{m} = \frac{\cos i}{\mathrm{M}}, \qquad \cos 2\varphi' = \sin 2\varphi \cos\xi,$$

$$(6) \quad \left\{ \begin{aligned} \tang\alpha &= \frac{2\,mm'}{m^2 - m'^2}\sin\xi = \tang 2\varphi \sin\xi, \\ h^2 &= \frac{1 - \sin 2\varphi \cos\xi}{1 + \sin 2\varphi \cos\xi} = \tang^2\varphi'. \end{aligned} \right.$$

Les équations (4) donnent d'ailleurs

$$(7) \quad \left\{ \begin{aligned} \mathrm{M}^2 \sin 2\xi &= m^2 \sin 2x, \\ \mathrm{M}^2 \cos 2\xi &= m^2 \cos 2x - \sin^2 i, \\ 2\,\mathrm{M}^2 \sin^2\xi &= \mathrm{M}^2(1 - \cos 2\xi) = \mathrm{M}^2 - m^2 \cos 2x + \sin^2 i, \\ \tang\xi &= \frac{1 - \cos 2\xi}{\sin 2\xi} = \frac{\mathrm{M}^2 - m^2 \cos 2x + \sin^2 i}{m^2 \sin 2x}. \end{aligned} \right.$$

On trouvera, de même, pour la lumière polarisée dans le second azimut, en représentant par η la différence $x - x' = 2x - \xi$,

$$\frac{\tang(i - i')}{\tang(i + i')} = \frac{\sin i \cos i - \sin i' \cos i'}{\sin i \cos i + \sin i' \cos i'} = \frac{mm' - e^{\eta\sqrt{-1}}}{mm' + e^{\eta\sqrt{-1}}} = ke^{-\beta\sqrt{-1}},$$

et posant

$$(8) \qquad \tang\chi = \frac{1}{mm'} = \frac{\mathrm{M}}{m^2 \cos i}, \qquad \cos 2\chi' = \sin 2\chi \cos\eta,$$

$$(9) \quad \left\{ \begin{aligned} \tang\beta &= \frac{2\,mm'\sin\eta}{m^2 m'^2 - 1} = \tang 2\chi \sin\eta, \\ k^2 &= \frac{1 - \sin 2\chi \cos\eta}{1 + \sin 2\chi \cos\eta} = \tang^2\chi'. \end{aligned} \right.$$

On a encore, par les équations (4),

$$(10) \quad \left\{ \begin{aligned} \mathrm{M}^2 \sin 2\eta &= m^2 \sin 2x - \sin^2 i \sin 4x, \\ \mathrm{M}^2 \cos 2\eta &= m^2 \cos 2x - \sin^2 i \cos 4x, \\ 2\,\mathrm{M}^2 \sin^2\eta &= \mathrm{M}^2 - m^2 \cos 2x + \sin^2 i \cos 4x, \\ \tang\eta &= \frac{\mathrm{M}^2 - m^2 \cos 2x + \sin^2 i \cos 4x}{m^2 \sin 2x - \sin^2 i \sin 4x}. \end{aligned} \right.$$

La différence de phase $\delta = \beta - \alpha$ des deux composantes principales et le rapport $\tang\gamma$ des facteurs de réflexion sont

$$(11) \qquad \tang\delta = \frac{\tang 2\chi \sin\eta - \tang 2\varphi \sin\xi}{1 + \tang 2\varphi \, \tang 2\chi \, \sin\xi \sin\eta},$$

$$(12) \qquad \left\{ \begin{aligned} &\tang\gamma = \frac{k}{h} = \frac{\tang\chi'}{\tang\varphi'}, \\[2mm] &\cos 2\gamma = \frac{h^2 - k^2}{h^2 + k^2} = \frac{\sin 2\chi \cos\eta - \sin 2\varphi \cos\xi}{1 - \sin 2\varphi \sin 2\chi \cos\xi \cos\eta}, \end{aligned} \right.$$

enfin le coefficient de réflexion pour la lumière naturelle est

$$\frac{h^2 + k^2}{2} = \frac{1 - \sin 2\chi \sin 2\varphi \cos\eta \cos\xi}{(1 + \sin 2\varphi \cos\xi)(1 + \sin 2\chi \cos\eta)}.$$

Les valeurs relatives à l'incidence normale sont

$$\mathrm{M}_0 = m, \qquad m'_0 = 1,$$
$$x'_0 = 0, \qquad \xi_0 = \eta_0 = x,$$
$$\tang\varphi_0 = \tang\chi_0 = \frac{1}{m},$$
$$\cos 2\varphi'_0 = \cos 2\chi'_0 = \frac{2m}{m^2 + 1}\cos x,$$
$$\tang z_0 = \tang\beta_0 = \frac{2m}{m^2 - 1}\sin x, \qquad \delta_0 = 0,$$
$$h_0^2 = k_0^2 = \frac{m^2 + 1 - 2m\cos x}{m^2 + 1 + 2m\cos x}.$$

En indiquant par l'indice 1 les valeurs relatives à l'incidence rasante, on a

$$\mathrm{M}_1^4 = m^4 + 1 - 2m^2 \cos 2x = (m^2 - 1)^2 + 4m^2 \sin^2 x,$$
$$\tang 2x'_1 = \frac{\sin 2x}{m^2 - \cos 2x},$$
$$m'_1 = 0, \qquad \varphi_1 = 0, \qquad \chi_1 = 90°,$$
$$\varphi'_1 = -90°, \qquad \chi'_1 = 90°,$$
$$\alpha_1 = 0, \qquad \beta_1 = \pi, \qquad \delta_1 = \pi,$$
$$h_1^2 = k_1^2 = 1.$$

L'angle φ' croît en valeur négative d'une manière continue, mais l'angle χ' diminue d'abord jusqu'à un minimum pour revenir ensuite à $90°$. Le coefficient de réflexion h^2 relatif au premier azimut est donc toujours croissant jusqu'à l'incidence rasante, conformément à l'observation, tandis que le coefficient k^2 diminue d'abord et passe par un minimum. L'incidence principale est un peu plus grande que celle qui correspond à $\beta = 90°$, et qui serait définie par la condition $mm' = 1$ ou $m^2 \cos i = M$.

La différence de phase δ variant de 0 à π, on peut appeler *conjuguées* deux incidences situées de part et d'autre de l'incidence principale et pour lesquelles la somme des différences de phase est égale à π, ou leur moyenne à $90°$.

Enfin Mac Cullagh considère comme indice de réfraction des métaux le rapport $\dfrac{m}{\cos x}$, qui correspondrait à la partie réelle de la vitesse de propagation. Il paraît aussi être arrivé aux mêmes résultats par une explication mécanique du phénomène, mais sans faire connaître ses idées à ce sujet d'une manière suffisante.

592. *Détermination des paramètres.* — Tous les éléments de la vibration réfléchie sous une incidence i se déduisent ainsi des paramètres m et x qui définissent la nature de la surface.

Les courbes de la *fig.* 296 représentent les résultats qui conviendraient à l'*acier*, d'après Mac Cullagh; elles traduisent les nombres du Tableau suivant, calculés en donnant aux paramètres les valeurs

$$m = 3,5 \quad \text{et} \quad x = 54°.$$

i.	α.	β.	$\dfrac{\delta}{\pi}$.	h^2.	k^2.	$\dfrac{h^2 + k^2}{2}$.
0°	27°	27°	0	0,526	0,526	0,526
30	23	31	0,044	0,573	0,475	0,525
45	19	38	0,105	0,638	0,407	0,522
60	13	54	0,228	0,729	0,308	0,518
75	7	98	0,505	0,850	0,240	0,545
85	2	152	0,833	0,947	0,491	0,719
90	0	180	1,000	1,000	1,000	1,000

L'incidence principale est un peu inférieure à $75°$; le coefficient de réflexion k^2 relatif au second azimut passe par un minimum avant l'incidence principale; le coefficient de réflexion relatif à la lumière naturelle diminue d'abord lentement jusque vers $60°$ et croît ensuite d'une manière plus rapide; enfin l'indice de réfraction du métal serait égal à $5,95$.

On remarquera surtout que la courbe des différences de phase
ne présente plus de point d'inflexion, comme pour la réflexion

Fig. 296.

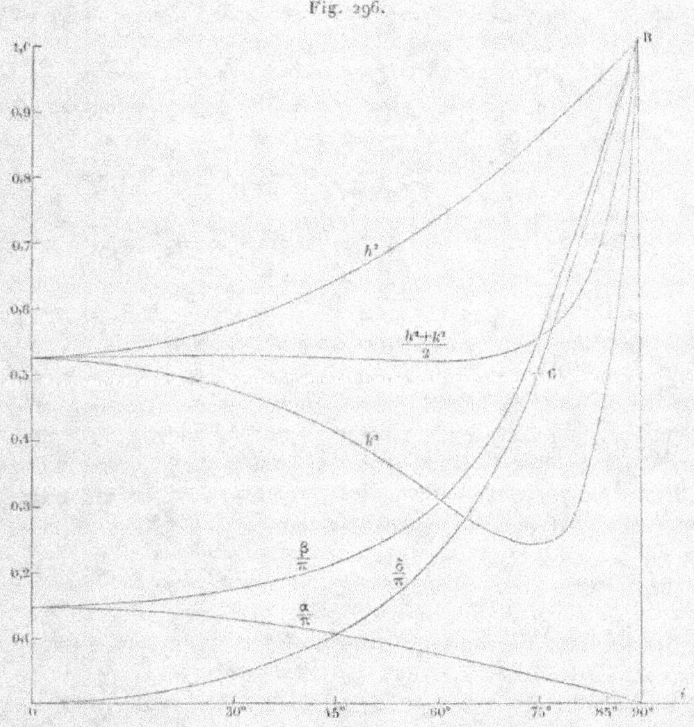

vitrée (*fig.* 294). En effet, on trouve aisément que les variations
des angles α, β et δ, pour l'incidence rasante, sont

$$d\alpha_1 = -2\,M_1 \sin\xi_1\, di,$$

$$d\beta_1 = 2\,\frac{m^2}{M_1}\sin\tau_1\, di,$$

$$d\delta_1 = 2\left(\frac{m^2}{M_1}\sin\tau_1 + M_1 \sin\xi_1\right) di.$$

Les valeurs de $d\alpha_1$ et de $d\beta_1$ ne peuvent être nulles en même
temps, car il en résulterait $x = x' = o$, et l'on retomberait sur les
formules de Fresnel.

D'autre part, dz_1 ne peut être positif, car l'angle α aurait dû passer par zéro dans l'intervalle; sous l'incidence correspondante, l'angle ξ, c'est-à-dire la somme des angles x et x', serait nul ou égal à π et les sinus des angles $2x$ et $2x'$ de signes contraires, ce qui est impossible d'après les formules (2).

Enfin $d\beta_1$ ne peut être négatif que si l'angle β a passé par la valeur π dans l'intervalle, sous une incidence j pour laquelle on aurait $x = x'$ et, par les équations précédentes,

$$2 \sin^2 j \cos 2x = m^2.$$

La valeur de $d\delta_1$ devient alors nulle pour la condition

$$m^2 \sin \tau_1 + M_1^2 \sin \xi_1 = 0,$$

qui détermine une relation entre les constantes m et x.

Toutefois, il est difficile d'admettre, au point de vue physique, que la différence de phase δ puisse passer par un maximum supérieur à π avant l'incidence rasante. Il ne semble donc pas que les formules de Mac Cullagh soient susceptibles de représenter la réflexion vitrée, par une transformation graduelle des constantes, tandis que l'observation permet de constater tous les états intermédiaires entre les deux espèces de phénomènes.

Inversement, si l'on détermine par expérience deux des éléments relatifs à la vibration réfléchie, par exemple la différence de phase δ des composantes principales et le rapport $\tan\gamma$ des facteurs de réflexion, on pourra déduire des mêmes équations, à part les difficultés de calcul, les valeurs des paramètres.

En effet, si l'on remplace les lignes trigonométriques des angles 2φ, 2χ, ξ et τ, par leurs valeurs tirées des relations (5), (7), (8) et (10), les équations (3), (11) et (12) suffisent pour déterminer les trois inconnues M, m et x.

Le calcul est un peu plus simple quand l'observation est faite sous l'incidence principale I, auquel cas le dénominateur de $\tan\delta$ est nul, et l'équation correspondante devient

$$\tan^2 2\varphi \, \tan^2 2\chi \, \sin^2 \xi \, \sin^2 \tau = 1,$$

$$(m^4 \cos^2 I - M^2)^2 (M^2 - \cos^2 I)^2$$
$$= 4 m^4 \cos^2 I (M^2 - m^2 \cos 2x + \sin^2 I)(M^2 - m^2 \cos 2x + \sin^2 I \cos 4x).$$

593. *Simplification des formules.* — La difficulté de calculer les paramètres par les résultats des observations conduisit Mac Cullagh [1] à proposer des relations plus simples, au moins comme approximatives et très probables. En appelant i' un angle défini par l'équation $\dfrac{\sin i}{\sin i'} = \dfrac{m}{\cos x}$ et posant $\mu = \dfrac{\cos i}{\cos i'}$, on en déduit

$$(13) \qquad \frac{1}{\mu^2} = 1 + \left(1 - \frac{\cot^2 x}{m^2}\right) \tang^2 i.$$

Les éléments des vibrations réfléchies seraient alors

$$(14) \quad \left\{ \begin{aligned} h^2 &= \frac{m^2 + \mu^2 - 2\,m\,\mu\cos x}{m^2 + \mu^2 + 2\,m\,\mu\cos x}, \\[2mm] k^2 &= \frac{1 + m^2\mu^2 - 2\,m\,\mu\cos x}{1 + m^2\mu^2 + 2\,m\,\mu\cos x}, \\[2mm] \tang \alpha &= \frac{2\,m\,\mu\sin x}{m^2 - \mu^2}, \qquad \tang\beta = \frac{2\,m\,\mu\sin x}{m^2\mu^2 - 1}, \\[2mm] \tang\delta &= \frac{2g}{\nu' - \nu}, \qquad\qquad \cos 2\gamma = \frac{2f}{\nu' + \nu}, \end{aligned} \right.$$

expressions dans lesquelles les quantités ν et ν' sont définies, par deux constantes f et g, à l'aide des relations

$$f = \left(m - \frac{1}{m}\right)\cos x, \qquad g = \left(m + \frac{1}{m}\right)\cos x,$$

$$\nu = \frac{1}{\mu} - \mu, \qquad \nu\nu' = f^2 + g^2 = 2\left(m^2 + \frac{1}{m^2}\right)\cos x.$$

On en déduit

$$(15) \qquad \sin\delta \tang 2\gamma = \frac{g}{f} = \frac{m^2 + 1}{m^2 - 1}, \qquad \sin 2\gamma \cos\delta = \frac{\nu' - \nu}{\nu' + \nu}.$$

Les angles γ et δ, donnés par l'observation, permettent ainsi de calculer directement le paramètre m, ainsi que le rapport des quantités ν et ν'; on déterminera ensuite l'angle x par la relation

$$\frac{\nu}{\nu'} = \frac{\nu^2}{\nu\nu'} = \frac{\dfrac{1}{\mu^2} + \mu^2 - 2}{2\left(m^2 + \dfrac{1}{m^2}\right)\cos x},$$

---

[1] Mac Cullagh, *Trans. of the Roy. Irish Acad.*, Vol. XVIII, p. 70; 1838. — *Phil. Mag.*, t. XXIV, p. 380; 1844.

dans laquelle on remplacera le coefficient μ^2 par sa valeur tirée
de l'équation (13).

La première des équations (15) est particulièrement intéressante
parce qu'elle est indépendante de l'angle d'incidence et se prête
à une vérification très délicate. Elle indiquerait que le minimum C
de l'angle γ, ou l'*azimut principal* (586), a lieu sous l'incidence
principale, et qu'il a pour expression

$$(16) \qquad \operatorname{tang} 2\,C = \frac{m^2 + 1}{m^2 - 1}.$$

Lorsque la lumière primitive est polarisée dans l'azimut θ, si
$\operatorname{tang}\theta_1$ est le rapport $\operatorname{tang}\gamma \operatorname{tang}\theta$ des composantes principales de
la vibration réfléchie, devenue elliptique, $\operatorname{tang}I_1$ le rapport des
axes de l'ellipse et ψ_1 l'angle de l'un d'eux avec le plan d'incidence,
les angles I_1 et ψ_1 permettent de calculer θ_1 et δ. Les équations (10)
et (11) du n° **158** donnent d'ailleurs

$$\sin\delta \operatorname{tang} 2\theta_1 = \frac{\operatorname{tang} 2 I_1}{\cos 2\psi_1}, \qquad \sin 2\theta_1 \cos\delta = \cos 2 I_1 \sin 2\psi_1,$$

et, lorsque l'angle θ est de $45°$,

$$(17) \qquad \begin{cases} \dfrac{\operatorname{tang} 2 I_1}{\cos 2\psi_1} = \sin\delta \operatorname{tang} 2\gamma = \dfrac{q}{f} = \dfrac{m^2 + 1}{m^2 - 1}, \\[2ex] \cos 2 I_1 \sin 2\psi_1 = \sin 2\gamma \cos\delta = \dfrac{\nu' - \nu}{\nu' + \nu}. \end{cases}$$

Les paramètres pourraient donc être également calculés par les
angles ψ_1 et I_1 qui définissent la vibration elliptique réfléchie.

On a aussi, en général,

$$\operatorname{tang} 2\psi_1 = \frac{(\nu' - \nu)\sin 2\theta}{2f + (\nu' + \nu)\cos 2\theta}, \qquad \sin 2 I_1 = \frac{2g\sin 2\theta}{\nu' + \nu + 2f\cos 2\theta}.$$

Pour deux incidences *conjuguées* i_1 et i_2, la somme des différences de phase correspondantes δ_1 et δ_2 est égale à π, de sorte que
leurs tangentes sont égales et de signes contraires ; les valeurs des
différences $\nu' - \nu$ relatives à ces deux incidences sont donc égales
et de signes contraires, ce qui donne

$$\nu'_1 - \nu_1)^2 = (\nu'_2 - \nu_2)^2.$$

Comme le produit $\nu\nu'$ est une constante, il en résulte que les sommes $\nu + \nu'$ correspondantes sont égales et de signes contraires. Le rapport $\operatorname{tang}^2\gamma$ a donc la même valeur pour deux incidences conjuguées; si la lumière primitive est polarisée, les vibrations réfléchies sont des ellipses semblables et de sens contraires, symétriques par rapport au plan d'incidence.

Enfin, l'incidence relative au coefficient minimum de réflexion pour la lumière naturelle serait déterminée par l'équation

$$\left(m + \frac{1}{m}\right)\left(\mu + \frac{1}{\mu}\right) = \left(m - \frac{1}{m}\right)\sqrt{f^2 + g^2 - 4\cos x}.$$

Toutefois, ces résultats ne sont déduits des premières formules que par une nouvelle interprétation. Il semblerait plus correct de faire, sur les expressions générales, des hypothèses dont on pourra estimer le degré d'approximation.

L'équation (3) montre que la quantité M^2 est comprise entre $m^2 \pm \sin^2 i$. En prenant $m = 3,5$ pour le module m, lequel a toujours des valeurs de cet ordre, les valeurs extrêmes de M^2, qui correspondent à l'incidence rasante, sont comprises entre les nombres $11,25$ et $13,25$, dont les racines carrées sont $3,35$ et $3,64$. Les différences réelles étant encore plus faibles, on peut donc, avec une assez grande approximation, remplacer M par la constante m, et cette hypothèse est particulièrement permise quand l'angle i n'est pas trop grand. Il en résulte $\xi = x = \tau$, ou $x' = 0$, comme l'avait supposé Mac Cullagh, $m' = \cos i$ et l'angle x n'est pas très éloigné de $45°$; par suite,

$$\operatorname{tang} 2\varphi = \frac{2m\cos i}{m^2 - \cos^2 i}, \qquad \sin 2\varphi = \frac{2m\cos i}{m^2 + \cos^2 i},$$

$$\operatorname{tang} 2\gamma = \frac{2m\cos i}{m^2\cos^2 i - 1}, \qquad \sin 2\gamma = \frac{2m\cos i}{m^2\cos^2 i + 1},$$

$$\operatorname{tang}\delta = \frac{2m(m^2+1)\cos i \sin^2 i \sin x}{(m^2 - \cos^2 i)(m^2\cos^2 i - 1) + 4m^2\cos^2 i \sin^2 x},$$

$$\cos 2\gamma = \frac{2m(m^2-1)\cos i \sin^2 i \cos x}{(m^2 + \cos^2 i)(m^2\cos^2 i + 1) - 4m^2\cos^2 i \cos^2 x}.$$

Si l'on remplace aux dénominateurs les deux facteurs $2\sin^2 x$ et $2\cos^2 x$ par l'unité, l'erreur n'est sensible que pour la différence de phase, et seulement au voisinage de l'incidence définie par la condition $m \cos i = 1$; il reste alors

$$\operatorname{tang} \delta = \frac{2\, m\,(m^2+1)\cos i \sin^2 i}{(m^2+1)^2 \cos^2 i - m^2 (1 + \cos^2 i)}\, \sin x,$$

$$\cos 2\gamma = \frac{2\, m\,(m^2-1)\cos i \sin^2 i}{(m^2+1)^2 \cos^2 i + m^2 (1 + \cos^2 i)}\, \cos x,$$

et, tenant compte de la relation

$$\frac{1 + \cos^4 i}{\cos^2 i} = \frac{(1 - \cos^2 i)^2}{\cos^2 i} + 2 = \sin^2 i \operatorname{tang}^2 i + 2,$$

$$(18) \qquad \left\{ \begin{aligned} \operatorname{tang} \delta &= \frac{2\, m\,(m^2+1) \sin i \operatorname{tang} i}{m^4 + 1 - m^2 \sin^2 i \operatorname{tang}^2 i}\, \sin x, \\[2mm] \cos 2\gamma &= \frac{2\, m\,(m^2-1) \sin i \operatorname{tang} i}{m^4 + 1 + m^2 \sin^2 i \operatorname{tang}^2 i}\, \cos x; \end{aligned} \right.$$

$$\left\{ \begin{aligned} &\left(\frac{m^4 + 1 - m^2 \sin^2 i \operatorname{tang}^2 i}{m^2 - 1} \right)^2 \operatorname{tang}^2 \delta \\[2mm] &+ \left(\frac{m^4 + 1 - m^2 \sin^2 i \operatorname{tang}^2 i}{m^2 - 1} \right)^2 \cos^2 2\gamma = 4\, m^2 \sin^2 i \operatorname{tang}^2 i, \\[2mm] &\operatorname{tang} x = \frac{m^2 - 1}{m^2 + 1}\, \frac{m^4 + 1 - m^2 \sin^2 i \operatorname{tang}^2 i}{m^4 + 1 + m^2 \sin^2 i \operatorname{tang}^2 i}\, \frac{\operatorname{tang} \delta}{\cos 2\gamma}. \end{aligned} \right.$$

Ces deux dernières équations donnent séparément les paramètres m et x en fonction des angles i, δ et γ.

L'incidence principale est alors

$$(19) \qquad \sin^2 I \operatorname{tang}^2 I = \frac{m^4 + 1}{m^2} = m^2 + \frac{1}{m^2},$$

et le paramètre m est évidemment plus petit que $\operatorname{tang} I$.

Les équations (18) deviennent, en posant

$$\operatorname{tang} \omega = \frac{\sin i \operatorname{tang} i}{\sin I \operatorname{tang} I},$$

$$(20) \qquad \left\{ \begin{aligned} \operatorname{tang} \delta &= \frac{m^2 + 1}{\sqrt{m^4 + 1}}\, \operatorname{tang} 2\omega \sin x, \\[2mm] \cos 2\gamma &= \frac{m^2 - 1}{\sqrt{m^4 + 1}}\, \sin 2\omega \cos x. \end{aligned} \right.$$

Les facteurs $\dfrac{m^2 \pm 1}{\sqrt{m^4 + 1}}$ peuvent s'écrire, en prenant une valeur approchée pour la dernière expression,

$$\sqrt{\frac{m^4+1\pm 2m^2}{m^4+1}}=\sqrt{1\pm\frac{2}{\sin^2 I\,\mathrm{tang}^2 I}}=1\pm\frac{1}{\sin^2 I\,\mathrm{tang}^2 I}.$$

Lorsque l'angle I est de $75°$ par exemple, le dernier terme est égal à $0,08$ et, si l'on considère cette fraction comme négligeable, on obtient finalement

$$(21)\qquad\begin{cases}x=2C,\\[4pt]\mathrm{tang}\,\omega=\dfrac{\sin i\,\mathrm{tang}\,i}{\sin I\,\mathrm{tang}\,I},\\[8pt]\mathrm{tang}\,\delta=\mathrm{tang}\,2\omega\sin x,\\[4pt]\cos 2\gamma=\sin 2\omega\cos x.\end{cases}$$

Il suffit alors de connaître les angles γ et δ relatifs à une incidence quelconque i, ou les éléments I_1 et ψ_1 de la vibration elliptique due à une lumière polarisée dans l'azimut primitif de $45°$, car les deux dernières équations donnent

$$(22)\qquad\begin{cases}\cos 2\omega=\sin 2\gamma\cos\delta=\cos 2I_1\sin 2\psi_1,\\[6pt]\mathrm{tang}\,x=\sin\delta\,\mathrm{tang}\,2\gamma=\dfrac{\mathrm{tang}\,2I_1}{\cos 2\psi_1}.\end{cases}$$

L'angle ω permettra de calculer I et l'on en déduira ensuite le module m par l'équaion (19).

On obtiendra enfin les pertes de phase α et β des composantes principales, ainsi que les facteurs correspondants de réflexion, par les relations suivantes, qui ne sont plus qu'approchées :

$$(23)\qquad\begin{cases}\mathrm{tang}\,\alpha=\dfrac{2m\cos i}{m^2-\cos^2 i}\sin x, & \mathrm{tang}\,\beta=\dfrac{2m\cos i}{m^2\cos^2 i-1}\sin x,\\[10pt]\cos 2\varphi'=\dfrac{2m\cos i}{m^2+\cos^2 i}\cos x, & \cos 2\chi'=\dfrac{2m\cos i}{m^2\cos^2 i+1}\cos x,\\[10pt]h^2=\mathrm{tang}^2\varphi', & k^2=\mathrm{tang}^2\chi'.\end{cases}$$

De même que dans les formules générales, le coefficient h^2 est toujours croissant avec l'incidence. Il semble aussi en résulter que le minimum du coefficient k^2 devrait avoir lieu pour la condition $m\cos i=1$, c'est-à-dire un peu avant l'incidence principale, et serait égal à $\mathrm{tang}^2 C$; c'est la région où les formules approchées sont le plus en défaut.

594. *Théorie de Cauchy.* — Pour expliquer la réflexion métallique, Cauchy ([1]) fait intervenir l'absorption du milieu inférieur. Si — z est la distance normale à laquelle est parvenue la lumière réfractée, le chemin parcouru est égal au quotient de cette distance $\cos i''$; en appelant μ_1 le coefficient d'absorption, l'amplitude de la vibration est proportionnelle (**222**) à une exponentielle que l'on peut écrire $e^{\frac{2\pi}{\lambda}\mu z}$, où μ représente l'expression $\dfrac{\mu_1 \lambda}{4\pi \cos i'}$.

Le principe de continuité, appliqué aux vibrations et à leurs dérivées premières (**586**), suffirait encore à résoudre le problème pour les vibrations perpendiculaires au plan d'incidence.

Les vibrations incidente et réfléchie à une distance z de la surface ont les mêmes expressions que précédemment, tandis que la vibration réfractée à la distance — z sera

$$a' e^{\frac{2\pi}{\lambda}\mu z} \sin\left(\omega t - \alpha' + \frac{2\pi \cos i'}{\lambda'}\, z\right).$$

La condition de continuité des vibrations est aussi la même, mais celle de leurs dérivées par rapport à z devient, pour $z = 0$,

$$a\cos\omega t - a_1\cos(\omega t - \alpha) = \frac{a'}{\cos i}\left[\frac{\lambda}{\lambda'}\cos i' \cos(\omega t - \alpha') + \mu\sin(\omega t - \alpha')\right].$$

Il en résulte, en posant, pour abréger l'écriture,

$$p = \frac{\lambda}{\lambda'}\frac{\cos i'}{\cos i}, \qquad q = \frac{\mu}{\cos i},$$

$$a - a_1 \cos\alpha = a'(p\cos\alpha' - q\sin\alpha'),$$
$$- a_1 \sin\alpha = a'(p\sin\alpha' + q\cos\alpha').$$

En tenant compte des équations (3) du n° **572**, on obtient alors

$$a - a_1 \cos\alpha = p(a + a_1\cos\alpha) - q a_1 \sin\alpha,$$
$$- a_1 \sin\alpha = p a_1 \sin\alpha + q(a + a_1\cos\alpha),$$

$$(24)\quad
\begin{cases}
\tan\alpha = \dfrac{2q}{p^2 + q^2 - 1}, \\[2ex]
h^2 = \left(\dfrac{a_1}{a}\right)^2 = \dfrac{(1-p)^2 + q^2}{(1+p)^2 + q^2}.
\end{cases}$$

([1]) Cauchy, *Comptes rendus des séances de l'Académie des Sciences*, t. VII et VIII, passim ; 1838 et 1839.

Ces expressions deviennent, si l'on pose

$$p = \frac{m}{m'}\cos\xi, \qquad q = \frac{m}{m'}\sin\xi, \qquad \tang\varphi = \frac{m'}{m},$$

$$(25) \quad \begin{cases} \tang\alpha = \dfrac{2\,mm'\sin\xi}{m^2 - m'^2} = \tang 2\varphi \sin\xi, \\[2ex] h^2 = \dfrac{(m' - m\cos\xi)^2 + m^2\sin^2\xi}{(m' + m\cos\xi)^2 + m^2\sin^2\xi} = \dfrac{1 - \sin 2\varphi \cos\xi}{1 + \sin 2\varphi \cos\xi}. \end{cases}$$

Elles sont identiques aux équations (6) de Mac Cullagh.

Le principe de la continuité des vibrations et de leurs dérivées premières devient insuffisant quand la vibration est dans le plan d'incidence. Cauchy fait alors intervenir, outre l'absorption du milieu, des vibrations longitudinales évanescentes et traduit l'ensemble de ses résultats par les formules suivantes, dans lesquelles θ et ε sont des constantes particulières à chaque métal :

$$(26) \quad \begin{cases} h^2 = \tang(\psi - 45°), \qquad k^2 = \tang(\psi' - 45°), \\[2ex] \cot\psi' = \cos(2\varepsilon - \varrho)\sin\left(2\arc\tang\dfrac{U}{\theta^2\cos i}\right), \\[2ex] \cot\psi = \cos\varrho\sin\left(2\arc\tang\dfrac{\cos i}{U}\right), \\[2ex] \cot(2\varrho - \varepsilon) = \cot\varepsilon\cos\left(2\arc\tang\dfrac{\sin i}{\theta}\right), \\[2ex] U^2\sin 2\varrho = \theta^2\sin 2\varepsilon, \end{cases}$$

Pour les comparer à celles de Mac Cullagh, il suffit d'y faire un changement de variables, en posant

$$\begin{aligned} x &= \varepsilon, & m &= \theta, \\ \xi &= \varrho, & M &= U, \\ \eta &= 2\varepsilon - \varrho &&= 2x - \xi, \\ \tang\varphi &= \frac{\cos i}{U} &&= \frac{\cos i}{M}, \\ \tang\chi &= \frac{U}{\theta^2\cos i} &&= \frac{M}{m^2\cos i}, \end{aligned}$$

et les quatre premières deviennent

$$\cot\psi = \sin 2\varphi \cos\xi, \qquad \cot\psi' = \sin 2\chi \cos\eta,$$
$$h^2 = \frac{1 - \cot\psi}{1 + \cot\psi} = \frac{1 - \sin 2\varphi \cos\xi}{1 + \sin 2\varphi \cos\xi},$$
$$k^2 = \frac{1 - \cot\psi'}{1 + \cot\psi'} = \frac{1 - \sin 2\chi \cos\eta}{1 + \sin 2\chi \cos\eta}.$$

M. — II.

Les deux dernières équations donnent aussi

$$M^2 \sin 2\xi = m^2 \sin 2x,$$
$$\cot(2\xi - x) = \cot x \cos 2u,$$
$$\sin i = m \tang u;$$

on en déduit

$$\cos 2u = \frac{m^2 - \sin^2 i}{m^2 + \sin^2 i} = \frac{\tang x}{\tang(2\xi - x)},$$

$$\frac{\sin^2 i}{m^2} = \frac{\tang(2\xi - x) - \tang x}{\tang(2\xi - x) + \tang x} = \frac{\sin 2(\xi - x)}{\sin 2\xi},$$

$$m^2 \cos 2x - \sin^2 i = \frac{m^2 \sin 2x \cos 2\xi}{\sin 2\xi} = M^2 \cos 2\xi.$$

Les quantités auxiliaires M, ξ et η, qui entrent dans les expressions des coefficients h^2 et k^2, sont encore définies par les mêmes équations que précédemment (590). Les deux théories sont donc équivalentes au point de vue expérimental, quoique la marche suivie par les auteurs ait été entièrement différente.

Pour calculer les constantes m et x par les observations faites sous l'incidence principale, il suffit de remarquer, d'après Cauchy, que l'on a alors

$$(27) \qquad \begin{cases} \xi = 2C, \qquad M = \sin I \tang I, \\ \tang \eta = \tang \xi \cos(\pi - 2I). \end{cases}$$

Comme le module m est assez grand pour la plupart des métaux, les équations (24) donnent sensiblement

$$\eta = \varepsilon \quad \text{ou} \quad \xi = x,$$
$$U = 0 \quad \text{ou} \quad M = m,$$

et l'on retrouve les expressions (21) que nous avons déduites des formules de Mac Cullagh.

La différence de phase est donnée par Cauchy sous la forme

$$\tang \delta = \tang 2\omega \sin \xi,$$
$$\tang \omega = \frac{M}{\sin I \tang I},$$

avec les conditions (27) pour l'incidence principale.

Dans les vues de Cauchy, l'indice de réfraction n du métal est variable avec l'incidence et déterminé par l'expression

$$n^2 = M^2 \cos^2 \xi + \sin^2 i,$$

qui se réduit, dans le cas des formules approchées, à

$$n^2 = m^2 \cos^2 x + \sin^2 i.$$

Avec les nombres adoptés précédemment pour l'*acier*, la valeur de l'indice pour l'incidence normale serait seulement 2,06, c'est-à-dire beaucoup plus faible que d'après Mac Cullagh.

L'indice N relatif à l'incidence principale serait

$$N^2 = \sin^2 I + \sin^2 I \, \mathrm{tang}^2 I \cos^2 2C = \mathrm{tang}^2 I (1 - \sin^2 I \sin^2 2C);$$

cette valeur est donc toujours notablement inférieure à celle qui résulterait de la loi de Brewster.

ÉTUDE DE LA RÉFLEXION VITRÉE.

595. *Nature des expériences.* — Un grand nombre d'observations, dont quelques-unes sont antérieures aux essais de théorie, permettent de contrôler l'exactitude des formules.

I. Dans la réflexion et la réfraction *vitrées*, c'est-à-dire celles qui correspondent aux corps transparents isotropes, la différence de phase des deux composantes principales est nulle, au moins comme première approximation, et les formules de Fresnel permettent de rendre compte des phénomènes dans presque tous leurs détails. Les expériences comprennent alors plusieurs catégories différentes :

1° Des mesures *angulaires*, pour déterminer les incidences de polarisation complète par réflexion et la rotation du plan de polarisation par réflexion ou réfraction ;

2° Des mesures *polarimétriques*, destinées à reconnaître la fraction de lumière polarisée dans le faisceau réfléchi ou réfracté qui provient d'une lumière primitivement naturelle ;

3° Des mesures d'*intensité*, par lesquelles on détermine, soit les coefficients de réflexion ou de réfraction relatifs à la lumière polarisée et à la lumière naturelle, soit plus simplement le rapport de ces coefficients pour les composantes principales.

La première série de mesures, qui repose sur l'extinction complète de la lumière par un analyseur, comporte assez de précision lorsque l'intensité du faisceau primitif est très grande, ce qu'il est facile d'obtenir avec la lumière blanche; mais, si le phénomène varie avec la couleur, ce qui a lieu en particulier pour les milieux très dispersifs, il est nécessaire de recourir à l'emploi d'une source plus homogène.

Les autres espèces de mesures consistent finalement à égaler deux teintes, si l'on a recours aux phénomènes lumineux, et ce mode de vérification ne comporte que la précision médiocre des méthodes photométriques. L'exactitude est plus grande quand on a recours aux mesures calorimétriques, qui permettent, en outre, de comparer deux intensités différentes.

II. Lorsqu'il existe une différence de phase entre les deux composantes principales du faisceau, soit pour la réflexion vitrée au voisinage de l'angle de polarisation, soit dans toute l'étendue du champ de réflexion totale, soit enfin pour la réflexion métallique, la vibration réfléchie est généralement *elliptique* si la lumière primitive était polarisée.

L'angle δ et le rapport tang γ des facteurs principaux peuvent être déterminés directement ou calculés par les éléments de la vibration elliptique, en rétablissant dans les deux cas la polarisation rectiligne, ce qui aboutit encore à l'extinction de la lumière par un analyseur, et les deux inconnues sont données en même temps par une seule observation.

La lumière primitive étant polarisée dans l'azimut θ, on posera encore, pour la lumière réfléchie,

$$(1) \qquad \tang\theta_1 = \frac{b_1}{a_1} = \frac{kb}{ha} = \tang\gamma \, \tang\theta.$$

Le rapport tang I_1 des axes B et A de l'ellipse et l'angle ψ_1 que fait l'un d'eux avec la normale au plan d'incidence sont donnés par les relations (158)

$$(2) \qquad \begin{cases} \sin 2\,I_1 = \sin 2\,\theta_1 \sin\delta, \\ \tang 2\,\psi_1 = \tang 2\,\theta_1 \cos\delta. \end{cases}$$

La méthode la plus simple, au moins en théorie, consiste à déterminer la différence de marche δ en l'annulant par un compensateur gradué (412); l'azimut θ_1 de polarisation rétablie donne alors l'angle γ par l'équation (1).

Si l'on a recours à l'emploi d'un quart d'onde (411), la direction ψ_1 des axes est donnée par l'azimut de la section principale du quart d'onde qui rétablit la polarisation rectiligne, l'angle I_1 par l'azimut $I_1 + \psi_1$ de la polarisation rétablie et l'on a (158)

$$(3) \qquad \begin{cases} \cos 2\theta_1 = \cos 2I_1 \cos 2\psi_1, \\ \tan\delta = \dfrac{\tan 2 I_1}{\sin 2\psi_1}. \end{cases}$$

Il est préférable de choisir alors l'azimut primitif θ de façon que l'angle θ_1 soit voisin de $45°$, auquel cas l'angle $2\psi_1$ est très voisin de $90°$, et la différence de phrase δ sensiblement égale à l'angle mesuré I_1, ce qui diminue beaucoup les causes d'erreur.

Enfin, si l'on cherche, par expérience, l'incidence qui rétablit la polarisation par m réflexions sous le même angle (588), le multiple p qui détermine la différence de phase est connu et l'angle γ sera donné par l'azimut θ_m de polarisation finale

$$(4) \qquad \tan\theta_m = \pm \tan^m\gamma \tan\theta.$$

L'égalité photométrique de deux images permet encore de déterminer les éléments de la vibration elliptique.

Si l'on reçoit la lumière sur un analyseur biréfringent, les deux images sont égales lorsque la section principale de l'analyseur est à $45°$ sur les axes de l'ellipse. L'azimut φ de l'analyseur est alors égal à $45° \pm \psi_1$, d'où il résulte

$$(5) \qquad \cot 2\varphi = \pm \tan 2\psi_1 = \pm \tan 2\theta_1 \cos\delta.$$

Il suffirait de faire deux observations sous la même incidence, avec des azimuts primitifs différents θ et θ', et l'on aurait

$$\frac{\tan 2\varphi}{\tan 2\varphi'} = \frac{\tan 2\theta_1'}{\tan 2\theta_1} = \frac{\tan\theta'}{\tan\theta} \frac{1 - \tan^2\gamma \tan^2\theta}{1 - \tan^2\gamma \tan^2\theta'},$$

$$\tan^2\gamma = \frac{\tan 2\varphi' - \tan 2\varphi}{\tan 2\varphi' \tan^2\theta - \tan 2\varphi \tan^2\theta'}.$$

L'angle γ ainsi calculé donnerait θ_1 par l'équation (1) et δ par l'équation (5). Cet angle sera déterminé isolément d'une manière plus simple, en plaçant la section principale de l'analyseur dans le plan d'incidence et faisant varier l'azimut primitif θ jusqu'à ce que les deux images soient égales; on a alors

$$\psi_1 = 2\theta_1 = 90° \quad \text{et} \quad \tang\gamma = \cot\theta, \quad \gamma = 90° - \theta.$$

On peut aussi déterminer le rapport de deux composantes rectangulaires quelconques par un analyseur à double image suivi d'un nicol qui rendra les images égales, mais les causes d'erreur deviennent beaucoup plus grandes.

La même expérience peut être réalisée par les observations calorimétriques; elles comportent en outre un contrôle précieux, puisque la somme des intensités des faisceaux transmis par un analyseur dans deux azimuts rectangulaires quelconques doit être constante et égale à celle du faisceau primitif. Les directions des axes étant connues, on déterminera, soit le rapport $\tang^2 I_1$ des intensités suivant les axes, soit le rapport $\tang^2\theta_1$ relatif aux composantes principales. Les axes de l'ellipse font alors avec la normale au plan d'incidence les angles $45° \pm \varphi$ et l'on aura la différence de phase par l'une ou l'autre des relations

$$(6) \quad \begin{cases} \tang\delta = \dfrac{\tang 2 I_1}{\sin 2\psi_1} = \dfrac{\tang 2 I_1}{\cos^2\varphi}, \\[2mm] \cos\delta = \pm \dfrac{\cot 2\varphi}{\tang 2\theta_1}. \end{cases}$$

Il n'est même pas nécessaire d'obtenir en toute rigueur l'égalité des faisceaux transmis dans la première expérience, car si les observations sont faites dans deux azimuts différents φ' et φ'', ainsi que dans les directions rectangulaires, elles correspondent à des composantes inclinées des angles $\varphi' + \psi_1$ et $\varphi'' + \psi_1$ sur l'un des axes et aux composantes rectangulaires. La somme des intensités dans chaque couple d'observations est proportionnelle à $A^2 + B^2$ (409) et leur différence à

$$(A^2 - B^2)\cos 2(\varphi' + \psi_1) \quad \text{ou} \quad (A^2 - B^2)\cos 2(\varphi'' + \psi_1).$$

Le quotient de $A^2 - B^2$ par $A^2 + B^2$ étant égal à $\cos 2 I_1$, si l'on appelle m' et m'' les rapports respectifs de la différence des nombres observés à leur somme, on a

$$7) \quad \begin{cases} m' = \cos 2 I_1 \cos 2(\varphi' + \psi_1), \\ m'' = \cos 2 I_1 \cos 2(\varphi'' + \psi_1) \end{cases}$$

et

$$(8) \quad \begin{cases} \dfrac{m'' - m'}{m'' + m'} = \dfrac{\cos 2(\varphi'' + \psi_1) - \cos 2(\varphi' + \psi_1)}{\cos 2(\varphi'' + \psi_1) + \cos 2(\varphi' + \psi_1)} \\[2mm] \qquad = \tang(2\psi_1 + \varphi' + \varphi'')\,\tang(\varphi' - \varphi''). \end{cases}$$

Cette dernière équation donnera l'angle ψ_1 par les rapports m' et m'' et les azimuts correspondants. L'une des équations (7) fera connaître I, et l'on en déduira successivement les angles δ, θ_1 et γ.

Il est avantageux que l'un des rapports m soit aussi petit et l'autre aussi grand que possible, afin de se rapprocher des conditions précédentes.

III. Enfin, si l'on étudie le phénomène sur une lame transparente, on doit faire intervenir les réflexions multiples (269) entre les deux surfaces; une théorie plus complète des *anneaux colorés* fournira encore des éléments précieux de contrôle.

596. *Angle de polarisation.* — Les premières expériences de Malus (317) ont montré que la lumière réfléchie sur l'ensemble des deux surfaces d'une lame transparente isotrope est entièrement polarisée sous l'incidence principale, de sorte que la portion du faisceau total réfléchie sur la seconde surface sous l'incidence correspondante est elle-même polarisée. Ce résultat est conforme à la théorie de Fresnel, puisque l'intensité de la lumière réfléchie dans le second azimut doit être nulle quand la somme $i + i'$ des angles d'incidence et de réfraction est égale à un angle droit, quel que soit le sens de propagation de la lumière.

Lorsque la réflexion a lieu dans l'air, la tangente de l'incidence principale est égale à l'indice de réfraction du second milieu. Les expériences réalisées par Brewster [1] pour établir cette loi ont porté sur les substances suivantes :

Eau,	Obsidienne,	Gypse,
Spath fluor,	Glu,	Quartz.
Verre opalin,	Colle de poisson,	Topaze,
Verre orangé,	Nacre de perle,	Spath d'Islande,
Spinelle,		Zircon,
Verre d'antimoine,		Soufre,
Diamant,		Chromate de plomb.

---

[1] D. BREWSTER, *Ph. Trans. L. R. S.*, p. 125; 1815.

Les dernières sont des cristaux biréfringents pour lesquels la loi n'a pas de signification et les précédentes sont des milieux peu homogènes ou opaques. Il ne reste ainsi que sept substances isotropes et transparentes sur lesquelles les vérifications pouvaient être démonstratives. Les différences du calcul et de l'observation ont varié de $-32'$ à $+25'$, et l'on doit ajouter que la polarisation n'est jamais complète sur le *diamant*, d'après les expériences de Biot. En tête de la liste, Brewster avait placé l'*air*, pour lequel il indique une incidence principale de $45°$, mais cette valeur résulte d'une interprétation très douteuse des phénomènes de polarisation atmosphérique.

Brewster reconnut incidemment que, si une lame à faces parallèles est comprise entre deux milieux différents, il peut arriver que la réflexion intérieure ne donne pas de polarisation complète.

En effet, les indices n, n' et n'' des trois milieux successifs sont liés par les relations $n \sin i = n' \sin i' = n'' \sin i''$ et le maximum de l'angle d'incidence à la seconde surface est

$$\sin i' = \frac{n}{n'}, \qquad \mathrm{tang}\, i' = \frac{n}{\sqrt{n'^2 - n^2}}.$$

L'angle de polarisation I', défini par la condition $\mathrm{tang}\, I' = \frac{n''}{n'}$, ne peut être atteint par expérience si l'on a

$$\frac{n''^2}{n'^2} > \frac{n^2}{n'^2 - n^2} \qquad \text{ou} \qquad \frac{n'^2}{n^2} > \frac{n'^2}{n''^2} + 1.$$

Cette circonstance a lieu pour l'*air* $(n = 1)$, l'*eau* $(n' = \frac{4}{3})$ et le *verre* $(n'' = 1,51)$ qui donnent

$$\frac{n'^2}{n^2} = 1,777, \qquad \frac{n'^2}{n''^2} + 1 = 1,769.$$

Seebeck (^{1}) est arrivé à une vérification beaucoup plus satisfaisante par une méthode d'observation plus précise et un meilleur choix des substances à observer, qui comprenaient dix espèces de *verres* différents et plusieurs cristaux tels que le *spath fluor*, l'*opale*, le *pyrope* et la *blende*.

Les premières mesures, faites sur des surfaces dont le poli était assez ancien, n'ont pas été très concordantes, mais les différences du calcul et de l'observation furent réduites à quelques minutes, quand on prit le soin d'utiliser les lames aussitôt après leur poli, sans les laisser séjourner à l'air, surtout dans un laboratoire. Cette modification des surfaces, soit par des actions chimiques, soit par la simple condensation des vapeurs ou de l'humidité de l'air, est une cause d'erreur qui peut être grave dans certains cas et qu'il importe d'éviter.

Les rayons calorifiques se polarisent également par réflexion et à peu près sous le même angle [1]. Comme leur longueur d'onde moyenne est beaucoup plus grande, l'incidence principale doit être sensiblement moindre que pour la lumière; les observations avec la pile thermo-électrique de Nobili permettent de le constater [2].

597. *Rotation du plan de polarisation.* — Après avoir découvert le fait capital que la lumière réfléchie sur une substance isotrope transparente reste polarisée quand elle l'était primitivement dans un azimut quelconque, Fresnel a vérifié l'exactitude de sa théorie par une série d'expériences.

La rotation que la réflexion ou la réfraction imprime au plan de polarisation de la lumière primitive dépend du rapport des amplitudes des composantes principales et permet une étude complète du phénomène dans tout le champ des incidences, tandis que l'angle de polarisation correspond seulement à un cas particulier des formules.

En employant de la lumière primitivement polarisée dans l'azimut de $45°$, Fresnel [3] a déterminé, pour l'*eau* et le *verre*, sous des incidences variant de $24°$ à $89°$, l'azimut de polarisation de la lumière réfléchie, lequel se réduit alors à

$$\tan\theta_1 = -\frac{\cos(i + i')}{\cos(i - i')}.$$

L'expérience montre qu'à mesure qu'on s'écarte de la normale

---

[1] Bérard, *Mém. de la Soc. d'Arcueil*, t. III, p. 5; 1821.

[2] Knoblauch, *Pogg. Ann.*, t. LXXIV, p. 160, 170, 177; 1847.

[3] Fresnel, *Œuvres*, t. I, p. 646.

l'azimut apparent θ_1 est d'abord de signe contraire à l'azimut primitif; il est nul pour l'incidence qui correspond à la loi de Brewster et change ensuite de signe. Les différences du calcul et de l'observation étaient quelquefois de plus de $1°$, mais ces écarts s'expliquent aisément par l'imperfection de l'appareil et par l'emploi d'une lumière blanche diffuse.

Des expériences analogues ont été répétées par Brewster (¹) sur plusieurs espèces de *verres* et sur le *diamant*. Avec un verre d'indice $n = 1,4826$ par exemple, les différences du calcul et de l'observation, pour des incidences de $10°$ à $88°$, ont varié entre $\pm 1°4'$ et la moyenne $32',5$ est considérée par l'auteur comme comprise dans la limite des erreurs d'observation. Pour le diamant, les erreurs sont plus grandes et semblent systématiques.

Les mesures de Brewster ont porté aussi sur le *quartz*; la théorie ne s'applique pas, il est vrai, aux milieux cristallisés, mais la biréfringence du quartz est très faible et les résultats ne peuvent s'écarter beaucoup de ce qu'ils seraient pour un corps isotrope de même réfraction moyenne.

Dans tous les cas, il serait nécessaire, pour obtenir des résultats plus rigoureux, d'avoir recours à une source de lumière homogène et d'éviter l'altération possible des surfaces avec le temps.

Brewster a également mesuré la rotation du plan de polarisation par réfraction, soit avec des prismes de verre d'angles différents disposés de manière que le rayon émergent fût normal à la face de sortie, soit avec une lame à faces parallèles dont il isolait le rayon directement transmis. Dans les deux cas le phénomène est encore, au degré d'approximation des lectures, entièrement conforme à la théorie de Fresnel.

598. *Expérience des trois miroirs.* — Quand on fait interférer les rayons réfléchis sur deux miroirs différents, le phénomène correspond en réalité à la superposition des franges dues aux composantes du faisceau dans les deux azimuts principaux. Dans l'expérience des deux miroirs (130), les deux réflexions ont lieu sensiblement sous la même incidence puisque l'angle des

---

(¹) D. Brewster, *Phil. Trans. L. R. S.*, p. 69, 133, et 145; 1820.

surfaces est seulement de quelques minutes; la phase reste la même pour chacune des composantes principales et la frange centrale est toujours blanche.

Avec les trois miroirs, au contraire (139), l'un des faisceaux fait l'angle θ avec les surfaces réfléchissantes et l'autre l'angle $\theta + \omega$. Pour le premier, qui subit une double réflexion sur les miroirs extrêmes, la perte de phase est toujours nulle; pour le second, qui se réfléchit sur le miroir moyen, la vibration apparente peut conserver la même direction ou changer de signe, ce qui donnera lieu à des franges à centre blanc ou à centre noir.

La composante polarisée dans le premier azimut change toujours de signe, quelle que soit l'incidence, et produit des franges à centre noir. Le phénomène conserve en effet ce caractère quand la lumière primitive est polarisée dans le plan d'incidence.

La composante polarisée dans le second azimut ne change pas de signe apparent pour les incidences comprises entre la normale et l'incidence principale; les franges sont alors à centre blanc. Elles deviennent également à centre noir quand on a dépassé l'incidence principale.

L'observation du premier phénomène est moins facile quand on polarise la lumière dans le second azimut, parce que les angles θ et ω (*fig.* 64) sont sensiblement égaux et que l'angle 2ω des rayons avec la surface du miroir intermédiaire doit être compris entre $34°$ (qui correspond à peu près à l'incidence principale pour le verre) et $90°$, ou l'angle ω entre $17°$ et $45°$.

Dans ces conditions, l'un au moins des faisceaux se réfléchit dans une direction voisine de l'incidence principale; sauf pour une valeur particulière de l'angle ω, les faisceaux interférents ont des intensités très inégales et les franges sont noyées dans un excès de lumière blanche qui permet difficilement de distinguer le caractère du centre.

On élude cette difficulté en polarisant la lumière primitive dans un azimut intermédiaire ou en observant le phénomène avec un analyseur.

En tournant un polariseur situé en avant de la fente et dont le plan de polarisation est d'abord dans le premier azimut, on voit en effet les franges, d'abord à centre noir, s'affaiblir peu à peu, s'évanouir pour un certain azimut et reparaître ensuite avec une netteté croissante jusqu'à ce que le plan de polarisation soit dans le second azimut. Il y a donc superposition de deux phénomènes de sens opposés et les franges disparaissent quand les deux systèmes sont exactement complémentaires.

Les angles d'incidence des deux faisceaux sont $i_1 = 90° - 2\omega$, $i_2 = 90° - \omega$. En désignant encore par θ l'azimut de polarisation, par h_1, k_1 et h_2, k_2 les facteurs principaux de réflexion relatifs à ces deux incidences, les amplitudes des vibrations réfléchies sur le miroir intermédiaire sont, pour une amplitude primitive a,

$$u_1 = ah_1 \cos\theta, \qquad v_1 = ak_1 \sin\theta,$$

et celles des vibrations réfléchies sur les deux miroirs extrêmes

$$u_2 = ah_2^2 \cos\theta, \qquad v_2 = ak_2^2 \sin\theta.$$

Si l'on a $i_1 + i_1 < 90°$ et $v_2 < v_1$, les franges s'évanouissent quand les amplitudes u_2 et v_2 sont égales, puisque les interférences sont alors la superposition de deux systèmes complémentaires, c'est-à-dire pour la condition

$$\tan\theta = \frac{h_2^2}{k_2^2} = \frac{\cos^2(i_2 - i_2)}{\cos^2(i_2 + i_2)}.$$

En faisant $\omega = 21°$, j'ai trouvé avec des miroirs de verre noir $\theta = 83°,5$. Si l'on prend $1,52$ pour l'indice de réfraction du verre, la formule donne $\theta = 83°25'$; l'accord est donc aussi complet qu'on peut l'espérer pour ce genre d'observations.

La lumière naturelle donne toujours une frange centrale noire, comme l'avait observé Fresnel. Elle équivaut, en effet, à deux faisceaux d'égale intensité polarisés dans les azimuts principaux ou à de la lumière polarisée dans l'azimut de $45°$; les deux systèmes de franges superposées sont alors d'intensités très inégales et la polarisation dans le plan d'incidence est prédominante.

Les franges s'obtiennent aussi facilement quand le miroir moyen fait des angles différents ω et ω' avec les miroirs extrêmes; les deux effets produits sur le rayon doublement réfléchi peuvent être alors de natures différentes, ce qui permet de varier beaucoup les conditions de l'expérience. L'angle d'incidence sur le miroir moyen est alors $90° - (\omega + \omega')$, les angles d'incidence sur les miroirs extrêmes $90° - \omega'$ et $90° - \omega$.

Pour la condition $\omega \lessgtr 34° \lessgtr \omega'$ et une lumière polarisée dans le second azimut, la vibration du rayon réfléchi sur le miroir moyen ne change pas de signe, tandis que la vibration du second faisceau a changé de signe dans l'une des réflexions. La frange centrale est encore noire, mais avec inversion du rôle des faisceaux.

599. *Mesures photométriques.* — La vérification des formules de Fresnel sur l'azimut de polarisation des rayons réfléchis et des réfractés entraîne évidemment celle des valeurs des intensités.

En effet, si l'on remplace les carrés des tangentes des angles θ, θ_1 et θ' par le rapport des intensités correspondantes dans les équations (578)

$$\tan^2\theta' = \frac{\tan^2\theta}{\cos^2(i-i')} = \frac{\tan^2\theta_1}{\cos^2(i+i')},$$

elles deviennent, en supprimant le facteur commun $\tan^2\theta$,

$$\frac{(1-k^2)}{(1-h^2)} = \frac{1}{\cos^2(i-i')} = \frac{k^2}{h^2\cos^2(i+i')} = \frac{1-k^2}{\cos^2(i-i')-h^2\cos^2(i+i')},$$

et il en résulte

$$h^2 = \frac{\sin^2(i-i')}{\sin^2(i+i')},$$

$$k^2 = h^2\frac{\cos^2(i+i')}{\cos^2(i-i')} = \frac{\tan^2(i-i')}{\tan^2(i+i')}.$$

Les conséquences des deux ordres de mesures sont donc entièrement équivalentes.

On trouve déjà une comparaison intéressante dans les anciennes expériences de Bouguer [1]. Pour déterminer le pouvoir réflecteur d'une substance, Bouguer choisissait un jour nuageux où la lumière du ciel était sensiblement uniforme. Deux ouvertures A et B dans une chambre noire laissaient ainsi le passage à deux faisceaux de directions quelconques et de même éclat intrinsèque dont les intensités respectives étaient proportionnelles aux ouvertures correspondantes. Sur les deux moitiés d'une feuille de papier séparées par un écran, il faisait tomber séparément ces deux faisceaux, l'un directement et l'autre après réflexion sur la sur-

---

[1] Bouguer, *Traité d'Optique*, p. 27 et 131; 1760.

face étudiée sous un angle arbitraire. Il suffisait alors de régler les ouvertures de manière que l'éclairement du papier fût uniforme pour en déduire le coefficient de réflexion.

Bouguer a traduit ses expériences par une formule empirique

$$f = a + bz + cz^2,$$

dans laquelle a, b et c sont des constantes et z le sinus verse de l'angle d'incidence. Le Tableau suivant donne la comparaison de la théorie de Fresnel avec les résultats fournis par cette formule pour l'*eau* et pour un *verre* dont l'indice de réfraction était sans doute voisin de 1,5 :

Angle d'incidence.	Eau.		Verre.	
	Bouguer.	Fresnel.	Bouguer.	Fresnel.
0	0,018	0,020	0,025	0,040
30	0,019	0,021	0,029	0,041
60	0,065	0,060	0,112	0,089
70	0,145	0,133	0,221	0,171
75	0,211	0,212	0,299	0,253
80	0,333	0,348	0,412	0,387
85	0,501	0,583	0,543	0,606

L'accord est loin d'être satisfaisant pour le verre, dont l'état de la surface laissait peut-être à désirer, mais les mesures relatives à l'eau sont sans doute aussi correctes que le comportait le procédé d'observation.

Les expériences d'Arago ([1]) sont beaucoup plus exactes. Il a déterminé d'abord sous quelles inclinaisons on doit observer une lame ou un paquet de lames identiques pour que l'intensité de la lumière réfléchie soit égale à celle de la lumière transmise.

Une feuille de papier AB (*fig.* 297) bien homogène, disposée verticalement et séparée en deux parties par un écran vertical E, est éclairée latéralement par réflexion ou par transparence, dans une direction parallèle à l'écran, de façon que les deux moitiés deviennent des sources de lumière identiques; de part et d'autre de l'écran E se trouvent respectivement deux broches noires, A′ et B′, situées à des hauteurs un peu différentes.

La lame L soumise à l'expérience est placée dans le prolonge-

([1]) ARAGO, *OEuvres complètes*, t. X, p. 150, 185, 216, 468.

ment de l'écran et on l'observe dans la direction OA' au moyen
d'un tube de lunette T qui limite le faisceau et qui peut tourner
sur un cercle dont le centre O est sur la lame. Si l'image de la
broche B' vue par réflexion se trouve à côté de la broche A' vue
par transmission, ces deux images ont le même éclat quand les
intensités des lumières réfléchie et transmise sont égales.

Fig. 297.

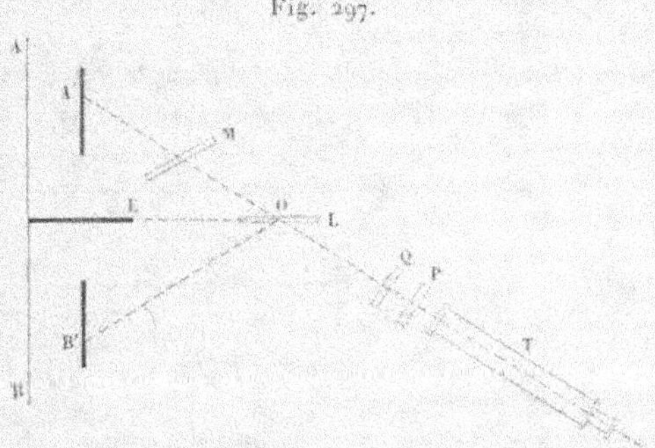

Pour contrôler une observation d'Arago, d'après laquelle l'égalité des images dans son appareil avait lieu pour une lame inclinée
de $11°23'$ sur le rayon, Fresnel [1] a trouvé que sur une lame
analogue, éclairée sous la même incidence par de la lumière polarisée dans l'azimut de $45°$, l'azimut de polarisation du faisceau
réfléchi à la première surface était de $31°45$. Avec la valeur $n = 1,5$
qui convient au verre de Saint-Gobain, il en a conclu $h^2 = 0,4994$
et, par suite, $k^2 = 0,4994 \times \mathrm{tang}^2 31°45' = 0,1912$, ce qui donne

$$\frac{h^2}{1 + h^2} + \frac{k^2}{1 + k^2} = 0,3331 + 0,1614 = 0,4945.$$

L'intensité totale du faisceau réfléchi R ne diffère donc que de
$\frac{1}{100}$ environ de la moitié de la lumière incidente.

Arago ayant reconnu aussi qu'avec deux lames l'égalité des
images avait lieu quand elles étaient inclinées sur le rayon de $16°58'$
Fresnel obtint sous la même incidence un azimut de $24°30'$ pour
le plan de polarisation du rayon réfléchi sur la première surface.

<hr>

[1] FRESNEL, *Œuvres*, t. I, p. 644.

Le calcul indique (579) pour la totalité du faisceau réfléchi une fraction de la lumière incidente égale à $0,4685$, qui ne diffère de $0,5$ que de $\frac{6}{100}$.

L'emploi de plusieurs lames rend les calculs très pénibles et l'expérience plus douteuse. Arago a modifié son appareil de manière à pouvoir comparer des intensités différentes, par l'emploi d'un prisme à double image (367), qui permet d'utiliser la moitié de l'une des sources de lumière.

Une plaque à faces parallèles AB′ (*fig.* 298) est formée de deux

Fig. 298.

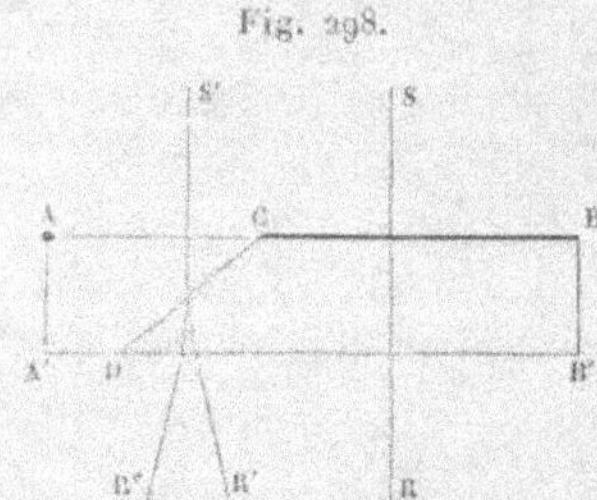

quartz croisés réunis au baume par une surface oblique CD. Un faisceau de lumière S, qui traverse seulement l'un des quartz, se transmet en R sans autre altération que l'affaiblissement très petit dû aux réflexions. Si ce faisceau S′ rencontre la face de collage, il donne deux faisceaux réfractés R′ et R″ de directions différentes, dont les intensités sont sensiblement égales entre elles et à la moitié du faisceau R, à cause de la différence très faible qui existe entre les deux indices du quartz et celui du baume. Il est facile de vérifier d'ailleurs cette égalité, car les faisceaux R′ et R″ sont polarisés à angle droit et leur partie commune ne montre pas au polariscope la moindre trace de coloration.

On monte alors cette plaque en P (*fig.* 297) sur l'alidade d'observation, de manière que l'image de la broche A′, par exemple, vue par transmission, paraisse dédoublée, tandis que l'image de B′, vue par réflexion, reste unique. Toutefois, comme les faisceaux réfléchi et réfracté sont partiellement polarisés dans les azimuts principaux, on les rend d'abord équivalents à de la lumière naturelle par une lame de quartz Q, dont la section principale est dans l'azimut de $45°$ (384). L'expérience étant ainsi préparée, on cherche, en faisant tourner la lunette, quelle est l'incidence qui rend l'image unique de B′ égale à chacune des images de A′. La broche A′ ne paraissant éclairée que par la lumière réfléchie qui provient de la source B, et l'image de B′ par la lumière transmise de la source A, il en résulte que, pour cette incidence particulière, la somme des lumières réfléchies est double de celle des lumières transmises. On fera, de même, l'opération inverse en dédoublant l'image de la broche B′.

Enfin, si l'on dépolarise de nouveau les trois faisceaux qui sortent de la plaque P et qu'on les reçoive ensuite sur une autre plaque semblable P′, on aura finalement divisé l'une des images en quatre images d'égale intensité que l'on égalera, sous une incidence convenable, à l'image unique.

On peut ainsi déterminer les incidences pour lesquelles le rapport de la lumière réfléchie à la lumière transmise prend les valeurs $\frac{1}{4}$, $\frac{1}{2}$, 1, 2, 4, de sorte que les fractions de lumière réfléchie sont $\frac{1}{5}$, $\frac{1}{3}$, $\frac{1}{2}$, $\frac{2}{3}$, $\frac{4}{5}$; celles de lumière transmise ont les mêmes valeurs prises en sens inverse.

La méthode ne convient pas pour les incidences inférieures à 60°. On place alors sur le trajet de la lumière qui doit être reçue par transmission et sous l'incidence j une lame M semblable à la première. En maintenant cette incidence constante, on cherche quelle doit être l'incidence i sur la lame L pour que les deux images restent égales, quand on les observe directement, ou que toutes les images soient égales quand on fait usage des prismes multiplicateurs.

Les expériences précédentes permettent d'évaluer par interpolation le rapport m des faisceaux réfléchi et transmis que l'on compare sous l'incidence i; les fractions R et T de lumière réfléchie et transmise par la lame L sont $\dfrac{m}{m+1}$ et $\dfrac{1}{m+1}$.

L'angle d'incidence i étant donné par l'observation, on calculera l'angle correspondant i'' par l'indice de réfraction n, puis les coefficients h^2 et k^2 par les formules de Fresnel; on peut alors vérifier si l'équation (19) du n° 584 est satisfaite. Pour calculer directement l'angle i en fonctions des données m et n, la méthode la plus simple serait sans doute de résoudre cette équation par des approximations successives.

M. — II. 54

Arago ([1]) a donné les nombres suivants comme résultats définitifs de plusieurs séries d'expériences faites sous sa direction par
Laugier, Mathieu et Petit.

| Angles | Valeurs de R | | Différences |
d'incidence.	observées.	calculées.	calc. — obs.
0.34	0,081	0,081	0
19.34	0,103	0,082	—0,023
33.43	0,128	0,086	—0,042
43.38	0,142	0,091	—0,051
53.24	0,159	0,120	—0,021
63.22	0,200	0,185	—0,015
68.21	0,250	0,248	—0,002
72.43	0,333	0,329	—0,004
78.52	0,500	0,513	+0,013
82.59	0,667	0,664	—0,003
85.28	0,750	0,776	+0,026

Les calculs ont été faits par les formules de Fresnel en prenant
pour indice de réfraction la valeur sans doute très probable 1,52.
Les erreurs sont très grandes pour les incidences inférieures à 60°
qui correspondent à la méthode indirecte de l'emploi de deux
lames inégalement inclinées. Pour les six autres expériences,
l'écart moyen est d'environ 0,02, c'est-à-dire de l'ordre de l'approximation que comportent les mesures photométriques, puisque
la limite de sensibilité de l'œil pour ce genre d'observations est
généralement comprise entre $\frac{1}{60}$ et $\frac{1}{120}$.

Arago a déterminé ainsi, à différentes reprises, l'incidence pour
laquelle les faisceaux réfléchi et transmis renferment la même
fraction de lumière polarisée et vérifié que, conformément à la
théorie, cette incidence est sensiblement celle qui donne des faisceaux d'égale intensité.

En observant les ombres des broches par l'intermédiaire d'un
prisme biréfringent dont la section principale est dans le plan
d'incidence, chacune d'elles donne deux images d'inégales intensités, correspondant aux valeurs A et B pour l'une d'elles, A' et B'
pour l'autre; on détermine, par expérience, l'incidence pour laquelle les deux images fortes et les deux images faibles sont res-

---

([1]) ARAGO, *Œuvres complètes*, t. X, p. 209

pectivement égales, ou $A = B'$ et $A' = B$; il en résulte

$$A + B = A' + B' \qquad \text{ou} \qquad R = T.$$

Enfin le même appareil permet encore de vérifier qu'il n'y a aucune perte de lumière dans la *réflexion totale*. L'expérience était disposée de manière que le rayon destiné à être transmis éprouvait d'abord la réflexion totale sur l'hypoténuse d'un prisme de verre; le rayon destiné à être réfléchi traversait un cube de même verre de dimensions telles que les chemins des deux rayons dans le verre fussent égaux, afin de compenser les pertes par réflexion et par absorption.

L'observation a montré que l'égalité des images s'obtenait pour une inclinaison de la lame de $11°9'$ ou $11°10'$ sur le rayon, au lieu du nombre $11°8'$ qui était donné par les expériences directes; il en résulte que l'affaiblissement de lumière par réflexion totale est inférieur à $0,002$ et par conséquent inappréciable.

M. Ogden Rood ([1]) a fait usage d'une méthode très délicate qui paraît comporter une grande précision.

Une lame de verre E (*fig.* 299) est couverte d'un côté par une

Fig. 299.

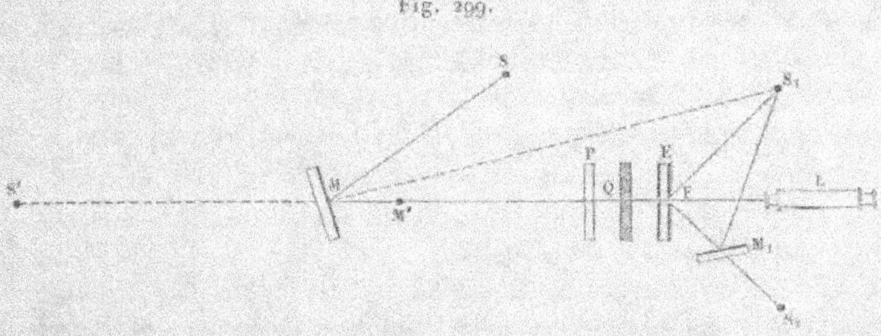

couche de collodion photographique dont l'argent réduit a une teinte grise par réflexion; on y découpe une sorte de fenêtre F de 1^{mm} de largeur environ où le verre est mis à nu; l'autre face est couverte d'un vernis noir qui laisse également l'ouverture dégagée. Cette lame constitue un écran analogue au papier huilé employé dans le photomètre de Bunsen.

Deux lampes S_1 et S_2 *identiques*, situées symétriquement à

([1]) O.-N. Rood, *Amer. Journ.* [2], t. XLIX, p. 145, et t. L, p. 1; 1870.

droite et à gauche, donnent à la couche d'argent, par diffusion normale, un éclairage uniforme. De l'autre côté se trouve une troisième lampe S, dont les rayons réfléchis par un miroir M éclairent normalement une plaque de verre Q dépolie sur ses deux faces; la lumière diffusée par cette plaque éclaire l'ouverture de l'écran E. En observant à l'aide d'un microscope L, on règle l'expérience de manière que l'ouverture semble disparaître, ce qui a lieu lorsque la lumière qu'elle transmet est égale à la lumière diffusée par les régions voisines.

Des écrans convenables sont disposés de manière à ne faire agir les sources que dans les directions déterminées et à protéger l'observateur contre toute lumière étrangère.

La lampe S étant mobile le long d'un bras qui tourne autour du point M, on mesure les distances SMQ et S'Q auxquelles on doit la placer successivement pour que la plaque Q reçoive le même éclairage par réflexion ou directement. Le rapport des carrés de ces distances est le coefficient de réflexion du miroir M sous l'incidence correspondante.

Sous cette forme, la méthode suppose que les trois sources de lumière restent invariables, ou du moins conservent les mêmes rapports d'une expérience à l'autre. On y arrive avec des lampes à gaz alimentées par la même canalisation; mais, pour le cas particulier de la réflexion normale sur le verre, on peut n'utiliser qu'une source S_1, par laquelle on produit les deux éclairages latéraux, soit directement, soit par un miroir réflecteur M_1, et qui fournit ensuite l'éclairage en sens inverse par réflexion sur un miroir M situé à une distance convenable.

L'expérience étant ainsi réglée, on interpose sur le trajet du rayon MQ une plaque de verre P incolore et bien transparente. Il faut alors rapprocher le miroir en M' pour rétablir l'égalité des images; la fraction de lumière transmise est donnée par le rapport du carré des distances S_1M'Q et S_1MQ. Il est vrai que l'angle d'incidence sur le miroir M varie d'une expérience à l'autre, mais ce changement d'inclinaison est généralement assez faible pour qu'il n'y ait pas à en tenir compte. La fraction t de lumière transmise (584) se réduit alors à

$$t = \frac{1-h^2}{1+h^2} = \frac{(n+1)^2-(n-1)^2}{(n+1)^2+(n-1)^2} = \frac{2n}{n^2+1}.$$

La moyenne des observations, dont les différences isolées ne dépassaient pas 0,01, a donné 0,9144 et 0,9115 pour deux verres dont les indices étaient respectivement 1,5236 et 1,5225 ; les nombres résultant du calcul étant 0,9174 et 0,9176, la valeur du coefficient de transmission normale se trouve ainsi vérifiée avec une approximation d'environ $\frac{1}{200}$. Toutefois, il faut ajouter que la fraction de lumière réfléchie n'est que 0,0825 ; une erreur de 4 unités sur le troisième chiffre décimal correspond ainsi à une erreur relative de $\frac{1}{20}$ sur le pouvoir réflecteur.

600. *Mesures calorimétriques.* — L'emploi des rayons calorifiques permet de donner aux mesures, grâce aux méthodes d'observation de Melloni, un degré d'exactitude plus grand que ne le comportent la plupart des observations photométriques.

Dans une série de recherches faites avec le plus grand soin, de la Provostaye et Desains [1] ont pris comme sources de chaleur soit un faisceau de rayons solaires, soit simplement les radiations émises par une lampe à double courant ou la lampe de Locatelli. Ils ont vérifié d'abord que la chaleur se polarise comme la lumière par double réfraction et que la loi de Malus (313) sur le partage de l'intensité d'un rayon primitivement polarisé entre les deux réfractés est également applicable à la chaleur.

L'étude de la réflexion a été faite sur une glace de verre noir, en polarisant la chaleur dans les deux azimuts principaux [2]. Pour les grandes incidences, l'intensité du faisceau réfléchi est de même ordre que celle du faisceau primitif et peut lui être comparée directement. Pour les autres incidences, on comparait les résultats de proche en proche, afin de conserver le même ordre de grandeur aux deux déviations du galvanomètre.

Les moyennes des expériences ont été comparées aux formules de Fresnel en prenant 1,52 pour l'indice de réfraction ; on voit,

---

[1] F. DE LA PROVOSTAYE et P. DESAINS, *Ann. de Chim. et de Phys.* [3], t. XXVII, p. 109 ; 1849, et t. XXX, p. 159 et 276 ; 1850.

[2] L'emploi de prismes de Nicol comme analyseurs ne convient plus quand il s'agit de la chaleur, à cause de l'absorption produite par la couche de baume. On se sert alors d'une plaque de spath assez épaisse pour séparer les deux faisceaux réfractés ; le rayon ordinaire suit toujours le même chemin, tandis que le rayon extraordinaire se déplace autour du premier quand on fait tourner le spath.

par les nombres du Tableau suivant, que les écarts sont en général inférieurs à 0,01.

Chaleur polarisée dans le plan d'incidence.

Angle d'incidence.	Intensité du faisceau réfléchi		Différence calc. — obs.
	observée.	calculée.	
20	5,03	5,0	— 0,03
30	6,12	6,1	— 0,02
40	8,08	8,1	+ 0,02
50	11,66	11,7	+ 0,04
60	17,99	18,3	+ 0,31
70	30,6	30,8	+ 0,20
75	40,7	40,8	+ 0,10
80	55,1	54,6	— 0,40

Polarisation perpendiculaire au plan d'incidence.

28	3,00	2,91	— 0,09
70	4,34	4,15	— 0,19
75	11,00	10,6	— 0,40
80	24,00	23,6	— 0,40

De la Provostaye et Desains ont vérifié aussi les formules relatives à la transmission dans une pile de lames (584). Dans ce calcul, on n'a pas tenu compte, il est vrai, de la diffusion sur les surfaces ni des effets d'absorption.

La première cause d'erreur est très faible quand les surfaces sont bien polies, mais la seconde est souvent fort notable avec la chaleur obscure. On éludait cette difficulté en prenant des glaces minces de Saint-Gobain très pures et en n'utilisant que de la chaleur qui avait préalablement traversé une grande épaisseur du même verre, afin d'éliminer les radiations les plus absorbables. La portion de chaleur absorbée est alors négligeable, car la somme des effets des faisceaux réfléchi et transmis reproduisait à très peu près l'action du rayonnement direct.

La chaleur transmise par expérience a été rapportée, non pas au faisceau direct, mais à la somme des intensités des faisceaux réfléchi et transmis. Comme la source était une lampe d'Argand, on a admis 1,49 pour l'indice de réfraction. Les moyennes des résultats obtenus par des observations alternatives à droite et à gauche sont encore conformes à la théorie :

Polarisation dans le plan d'incidence.

Nombre des lames.	Angle d'incidence.	Chaleur transmise		Différence calc. — obs.
		observée.	calculée.	
1.....	60	0,705	0,705	—0,001
	70	0,541	0,544	+0,003
2.....	60	0,540	0,544	+0,004
	70	0,370	0,374	+0,004
3.....	50	0,586	0,583	—0,003
	60	0,439	0,444	+0,005
	70	0,281	0,285	+0,004
4.....	60	0,396	0,374	—0,022

Polarisation perpendiculaire au plan d'incidence.

1.....	75	0,802	0,806	+0,004
2.....	75	0,676	0,675	—0,001
3.....	70	0,775	0,788	+0,013
	75	0,581	0,581	0

Chaleur naturelle.

1.....	0	0,92	0,92	0
2.....	»	0,855	0,857	+0,002
3.....	»	0,80	0,80	0
4.....	»	0,73	0,75	—0,02

Pour déterminer les fractions f et f' de chaleur polarisée quand on opère avec un faisceau primitivement naturel, on faisait passer le faisceau réfléchi dans un spath dont la section principale était successivement parallèle et perpendiculaire au plan d'incidence; la pile reçoit ainsi l'un ou l'autre des faisceaux A ou B polarisés dans les azimuts principaux, ce qui donne

$$f = \frac{A - B}{A + B}.$$

Les expériences de réflexion avec la chaleur solaire ont donné :

Angle d'incidence.	Fraction de polarisation		Différence calc. — obs.
	observée.	calculée.	
70	0,75	0,76	+0,01
75	0,574	0,587	+0,013
80	0,393	0,396	+0,003

Dans ce dernier cas, les calculs ont été faits en prenant pour indice de réfraction la valeur $1,52$.

Pour le premier azimut, la fraction f est toujours égale à l'unité sous l'incidence principale et diminue, en dehors de cette direction, à mesure que le nombre des lames augmente.

Il est surtout intéressant d'étudier la manière dont varie la fraction de polarisation f' pour le faisceau transmis.

Si l'on représente $\sin^2(i - i')$ par x^2 et $\sin^2(i + i')$ par y^2, et qu'on substitue les valeurs

$$h^2 = \frac{x^2}{y^2}, \qquad k^2 = \frac{x^2}{y^2} \frac{1 - y^2}{1 - x^2}$$

dans l'expression (21) de f' (584), elle devient, après suppression du facteur commun $y^2 - x^2$,

$$f' = \frac{p\,x^2 y^2}{y^2 - x^2 + p\,x^2(2 - y^2)}.$$

Pour une seule lame, on a

$$f_1' = \frac{x^2 y^2}{y^2 + x^2 - x^2 y^2} = \frac{h^2 - k^2}{1 - h^2 k^2}.$$

En remplaçant dh^2 et dk^2 par leurs valeurs tirées des équations (11) du n° 577, on trouve aisément que la dérivée de cette expression par rapport à i est

$$\frac{df_1}{di} = \frac{2(1 - h^2)\cos i \cos i'}{[(1 - k^2 h^2)\cos^2(i - i')]^2}[1 + h^2 \cos(i + i')].$$

La fraction de lumière polarisée par réfraction dans une lame est donc toujours croissante avec l'incidence et le maximum a lieu pour l'incidence rasante, où l'on a

$$x^2 = y^2 = \frac{n^2 - 1}{n^2},$$

$$f_1' = \frac{n^2 - 1}{n^2 + 1}.$$

Si le nombre des lames est très grand, le coefficient se réduit à

$$f' = \frac{y^2}{2 - y^2} = \frac{\sin^2(i + i')}{2 - \sin^2(i + i')},$$

$$\frac{1 - f'}{1 + f'} = \cos^2(i + i').$$

Le maximum de f', qui est égal à l'unité, correspond à l'incidence principale. La transmission dans une pile de glaces donne donc le même angle de polarisation complète que la réflexion sur une surface unique. Sous l'incidence rasante, où $x = y$, la valeur de f' est indépendante du nombre des lames.

Dans le cas général, la fraction f' passe par un maximum pour une direction qui dépend du nombre des lames et qui est comprise entre l'incidence principale et l'incidence rasante. Ce maximum est inférieur à l'unité, mais il tend vers l'unité, en même temps que la direction correspondante se rapproche de l'incidence principale, à mesure que le nombre des lames augmente.

Pour déterminer la fraction de chaleur polarisée par une pile, on peut encore opérer de la manière suivante.

En appelant t et t' les coefficients de transmission relatifs aux azimuts principaux, le coefficient relatif à la lumière naturelle est $\frac{1}{2}(t + t')$ et la fraction de chaleur polarisée $\frac{t' - t}{t' + t}$.

Supposons que l'on place, à la suite d'une pile de glaces, une seconde pile identique traversée sous le même angle et dont le plan d'incidence est alternativement parallèle et perpendiculaire à celui de la première. L'intensité du faisceau transmis est respectivement proportionnelle à $t^2 + t'^2$ et $2tt'$. En déterminant par expérience le rapport du second faisceau au premier, rapport que nous représenterons par $\cos 2\varphi$, on aura

$$\cos 2\varphi = \frac{2tt'}{t^2 + t'^2}, \qquad \left(\frac{t - t'}{t + t'}\right)^2 = \frac{1 - \cos 2\varphi}{1 + \cos 2\varphi} = \tang^2\varphi.$$

601. *Réflexion totale.* — Fresnel [1] a vérifié d'abord, par différentes expériences, que la dépolarisation partielle produite par réflexion totale dans un prisme de verre est due à une différence de phase entre les deux composantes principales. En effet, si la lumière primitive est polarisée dans l'azimut de $45°$, le faisceau dépolarisé par une réflexion peut être ramené à sa polarisation primitive par une seconde réflexion sous le même angle dans l'intérieur d'un autre prisme, mais suivant un plan perpendiculaire;

<hr>

[1] Fresnel, *OEuvres*, t. I, p. 454, 456, 779, 784 et 792.

c'est une propriété générale que Brewster a retrouvée plus tard pour la réflexion métallique (590).

Au contraire, deux réflexions suivant le même plan augmentent la dépolarisation et peuvent même, sous une incidence d'environ 56°, donner au faisceau les apparences de la lumière naturelle; la différence de phase est alors égale à 90° et les vibrations sont circulaires. Dans ce cas, une troisième réflexion reproduit la polarisation partielle, et une quatrième rend au faisceau sa polarisation complète, mais dans un azimut perpendiculaire au premier, la différence de phase étant égale à π. Enfin, une cinquième réflexion dépolarise de nouveau partiellement, un sixième totalement, et il n'est pas douteux que huit réflexions restitueraient la polarisation primitive.

Pour chercher quel est le signe de la différence de phase, Fresnel fait tomber la lumière réfléchie sur une lame de gypse dont la section principale est parallèle ou perpendiculaire au plan de réflexion. Les teintes de la lame cristalline, observées avec un analyseur, ne sont pas modifiées sous de faibles incidences, mais, dès le début de la réflexion totale, elles s'élèvent dans le premier cas et s'abaissent dans le second; c'est donc la composante polarisée dans le second azimut qui est en retard, conformément à la théorie (582).

La variation de teinte est d'abord croissante, à partir de la limite de réflexion totale, elle passe ensuite par un maximum et diminue finalement jusqu'à zéro pour l'incidence rasante; c'est encore la marche indiquée par le calcul pour le phénomène.

602. *Mesure des différences de phase.* — « La loi des variations de la différence de marche avec l'inclinaison m'avait paru si difficile à découvrir, dit Fresnel, que, depuis six ans (1817) que les phénomènes de dépolarisation m'étaient connus, je n'avais pas même essayé d'en chercher la loi, et je n'espérais de la trouver qu'après avoir résolu, d'une manière complète, le problème mathématique de la réflexion et de la réfraction....

» Le procédé le plus direct pour vérifier le résultat du calcul serait de comparer par interférence la différence de marche entre deux rayons voisins dont l'un aurait éprouvé la réflexion totale sous une incidence donnée, et dont l'autre, réfléchi sous la même incidence et par la même surface, ne l'aurait été que partiellement au moyen du contact d'un liquide réfringent en son point d'incidence. Je n'ai pas encore eu le temps de faire cette expérience; et, comme l'objet principal de mes recherches théoriques était de découvrir la loi des modifications imprimées à la lumière polarisée par la réflexion totale, ..., j'ai dû calculer d'abord cette différence (de phase) et voir si elle s'accordait avec les faits.... »

Les variations de teinte d'une lame cristalline permettraient aussi d'évaluer la différence de phase relative à chaque incidence; mais l'étude des conditions dans lesquelles la dépolarisation est complète, par deux ou plusieurs réflexions totales, fournit à Fresnel une méthode beaucoup plus délicate.

Une seule réflexion ne suffit pas pour produire ce résultat, car le maximum de différence de phase ne peut être supérieur à 90° que si l'on a (585)

$$\frac{n^2 - 1}{2n} > 1 \qquad \text{ou} \qquad n > 1 + \sqrt{2} = 2,413.$$

Le *diamant*, dont l'indice est 2,434, conviendrait bien à cette expérience, mais il échappe aux lois de Fresnel et le phénomène se rapproche de la réflexion métallique. Si l'on a recours à plusieurs réflexions totales successives, on peut choisir des conditions telles que la somme des différences de phase soit de 90°.

D'après les équations (25) du n° 585, l'incidence qui correspond à une différence de phase δ est

$$\cot^2 i = \frac{n^2 - 1}{2} \left[1 \pm \sqrt{1 - \left(\frac{2n}{n^2 - 1} \right)^2 \tang^2 \frac{\delta}{2}} \right]$$

ou, si l'on pose

$$\sin 2\varphi = \frac{2n}{n^2 - 1} \tang \frac{\delta}{2} = \cot \frac{\delta_m}{2} \tang \frac{\delta}{2},$$

$$(9) \qquad \left\{ \begin{array}{l} \cot^2 i = \cot^2 i_m (1 \pm \cos 2\varphi). \\ \tang i_m = \tang i_1 \cos\varphi = \tang i_2 \sin\varphi. \end{array} \right.$$

Il en résulte, dans chaque cas, deux valeurs i_1 et i_2, l'une inférieure et l'autre supérieure à l'incidence i_m du maximum. La seconde solution est généralement préférable, parce que la valeur de δ dépend alors beaucoup moins de la couleur et que l'on pourra opérer avec la lumière blanche.

Pour le *verre de Saint-Gobain* ($n = 1,51$) employé par Fresnel, les incidences qui donnent $\delta = 45°$, ou $2\delta = 90°$, par deux réflexions, sont $48°37'30''$ et $54°37'20''$. La première valeur étant plus voisine de l'incidence limite de réflexion totale, qui était de $41°28'$ pour la lumière jaune, Fresnel fit tailler un parallélépipède MN (*fig.* 300), ou *rhombe*, dans lequel un rayon incident SA normal à la face d'entrée se réfléchissait totalement en A et B sous l'incidence de $54°37'$, pour émerger ensuite dans la direction BR normale à la face de sortie.

La lumière primitive étant polarisée dans l'azimut de $45°$, la lumière émergente observée avec un analyseur biréfringent donnait toujours deux images égales, sans coloration, et présentait tous les caractères de la lumière entièrement dépolarisée. Il suf-

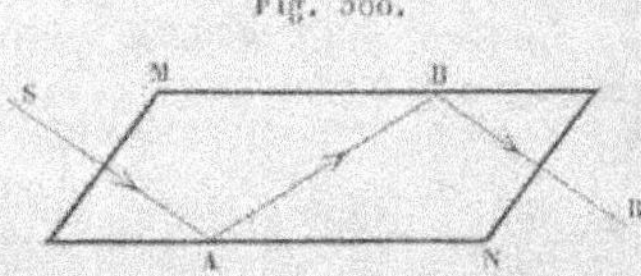

Fig. 300.

fisait d'ailleurs de recevoir le faisceau émergent sur un second rhombe identique et disposé en sens inverse, de manière à conserver le même plan d'incidence, pour que le faisceau, ramené dans sa direction primitive, fût de nouveau polarisé. Les vibrations étaient donc circulaires à la sortie du premier rhombe.

Remarquons incidemment que le rhombe de Fresnel constitue l'un des meilleurs appareils pour produire entre deux vibrations une différence de marche d'un quart d'onde (**377**), précisément à cause de cette propriété que la différence de phase est à peu près indépendante de la couleur. Il présente l'inconvénient d'exiger un verre bien dépourvu de trempe et de donner au rayon un déplacement latéral.

Si l'on fait $\delta = 30°$, trois réflexions sont nécessaires pour produire le même retard final ; les angles d'incidence sont alors $43°10'20''$ et $69°12'20''$. Fresnel réalisa l'expérience avec deux trapézoïdes tels que PQ (*fig.* 301), où l'angle des faces obliques avec les bases était respectivement $43°11'$ et $69°12'$, afin que le rayon fût normal aux faces d'entrée et de sortie.

Avec un faisceau primitif polarisé dans l'azimut de 45°, la lumière émergente était encore dépolarisée, mais les deux images de l'analyseur présentaient quelques traces de coloration dans le premier appareil, où δ varie d'une couleur à l'autre, tandis qu'elles restaient parfaitement blanches dans le second.

Quatre réflexions totales produiront la polarisation circulaire pour $\delta = 22°5'$. L'un des angles d'incidence correspondants, qui est de $42°19'50''$, diffère trop peu de la première limite et l'autre est de $74°41'50''$; l'expérience réalisée avec un rhombe de $74°42'$ a donné également un résultat conforme à la théorie.

Enfin Fresnel a voulu encore vérifier ses formules par une expérience sur la réflexion totale au contact du *verre* et de l'*eau*. Le maximum de différence de phase est alors de 14° sous l'inci-

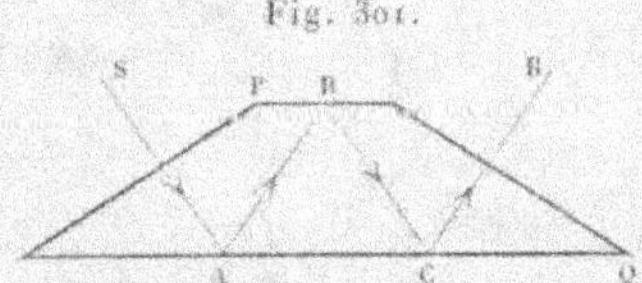

Fig. 301.

dence de $69°34'$; il faudrait donc plus de six réflexions pour atteindre 90°. La plaque de verre serait alors très longue et les effets de trempe troubleraient bientôt les phénomènes sur des rayons aussi rapprochés de la surface. En combinant deux réflexions totales sur l'air et deux réflexions sur l'eau, on pouvait obtenir plus facilement le même résultat. La réflexion sur le verre donne $\delta = 31°$ pour l'incidence de $68°27'$, très voisine de celle qui convient au maximum pour le contact du verre et de l'eau et qui donne alors $\delta = 13°53'40''$.

On obtiendra donc par les quatre réflexions la différence totale de phase de $89°47'20''$, qui diffère bien peu de 90°. Il suffit alors de mouiller l'une des bases du parallélépipède taillé sous l'angle de $68°27'$, pour obtenir de la lumière circulaire.

La loi de variation de la différence de phase dans le verre se trouvait ainsi confirmée pour cinq inclinaisons très différentes : $43°11'$, $54°37'$, $68°27'$, $69°12'$ et $74°42'$.

Fresnel ajoute en terminant : « Malgré tout ce que mes recherches sur la réflexion laissent encore à désirer, tant sous le point de vue théorique que sous celui des vérifications expérimentales, il me semble qu'elles établissent déjà, avec un haut degré de probabilité, l'exactitude des formules que j'ai données, vu le nombre de faits exacts par lesquels elles sont déjà confirmées et la variété des phénomènes qu'elles embrassent ».

M. Jamin ([1]) a repris cette expérience en mesurant la différence de phase pour une suite d'incidences qui varient d'une manière continue. Sur un prisme ABC (*fig.* 302) dont la section est

Fig. 302.

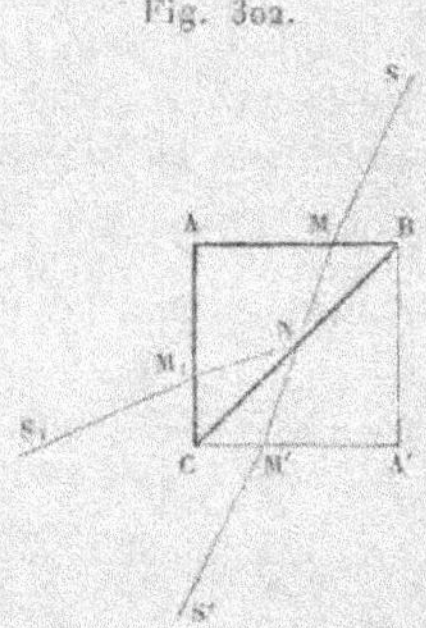

un triangle rectangle isoscèle, il fait tomber un faisceau $S\,M\,N\,M_1\,S_1$ sous une incidence telle que la réflexion soit totale en N sur la face hypoténuse.

Les composantes principales de la vibration incidente, primitivement polarisée dans l'azimut θ, étant $a = r\cos\theta$ et $b = r\sin\theta$, supposons que les réfractions en M et M_1 établissent entre les composantes principales des différences de phases φ et φ_1, que p^2 et q^2 soient les coefficients de réflexion des vibrations principales pour l'incidence commune en M et M_1. Les quantités h, k et δ se rapportant à la réflexion en N, les amplitudes a_1 et b_1 des composantes principales sur le rayon émergent et leur différence de phase δ_1 sont

$$a_1 = a\,h(1 - p^2), \qquad b_1 = b\,k(1 - q^2), \qquad \delta_1 = \varphi + \delta + \varphi_1.$$

Cette différence de phase δ_1 étant déterminée par un compensateur, l'azimut θ_1 de polarisation rétablie donne le rapport des

---

([1]) JAMIN, *Ann. de Chim. et de Phys.* [3], t. XXX, p. 257; 1850.

amplitudes b_1 et a_1, et l'on a

$$\tan\theta_1 = \frac{b_1}{a_1} = \frac{k}{h}\,\frac{1-q^2}{1-p^2}\,\tan\theta.$$

Pour éliminer les effets dus aux deux réfractions, on complète ensuite le prisme ABC par un prisme identique A'BC collé avec un mélange de térébenthine et d'essence de cassia, dont l'indice est sensiblement égal à celui du verre. Un faisceau de même inclinaison que le précédent traverse la surface de séparation au point N, comme si le milieu restait continu. La modification est la même aux deux points M' et M$_1$, de sorte que les amplitudes a' et b' des composantes sur le rayon transmis M'S' et leur différence de phase δ' ont pour expressions

$$a' = a(1-p^2), \qquad b' = b(1-q^2), \qquad \delta' = \varphi + \varphi_1.$$

Le compensateur donnera l'angle δ', et l'azimut θ' de polarisation rétablie est

$$\tan\theta' = \frac{b'}{a'} = \frac{1-q^2}{1-p^2}\,\tan\theta = \frac{h}{k}\,\tan\theta_1.$$

L'expérience sur un *verre*, dont l'indice était $1,545$, a montré que les angles θ_1 et θ' sont toujours égaux, ce qui était à prévoir, puisque les facteurs h et k doivent être égaux à l'unité.

La différence de phase δ relative à la réflexion totale est donnée par la différence des lectures du compensateur

$$\delta = \delta_1 - \delta'.$$

L'angle δ' devrait être nul; il ne paraît appréciable que pour des incidences supérieures à $70°$. Quant à la différence de phase δ, elle a été trouvée conforme à la formule de Fresnel dans les limites de précision des expériences, c'est-à-dire à $\frac{1}{100}$ ou $\frac{2}{100}$ près, sauf au voisinage de la limite de réflexion totale. Il serait alors nécessaire d'employer une source homogène, parce que l'influence de la couleur devient très notable.

D'ailleurs l'expérience ne permet pas d'établir une différence entre la formule de Fresnel et celle de Cauchy, parce que le coefficient d'ellipticité est très faible pour les corps qui se prêtent à l'observation; d'autre part, les substances pour lesquelles il aurait une valeur notable, ou bien manquent de transparence et d'homogénéité, telles seraient le *sulfure d'arsenic* et la *blende*, ou bien gardent une trempe notable et s'altèrent facilement, comme les *strass* et les *flints* très réfringents.

603. *Pénétration de la lumière dans le second milieu.* — Il résulte déjà des observations de Newton ([1]) que si l'on applique l'une sur l'autre les faces hypoténuses de deux prismes, dont l'une est légèrement convexe, et qu'on observe dans une direction qui corresponde à la réflexion totale, l'appareil présente une tache transparente qui n'a pas seulement lieu aux points de contact des verres, mais s'étend aux points voisins où les surfaces sont séparées par une distance de $\frac{1}{3}$ de l'épaisseur qui correspond au premier anneau rouge par réflexion normale, c'est-à-dire d'au moins $\frac{1}{20}$ de longueur d'onde.

Newton fait remarquer également que la réflexion sur la seconde surface d'une lame de verre ne peut avoir lieu avant que les rayons aient commencé d'émerger, puisqu'elle est modifiée par une couche de liquide placée sur le verre.

L'opinion de Fresnel était aussi que le désaccord des composantes principales de la vibration (582), dans le cas de la réflexion totale, tient à ce que « les deux faisceaux n'ont pas été réfléchis en quelque sorte à la même profondeur ». Les considérations géométriques (28) par lesquelles on détermine la vibration dans le second milieu permettent de démontrer que la vibration est nulle quand l'incidence est supérieure à la limite de réflexion totale, mais Fresnel ([2]) fait remarquer que les raisonnements reposent sur l'hypothèse que la distance à la surface du point que l'on envisage dans le second milieu renferme un très grand nombre de longueurs d'onde, et cessent d'être applicables aux points très rapprochés de la surface; le mouvement vibratoire peut donc se propager au delà de cette surface jusqu'à une distance appréciable.

Pour vérifier ce résultat par expérience, Fresnel a mesuré les dimensions de l'espèce d'ouverture qui apparaît, sous les incidences de réflexion totale, aux environs du contact des surfaces de deux prismes, en la comparant aux diamètres des anneaux colorés que

---

([1]) NEWTON, *Traité d'Optique*, t. II, observ. I, IV et VII, t. III, quest. XXIX.
([2]) FRESNEL, *Œuvres*, t. II, p. 179.

donne le même appareil, par réflexion, sous de faibles incidences ; il reconnut ainsi que l'ouverture s'étend à des points où l'épaisseur de la lame d'air est de plus d'une longueur d'onde. Une partie de la lumière peut donc s'écarter de la loi ordinaire de réfraction jusqu'à une distance appréciable de la surface réfringente.

Si l'on observe par réflexion, la tache noire centrale s'élargit également pour les incidences de réflexion totale et s'étend bien au delà des points où les surfaces peuvent être en contact.

En répétant cette expérience avec un prisme de *crown* et un prisme de *flint*, M. Quincke ([1]) a constaté que la tache (brillante ou obscure, suivant que l'observation est faite par transmission ou réflexion), dont le contour paraît elliptique à bords estompés, croît d'abord avec l'incidence, comme les anneaux. Quand on passe par l'incidence limite, les anneaux se rompent et disparaissent ; la tache croît alors très vite et diminue ensuite lentement après avoir atteint un maximum.

Si l'on arme l'œil d'un analyseur, les dimensions de la tache paraissent plus grandes, au début de la réflexion totale, dans le second azimut que dans le premier, tandis que l'inverse a lieu ensuite pour les grandes incidences.

Avec ce système de prismes *flint* et *crown*, le diamètre de la tache est plus grand quand la lumière passe du flint au crown que dans le cas contraire ; il en est de même si l'on remplace la couche d'air par une goutte d'eau.

L'épaisseur de la couche d'air aux bords de la tache est évidemment une limite inférieure de la distance à laquelle se propage le mouvement vibratoire. Cette épaisseur atteignait dans certains cas jusqu'à $2^\mu,5o$, c'est-à-dire près de cinq longueurs d'onde.

L'emploi de verres colorés a montré qu'elle est, toutes choses égales, sensiblement proportionnelle à la longueur d'onde, de sorte que la variation de phase serait indépendante de la couleur.

Il ne paraît d'ailleurs exister qu'une relation très éloignée entre ce phénomène et les vibrations évanescentes de Cauchy, car la théorie semble indiquer que l'épaisseur dans laquelle se propage le mouvement des vibrations évanescentes ne doit être qu'une fraction de longueur d'onde.

---

[1] QUINCKE, *Pogg. Ann.*, t. CXXVII, p. 1 et 199 ; 1866.

Enfin les taches présentent une polarisation elliptique, quand le faisceau primitif est polarisé, et la différence de phase des composantes principales est conforme aux formules de Fresnel, au moins tant qu'on opère sur des surfaces fraîchement polies et que l'épaisseur de la couche n'est pas trop petite, sans quoi la différence de phase paraît plus faible.

604. *Réflexion elliptique dans le voisinage de l'incidence principale.* — Les observations de Biot [1] avaient montré déjà que les corps dont l'indice de réfraction est très élevé, tels que le *diamant* et le *soufre*, ne polarisent complètement la lumière sous aucune incidence. Fresnel [2] cite également le *verre d'antimoine* comme étant dans le même cas.

Sir G. Airy [3] a mis en évidence la nature du phénomène par une observation très délicate sur les apparences des anneaux colorés. Si l'on produit ces anneaux, avec de la lumière polarisée dans le second azimut, dans la lame d'air comprise entre une lentille en verre et un plan inférieur dont l'indice est plus élevé, le facteur k de réflexion sur la première surface est négatif, d'après les formules de Fresnel, tant que la direction du rayon dans la couche d'air est comprise entre la normale et l'incidence principale correspondante I, et positif au delà ; le facteur k' relatif à la seconde surface est, au contraire, positif entre la normale et l'incidence principale I′ et négatif au delà. La tache centrale est donc *noire* quand l'incidence i est inférieure à I ; les anneaux disparaissent pour $i =$ I, puisque k est nul ; la tache centrale est *blanche* quand on a $I < i < I'$; les anneaux disparaissent de nouveau pour $i =$ I′ ; enfin la tache centrale redevient *noire* pour des incidences plus grandes.

Le phénomène est surtout manifeste pour les corps très réfringents. En employant une surface de *diamant* comme plan inférieur et un *verre* d'indice 1,53, qui donnent $I = 56°50'$ et $I' = 67°48'$, Airy a constaté que les anneaux *ne disparaissent pas* lorsque l'incidence se rapproche de la seconde limite I′, quoique leur éclat soit très faible : la tache centrale diminue rapidement, par une

[1] Biot, *Traité de Physique*, t. IV, p. 288; 1816.
[2] Fresnel, *Œuvres*, t. II, p. 98.
[3] G. Airy, *Phil. Mag.* [3], t. I, p. 400; 1832.

sorte de contraction de tous les anneaux, et finit par être remplacée par une tache noire due à la contraction du premier anneau noir qui l'entourait. Il en résulte que la différence de phase des deux faisceaux qui interfèrent passe de o à π d'une manière *continue* dans un intervalle de quelques degrés et que, pour cette région, le phénomène est comparable à la réflexion métallique.

L'observation présente quelques difficultés, parce que les anneaux restent très faibles dans l'intervalle des incidences I et I′ et sont généralement noyés dans une lumière étrangère; nous y reviendrons plus loin.

Pour constater la polarisation elliptique, Dale [1] observait la dislocation qu'éprouvent les anneaux d'une lame de spath perpendiculaire à l'axe (434) quand on l'éclaire avec de la lumière d'abord polarisée et réfléchie dans une direction voisine de l'incidence principale. Il cite un grand nombre de substances sur lesquelles cet effet est manifeste, mais la plupart d'entre elles sont des cristaux biréfringents; d'autres ont un éclat métallique, telles que l'*indigo,* la *plombagine* et l'*encre de Chine;* cependant quelques-unes de ces substances, comme le *réalgar* artificiel, la *blende* transparente, le *soufre* fondu, l'*acide arsénieux,* peuvent être considérées comme isotropes.

M. Jamin [2] a reconnu que ce phénomène est général et en a fait une étude approfondie.

Quand on emploie une source très intense, comme un faisceau de rayons solaires, l'expérience montre d'abord que la lumière polarisée dans le second azimut ne s'éteint par réflexion d'une manière complète sous aucune incidence, l'angle de polarisation ne donnant en réalité qu'un minimum plus ou moins intense suivant la nature de la surface. De même, la lumière naturelle ne se polarise absolument sous aucune incidence.

L'existence des différences de phase peut encore être constatée par la méthode de Fresnel (601) à l'aide d'une lame cristalline dont la section principale est parallèle au plan d'incidence. La couleur de cette lame, observée avec un analyseur, ne devrait pas

---

[1] DALE, *Brit. Ass. Rep.;* 1846. Notices and abstracts, p. 5.

[2] JAMIN, *Ann. de Chim. et de Phys.* [3], t. XXIX, p. 263; 1850, et t. XXXI, p. 165; 1851.

changer, si les formules de Fresnel étaient rigoureuses, tandis qu'elle se modifie réellement d'une manière continue, surtout au voisinage de l'incidence principale, et reprend ensuite la même teinte, mais d'un ordre différent, pour l'incidence rasante. Dans le cas actuel, le retard peut porter sur l'une ou l'autre des composantes principales.

La lumière primitive étant polarisée dans l'azimut θ, on détermine la différence de phase δ par un compensateur et l'azimut θ_1 de polarisation rétablie. Le rapport $\tan\gamma$ des facteurs k et h est alors donné par l'équation (1).

Il importe que l'azimut primitif θ soit assez grand, parce que le facteur k est très petit dans la région la plus utile à considérer et que le rapport des amplitudes des vibrations réfléchies ne doit pas être trop petit pour que l'angle θ_1 soit évalué avec quelque exactitude. L'azimut primitif θ était généralement de $84°$.

M. Jamin a constaté ainsi que la perte de phase δ de la vibration polarisée dans le second azimut, abstraction faite du changement de signe apparent de la vibration pour l'incidence normale, varie de 0 à $\pm\pi$, ce qui donne lieu aux deux espèces de réflexion, *positive* ou *négative*.

Il a comparé ensuite ses résultats avec les formules de Cauchy, qui se réduisent, comme on l'a vu (586), à

$$(10) \quad \left\{ \begin{array}{l} \tan\delta = \varepsilon \sin i \tan(i + i'), \\[2mm] \tan^2\gamma = \dfrac{\cos^2(i + i')}{\cos^2(i - i')} + \dfrac{1 + n^2}{4}\varepsilon^2. \end{array} \right.$$

Si l'on a déterminé l'indice n de la substance, la différence de phase δ relative à une incidence i fait connaître le coefficient d'ellipticité ε par la première équation.

On peut aussi calculer les deux constantes n et ε par le rapport $\tan C$ des facteurs de réflexion pour l'incidence principale.

Les équations générales (28) du n° 586 donnent, en effet,

$$(11) \quad \cos 2\gamma = \frac{1 - \tan^2\gamma}{1 + \tan^2\gamma} = \frac{\sin 2i \sin 2i'}{1 + \cos 2i \cos 2i' + \dfrac{2\varepsilon^2 \sin^2 i}{1 - \varepsilon^2 \sin^2 i}}.$$

Pour la valeur $\delta = 90°$, qui correspond à l'incidence principale I, on a encore

$$(12) \qquad \varepsilon^2 \sin^2 I = \frac{\cos(I + I')\cos(I - I')}{\sin(I + I')\sin(I - I')} = \frac{\cos 2 I' + \cos 2 I}{\cos 2 I' - \cos 2 I},$$

$$\frac{2\varepsilon^2 \sin^2 I}{1 - \varepsilon^2 \sin^2 I} = -\frac{\cos 2 I' + \cos 2 I}{\cos 2 I} = -\frac{\cos 2 I'}{\cos 2 I} - 1.$$

Il en résulte

$$(13) \qquad \cos 2 C = \frac{\sin 2 I \sin 2 I'}{\cos 2 I \cos 2 I' - \dfrac{\cos 2 I'}{\cos 2 I}} = -\cot 2 I \, \tan g \, 2 I'.$$

Cette équation (13) fait connaître l'angle I' et l'équation (12) donnera le coefficient ε; le rapport des sinus des angles correspondants I et I' détermine l'indice n.

On voit enfin qu'en toute rigueur l'incidence principale I est toujours inférieure à celle qu'indiquerait la loi de Brewster, car l'équation (12) peut s'écrire

$$\cot(I + I') = \varepsilon^2 \sin^2 I \, \tan g \,(I - I'),$$

et, en remplaçant l'angle I dans le second membre par sa valeur approchée.

$$(14) \qquad \begin{cases} \cot(I + I') = \varepsilon^2 \dfrac{n^2(n^2 - 1)}{(n^2 + 1)^2}, \\[2mm] I + I' = \dfrac{\pi}{2} - \varepsilon^2 \dfrac{n^2(n^2 - 1)}{(n^2 + 1)^2}. \end{cases}$$

Comme le cosinus de l'angle $I + I'$ est de l'ordre de ε^2, le premier terme du second membre dans l'expression (10) de $\tan g^2 \gamma$ est de l'ordre de ε^4 et l'on pourra calculer le coefficient ε par l'indice n ou l'incidence I et l'azimut principal C :

$$(15) \qquad \varepsilon^2 = \frac{4}{n^2 + 1}\tan g^2 C = 4 \cos^2 I \, \tan g^2 C.$$

Les expériences de M. Jamin ont porté, dans un premier travail, sur les corps suivants :

Substances.	n.	$\tan g\, C$.	ε.
Sulfure d'arsenic transparent......	2,454	0,0850	$+0,0791$
Blende transparente...............	2,371	0,0420	$+0,0296$
Diamant...........................	2,434	0,0190	$+0,0180$
Flint..............................	1,724	0,0180	$+0,0170$
Verre.............................	1,487	0,0060	$+0,0075$
Fluorine..........................	1,441	0,0084	$-0,0097$

Les observations étaient faites jusqu'à 10° et même 15° de part et d'autre de l'incidence principale. Pour la différence de phase, l'écart du calcul et de l'observation est tantôt positif et tantôt négatif, sans aucune règle, et ne dépasse guère $\frac{2}{100}$ ou $\frac{3}{100}$, sauf quelques exceptions. L'accord est de même ordre pour le rapport des amplitudes. On peut donc considérer les formules de Cauchy comme vérifiées avec toute l'exactitude que comportent ces expériences délicates, car les coefficients ε ne paraissent pas déterminés à moins de $\frac{1}{100}$ près.

On voit déjà que le coefficient d'ellipticité diminue avec l'indice de réfraction. M. Jamin a déterminé ainsi sur 43 substances solides les valeurs des constantes C et ε, qui suffisent à définir les propriétés optiques; il en a conclu que le coefficient d'ellipticité est positif ou négatif, suivant que l'indice de réfraction est supérieur ou inférieur à 1,46, et nul pour les substances dont l'indice se rapproche de cette valeur limite.

Toutefois, quand on examine la liste des 38 substances positives, on en trouve 15 qui sont cristallisées, dont plusieurs, il est vrai, dans le système cubique, mais la théorie de Cauchy ne s'applique pas aux corps biréfringents et il est même probable qu'elle ne convient pas rigoureusement aux cristaux cubiques; 7 d'entre elles sont des corps à couleurs superficielles et 6 autres sont des matières gommeuses telles que la *colle forte*, le *succin* et la *colophane*, dont l'homogénéité peut présenter quelques doutes.

Il y reste finalement 15 verres dont les indices sont compris entre 2,013 et 1,487. En outre, l'ordre des indices n'est pas le même que celui des coefficients d'ellipticité, car la valeur de ε, qui est 0,0492 pour un *strass* bleu ($n = 1,597$), atteint seulement 0,0258 pour un *verre d'antimoine* ($n = 2,013$) : la *diopside*, au contraire, est nettement positive ($\varepsilon = 0,016$), tandis que son indice n'est que 1,378.

D'autre part, les substances neutres sont deux cristaux, l'*alun* ($n = 1,428$) et la *mélinite* ($n = 1,482$), et leurs indices diffèrent beaucoup de la valeur limite.

Enfin, parmi les trois seules substances négatives, le *silex résinite bleu*, la *fluorine* et l'*hyalite*, l'une d'elles au moins est cristallisée et les deux autres sont des variétés de quartz qu'il paraît difficile de supposer absolument homogènes.

Le maximum des valeurs positives de ε est égal à $0,12$ pour le *sélénium*; les valeurs négatives sont beaucoup plus faibles et le maximum est de $0,0097$ pour la *fluorine*.

Le second travail de M. Jamin renferme des expériences détaillées sur quelques liquides :

Liquides.	n.	I.	ε.
Essence de lavande...............	$1,462$	$55° 37' 49''$	$+0,00150$
Sesquichlorure de fer au $\frac{1}{6}$......	$1,372$	$53\ 55$	$-0,01056$
Eau.............................	$1,333$	$53\ \ 7$	$-0,00577$

L'accord des résultats avec le calcul est moins satisfaisant dans certains cas; mais on doit tenir compte des difficultés que présente alors l'observation, les valeurs de ε relatives aux liquides étant d'ailleurs plus faibles en général que pour les corps solides, et les formules sont encore vérifiées avec assez d'exactitude.

La liste des liquides, pour lesquels M. Jamin donne ensuite les constantes de réflexion I et G, renferme 35 corps positifs dont les indices varient de $1,768$, pour le *goudron* de gaz, jusqu'à $1,359$ pour l'*acétate de métylène*; 7 corps neutres dont les indices vont de $1,458$, pour le *sulfate de sesquioxyde de fer* au $\frac{1}{4}$, à $1,334$ pour l'*azotate de nickel* au $\frac{1}{3}$; enfin 15 substances négatives où les indices varient de $1,346$, pour le *bichromate de potasse* au $\frac{1}{6}$, à $1,333$ pour l'eau. S'il est vrai que le coefficient ε croît, d'une manière générale, avec la réfraction, on y reconnaît encore beaucoup d'irrégularités et d'inversions.

On doit remarquer aussi que le maximum des valeurs positives, dans le cas des liquides, est moindre que le maximum négatif, à l'inverse de ce qui a lieu dans la réflexion sur les corps solides.

M. Jamin a essayé encore de vérifier sur les liquides une conséquence importante de la théorie de Cauchy, indiquée par l'équation (33) du n° 586.

Pour éviter le trouble produit par la réflexion sur la première surface du milieu supérieur, on munit alors le collimateur et la lunette de tubes métalliques fermés par des glaces perpendiculaires à la direction des faisceaux et on fait plonger cette extrémité des tubes dans le liquide.

Les observations peuvent se résumer par le Tableau suivant :

Liquide supérieur.	Surface inférieure.	Coefficients		Calcul	Observ.
		$100\,\varepsilon_1$.	$100\,\varepsilon_2$.	$100\,(\varepsilon_2 - \varepsilon_1)$.	$100\,\varepsilon_{2,1}$.
Eau................	verre	$-0,577$	$+0,572$	$+1,329$	$+2,078$
Sesquichl. de fer..	»	$-1,056$	»	$+1,808$	$+1,355$
Ess. de lavande...	»	$+0,150$	»	$+0,422$	0
Ess. de lavande...	eau	»	$-0,757$	$-0,907$	$+1,160$
Ess. de térébenth..	»	$+0,267$	»	$-1,024$	0

Les deux premières expériences montrent, il est vrai, que le coefficient d'ellipticité est augmenté quand les milieux sont de signes contraires et l'observation ne diffère pas beaucoup du calcul, si l'on fait la part des difficultés pratiques de toute nature, mais les trois dernières sont absolument en désaccord avec la théorie. L'observation ne paraît laisser aucun doute pour les deux cas où la surface est neutre, parce qu'alors la polarisation est rigoureusement rétablie sur le rayon réfléchi.

M. Quincke ([1]) a cherché à vérifier la relation (34) qui doit exister entre les coefficients d'ellipticité quand la réflexion a lieu de part et d'autre de la surface de deux milieux.

Il observait la réflexion intérieure sur la base d'un prisme isoscèle et la réflexion extérieure sur la même surface, ce qui donnait la comparaison des phénomènes dans le verre ou dans l'air; on obtenait un système verre-liquide en complétant le prisme par un autre prisme à liquide, etc.

Les résultats sont loin d'être concordants. La réflexion sur l'eau, par exemple, donne des nombres très différents, suivant que le liquide est placé dans un vase à large ouverture ou qu'on observe une couche mince étalée sur une coupe de charbon de bois. Les coefficients d'ellipticité ont bien des signes différents de part et d'autre d'une surface, mais l'importance des erreurs ne permet aucune conclusion sur l'exactitude de la théorie.

M. Quincke a cherché aussi à constater les pertes de phase qui doivent exister sur le rayon réfracté. Les effets sont alors trop petits pour qu'il ait été possible de les mettre nettement en évidence par l'observation.

Nous citerons encore un grand nombre de mesures réalisées par

---

([1]) QUINCKE, *Pogg. Ann.*, t. CXXVIII, p. 355; 1866.

Haughton ([1]). Les expériences ont eu d'abord pour but de montrer l'insuffisance des formules de Fresnel. Si l'on détermine l'azimut primitif θ et l'azimut θ_1 de polarisation réfléchie, le rapport de leurs tangentes,

$$Q = \frac{\tan\theta_1}{\tan\theta} = -\frac{\cos(i+i')}{\cos(i-i')},$$

permettra de calculer l'indice de réfraction, car on en déduit l'angle i' par la relation

$$\frac{1-Q}{1+Q} = \cot i \cot i',$$

et les valeurs qui en résultent pour l'indice ne sont pas constantes.

Haughton a vérifié aussi que le rapport et la direction des axes de la vibration elliptique obéissent bien aux relations prévues ([2]). Enfin ces Mémoires renferment de nombreux Tableaux qui donnent les valeurs de δ et γ pour une série d'incidences sur différentes espèces de *verres* et sur le *spath fluor*, mais les résultats n'ont pas été comparés avec la théorie. Les différences de marche sont évaluées par un compensateur soigneusement gradué pour la lumière rouge d'un verre coloré qui servait aux observations.

Il ne semble pas non plus que l'on puisse tirer aucune conclusion bien nette des expériences de M. Kurz ([2]) sur un *flint* d'indice $n = 1,5963$, où le coefficient d'ellipticité était $\varepsilon = 0,0365$.

Les résultats présentent des discordances notables avec les formules de Cauchy et de Green; toutefois, il serait nécessaire de connaître le degré d'approximation des lectures pour apprécier l'importance de ces écarts.

605. *Influence de la couleur.* — Il résulte des expériences de M. Cornu ([3]) que le coefficient d'ellipticité varie d'une manière notable avec la longueur d'onde, en même temps que l'incidence principale, contrairement à la théorie de Cauchy. Les observations

([1]) S. Haughton, *Phil. Mag.* [4]. t. VIII, p. 507; 1854. — *Phil. Trans. L. R. S.*, Vol. 153, p. 81; 1863.

([2]) A. Kurz, *Pogg. Ann.*, t. XVIII, p. 582; 1859.

([3]) A. Cornu, *Comptes rendus des séances de l'Académie des Sciences*, t. CVIII, p. 917 et 1211; 1889.

ont porté sur des radiations bien définies du spectre lumineux et du spectre ultra-violet.

Dans ce dernier cas, où l'on doit avoir recours à la photographie, il faudrait un grand nombre d'épreuves pour trouver les deux réglages indépendants qui permettent de compenser la différence de phase et d'éteindre ensuite le faisceau dont la polarisation est rétablie. Le compensateur de Babinet rend l'opération plus facile, car le déplacement de la frange centrale est, au moins en théorie, indépendant de l'azimut de l'analyseur, et quelques épreuves obtenues en tournant chaque fois l'analyseur d'un angle connu permettent d'évaluer l'azimut qui correspond au maximum de netteté des franges. On jugera mieux des résultats par le Tableau des expériences :

λ.	I.	ε.	tang C.	$2\cos I\,\text{tang}\,C$.	$\varepsilon\lambda(1-\cot^2 I)$.

Sélénium fondu.

λ.	I.	ε.	tang C.	$2\cos I\,\text{tang}\,C$.	$\varepsilon\lambda(1-\cot^2 I)$.
I....					
721	69 35	0,010	0,014	0,010	6,2
439	71 30	0,102	0,155	0,098	39,9
280	68 10	0,223	»	»	»
II...					
721	69 0	0,151	0,211	0,159	92,2
432	68 15	0,175	0,288	0,213	63,5
280	64 0	0,273	0,365	0,320	68,2

Réalgar fondu.

λ.	I.	ε.	tang C.	$2\cos I\,\text{tang}\,C$.	$\varepsilon\lambda(1-\cot^2 I)$.
I....					
697	67 15	0,043	0,058	0,044	24,7
586	67 40	0,043	0,065	0,049	21,0
446	69 15	0,068	0,101	0,073	25,9
280	68 0	0,190	»	»	»
II..					
703	67 20	0,051	0,066	0,051	29,5
437	68 20	0,097	0,142	0,105	35,9

Sénarmontite incolore.

λ.	I.	ε.	tang C.	$2\cos I\,\text{tang}\,C$.	$\varepsilon\lambda(1-\cot^2 I)$.
640	62 50	0,055	0,065	0,059	26,0
452	63 23	0,076	0,076	0,069	25,6
280	66 15	0,097	0,138	0,112	22,1

Blende blonde d'Espagne

λ.	I.	ε.	tang C.	$2\cos I\,\text{tang}\,C$.	$\varepsilon\lambda(1-\cot^2 I)$.
703	66 45	0,022	0,035	0,028	12,6
609	66 55	0,026	0,034	0,026	12,9
548	67 10	0,025	0,032	0,025	11,3
451	67 38	0,037	0,050	0,037	12,6
280	69 55	0,157	»	»	38,1

λ.	I.	ε.	tang C.	$2\cos$ I tang C.	$\varepsilon\lambda(1-\cot^2 I)$.
		Fluorine incolore.			
442 $\mu\mu$	55° 30′	—0,008	0,006	—0,007	1,9
280	57 30	—0,040	»	»	6,7
		Blende vert clair.			
644	66 45	0,021	0,026	0,021	11,0
280	69 0	0,097	»	»	23,2
		Diamant.			
638	67 30	0,015	0,020	0,016	8,0
435	67 15	0,025	0,025	0,020	9,0
383	67 40	0,029	»	»	9,2
280	68 35	0,037	0,062	0,045	8,9
232	69 40	0,036	»	»	7,4

Les surfaces de *sélénium* et de *réalgar* ont été obtenues par fusion et moulage sur une lame de quartz poli, afin d'éviter les inconvénients du polissage artificiel; ces surfaces s'altèrent d'ailleurs avec le temps, car la série II correspond pour chacun d'eux à des surfaces préparées depuis sept ans et la série I à une préparation plus récente. La *senarmontite* (oxyde d'antimoine cristallisé en octaèdres réguliers) a été polie artificiellement.

Pour la *blende*, on a utilisé les surfaces de clivage (dodécaèdre rhomboïdal) qui s'altèrent beaucoup moins que les faces artificielles. Enfin le *diamant* et la *fluorine* ont été polis.

Dans tous les cas, le caractère elliptique de la réflexion augmente avec la réfrangibilité; cette variation est à peine sensible pour la *fluorine*, où la réflexion est négative, tant qu'on emploie les radiations lumineuses, mais elle devient très manifeste pour les rayons ultra-violets.

L'incidence principale augmente aussi, en général, dans le même sens, sauf pour le sélénium et le réalgar ; les propriétés de ces deux substances se rapprochent sans doute de celles des corps à couleurs superficielles et des métaux.

On remarquera aussi que la relation approchée $\varepsilon = 2\cos$ I tang C (586) est sensiblement vérifiée, au moins tant que le coefficient d'ellipticité est assez petit pour que son carré ε^2 soit négligeable devant l'unité.

Enfin l'expression $\varepsilon\lambda(1-\cot^2 I)$, qui doit être constante, d'après la théorie de M. Potier (589), ne présente pour la *blende* et le *diamant* que des variations qui peuvent être attribuées aux erreurs expérimentales; il en est sans doute de même pour le *réalgar* et peut-être pour tous les cas, si l'on tient compte des difficultés que présente la mesure des coefficients d'ellipticité, surtout quand ils sont extrêmement petits.

606. *Épaisseur optique des lames minces.* — M. Potier a fait une série d'expériences très ingénieuses pour vérifier cette conséquence de sa théorie (589) que l'épaisseur optique apparente d'une lame dépend des milieux avec lesquels elle est en contact.

Si l'on observe à la lumière du sodium et sous l'incidence normale les franges dues aux variations d'épaisseur d'une lame de verre très mince et qu'on mette une goutte de liquide en contact avec la face inférieure, les franges paraissent brisées sur la ligne de séparation du liquide et de l'air.

Une autre méthode consiste à produire des anneaux colorés entre une lentille et un plan de verre convenablement pressés et d'y introduire quelques gouttes liquides. On s'assure que l'appareil n'est pas déformé parce que les anneaux ne se modifient qu'au contact du liquide.

L'ordre des interférences en chaque point et l'indice du liquide permettent de calculer l'épaisseur optique correspondante; l'expérience montre que cette épaisseur diminue quand l'indice augmente et que la variation atteint $\frac{1}{10}$ de longueur d'onde quand on passe de l'air au sulfure de carbone.

Avec des lentilles bien sphériques, on reconnaît que les carrés des diamètres des anneaux sont liés à l'ordre m d'interférence par une expression de la forme $Am - B$, A variant avec la nature du liquide et l'incidence, tandis que B varie aussi avec le liquide, mais ne dépend pas de l'incidence. On peut vérifier l'existence du phénomène sans faire aucune mesure. Si l'on observe les anneaux sur la ligne de séparation du liquide et de l'air et que par un choix convenable de l'incidence on fasse coïncider les anneaux d'ordre m dans l'air et d'ordre m' dans le liquide, on constate que, sous la même incidence, l'anneau d'ordre $2m$ de l'air ne coïncide pas avec l'anneau d'ordre $2m'$ du liquide, ce qui devrait avoir lieu si les interférences dépendaient uniquement des épaisseurs réelles de part et d'autre.

Enfin, quand on fait interférer deux faisceaux qui se sont réfléchis séparément à l'intérieur d'un prisme isoscèle, hors des limites de la réflexion totale, et que l'on mouille la surface au point de réflexion de l'un des faisceaux, les franges se déplacent d'une quantité appréciable. En outre, si le liquide est plus réfringent que le prisme, le déplacement n'est pas exactement d'une demi-frange. Le faisceau réfléchi sur le liquide est retardé comme si la réflexion avait lieu sur une surface plus éloignée du prisme que pour l'air. Avec un prisme de crown, la différence était de $\frac{1}{20}$ de longueur d'onde quand on passait de l'air au sulfure de carbone. Ces expériences ont été réalisées avec de la lumière polarisée dans le plan d'incidence. Le phénomène est plus complexe si la lumière est polarisée dans le second azimut.

Les variations apparentes d'épaisseur sont très faibles pour les corps transparents; elles acquièrent beaucoup plus d'importance quand il s'agit des corps très absorbants et des métaux.

ANNEAUX COLORÉS.

607. *Propriétés générales.* — Le calcul de Sir G. Airy (**270**) relatif à la combinaison des ondes qui ont subi plusieurs réflexions intérieures sur les deux faces de la lame mince suppose implicitement que la lumière est polarisée dans l'un des azimuts principaux; en outre, on n'a tenu compte que des retards dus à la lame mince, sans faire intervenir les changements de phase qui peuvent se produire sur les surfaces.

M. Stokes [1] a montré que, d'après le principe mécanique général de réversibilité, les pertes de phase par réflexion et par réfraction de part et d'autre d'une surface S ne sont pas entièrement indépendantes. Si une vibration principale incidente dans le premier milieu est représentée par $\cos\omega t$, la vibration réfléchie est de la forme $p\cos(\omega t - u)$, p étant le facteur de réflexion et u la perte de phase correspondante. En appelant q l'amplitude de la vibration dans le premier milieu équivalente à la vibration réfractée, cette dernière sera, de même, $q\cos(\omega t - v)$ et, s'il n'y a

---

[1] G. STOKES, *Cambr. and Dub. Math. Journ.*, Vol. IX, p. 1, 1849.

aucune absorption de lumière, les facteurs p et q satisfont à la condition

$$(1) \qquad p^2 + q^2 = 1.$$

Supposons maintenant que les vibrations du rayon réfléchi et du rayon réfracté se propagent en sens contraire, elles doivent reconstituer uniquement la vibration incidente primitive, puisque les conditions à la surface sont les mêmes dans les deux cas; l'intensité du rayon qui serait produit en même temps, dans le second milieu, par la réflexion du rayon d'abord réfracté et la réfraction du rayon d'abord réfléchi, doit être identiquement nulle.

Pour faire cheminer les vibrations en sens inverse, il suffit de changer le signe du temps, ou, ce qui revient au même, le signe des pertes de phase u et v. En appelant p', q', u' et v' les facteurs de réflexion ou de réfraction et les pertes de phase relatifs à cette marche inverse, les vibrations sur la surface sont : pour le premier milieu, $p^2 \cos(\omega t + u - u)$ et $qq' \cos(\omega t + v - v')$; pour le second, $pq \cos(\omega t + u - v)$ et $qp' \cos(\omega t + v - u')$. On doit donc avoir

$$(2) \qquad \begin{cases} p^2 \cos\omega t + qq' \cos(\omega t + v - v') = \cos\omega t, \\ p \cos(\omega t + u - v) + p' \cos(\omega t + v - u') = 0. \end{cases}$$

Comme ces conditions sont indépendantes du temps, elles donnent, en tenant compte de (1),

$$v - v' = 0, \qquad qq' = 1 - p^2 = q^2;$$
$$p \cos(u - v) + p' \cos(v - u') = 0,$$
$$p \sin(u - v) + p' \sin(v - u') = 0.$$

Il en résulte

$$(3) \qquad \begin{cases} q' = q, & v' = v, \\ p' = -p, & u + u' = 2v. \end{cases}$$

Ainsi, *les pertes de phase par réfraction sont les mêmes dans les deux sens et le facteur de réfraction ne change pas de signe. Pour la réflexion, les facteurs sont de signes contraires,* ce qui correspond au phénomène d'Young (268), *et la somme des pertes de phase est le double de la perte de phase par réfraction.*

Toutefois il importe de remarquer ([1]) que ce raisonnement suppose, outre l'absence d'absorption, que l'épaisseur des milieux est assez grande pour que les phénomènes définitifs de réflexion et de réfraction soient établis.

Considérons le cas d'une lame mince quelconque comprise entre deux milieux différents, limités par des surfaces S et S_1. La vibration incidente $\cos \omega t$ étant polarisée dans l'un des azimuts principaux, nous conserverons les mêmes lettres que plus haut en les affectant de l'indice 1 pour la seconde surface S_1.

En appelant δ_0 la perte de phase que produisent deux passages de la lumière dans la lame mince, les pertes de phase finales des vibrations successives qui constituent la lumière réfléchie sont, si l'on ne tient pas compte des équations (3), afin de conserver au problème toute sa généralité :

Ordre des vibrations.	Perte de phase.
1..	u
2..	$v + \delta_0 + u_1 + v' = (\delta_0 + u_1 + u') + v + v' - u'$
3..	$v + 2(\delta_0 + u_1) + u' + v' = 2(\delta_0 + u_1 + u') + v + v' - u'$
4..	$v + 3(\delta_0 + u_1) + 2u' + v' = 3(\delta_0 + u_1 + u') + v + v' - u'$
$m + 2$	$\ldots\ldots\ldots = (m+1)(\delta_0 + u_1 + u') + v + v' - u'$

Soit encore f^2 le facteur par lequel on doit multiplier l'amplitude pour tenir compte de l'absorption pendant deux passages dans la lame mince ; les amplitudes de ces vibrations successives sont

$$p, \quad f^2 p_1 q q', \quad f^3 p_1 q q' f^2 p_1 p',$$
$$f p_1 q q' (f^2 p_1 p')^2, \quad \ldots \quad f^2 p_1 q q' (f^2 p_1 p')^m.$$

En posant

$$\delta = \delta_0 + u_1 + u', \qquad w = v + v' - u',$$
$$\omega t' = \omega t - \delta - w = \omega t - u - (\delta + w - u),$$
$$c = f^2 p_1 q q', \qquad \mu = f^2 p_1 p',$$

on voit que toutes les vibrations à combiner, à l'exception de la première, forment une série dont les amplitudes varient en pro-

---

([1]) L. Rayleigh, *Encyclopædia Brit.* Wave theory, § 8.

gression géométrique décroissante et les phases en progression arithmétique.

Le terme général de ces vibrations peut s'écrire

$$c\,\mu^m \cos(\omega t' - m\delta) = c\,e^{i\omega t'}(\mu e^{-i\delta})^m.$$

Elles forment une progression géométrique décroissante dont la somme a pour expression

$$(4) \qquad \frac{c\,e^{i\omega t'}}{1 - \mu e^{-i\delta}} = \frac{c}{\mathrm{D}}\,e^{i(\omega t' - x')},$$

en posant

$$1 - \mu e^{-i\delta} = \mathrm{D}\,e^{ix'},$$

d'où l'on déduit

$$(5) \quad \begin{cases} \mathrm{D}\cos x' = 1 - \mu\cos\delta, & \mathrm{D}^2 = 1 - 2\mu\cos\delta + \mu^2, \\[2mm] \mathrm{D}\sin x' = \mu\sin\delta, & \tang x' = \dfrac{\mu\sin\delta}{1 - \mu\cos\delta}. \end{cases}$$

Il faut ensuite combiner cette vibration avec la première, que nous écrirons aussi $pe^{i(\omega t - u)}$. En représentant la vibration résultante réfléchie par $r\cos(\omega t - u - x)$ ou $re^{i(\omega t - u - x)}$, on a

$$r\,e^{i(\omega t - u - x)} = p\,e^{i(\omega t - u)} + \frac{c}{\mathrm{D}}\,e^{i(\omega t' - x')},$$

ou, après suppression du facteur commun $e^{i(\omega t - u)}$,

$$\mathrm{D}\,r\,e^{-ix} = \mathrm{D}p + c\,e^{-i(\delta + w - u + x')},$$

$$(6) \quad \begin{cases} \mathrm{D}\,r\cos x = \mathrm{D}p + c\cos(\delta + w - u + x'), \\[2mm] \mathrm{D}\,r\sin x = \phantom{\mathrm{D}p +{}} c\sin(\delta + w - u + x'). \end{cases}$$

Enfin, si l'on tient compte des équations (5), il reste

$$(7) \quad \begin{cases} \mathrm{D}^2 r^2 = \mathrm{D}^2 p^2 + c^2 + 2pc\big[\cos(\delta + w - u) - \mu\cos(w - u)\big], \\[3mm] \tang x = \dfrac{c\big[\sin(\delta + w - u) - \mu\sin(w - u)\big]}{\mathrm{D}^2 p + c\big[\cos(\delta + w - u) - \mu\cos(w - u)\big]}. \end{cases}$$

Quant à la lumière transmise, toutes les vibrations à composer forment une série dont les amplitudes ont pour premier terme $f\,q q_1$ et pour raison de leur progression géométrique la même valeur $f^2 p_1 p' = \mu$. La perte de phase de la première, abstraction faite du chemin qu'elle a parcouru dans la lame, est $v + v_1 = w'$; celle de la seconde est $\delta_0 + u_1 + u' + v + v_1 = \delta + w'$, et celle de la $(m + 1)^{\text{ième}}$ est $m\delta + w'$.

On peut donc appliquer simplement l'équation (4) en y remplaçant $\omega t'$ par $\omega t - w'$ et c par $f q q_1 = c'$. La vibration transmise est alors $\dfrac{c'}{D} e^{i(\omega t - w' - x')}$ ou $\dfrac{c'}{D} \cos(\omega t - w' - x')$; sa perte de phase est $w' + x' = v + v_1 + x'$ et son amplitude r' est

$$D r' = c' = f q q_1.$$

La somme des intensités des faisceaux réfléchi et transmis donne

$$D^2(r^2 + r'^2 - p^2) = c^2 + c'^2 + 2pc[\cos(\delta + w - u) - \mu \cos(w - u)].$$

Si l'on admet qu'il n'y a pas de lumière perdue et que la fraction de lumière transmise est indépendante du sens de la propagation (269), cette équation devient, en y faisant

$$f^2 = 1, \qquad r^2 + r'^2 = 1, \qquad q'^2 = q^2, \qquad p'^2 = p^2 = 1 - q^2,$$

$$D^2 = 1 + p^2 p_1^2 - 2 p p_1 \frac{q'}{q} [\cos(\delta + w - u) - p_1 p' \cos(w - u)],$$

$$p^2 p_1^2 - p_1 p' \cos\delta = p p_1 \frac{q'}{q} [\cos(\delta + w - u) - p_1 p' \cos(w - u)].$$

Comme elle doit être satisfaite quelle que soit l'épaisseur de lame, c'est-à-dire la valeur de δ_0 ou de δ, il en résulte

$$w - u = v + v' - (u + u') = 0,$$
$$q' = \pm q, \qquad p' = \mp p.$$

Ce sont les équations (3) de M. Stokes, sauf que le signe des facteurs q' et p' n'est pas défini et qu'il n'est pas démontré que $v = v'$.

Si les pertes de phase par réfraction étaient négligeables, on aurait $u + u' = 0$, ce qui revient à dire que les deux espèces de réflexion auraient lieu de part et d'autre sur la même surface fictive; cette propriété n'est donc pas générale.

Quand on néglige l'absorption, les équations deviennent

$$(8) \quad \left\{ \begin{aligned} & \delta = \delta_0 + u_1 + u', \\ & D^2 = 1 + 2 p p_1 \cos\delta + p^2 p_1^2; \\ & D^2 r'^2 = (1 - p^2)(1 - p_1^2), \\ & \tang x' = -\frac{p p_1 \sin\delta}{1 + p p_1 \cos\delta}; \\ & D^2 r^2 = D^2(1 - r'^2) = p^2 + p_1^4 + 2 p p_1 \cos\delta, \\ & \tang x = \frac{p_1(1 - p^2)\sin\delta}{p(1 + p_1^2) + p_1(1 + p^2)\cos\delta}. \end{aligned} \right.$$

M. — II.   33

Les maxima et minima des lumières transmise ou réfléchie ont lieu quand la dérivée de l'expression D^2 passe par zéro, ce qui a lieu pour $\sin \delta = 0$, c'est-à-dire quand la différence de phase δ est un multiple de π.

Suivant que ce multiple est pair ou impair, les valeurs correspondantes des amplitudes r et r' deviennent

$$(9) \quad \begin{cases} \delta = 2m\pi, & r_1^2 = \left(\dfrac{p+p_1}{1+pp_1}\right)^2, & r_1'^2 = \dfrac{(1-p^2)(1-p_1^2)}{(1+pp_1)^2}, \\[2mm] \delta = (2m+1)\pi, & r_2^2 = \left(\dfrac{p-p_1}{1-pp_1}\right)^2, & r_2'^2 = \dfrac{(1-p^2)(1-p_1^2)}{(1-pp_1)^2}. \end{cases}$$

La différence des intensités extrêmes, aussi bien pour la lumière réfléchie que pour la lumière transmise, est donc représentée par

$$(10) \qquad r_1^2 - r_2^2 = r_2'^2 - r_1'^2 = 4pp_1 \frac{(1-p^2)(1-p_1^2)}{(1-p^2 p_1^2)^2}.$$

La valeur $\delta = 2m\pi$ correspond à un minimum ou un maximum pour la lumière transmise, suivant que $pp_1 \gtrless 0$, c'est-à-dire suivant que les facteurs p et p_1 sont de même signe ou de signes contraires. L'inverse a lieu pour la lumière réfléchie.

Pour considérer séparément les vibrations polarisées dans les azimuts principaux, on remplacera les facteurs p et p_1 par leurs valeurs h et h_1 ou k et k_1; on remplacera, de même, par les lettres α ou β, affectées des indices convenables, les valeurs correspondantes des angles u, par φ_1 et φ' ou χ_1 et χ' celles des angles x et x'; la différence de phase devient alors

$$\delta_0 + \alpha_1 + \alpha' \qquad \text{ou} \qquad \delta_0 + \beta_1 + \beta'.$$

Enfin, si a ou b sont les amplitudes des vibrations primitives polarisées dans le premier ou le second azimut, a_1 et a' ou b_1 et b' les amplitudes respectives des vibrations réfléchie et transmise, on aura finalement

$$(11) \quad \begin{cases} a_1^2 = a^2 \dfrac{h^2 + h_1^2 + 2hh_1 \cos(\delta_0 + \alpha_1 + \alpha')}{1 + 2hh_1 \cos(\delta_0 + \alpha_1 + \alpha') + h^2 h_1^2}, \\[3mm] \tan \varphi_1 = \dfrac{h_1(1-h^2) \sin(\delta_0 + \alpha_1 + \alpha')}{h(1+h_1^2) + h_1(1+h^2) \cos(\delta_0 + \alpha_1 + \alpha')}, \\[3mm] a'^2 = a^2 \dfrac{(1-h^2)(1-h_1^2)}{1 + 2hh_1 \cos(\delta_0 + \alpha_1 + \alpha') + h^2 h_1^2}, \\[3mm] \tan \varphi' = - \dfrac{hh_1 \sin(\delta_0 + \alpha_1 + \alpha')}{1 + hh_1 \cos(\delta_0 + \alpha_1 + \alpha')}. \end{cases}$$

Les expressions analogues relatives au second azimut s'obtiendront par un simple changement des lettres.

Lorsque la lumière primitive est polarisée dans l'azimut θ, les différences de phase δ_1 ou δ' des composantes principales de la vibration réfléchie ou de la vibration transmise sont, en remarquant que $w' = v + v_1 = \dfrac{u + u' + u_1 + u'_1}{2}$,

$$(12) \quad \begin{cases} \delta_1 = \beta - \alpha + \chi_1 - \varphi_1, \\ 2\,\delta' = \beta + \beta' + \beta_1 + \beta'_1 - (\alpha + \alpha' + \alpha_1 + \alpha'_1) + 2(\chi' - \varphi'). \end{cases}$$

Si l'on admet en outre, avec Cauchy (586), que les différences de phase des composantes principales ont des valeurs égales et de signes contraires de part et d'autre d'une surface, on a

$$\beta - \alpha + \beta' - \alpha' = 0 \qquad \text{ou} \qquad \beta + \beta' = \alpha + \alpha'.$$

Les pertes de phase par réfraction sont alors les mêmes pour les deux composantes principales, d'après les équations (3), et la valeur δ' se réduit à $\chi' - \varphi'$.

La vibration résultante reste polarisée quand ces différences de phase sont nulles ou un multiple de π. Cette condition conduit à une équation du second degré en $\cos\delta_0$ et $\sin\delta_0$; à chacune des racines δ_0 correspondent une série d'autres valeurs $\delta_0 + 2\,m\pi$ pour lesquelles la lumière est polarisée dans le même plan.

Si l'on observe un phénomène d'anneaux avec un analyseur orienté de manière à éteindre ces vibrations, on fera donc apparaître une nouvelle série d'anneaux entièrement noirs, qui *double* l'ensemble des interférences.

Dans le cas général, les vibrations réfléchie et transmise sont elliptiques. Il peut arriver enfin que les axes des ellipses soient situés dans les plans principaux, si les angles δ_1 et δ' deviennent égaux à $\pm 90^\circ$.

Si le faisceau primitif renferme des quantités de lumière a^2 et b^2 polarisées dans les azimuts principaux, les quantités de lumière réfléchie ou transmise polarisées dans des plans rectangulaires sont respectivement $a_1^2 - b_1^2$ et $b'^2 - a'^2$, et les fractions de polarisation f_1 et f' correspondantes

$$(13) \qquad f_1 = \frac{a_1^2 - b_1^2}{a_1^2 + b_1^2}, \qquad f' = \frac{b'^2 - a'^2}{b'^2 + a'^2}.$$

Lorsque la lumière primitive est naturelle, $a^2 = b^2$; les quantités de lumière polarisée par réflexion et transmission dans des azimuts rectangulaires sont alors égales, puisque la différence des intensités relatives aux deux composantes principales est la même de part et d'autre.

608. *Réflexion vitrée.* — Quand la réflexion et la réfraction ne sont accompagnées d'aucune variation dans la phase, ce qui correspond aux formules de Fresnel, tous les angles α et β sont nuls; la différence de phase δ, se réduisant à δ_0, ne dépend alors que de l'épaisseur de la lame mince.

Les tangentes des angles φ_1 et χ_1, φ' et χ', sont nulles quand la différence de phase δ est un multiple de π, c'est-à-dire pour les maxima et pour les minima d'intensité; les faisceaux réfléchis et transmis produits par une lumière primitivement polarisée restent alors polarisés et leurs azimuts de polarisation sont

$$(14) \begin{cases} \delta = 2m\pi & \begin{cases} \tang\theta_1 = \dfrac{k+k_1}{h+h_1}\dfrac{1+hh_1}{1+kk_1}\tang\theta, \\[2mm] \tang^2\theta' = \dfrac{(1-k^2)(1-k_1^2)}{(1-h^2)(1-h_1^2)}\left(\dfrac{1+hh_1}{1+kk_1}\right)^2\tang^2\theta; \end{cases} \\[8mm] \delta = (2m+1)\pi & \begin{cases} \tang\theta_2 = \dfrac{k-k_1}{h-h_1}\dfrac{1-hh_1}{1-kk_1}\tang\theta, \\[2mm] \tang^2\theta'' = \dfrac{(1-k^2)(1-k_1^2)}{(1-h^2)(1-h_1^2)}\left(\dfrac{1-hh_1}{1-kk_1}\right)^2\tang^2\theta. \end{cases} \end{cases}$$

Dans le cas général, les différences de phase des composantes principales sont respectivement $\delta_1 = \chi_1 - \varphi_1$, $\delta' = \chi' - \varphi'$, et les vibrations sont elliptiques.

Pour que les axes des ellipses soient situés dans les plans principaux, il faut qu'on ait $\tang\varphi_1\tang\chi_1 + 1 = 0$ ou $\tang\varphi'\tang\chi' + 1 = 0$. Ces conditions ne paraissent pas réalisables. La seconde, en particulier, donne

$$hh_1 kk_1 \sin^2\delta - (1 + hh_1\cos\delta)(1 + kk_1\cos\delta) = 0,$$

$$(15) \qquad\qquad \cos\delta = -\frac{1 - hh_1 kk_1}{hh_1 + kk_1},$$

et il est facile de s'assurer que cette valeur de $\cos\delta$ est toujours plus grande que l'unité, en valeur absolue, quand les produits hh_1 et kk_1 sont eux-mêmes plus petits que l'unité.

Les vibrations elliptiques sont de sens contraires, de part et d'autre d'un maximum ou d'un minimum, car $\sin\delta$ change alors de signe tandis que $\cos\delta$ conserve le même signe; les angles φ et χ changent donc de signe, ainsi que leurs différences.

Lorsque les produits hh_1 et kk_1 sont tous deux négatifs, la condition $\delta = 2m\pi$ correspond à un minimum par réflexion pour les deux azimuts principaux. La tache centrale des anneaux est alors *noire* ou du moins présente la moindre intensité. Si l'on fait usage de lumière polarisée et qu'on observe le phénomène avec un analyseur qui éteigne les vibrations polarisées dans l'azimut θ_2 donné par les équations (14), on fait apparaître une série d'anneaux noirs en tous les points où l'intensité était d'abord maximum.

Lorsque les produits hh_1 et kk_1 sont tous deux positifs, la condition $\delta = 2m\pi$ correspond à des maxima. On doublera de même les anneaux, si l'on fait usage de lumière polarisée, en observant avec un analyseur qui éteigne les vibrations polarisées dans l'azimut θ_1 défini par les mêmes équations (14).

Enfin, lorsque les produits hh_1 et kk_1 sont de signes contraires, les anneaux prennent des intensités complémentaires pour les deux azimuts principaux.

Dans ce cas, les interférences disparaissent si la différence des intensités extrêmes est la même pour les deux composantes principales a^2 et b^2 par lesquelles on peut remplacer la lumière primitive, c'est-à-dire si l'on a, d'après l'équation (10),

$$a^2 hh_1 \frac{(1-h^2)(1-h_1^2)}{(1-h^2 h_1^2)^2} - b^2 kk_1 \frac{(1-k^2)(1-k_1^2)}{(1-k^2 k_1^2)^2} = 0.$$

Ces composantes inégales peuvent être obtenues par de la lumière polarisée en tout ou en partie. L'azimut θ, par exemple, dans lequel on doit polariser la lumière primitive pour faire disparaître les interférences est

$$(16) \qquad \tan^2\theta = \frac{hh_1}{kk_1} \frac{(1-h^2)(1-h_1^2)}{(1-k^2)(1-k_1^2)} \left(\frac{1-k^2 k_1^2}{1-h^2 h_1^2}\right)^2.$$

609. *Milieux extrêmes identiques.* — Quand la lame est comprise entre deux milieux identiques, ce qui est le cas habituel des anneaux de Newton produits entre deux verres, on a

$$h + h_1 = 0 \qquad \text{et} \qquad k - k_1 = 0.$$

Les équations (11) deviennent alors

$$(17) \quad \begin{cases} a_1^2 = a^2 \dfrac{2h^2(1-\cos\delta)}{1-2h^2\cos\delta+h^4} = a^2 \dfrac{4h^2\sin^2\frac{\delta}{2}}{(1-h^2)^2+4h^2\sin^2\frac{\delta}{2}}, \\[2ex] \tang\varphi_1 = -\dfrac{(1-h^2)\sin\delta}{(1+h^2)(1-\cos\delta)} = -\dfrac{1-h^2}{1+h^2}\cot\dfrac{\delta}{2}; \\[2ex] a'^2 = a^2 \dfrac{(1-h^2)^2}{1-2h^2\cos\delta+h^4} = a^2 \dfrac{(1-h^2)^2}{(1-h^2)^2+4h^2\sin^2\frac{\delta}{2}}, \\[2ex] \tang\varphi' = \dfrac{h^2\sin\delta}{1-h^2\cos\delta}. \end{cases}$$

La tache centrale et les minima sont toujours noirs pour la lumière réfléchie et les maxima correspondants de lumière transmise reproduisent l'intensité primitive.

Les maxima de lumière réfléchie et les minima correspondants de lumière transmise sont, pour $\cos\delta = -1$,

$$(18) \quad \begin{cases} a_1 = a\,\dfrac{2h}{1+h^2}, & b_1 = b\,\dfrac{2k}{1+k^2}, \\[2ex] a' = a\,\dfrac{1-h^2}{1+h^2}, & b' = b\,\dfrac{1-k^2}{1+k^2}. \end{cases}$$

Si la lumière primitive est polarisée dans l'azimut θ, l'azimut de polarisation θ_1 des minima par réflexion se présente sous une forme indéterminée dans les équations (14), mais il n'y a aucun intérêt à en calculer la valeur exacte, puisque leur intensité est nulle. Les azimuts de polarisation des autres maxima et minima sont alors

$$(19) \quad \begin{cases} \tang\theta_2 = \dfrac{k}{h}\,\dfrac{1+h^2}{1+k^2}\tang\theta, \\[2ex] \tang\theta' = \tang\theta, \qquad \tang\theta'' = \dfrac{1-k^2}{1-h^2}\,\dfrac{1+h^2}{1+k^2}\tang\theta, \end{cases}$$

L'emploi d'un analyseur capable d'éteindre les vibrations polarisées dans l'azimut θ_2 fait apparaître des anneaux noirs à la place des maxima; ces anneaux supplémentaires se distinguent nettement des premiers parce qu'ils sont beaucoup plus minces.

Comme on a toujours $k^2 < h^2$, la polarisation des maxima dans la lumière réfléchie se rapproche du plan d'incidence. Au contraire, l'angle θ'' est plus grand que θ; la polarisation des minima de lumière transmise s'éloigne du plan d'incidence.

Entre la normale et l'incidence principale sur les milieux qui entourent la lame mince, les facteurs h et k sont de signes contraires; la polarisation primitive et celle des maxima de lumière réfléchie sont de part et d'autre du plan d'incidence; ils sont du même côté au delà de cette incidence, où les facteurs h et k ont le même signe; enfin $\theta_2 = 0$ sous l'incidence principale, ce qui devait être, toutes les réflexions polarisant la lumière dans le plan d'incidence. Dans ce dernier cas, les anneaux de réflexion sont polarisés dans toute l'étendue du champ, quelle que soit la lumière primitive, puisque $k = 0$.

En dehors de ces cas particuliers, les différences de phase des composantes principales sont les mêmes pour les vibrations réfléchies ou transmises, car leurs expressions se réduisent à

$$(20) \qquad \tan \delta_1 = \tan \delta' = \frac{(k^2 - h^2) \sin \delta}{1 + k^2 h^2 - (k^2 + h^2) \cos \delta}.$$

Les axes des vibrations elliptiques ne sont jamais situés dans les azimuts principaux; en particulier, ces vibrations ne peuvent pas être circulaires. Sous une même incidence, les valeurs maxima des différences de phase ont lieu pour les épaisseurs définies par la condition

$$\cos \delta = \frac{h^2 + k^2}{1 + k^2 h^2}, \qquad \sin^2 \delta = \frac{(1 - h^4)(1 - k^4)}{(1 + k^2 h^2)^2},$$

qui donne

$$(21) \qquad \tan^2 \delta_1 = \tan^2 \delta' = \frac{(k^2 - h^2)^2}{(1 - h^4)(1 - k^4)}.$$

Ces différences de phase sont donc toujours très faibles, à cause de la petitesse des facteurs h et k.

Les épaisseurs correspondantes sont voisines des valeurs intermédiaires aux maxima et minima, puisque $\cos \delta$ est très petit. Comme sa valeur est positive, l'angle δ est plus rapproché de $2m\pi$ que de $(2m + 1)\pi$; les points où la différence de phase est maximum, dans la lumière réfléchie, sont plus rapprochés des minima que des maxima.

Enfin, lorsque la lumière primitive est naturelle, les fractions

f_1 et f' (13) de lumière polarisée par réflexion et transmission deviennent

$$(22) \begin{cases} f_1 = \dfrac{(h^2 - k^2)(1 - h^2 k^2)}{(h^2 + k^2)(1 + h^2 k^2) - 4 h^2 k^2 \cos\delta}, \\[2ex] f' = \dfrac{(h^2 - k^2)(1 - h^2 k^2)(1 - \cos\delta)}{(1 + h^4)(1 + k^4) - (h^2 + k^2)(1 + h^2 k^2)(1 + \cos\delta) + 4 h^2 k^2 \cos\delta}. \end{cases}$$

Il est bon de remarquer combien ces résultats sont différents de ceux qui ont été obtenus plus haut (584) où, en supposant la lumière hétérogène, on était autorisé à calculer l'intensité moyenne par la somme des intensités de tous les faisceaux qui avaient subi des réflexions multiples entre les deux surfaces, sans tenir compte de leurs différences de phase.

La détermination expérimentale des azimuts de polarisation des rayons réfléchis ou transmis fournirait encore un contrôle de la théorie, mais les mesures ne comporteraient pas assez de précision, à cause de la lumière qui reste dans l'intervalle des anneaux éteints; il n'est donc utile de constater que l'existence et le caractère des phénomènes.

Si les formules de Fresnel étaient rigoureuses, la tache centrale serait toujours *noire*, quelle que soit la polarisation primitive, mais les anneaux devraient disparaître pour le second azimut sous l'incidence principale. C'est dans cette région que les effets de polarisation elliptique seront intéressants à rechercher.

Quand on utilise la lumière blanche pour produire les anneaux supplémentaires avec un polariseur et un analyseur, les irisations prennent une vivacité particulière.

Enfin, si l'on met un compensateur sur le trajet de la lumière, on déplace les points dont la polarisation est rétablie et, par suite, les anneaux noirs que fait apparaître l'analyseur.

610. *Cas de trois milieux différents.* — Les phénomènes sont plus variés quand la lame mince est comprise entre des milieux de natures différentes. Pour les observer, on peut produire les anneaux de Newton entre deux plaques dont l'une est légèrement convexe et substituer au besoin une couche liquide à la lame d'air. Il est avantageux de remplacer le verre supérieur par un prisme isoscèle dont la base est arrondie, ce qui permet d'opérer

sous des inclinaisons plus grandes. Enfin, si l'on veut étudier en
même temps les anneaux de transmission, on remplacera également la lame inférieure par un prisme isoscèle ([1]).

Brewster ([2]) employait une disposition très simple imaginée
par J. Reade, sous le nom d'*iriscope*; c'est une plaque de *verre
noir* légèrement frottée avec de la poudre fine de savon, ou couverte d'une solution de savon qu'on laisse sécher, ou encore d'une
légère couche d'un liquide quelconque. On obtient ainsi une
lame mince dont l'indice est compris entre celui du milieu supérieur, qui est l'air, et celui du disque inférieur. Une couche d'*essence de laurier* sur de l'*eau noircie* ou de l'*encre* donne un
iriscope où l'indice de la lame mince est plus élevé que ceux des
milieux extrêmes.

Désignons par n, n', n'' les indices des trois milieux successifs
et par i, i', i'' les incidences correspondantes.

Lorsque la lumière est polarisée dans le premier azimut, les
amplitudes relatives aux maxima et minima de réflexion, avec les
formules de Fresnel, se réduisent à

$$(23) \begin{cases} \delta = 2m\pi, & a_1 = a\,\dfrac{h + h_1}{1 + hh_1} = a\,\dfrac{\sin(i'' - i)}{\sin(i'' + i)}, \\[2ex] \delta = (2m+1)\pi, & a_1 = a\,\dfrac{h - h_1}{1 - hh_1} = a\,\dfrac{\tang^2 i' - \tang i\,\tang i''}{\tang^2 i' + \tang i\,\tang i''}. \end{cases}$$

La tache centrale est brillante quand l'indice n' de la lame mince
est intermédiaire entre ceux des milieux qui la comprennent; elle
est obscure quand cet indice est plus grand ou plus petit que chacun des deux autres.

Sur la tache centrale et les anneaux de même espèce, l'intensité
est la même que si la réflexion avait lieu directement du milieu
supérieur sur le milieu inférieur.

On a aussi, pour le second azimut,

$$(24) \begin{cases} \delta = 2m\pi, & b_1 = b\,\dfrac{k + k_1}{1 + kk_1} = b\,\dfrac{\tang(i - i'')}{\tang(i - i')}, \\[2ex] \delta = (2m+1)\pi, & b_1 = b\,\dfrac{k - k_1}{1 - kk_1} = b\,\dfrac{\sin 2i\,\sin 2i'' - \sin^2 2i'}{\sin 2i\,\sin 2i' + \sin^2 2i'}. \end{cases}$$

([1]) Jamin, *Ann. de Chim. et de Phys.* [3], t. XXXVI, p. 158; 1852.
([2]) D. Brewster, *Phil. Trans. L. R. S.*, Part I, p. 43; 1841.

L'intensité sur les anneaux de même espèce que la tache centrale est encore la même que si la lame mince n'existait pas. Le caractère de cette tache est défini par le signe du produit

$$kk_1 = \frac{\tang(i'-i)\,\tang(i''-i')}{\tang(i+i')\,\tang(i'+i'')}.$$

Soient $I'(i+i'=90°)$ et $I'_1(i'+i''=90°)$ les incidences principales dans la lame mince. L'angle I' relatif à la première surface est toujours possible, tandis que l'angle I'_1 ne peut être observé (596) que si l'on a

$$(25) \qquad\qquad \frac{n'^2}{n^2} < \frac{n'^2}{n''^2} + 1.$$

Supposons d'abord que les indices des trois milieux sont croissants, $n < n' < n''$, et que les angles I' et I'_1 sont réels.

La tache centrale des anneaux réfléchis est *blanche* pour toutes les incidences comprises entre la normale et $i'=I'$; elle est *noire* quand l'angle i' est compris entre I' et I'_1; enfin les anneaux à centre blanc reparaissent au delà de l'incidence I'_1.

Il n'y a plus d'interférence pour les incidences principales I' et I'_1 parce que l'un des facteurs k ou k_1 devient nul et que les maxima sont alors égaux aux minima, d'après les équations (10). Cette disparition des anneaux avait été constatée par Arago (¹).

Brewster a observé, avec différentes combinaisons de trois milieux, les anneaux intermédiaires, de caractère opposé, qui se produisent entre les incidences principales.

Si les indices sont décroissants, $n > n' > n''$, ce qui revient à observer l'appareil précédent dans le sens inverse, la condition (25) est toujours satisfaite. L'incidence principale dans la lame mince a lieu d'abord pour la seconde surface, mais les phénomènes présentent exactement les mêmes apparences.

Dans tous les cas, le centre des anneaux *renaissants*, au delà de la seconde incidence principale, a le même caractère que pour le voisinage de la normale.

Enfin, si l'indice de la lame mince est plus grand ou plus petit

---

(¹) ARAGO, *Œuvres complètes*, t. X, p. 12.

que les deux extrêmes, les anneaux sont à centre noir au voisinage de la normale et les anneaux intermédiaires à centre blanc.

Lorsque les indices sont croissants, si la condition (25) est remplacée par une égalité, la seconde incidence principale I'_{i} correspond à la lumière rasante; tel est le cas du système *air* ($n = 1$), *eau* ($n' = 1,336$) et *verre* ($n'' = 1,508$).

Quand la lame mince est formée par une couche d'*air* ($n' = 1$), les deux incidences I' et I'_{i} sont toujours possibles; la tache centrale est noire pour l'incidence normale et les anneaux intermédiaires sont à centre blanc.

Enfin, si le milieu supérieur est de l'*air* ($n = 1$), ce qui correspond au cas de l'*iriscope*, la condition (25) se réduit à

$$ n'^2 < \frac{n'^2}{n''^2} + 1, \qquad n'' < \frac{n'}{\sqrt{n'^2 - 1}}. $$

Le Mémoire de Brewster renferme une table des valeurs maxima que peut prendre le troisième indice n'', en fonction de n', pour que les anneaux renaissants soient observables.

Voici quelques exemples des résultats obtenus avec l'iriscope. Les angles I et I_{i} sont les incidences dans l'air qui correspondent aux incidences principales I' et I'_{i} dans la lame mince :

Substances.	Indices.	I'	I'_{i}	I	I_{i}	$I_{i} - I$
I. Eau	1,336					
Verre	1,508	36° 49′	48° 28′	53° 12′	90° 0′	36° 48′
II. Eau	1,336					
Spath fluor	1,437	36 49	47 30	53 10	80 5	27 55
III. Savon	1,487					
Verre	1,510	56 5	45 25	33 55	»	»
IV. Alcool	1,370					
Spath fluor	1,437	36 8	46 22	53 52	82 30	28 38
V. Ess. de laurier	1,540					
Eau	1,336	33 0	40 56	57 0	90 0	33 0

Dans les systèmes I, III et V, les anneaux renaissants n'apparaissent pas; ils sont difficiles à distinguer avec les deux autres.

L'étendue du champ qui correspond aux anneaux intermédiaires est en général très grande; on les reconnaît à ce caractère que les teintes sont complémentaires dans les deux azimuts principaux. Le phénomène est surtout remarquable pour le dernier système, où les anneaux de l'ordre le moins élevé sont distribués sur le contour de la goutte qui flotte à la surface de l'eau.

L'inégale dispersion des milieux donne lieu à des combinaisons de teintes très variées. Ainsi dans le système *air* ($n = 1$), *essence de cassia* ($n' = 1{,}624$) et *flint* ($n'' = 1{,}630$), on a $n' = n''$ pour le rouge et $n' < n''$ pour le bleu. Les couleurs rouges n'éprouvent pas de réflexion sensible sur la seconde surface de la lame mince, de sorte que les teintes bleues dominent dans les anneaux.

Les anneaux intermédiaires ont généralement un éclat très faible. En effet, ils sont complémentaires des anneaux relatifs au premier azimut; d'après l'équation (10), le rapport ρ de la différence des intensités extrêmes dans les deux azimuts, pour une lumière incidente polarisée dans l'azimut θ, est

$$(26) \qquad \rho = - \frac{kk_1}{hh_1} \frac{(1 - k^2)(1 - k_1^2)}{(1 - h^2)(1 - h_1^2)} \left(\frac{1 - h^2 h_1^2}{1 - k^2 k_1^2} \right)^2 \tang^2\theta.$$

Dans l'intervalle des angles I' et I'_1, les facteurs k et k_1 sont très petits, tandis que les facteurs h et h_1 varient très lentement et sont aussi assez petits, pourvu qu'on reste assez loin de l'incidence rasante. La valeur approchée de ce rapport est donc

$$\begin{aligned} \rho &= - \frac{kk_1 \tang^2\theta}{hh_1(1 - h^2)(1 - h_1^2)} \\ &= - \frac{\sin(i + i')\sin(i' + i'')\sin 2(i - i')\sin 2(i' + i'')}{4\cos(i - i')\cos(i' - i'')\sin 2 i \sin^2 2 i' \sin 2 i''} \tang^2\theta. \end{aligned}$$

La valeur de l'incidence i' qui rend cette expression maximum est très voisine de la moyenne des angles I' et I'_1.

Si l'on fait, par exemple, $n = 1{,}52$, $n' = 1{,}336$ et $n'' = 2{,}425$, ce qui correspondrait au cas particulièrement favorable d'une couche d'*eau* comprise entre une lentille de *verre* et un plan de *diamant*, il en résulte

$$I' = 48°41', \qquad I'_1 = 61°9';$$
$$i = 68°35', \qquad i' = 54°55', \qquad i'' = 26°48';$$
$$\rho = 0{,}13 \tang^2\theta.$$

Les anneaux disparaissent ($\rho = 1$) quand l'azimut θ est de $70°46'$ et la fraction de lumière polarisée dans le premier azimut pour la lumière primitive n'est que $\frac{1}{7}$. Le changement de signe des anneaux intermédiaires ne peut apparaître que si la fraction de lumière polarisée dans le premier azimut est très inférieure à $\frac{1}{9}$, c'est-à-dire si l'angle θ est voisin de 90°.

Il est donc nécessaire, pour observer ce phénomène, de prendre des précautions spéciales et d'éliminer surtout la lumière réfléchie sur la première surface du milieu supérieur. L'emploi d'un prisme supprime ce dernier inconvénient; il est aussi avantageux d'utiliser en même temps un polariseur et un analyseur.

Remarquons encore que, si l'on ne tenait pas compte des réflexions successives, ni de la perte de lumière dans la réfraction, les amplitudes des vibrations à composer pour le premier azimut seraient ah et ah_1, avec une perte de phase δ, ce qui donne

$$(27) \quad \begin{cases} a_1^2 = a^2(h^2 + h_1^2 - 2hh_1\cos\delta), \\ \tan\varphi_1 = \dfrac{h_1\sin\delta}{h - h_1\cos\delta}, \end{cases}$$

et l'on obtiendrait des valeurs analogues pour le second azimut. La comparaison de ces expressions avec les formules exactes (11) montre qu'elles ne peuvent être identifiées que si l'on néglige les produits des facteurs de réflexion.

L'azimut θ déterminé par l'équation (26), dans laquelle on fera $\rho = 1$, est égal à 90° pour les incidences principales I' et I'_1, qui annulent respectivement les facteurs k et k_1; il ne s'écarte pas beaucoup de cette valeur pour les autres incidences. Si l'on représente graphiquement la courbe des angles θ en prenant pour abscisses les incidences i ou i', on obtient des courbes en forme d'ovales, dont les tangentes sont verticales pour les incidences I' et I'_1 ou les angles correspondants I et I_1.

Dans le cas de l'iriscope, en particulier, l'angle I'_1 (ou I_1) n'est pas possible si la condition (25) n'est pas satisfaite et alors la courbe des valeurs de θ n'est plus fermée.

Si l'angle θ correspond à l'un des points de la courbe, les anneaux disparaissent; pour la zone extérieure, ils conservent le signe de l'incidence normale; pour l'intérieur de la courbe, ils sont complémentaires.

Brewster a déterminé ainsi les azimuts de disparition des anneaux dans plusieurs systèmes et trouvé un accord suffisant avec la théorie, mais les calculs étaient faits à l'aide des équations ap-

prochées (27), qui donneraient $\tan^2\theta = \dfrac{hh_1}{kk_1}$, et ce genre de vérification ne présente pas un grand intérêt.

Pour les maxima et minima, la lumière réfléchie est polarisée dans deux azimuts différents θ_1 et θ_2 définis par les équations (14). Dans l'intervalle de ces points, les composantes principales sont d'intensités inégales avec une différence de phase variable δ_1; les phénomènes observés avec un analyseur présenteront des apparences analogues à celles de la polarisation chromatique.

611. *Réflexion elliptique.* — Dans la réflexion sur les corps transparents, les pertes de phase α_1 et α' relatives à la lumière polarisée dans le premier azimut sont toujours très faibles. Elles sont cependant appréciables et la différence de phase $\delta = \delta_0 + \alpha_1 + \alpha'$ ne dépend pas uniquement de l'épaisseur de la lame mince; la tache centrale n'est pas absolument noire, puisqu'il reste encore une différence de phase $\alpha_1 + \alpha'$.

Sous une même incidence, les anneaux n'ont donc pas exactement la position qui leur serait attribuée par le calcul des chemins optiques. La différence de l'observation et du calcul pour les épaisseurs des anneaux maxima ou minima, c'est-à-dire pour les carrés de leurs diamètres, est indépendante de l'ordre des anneaux, en tant du moins que les angles α_1 et α' seront indépendants de l'épaisseur, mais elle varie avec la nature des milieux extrêmes; l'épaisseur optique apparente (**606**) de la lame mince dépend ainsi des milieux qui la comprennent.

Dans le cas actuel, l'angle $\alpha_1 + \alpha'$ est toujours très petit, quelle que soit l'incidence. Les lois de Newton (**226**) sont encore sensiblement exactes; le diamètre des anneaux, en particulier, croît d'une manière continue avec l'incidence.

Le phénomène est surtout intéressant à étudier pour la lumière polarisée dans le second azimut. Quand on passe par l'une des incidences principales, I' et I_1, les angles β' et β_1 varient rapidement depuis une quantité très petite υ jusqu'à $\pm\pi - \upsilon$, pour atteindre environ $\pm\,90°$ sous ces incidences, sans que les facteurs correspondants k et k_1 s'annulent en même temps. Les anneaux ne disparaissent donc pour aucune direction de la lumière; mais, au voisinage des incidences principales, les minima se déplacent d'une manière continue, dans un intervalle de quelques degrés, pour prendre la position des maxima voisins.

Supposons, par exemple, que les anneaux soient à centre *blanc* quand on approche de l'incidence principale I_1 sur la seconde surface : ce serait le cas d'une lame d'*air* comprise entre un prisme de *verre* et une surface de *diamant*. Les maxima ont lieu pour la condition $\delta = \delta_0 + \beta_1 + \beta' = 2m\pi$. Si l'on admet, au moins à titre provisoire, que les pertes de phase sont indépendantes de l'épaisseur, l'angle β' ne change pas d'une manière appréciable au voisinage de l'incidence I_1; la variation d'épaisseur relative à un même anneau, pour un accroissement di' de l'incidence, est alors définie par la condition $d\delta_0 + d\beta_1 = 0$.

En remplaçant δ_0 par sa valeur $2\pi\,\dfrac{2\,e\,n'\cos i'}{\lambda}$, il en résulte

$$\frac{4\pi n'}{\lambda}\left(\cos i'\,de - e\sin i'\,di'\right) = -\,d\beta_1,$$

$$(28)\qquad\qquad \cos i'\,\frac{de}{di'} = e\sin i' - \frac{\lambda}{4\pi n'}\,\frac{d\beta_1}{di'}.$$

Pour les interférences d'ordre peu élevé, le premier terme du second membre dans cette équation est très petit.

Si la réflexion elliptique est *positive*, ce qui est encore le cas du diamant, $d\beta_1 > 0$ et l'interférence considérée a lieu pour une épaisseur plus faible; les anneaux doivent donc se *contracter* quand on passe par l'incidence principale I_1 en venant de la normale et, dès qu'on a dépassé sensiblement cette incidence, la tache centrale *blanche* est devenue *noire* par la contraction continue du premier anneau obscur qui l'entourait. Le phénomène reste ensuite sans modification sensible jusqu'à l'incidence rasante.

La transformation est difficile à saisir quand le coefficient d'ellipticité est très petit, parce qu'elle a lieu dans un champ très restreint et que l'intensité de la lumière est extrêmement faible; mais elle devient manifeste pour les corps très réfringents, comme le diamant, surtout quand on a soin d'éviter toute lumière étrangère et d'éliminer par un polariseur et un analyseur celle qui pourrait être polarisée dans le premier azimut. Telle est, en effet, l'expérience par laquelle Sir G. Airy a démontré pour la première fois l'existence d'une réflexion elliptique sur les substances isotropes transparentes (604).

Si la réflexion elliptique est *négative*, la dérivée de l'angle β_1 est négative et l'équation (28) indique toujours une épaisseur croissante. Au passage de l'incidence principale I'_1, c'est donc la tache centrale qui se creuse et se dilate pour aller occuper la position du premier anneau obscur, en même temps qu'elle est remplacée par une tache *noire*.

La dilatation des anneaux est alors continue à mesure que l'incidence augmente, mais particulièrement rapide près de l'incidence principale.

Il en résulte aussi une remarque importante, c'est que le sens dans lequel se fait la transformation montre quel est le caractère de la réflexion elliptique, suivant que les anneaux se *contractent* ou se *dilatent*, au passage de l'incidence principale sur la seconde surface S_1, en partant de l'incidence normale.

Il en est de même pour l'incidence principale I' relative au milieu supérieur, puisque l'angle β' représente la perte de phase du rayon situé dans l'intérieur de la lame mince et qui réfléchit sur la première surface.

Toutefois, ces effets de contraction des anneaux, dans le cas d'une réflexion *positive*, ne s'étendent pas, au moins en théorie, au système tout entier. En effet, la dérivée $\dfrac{d\beta_1}{di'}$ passe par un maximum B_1, qui a lieu au voisinage de l'incidence principale I'_1. Si l'épaisseur e satisfait à la condition

$$(29) \qquad 4\pi n' e \sin I'_1 < \lambda B_1,$$

l'anneau correspondant se dilate jusqu'à l'incidence i'_1 telle que

$$(30) \qquad \frac{4\pi n'}{\lambda} e_1 \sin i'_1 = \left(\frac{d\beta_1}{di'}\right)_1.$$

Cet anneau se contracte alors jusqu'à l'incidence i'_2, pour laquelle la dérivée de β_1 reprend la même valeur, et se dilate ensuite de nouveau jusqu'à l'incidence rasante.

Si la condition (29) est remplacée par une égalité, l'anneau limite correspondant ne subit qu'un temps d'arrêt dans sa dilatation. Si l'inégalité (29) a lieu en sens inverse, les anneaux n'éprouvent qu'un ralentissement, sans recul ni arrêt.

Entre la tache centrale et l'épaisseur limite, le diamètre des premiers anneaux passe donc par une valeur maximum, puis par un minimum; il est intéressant de noter que les incidences i'_1 et i'_2 et les épaisseurs correspondantes e_1 et e_2 permettent de déterminer, à l'aide de l'équation (3o), une série de valeurs des dérivées de la perte de phase β_1 par réflexion.

Si la dérivée maximum B_1 était infinie, c'est-à-dire si la courbe des pertes de phase β_1 était verticale au point d'inflexion, qui a lieu sensiblement sous l'incidence principale, la condition (29) serait toujours satisfaite et le système tout entier des anneaux participerait aux effets de contraction.

La différence de phase δ_0 relative à l'épaisseur limite e de l'anneau stationnaire est

$$\delta_0 = \frac{4\pi}{\lambda} e \cos I_1 = B_1 \cot I_1 = B_1 \frac{n'}{n''}.$$

La formule de Cauchy (586) donnerait, pour l'incidence principale,

$$(3\text{i}) \qquad \frac{d\beta_1}{de} = \frac{\text{i}}{\varepsilon \sin^3 I'_1} = \frac{\text{i}}{\varepsilon}\left[\text{i} + \left(\frac{n'}{n''}\right)^2 \right]^{\frac{3}{2}}.$$

En y faisant $n' = \text{i}$, $n'' = 2,425$ et $\varepsilon = 0,025$, valeurs qui conviennent à la réflexion dans l'air sur le *diamant*, il en résulte

$$B_1 = 4\text{o} \times 1,266 = 5\text{o},64$$

et l'inclinaison de la courbe des pertes de phase, au point d'inflexion, est voisine de $89°$; on a alors

$$\delta_0 = \frac{5\text{o},64}{2,425} = 2\text{o},884 = 2\pi \times 3,324.$$

Comme la différence de phase réelle est $\delta_0 + \beta_1 + \beta'$, l'anneau de quatrième ordre serait déjà en dehors de ceux qui éprouvent la contraction.

Enfin les mêmes déplacements ont lieu évidemment pour les anneaux de transmission, puisqu'ils doivent toujours être complémentaires des premiers. Le caractère de ces anneaux est défini, en effet, par la même différence de phase $\delta_0 + \beta_1 + \beta'$.

Si les milieux extrêmes sont identiques, les angles α_1 et α', β_1 et β' sont respectivement identiques. Les différences de phase des minima sont alors

$$\delta_0 + 2\alpha_1 = 2m\pi \qquad \text{ou} \qquad \delta_0 + 2\beta_1 = 2m\pi.$$

M. — II. 34

Dans tous les cas, si l'on détermine l'épaisseur et l'inclinaison qui correspondent à un anneau d'ordre quelconque m, ce nombre étant entier ou fractionnaire, on en déduira l'angle α_1 ou l'angle β_1, suivant l'azimut de polarisation, par une relation de la forme

$$(32) \qquad 2\alpha_1 = 2m\pi - \delta_0 = 2\pi\left(m - \frac{2e\cos i'}{\lambda}\right).$$

La différence $m' - m$ de l'ordre des interférences en un même point, relatives aux deux azimuts principaux, donnerait ainsi la différence des pertes de phase correspondantes

$$(33) \qquad \beta_1 - \alpha_1 = \pi(m' - m).$$

Pour le second azimut, l'angle $2\beta_1$ varie de 2π au passage de l'incidence principale; la contraction des anneaux, dans le cas d'une réflexion *positive*, a donc pour effet d'amener finalement le premier anneau obscur sur la tache centrale, qui reste noire, et le déplacement du système est doublé. L'ordre de l'anneau stationnaire doit être alors moitié moindre que dans un système où les milieux extrêmes seraient de natures différentes.

L'inverse a lieu pour la réflexion *négative* : la tache centrale se dilate pour former le premier anneau obscur et être remplacée finalement par une nouvelle tache noire.

Telles sont les expériences de M. Jamin sur une lame d'air comprise entre deux prismes de même nature.

Quand la lumière est polarisée dans le premier azimut, le diamètre des anneaux croît encore d'une manière continue à mesure que l'incidence augmente.

En polarisant la lumière dans le second azimut, M. Jamin a constaté que le système d'anneaux, après s'être dilaté d'abord, devient stationnaire, puis se contracte pour changer de signe vers l'incidence principale, qu'il continue encore à se contracter, passe ensuite par un minimum et reprend enfin sa dilatation régulière jusqu'à l'incidence rasante. Toutefois cette observation doit être complétée par la remarque que les mouvements de contraction et de dilatation successifs ne sont appréciables, à des degrés différents, que pour un nombre très limité d'anneaux.

Enfin, si les variations de phase étaient moins rapides, comme dans la réflexion métallique, la déformation des anneaux se ferait d'une manière plus lente et ne présenterait rien de particulier au passage par l'incidence principale correspondante.

612. *Voisinage de la réflexion totale.* — M. Jamin [1] signale aussi une déformation très inattendue des anneaux quand on approche de la limite de réflexion totale. Chacun d'eux serait bordé, d'un côté ou de l'autre, par une ou plusieurs franges supplémentaires dont on ne voit pas d'explication possible. M. Jamin ajoute toutefois que « l'on croit reconnaître, à la fatigue de l'œil et aux efforts qu'on est obligé de faire, que les anneaux ne se forment pas au même lieu, mais à des points plus ou moins éloignés, ce qui ne permet pas de les voir distinctement tous à la fois ». Il suffit, en effet, d'observer le phénomène avec une lunette dont la distance de vision est assez variable, pour constater que ces apparences tiennent uniquement à un défaut de mise au point. Les franges paraissent alors parfaitement nettes et simples, mais chacun des anneaux ne peut être vu en même temps dans toute son étendue, à cause de la distance très inégale à laquelle se fait la localisation des interférences (**276**). Comme la direction des rayons dans la lame d'air intermédiaire est voisine de l'incidence rasante, on conçoit aisément que la courbure des surfaces joue un rôle considérable; il ne semble pas douteux que le calcul rendrait compte de toutes ces apparences, mais l'influence des courbures est alors si importante qu'il serait sans doute difficile d'aboutir à des vérifications numériques.

La complexité des phénomènes étant ainsi éliminée, l'observation permettrait encore d'étudier de très près, à l'aide des équations (32) et (33), les modifications qu'éprouvent les pertes de phase des composantes principales dans une région particulièrement intéressante.

Le diamètre des anneaux varie très rapidement avec l'inclinaison et il serait nécessaire d'observer les diamètres perpendiculaires au plan d'incidence pour n'avoir pas à tenir compte de la différence d'inclinaison de la lumière sur les deux surfaces. Ces anneaux paraissent naturellement incomplets quand la direction limite de réflexion totale est comprise dans le champ de vision.

---

[1] Jamin, *Ann. de Chim. et de Phys.* [3], t. XXXVI, p. 185; 1852.

ÉTUDE DE LA RÉFLEXION MÉTALLIQUE.

613. *Éléments de la vibration réfléchie.* — Les premières observations de Brewster et de Biot (590) montraient déjà que la polarisation partielle par réflexion métallique est due à l'inégalité des pouvoirs réflecteurs pour les composantes principales et que, si l'on opère avec un rayon primitivement polarisé, la dépolarisation apparente tient à l'existence d'une différence de phase des composantes principales analogue à celle que produit une lame cristalline.

En utilisant la méthode des réflexions multiples imaginée par Fresnel pour l'étude de la réflexion totale, Brewster a constaté ensuite qu'il existe $m + 1$ incidences de polarisation rétablie quand la lumière subit m réflexions successives sous un même angle.

Dans le cas de deux réflexions, la polarisation est rétablie sous l'incidence principale I et, si l'azimut primitif θ est de $45°$, la tangente de l'azimut θ_2 du rayon réfléchi est égale au rapport correspondant des coefficients principaux k^2 et h^2, ou à $\tang^2 C$. Voici le résumé des expériences :

Substances.	I.	θ_2.	tang I.	tang C.
Étain coulé...............	78 30	33 0	4,915	0,806
Mercure.................	78 27	26	4,893	0,699
Galène..................	78 10	2	4,773	0,189
Pyrite de fer............	77 30	14	4,511	0,499
Cobalt gris..............	76 56	12 30	4,309	0,471
Métal des miroirs.......	76	21	4,011	0,619
Alliage d'antimoine......	75 25	16 15	3,844	0,540
Acier...................	75	17	3,732	0,553
Bismuth.................	74 50	21	3,689	0,619
Argent pur..............	73	39 48	3,271	0,913
Zinc....................	72 30	19 10	3,172	0,589
Étain frappé............	70 50	»	2,879	»
Or......................	74 45	33	2,864	0,806
Laiton..................	»	32	»	0,790
Cuivre..................	»	29	»	0,744
Platine.................	»	22	»	0,635
Plomb..................	»	11	»	0,441

On voit qu'il n'existe aucune relation entre l'incidence principale et le rapport correspondant des coefficients principaux de réflexion. D'autre part, l'indice de réfraction des métaux, calculé par la tangente de l'incidence principale, serait en général beaucoup plus élevé que pour les substances transparentes.

Ce Mémoire important renferme encore beaucoup d'observations très intéressantes dont il suffira de citer les résultats généraux, sans insister sur les vérifications numériques, parce que leur degré d'exactitude laisserait aujourd'hui beaucoup à désirer :

1° Sous l'incidence principale, quand l'azimut primitif est de 45°, l'azimut θ_{2m} de polarisation rétablie par un nombre $2m$ de réflexions est égal à $\tang^2 mC$ ou $\tang^m \theta_2$.

2° A une incidence quelconque correspond une incidence conjuguée, située de l'autre côté de l'incidence principale, sous laquelle une seconde réflexion est capable de rétablir la polarisation primitive. La somme de ces incidences conjuguées augmente de plus en plus, à mesure qu'elles se rapprochent de l'incidence principale, ce qui est conforme à la manière dont varie la différence de phase (*fig.* 296).

3° Cette différence de phase peut être déterminée, pour une série d'incidences, par le nombre des réflexions qui rétablissent la polarisation.

4° Elle se déduit également, pour une incidence quelconque, des éléments qui définissent la vibration elliptique réfléchie.

5° Enfin les observations à la lumière blanche sont souvent défectueuses, parce que l'effet de la réflexion varie avec la longueur d'onde, et l'extinction par l'analyseur est rarement complète.

Mac Cullagh (¹) a fait une série de mesures sur le *métal des miroirs*, en employant le rhombe de Fresnel (602) pour établir une différence de marche d'un quart d'onde et déterminer ainsi les éléments de la vibration elliptique réfléchie.

L'azimut primitif étant de 45°, la comparaison des observations avec les résultats du calcul a été faite en prenant pour paramètres du métal les valeurs

$$m = 2,94, \qquad x = 64°25',$$

(¹) Mac Cullagh, *Proceed. of the Roy. Irish Acad.*, Vol. I, p. 158; 1837-38. — *Phil. Mag.*, t. XXIV, p. 380; 1844.

et déterminant par les formules approchées (593) les angles ψ_1 et I_1 qui définissent la vibration elliptique. Voici les résultats :

Métal des miroirs.

Angle d'incidence.	ψ_1		I_1		$\dfrac{\tang 2 I_1}{\cos 2 \psi_1}$	
	observé.	calculé.	observé.	calculé.	observé.	calculé.
65°	27° 55′	27° 55′	28° 0′	28° 0′	2,64	2,64
70	15 41	15 44	33 7	33 1	2,66	2,63
75	— 8 45	— 9 16	34 10	34 6	2,64	2,64
80	—30 15	—29 25	27 0	26 53	2,79	2,64
84	—37 22	—37 25	16 47	17 17	2,52	2,63

La conformité des observations avec le calcul est très satisfaisante. Les valeurs des dernières colonnes vérifient en même temps que le quotient de $\tang 2 I_1$ par $\cos 2 \psi_1$, qui doit représenter le produit $\sin \delta \tang 2 \gamma$, est indépendant de l'incidence.

C'est surtout pour les grandes incidences que les observations sont intéressantes, parce que le phénomène se modifie alors très rapidement. Mac Cullagh fait remarquer toutefois que le calcul fait intervenir deux constantes arbitraires et que le contrôle expérimental n'est peut-être pas aussi rigoureux qu'il le paraît. En outre, le rhombe de Fresnel exige une étude préalable pour vérifier l'exactitude de la taille et corriger les erreurs qui résultent de la construction ; il donne alors une différence de phase à peu près indépendante de la longueur d'onde, mais la réflexion est variable avec la couleur et les déterminations à la lumière blanche ne peuvent être très rigoureuses. Cette cause d'erreur suffit sans doute pour expliquer les différences du calcul et de l'observation.

La même méthode a été employée par de Senarmont ([1]), en prenant une lamelle de mica comme quart d'onde. La différence de phase de cet appareil est alors sensiblement en raison inverse de la longueur d'onde et donne lieu à une variation considérable qui s'ajoute à la dispersion du métal. Il n'y a donc pas lieu de s'étonner que les expériences présentent quelques discordances, surtout au voisinage de l'incidence principale, et elles devenaient presque irréalisables avec certains métaux, tels que le *bronze des miroirs* et l'*argent*.

([1]) De Senarmont, *Ann. de Chim. et de Phys.* [2], t. LXXIII, p. 337; 1840.

Une longue série de mesures sur l'*acier*, où l'azimut primitif avait différentes valeurs pour une même incidence, a donné des résultats très réguliers dont nous reproduirons les moyennes :

Acier.

Angle d'incidence.	ζ.	$\cot \gamma$.	$\sin \mathrm{I} \tang \mathrm{I}$.	$\sin \delta \tang 2\gamma$.
25°	3° 56′	1,062	4,87	1,13
30	6 37	1,080	4,15	1,50
35	8 48	1,120	4,20	1,34
40	12 0	1,167	4,14	1,34
45	15 41	1,218	4,57	1,43
50	20 38	1,295	4,10	1,35
55	26 21	1,381	4,13	1,35
60	32 6	1,500	4,29	1,29
65	42 5	1,675	4,24	1,24
70	56 59	1,895	4,19	1,23
70,5	67 36	2,003	3,65	1,23
75	80 46	2,095	4,09	1,23
77,5	96 6	2,076	4,05	1,24
80	116 42	1,962	3,82	1,23
82,5	131 11	1,762	3,97	1,26
85	151 16	1,422	3,52	1,33
Moyennes			4,124	1,285

La manière la plus simple de comparer ces expériences à la théorie est de calculer, par chacune d'elles, l'incidence principale I à l'aide des équations (21) et (22) du n° 593. La moyenne 4,124 des nombres de la quatrième colonne correspond à l'angle de 76° 43′, très voisin de celui qu'on obtiendrait par la courbe des valeurs de δ en fonction de l'incidence. Comme les écarts des nombres isolés ne suivent aucune règle, à part les valeurs extrêmes où les erreurs manifestes tiennent évidemment aux conditions de l'observation, il en résulte que les formules approchées se vérifient dans la limite de précision des lectures.

Les nombres de la dernière colonne montrent également que la première des équations (17) du n° 593 indiquée par Mac Cullagh est assez exacte, quoique ces nombres diminuent d'une manière sensible quand on approche de l'incidence rasante.

De Senarmont a fait à cette occasion une remarque intéressante sur le *sulfure d'antimoine*. Les propriétés de la lumière réfléchie varient beaucoup avec la direction de la surface par rapport aux plans de symétrie du milieu. La réflexion fournit ainsi une méthode précieuse, et souvent la seule méthode expérimentale possible, pour démontrer l'existence de la double réfraction dans certains corps opaques.

De Senarmont avait aussi essayé d'utiliser la méthode indiquée par Fresnel (602) pour déterminer la perte de phase de chacune des composantes principales, en observant les interférences de deux faisceaux qui se seraient réfléchis séparément sur deux miroirs, l'un en verre et l'autre en métal, situés dans le même plan, mais des difficultés pratiques de cette expérience paraissent très difficiles à surmonter.

La méthode des réflexions multiples a été employée également par M. Jamin (¹) pour déterminer les différences de phase relatives à une série d'incidences. Sur le *plaqué d'argent*, les observations étaient faites à la lumière blanche, mais l'extinction par l'analyseur n'est jamais complète et l'on ne peut obtenir qu'un minimum d'intensité correspondant à une teinte de passage. Pour l'*acier*, le *zinc*, le *métal des miroirs* et le *cuivre*, il a eu recours à l'emploi d'un verre rouge qui donne de meilleurs résultats, quoique l'éclat général soit beaucoup affaibli.

Les azimuts de polarisation rétablie n'ayant pas été mesurés en même temps, la détermination des constantes exige deux expériences distinctes. Les formules approchées (21) du n° 593 représentent les observations au degré d'approximation des expériences, c'est-à-dire à 0,01 près en moyenne, sauf cependant pour le zinc où l'accord est moins satisfaisant. La réflexion peut être définie par l'incidence principale I et par l'incidence I' sous laquelle la différence de phase est de 45°. Ces constantes étaient :

	I.	I'.
Plaqué d'argent............	71° 40′	55° 26′
Acier...................	76	63 38
Zinc { 1ʳᵉ série............	77	62 45
Zinc { 2ᵉ série............	79 13	66 48

Enfin, sur le *cuivre*, où l'incidence principale est de 70°, on a déterminé l'azimut de polarisation rétablie pour un azimut pri-

---

(¹) JAMIN, *Ann. de Chim. et de Phys.* [3], t. XIX, p. 296; 1847.

mitif de 45°, après un certain nombre de réflexions sous le même angle. Les résultats sont encore conformes à la théorie, quoique les erreurs dépassent quelquefois 1°, en plus ou en moins.

En déposant sur une des faces d'un prisme isoscèle des couches métalliques, d'*argent* ou d'*or* par exemple, que l'on polit extérieurement, on peut étudier la réflexion métallique dans l'air ou dans le verre et même dans un liquide quelconque, si l'on construit un prisme creux avec la lame métallisée.

M. Quincke ([1]) a constaté ainsi que les caractères de la réflexion varient avec le degré du poli. Dans l'air, l'incidence principale et le rapport minimum $\tang C$ des facteurs principaux sont d'autant plus grands que la pression du polissage a été plus forte.

D'autre part, l'incidence principale est d'autant plus petite que le milieu dans lequel a lieu la réflexion est plus réfringent, et une relation semblable a lieu pour l'angle C.

614. *Méthodes qualitatives.* — De Senarmont ([2]) indique encore plusieurs méthodes, qui reposent, il est vrai, sur des observations photométriques, mais qu'il est utile de signaler ici.

Nous examinerons d'abord, sous un point de vue un peu différent, la méthode (595) dans laquelle on reçoit un faisceau de lumière polarisée elliptiquement sur un analyseur biréfringent, dont la section principale est à 45° sur les axes de la vibration elliptique, de manière à rendre les deux images égales.

Sous la même incidence, il existe deux azimuts conjugués θ' et θ'' de polarisation primitive, pour lesquels les axes des vibrations elliptiques réfléchies sont parallèles. Si l'on pose

$$(1) \qquad \begin{cases} \tang\theta_1 = \tang\gamma \, \tang\theta', \\ \tang\theta_2 = \tang\gamma \, \tang\theta'', \end{cases}$$

l'azimut de polarisation ψ de l'un des axes de ces ellipses est déterminé par l'une des équations

$$(2) \qquad \tang 2\psi = \tang 2\theta_1 \cos\delta = \tang 2\theta_2 \cos\delta.$$

Il en résulte

$$\tang 2\theta_1 = \tang 2\theta_2;$$

<hr>

([1]) Quincke, *Pogg. Ann.*, t. CXXVIII, p. 541; 1866.
([2]) De Senarmont, *Ann. de Chim. et de Phys.* [3], t. XX, p. 397; 1847.

les angles conjugués θ_1 et θ_2 diffèrent donc de $90°$ et l'on a

$$\tang\theta_1\,\tang\theta_2 = -1.$$

Ces équations donnent alors

$$(3) \qquad\qquad \tang^2\gamma = -\cot\theta'\cot\theta'',$$

$$\frac{\cos^2\delta}{\tang^2 2\psi} = \cot 2\theta_1\,\cot 2\theta_2 = \frac{(1-\tang^2\gamma\,\tang^2\theta')(1-\tang^2\gamma\,\tang^2\theta'')}{4\,\tang^2\gamma\,\tang\theta'\,\tang\theta''},$$

$$(4) \qquad\qquad \cos^2\delta = -\tang^2 2\psi\,\frac{\sin^2(\theta'+\theta'')}{\sin 2\theta'\,\sin 2\theta''}.$$

Les équations (3) et (4) font connaître séparément le rapport $\tang^2\gamma$ des coefficients principaux de réflexion et la différence de phase δ en fonction des angles θ', θ'' et ψ. Les deux premiers sont fournis directement par l'expérience et le troisième est égal à l'azimut φ de l'analyseur $\pm 45°$. Les angles 2φ et 2ψ diffèrent aussi de $90°$ et

$$(5) \qquad\qquad \tang 2\varphi\,\tang 2\psi = -1.$$

En donnant à l'azimut φ différentes valeurs, on aurait une série de couples d'équations semblables pour calculer les angles γ et δ, mais les comparaisons d'intensités ne permettent guère, d'après de Senarmont, d'évaluer les trois azimuts nécessaires avec une erreur moindre que $2°$ ou même $4°$.

Si la polarisation elliptique n'est pas la même pour les différentes couleurs, on ne peut plus opérer à la lumière blanche et l'emploi d'une source homogène diminue encore la sensibilité.

Dans le cas de la lumière blanche, on peut donner à cette méthode l'avantage d'être pour ainsi dire *qualitative,* en même temps qu'elle comportera des mesures et permettra de reconnaître la nature des phénomènes par un contraste de teintes.

En recevant la lumière réfléchie sur un biquartz de Soleil (507) à teinte sensible, les deux secteurs du quartz paraîtront de même teinte si on les observe avec un analyseur parallèle à l'un des axes de la vibration elliptique, puisque les deux ellipses nouvelles, à la sortie des quartz de signes contraires, restent symétriques par rapport à l'analyseur.

Pour un azimut déterminé ψ de l'analyseur, on déterminera les azimuts conjugués θ' et θ'' de polarisation primitive, ce qui permettra encore de calculer γ et δ par les équations (3) et (4).

Lorsque l'angle δ est égal à $\pm 90°$, on peut choisir l'azimut primitif θ de façon que la lumière réfléchie soit circulaire. Les deux quartz restent alors incolores, à la dispersion près, et l'intensité est indépendante de l'azimut de l'analyseur.

En réalité, à mesure qu'on se rapproche de l'incidence principale, la coloration du quartz s'éloigne de plus en plus de la teinte sensible, les modifications dues à la réflexion sont inégales pour les différentes couleurs et il devient plus difficile d'obtenir des teintes identiques.

L'emploi du biquartz est plus avantageux quand on l'interpose sur le trajet de la lumière incidente.

Si la vibration primitive $r \sin \omega t$ est polarisée dans l'azimut ψ, R étant la rotation des quartz, les deux moitiés du faisceau incident qui correspondent aux secteurs du biquartz sont polarisées respectivement dans les azimuts $\psi + R$ et $\psi - R$.

Pour la première, les composantes principales de la vibration réfléchie sont

$$(6) \quad \begin{cases} x = hr \cos(\psi + R) \sin \omega t, \\ y = kr \sin(\psi + R) \sin(\omega t - \delta). \end{cases}$$

Sur un analyseur biréfringent situé dans l'azimut θ', compté dans le même sens, la vibration ordinaire est

$$(7) \quad \xi = x \cos\theta' + y \sin\theta' = A \sin(\omega t - \alpha),$$

$$\frac{\xi}{hr \cos\theta'} = \cos(\psi + R) \sin \omega t + \operatorname{tang}\gamma \operatorname{tang}\theta' \sin(\psi + R) \sin(\omega t - \delta),$$

$$\frac{A^2}{h^2 r^2 \cos^2\theta'} = \cos^2(\psi + R) + \operatorname{tang}^2\gamma \operatorname{tang}^2\theta' \sin^2(\psi + R)$$
$$+ \operatorname{tang}\gamma \operatorname{tang}\theta' \sin 2(\psi + R) \cos\delta,$$

$$\frac{2A^2}{h^2 r^2 \cos^2\theta'} = 1 + \operatorname{tang}^2\gamma \operatorname{tang}^2\theta' + (1 - \operatorname{tang}^2\gamma \operatorname{tang}^2\theta') \cos 2(\psi + R)$$
$$+ 2 \operatorname{tang}\gamma \operatorname{tang}\theta' \sin 2(\psi + R) \cos\delta.$$

Cette dernière équation peut s'écrire, en posant

$$(8) \quad \operatorname{tang}\theta_1 = \operatorname{tang}\gamma \operatorname{tang}\theta',$$

$$\frac{2A^2 \cos^2\theta_1}{h^2 r^2 \cos^2\theta'} = 1 + \cos 2\theta_1 \cos 2(\psi + R) + \sin 2\theta_1 \sin 2(\psi + R) \cos\delta$$
$$= 1 + \cos 2\theta_1 \cos 2\psi [(1 + \operatorname{tang} 2\theta_1 \operatorname{tang} 2\psi \cos\delta) \cos 2R$$
$$- (\operatorname{tang} 2\psi - \operatorname{tang} 2\theta_1 \cos\delta) \sin 2R].$$

Les deux secteurs de l'image ordinaire auront la même intensité si le second membre est indépendant du signe de la rotation R, c'est-à-dire pour la condition

$$(9) \qquad \operatorname{tang} 2\psi = \operatorname{tang} 2\theta_1 \cos\delta.$$

Un autre azimut θ'' de l'analyseur donnerait également des secteurs de même teinte dans l'image ordinaire, si l'on a

$$(10) \qquad \left\{ \begin{array}{l} \operatorname{tang}\theta_2 = \operatorname{tang}\gamma \operatorname{tang}\theta'', \\ \operatorname{tang} 2\psi = \operatorname{tang} 2\theta_2 \cos\delta. \end{array} \right.$$

C'est seulement dans des cas particuliers que l'identité des secteurs peut être établie en même temps sur les deux images d'un analyseur biréfringent. Il faut, en effet, qu'on puisse poser

$$\theta'' = \theta' \pm 90°,$$

c'est-à-dire

$$\operatorname{tang}\theta' \operatorname{tang}\theta'' = -1 \qquad \text{ou} \qquad \operatorname{tang}\theta_1 \operatorname{tang}\theta_2 = -\operatorname{tang}^2\gamma.$$

Une première solution consiste à faire $\operatorname{tang} 2\psi = 0$, c'est-à-dire à polariser la lumière primitive dans l'un des azimuts principaux. Les secteurs sont alors identiques dans les deux images pour $\operatorname{tang}\gamma = 0$, ou $k = 0$, c'est-à-dire quand l'incidence correspond à un angle de polarisation complète, ce qui ne peut avoir lieu que pour la réflexion vitrée.

Une seconde solution, relative aux mêmes directions de l'azimut primitif, a lieu pour $\cos\delta = 0$, ce qui correspond à l'incidence principale sur une surface qui possède la réflexion elliptique.

Enfin, si l'on a

$$\operatorname{tang}^2\gamma = 1,$$

les angles θ_1 et θ_2 seront respectivement égaux à θ' et $\theta' \pm 90°$. Cette circonstance n'est réalisable, au moins pour les milieux isotropes, que sous les incidences normale et rasante.

Dans le cas général, les deux azimuts θ' et θ'' de l'analyseur qui donnent des secteurs d'égale intensité dans l'une des images, pour une même polarisation primitive, sont définis par les équations (8), (9) et (10), lesquelles sont identiques aux équations (1) et (2). Les équations (3) et (4), qui s'en déduisent, détermineront encore les angles γ et δ.

On pouvait d'ailleurs écrire ces résultats immédiatement sans aucun calcul, puisque la dernière expérience ne diffère de la précédente que par la marche inverse de la lumière (177).

Les biquartz présentent la propriété précieuse que les défauts de réglage sont accusés par une différence de teinte des deux secteurs voisins dans une même image, mais la méthode suppose implicitement que les effets de la réflexion sont sensiblement les mêmes pour toutes les couleurs.

615. *Mesures photométriques.* — Les méthodes photométriques ont été utilisées le plus souvent pour évaluer, soit les coefficients principaux de réflexion sans faire intervenir la différence de phase, soit le coefficient relatif à la lumière naturelle.

Une expérience très simple permit à Bouguer ([1]) de constater que le pouvoir réflecteur des surfaces métalliques, pour la lumière naturelle, est beaucoup plus grand que celui des substances transparentes et de comparer les deux espèces de réflexions sous certaines incidences.

En observant les deux images réfléchies sur un bain de mercure et à la surface d'une couche d'eau qui lui est superposée, il a reconnu qu'elles paraissent d'égale intensité pour une incidence de $80°$. Le pouvoir réflecteur de l'eau étant alors de $\frac{1}{3}$, d'après ses observations directes, la fraction de lumière qui tombe sur le mercure est $\frac{2}{3}$; si le pouvoir réflecteur du métal est représenté par α, la lumière réfléchie est $\frac{2}{3}\alpha$ et celle qui émerge finalement par réfraction à la sortie $\frac{2}{3}.\frac{2}{3}\alpha$; comme elle doit être égale à $\frac{1}{3}$, il en résulte $\alpha = \frac{3}{4}$ pour la surface de contact du mercure et de l'eau sous l'incidence de $39° 40'$.

On admettait généralement que le pouvoir réflecteur des métaux pour la lumière naturelle croît d'une manière continue, comme celui des substances transparentes, depuis la normale jusqu'à l'incidence rasante. En comparant par la loi du carré des distances les éclairements produits sur un écran par deux sources de lumière identiques, où l'un des faisceaux avait éprouvé d'abord la réflexion métallique, Potter ([2]) reconnut ce fait important que

---

([1]) Bouguer, *Traité d'Optique,* p. 138; 1760.
([2]) R. Potter, *Edimb. Journ. of Sc.,* Vol. III, p. 278; 1830.

l'intensité de la lumière réfléchie sur le *métal des miroirs* et sur l'*acier* diminue d'abord depuis la normale jusqu'à une incidence comprise entre 60° et 70° et devient ensuite égale à celle de la lumière primitive sous l'incidence rasante.

M. Jamin a employé une première méthode, très ingénieuse en principe, qui consiste à comparer l'éclat de deux miroirs, l'un en verre et l'autre en métal, placés en contact et de façon que les surfaces soient dans le même plan.

La lumière incidente étant polarisée successivement dans les deux azimuts principaux, on reçoit le faisceau réfléchi sur un analyseur biréfringent orienté dans l'azimut pour lequel l'une des images du verre et l'une des images du métal présentent le même éclat apparent.

Les formules de Fresnel, qui donnent avec une grande exactitude l'intensité de la lumière réfléchie sur le verre, permettent alors de calculer celle qui a subi la réflexion métallique.

Si la lumière est polarisée, par exemple, dans le plan d'incidence et que la section principale de l'analyseur fasse l'angle φ avec l'azimut primitif, les intensités O et E des images ordinaire et extraordinaire réfléchies sur le verre et les intensités correspondantes O' et E' sur le métal, en prenant pour unité l'intensité de la lumière incidente, ont pour expressions

$$\text{Verre.} \qquad\qquad\qquad \text{Métal.}$$

$$O = \frac{\sin^2(i - i')}{\sin^2(i + i')} \cos^2\varphi, \qquad O' = h^2 \cos^2\varphi,$$

$$E = \frac{\sin^2(i - i')}{\sin^2(i + i')} \sin^2\varphi, \qquad E' = h^2 \sin^2\varphi.$$

Il peut arriver que les deux images de même espèce, O et O', E et E', soient respectivement égales, ce qui donnerait

$$h^2 = \frac{\sin^2(i - i')}{\sin^2(i + i')};$$

mais, comme le coefficient h^2 est une fonction de l'angle i, cette condition particulière, si elle est réalisable, ne peut avoir lieu que pour une seule incidence.

Dans le cas général, on détermine l'azimut φ, qui égalise deux images d'espèces différentes O et E', et l'azimut φ' qui répond à la même condition pour les deux images E et O'. Il en résulte

$$h^2 = \cot^2\varphi \, \frac{\sin^2(i-i')}{\sin^2(i+i')} = \tang^2\varphi' \, \frac{\sin^2(i-i')}{\sin^2(i+i')}.$$

Les angles φ et φ' doivent être complémentaires, ce qui fournit un contrôle des observations, et l'on prend pour l'angle φ la valeur moyenne $45° + \dfrac{\varphi - \varphi'}{2}$.

En répétant la même expérience pour la lumière polarisée dans le second azimut, il suffira de remplacer h^2 par le coefficient analogue k^2 et $\dfrac{\sin^2(i-i')}{\sin^2(i+i')}$ par $\dfrac{\tang^2(i-i')}{\tang^2(i+i')}$.

L'inconvénient principal de la méthode tient à ce que le champ renferme quatre images d'intensités très différentes, dont deux sont étrangères à l'observation, tandis que les deux images que l'on doit égaler ne se trouvent pas en contact. En outre, les coefficients de réflexion que l'on compare sont très différents, de sorte que les angles φ et φ' diffèrent très peu de zéro et de 90°.

L'indice de réfraction du verre peut être déterminé par l'azimut de polarisation θ_1 du faisceau réfléchi qui provient d'une lumière polarisée dans l'azimut de 45°, car la relation

$$\tang\theta_1 = -\frac{\cos(i+i')}{\cos(i-i')} = \frac{\tang i \tang i' - 1}{\tang i \tang i' + 1},$$

$$\tang i \tang i' = \frac{1 + \tang\theta_1}{1 - \tang\theta_1} = \tang(45° + \theta_1),$$

permet alors de calculer l'angle i' en fonction de l'incidence i et, par suite, l'indice de réfraction. La moyenne d'une série d'expériences concordantes a donné $n = 1,4925$; valeur qui différait, il est vrai, de $\frac{3}{100}$ de celle qui était fournie par les mesures directes de réfraction.

Les expériences de M. Jamin, faites avec la lumière d'une lampe Carcel, ont porté sur l'*acier* et le *métal des miroirs*. Les premières paraissent sensiblement plus exactes, quand on les compare avec la théorie, sans doute parce que le phénomène varie davantage avec la longueur d'onde pour le métal des miroirs et que les deux images à comparer n'avaient pas la même teinte.

Pour l'*acier*, les valeurs des facteurs h et k, abstraction faite de leur signe, ont été :

Acier.

Angle d'incidence.	h.		k.		$\frac{1}{2}(h^2 + k^2)$
	observé.	calculé.	observé.	calculé.	
20°	0,780	0,781	0,770	0,758	0,601
25	791	787	769	751	608
30	790	795	760	742	600
35	800	804	741	730	594
40	780	815	688	717	541
45	818	827	689	701	572
50	828	842	666	681	565
55	869	856	»	»	»
60	897	874	630	630	601
65	898	892	627	599	600
70	915	910	545	569	567
75	946	932	566	563	608
80	945	954	547	583	596
85	951	977	719	709	711

On voit d'abord, par la dernière colonne, que le coefficient de réflexion relatif à la lumière naturelle, au lieu de varier d'une manière continue entre les incidences normale et rasante, éprouve une série d'oscillations, sans que l'incidence qui correspond au minimum soit nettement indiquée.

D'autre part, les différences des observations et du calcul, fait par les formules approchées pour les facteurs h et k, atteignent parfois $\frac{1}{20}$, spécialement pour la lumière polarisée dans le second azimut. Comme ces facteurs sont déduits d'une observation photométrique qui en donne le carré, les erreurs expérimentales atteignent ainsi $\frac{1}{10}$; on ne peut donc pas considérer la vérification des formules comme suffisamment rigoureuse.

Le *métal des miroirs* a été étudié aussi par une autre méthode, en déterminant les éléments de la vibration elliptique réfléchie pour une lumière incidente polarisée en dehors des azimuts principaux. A l'aide d'un verre rouge, on mesurait l'azimut pour lequel les deux images d'un analyseur biréfringent sont d'égale intensité ou, ce qui est plus simple au point de vue expérimental, l'azimut primitif θ qui rend les images égales quand l'analyseur est parallèle au plan d'incidence (595).

Les résultats calculés, tant pour le rapport $\tan \gamma$ que pour l'azimut ψ_1, relatifs à des azimuts primitifs de $20°15'$, $46°$ et $71°25'$,

sont encore conformes à ceux qui résultent des formules approchées, mais le Mémoire ne renferme pas d'une manière explicite
les valeurs des différences de phase δ, qui seraient nécessaires
pour rendre la discussion plus facile.

616. *Mesures calorimétriques.* — L'étude des rayons calorifiques fournira un nouveau contrôle de la théorie : pour la chaleur
naturelle, en particulier, le pouvoir réflecteur des métaux doit
aussi diminuer, à partir de l'incidence normale, jusqu'à un certain
minimum, pour augmenter ensuite jusqu'à l'incidence rasante.

Dans une longue série d'expériences sur cette question, de la
Provostaye et Desains ([1]) ont étudié d'abord l'*acier*, le *métal des
miroirs*, l'*argent* et le *platine* en utilisant l'ensemble de la chaleur
solaire. Nous rapporterons, comme exemple, les nombres relatifs
aux deux premiers métaux.

Acier.

Angle d'incidence.	h^2.	k^2.	$\frac{1}{2}(h^2 + k^2)$.
30°	0,64	0,566	0,603
50	694	468	581
70	834	»	»
76	87	271	570
80	90	290	595

Métal des miroirs.

30	669	618	643
50	740	579	659
72,5	895	415	655
80	938	440	689

Le minimum du pouvoir réflecteur pour la chaleur naturelle est
très manifeste dans le cas de l'acier; il apparaît moins nettement
avec le métal des miroirs.

Une comparaison directe a montré aussi que ce pouvoir réflecteur total est la moyenne des pouvoirs réflecteurs relatifs aux deux
composantes principales, à condition que l'on ait soin, pour avoir
des sources de même nature dans les deux cas, de prendre comme

---

([1]) F. DE LA PROVOSTAYE et DESAINS, *Ann. de Chim. et de Phys.* [3], t. XXVII,
p. 121; 1849, et t. XXX, p. 276; 1850.

faisceau primitif la partie commune aux deux faisceaux polarisés à angle droit qui sortent du spath polariseur.

Enfin le pouvoir réflecteur des métaux augmente beaucoup avec la longueur d'onde; il suffira d'en citer quelques exemples :

Surface réfléchissante.	Lampe de Locatelli.	Même source après que le faisceau a traversé	
		une lame de verre de 5^{mm}.	une plaque de sel gemme.
Métal des miroirs........	0,835	0,74	0,825
Argent.................	0,655	0,91	»
Platine.................	0,790	0,655	0,775

Les résultats sont mieux définis quand on opère sur un faisceau de chaleur homogène; avec les rayons de l'extrémité rouge du spectre solaire, on a ainsi obtenu :

Angle d'incidence.	Acier.		Métal des miroirs.		Platine.	
	h^2.	k^2.	h^2.	k^2.	h^2.	k^2.
30°	»	0,53	0,65	0,62	0,65	0,588
50	»	»	0,74	0,577	0,72	0,51
70	»	0,266	»	»	»	0,427
72,5	»	»	0,87	0,426	»	»
76	»	»	»	»	0,856	0,40
80	»	»	»	0,446	»	»

La chaleur d'une lampe à double courant a donné, de même, si l'on exprime les coefficients h^2 et k^2 en centièmes :

Angle d'incidence.	Métal des miroirs.		Acier.		Platine.		Étain.		Zinc.		Laiton.	
	h^2.	k^2.	h^2.	k^2.	h^2.	k^2.	h^2.	k^2.	h^2.	k^2.	h^2.	k^2.
30°	71	68	69	62	69	67	69	63	68	67	87	81
50	77	64	77	55	77	63	»	62	»	65	88	79
60	82	60	»	»	»	»	78	60	»	»	»	»
70	85	51	87	42	84	53	83	54	»	60	89	73
76	89	44	90	55	86	45	89	49	83	55	89	72

Dans tous les cas, les réflexions sont plus intenses qu'avec la chaleur solaire totale.

Le pouvoir réflecteur du *laiton* varie peu avec l'incidence. Le *platine* se rapproche beaucoup de l'*acier* et de l'*étain*. Enfin les formules de Cauchy se vérifient bien pour l'*acier*, mais les résultats sont moins satisfaisants dans les autres cas, sans doute à cause du défaut d'homogénéité de la lumière et de l'imperfection du poli pour les métaux autres que l'acier et le bronze des miroirs.

617. *Influence de la couleur.* — Pour étudier cette influence par des expériences directes, M. Jamin ([1]) déterminait, avec différentes lumière prises dans un spectre solaire, les azimuts de polarisation rétablie par $2m$ réflexions successives, ce qui donne la différence de phase et le rapport des coefficients principaux correspondants. Il a obtenu ainsi :

Incidence principale I.

Couleur.	Argent.	Métal des cloches.	Acier.	Zinc.	Métal des miroirs.
Rouge extrême....	75 45	75 16	77 52	75 45	76 45
Orangé............	72 48	74 5	76 37	74 54	74 36
Raie D...........	72 30	73 28	76 40	74 27	74 7
» E............	71 30	72 20	75 47	73 28	73 35
» F............	69 34	71 21	75 8	72 32	73 4
» H	66 12	70 2	74 32	71 18	71 36

La tangente de l'azimut θ_2 de polarisation rétablie par deux réflexions, quand l'azimut primitif est de $45°$, est égale au carré $\tang^2 C$ du rapport minimum des coefficients principaux.

Valeur de l'angle θ_2.

Couleur.	Argent.	Métal des cloches.	Acier.	Zinc.	Métal des miroirs.
Rouge extrême....	41 37	29 25	16 20	15 50	29 15
Orangé............	40 23	28 38	16 33	18 16	27 15
Raie D...........	40 9	28 24	16 48	18 45	27 21
» E............	40 19	25 31	17 30	21 13	25 52
» F............	39 46	23 55	18 29	22 44	26 15
» H............	39 50	23 21	20 7	25 18	28 0

Les nombres relatifs au *cuivre* et au *laiton* sont rapportés seulement aux couleurs principales :

([1]) JAMIN, *Ann. de Chim. et de Phys.* [3], t. XXII, p. 311; 1848.

	Cuivre.		Laiton.	
	I.	θ_1.	I.	θ_1.
Rouge......	71 21	28 22	71 30	29 40
Orangé.....	70 0	26 0	70 27	29 3
Jaune......	69 3	21 57	69 38	28 25
Vert........	68 44	18 7	68 19	27 0
Bleu........	67 44	16 57	66 11	23 23
Indigo......	67 30	16 30	65 35	19 57
Violet......	66 56	15 57	64 16	17 38

Ces Tableaux donnent lieu à plusieurs remarques :

1° L'incidence principale est toujours croissante avec la longueur d'onde, du violet au rouge. Si donc on évaluait l'indice de réfraction par la loi de Brewster, la dispersion serait anormale pour tous les métaux. Les indices ainsi calculés sont d'ailleurs considérables et la dispersion très élevée, comme le montrent les nombres suivants :

Valeurs de $n = \operatorname{tang} I$.

	Argent.	Métal des cloches.	Acier.	Zinc.	Métal des miroirs.
Rouge extrême.......	3,94	3,80	4,65	3,94	4,24
Raie H.............	2,27	2,75	3,61	2,96	3,00
Dispersion relative...	0,53	0,32	0,25	0,28	0,34

	Cuivre.	Laiton.
Rouge...............	2,96	2,99
Violet...............	2,35	2,07
Dispersion relative...	0,23	0,36

2° Au point de vue du rapport des coefficients principaux de réflexion sous l'incidence principale, les métaux se partagent en plusieurs catégories différentes.

Pour l'*acier* et le *zinc*, le rapport $\operatorname{tang}^2 C$ croît du rouge au violet. Pour d'autres, tels que l'*argent*, le *métal des cloches*, le *cuivre* et le *laiton*, ce rapport augmente en sens contraire, du violet au rouge. Enfin le *métal des miroirs* présente un cas intermédiaire, car le rapport diminue d'abord du rouge au vert pour augmenter ensuite dans le bleu et le violet.

Il est à remarquer que les métaux de la première catégorie sont blancs et ceux de la seconde colorés.

M. Mouton [1] a beaucoup étendu les limites de l'expérience en choisissant des radiations de longueur d'onde bien définie dans le spectre calorifique d'une lampe de Bourbouze à toile de platine incandescente.

Le faisceau traverse d'abord un polariseur biréfringent (**322**), puis une lentille qui donne deux images de la source sur un écran percé d'une fente qui ne laisse passer que l'image extraordinaire. Les rayons se réfléchissent ensuite sur la surface étudiée, traversent un prisme disperseur, un analyseur, et tombent enfin sur une pince thermo-électrique linéaire.

Comme la réfraction dans le prisme fait tourner le plan de polarisation, quand il n'est pas symétrique par rapport au plan d'incidence, on compense cet effet par une plaque de verre à inclinaison variable.

La position de la pile sur une règle permet de définir la nature des radiations utilisées; leurs longueurs d'onde, déterminées par la rotation dans une lame de quartz, étaient

$$\lambda_1 = 1^\mu, \qquad \lambda_2 = 1^\mu,4 \qquad \text{et} \qquad \lambda_3 = 1^\mu,8.$$

Le rapport $\tang^2\gamma$ des coefficients principaux était déterminé par le rapport des intensités des composantes principales du faisceau réfléchi, lequel est égal à $\tang^2\theta \, \tang^2\gamma$ et l'on choisissait l'azimut θ de façon que les déviations du galvanomètre relatives aux deux composantes fussent à peu près égales.

On déterminait ensuite l'azimut φ dans lequel on doit orienter l'analyseur pour obtenir deux composantes rectangulaires d'égale intensité (**409**); on a ainsi tous les éléments nécessaires pour calculer la différence de phase.

Les expériences ont porté sur l'*acier*, le *métal des miroirs* et le *verre platiné*; elles ont été complétées pour le premier métal par des mesures optiques relatives à la lumière jaune de la soude ($\lambda = 0^\mu,589$) et à celle du thallium ($\lambda = 0^\mu,534$).

Nous rapporterons le détail des mesures qui correspondent à la série d'observations la plus complète :

---

[1] Mouton, *Ann. de Chim. et de Phys.* [5], t. XIII, p. 229; 1878. — *Journal de Physique*, t. VII, p. 157; 1878.

Acier.

Angle d'incidence.	$\dfrac{k}{h}$				
	Thallium.	Sodium.	λ_1	λ_2	λ_3
40°	0,08	0,06	»	»	»
45	0,12	0,09	0,00	»	»
50	0,16	0,13	0,04	0,00	0,00
55	0,20	0,17	0,06	0,02	»
60	0,23	0,21	0,10	0,06	0,02
65	0,31	0,29	0,18	0,12	»
70	0,40	0,37	0,30	0,20	»
75	0,50	0,48	0,38	0,30	0,24
76	»	0,50	»	»	»
79	»	»	0,50	»	»
80	0,64	0,62	0,52	0,40	0,36
82	»	»	0,62	0,50	0,22
83	»	»	»	0,58	»
83 5	»	»	»	»	0,50

Valeurs de $\tan\gamma$.

Incidences.	50°.	60°.	70°.	75°.	79°.	80°.	81°.	82°.	83°.	83°.5
λ_1..	0,84	0,80	0,70	0,62	0,53	0,55	»	0,58	»	»
λ_2..	0,88	0,78	0,64	0,62	»	0,55	0,51	0,51	0,55	»
λ_3..	0,90	0,80	»	0,60	»	0,55	»	0,51	»	0,49

Ces résultats suivent une marche très régulière; ils montrent encore que la différence de phase croît d'une manière notable avec la réfrangibilité des radiations, que l'incidence principale varie en sens contraire et enfin que le minimum du rapport des facteurs k et h a toujours lieu pour l'incidence principale.

La comparaison avec la théorie ne présente pas grand intérêt parce que les observations sont trop peu nombreuses au voisinage de l'incidence principale. Pour la longueur d'onde λ_1, par exemple, le produit $\sin\delta\,\tan 2\gamma$, calculé par les sept dernières observations, prendrait les valeurs 1,37; 1,91; 2,22; 1,88; 1,47; 1,58; 1,62.

M. Cornu (¹) a eu recours, au contraire, aux radiations très réfrangibles observées par la photographie.

L'*argent* présente un intérêt particulier parce qu'il est d'une transparence remarquable pour les longueurs d'onde voisines de

---

(¹) A. Cornu, *Comptes rendus des séances de l'Academie des Sciences*, t. CVIII, p. 917 et 1211; 1889.

$0^\mu,317$. En opérant sur une lame d'argent obtenue par dépôt chimique et légèrement polie au rouge d'Angleterre, M. Cornu a déterminé, pour une série de longueurs d'onde prises dans le spectre lumineux ou dans le spectre ultra-violet, l'incidence principale et le rapport correspondant des facteurs de réflexion, qui a toujours très sensiblement sa valeur minimum.

Argent.

λ.	I.		tang C.	ε.	2 cos I tang C.
μ					
0,640	76	0	0,874	»	0,423
0,440	68	30	0,839	»	0,615
0,354	52	30	0,767	»	0,934
0,317	56	0	0,315	0,165	0,355
0,280	63	30	0,409	0,222	0,456
0,256	62	30	0,431	»	0,466

A part quelques irrégularités, l'incidence principale diminue d'abord avec la longueur d'onde, comme dans les expériences antérieures, mais elle passe par un minimum et varie ensuite en sens contraire. De même que pour le *métal des miroirs*, le minimum de l'incidence principale n'a pas lieu en même temps que celui du rapport tang C.

Le phénomène le plus intéressant est celui qui correspond aux longueurs d'onde pour lesquelles le métal a la plus grande transparence. Le rapport des facteurs principaux de réflexion est alors notablement plus petit qu'on ne le trouve habituellement sur les métaux; on peut donc comparer le phénomène à la réflexion vitrée et déduire des observations le coefficient d'ellipticité. Cette valeur est naturellement très élevée, mais elle reste de même ordre que pour les substances transparentes.

On connaît ainsi tous les intermédiaires entre les deux espèces de réflexion, vitrée ou métallique, et une théorie complète devrait conduire à des formules capables de représenter l'une ou l'autre par des valeurs particulières des constantes. ·

618. *Couleurs des métaux.* — La variation des coefficients de réflexion avec la longueur d'onde explique la couleur des métaux et l'exagération des teintes par des réflexions multiples ([1]).

---

[1] B. PRÉVOST, *Ann. de Chim. et de Phys.* [2], t. IV, p. 192; 1817.

Les nombres obtenus par M. Jamin permettent de calculer les coefficients de réflexion relatifs aux différentes couleurs et, par suite, la teinte de la lumière réfléchie. Il en résulte que tous les métaux sont blancs sous l'incidence rasante ; ils paraissent colorés sous les autres incidences, quand la lumière primitive est polarisée dans le premier azimut, et la teinte s'exagère quand la polarisation primitive est dans le second azimut. La teinte devient encore plus pure si l'on augmente le nombre des réflexions.

M. Jamin a calculé ainsi la fraction de lumière réfléchie sous l'incidence normale pour les principales couleurs, après *une* réflexion ou *dix* réflexions successives ; ces fractions sont exprimées en millièmes dans le Tableau suivant :

Fraction de lumière réfléchie normalement.

		Rouge.	Orangé.	Jaune.	Vert.	Bleu.	Indigo.	Violet.
Argent...	1	929	909	905	902	878	875	867
	10	478	388	369	357	273	264	242
Métal des cloches.	1	747	724	705	630	591	578	566
	10	54	39	30	10	5	4	3
Laiton....	1	720	682	662	619	528	456	498
	10	37	22	16	8	1	0	0
Cuivre...	1	682	623	540	470	434	423	405
	10	22	9	2	0	0	0	0
Métal des miroirs.	1	692	654	632	625	606	599	599
	10	35	14	10	9	6	6	6
Acier....	1	609	600	599	593	608	604	599
	10	7	6	6	5	7	6	6
Zinc.....	1	576	594	602	616	628	635	63
	10	4	5	6	8	9	10	11

Les coefficients de réflexion diminuent en général du rouge au violet ; les teintes rouges dominent de plus en plus quand on passe de l'*argent* au *cuivre*. Le *métal des miroirs* est déjà presque blanc et l'*acier* a sensiblement le même coefficient pour toutes les couleurs. Le *zinc* présente une variation en sens inverse : la teinte vire manifestement au bleu par plusieurs réflexions. Le calcul des teintes par la règle de Newton (146) conduit d'ailleurs à des résultats conformes à ceux que donne l'observation.

619. *Indices de réfraction.* — Si l'on admet les formules approchées (19) et (21) du n° 593, les paramètres m et x peuvent être calculés, soit par les valeurs des angles γ et δ relatifs à une expérience quelconque sous l'incidence i, soit plus simplement par l'incidence principale I et l'azimut principal C correspondant, lequel donne $x = 2\,C$.

Les moyennes des nombres obtenus par de Senarmont pour l'*acier*, par exemple, donnent

$$m = 4,118, \qquad x = 52^\circ 20',$$

et l'indice de réfraction relatif à l'incidence normale serait

$$n_0 = \frac{m}{\cos x} = 6,738, \quad \text{d'après Mac Cullagh.}$$

$$n_0 = m \cos x = 2,516, \quad \text{d'après Cauchy.}$$

En appliquant la théorie de Cauchy aux nombres obtenus par M. Jamin pour les différentes couleurs (616), Beer [1] en a déduit les indices de réfraction n_0 et les coefficients d'extinction g_0 relatifs à l'incidence normale, à l'aide des relations

$$n_0 = \sin I \,\tang I \,\cos 2\,C \left(1 + \frac{1}{2} \cot^2 I \right),$$

$$g_0 = \sin I \,\tang I \,\sin 2\,C \left(1 - \frac{1}{2} \cot^2 I \right).$$

Le Tableau des nombres calculés par Beer renferme les valeurs des indices de réfraction et des coefficients d'extinction avec quatre chiffres décimaux. Il est clair que les expériences ne comportent pas une aussi grande approximation; nous reproduirons seulement les valeurs relatives à trois couleurs principales, le rouge R, le jaune J voisin de la raie D et le violet V.

		Argent.	Métal des cloches.	Acier.	Zinc.	Métal des miroirs.	Cuivre.	Laiton.
n_0	R...	0,262	1,033	2,368	1,998	1,201	0,886	0,822
	J...	0,269	1,005	2,263	1,773	1,119	1,114	0,800
	V...	0,206	1,095	1,677	1,059	0,938	1,309	1,080
g_0	R...	3,467	3,135	3,468	2,994	3,675	2,526	2,576
	J...	2,864	2,947	3,368	2,895	3,075	2,046	2,244
	V...	1,865	2,217	2,960	2,460	2,027	1,034	1,413

---

[1] Beer, *Pogg. Ann.*, t. XCII, p. 402; 1854.

Plusieurs remarques sont à faire sur ce Tableau.

On voit d'abord que l'indice est quelquefois plus petit que l'unité. Or, si l'on conserve à l'indice de réfraction sa signification ordinaire, c'est-à-dire de représenter le rapport des vitesses de propagation, on devrait en conclure que la vitesse est plus grande dans certains métaux que dans le vide.

En second lieu, la dispersion paraît normale dans le *cuivre*, puisque l'indice croît régulièrement quand la longueur d'onde diminue; elle est anormale pour l'*acier*, le *zinc* et le *métal des miroirs*, où les indices varient en sens contraire et le spectre de réfraction serait renversé; enfin l'indice passe par un minimum dans la région du jaune pour le *métal des cloches* et le *laiton*, par un maximum pour l'*argent*. Dans ces deux derniers cas, le spectre de réfraction serait, pour ainsi dire, replié sur lui-même, un seul indice convenant à deux couleurs différentes.

Quant aux coefficients d'extinction, ils diminuent pour tous les métaux avec la longueur d'onde.

Toutefois ces résultats, surtout en ce qui concerne la vitesse de propagation, ne sont en réalité que la conséquence d'une théorie plus ou moins discutable et ne peuvent être admis à titre définitif sans être contrôlés par des expériences directes.

On peut même se demander si la lumière se propage réellement avec une vitesse constante dans les métaux et, en général, dans les corps où l'absorption est importante dans l'étendue d'une longueur d'onde; il est permis de concevoir que l'amortissement rapide des vibrations est accompagné d'un ralentissement progressif de leur propagation, comme serait celle du son dans un milieu ou dans des tuyaux capables de produire un frottement qui ne soit pas proportionnel à la vitesse des molécules. En poussant les choses à l'extrême, il semble que la transmission du mouvement finirait alors par une sorte de rayonnement moléculaire et que le phénomène devrait être comparé à la transmission de la chaleur par conductibilité. Il paraît donc nécessaire de vérifier par des expériences directes que le temps employé par la lumière à traverser une certaine épaisseur est proportionnel au chemin parcouru.

620. *Propriétés des lames métalliques.* — Comme les métaux sont transparents sous une faible épaisseur, une partie de la lumière incidente qui a pénétré dans la couche superficielle est capable de revenir dans le premier milieu, par suite des réflexions internes, et d'intervenir dans la vibration réfléchie. On peut donc prévoir, avec plus de motifs encore que dans le cas de la réflexion totale (603), qu'une épaisseur notable du milieu est nécessaire à la constitution définitive de la lumière réfléchie.

La première question qui se présente dans ces recherches est de mesurer l'épaisseur des lames sur lesquelles on opère; on a employé différentes méthodes :

1° La plus directe est de peser une lame de surface déterminée, si l'épaisseur est constante, en admettant que la densité ne diffère pas sensiblement de sa valeur habituelle.

2° Pour les lames d'*argent* obtenues par dépôt chimique sur le verre, M. Fizeau ([1]) y dépose un grain d'iode qui transforme en iodure l'épaisseur totale de la région où il est placé et une épaisseur variable dans le voisinage.

La lame présente alors une série d'anneaux colorés qui permettent de connaître l'ordre p de l'interférence au centre du phénomène, d'où l'on déduit l'épaisseur E par la relation $2nE = p\lambda$. L'indice de l'iodure, déduit de l'incidence principale, est égal à $2,246$ et sa densité $5,67$. Les équivalents de l'argent et de l'iode étant respectivement 108 et 127 et la densité de l'argent fondu $10,512$, le poids de l'iodure est $2,176$ fois, celui de l'argent et l'épaisseur e de ce dernier métal est

$$e = E\,\frac{5,67}{2,176 \times 10,512} = \frac{E}{4,035},$$

c'est-à-dire environ quatre fois moindre que celle de l'iodure.

On peut obtenir plusieurs valeurs distinctes en éclairant les anneaux avec des sources de longueurs d'onde connues ou en observant dans un spectre, comme l'a fait M. Wernicke ([2]) pour l'iodure d'argent et pour différents oxydes métalliques, les bandes d'interférence produites par un éclairage normal avec une source de lumière blanche.

On néglige, il est vrai, la différence qui peut exister entre l'é-

([1]) H. Fizeau, *Ann. de Chim. et de Phys.* [3], t. LXIII, p. 393; 1861.

([2]) W. Wernicke, *Pogg. Ann.*, t. CXXXIX, p. 132; 1869. — *Ann. de Chim. et de Phys.* [4], t. XX, p. 220; 1870.

paisseur optique et l'épaisseur réelle des lames (606), mais cette erreur est insignifiante quand il s'agit de corps transparents.

3° La même méthode peut être utilisée pour mesurer directement l'épaisseur de la couche métallique; il suffit de découvrir le verre sur une certaine étendue et de placer au-dessus une lentille à faible courbure ou une autre lame plane. On peut alors calculer l'épaisseur, soit par le changement de teinte sur la ligne de séparation du métal et du verre, soit par le déplacement des franges dans la lumière homogène, soit par la variation de l'ordre des bandes dans un spectre.

L'expérience est moins précise, parce que l'ordre des interférences est beaucoup moindre que si l'on transforme le métal en un composé transparent, iodure ou sulfure; en outre, l'épaisseur optique paraît alors plus faible que celle du métal.

Pour déterminer la correction correspondante, M. Wiener [1] mesure d'abord directement l'épaisseur apparente e' de la couche métallique, puis l'épaisseur e déduite des observations faites sur l'iodure ou le sulfure, d'où l'on déduit la différence $e - e'$.

Si les observations sont faites à $\frac{1}{30}$ de frange, ce qui correspond à une variation d'épaisseur équivalant à $\frac{1}{60}$ de longueur d'onde, l'erreur commise sur l'épaisseur de l'iodure est 2,246 fois moindre et celle qui en résulte pour l'épaisseur correspondante de l'argent est insignifiante; mais cette erreur de lecture porte entièrement sur l'épaisseur apparente e' et, par suite, sur la correction $e - e'$; elle est donc d'environ $\frac{10}{1000}$ de micron ou $10^{\mu\mu}$.

Cette correction est d'ailleurs un effet très complexe, qui dépend de la transparence de la couche; l'expérience montre qu'elle croît d'abord rapidement avec l'épaisseur, mais d'une manière inégale pour les différentes couleurs, puis lentement, et paraît tendre vers un maximum qui serait 0,70 de longueur d'onde.

L'épaisseur limite à partir de laquelle la correction reste constante diminue avec la longueur d'onde. On aura une idée du phénomène par le Tableau suivant, relatif à l'une des séries d'expériences, où les valeurs de $e - e'$ sont exprimées en fraction de longueur d'onde.

---

[1] O. WIENER, *Wied. Ann.*, t. XXXI, p. 629; 1887. — *Journal de Physique* [2], t. VII, p. 212; 1888.

e	λ		
	μ 0,647	μ 0,534	μ 0,455
$\mu\mu$			
0,8	0,07	0,11	0,08
1,8	0,17	0,28	0,58
2,0	0,30	0,48	0,66
2,5	0,41	0,54	0,66
3,4	0,58	0,63	0,70
8,0	0,68	0,66	0,69
12,1	0,67	0,70	0,70

Nous insisterons en particulier sur cette conséquence que, dans les limites des observations, la correction est toujours beaucoup plus grande que l'épaisseur même du métal; elle tient évidemment au changement de phase de la vibration transmise et il importe de la signaler pour la discussion des expériences qui suivront.

621. *Influence de l'épaisseur sur les propriétés de la lumière réfléchie ou transmise.* — En observant à la lumière polarisée la surface d'un métal recouvert d'une couche *d'essence de térébenthine*, quand elle était assez réduite par évaporation pour produire les couleurs des lames minces, Fresnel[1] reconnut en particulier que, pour un azimut primitif de 45°, les colorations sont à peine sensibles sous de grandes incidences, tandis qu'elles reparaissent avec toute leur vivacité par l'interposition d'un prisme biréfringent et sont presque complémentaires dans les azimuts principaux. « Il me semble, dit-il, qu'on devrait en conclure que la réflexion qui a lieu à la surface d'un métal ne s'opère pas à la même profondeur pour des rayons polarisés parallèlement et perpendiculairement au plan d'incidence. »

L'expérience de Fresnel démontre que la différence de phase des deux composantes principales est voisine de π pour les grandes incidences; son interprétation indique l'importance qu'il attachait à l'épaisseur du milieu sur lequel s'opère la réflexion.

Pour avoir une idée de la profondeur à laquelle se fait la réflexion définitive, il suffit d'étudier une série de lames de verre *argentées*, en augmentant graduellement le dépôt métallique, dont on détermine l'épaisseur par la méthode de M. Fizeau.

---

[1] Fresnel, *OEuvres*, t. I, p. 449.

Quand l'épaisseur n'est pas suffisante pour donner des anneaux dans l'iodure, M. Quincke ([1]) admet qu'elle est proportionnelle au temps de séjour de la lame dans le bain, ce qui en donne au moins une évaluation approximative.

Avec une lame de verre sur laquelle l'incidence principale I était de $56°37'$ et l'azimut principal C de $48'$, l'angle I a augmenté progressivement jusqu'à $72°28'$ et l'angle C jusqu'à $34°1'$, pendant que l'épaisseur du métal croissait de $0^\mu,0039$ à $0^\mu,0395$, à partir de laquelle la réflexion métallique paraît définitive.

Dans une série d'expériences analogues sur le verre argenté ([2]), j'ai constaté que l'incidence principale, qui était de $57°$ sur la lame de verre, s'accroît d'une manière continue de $59°45'$ à $73°30'$ quand l'épaisseur du métal varie depuis une valeur inappréciable jusqu'à $0^\mu,23$, c'est-à-dire près d'une demi-longueur d'onde, pour laquelle la réflexion définitive n'était pas encore établie. En même temps, les courbes qui représentent les différences de phase en fonction de l'incidence et le rapport des coefficients principaux de réflexion se rapprochent peu à peu des formes qui conviennent à la réflexion métallique. Sans doute le phénomène est complexe, puisque le milieu inférieur n'est pas homogène et que la réflexion sur le verre intervient pour une part, mais il est intéressant de reproduire ainsi toutes les transitions possibles entre la réflexion vitrée et la réflexion métallique.

M. Meslin ([3]) a trouvé aussi que, sur des lames *dorées*, l'incidence principale croît d'abord avec l'épaisseur de la couche, mais elle atteint un maximum ($e = 29^{\mu\mu}$), passe ensuite par un minimum ($e = 41^{\mu\mu}$) et augmente de nouveau jusqu'à ce qu'on ait atteint la réflexion métallique définitive.

Pour la réfraction, Mac Cullagh ([4]) paraît avoir obtenu des formules indiquant que la différence de phase des composantes principales croît depuis la normale jusqu'à l'incidence rasante, où elle serait égale à la caractéristique (591) du métal; il a constaté,

---

([1]) QUINCKE, *Pogg. Ann.*, t. CXXIX, p. 207; 1866.

([2]) MASCART, *Comptes rendus des séances de l'Académie des Sciences*, t. LXXVI, p. 866; 1873.

([3]) G. MESLIN, *Ann. de Chim. et de Phys.* [6], t. XX, p. 56; 1890. — *Journal de Physique* [2], t. IX, p. 353 et 436; 1890.

([4]) MAC CULLAGH, *Proc. of the Roy. Irish. Acad.*, Vol. I, p. 27; 1837.

en effet, qu'une lumière polarisée hors des azimuts principaux devient elliptique après avoir traversé obliquement une feuille d'or.

Dans un Travail important sur les propriétés des lames métalliques et sur les modifications qu'elles éprouvent par divers agents, en particulier par la chaleur et la pression, Faraday [1] reconnut aussi qu'elles agissent sur la lumière transmise obliquement, sauf quelques exceptions, comme des lames biréfringentes, mais la différence de phase des composantes principales, qui est variable avec la couleur, reste toujours inférieure à 90°.

M. Quincke a observé également cette variation continue de la vibration transmise par des lames d'*argent* ou d'*or* déposées chimiquement. Dans des expériences antérieures [2] sur des feuilles de métal battu, il obtenait des surfaces sensiblement planes en étalant ces feuilles sur l'eau et les reprenant ensuite par un cadre métallique. Il a trouvé que la différence de phase, mesurée par un compensateur, est toujours plus faible que pour la lumière que réfléchit la même lame appliquée sur verre.

La composante polarisée dans le second azimut est aussi en retard, comme pour la réflexion; le facteur de transmission est plus grand sous toutes les incidences, ce qui est facile à prévoir, puisque le contraire a lieu pour la lumière réfléchie.

La différence de phase des vibrations transmises paraît moindre quand les feuilles métalliques sont appliquées sur verre, au lieu d'être libres par leurs deux surfaces. Enfin elle semble indépendante de l'épaisseur pour l'*argent*, au moins entre les limites de $0^\mu,062$ et $1^\mu,827$, mais les circonstances les plus variées modifient le phénomène et les résultats ne sont pas très concordants.

M. Meslin a étudié encore des feuilles d'*or* battu ou des lames de verre *dorées*, qui donnent sensiblement les mêmes résultats, les épaisseurs ayant varié de $6^{\mu\mu}$ à $94^{\mu\mu}$. La différence de phase croît avec l'incidence i, ainsi qu'avec l'épaisseur de la lame, et les expériences sont très exactement représentées par l'expression

$$\delta = \frac{\pi}{2} \frac{e}{e + 60^{\mu\mu}} \sin^3 i,$$

---

[1] Faraday, *Phil. Trans. L. R. S.*, p. 145; 1857. — *Ann. de Chim. et de Phys.* [3], t. LIII, p. 60; 1858.

[2] Quincke, *Pogg. Ann.*, t. CXIX, p. 368; 1863.

dans laquelle l'unité d'épaisseur est $1^{\mu\mu}$. La valeur de δ serait maximum, dans tous les cas, pour l'incidence rasante et tendrait vers 90° à mesure que l'épaisseur augmente.

622. *Mesure directe des indices de réfraction.* — La vitesse de propagation de la lumière dans un métal et, par suite, son indice de réfraction peuvent se déduire, sous les réserves indiquées précédemment (619), du retard apporté par une lame transparente interposée sur le trajet d'un faisceau lumineux ou de la déviation produite par une lame prismatique. Dans les deux cas, il est nécessaire d'éliminer les pertes de phase sur les surfaces.

M. Quincke a employé la méthode des retards en interposant une feuille transparente sur une partie du trajet de l'un des faisceaux qui produisent un spectre cannelé par interférence, de manière à conserver les bandes primitives comme repères. Ces bandes marchent vers le violet ou vers le rouge suivant que le retard apparent dû à la lame est positif ou négatif. Lorsque la lumière est normale, afin d'éviter toute polarisation elliptique, le déplacement des bandes a lieu vers le rouge pour l'*argent bleu* ou *violet* par transparence et pour l'*or bleu* ou *vert*, ce qui indiquerait un indice moindre que l'unité, tandis que l'inverse a lieu pour l'*argent jaune* ou *gris*, pour des feuilles d'*or* plus épaisses, ainsi que pour toutes les épaisseurs de *platine*. Le désaccord des résultats prouve ainsi que le phénomène est plus complexe; les expériences de cette nature ne peuvent être démonstratives que si l'on vérifie par expérience que le retard observé varie proportionnellement à l'épaisseur du métal.

Si l'on incline les feuilles métalliques sur la direction de la lumière, l'indice doit augmenter, d'après Cauchy, mais il se produit en même temps une différence de phase entre les composantes principales. Avec des feuilles d'*or* et d'*argent* pour lesquelles l'indice de réfraction évalué par transmission normale était plus grand que l'unité, le déplacement des franges augmente avec l'incidence et beaucoup moins pour la lumière polarisée dans le premier azimut.

M. Quincke conclut aussi, de considérations qui ne paraissent pas satisfaisantes, que la composante polarisée dans le second azimut n'éprouve aucun changement de phase et que la différence de phase se porte presque uniquement sur l'autre composante qui se trouve ainsi en avance.

D'autre part, si $n_0 < 1$, il doit exister une incidence j pour laquelle l'indice devient égal à l'unité et on aura

$$1 = n_0^2 + \sin^2 j, \qquad n_0 = \cos j.$$

M. Quincke a réalisé l'expérience ([1]) sur une couche d'*argent bleu* déposée chimiquement, avec de la lumière polarisée dans le second azimut, et a trouvé $j = 70°$, d'où $n_0 = 0,342$. La même lame donnait sur un rayon normal un déplacement d'un quart de frange. L'épaisseur mesurée par l'iodure étant $0^\mu,178$, il en résulte

$$1 - n_0 = \frac{0^\mu,5}{4 \times 0^\mu,178} = 0,702, \qquad n_0 = 0,298.$$

Les deux valeurs de n_0 seraient ainsi au moins de même ordre.

Les expériences analogues de M. Wernicke ont été faites en observant sous l'incidence normale les bandes produites dans un spectre par l'interférence des rayons réfléchis sur les deux surfaces d'une couche transparente d'oxyde métallique. Les oxydes étaient déposés habituellement par électrolyse et l'épaisseur évaluée par des pesées; on déterminait, en opérant sur des épaisseurs différentes e et e', la variation correspondante $m' - m$ de l'ordre de l'interférence produite en un point du spectre, ce qui donne

$$2 n_0 (e' - e) = (m' - m)\lambda.$$

On a obtenu ainsi :

Raies.	Oxydule de cuivre.	Peroxyde de plomb hydraté.	Peroxyde de manganèse hydraté.
B......	2,534	1,802	»
C......	2,558	2,010	1,801
D......	2,705	2,229	1,862
E......	2,816	»	1,944
F......	2,963	»	»

Tous les indices sont supérieurs à l'unité et la dispersion est normale; comme les épaisseurs étaient très petites, il serait peut-être encore nécessaire de démontrer que les pertes de phase sur

---

([1]) QUINCKE, *Pogg. Ann.*, t. CXX, p. 599; 1863.

les surfaces restent constantes, car il n'est pas certain, d'après les expériences de M. Wiener (**619**), que cette cause d'erreur puisse être négligée avec des corps aussi absorbants.

M. Quincke ([1]) a fait usage fréquemment d'un système d'interférences observé déjà par Fresnel ([2]) et qui est un cas particulier des franges de diffraction produites par un écran illimité à bord rectiligne (**195**).

« Il n'est pas nécessaire, dit Fresnel, que le corps interposé soit opaque pour que cette interposition produise sur ses bords des phénomènes de diffraction; il suffit qu'une partie de l'onde soit retardée par rapport aux parties contiguës. C'est l'effet que produisent les corps transparents dont le pouvoir réfringent diffère sensiblement du milieu qui les entoure; aussi font-ils naître des franges qui bordent en dedans et en dehors l'ombre de leur contour. Elles sont même tout à fait semblables aux franges extérieures des corps opaques, lorsque la différence de marche entre les rayons qui ont traversé l'écran transparent et les rayons extérieurs contient un nombre d'ondulations un peu considérable; parce qu'alors les effets de leur influence mutuelle ne sont plus sensibles, et qu'il ne résulte de leur mélange qu'une simple addition de lumière uniforme. Mais il n'en est pas ainsi quand l'écran transparent est très mince, ou que son pouvoir réfringent diffère très peu de celui du milieu dans lequel il est plongé; alors les franges sont sensiblement altérées par l'influence mutuelle des rayons lumineux qui ont traversé la lame réfringente et de ceux qui ont passé à côté.... »

Ces phénomènes ont été calculés par M. Jochmann ([3]), qui en a donné des tables numériques; mais on peut s'en rendre compte d'une manière très simple par la traduction graphique des intégrales de Fresnel (**193**).

Remplaçons l'écran par une lame réfringente L (*fig.* 303) capable d'imprimer une perte de phase δ aux rayons qui la traversent dans le voisinage de la normale. Si l'on considère un point P à la distance $CP = u$ du bord de l'ombre géométrique, dans un plan

---

([1]) Quincke, *Pogg. Ann.*, passim; 1866 à 1871.

([2]) Fresnel, *Œuvres*, t. I, p. 339.

([4]) E. Jochmann, *Pogg. Ann.*, t. CXXXVI, p. 561; 1869.

situé à la distance b de cette lame et à la distance $b + R$ de la source O, l'axe d'équateur $AB = s$ relatif au point P est

$$\frac{s}{u} = \frac{R}{R + b},$$

et la valeur correspondante de la variable v

$$v = s \sqrt{\frac{2}{\lambda}\left(\frac{1}{b} + \frac{1}{R}\right)} = u \sqrt{\frac{2R}{\lambda\,b\,(R + b)}}.$$

Fig. 3o3.

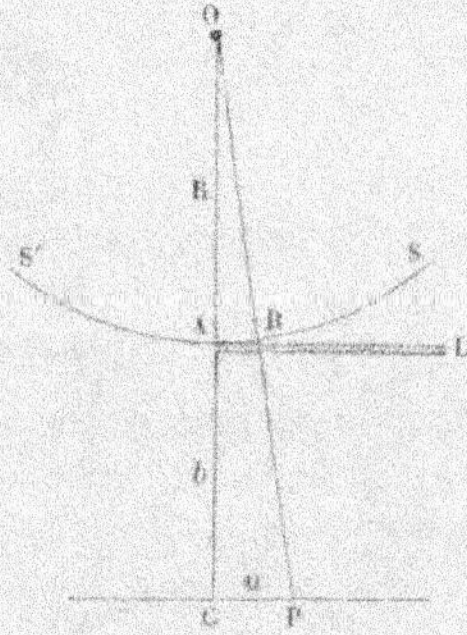

D'après les règles établies précédemment, la vibration produite en P par la portion libre AS′ de l'onde est représentée par le rayon vecteur J′M ($fig.$ 3o4) du point M de la courbe située à la distance $OM = v$. De même, la vibration émise par la portion d'onde AS est la droite MJ; leurs pertes de phase respectives, par rapport à la vibration émise par le bord de l'écran, sont les angles que font ces droites avec l'axe des x.

Lorsque l'onde SS′ n'est pas modifiée, la vibration résultante est représentée par la somme géométrique des rayons vecteurs J′M et MJ, c'est-à-dire par la droite J′J, quelle que soit la position du point M (ou P). Pour tenir compte de la perte de phase δ éprouvée par la lumière qui a traversé la lame, il faut faire tourner le rayon MJ vers la gauche d'un angle JMJ_1 égal à δ; la vibration résultante est représentée par J′J$_1$ et sa perte de phase finale par l'angle de cette droite avec l'axe des x.

L'éclairement du champ d'observation n'est donc pas continu;

il passe par une série de maxima et de minima dont la position est définie par la valeur de l'angle δ.

Supposons d'abord que $\delta = (2p+1)\pi$, l'intensité est nulle au bord de l'ombre, car on doit faire tourner la droite OJ de 180°, c'est-à-dire la rabattre sur la droite OJ' et la résultante est nulle.

Fig. 304.

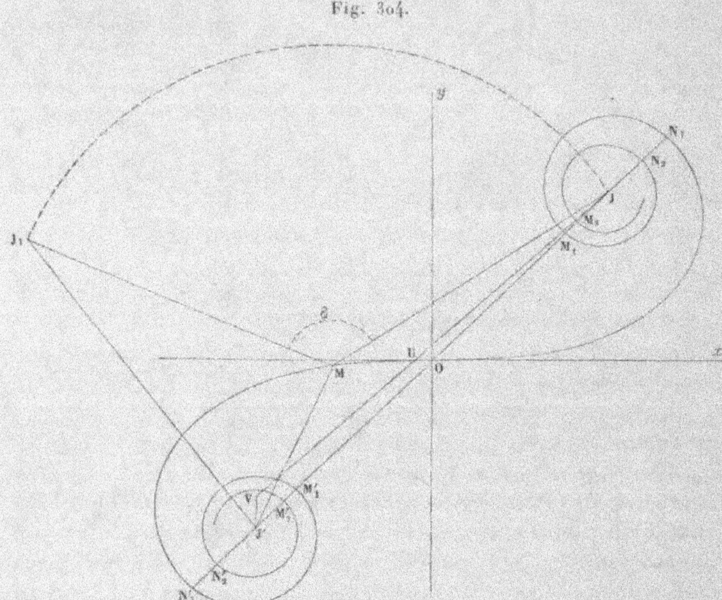

D'autres minima successifs correspondent sensiblement aux points M'_1, M'_2, ..., c'est-à-dire à des points situés dans l'ombre de la lame, et aux points M_1, M_2, ... de l'autre côté, puisqu'on doit rabattre $M'_1 J$ sur $M'_1 J'$, et de même pour tous les autres. On a alors

$$\frac{\pi}{2} v^2 = 2 m \pi - \frac{\pi}{4}, \qquad v^2 = 4m - \frac{1}{2};$$

c'est-à-dire que les carrés des distances u correspondantes varient comme les nombres $8m - 1$.

Ces minima successifs ne sont plus nuls; leur intensité croît d'abord rapidement, puis d'une manière beaucoup plus lente.

De même, les points N_1, N_2, ..., N'_1, N'_2, ... déterminent sensiblement les maxima, pour lesquels

$$\frac{\pi}{2}\varrho^2 = 2m\pi + 3\frac{\pi}{4}, \qquad \varrho^2 = 4m + \frac{3}{2};$$

les carrés des distances u correspondantes varient comme les nombres $8m + 3$. La différence des valeurs de u^2 relatives à un maximum et un minimum successifs est constante et égale à

$$\frac{4}{2}\frac{\lambda b(R + b)}{2R} = \lambda b\left(1 + \frac{b}{R}\right).$$

Dans ces conditions, le phénomène est symétrique par rapport au bord de l'ombre.

Si la perte de phase δ augmente d'une petite quantité et devient $(2p + 1)\pi + \varepsilon$, le minimum a lieu pour un point M, tel que le rayon vecteur MJ, tourné vers la gauche d'un angle $\pi + \varepsilon$, tombe sensiblement sur la droite MJ', tandis que les autres minima et les maxima seront déterminés d'une manière moins approximative par les intersections de la droite MJ' avec la courbe.

Les franges successives marchent donc vers l'ombre de la lame à mesure que la perte de phase δ est croissante. Il est facile de voir également que les franges situées de l'autre côté se rapprochent en même temps du bord de l'ombre. Le phénomène devient alors dyssymétrique. Remarquons aussi que l'intensité n'est plus nulle sur les minima et qu'elle augmente à mesure qu'ils s'éloignent du bord de l'ombre.

Quand l'angle ε devient égal à π, c'est-à-dire que la perte de phase δ est un nombre entier de circonférences, l'intensité est la même dans toute l'étendue du champ; l'amplitude de la vibration représentée par J'J, comme si la lame réfringente était supprimée, et il n'y a plus d'interférences.

L'angle δ continuant de croître, les franges reparaissent et se déplacent toujours dans le même sens pour reprendre leur forme première quand $\varepsilon = 2\pi$.

Il est facile d'observer ces phénomènes avec deux bilames disposées comme dans la *fig.* 157 du n° 303 et même avec une seule bilame M'; il suffirait de faire tourner lentement cette dernière pour modifier à volonté la différence de phase δ.

La position des franges ne permet de connaître que l'excès de l'angle δ sur un nombre entier de circonférences; mais si l'on emploie, comme le fait M. Quincke, une lame prismatique d'angle très aigu dont l'arête est perpendiculaire au bord de l'écran, les franges disparaissent périodiquement pour toutes les épaisseurs dont la perte de phase est un nombre entier de circonférences; dans les intervalles, elles sont plus ou moins nettes et s'écartent obliquement du bord de l'ombre à mesure que la perte de phase augmente. Ce déplacement continu permet de déterminer le rapport de la variation de phase à l'accroissement d'épaisseur. Pour un milieu transparent d'épaisseur e et d'indice n, on a

$$\delta = \frac{2\pi}{\lambda}(n-1)e,$$

et l'expérience donne le rapport

$$\frac{d\delta}{de} = \frac{2\pi}{\lambda}(n-1).$$

Toutefois les phénomènes se modifient singulièrement quand la lame interposée n'est plus transparente, parce que les amplitudes des vibrations correspondantes sont affaiblies. Pour le point M, par exemple, on doit composer la vibration J'M, non pas avec MJ, mais avec une fraction α seulement de cette longueur, ce qui altère l'amplitude et la phase de la résultante.

En même temps les maxima et les minima se trouvent déplacés. Si $\delta = (2p+1)\pi$, l'intensité n'est plus nulle au bord, car on ne doit rabattre qu'une fraction du rayon vecteur OJ sur OJ'. Le minimum a lieu pour un point U, tel que la longueur $UV = \alpha.UJ$ donne la moindre résultante J'V. Les franges se déplacent donc vers l'ombre de la lame à mesure que son opacité augmente, sans que la perte de phase soit altérée. Quand l'épaisseur est croissante, la perte de phase et l'absorption augmentent en même temps; le déplacement des franges est alors plus grand, d'une quantité *inconnue*, que celui qui correspondrait à la seule variation de phase.

Le même raisonnement montre aussi que l'absorption affaiblit beaucoup les franges situées de l'autre côté et ne tarde pas à les faire disparaître.

M. Quincke déterminait les distances u et, par suite, les va-

leurs de v correspondantes par la méthode de Fresnel, c'est-à-dire
en ménageant une fente dans une lame en biseau déposée sur
verre. Cette fente ne modifie pas les phénomènes observés dans
les deux ombres si sa largeur a est assez grande pour comprendre
un grand nombre d'arcs élémentaires de l'équateur. La projection géométrique a' de a sur le plan d'observation est alors

$$\frac{a'}{a} = \frac{b + R}{R}.$$

L'emploi d'une loupe montée sur une vis micrométrique permet
de mesurer la distance $d = 2u + a'$ de deux franges de même
ordre ; on en déduit

$$2u = d - a' = d - a\frac{b + R}{R}.$$

M. Quincke obtenait des lames métalliques en forme de coin ou
de double coin, soit en plaçant une plaque de verre obliquement
dans un bain d'argent de manière qu'elle soit en contact avec une
couche liquide prismatique, soit en faisant reposer cette plaque sur
une tige de verre de diamètre variable. Toutefois, les remarques
précédentes sur l'importance des effets d'absorption, dans les seuls
cas où cette méthode ingénieuse pourrait être utile, laissent des
doutes sur la signification des mesures. M. Quincke reconnaît
d'ailleurs que l'observation des interférences produites par les
lames transparentes ne permet aucun contrôle sérieux des théories
de la réflexion métallique définitive.

Sur des lames prismatiques préparées d'une manière analogue,
M. Kundt ([1]) détermine la déviation du rayon transmis, ce qui
permettrait de calculer l'indice de réfraction par les formules habituelles des déviations prismatiques.

L'expérience présente de grandes difficultés, parce que les lames
déposées en forme de coin sont terminées le plus souvent par des
faces concaves et qu'elles deviennent rapidement opaques, de
sorte qu'on ne peut les utiliser que sur une très petite largeur.

Avec des prismes dont l'angle au sommet variait de $8''$ à $30''$ et
dont la largeur était de 2^{mm} à 3^{mm}, les moyennes des valeurs ob-

---

([1]) A. KUNDT, *Wied. Ann.*, t. XXXIV, p. 469 ; 1888, et t. XXXVI, p. 824 ; 1889.

tenues pour les indices de réfraction relatifs à la lumière blanche ou aux couleurs extrêmes ont été :

	Argent.	Or.	Cuivre.	Platine.	Fer.	Nickel.	Bismuth.
Rouge......	»	0,38	0,45	1,76	1,81	2,17	2,61
Blanc......	0,27	0,58	0,65	1,64	1,73	2,01	2,26
Bleu.......	»	1,00	0,95	1,44	1,52	1,85	2,13

L'influence de la couleur paraît inappréciable dans le cas de l'*argent*. Les indices seraient inférieurs à l'unité pour l'*argent*, l'*or* et le *cuivre*, avec une dispersion normale, au moins dans les deux derniers. Pour les autres métaux, *platine, fer, nickel* et *bismuth,* les indices sont au contraire plus grands que l'unité et la dispersion paraît anormale.

Ces résultats ne s'accordent guère que pour l'*argent* avec ceux qui ont été déduits des propriétés de la lumière réfléchie (**618**) par les formules de Cauchy, quoique la dispersion soit inappréciable, tandis qu'elle devrait être très notable et anormale d'après les calculs de Beer. Mais ici encore, même dans l'hypothèse qu'il existe une vitesse de propagation, il est nécessaire de discuter la méthode de plus près, en examinant l'influence possible de l'absorption et celle des pertes de phase sur les surfaces.

Supposons qu'un faisceau de lumière qui tombe normalement sur la face CE d'un prisme CEF (*fig.* 305) soit limité par une

Fig. 305.

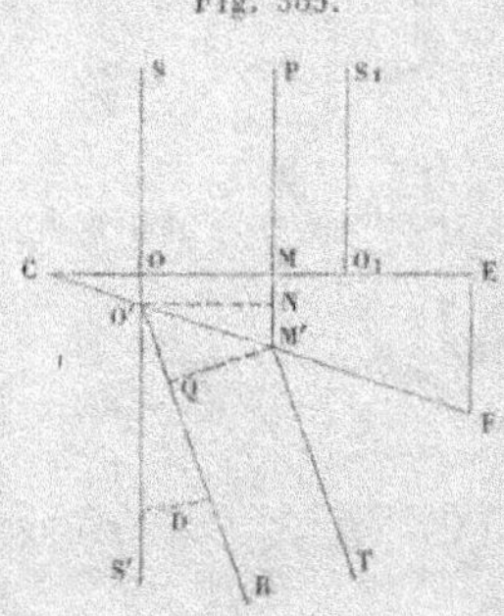

ouverture rectangulaire dont l'un des côtés est parallèle à l'arête C, et dont l'autre OO₁ est égal à *b*.

Considérons un point M situé à la distance OM $= x$. Soit $a\,dx$ l'amplitude de la vibration émise, dans une direction M'T qui fait

l'angle D avec la direction primitive SS', par la portion de la face
de sortie en M' qui correspond à la largeur dx de l'ouverture et
δ l'avance de phase de cette vibration sur celle qui proviendrait du
point O'. L'élément $d\xi$ de la vibration transmise dans la direction considérée étant de la forme

$$(11) \qquad d\xi = a \cos(\omega t + \delta)\, dx,$$

la vibration résultante est déterminée par l'intégrale de cette
expression dans laquelle le coefficient a sera considéré comme une
constante si le milieu du prisme est bien transparent. Le maximum
correspond évidemment à $\delta = 0$ et donnera la déviation habituelle
dans un prisme.

Il en est de même encore, lorsque toutes les vibrations éprouvent des pertes de phase à l'entrée et à la sortie, à la condition que
ces pertes de phase ne changent pas d'un point à l'autre.

Mais il peut arriver, et c'est probablement le cas des expériences
de M. Kundt avec des prismes métalliques très aigus, que les changements de phase par lesquels on traduit l'effet des surfaces soient
variables avec l'épaisseur traversée par la lumière.

La somme des effets de cette nature produits aux points M et M'
étant une fonction de l'épaisseur ou de la distance x, si $q_0 x$ est
l'avance de phase relative à la réfraction seule, laquelle est évidemment proportionnelle à x, et $f(x)$ celle qui provient des surfaces,
on peut écrire

$$(12) \qquad \delta = q_0 x + f(x).$$

L'intégration de l'équation (11) n'est plus alors aussi simple,
mais on peut avoir une idée du résultat si l'on suppose que l'effet
des deux surfaces est proportionnel à leur distance, ou à l'épaisseur du milieu, ce qui équivaut à une modification apparente de
l'angle du prisme.

En appelant ε l'épaisseur MM' du prisme au point considéré,
ε_0 l'épaisseur OO' au bord de l'ouverture et C l'angle du prisme,
l'avance de phase relative au rayon PMM' peut être représentée par

$$\mu \frac{2\pi}{\lambda} \varepsilon \qquad \text{ou} \qquad \mu \frac{2\pi}{\lambda}(\varepsilon_0 + x \tang C);$$

il en résulte

$$f(x) = \mu \frac{2\pi}{\lambda} x \tang C.$$

La déviation du maximum de lumière est déterminée alors par la condition

$$(13) \qquad q_0 - \mu \frac{2\pi}{\lambda} \tan C = 0.$$

Le retard optique Δ_0 du rayon O'R sur le rayon M'T est, en appelant n l'indice du prisme,

$$\Delta_0 = \text{O'Q} - n\,\text{NM'} = [\sin(D + C) - n \sin C] \frac{x}{\cos C};$$

l'équation (13) devient alors

$$\frac{2\pi}{\lambda}[\sin(D + C) - n \sin C] + \frac{2\pi}{\lambda} \mu \sin C = 0,$$
$$\sin(D + C) = (n - \mu) \sin C.$$

L'indice $n' = n - \mu$ de réfraction apparente est indépendant de l'angle du prisme. Pour que cet indice apparent soit plus petit que l'unité quand $n > 1$, il faut que μ soit positif et plus grand que $n - 1$, c'est-à-dire que les rayons éprouvent une avance de phase en traversant les surfaces ou, en d'autres termes, qu'il y ait une diminution apparente de l'épaisseur du milieu.

Enfin, si le milieu qui constitue le prisme a un coefficient d'absorption m, l'amplitude des vibrations qui ont traversé l'épaisseur MM' $= \varepsilon$ est affaiblie dans le rapport $e^{-\frac{m\varepsilon}{2}}$ (**222**). En posant

$$a_0 = a e^{-\frac{m\varepsilon_0}{2}} \qquad \text{et} \qquad -m \tan C = 2p,$$

la vibration élémentaire $d\xi$ peut s'écrire

$$(14) \qquad d\xi = a_0 e^{px} \cos(\omega t + \delta)\,dx = a_0 e^{i\omega t} e^{px + i\delta}\,dx.$$

Supposons encore que l'avance totale de phase δ, due en même temps à la réfraction et à l'effet des surfaces, soit proportionnelle à la différence d'épaisseur, c'est-à-dire à x, et représentée par qx, l'intégrale de l'équation (14), entre les limites 0 et b, est

$$\xi = a_0 \frac{e^{i\omega t}}{p + qi}[e^{(p + qi)x}]_0^b = a_0 \frac{e^{i\omega t}}{p + qi}[e^{(p + qi)b} - 1].$$

Si l'on remplace $p + qi$ par $\rho e^{i\alpha}$, ce qui donne

$$\rho^2 = p^2 + q^2, \qquad \frac{\sin \alpha}{q} = \frac{\cos \alpha}{p} = \frac{1}{\rho},$$

et qu'on représente la vibration résultante par

$$A \cos(\omega t - z + \varphi) = A\, e^{i(\omega t - z + \varphi)},$$

il reste, après avoir supprimé le facteur commun $e^{i(\omega t - z)}$,

$$\frac{a_0}{\rho} \left[e^{(p+qi)b} - 1 \right] = A\, e^{i\varphi},$$

$$A \cos\varphi = \frac{a_0}{\rho} \left(e^{pb} \cos qb - 1 \right),$$

$$A \sin\varphi = \frac{a_0}{\rho} e^{pb} \sin qb,$$

$$(15) \qquad A^2 = a_0^2 \frac{1 + e^{2pb} - 2 e^{pb} \cos qb}{p^2 + q^2}.$$

La seule quantité qui change avec la déviation D est le facteur q de la variation de phase. L'intensité maximum a lieu quand la dérivée de A^2 par rapport à q est nulle, c'est-à-dire si l'on a

$$b e^{pb} \sin qb (p^2 + q^2) = q(1 + e^{2pb} - 2 e^{pb} \cos qb).$$

Cette équation est toujours satisfaite pour $q = 0$, c'est-à-dire quand toutes les vibrations sont concordantes, et elle est indépendante de l'absorption. La déviation correspondante est celle du maximum principal et l'amplitude de vibration de la lumière réfractée a pour expression

$$A = \pm a_0 \frac{1 - e^{pb}}{p} = \frac{2a}{m \tang C}\, e^{-\frac{mr_0}{2}} \left(1 - e^{-\frac{m \tang C}{2} b} \right).$$

Il peut ainsi se présenter trois cas particuliers :

1° Si les différences de phase δ ne tiennent qu'aux changements de vitesse de la lumière, on retrouve la déviation habituelle de la lumière dans un prisme, quelle que soit l'absorption.

2° La déviation est encore indépendante de l'absorption lorsque les variations de phase produites sur les surfaces sont proportionnelles à l'épaisseur. L'avance de phase correspondante δ_1 pour le bord O_1 de l'ouverture est

$$\delta_1 = \mu \frac{2\pi}{\lambda} b \tang C.$$

Pour que l'indice apparent de réfraction soit plus petit que l'unité, il faut que μ soit plus grand que $n-1$, c'est-à-dire

$$\delta_1 > (n-1)\frac{2\pi}{\lambda}\,b\,\mathrm{tang}\,C.$$

Si l'on prend, par exemple,

$$b = 4000\lambda, \qquad C = 30'' = \frac{3}{20000},$$

ce qui correspondrait à un prisme de dimensions analogues à ceux qu'employait M. Kundt, il en résulte

$$\delta_1 > 2\pi\frac{3}{5}(n-1),$$

c'est-à-dire que la variation de marche produite par les surfaces sur le faisceau qui traverse la base du prisme doit être supérieure à la fraction $\dfrac{3(n-1)}{5}$ de longueur d'onde. Ce sont des valeurs parfaitement acceptables, puisque l'épaisseur maximum bC du prisme utilisée est moindre qu'une longueur d'onde.

Remarquons aussi que, dans ces conditions, la dispersion apparente est entièrement modifiée, car elle a pour expression

$$\frac{dn'}{d\lambda} = \frac{dn}{d\lambda} - \frac{d\mu}{d\lambda},$$

elle devient anormale quand le second membre de cette équation est plus grand que zéro.

3° Enfin, si les variations de phase sur les surfaces ne sont pas proportionnelles à l'épaisseur, ce qui est l'hypothèse la plus probable, l'intégrale de l'équation (14) ne peut plus être obtenue d'une manière générale et la déviation du maximum dépend nécessairement de l'absorption.

La méthode des déviations prismatiques, si séduisante qu'elle paraisse au premier abord, laisse donc les mêmes doutes sur la signification des résultats.

623. *Corps à couleurs superficielles.* — Les observations de Brewster ([1]) sur le *chrysammate de potasse* et les recherches

---

([1]) D. BREWSTER, *Brit. Ass. Rep.*, 1846; *Notices and abstracts*, p. 7.

plus étendues d'Haidinger ([1]) ont montré qu'un grand nombre de substances, dont les surfaces présentent le reflet métallique, ne paraissent pas de même couleur, suivant qu'on les observe par réflexion ou par transmission, que la teinte de la lumière réfléchie varie avec l'angle d'incidence et qu'elle est très différente suivant que le faisceau primitif est polarisé dans l'un ou l'autre des deux azimuts principaux.

M. Stokes ([2]) y a ajouté la remarque importante que les couleurs dont le pouvoir réflecteur est le plus grand éprouvent une réflexion elliptique comparable à celle des métaux.

En recevant par une lame de spath suivie d'un analyseur la lumière réfléchie sur la *carthamine* dans une direction voisine de l'incidence principale, et qui provenait d'un faisceau primitivement polarisé dans l'azimut de 45°, les anneaux conservaient leur apparence circulaire avec la lumière rouge, mais ils révélaient la polarisation elliptique par leurs déformations dans la lumière verte ou bleue. La carthamine est parfaitement transparente pour le rouge et absorbe énergiquement les autres couleurs, de sorte que le caractère métallique de la lumière réfléchie est dans une relation évidente avec l'absorption. Cette loi s'étend d'ailleurs à tous les milieux polychroïques (**474**).

Les phénomènes se modifient d'une façon singulière lorsque ces corps sont en contact avec une substance transparente ayant à peu près le même indice de réfraction. Les couleurs qui correspondent à la transparence ne se réfléchissent sur la surface de séparation qu'en proportion insensible, à cause de la faible différence des indices; les couleurs qui éprouvent la réflexion métallique sont, au contraire, réfléchies en grande abondance et donnent finalement des teintes plus vives. Si l'on dépose, par exemple, sur une plaque de verre, une couche de carthamine par l'évaporation de sa dissolution dans l'eau, cette pellicule réfléchit par sa surface libre une lumière jaune verdâtre et par sa surface en contact avec le verre un beau vert tirant légèrement sur le bleu.

Le *permanganate de potasse* est particulièrement remarquable.

([1]) HAIDINGER, *Sitzb. der Akad. der Wiss. zu Wien*, t. VIII, p. 97; 1852. — *Ann. de Chim. et de Phys.* [3], t. XXXII, p. 249; 1854.

([2]) G. STOKES, *Phil. Mag.* [4], t. VI, p. 393; 1853. — *Ann. de Chim. et de Phys.* [3], t. XLVI, p. 504; 1856.

La réflexion est métallique pour les rayons qui correspondent aux cinq bandes d'absorption, tandis qu'elle se rapproche de la réflexion vitrée (ou cristalline) pour les autres couleurs.

Le *fer oligiste* établit une sorte de transition entre les métaux et les substances polychroïques. Il est transparent, avec réflexion vitrée, pour la lumière rouge; il est opaque et présente la réflexion métallique pour les couleurs plus réfrangibles.

Sur l'*indigo* et le *fer oligiste*, M. Van der Willigen ([1]) a constaté que l'incidence principale diminue avec la longueur d'onde, comme dans le cas des métaux, pour les couleurs qui ont un grand pouvoir réflecteur, tandis qu'elle varie en sens contraire pour les autres couleurs; sur l'indigo, par exemple, l'incidence principale diminue depuis l'extrême rouge jusqu'à la raie E du spectre et augmente ensuite vers le violet. La même relation est encore plus marquée, d'après les expériences de M. E. Wiedemann ([2]), sur le *rouge d'aniline* (fuchsine) et sur le *violet d'aniline*, pour lesquels la réflexion dans l'air est *positive*.

La *fuchsine*, composée principalement d'acétate de rosaniline avec une certaine quantité d'arséniate, a fait l'objet d'une étude très détaillée par M. Lundquist ([3]). Cette substance était déposée par évaporation de sa solution alcoolique sur la face hypoténuse d'un prisme de verre et protégée par un vernis d'asphalte. On observait la réflexion dans le verre en utilisant comme lumière incidente des rayons de longueur d'onde bien définie par les raies du spectre solaire.

Les expériences sont résumées dans le Tableau suivant :

Raies.	λ	I.	C.	n_a	$2\cos I \tang C$.
	μ				
B......	0,6867	50 52	0 36	1,230	0,0131
C......	0,6562	51 30	0 24	1,264	0,0088
D......	0,5892	55 12	6 36	1,405	0,1323
E......	0,5269	51 48	15 48	1,108	0,3521
F......	0,4860	45 45	17 54	0,877	0,4521
I......	0,4475	41 36	9 0	0,864	0,2070
V......	0,4226	41 36	4 36	»	0,1203

([1]) Van der Willigen, *Pogg. Ann.*, t. CXVII, p. 464; 1862.

([2]) E. Wiedemann, *Ber. der Sächs. Wiss. Gesell. Math-Phys. Cl.*, 872.

([3]) G. Lundquist, *Nova acta reg. Soc. Sc. Upsaliensis* [3], t. IX, Part II; 1874.
— *Journal de Physique*, t. III, p. 352; 1874.

L'incidence principale I est à peu près constante dans le violet, elle croît ensuite de l'indigo à l'orangé, où elle passe par un maximum qui coïncide avec la raie D, puis diminue vers le rouge. L'azimut principal C, dont la tangente est le rapport des facteurs de réflexion sous l'incidence principale, croît du violet au bleu, pour décroître jusqu'au début du rouge, où il reste très faible, et éprouve ensuite un petit accroissement.

La réflexion est nettement vitrée pour le rouge et *négative,* à l'inverse de ce qui a lieu dans l'air. Les indices de réfraction, qui correspondent au passage de la lumière du crown dans la fuchsine, sont calculés par la tangente de l'incidence principale ; leur variation est normale.

Pour les autres couleurs, la réflexion est métallique ; les indices de réfraction n_0, calculés d'après les formules de Cauchy, mettraient en évidence une dispersion anormale considérable.

Les résultats des observations sont conformes aux formules de réflexion métallique pour les raies D, E et F ; ils sont représentés également par les formules de réflexion vitrée pour la raie C ; enfin, les unes ou les autres conviennent à la lumière voisine de la raie B. L'accord est moins satisfaisant pour les deux espèces de lumière violette I et V, sans doute parce que les observations sont particulièrement difficiles dans cette région.

Il est à remarquer aussi, d'après le détail des observations elles-mêmes, que la valeur minimum du rapport des facteurs de réflexion pour les raies E et F a lieu sous une incidence inférieure à l'incidence principale, ce qui mettrait en défaut les formules approchées de réflexion métallique.

Enfin le rapport des pouvoirs réflecteurs des deux composantes principales, déterminé en rendant égales par un analyseur les deux images d'un prisme biréfringent, est aussi conforme à la théorie pour les couleurs qui éprouvent la réflexion métallique.

624. *Anneaux colorés sur les métaux.* — Les caractères différents des anneaux colorés produits sur une lame de métal suivant que la lumière est polarisée dans l'un ou l'autre des azimuts principaux ont été découverts par Arago ([1]). Il a reconnu que si

---

([1]) Arago, *Œuvres complètes,* t. X, p. 23 (1811).

l'on observe les anneaux produits entre une lentille de verre et une surface métallique à l'aide d'un prisme biréfringent dont la section principale est dans le premier azimut, l'image ordinaire présente toujours la tache centrale noire, quelle que soit l'incidence; il en est de même pour l'image extraordinaire, tant que la direction des rayons est comprise entre la normale et l'incidence principale sur le verre, mais les anneaux s'évanouissent alors et reparaissent ensuite avec des teintes complémentaires. En outre, les anneaux de même rang dans les deux systèmes n'ont pas exactement le même diamètre, car ils devraient s'éteindre par compensation pour un azimut de l'analyseur convenablement choisi, si cette condition était remplie, tandis qu'on les aperçoit toujours en même temps.

Arago a vérifié également que cette propriété particulière n'est pas due à la seule opacité du métal, car sur des substances naturelles très opaques, comme le *charbon de terre*, l'*anthracite*, le *jaïet*, les *oxydes métalliques*, etc., les deux images de l'analyseur sont, à l'intensité près, parfaitement semblables en teinte et en grandeur, ou du moins ne diffèrent l'une de l'autre que très légèrement. Au contraire, les cristaux de *fer oligiste*, de *cuivre pyriteux*, de *plomb sulfuré* montrent des changements de couleur sans polarisation complète.

Fresnel obtint des résultats analogues (**621**) en observant les colorations d'une mince couche d'*essence de térébenthine* répandue à la surface d'un métal.

Le Mémoire cité de Brewster (¹) renferme également plusieurs observations intéressantes. Sur un bel échantillon de *fer spéculaire* (oligiste), dont la surface était recouverte d'une pellicule de matière étrangère, les anneaux étaient d'abord à centre noir, au voisinage de la normale, pour la lumière polarisée dans le second azimut, et disparaissaient sous l'incidence de 58°36′, ce qui indiquerait une valeur de 1,638 pour l'indice de la couche mince.

Depuis cette direction jusqu'à l'incidence rasante, les anneaux étaient à centre blanc et paraissaient bleus avec un grand éclat sous l'incidence de 72°39′. La réflexion présente, en effet, le caractère vitré sur l'oligiste (**623**) pour la lumière rouge, qui n'est plus

(¹) D. BREWSTER, *Phil. Trans. L. R. S.*, Part I, p. 43; 1841.

alors réfléchie sur la seconde surface et l'indice de réfraction correspondant serait 3,20.

La réflexion restait métallique pour les autres couleurs, puisque les anneaux étaient persistants. Ces anneaux s'évanouissent quand la polarisation primitive est dans l'azimut de $59°25'$, ce qui donne une relation entre les facteurs principaux de réflexion sur les deux surfaces de la lame (610).

Sur d'autres échantillons provenant de l'île d'Elbe et qui étaient aussi recouverts d'une couche étrangère, il n'était plus possible de faire disparaître les anneaux, ce qui indique que la première surface présentait également la réflexion métallique.

On peut encore produire sur un métal quelconque une couche mince d'*essence de laurier*, en versant d'abord l'essence sur de l'eau, où elle s'étale plus facilement; on reprend ensuite la couche d'essence avec le métal et l'on fait écouler l'eau.

Les anneaux relatifs au second azimut sont encore à centre noir pour l'incidence normale; ils disparaissent sous l'incidence de $56°$, qui est l'angle de polarisation de l'essence, et deviennent ensuite à centre blanc; ils sont alors complémentaires de ceux qu'on obtient avec la lumière polarisée dans le premier azimut. Pour chacune des incidences comprises entre $56°$ et $90°$, il existe un azimut de polarisation qui fait disparaître les anneaux.

L'étude des anneaux produits sur un métal sous des incidences différentes permettrait encore de déterminer les variations qu'éprouvent les pertes de phase z_1 et β_1 (611) relatives aux composantes principales, à partir de l'incidence normale. M. Quincke [1] a abordé cette étude en mesurant le diamètre du premier anneau noir. Il semble en résulter que, sur l'*acier* et l'*argent*, la perte de phase relative au premier azimut change très peu avec l'incidence, de sorte que la différence de phase des deux composantes principales tiendrait presque exclusivement à la modification subie par les vibrations polarisées dans le second azimut.

M. Wernicke [2] a utilisé l'analyse spectrale des anneaux colorés pour comparer les pertes de phase des deux composantes sous l'incidence normale.

---

[1] Quincke, *Pogg. Ann.*, t. CXVII, p. 380; 1871.

[2] W. Wernicke, *Pogg. Ann.*, t. CLIX, p. 198; 1876. — *Journal de Physique*, t. VI, p. 31; 1877.

Une lame transparente, en partie couverte d'une substance différente, est éclairée normalement de l'autre côté et l'on observe les interférences dues aux deux faces de la lame à l'aide d'un spectroscope dont la fente est perpendiculaire au bord de la couche étrangère. Les bandes des deux spectres se correspondent exactement, si la nature de la réflexion est la même; elles paraissent alternantes si la différence de phase est égale à π; elles peuvent enfin prendre des positions relatives intermédiaires.

Le premier ou le second cas se présente, au moins avec une grande approximation, pour les substances transparentes, suivant que leur indice est plus petit ou plus grand que celui du verre.

Avec une couche d'*argent*, les bandes paraissent déplacées *du côté du violet* d'une quantité qui correspondrait, pour toutes les couleurs, à une avance de chemin de $\frac{1}{4}$ de longueur d'onde; ce déplacement indiquerait, au contraire, un retard de $\frac{3}{4}$ de longueur d'onde, si l'on admet qu'il a lieu vers le rouge.

Avec une couche de *fuchsine*, le déplacement des bandes paraît avoir lieu dans le même sens, très faible dans le rouge et croissant ensuite vers le violet pour atteindre $\frac{1}{10}$ de longueur d'onde.

On doit faire quelques réserves sur l'interprétation que donne M. Wernicke de ces résultats, en admettant que l'indice de réfraction de la fuchsine est plus petit que celui du verre, pour les longueurs d'onde comprises entre $0^\mu,485$ et $0^\mu,410$.

Pour savoir si l'effet produit par la réflexion métallique est une avance ou une perte de phase, M. Wiener dépose l'argent sur verre par volatilisation électrique du métal dans le vide. Si le verre est en partie caché, pendant cette opération, par une lamelle de mica qu'on enlève ensuite, on obtient sur la surface deux régions voisines dont l'une est nue et l'autre couverte d'une couche d'argent d'épaisseur variable. En faisant mouvoir la fente du spectroscope depuis les régions où l'épaisseur de l'argent est inappréciable jusqu'aux points où elle est maximum, on obtient un spectre à bandes fixes pour le verre et un spectre à bandes variables relatives à la réflexion métallique. Ces dernières, d'abord en coïncidence avec les précédentes, éprouvent *vers le rouge* un déplacement continu qui a pour limite $\frac{3}{4}$ de longueur d'onde.

La réflexion de la lumière dans le verre sur les métaux serait donc accompagnée, sous l'incidence normale, d'un retard de $\frac{3}{4}$ de longueur d'onde. Si l'on étend ces résultats à la réflexion dans l'air, la tache centrale des anneaux colorés sur les métaux ne doit pas avoir lieu au point où l'épaisseur est nulle.

M. Potier [1] est arrivé à des résultats un peu différents. En comparant au spectroscope les interférences produites par réflexion normale sur une lame de *crown*, dont la face postérieure était en partie recouverte de *fuchsine*, il a constaté que les bandes dues à la réflexion sur l'air et sur la fuchsine se correspondent exactement pour le violet et même l'ultra-violet jusqu'à la raie U du spectre solaire, tandis que les bandes relatives à la fuchsine éprouvent, dans la région lumineuse, un déplacement progressif du côté du violet, qui atteint, dans le rouge, la moitié de l'intervalle de deux bandes. La réflexion sur la fuchsine est donc accompagnée d'une perte de phase δ qui croît avec la longueur d'onde. Les valeurs observées ont été :

Raies.	D.	E.	b.	F.	G.
$\dfrac{\delta}{2\pi}$	0,41	0,30	0,25	0,18	0

Le *mica* peut être obtenu en lames plus minces, et il est facile d'éviter la complication des effets de réfraction en polarisant la lumière dans une des directions principales ; les phénomènes présentent le même caractère, mais la perte de phase est moindre.

Avec un *flint* d'indice plus élevé (1,96), la perte de phase sur la *fuchsine* est encore nulle pour le violet ; mais elle passe par un maximum (0,34) dans le vert, entre les raies D et E, et redevient nulle au voisinage de la raie G.

L'allure de ces retards est conforme à la relation

$$\tan\delta = \frac{2\,n_0\,g}{n^2 + g^2 - n_0^2},$$

dans laquelle n_0 est l'indice de la lame, n celle du corps opaque et $\dfrac{4\pi g}{\lambda}$ son coefficient d'extinction (222).

On en déduirait des valeurs de g supérieures à l'unité pour le vert. En évaluant l'épaisseur d'une couche de fuchsine par les anneaux à la lumière rouge, par laquelle cette substance est trans-

---

[1] A. POTIER, *Comptes rendus des séances de l'Acad. des Sciences*, t. CVIII, p. 995 ; 1889.

parente, on vérifie, en effet, qu'il suffit d'une épaisseur de l'ordre des centièmes de longueur d'onde pour absorber énergiquement les rayons jaunes et verts.

Pour les métaux, la perte de phase paraît varier avec la nature du métal et celle de la lumière; elle serait comprise entre π et $3\frac{\pi}{2}$, sans atteindre jamais cette dernière valeur.

625. *Interférences des rayons incidents et des rayons réfléchis.* — Les expériences de M. Hertz sur les nœuds et les ventres des oscillations électriques en avant d'un plan conducteur, analogues aux effets de la réflexion du son sur un mur, ont inspiré à M. Wiener ([1]) l'idée de chercher s'il serait possible de mettre en évidence les interférences qui doivent exister entre les ondes lumineuses qui tombent sur un miroir et les ondes réfléchies.

Supposons, d'une manière plus générale, que le miroir soit recouvert d'une couche transparente d'indice n. Pour une incidence extérieure i, l'incidence i' sur le miroir est $\sin i = n \sin i'$; la différence de marche des ondes incidente et réfléchie à la distance e de la surface est $2 n e \cos i'$ et la différence de phase correspondante

$$\delta = 2\pi \frac{2 n e \cos i'}{\lambda} = 4\pi \frac{e \cos i'}{\lambda'},$$

λ' désignant la longueur d'onde dans la couche d'indice n superposée au miroir.

Si la vibration primitive est perpendiculaire au plan d'incidence et d'amplitude a, l'amplitude de la vibration réfléchie est ah; appelant α la perte de phase due à la réflexion, les vibrations à composer sont de la forme $a \sin \omega t$ et $ah \sin(\omega t - \alpha - \delta)$, le facteur h étant supposé positif.

Les maxima d'intensité correspondent aux valeurs $\alpha + \delta = 2 m \pi$ et les minima aux valeurs intermédiaires $\alpha + \delta = (2 m + 1)\pi$. Le rapport p de la différence des intensités extrêmes à celle des maxima est

$$p = \frac{(1 + h)^2 - (1 - h)^2}{(1 + h)^2} = \frac{4 h}{(1 + h)^2}.$$

([1]) O. WIENER, *Wied. Ann.*, t. XL, p. 203; 1891.

La distance commune d de deux maxima ou de deux minima successifs est $\dfrac{\lambda'}{2\cos i'}$; la moitié de cette valeur représente la distance d'un minimum au maximum suivant. Enfin la distance d_1 du premier minimum à la surface est

$$d_1 = \frac{\lambda'}{4\cos i'}\left(1 - \frac{\alpha}{\pi}\right).$$

Lorsque la vibration primitive $b\sin\omega t$ est dans le plan d'incidence, la vibration réfléchie est de la forme $bk\sin(\omega t - \beta - \delta)$; elle fait avec la vibration incidente l'angle $2i'$, si on la compte de manière que sa projection sur la surface soit de même sens que celle de la vibration incidente. Leur résultante est elliptique en général et la somme des carrés des axes est (163)

$$A^2 + B^2 = b^2[1 + k^2 + 2k\cos 2i'\cos(\beta + \delta)].$$

Les maxima et minima correspondent encore aux conditions

$$\beta + \delta = 2m\pi \quad \text{et} \quad \beta + \delta = (2m + 1)\pi;$$

la première donne les maxima ou les minima, suivant que le facteur $\cos 2i'$ est plus grand ou plus petit que zéro.

La distance de deux maxima ou de deux minima successifs et leur distance respective ont les mêmes expressions que précédemment. Enfin, le rapport q de la différence des intensités extrêmes à celle des maxima est

$$q = \frac{4k\cos 2i'}{1 + k^2 + 2k\cos 2i'} = \frac{4k\cos 2i'}{(1 + k)^2 - 4k\sin^2 i'}.$$

À part le rôle des pertes de phase sur les surfaces et l'intensité relative des rayons qui interfèrent, ces conditions sont exactement les mêmes que pour les anneaux colorés.

Pour l'incidence normale, en particulier, on doit faire $\alpha = \pi$ dans la théorie de Fresnel, au moins en ce qui concerne la réflexion vitrée, et $\alpha = 0$ dans celle de Mac Cullagh et Neumann. L'une ou l'autre des deux théories sera donc vérifiée suivant que la surface est un minimum ou un maximum.

Quand les vibrations sont normales dans le plan d'incidence, les interférences ne peuvent disparaître que si le facteur k devient nul. Si elles sont comprises dans le plan d'incidence, les interférences s'évanouissent, quel que soit le facteur de réflexion, pour $\cos 2 i' = 0$ ou $i' = 45°$, c'est-à-dire lorsque le rayon incident et le rayon réfléchi sont perpendiculaires entre eux. En effet, les vibrations à composer sont alors rectangulaires et l'intensité est indépendante de leur différence de phase.

M. Wiener a donné le nom d'*ondes stationnaires* à ces interférences localisées. Pour les mettre en évidence, il a imaginé de les couper obliquement en plaçant dans le milieu supérieur une couche photographique transparente, légèrement inclinée sur la surface, afin que les impressions dues aux bandes d'inégale intensité soient séparées par un intervalle appréciable. Les plaques sensibles ordinaires à la gélatine ne peuvent pas servir pour cet usage, parce que leur épaisseur est de plusieurs centièmes de millimètre et qu'elles recevraient en même temps l'action de plusieurs zones différentes d'interférences. En comprimant une goutte de collodion au chlorure d'argent entre deux lames de verre qu'il sépare ensuite et place horizontalement, il obtient par évaporation une couche à peu près uniforme dont l'épaisseur, estimée par le déplacement des anneaux colorés sur le bord d'une partie enlevée (**620**), ne dépasse pas $\frac{1}{20}$ ou $\frac{1}{40}$ de longueur d'onde.

D'autres procédés consistent soit à iodurer une pellicule d'argent déposée sur verre, soit à sensibiliser superficiellement par le nitrate d'argent une couche homogène et transparente d'iodure.

Malgré leur minceur extrême, ces différentes pellicules conservent assez de sensibilité pour servir aux expériences.

Une lame de verre ainsi préparée est posée sur un miroir d'argent, la face sensible en dessous, et on l'incline de manière que les franges dues à la couche d'air intermédiaire, vues à la lumière de la soude, soient écartées de $0^{mm},5$ à 2^{mm}. La lame est alors collée à l'arcanson et on l'éclaire normalement soit par la lumière d'un arc électrique, soit plutôt par un faisceau de lumière homogène. La plaque sensible, une fois révélée, montre une série de franges sensiblement rectilignes.

En projetant sur l'appareil un spectre étalé dans une direction parallèle aux franges, on voit aussi que leur distance diminue avec la longueur d'onde.

On doit s'assurer d'abord que les phénomènes observés ne sont pas dus à l'interférence des rayons réfléchis sur les deux surfaces de la couche d'air, interférences qui suivraient les mêmes lois, ou même sur les deux surfaces du collodion.

Comme le pouvoir réflecteur de l'argent est voisin de l'unité, les interférences des ondes stationnaires sont presque complètes, tandis que les deux autres systèmes donneraient des effets beaucoup moins apparents. Or l'observation montre que la transparence de la couche sensible, aux points d'interférence, ne diffère pas de celle qu'elle présente sur les régions soustraites à l'action de la lumière ou du moins qui n'ont reçu qu'un éclairage très diffus.

En outre, si l'on remplace l'argent par une surface de verre, la différence des intensités des maxima et des minima doit augmenter pour les interférences des lames minces et diminuer beaucoup pour les ondes stationnaires. C'est ce dernier cas qui a lieu : la comparaison des deux régions d'une épreuve obtenue avec un miroir mi-parti argent et verre ne laisse subsister aucun doute.

Sans insister sur les autres vérifications expérimentales, nous en signalerons une dernière qui paraît entièrement démonstrative. On remplace la couche d'air par de la benzine dont l'indice de réfraction $(1,5)$ est très voisin de celui du collodion $(1,53)$. La réflexion sur la face supérieure est alors presque entièrement supprimée et cependant l'épreuve révélée, après avoir enlevé la benzine par l'alcool et l'alcool par l'eau, montre les mêmes franges que précédemment.

La méthode permet alors de vérifier directement le changement de signe qu'éprouve la vibration dans la réflexion normale, démontré déjà, pour d'autres incidences, par l'expérience de Lloyd (138) et par l'expérience des trois miroirs de Fresnel (139).

Le miroir inférieur est remplacé par une lentille de verre convexe et l'on y pose la face collodionnée que l'on applique jusqu'à produire la tache centrale des anneaux de réflexion. L'épreuve montre que cette tache centrale est également un minimum des ondes stationnaires; en outre, la mesure des épaisseurs par les anneaux à la lumière jaune vérifie aussi que les distances des minima photographiques à la surface sont des multiples d'une demi-longueur d'onde et que les maxima leur sont intermédiaires. Le résultat serait différent pour la réflexion métallique (624).

L'expérience de M. Wiener lui a permis de soumettre à une

épreuve, qui paraît décisive, la question si controversée depuis Fresnel (333) de la direction des vibrations dans un rayon de lumière polarisée. M. Zenker (¹) a fait, le premier, cette remarque importante que les interférences de la lumière directe et de la lumière réfléchie doivent disparaître lorsque ces deux rayons sont à angle droit, mais pour le cas seulement où les vibrations se trouvent dans le plan d'incidence.

Pour obtenir facilement une incidence de 45°, M. Wiener pose sur la plaque de verre un prisme rectangle isocèle et règle la direction du faisceau de lumière de façon qu'il soit normal à l'une des faces latérales du prisme. La face hypoténuse était séparée du verre par une couche de benzine, afin d'éviter la réflexion totale, et la couche d'air inférieure était également remplacée par de la benzine. Un prisme de spath interposé sur le trajet de la lumière incidente permettait d'éclairer deux régions de la couche sensible par deux spectres voisins polarisés, l'un dans le premier azimut et l'autre dans le second, en ayant soin que ce dernier corresponde exactement à l'incidence de 45°. Quand l'expérience est convenablement réglée, les franges persistent avec tous leurs caractères pour la lumière polarisée dans le premier azimut et disparaissent entièrement si la polarisation est dans le second azimut.

Il en résulte que les vibrations chimiquement efficaces sont *perpendiculaires au plan de polarisation*.

Or, il n'est permis de faire aucune distinction expérimentale entre les vibrations dites *chimiques* et les vibrations lumineuses. L'expérience d'Arago (144) sur l'identité des minima photographiques et des minima de lumière dans les interférences, la reproduction photographique des spectres de réseaux, les franges de polarisation chromatique et, en général, tous les phénomènes d'Optique vérifient constamment cette corrélation étroite des effets lumineux et des effets chimiques d'une même espèce de vibrations. Les vues de Fresnel se trouvent ainsi confirmées de nouveau par l'expérience de M. Wiener. On doit signaler cependant les réserves faites par M. Poincaré sur l'exactitude de cette conclusion, suivant que l'on attribue le phénomène photographique

---

(¹) W. ZENKER, *Comptes rendus des séances de l'Académie des Sciences*, t. LXVI, p. 932; 1868. — Rapport de M. Fizeau.

et, par suite, le phénomène lumineux aux vibrations de l'éther ou
au glissement relatif de deux ondes voisines ([1]).

626. *Reproduction photographique des couleurs.* — Au lieu
de recevoir les ondes stationnaires par une pellicule très mince,
M. Lippmann ([2]) les fait agir, au contraire, sur une couche sensible d'épaisseur notable, parfaitement continue, c'est-à-dire dont
les grains sont de très petites dimensions par rapport à la longueur
d'onde; des émulsions d'albumine, de collodion ou de gélatine
remplissent parfaitement cette condition.

Une plaque sensibilisée à la manière habituelle étant placée sur
le mercure, on l'éclaire normalement par un spectre pur, en modifiant la durée de pose relative aux différentes couleurs, de manière
à obtenir en chaque point des actions d'intensités convenables.

L'épreuve une fois révélée, il s'est formé dans l'épaisseur de la
couche une série de lamelles, où le pouvoir réflecteur est augmenté par l'argent réduit dans le voisinage des maxima, et dont
les points homologues sont séparés par la distance d'une demi-
longueur d'onde.

Si l'on examine cette épreuve par réflexion à la lumière blanche,
sous l'incidence normale, les rayons de même nature que la couleur primitive ont toujours des vibrations concordantes, puisque
leur différence de marche est un nombre entier de longueurs
d'onde; l'éclat sera donc maximum. Pour une autre couleur, les
différences de phase sont variables, d'un groupe de rayons à l'autre,
et l'interférence est plus ou moins complète; elle serait même
totale, si le nombre des lamelles était assez grand. Le spectre re-
paraîtra donc par réflexion avec ses couleurs primitives.

La transmission donnera naturellement, en chaque point, une
teinte complémentaire, puisque, à part l'absorption, si l'une des
couleurs se trouve en excès dans le faisceau de la lumière réfléchie,
elle doit être en défaut dans la lumière transmise.

Les teintes varient aussi avec l'incidence, car, si la distance des
lamelles est d, la longueur d'onde qui correspond à l'accord des

([1]) A. CORNU, H. POINCARÉ, A. POTIER, *Comptes rendus des séances de
l'Académie des Sciences*, t. CXII, p. 186, 365, 383 et 456; 1891.

([2]) G. LIPPMANN, *Comptes rendus des séances de l'Académie des Sciences*,
t. CXII, p. 274; 1891.

vibrations réfléchies sur deux lamelles successives est $2 d \cos i'$; les différentes couleurs marchent donc vers le rouge primitif à mesure que l'incidence augmente; elles marchent vers le bleu quand on se rapproche de la normale.

Si l'épreuve avait été faite sous l'incidence i dans l'air, c'est-à-dire sous l'incidence i' dans la couche sensible, on apercevrait encore les mêmes couleurs par réflexion sous la même incidence; en se rapprochant alors de la normale, les couleurs marcheraient vers le bleu, et une région impressionnée par des radiations ultra-violettes invisibles apparaîtrait colorée.

M. Ed. Becquerel [1] avait déjà reproduit les couleurs par l'action directe de la lumière sur un chlorure d'argent préparé par électrolyse, mais le phénomène est alors d'une autre nature, car les teintes ne varient pas sensiblement avec l'incidence et les épreuves ne sont pas inaltérables.

MILIEUX CRISTALLISÉS.

627. *Caractère général de la réflexion cristalline.* — La symétrie particulière des milieux cristallisés doit se traduire également dans la lumière réfléchie à leur surface et permet de prévoir dans quel sens les phénomènes seront modifiés.

Supposons d'abord qu'il n'existe aucune perte de phase sur la surface, ce qui correspondrait au cas de la réflexion vitrée simple. Sous l'incidence normale, les deux composantes principales du faisceau incident sont affaiblies dans des proportions différentes; le plan de polarisation de la lumière réfléchie ne coïncide donc plus exactement avec le plan primitif. En appelant n' et n'' les indices de réfraction relatifs à cette direction, les facteurs de réflexion correspondants h_0 et k_0 sont respectivement, en valeurs absolues,

$$\frac{n'-1}{n'+1} \text{ et } \frac{n''-1}{n''+1}.$$

Si l'azimut primitif de polarisation par rapport à la section principale est θ, l'azimut θ_1 de polarisation réfléchie doit être compté en sens contraire, à cause du retournement de l'observateur, et a

---

[1] E. Becquerel, *Comptes rendus des séances de l'Académie des Sciences,* t. XXVI, p. 181, et t. XXVII, p. 483; 1848.

pour expression

$$\tan g\theta_1 = \tan g\theta \, \frac{n^{\prime\prime} - 1}{n^{\prime\prime} + 1} \frac{n' + 1}{n' - 1}.$$

La rotation apparente du plan de polarisation, au lieu d'être 2θ, comme sur le verre, est égale à $\theta + \theta_1$; la différence $\theta - \theta_1$ représente donc l'influence particulière de la double réfraction

$$\tan g(\theta - \theta_1) = \frac{2(n' - n^{\prime\prime}) \tan g\theta}{(n^{\prime\prime} + 1)(n' - 1) + (n^{\prime\prime} - 1)(n' + 1) \tan g^2\theta}.$$

Le maximum $(\theta - \theta_1)_m$ a lieu pour la condition

$$\tan g^2\theta = \frac{(n^{\prime\prime} + 1)(n' - 1)}{(n^{\prime\prime} - 1)(n' + 1)},$$

$$\tan g(\theta - \theta_1)_m = \frac{n' - n^{\prime\prime}}{n' n^{\prime\prime} - 1} \sqrt{\frac{(n^{\prime\prime} - 1)(n' + 1)}{(n^{\prime\prime} + 1)(n' - 1)}}.$$

D'autre part, si la surface réfléchissante est parallèle à l'un des plans de symétrie du milieu, deux autres plans de symétrie sont normaux à la surface et perpendiculaires entre eux. Quand le plan d'incidence est parallèle à l'un de ces plans de symétrie, le rayon réfracté est unique pour chacun des azimuts principaux et l'on pourra appliquer les formules de Fresnel, à la seule condition de considérer l'indice de réfraction, si c'est nécessaire, comme une quantité variable avec l'incidence.

Les facteurs de réflexion h et k relatifs aux azimuts principaux varient de manières différentes. Le second passe encore par zéro lorsque la vibration réfléchie est perpendiculaire à la vibration réfractée, ce qui définit l'incidence de polarisation. Si l'on a $k_0^2 > h_0^2$ ou $n^{\prime\prime} > n'$, il existe une incidence pour laquelle ces deux facteurs sont égaux entre eux, de sorte que la polarisation réfléchie est alors symétrique de la polarisation primitive.

Pour une lame uniaxe, par exemple, parallèle à l'axe, les deux rayons réfractés suivent la loi de Descartes quand le plan d'incidence est perpendiculaire à la section principale; l'incidence de polarisation est alors définie par l'indice ordinaire n'.

Les facteurs de réflexion peuvent devenir égaux si $n' > n^{\prime\prime}$, c'est-à-dire si le cristal est positif, comme le *quartz*.

Lorsque le plan d'incidence est situé dans la section principale, l'incidence de polarisation est définie par le rayon extraordinaire. Les facteurs h et k peuvent encore devenir égaux entre eux avec un cristal négatif, comme le *spath* d'Islande.

Si le plan d'incidence n'est plus orienté dans une des directions principales, il y a en général deux rayons réfractés. Il existe encore une incidence pour laquelle le rayon réfléchi paraît entièrement polarisé, mais le plan de polarisation fait avec le plan d'incidence un angle appréciable qu'on appelle *déviation*.

Le problème général est beaucoup plus complexe. Dans tous les cas, ces remarques préliminaires permettraient d'utiliser la réflexion pour reconnaître par expérience si une surface de nature inconnue appartient à un corps biréfringent.

En outre, il existe aussi des changements de phase sur la surface, au moins dans le voisinage des incidences, qui donnent une polarisation presque complète, et la réflexion doit présenter alors le caractère elliptique.

Enfin, sur les cristaux très colorés, on doit s'attendre également à trouver des changements de phase plus rapides, qui rapprochent le phénomène de la réflexion métallique, mais les propriétés cristallines se révéleront toujours par des modifications notables avec l'orientation d'incidence.

Les principaux caractères de la réflexion cristalline ont été découverts par Brewster [1]; mais, avec plus de raison encore que dans la réflexion isotrope, on ne peut discuter utilement les observations relatives à la réflexion cristalline sans être guidé par des considérations théoriques.

628. *Théorie de Neumann et de Mac Cullagh.* — Dans une première tentative, Seebeck [2] appliqua les principes de Fresnel au seul cas où le plan d'incidence est parallèle à la section principale du cristal, mais il est moins facile d'étendre les mêmes considérations au phénomène général.

La théorie de Neumann et Mac Cullagh se prête, au contraire, d'une manière remarquable, à l'explication de la réflexion cristalline; la méthode de Mac Cullagh est particulièrement élégante par

---

[1] D. Brewster. *Ph. Trans. L. R. S.*, p. 145; 1819.
[2] A. Seebeck, *Pogg. Ann.*, t. XXI, p. 290, et t. XXII, p. 126; 1831.

la simplicité des calculs et par les considérations géométriques qu'elle fait intervenir.

Nous supposerons que la lumière se réfléchit d'un milieu isotrope, où la vitesse de propagation est V et l'incidence i, sur la surface d'un milieu biréfringent.

Considérons l'un des rayons réfractés OM′ (*fig.* 306) et l'onde

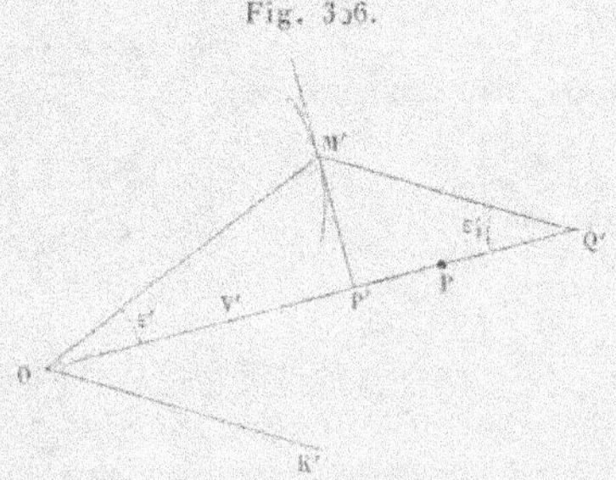

Fig. 306.

plane M′P′ correspondante, qui est tangente, au point M′, à l'onde caractéristique relative à l'unité de temps; la distance OP′ représente la vitesse V′ de propagation de ces ondes. Prenons sur cette droite un point P à la distance OP $=$ V et le point Q′ défini par la condition

$$OP'.OQ' = \overline{OP}^2 = V^2.$$

Le lieu des points Q′ est la surface d'onde réciproque (343) du milieu par rapport à la vitesse V dans le milieu extérieur; on peut l'appeler aussi *surface des indices*, puisque le rayon OQ′ est proportionnel à l'indice de réfraction des ondes qui lui sont normales. La transversale de l'onde M′P′, ou du rayon OM′, est perpendiculaire au plan OM′P′, puisqu'elle est normale au rayon et située dans le plan de polarisation. La question se présente de savoir si l'on doit considérer comme plan de polarisation le plan transversal qui passe par la normale OP′, ou celui qui passe par le rayon OM′, ou même celui qui serait parallèle à la droite M′Q′. Cette distinction disparaît quand la lumière se retrouve finalement dans un milieu isotrope; si le milieu est biréfringent, on définira encore le plan de polarisation par la transversale et la normale aux ondes. Le plan qui passe par la transversale et la droite OK′

parallèle à M'Q' jouit de propriétés importantes; Mac Cullagh l'appelle *plan polaire* du rayon OM'.

Si i' est l'angle de réfraction relative à ce rayon, on a

$$\frac{\sin i'}{\sin i} = \frac{OP'}{OP} = \frac{OP}{OQ'}, \qquad \frac{\sin^2 i'}{\sin^2 i} = \frac{OP'}{OQ'},$$

$$\frac{\sin^2 i'}{\sin^2 i - \sin^2 i'} = \frac{OP'}{OQ' - OP'} = \frac{OP'}{P'Q'};$$

d'autre part, appelant ε'_1 l'angle M'Q'P',

$$M'P' = OP' \tang \varepsilon' = P'Q' \tang \varepsilon'_1,$$

$$(1) \qquad \frac{\tang \varepsilon'_1}{\tang \varepsilon'} = \frac{OP'}{P'Q'} = \frac{\sin^2 i'}{\sin^2 i - \sin^2 i'} = \frac{\sin^2 i'}{\sin(i + i')\sin(i - i')}.$$

629. *Équation des forces vives.* — On admettra encore que la densité de l'éther est la même dans tous les milieux. L'application du principe des forces vives exige qu'on évalue le rapport des volumes u et u', ébranlés en même temps dans les deux milieux.

Pour un faisceau cylindrique de rayons incidents qui découpe une étendue Σ sur la surface réfléchissante sous l'incidence i, la section droite du faisceau est $S = \Sigma \cos i$. Si l'on appelle j' l'angle de réfraction *des rayons*, la section droite du faisceau de rayons réfractés est $\Sigma \cos j'$. D'autre part, la section S' de ce faisceau parallèle aux ondes est oblique aux rayons et fait avec la précédente l'angle de conjugaison ε', ce qui donne

$$\Sigma \cos j' = S' \cos \varepsilon'.$$

Enfin les hauteurs des deux prismes à comparer sont entre elles comme les longueurs d'onde λ et λ' dans les deux milieux, c'est-à-dire comme les sinus des angles d'incidence i et de réfraction i'. On a donc

$$\frac{u'}{u} = \frac{\lambda' S'}{\lambda S} = \frac{\sin i' \cos j'}{\sin i \cos i \cos \varepsilon'}.$$

On peut remarquer encore que, si l'on considère les intersections OC et TU de la surface (*fig.* 307) par deux ondes incidentes correspondant à l'unité de temps, le rayon OM' est déterminé par le point de contact M' du plan tangent mené par la droite TU à l'onde caractéristique et le rayon incident OM s'obtiendrait,

de même, par le plan tangent à la sphère de rayon V. En limitant
le faisceau incident par le plan CU parallèle à NOT, les volumes
correspondants seront représentés par le prisme triangulaire OUM′
pour le second milieu, et par le prisme analogue pour le premier.
Ces deux prismes, l'un oblique et l'autre droit, ayant une face
commune OU, leurs volumes sont proportionnels aux hauteurs

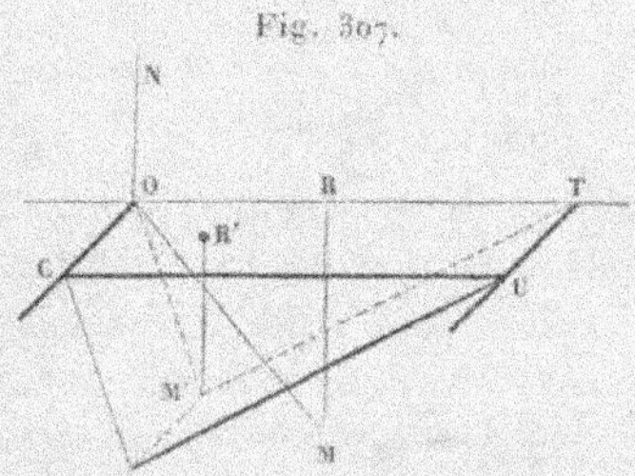

Fig. 307.

correspondantes M′R′ et MR. Le rapport des volumes $u′$ et u est
donc égal au rapport des ordonnées des points de contact avec les
surfaces d'onde des deux plans tangents menés par la même droite
TU; on arriverait ainsi à la même expression.

Soit maintenant, sur une sphère de rayon égal à l'unité, NOx
(*fig*. 308) le plan d'incidence, P′ la normale aux ondes réfractées,

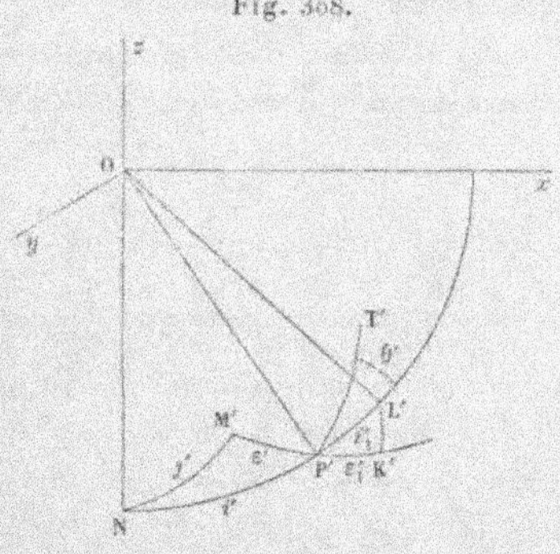

Fig. 308.

NP′ $= i′$ l'angle de réfraction, M′ le rayon, NM′ $= j″$ son angle de
réfraction, M′P′ $= ε′$ l'angle de conjugaison. La transversale étant
perpendiculaire au plan OM′P′, soit θ′ l'angle, compté vers la
gauche, que fait avec le plan d'incidence le plan OP′T′ qui passe

par la normale aux ondes et la transversale, c'est-à-dire l'azimut de polarisation des ondes réfractées.

Le triangle $NM'P'$ donne

$$\cos j' = \cos i' \cos \varepsilon' + \sin i' \sin \varepsilon' \sin \theta'.$$

L'expression du rapport des volumes correspondants u' et u devient alors

$$(2) \qquad \frac{u'}{u} = \frac{\sin i' \cos i' + \sin^2 i' \, \tang \varepsilon' \sin \theta'}{\sin i \cos i},$$

L'équation des forces vives se traduira, dans le cas général, en écrivant que le produit du volume u par la différence des carrés des transversales incidente et réfléchie est égal à la somme des produits des volumes u' et u'', relatifs aux deux rayons réfractés, par les carrés des transversales correspondantes.

630. *Systèmes uniradiaux*. — Le problème se simplifie beaucoup par la considération séparée des cas où le rayon réfracté est unique. Il est possible, en effet, pour chaque incidence, de choisir l'azimut de polarisation primitive de telle manière qu'il n'existe qu'un rayon réfracté. Ces réflexions, dites *uniradiales*, jouent, dans les calculs, le même rôle que celles des vibrations principales pour les milieux isotropes.

Appelons p, p_1 et τ' les amplitudes des transversales incidente, réfléchie et réfractée relatives à un système uniradial; φ, φ_1 et θ' les azimuts de polarisation correspondants, comptés à gauche du plan d'incidence.

L'équation des forces vives devient alors

$$(3) \qquad (p^2 - p_1^2) \sin i \cos i = \tau'^2 (\sin i' \cos i' + \sin^2 i' \, \tang \varepsilon' \sin \theta').$$

On appliquera encore le principe de continuité en admettant qu'il n'y a pas de différence de phase sur la surface. La continuité de trois composantes parallèles aux axes de coordonnées donne, en désignant par x', y' et z' les projections de la transversale réfractée,

$$(4) \qquad p \sin \varphi + p_1 \sin \varphi_1 = \tau' \sin \theta' = y',$$

$$(5) \qquad (p \cos \varphi - p_1 \cos \varphi_1) \cos i = \tau' \cos \theta' \cos i' = x',$$

$$(6) \qquad (p \cos \varphi + p_1 \cos \varphi_1) \sin i = \tau' \cos \theta' \sin i' = z'.$$

Ces équations (3) à (6) permettent de déterminer les inconnues p, p_1, φ et φ_1, en fonction de τ' et des angles θ' et ε', lesquels sont définis par l'angle i', c'est-à-dire par l'angle d'incidence i et par le choix du rayon réfracté.

Multipliant les équations (5) et (6), membre à membre, et retranchant le résultat de (3), on a

$$(p^2 \sin^2\varphi - p_1^2 \sin^2\varphi_1) \sin i \cos i = \tau'^2 \sin^2\theta' (\sin i' \cos i' + f'),$$

expression dans laquelle on a posé, pour abréger l'écriture,

$$\sin^2 i' \, \mathrm{tang}\,\varepsilon' = f' \sin\theta'.$$

Divisant enfin par (4), on pourra remplacer l'équation des forces vives par l'équation du premier degré

$$(7) \qquad (p \sin\varphi - p_1 \sin\varphi_1) \sin i \cos i = \tau' \sin\theta' (\sin i' \cos i' + f').$$

On déduit alors des équations (4) à (7)

$$(8) \quad \begin{cases} p \sin\varphi \sin 2i = \tau' \sin\theta' [\sin(i + i') \cos(i - i') + f'], \\ p_1 \sin\varphi_1 \sin 2i = \tau' \sin\theta' [\cos(i + i') \sin(i - i') - f']; \end{cases}$$

$$(9) \quad \begin{cases} p \cos\varphi \sin 2i = \tau' \sin(i + i') \cos\theta', \\ p_1 \cos\varphi_1 \sin 2i = \tau' \sin(i' - i) \cos\theta'; \end{cases}$$

$$(10) \quad \begin{cases} \mathrm{tang}\,\varphi = \left[\cos(i - i') + \dfrac{f'}{\sin(i + i')} \right] \mathrm{tang}\,\theta', \\[2mm] \mathrm{tang}\,\varphi_1 = \left[-\cos(i + i') + \dfrac{f'}{\sin(i - i')} \right] \mathrm{tang}\,\theta'. \end{cases}$$

Les relations (10) entre les azimuts de polarisation des trois rayons se réduisent à celles de Fresnel quand on y fait $\varepsilon' = 0$.

Les mêmes formules conviendront au second système uniradial; il suffit d'y remplacer τ', i', θ', ε' et f' par τ'', i'', θ'', ε'' et f'', ainsi que les quantités p et φ, par d'autres quantités analogues q et χ.

Les trois transversales d'un système uniradial sont dans un même plan, puisque l'une d'elles est la résultante des deux autres. Les projections x, z et y de la transversale incidente p donnent évidemment les relations

$$\frac{x}{\cos i} = \frac{z}{\sin i} = \frac{y}{\mathrm{tang}\,\varphi} = p \cos\varphi.$$

Les projections x_1, z_1 et y_1 de la transversale réfléchie sont aussi respectivement proportionnelles à $-\cos i$, $\sin i$ et $\operatorname{tang} \varphi_1$. Si l'on représente l'équation du plan des transversales par

$$y = Ax + Cz,$$

on aura, en tenant compte des équations (10),

$$\operatorname{tang}\varphi = \quad A\cos i + C\sin i,$$
$$\operatorname{tang}\varphi_1 = -A\cos i + C\sin i,$$
$$A = \operatorname{tang}\theta'\cos i'\left[1 - \operatorname{tang} i' \frac{f'}{\sin(i+i')\sin(i-i')}\right],$$
$$C = \operatorname{tang}\theta'\cos i'\left[\operatorname{tang} i' + \frac{f'}{\sin(i+i')\sin(i-i')}\right].$$

La tangente de l'angle L′N (*fig*. 308) que fait, avec la normale, l'intersection OL′ du plan des transversales par le plan d'incidence est égale au rapport $\dfrac{C}{A}$. Si l'on pose

$$\operatorname{tang} i'_1 = \frac{f'}{\sin(i+i')\sin(i-i')},$$

il en résulte

$$\operatorname{tang} L'N = \frac{\operatorname{tang} i' + \operatorname{tang} i'_1}{1 - \operatorname{tang} i' \operatorname{tang} i'_1} = \operatorname{tang}(i' + i'_1).$$

La droite OL′ fait donc l'angle i'_1 avec la normale OP′ aux ondes réfractées. D'autre part, le plan considéré, passant par la transversale réfractée, coupe la sphère suivant un grand cercle L′K′ perpendiculaire à l'arc M′P′; le triangle rectangle L′P′K′ donne

$$\operatorname{tang} P'K' = \operatorname{tang} i'_1 \sin\theta' = \frac{\sin^2 i'}{\sin(i+i')\sin(i-i')}\operatorname{tang}\varepsilon'.$$

Si l'on compare avec l'équation (1), on voit que l'angle P′K′ est égal à ε'_1. En d'autres termes : *pour un système uniradial, le plan des transversales coïncide avec le plan polaire du rayon réfracté*. Il en résulte aussi que *les directions des transversales incidente et réfléchie sont les intersections du plan polaire avec les ondes incidente et réfléchie*.

631. *Problème général.* — Comme les équations (4) à (7) sont linéaires, si la lumière primitive n'est plus uniradiale, en restant polarisée, il suffira d'écrire les équations de condition en faisant, pour le milieu inférieur, la somme des termes relatifs aux deux rayons réfractés. Soient τ et θ, τ_1 et θ_1 les transversales et leurs azimuts pour les rayons incident et réfléchi. En posant encore, pour abréger,

$$g' = \tau' \sin\theta' (\sin i'' \cos i' + f')$$

et une expression analogue pour la quantité g'' relative au second rayon réfracté, les équations deviennent

$$(11) \quad \begin{cases} \tau \sin\theta + \tau_1 \sin\theta_1 = y' + y'', \\ (\tau \cos\theta - \tau_1 \cos\theta_1) \cos i = x' + x'', \\ (\tau \cos\theta + \tau_1 \cos\theta_1) \sin i = z' + z'', \\ (\tau \sin\theta - \tau_1 \sin\theta_1) \sin i \cos i = g' + g''. \end{cases}$$

Elles suffisent pour résoudre le problème, car on connaît, en outre, par les angles i' et i'', les rapports $x' : y' : z' : g'$ et $x'' : y'' : z'' : g''$; mais il est souvent plus utile de considérer le phénomène d'une autre manière.

Remarquons d'abord que, sous une même incidence, les transversales réfractées ont des directions constantes et sont de grandeur variable avec l'azimut primitif de polarisation. Le quadrilatère des transversales est plan pour les systèmes uniradiaux, puisque l'une des transversales réfractées est nulle et que ce polygone se réduit alors à un triangle, et aussi lorsque la transversale incidente est située dans le plan des transversales réfractées.

Il est évident que, si la transversale incidente est remplacée par deux composantes quelconques, les transversales réfléchie et réfractée, déduites directement de cette transversale incidente, sont les résultantes de celles qui seraient fournies séparément par les composantes; c'est la conséquence du principe de continuité.

En prenant les composantes *uniradiales* p et q de la transversale incidente, dans les azimuts φ et χ, dont les transversales réfléchies correspondantes p_1 et q_1 sont dans les azimuts φ_1 et χ_1, on aura

$$\frac{\tau}{\sin(\chi - \varphi)} = \frac{p}{\sin(\chi - \theta)} = \frac{q}{\sin(\theta - \varphi)},$$

$$\frac{\tau_1}{\sin(\chi_1 - \varphi_1)} = \frac{p_1}{\sin(\chi_1 - \theta_1)} = \frac{q_1}{\sin(\theta_1 - \varphi_1)}.$$

Il en résulte

$$\frac{p \sin(\theta - \varphi)}{p_1 \sin(\theta_1 - \varphi_1)} = \frac{q \sin(\chi - \theta)}{q_1 \sin(\chi_1 - \theta_1)}.$$

Remplaçant le rapport $\dfrac{p}{p_1}$ par sa valeur tirée des équations (9), le premier membre devient

$$\frac{\sin(i + i')}{\sin(i' - i)} \frac{\cos\varphi_1}{\cos\varphi} \frac{\sin(\theta - \varphi)}{\sin(\theta_1 - \varphi_1)} = \frac{\sin(i + i')}{\sin(i' - i)} \frac{\sin\theta - \cos\theta \, \mathrm{tang}\varphi}{\sin\theta_1 - \cos\theta_1 \, \mathrm{tang}\varphi_1}.$$

La même opération étant répétée pour le second membre, qui correspond à l'autre système uniradial, on a finalement

$$\frac{\sin(i + i')}{\sin(i - i')} \frac{\mathrm{tang}\varphi - \mathrm{tang}\theta}{\mathrm{tang}\theta_1 - \mathrm{tang}\varphi_1} = \frac{\sin(i + i'')}{\sin(i - i'')} \frac{\mathrm{tang}\chi - \mathrm{tang}\theta}{\mathrm{tang}\theta_1 - \mathrm{tang}\chi_1}.$$

Cette équation détermine l'azimut θ_1 en fonction de l'azimut primitif θ; on peut l'écrire

$$(12) \qquad \mathrm{P \, tang}\theta \, \mathrm{tang}\theta_1 + \mathrm{Q \, tang}\theta + \mathrm{R \, tang}\theta_1 + \mathrm{S} = 0,$$

et les valeurs des coefficients sont, en posant

$$\mathrm{A} = \frac{\sin(i + i') \sin(i - i'')}{\sin(i + i'') \sin(i - i')},$$

$$(12)' \quad \begin{cases} \mathrm{P} = 1 - \mathrm{A}, & \mathrm{S} = \mathrm{tang}\chi \, \mathrm{tang}\varphi_1 - \mathrm{A \, tang}\varphi \, \mathrm{tang}\chi_1, \\ \mathrm{Q} = \mathrm{A \, tang}\chi_1 - \mathrm{tang}\varphi_1, & \mathrm{R} = \mathrm{A \, tang}\varphi - \mathrm{tang}\chi. \end{cases}$$

Si l'on remplace, dans l'équation (12), l'angle θ par $\theta - \delta + \delta$ et θ_1 par $\theta_1 - \delta_1 + \delta_1$, on la met aisément sous la forme

$$(13) \quad \frac{\mathrm{tang}(\theta_1 - \delta_1)}{\mathrm{tang}(\theta - \delta)} = -\frac{\mathrm{P \, tang}\delta_1 + \mathrm{Q} - \mathrm{R \, tang}\delta \, \mathrm{tang}\delta_1 - \mathrm{S \, tang}\delta}{\mathrm{P \, tang}\delta - \mathrm{Q \, tang}\delta \, \mathrm{tang}\delta_1 + \mathrm{R} - \mathrm{S \, tang}\delta_1},$$

les angles δ et δ_1 étant déterminés par les plus petits arcs qui satisfont aux conditions

$$(13)' \quad \begin{cases} \mathrm{tang}(\delta + \delta_1) = \dfrac{\mathrm{P} - \mathrm{S}}{\mathrm{R} + \mathrm{Q}}, \\[2ex] \mathrm{tang}(\delta - \delta_1) = \dfrac{\mathrm{P} + \mathrm{S}}{\mathrm{R} - \mathrm{Q}}. \end{cases}$$

En appelant M le second membre de l'équation (13) et tenant compte de $(13)'$, on en déduit

$$\left(\frac{1+M}{1-M}\right)^2 = \frac{(P+S)^2 + (R-Q)^2}{(P-S)^2 + (R+Q)^2}.$$

La quantité M n'est plus qu'une fonction de l'angle d'incidence et devient nulle pour la condition

$$PS - RQ = A(\tang\varphi - \tang\chi)(\tang\varphi_1 - \tang\chi_1) = 0.$$

Comme le facteur A ne peut s'annuler et que les angles φ et χ sont différents, l'incidence correspondante est définie par

$$\tang\varphi_1 = \tang\chi_1.$$

Dans ce cas particulier, l'azimut θ_1 de polarisation est toujours égal à la valeur correspondante de δ_1, qui est la valeur commune de φ_1 et χ_1, et indépendant de l'azimut θ de polarisation primitive.

En général, si l'on remplace θ par $\theta + 90°$, les valeurs correspondantes de θ_1 ne sont pas rectangulaires; mais, quand on donne à θ les valeurs δ et $\delta + 90°$, les valeurs correspondantes de θ_1 sont également δ_1 et $\delta_1 + 90°$.

Si les composantes d'une lumière primitivement polarisée sont choisies dans les azimuts rectangulaires δ et $\delta + 90°$, les transversales réfléchies correspondantes sont dans les azimuts rectangulaires δ_1 et $\delta_1 + 90°$ et respectivement définies par les premières. Le carré de la transversale résultante, pour les deux rayons incident et réfléchi, est alors égal à la somme des carrés des composantes. On peut donc, par analogie avec les phénomènes de réflexion isotrope, considérer ces composantes comme *principales* et les azimuts correspondants comme *azimuts principaux*.

En désignant par h et k les deux facteurs de réflexion correspondants, on peut écrire

$$(14) \qquad \begin{cases} \tau_1\cos(\theta_1 - \delta_1) = h\tau\cos(\theta - \delta), \\ \tau_1\sin(\theta_1 - \delta_1) = k\tau\sin(\theta - \delta); \end{cases}$$

on en déduit

$$\tau_1^2 = \tau^2[h^2\cos^2(\theta - \delta) + k^2\sin^2(\theta - \delta)],$$

$$\tau_1^2 = \frac{\tau^2}{\dfrac{\cos^2(\theta_1 - \delta_1)}{h^2} + \dfrac{\sin^2(\theta_1 - \delta_1)}{k^2}}.$$

La dernière expression montre que, si l'on fait varier l'azimut d'une transversale incidente de grandeur constante, *l'amplitude de la transversale réfléchie décrit une ellipse*, comme dans le cas des milieux isotropes (580). *L'amplitude de la vibration réfléchie décrit* également *une ellipse*.

En différentiant l'équation (13), où les angles θ et θ_1 sont seuls variables, et tenant compte de (14), on a

$$\frac{d\theta_1}{\sin(\theta_1 - \delta_1)\cos(\theta_1 - \delta_1)} = \frac{d\theta}{\sin(\theta - \delta)\cos(\theta - \delta)},$$

$$\tau_1^2\, d\theta_1 = hk\tau^2\, d\theta.$$

Cette équation signifie que *l'aire décrite par l'amplitude de la transversale (ou de la vibration) réfléchie est proportionnelle à l'aire décrite par l'amplitude de la transversale (ou de la vibration) incidente* [1].

Lorsque le plan d'incidence est un plan de symétrie du milieu cristallisé, les composantes principales se confondent avec les systèmes uniradiaux. L'un des rayons réfractés est alors ordinaire et polarisé dans le plan d'incidence; les angles correspondants ε', θ', φ et φ_1 sont nuls.

Pour l'autre rayon, qui est polarisé dans le second azimut, les angles θ'', χ et χ_1 sont égaux à 90°. Les équations (8) et (9) donnent alors, pour les facteurs principaux de réflexion,

$$h = -\frac{\sin(i - i')}{\sin(i + i')},$$

$$k = \frac{\cos(i + i'')\sin(i - i'') - \sin^2 i''\,\tang\,\varepsilon''}{\sin(i + i'')\cos(i - i'') + \sin^2 i''\,\tang\,\varepsilon''}.$$

Le coefficient k^2 diminue d'abord à partir de l'incidence normale, tandis que le coefficient h^2 est toujours croissant. Si l'on a $h_0^2 < k_0^2$ pour la normale, ces deux coefficients deviendront égaux pour l'incidence déterminée par la condition

$$(15) \qquad \frac{\sin(i - i')}{\sin(i + i')} = \frac{\cos(i + i'')\sin(i - i'') - \sin^2 i''\,\tang\,\varepsilon''}{\sin(i + i'')\cos(i - i'') + \sin^2 i''\,\tang\,\varepsilon''}.$$

L'azimut de polarisation du rayon réfléchi est alors symétrique

---

[1] A. Cornu, *Ann. de Chim. et de Phys.* [4], t. XI, p. 327; 1867.

de l'azimut primitif par rapport au plan d'incidence, comme dans le cas de la réflexion normale sur les corps isotropes.

Lorsque la surface est un plan de symétrie, il existe deux plans normaux de symétrie rectangulaires. C'est dans l'un ou l'autre de ces deux plans que l'équation (15) pourra être satisfaite.

632. *Cônes de polarisation et de vibration.* — M. Cornu a fait la remarque importante que l'équation (12) est une relation homographique entre les tangentes des angles θ et θ_1. Il en résulte que, si les coefficients ne changent pas, c'est-à-dire pour une même incidence, *l'intersection des plans de polarisation des rayons incident et réfléchi décrit un cône du second degré.*

Il est facile de s'en assurer directement, car, pour les azimuts θ et θ_1, les équations des plans de polarisation sont

$$x - y \cos i \cot \theta + z \tang i = o,$$
$$x - y \cos i \cot \theta_1 - z \tang i = o;$$

en substituant ces valeurs de $\tang \theta$ et $\tang \theta_1$ dans l'équation (12), il en résulte évidemment une équation du second degré homogène par rapport aux coordonnées.

L'intersection des *plans de vibration,* définis à la manière de Fresnel, décrit aussi un cône du second degré, puisque ces plans sont respectivement perpendiculaires aux premiers.

Ces deux cônes, qu'on peut appeler *de polarisation* et *de vibration,* sont conjugués, et il suffit de déterminer l'un d'eux pour que l'autre le soit également.

Les rayons incident et réfléchi appartiennent manifestement aux deux cônes. D'autre part, les transversales étant respectivement normales à leurs plans de vibration, l'intersection des plans de vibration est perpendiculaire au plan des deux transversales. Réciproquement, l'intersection des plans de polarisation est perpendiculaire au plan des deux vibrations.

La génératrice du cône de vibration est normale au plan des quatre transversales (incidente, réfléchie et réfractées) toutes les fois que leur quadrilatère est plan, c'est-à-dire pour les deux systèmes uniradiaux, où l'une d'elles est nulle, et aussi pour le cas où la transversale incidente est située dans le plan des transversales réfractées.

On obtient ainsi, pour chaque incidence, cinq droites qui définissent le cône de vibration; ce sont : le rayon incident et le rayon réfléchi, les normales aux deux plans polaires des rayons réfractés, et enfin la normale au plan des transversales réfractées. Les cinq droites conjuguées définissent le cône de polarisation.

Lorsque le cône de vibration se réduit à deux plans P_1 et P_2, le plan de polarisation de la transversale réfléchie est perpendiculaire à une droite située dans l'un de ces plans P_1, et dont la direction varie avec celle de la transversale incidente. La transversale réfléchie est donc toujours normale à ce plan, c'est-à-dire que son azimut de polarisation est indépendant de l'azimut primitif. C'est ce qui a lieu sous l'incidence pour laquelle le second membre de l'équation (13) est nul.

Supposons encore que l'on remplace l'air, dans lequel cheminait d'abord la lumière primitive, par un milieu d'indice n et choisissons l'incidence r de manière que les rayons réfractés conservent leurs directions primitives, c'est-à-dire que le produit $n \sin r$ reste constant.

Le cône de vibration a une forme particulière pour chaque valeur de l'indice n, mais trois génératrices restent constantes : ce sont les normales aux plans polaires et au plan des transversales réfractées. En outre, la normale à la surface est toujours bissectrice de l'intersection du cône par le plan d'incidence, puisque les rayons incident et réfléchi font partie des génératrices. Cette dernière condition équivaut à dire qu'une quatrième génératrice, de direction fixe, appartient à tous les cônes.

En effet, l'intersection du cône, relatif à l'indice n, par un plan parallèle à la surface, est une conique qui passe par les traces R et S (*fig*. 309) des rayons incident et réfléchi, par les traces P' et P'' des normales aux plans polaires et par la trace T de la normale au plan des transversales réfractées.

La conique qui passe par les trois points fixes P', P'' et T a deux paramètres arbitraires. La trace N de la normale étant le milieu de la corde RS située dans le plan d'incidence, le diamètre conjugué des cordes parallèles à cette direction passe toujours par le point fixe N. Il en résulte une relation linéaire entre les deux paramètres; par suite, la conique passe par un quatrième point fixe Q.

On pourrait déterminer le point Q de la manière suivante : en prenant pour axes de coordonnées les droites TP' et TP'', soit $A = 0$ l'équation de la droite $P'P''$, $B = y - \mu x = 0$ celle d'une tangente à la conique menée par l'origine T; l'équation de cette courbe peut s'écrire

$$AB + \lambda xy = A(y - \mu x) + \lambda xy = 0.$$

Fig. 309.

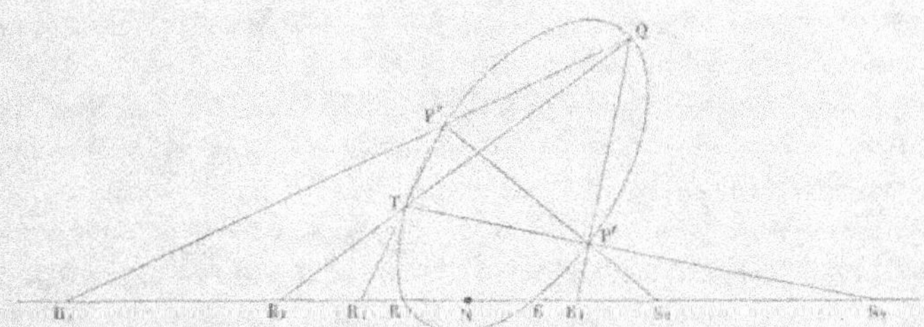

Si m est le coefficient angulaire de la droite RS, l'équation du diamètre conjugué correspondant est

$$\frac{\partial(AB)}{\partial x} + \lambda y + m\left[\frac{\partial(AB)}{\partial y} + \lambda x\right] = 0.$$

Remplaçant les coordonnées courantes par celles du point fixe N, on a, entre les paramètres λ et μ, une relation linéaire

$$\lambda = M\mu + N.$$

L'équation de la conique devient alors

$$(A + Nx)y = \mu(A - My)x,$$

c'est-à-dire que la courbe passe par un quatrième point fixe Q, à l'intersection des deux droites $A + Nx = 0$ et $A - My = 0$.

Le point Q s'obtiendra encore géométriquement par la considération des cas particuliers où la conique se réduit à deux droites. Si l'indice n a une valeur telle que la trace R_1 du rayon incident se trouve sur la droite $P''T$, celle du rayon réfléchi S_1 est sur la droite QP'. De même, la trace S_3 du rayon réfléchi étant sur la droite TP', celle du rayon incident R_3 est sur la droite QP''. Le point Q est donc l'intersection des droites S_1P' et R_3P''

menées par les points S_1 et R_3 respectivement symétriques de R_1 et S_3. Les droites $P''P'$ et QT couperaient encore la droite RS en des points symétriques S_2 et R_2.

Il existe ainsi trois indices n_1, n_2 et n_3 du milieu supérieur, pour lesquels le cône se réduit à deux plans, c'est-à-dire que l'azimut de polarisation réfléchie est alors indépendant de l'azimut primitif. Les indices n' et n'' relatifs aux rayons réfractés sont compris dans les deux intervalles des valeurs n_1, n_2 et n_3.

M. Cornu énonce encore le théorème suivant, sans en donner la démonstration théorique :

La direction du rayon primitif restant invariable, si l'on fait tourner la surface réfléchissante de 180° dans son plan, les cônes de polarisation et de vibration sont simplement permutés. En d'autres termes, *si l'on fait marcher le rayon réfléchi en sens contraire, en le polarisant à 90° de son azimut primitif, le nouveau rayon réfléchi, qui marche dans la direction inverse du premier rayon incident, est aussi polarisé à 90° de son azimut primitif.*

Désignons par P', Q', R' et S' les coefficients de l'équation (12) relatifs à la propagation de la lumière en sens opposé; cette équation devient alors, quand on y remplace θ par $90° - \theta_1$, et θ_1 par $90° - \theta$,

$$P' + Q' \tang\theta_1 + R' \tang\theta + S' \tang\theta \tang\theta_1 = 0.$$

Il faut donc qu'on ait identiquement

$$\frac{P'}{S} = \frac{Q'}{R} = \frac{R'}{Q} = \frac{S'}{P},$$

et la valeur de M ne change pas.

Il résulte aussi de ce théorème, sur lequel on reviendra plus loin, que toutes les propriétés démontrées pour le cône de vibration s'appliquent au cône de polarisation, sous la réserve de remplacer les rayons réfractés du premier problème par ceux qui proviendraient d'une lumière incidente se propageant sur le rayon réfléchi, en sens inverse de la marche primitive.

633. *Théorèmes relatifs à la surface d'onde.* — Si l'on remplace la lumière incidente par deux systèmes uniradiaux, on a, pour les transversales incidente et réfléchie,

$$\tau^2 = p^2 + q^2 + 2pq\cos(\chi - \varphi),$$
$$\tau_1^2 = p_1^2 + q_1^2 + 2p_1 q_1 \cos(\chi_1 - \varphi_1).$$

La force vive de la lumière réfractée relative à l'élément de volume u des rayons incidents est, pour les systèmes uniradiaux, $u(p^2 - p_1^2)$ et $u(q^2 - q_1^2)$; elle est aussi, pour la lumière totale. $u(\tau^2 - \tau_1^2)$, ce qui donne

$$\tau^2 - \tau_1^2 = p^2 - p_1^2 + q^2 - q_1^2.$$
$$(16) \qquad pq\cos(\chi - \varphi) = p_1 q_1 \cos(\chi_1 - \varphi_1).$$

En mettant cette expression sous la forme

$$[pq\sin\varphi\sin\chi - p_1 q_1 \sin\varphi_1\sin\chi_1] + [pq\cos\varphi\cos\chi - p_1 q_1 \cos\varphi_1\cos\chi_1] = 0,$$

on trouve aisément par les équations (8) et (9), et par les équations analogues relatives au second système uniradial, que le premier terme se réduit à

$$\frac{\tau'\tau''\sin\theta'\sin\theta''}{\sin 2i}\left[\sin(i' + i'')\cos(i' - i'') + f' + f''\right],$$

et le second terme à $\dfrac{\tau'\tau''\cos\theta'\cos\theta''}{\sin 2i}\sin(i' + i'')$.

L'équation (16) devient donc

$$(17) \qquad \sin(i' + i'')[\cos(i' - i'') + \cot\theta'\cot\theta''] + f' + f'' = 0.$$

On obtient ainsi, entre les transversales des deux ondes réfractées correspondant à une même incidence extérieure, une relation dans laquelle cette incidence n'intervient pas directement et qui représente, par suite, une *propriété* de la surface d'onde. M. Potier (Mémoire inédit) a montré d'ailleurs que, pour la surface de Fresnel, cette propriété est plus générale que ne semble l'indiquer la démonstration précédente de Mac Cullagh.

Soit $m'(x', y', z')$ (*fig.* 310) le sommet de l'intersection de l'ellipsoïde de polarisation par le plan $y\,OQ'$ d'une onde réfractée sous l'angle i'; le rayon vecteur Om' est l'inverse de la vitesse correspondante V' et parallèle à la vibration, ou du moins à sa projection sur le plan de l'onde (344). Le point conjugué $M'(X', Y', Z')$ du premier sur l'ellipsoïde polaire réciproque est situé dans un plan $M'Om'$ normal à l'onde, et les rayons vecteurs Om' et OM' font entre eux l'angle de conjugaison ε', car ils sont respectivement parallèles aux projections des rayons vecteurs de la surface d'onde et de la surface réciproque sur leurs plans tangents (343). La projection OP' de OM' sur le plan d'onde étant égale à V', la perpendiculaire $M'P'$ est égale à $V' \tang \varepsilon'$. On a donc

$$X' = V'^2 x' + V' \tang \varepsilon' \sin i',$$
$$Y' = V'^2 y',$$
$$Z' = V'^2 z' + V' \tang \varepsilon' \cos i'.$$

Fig. 310.

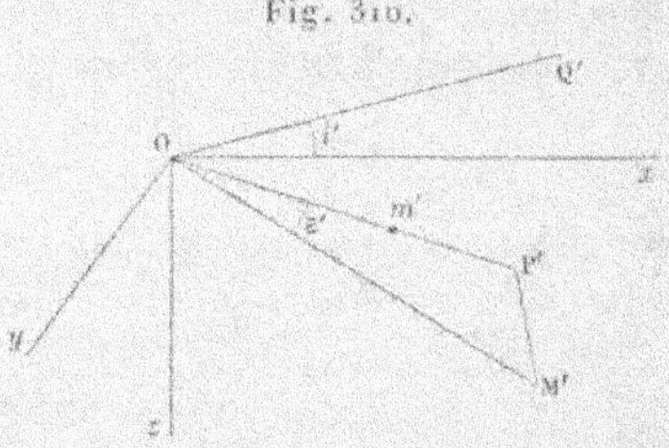

On obtiendra, de même, les coordonnées de deux points M'' et m'' relatifs à une deuxième onde réfractée sous l'angle i'' et dont la vitesse est V''. Les points m' et m'', M' et M'' appartenant à deux ellipsoïdes polaires réciproques, on a

$$(18) \qquad X' x'' + Y' y'' + Z' z'' = X'' x' + Y'' y' + Z'' z'.$$

Cette équation signifie que, dans les triangles $OM'm''$ ou $OM''m'$, le produit des côtés OM' et Om'' ou OM'' et Om' par l'angle compris est le même; il suffit donc de la démontrer avec des axes quelconques. Supposons, pour un instant, que les coordonnées se rapportent aux axes de l'ellipsoïde de polarisation; le plan tangent en m' est

$$a^2 x' x + b^2 y' y + c^2 z' z = 1,$$

et les cosinus directeurs α', β', γ' de la normale sont, en posant

$$D^2 = (a^2 x')^2 + (b^2 y')^2 + (c^2 z')^2,$$
$$\frac{x'}{a^2 x'} = \frac{\beta'}{b^2 y'} = \frac{\gamma'}{c^2 z'} = \frac{1}{D}.$$

Le rayon vecteur OM′, étant l'inverse de la distance de l'origine à ce plan, est égal à D; les coordonnées du point M′ sont donc

$$X' = D x' = a^2 x', \qquad Y' = b^2 y', \qquad Z' = c^2 z'.$$

On aura, de même, pour deux points correspondants m'' et M″, $X'' = a^2 x''$, … et, par suite,

$$X' x'' = a^2 x' x'' = X'' x', \quad \dots$$

Les termes de l'équation (18) sont alors égaux deux à deux et la relation est générale.

Revenant aux axes primitifs, si l'on remplace les coordonnées X′, Y′, Z′ et X″, Y″, Z″ par leurs valeurs dans l'équation (18), on en déduit

$$(V'^2 - V''^2)(x' x'' + y' y'' + z' z'')$$
$$+ \, V' \tang \varepsilon'(x'' \sin i' + z'' \cos i') - V'' \tang \varepsilon''(x' \sin i'' + z' \cos i'') = 0.$$

Comme le point m' est dans l'azimut $\theta' - 90°$, on a

$$\frac{x'}{\cos i'} = \frac{-z'}{\sin i'} = - y' \tang \theta' = \frac{1}{V'} \sin \theta',$$

et de même pour x'', y'', z''.

Si l'on substitue ces valeurs dans l'équation précédente en supposant $\dfrac{\sin i'}{V'} = \dfrac{\sin i''}{V''}$, c'est-à-dire que les ondes réfractées correspondent au même angle d'incidence, et qu'on divise ensuite par le produit $\sin(i' - i'') \sin \theta' \sin \theta''$, on retombe sur l'équation (17).

Il importe de remarquer, cette fois, que la seule condition imposée aux ondes réfractées est de correspondre à des ondes incidentes sous le même angle i. La relation (17) convient donc à deux quelconques des quatre ondes réfractées relatives à cette incidence commune, que le rayon primitif soit à droite ou à gauche de la normale. On peut l'écrire

$$\sin(i' + i'') \cos \theta' \cos \theta'' + (\sin i' \cos i' + \sin i'' \cos i'' + f' + f'') \sin \theta' \sin \theta'' = 0.$$

Multipliant tous les termes par $\tau' \tau''$, nous désignerons encore par x', y', z' les projections de l'une des transversales réfractées sur les axes de coordonnées de la *fig.* 308, par g' la grandeur définie correspondante (631) et par des lettres analogues les quantités relatives à l'autre transversale; il en résulte

$$(18)' \qquad x'z'' + z'x'' + y'g'' + g'y'' = 0.$$

Si l'on tourne la surface du cristal de 180° dans son plan, ce qui revient à faire marcher la lumière en sens contraire, et que υ et υ_1 soient les transversales des nouveaux rayons incident et réfléchi, ψ et ψ_1 leurs azimuts comptés dans le même sens absolu, τ'_1 et τ''_1 les transversales réfractées correspondantes, on aura une série d'équations analogues à (11), dans lesquelles on doit changer les signes de x' et g', c'est-à-dire le signe de $\cos i$:

$$(19) \quad \left\{ \begin{aligned} & \upsilon \sin \psi + \upsilon_1 \sin \psi_1 = y'_1 + y''_1, \\ & -(\upsilon \cos \psi - \upsilon_1 \cos \psi_1) \cos i = x'_1 + x''_1, \\ & (\upsilon \cos \psi + \upsilon_1 \cos \psi_1) \sin i = z'_1 + z''_1, \\ & -(\upsilon \sin \psi - \upsilon_1 \sin \psi_1) \sin i \cos i = g'_1 + g''_1. \end{aligned} \right.$$

Si l'on multiplie respectivement les équations (11) par g'_1, z'_1, x'_1 et y'_1, ou par les mêmes quantités relatives à la transversale τ'_1, la somme des seconds membres est nulle, d'après l'équation (18)'; il en est de même si l'on multiplie ces équations (11) par $g'_1 + g''_1$, $z'_1 + z''_1$, ..., c'est-à-dire par les premiers membres des équations (19). Il en résulte

$$(\tau \sin \theta + \tau_1 \sin \theta_1)(\upsilon \sin \psi - \upsilon_1 \sin \psi_1)$$
$$- (\tau \cos \theta - \tau_1 \cos \theta_1)(\upsilon \cos \psi + \upsilon_1 \cos \psi_1)$$
$$+ (\tau \cos \theta + \tau_1 \cos \theta_1)(\upsilon \cos \psi - \upsilon_1 \cos \psi_1)$$
$$- (\tau \sin \theta - \tau_1 \sin \theta_1)(\upsilon \sin \psi + \upsilon_1 \sin \psi_1) = 0,$$

$$(20) \qquad \tau_1 \upsilon \cos(\psi - \theta_1) = \tau \upsilon_1 \cos(\psi_1 - \theta).$$

Dans le cas particulier où $\psi = \theta_1 + 90°$, on a aussi $\psi_1 = \theta + 90°$, c'est-à-dire que, si le nouveau rayon incident est polarisé à 90° du rayon primitivement réfléchi, le nouveau rayon réfléchi est également polarisé à 90° de l'incident primitif. En d'autres termes, *si le premier rayon réfléchi est éteint par un nicol et qu'on éclaire l'appareil en sens contraire, le polariseur primitif éteint également le nouveau rayon réfléchi.* C'est l'énoncé du théorème de M. Cornu.

L'expression générale de l'angle de conjugaison est (344)

$$\cot^2 \varepsilon = KV^3.$$

On peut l'évaluer en fonction des angles que fait la normale aux ondes avec les axes optiques. Je dois la démonstration suivante à M. Darboux.

Désignons encore ces deux angles θ_1 et θ_2. L'angle dièdre ψ des plans menés par cette normale et les axes optiques, dont l'angle intérieur est $2C$ (345), est donné par l'une des relations

$$(21)\quad \begin{cases} \cos 2C = \cos\theta_1 \cos\theta_2 + \sin\theta_1 \sin\theta_2 \cos\psi, \\[2ex] \sin^2\dfrac{\psi}{2} = \dfrac{\sin\left(C + \dfrac{\theta_1 - \theta_2}{2}\right)\sin\left(C - \dfrac{\theta_1 - \theta_2}{2}\right)}{\sin\theta_1 \sin\theta_2} = \dfrac{\sin^2 C - \sin^2\dfrac{\theta_1 - \theta_2}{2}}{\sin\theta_1 \sin\theta_2}, \\[3ex] \cos^2\dfrac{\psi}{2} = \dfrac{\sin\left(\dfrac{\theta_1 + \theta_2}{2} + C\right)\sin\left(\dfrac{\theta_1 + \theta_2}{2} - C\right)}{\sin\theta_1 \sin\theta_2} = \dfrac{\sin^2\dfrac{\theta_1 + \theta_2}{2} - \sin^2 C}{\sin\theta_1 \sin\theta_2} \end{cases}$$

L'un des plans de polarisation est bissecteur de l'angle ψ et l'autre de l'angle supplémentaire (346). Les vitesses correspondantes V' et V'' donnent l'identité

$$(22)\quad \frac{\alpha^2}{V^2 - a^2} + \frac{\beta^2}{V^2 - b^2} + \frac{\gamma^2}{V^2 - c^2} = \frac{(V^2 - V'^2)(V^2 - V''^2)}{(V^2 - a^2)(V^2 - b^2)(V^2 - c^2)},$$

car le numérateur du second membre, égalé à zéro, n'est autre que l'équation (347), dont les racines sont V'^2 et V''^2, et l'on a

$$(23)\quad \begin{cases} V'^2 = \dfrac{a^2 + c^2}{2} + \dfrac{a^2 - c^2}{2}\cos(\theta_1 - \theta_2) = a^2\cos^2\dfrac{\theta_1 - \theta_2}{2} + c^2\sin^2\dfrac{\theta_1 - \theta_2}{2}, \\[3ex] V''^2 = \dfrac{a^2 + c^2}{2} + \dfrac{a^2 - c^2}{2}\cos(\theta_1 + \theta_2) = a^2\cos^2\dfrac{\theta_1 + \theta_2}{2} + c^2\sin^2\dfrac{\theta_1 + \theta_2}{2}, \\[2ex] V'^2 - V''^2 = (a^2 - c^2)\sin\theta_1 \sin\theta_2. \end{cases}$$

On en déduit

$$(V'^2 - a^2)(V'^2 - c^2) = -(a^2 - c^2)^2 \sin^2\frac{\theta_1 - \theta_2}{2}\cos^2\frac{\theta_1 - \theta_2}{2}$$

$$= -\left(\frac{a^2 - c^2}{2}\right)^2 \sin^2(\theta_1 - \theta_2),$$

$$V'^2 - b^2 = a^2 - b^2 - (a^2 - c^2)\sin^2\frac{\theta_1 - \theta_2}{2}.$$

Remplaçant dans la dernière expression $a^2 - b^2$ par $(a^2 - c^2)\sin^2 C$ et tenant compte des équations (21) et (23),

$$V'^2 - b^2 = (a^2 - c^2)\sin\theta_1 \sin\theta_2 \sin^2\frac{\psi}{2} = (V'^2 - V''^2)\sin^2\frac{\psi}{2}.$$

Si l'on différentie l'équation (22) par rapport à V, en faisant ensuite $V = V'$ et qu'on appelle K' la valeur de la fonction K relative à ce système, on obtient

$$-\frac{K'}{V'} = \frac{V'^2 - V''^2}{(V'^2 - a^2)(V'^2 - b^2)(V'^2 - c^2)},$$

ou, par la substitution des valeurs précédentes,

$$\frac{V'}{K'} = \left(\frac{a^2 - c^2}{2}\right)^2 \sin^2(\theta_1 - \theta_2)\sin^2\frac{\psi}{2}.$$

L'angle de conjugaison correspondant ε' est donc

$$\tan\varepsilon' = \frac{a^2 - c^2}{2\,V'^2}\sin(\theta_1 - \theta_2)\sin\frac{\psi}{2}.$$

Un calcul analogue donnerait, pour le second système,

$$\tan\varepsilon'' = \frac{a^2 - c^2}{2\,V''^2}\sin(\theta_1 + \theta_2)\cos\frac{\psi}{2}.$$

Si l'on veut comprendre les deux expressions dans une même formule, on peut écrire, en considérant que les signes $\mp$ supérieur et inférieur se correspondent,

$$(24) \qquad V^2 \tan^2\varepsilon = \left(\frac{a^2 - c^2}{2\,V}\right)^2 \sin^2(\theta_1 \mp \theta_2)\frac{1 \mp \cos\psi}{2}.$$

Le premier membre représente le carré ρ^2 de la projection du rayon (344) sur le plan de l'onde.

La première des équations (21) donne d'ailleurs

$$1 \mp \cos\psi = \mp\frac{\cos 2C - \cos(\theta_1 \mp \theta_2)}{\sin\theta_1 \sin\theta_2}.$$

Les angles de conjugaison relatifs aux deux ondes qui correspondent à une même direction du rayon, suivant lequel la vitesse r a deux valeurs différentes, s'obtiendraient par le même calcul appliqué à la surface d'onde réciproque. En distinguant par des accents les angles analogues aux précédents, rapportés aux axes optiques de cette surface, qui sont les directions des ombilics de la surface d'onde directe, on aura donc

$$(25) \qquad \frac{\tang^2 \varepsilon}{r^2} = \left(\frac{r}{2}\right)^2 \left(\frac{1}{c^2} - \frac{1}{a^2}\right)^2 \sin^2(\theta'_1 \mp \theta'_2) \frac{1 \mp \cos \psi'}{2}.$$

Le premier membre représente encore le carré ρ'^2 de la projection du rayon de la surface d'onde réciproque sur le plan tangent correspondant.

634. *Incidences de polarisation.* — Lorsque la lumière primitive est naturelle, on peut la remplacer par deux transversales rectangulaires d'égale intensité; si l'on choisit ainsi les deux composantes *principales*, situées dans les azimuts δ et $\delta + 90°$ définis par les équations (13)', les transversales réfléchies correspondantes sont aussi rectangulaires, dans les azimuts δ_1 et $\delta_1 + 90°$. Le faisceau réfléchi est partiellement polarisé dans le plan de la plus grande de ces deux transversales réfléchies.

La lumière réfléchie est entièrement polarisée quand l'un des facteurs principaux de réflexion est nul, en d'autres termes, quand l'azimut de la transversale réfléchie est indépendant de l'azimut primitif. On déterminerait donc l'*incidence de polarisation* en égalant à zéro le second membre de l'équation (13), ce qui donne $\tang \varphi_1 = \tang \chi_1$; la valeur correspondante $\delta_1 = \varphi_1 = \chi_1$ représente la *déviation*.

On peut encore remplacer la lumière primitive par deux *systèmes uniradiaux*. La polarisation du faisceau réfléchi est complète, lorsque les transversales réfléchies des systèmes uniradiaux sont parallèles, c'est-à-dire, quand l'onde réfléchie passe par l'intersection des plans polaires des deux rayons réfractés; cette intersection est alors la direction de la transversale réfléchie. On en déduit cette règle : *L'incidence de polarisation correspond au cas où le rayon réfléchi est perpendiculaire à l'intersection des plans polaires des rayons réfractés.* C'est l'énoncé correspondant à celui qui a été donné pour la loi de Brewster (**317**).

Le parallélisme des transversales réfléchies des systèmes uniradiaux conduit immédiatement à la même condition $\varphi_1 = \chi_1$. La seconde des équations (10) et l'équation analogue du second système définissent l'incidence et la déviation correspondantes.

Comme la transversale réfléchie est sur l'intersection des plans polaires et perpendiculaire au rayon réfléchi, il en résulte que le plan des normales P' et P'' (*fig.* 309) passe par le rayon réfléchi, lequel correspond ainsi au point S_2. Le cône de vibration se réduit au plan $S_2 P'$, qui comprend la vibration réfléchie, et au plan $R_2 T$. Le cône de polarisation se réduit, de même, à un plan perpendiculaire à $S_2 P'$, qui passe par la normale T_i au plan des transversales réfractées relatives à la marche inverse, et à un plan perpendiculaire à $R_2 T$, qui comprend les normales P'_i et P''_i aux nouveaux plans polaires. L'incidence de polarisation est donc la même de part et d'autre de la normale; la déviation est complémentaire de l'angle $NS_2 P'$, dans le premier cas, et égale à l'angle $NR_2 T$ pour la marche inverse.

En général, le plan des transversales réfractées coupe les ondes incidente et réfléchie suivant deux droites A et B. Si la lumière primitive est polarisée et que sa transversale soit parallèle à la droite A, la transversale réfléchie est parallèle à B, car elle se trouve nécessairement dans le plan des trois autres. La réflexion est nulle sous l'incidence de polarisation, lorsque les deux transversales réfléchies uniradiales sont égales et opposées.

Une autre manière de considérer le problème consiste à chercher la condition à laquelle doit satisfaire un système uniradial pour que la lumière réfléchie soit polarisée dans le plan d'incidence ou dans le premier azimut; on dira, pour abréger, que la lumière primitive est dirigée sous l'*incidence de polarisation uniradiale*. Il faut alors qu'on ait $\varphi_i = 0$ ou, d'après les équations (10),

$$(26) \qquad \cos(i + i') \sin(i - i') \sin\theta' = \sin^2 i' \, \tan g\theta'.$$

L'incidence de polarisation relative à chaque système n'est plus la même de part et d'autre de la normale.

635. *Réflexion intérieure.* — Les mêmes considérations permettent aussi de traiter le problème de la réflexion intérieure. Considérons, en effet, un système uniradial dont les rayons incident, réfléchi et réfracté sont R, R_i et R'. Si l'on suppose que les rayons R_i et R' marchent en sens contraire, ils doivent reproduire uniquement le rayon incident primitif, d'après le principe de réversibilité (607). Or il est facile de voir, par la construction d'Huygens, que les deux rayons réfractés qui proviennent de R_1 sont respectivement parallèles aux deux rayons réfléchis fournis par R'. Les intensités de ces rayons doubles sont nulles séparément, puisque leur résultante doit être nulle et que leurs transversales ne sont pas parallèles. La transversale de chacun des rayons réfléchis est donc égale et de signe contraire à la transversale du rayon réfracté correspondant, c'est-à-dire que l'intensité et l'azimut de polarisation sont les mêmes.

Il résulte de là que, pour déterminer les transversales τ'_1 et τ'_2 des rayons que fournit, par réflexion intérieure, un rayon incident dont la transversale est τ' et l'azimut apparent $-\psi'$, il suffit de calculer les transversales des deux rayons réfractés dus à un rayon incident dont la transversale est $-p_1$ et l'azimut apparent $-\varphi_1$.

Si le cristal est terminé par deux faces parallèles, le rayon dont la transversale est τ' sera fourni par un système uniradial dont la transversale incidente est p.

Si l'une des transversales réfléchies ne peut être produite par aucun rayon incident, ce qui correspond à la réflexion totale, son expression algébrique est imaginaire et de la forme

$$a - b\sqrt{-1} = \tau'_1(\cos\alpha - \sqrt{-1}\sin\alpha) = \tau'_1 e^{-\alpha\sqrt{-1}}.$$

La transversale réfléchie a pour amplitude $\tau'_1 = \sqrt{a^2 + b^2}$, et elle subit une perte de phase α (585), qui a pour expression

$$\tan\alpha = \frac{b}{a}.$$

636. *Principe général de réciprocité.* — Si l'on fait marcher en sens contraire l'un des rayons réfractés dont la transversale est τ', les équations de condition seront

$$p\sin\varphi = y' + y'_1 + y''_1,$$
$$p\cos\varphi\cos i = x' + x'_1 + x''_1,$$
$$p\cos\varphi\sin i = z' + z'_1 + z''_1,$$
$$p\sin\varphi\sin i\cos i = g' + g'_1 + g''_1.$$

Faisant la somme de ces équations, après les avoir multipliées respectivement par g'', z'', x'' et y'' et tenant compte de (18)', on en déduit

$$p\sin\varphi(g'' + y''\sin i\cos i) + p\cos\varphi(z''\cos i + x''\sin i) = 0.$$

D'autre part, l'azimut χ du rayon qui est réfracté dans l'air, sous l'angle i, et qui provient de la transversale τ'' seule, est, d'après les équations (10),

$$\operatorname{tang}\chi = \frac{(\sin i \cos i + \sin i'' \cos i'' + f'')\tau'' \sin \theta''}{(\sin i \cos i'' + \cos i \sin i'')\tau'' \cos \theta''} = \frac{g'' + \gamma'' \sin i \cos i}{z'' \cos i + x'' \sin i}.$$

D'où ce théorème : *Les azimuts φ et χ d'incidence uniradiale sont perpendiculaires et l'azimut primitif d'un système uni-radial est perpendiculaire à celui du rayon extérieur produit, dans le milieu isotrope, par le rayon qui lui est associé.*

Si donc, après avoir reçu un rayon polarisé incident sur un prisme biréfringent, on éteint l'un des rayons émergents par un nicol analyseur, la lumière entrant par ce nicol ne donnera pas de rayon émergent au travers du polariseur primitif.

Le principe de réciprocité ne régit pas seulement les azimuts de polarisation ; M. Potier l'énonce ainsi :

Si une source A *éclairant un système optique produit en un point* B *un éclairement* E, *la même source placée en* B *produira le même éclairement en* A; soit qu'il s'agisse de diffraction, de réflexion, de réfraction dans les milieux isotropes ou anisotropes, pourvu qu'il n'y ait pas de pouvoir rotatoire magnétique.

Ce principe s'applique, en effet, à tous les cas où les facteurs de transformation et la différence de phase de deux composantes conjuguées sont indépendants du sens de propagation (178).

L'équation (20) en donne la démonstration directe dans le cas de la réflexion cristalline. Si deux nicols ont leurs plans de pola-risation dans les azimuts θ et ψ, le rapport des amplitudes des rayons réfléchi et incident satisfait à la relation

$$\frac{\tau_1}{\tau}\cos(\psi - \theta_1) = \frac{\upsilon_1}{\upsilon}\cos(\psi_1 - \theta),$$

c'est-à-dire que ce rapport ne change pas, quel que soit le nicol d'entrée. Il en serait de même pour la lumière naturelle et aussi pour la réfraction dans un prisme ou la transmission au travers d'une lame à faces parallèles.

637. *Remarques sur les principes de la théorie.* — Un grand nombre de vérifications expérimentales, comme on le verra plus

loin, confirment l'exactitude des formules de Neumann et Mac Cullagh, relatives à la réflexion cristalline, avec une approximation de même ordre que celles de Fresnel pour la réflexion vitrée, mais cette conformité ne suffit pas pour démontrer l'exactitude des principes qui servent de base à la théorie. « Si l'on nous demandait d'appuyer, par quelques raisons, dit Mac Cullagh, les hypothèses sur lesquelles se fonde la théorie qui précède, nous serions loin de pouvoir donner une réponse satisfaisante. Nous sommes obligé d'avouer que, à l'exception de la loi des forces vives, ces hypothèses ne sont que des conjectures heureuses. Ces conjectures sont très probablement justes, puisqu'elles ont conduit à des lois élégantes, qui sont complètement vérifiées par l'expérience; mais c'est là tout ce que nous pouvons dire sur elles. »

Les objections présentées aux deux hypothèses de l'égale densité de l'éther dans tous les milieux et de la situation des vibrations par rapport au plan de polarisation conservent ici toute leur portée. Une théorie plus complète de la réflexion cristalline, dans les idées de Fresnel et de Cauchy, est capable, en effet, de conduire aux mêmes résultats, quoique d'une manière moins simple; les propriétés des transversales restent alors exactes, mais à titre seulement d'interprétation géométrique.

Pour généraliser les résultats obtenus dans la théorie de la réflexion vitrée, on admettra d'abord que :

1° La vibration est perpendiculaire au rayon;

2° Elle est égale au produit de la transversale par la vitesse de propagation suivant le rayon (579);

3° La réflexion et la réfraction ne sont accompagnées d'aucun changement de phase;

4° Les composantes des vibrations parallèles à la surface, dans les deux milieux, sont concordantes sur la surface.

Pour la vibration réfractée d'amplitude ρ', la vitesse de propagation suivant le rayon est $\dfrac{V'}{\cos \varepsilon'}$ et l'on a

$$\rho' = \frac{V'\tau'}{\cos \varepsilon'}.$$

Les composantes u et v de cette vibration parallèle et normale au plan de l'onde sont donc respectivement

$$u = \rho' \cos \varepsilon' = \mathrm{V}' \tau' = \frac{\tau' \sin i''}{\sin i},$$

$$v = \rho' \sin \varepsilon' = \mathrm{V}' \tau' \tang \varepsilon' = \frac{\tau' \sin i'' \tang \varepsilon'}{\sin i}.$$

Soient encore x', y' et z' les projections de la transversale τ' et ξ', η', ζ' celles de la vibration, laquelle est située dans l'azimut $90^\circ - \theta'$ compté vers la droite; on a

$$(27) \quad \left\{ \begin{aligned} - \eta' &= u \cos \theta' = \frac{z'}{\sin i}, \\ \xi' &= u \sin \theta' \cos i' + v \sin i' = \frac{g'}{\sin i}, \\ \zeta' &= u \sin \theta' \sin i' - v \cos i'. \end{aligned} \right.$$

On voit déjà que la concordance établie pour les composantes η et ξ parallèles à la surface équivaut à la concordance des quantités z et g relatives aux transversales.

Les deux autres conditions sont de nature différente. Pour le rayon réfracté considéré, l'équation du plan d'onde qui passe par l'origine est

$$x \sin i' - z \cos i' = 0.$$

La distance Δ' à ce plan d'un point M, dont les coordonnées sont x, y et z, a pour expression

$$\Delta' = x \sin i' - z \cos i'.$$

La phase de la vibration à l'origine étant ωt, la vibration v' au point M est

$$(28) \qquad v' = \rho' \sin \left[\omega t - \frac{2\pi}{\lambda'} (x \sin i' - z \cos i') \right].$$

Les composantes ξ', η' et ζ' s'obtiendront de même en remplaçant l'amplitude ρ' par ses projections a', b', c'. On en déduit

$$\frac{\partial \xi'}{\partial z} - \frac{\partial \zeta'}{\partial x} = \frac{2\pi}{\lambda'} (a' \cos i' + c' \sin i') \cos \left[\omega t - \frac{2\pi}{\lambda'} (x \sin i' - z \cos i') \right],$$

$$\frac{\partial \eta'}{\partial z} = \frac{2\pi}{\lambda'} b' \cos i' \cos \left[\omega t - \frac{2\pi}{\lambda'} (x \sin i' - z \cos i') \right].$$

Pour l'origine des coordonnées, ces expressions se réduisent, au facteur constant près $\dfrac{2\pi}{\lambda}\cot\omega t$, à

$$\left(\frac{\partial\xi'}{\partial z}-\frac{\partial\zeta'}{\partial x}\right)_0=\frac{\sin i}{\sin i'}(\xi'\cos i'+\zeta'\sin i')=\tau'\sin\theta'=y',$$

$$\left(\frac{\partial\eta'}{\partial z}\right)_0=\frac{\sin i}{\sin i'}\eta'\cos i'=-\tau'\cos\theta'\cos i'=-x'.$$

L'accord sur la surface des composantes y' et x' des transversales parallèles à la surface revient donc, pour les vibrations, à établir l'accord dans les deux milieux des expressions

$$\sum\left(\frac{\partial\xi}{\partial z}-\frac{\partial\zeta}{\partial x}\right)\quad\text{et}\quad\sum\left(\frac{\partial\eta}{\partial z}-\frac{\partial\xi}{\partial y}\right),$$

dont la signification est liée aux hypothèses supplémentaires ou à la manière de concevoir la structure mécanique des milieux.

Il y a désaccord, au contraire, comme pour la réflexion vitrée, entre les composantes des vibrations normales à la surface.

Dans cette manière de voir, le principe des forces vives disparaît et, avec lui, la difficulté d'évaluer le rapport des densités efficaces de l'éther dans deux milieux différents.

Le problème peut ainsi être abordé par la considération directe des vibrations, qui donnent les conditions

$$(29)\quad\left\{\begin{aligned}&b+b_1=b'+b'',\\&a+a_1=a'+a'',\\&(a-a_1)\cot i+c+c_1=a'\cot i'+c'+a''\cot i''+c'',\\&(b-b_1)\cot i=b'\cot i'+b''\cot i''.\end{aligned}\right.$$

On peut remarquer aussi que $a'\cos i'+c'\sin i'$ est la projection d' de la vibration correspondante sur l'intersection de l'onde par le plan d'incidence et l'on a, en comptant l'azimut θ' de polarisation vers la droite,

$$d'=b'\tan\theta',\qquad a'=d'\cos i'=b'\cos i'\tan\theta'.$$

Les équations (29) deviennent alors

$$(29)'\quad\left\{\begin{aligned}&b+b_1=b'+b'',\\&(b\tan\theta-b_1\tan\theta_1)\cos i=b'\tan\theta'\cos i'+b''\tan\theta''\cos i'',\\&\frac{b\tan\theta+b_1\tan\theta_1}{\sin i}=\frac{b'\tan\theta'}{\sin i'}+\frac{b''\tan\theta''}{\sin i''},\\&(b-b_1)\cot i=b'\cot i'+b''\cot i'';\end{aligned}\right.$$

le problème est ainsi résolu, puisque ces équations ne renferment plus que quatre inconnues b', b'', b_1 et θ_1.

D'autre part, la réflexion sur les cristaux doit aussi être accompagnée d'une perte de phase, inégale pour les deux systèmes uniradiaux, particulièrement au voisinage des incidences principales, et donner lieu à une réflexion elliptique; les théories précédentes sont donc incomplètes.

638. *Cristaux à un axe.* — Soient, sur une sphère de rayon égal à l'unité, A (*fig.* 311) la direction de l'axe, P le rayon inci-

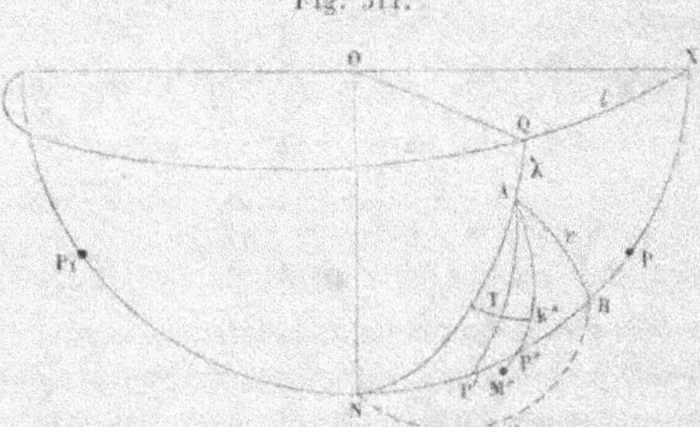

Fig. 311.

dent, P_1 le rayon réfléchi, P' le rayon réfracté ordinaire, qui est en même temps normal aux ondes, P'' la normale aux ondes extraordinaires et M'' le rayon correspondant, lequel est situé sur le grand cercle $P''A$; l'arc $P''M''$ est l'angle de conjugaison ε.

Le rayon ordinaire étant polarisé dans la section principale, l'angle $AP'X = \theta'$. La transversale extraordinaire étant perpendiculaire au plan AP'', l'angle $AP''X = \theta'' - 90°$. Prenons sur l'arc $P''A$ une longueur $P''K'' = \varepsilon_1$; le grand cercle $K''T$ perpendiculaire à AP'' est le plan polaire du rayon extraordinaire.

Comme les transversales incidentes uniradiales sont dans les plans polaires correspondants et perpendiculaires au rayon incident, leurs directions seront déterminées par deux points à 90° de P et situés, l'un sur le grand cercle TA, l'autre sur le grand cercle TK''. Les directions des transversales réfléchies sont situées sur les mêmes grands cercles et à 90° de P_1.

Si l'arc TP_1 est égal à 90°, les directions des deux transversales uniradiales du rayon réfléchi sont données par le même point T;

l'incidence correspond alors à la polarisation complète, et l'angle TP_1N est la déviation, comptée à droite du plan d'incidence.

La direction de l'axe peut être définie par l'angle $QX = l$, qui représente la longitude du plan d'incidence par rapport à la section principale et par l'angle $AQ = \lambda$, qui est la latitude de l'axe rapportée à la surface réfléchissante.

En appelant α' et α'' les angles AP' et AP'' que fait l'axe avec les normales aux ondes ordinaire et extraordinaire, on a

$$(30) \quad \left\{ \begin{array}{l} \cos\alpha' = \sin\lambda \cos i' + \cos\lambda \sin i' \cos l, \\ \cos\alpha'' = \sin\lambda \cos i'' + \cos\lambda \sin i'' \cos l, \\ \cos\lambda \sin l = \sin\alpha' \sin\theta' = -\sin\alpha'' \cos\theta''. \end{array} \right.$$

D'autre part, en faisant $V = 1$, les angles de réfraction i' et i'' satisfont aux équations (50)

$$(31) \quad \left\{ \begin{array}{l} \dfrac{1}{\sin i} = \dfrac{b}{\sin i'} = \dfrac{V''}{\sin i''}, \\ V''^2 = a^2 + (b^2 - a^2)\cos^2\alpha'' = b^2 + (a^2 - b^2)\sin^2\alpha''. \end{array} \right.$$

Les azimuts de polarisation de la lumière incidente et réfléchie relatifs aux *systèmes uniradiaux* peuvent être déterminés facilement en fonction des coordonnées de l'axe.

Pour les rayons ordinaires, les équations (10) se réduisent aux relations de Fresnel

$$(32) \quad \left\{ \begin{array}{l} \tang\varphi = \cos(i - i')\tang\theta', \\ \tang\varphi_1 = -\cos(i + i')\tang\theta'. \end{array} \right.$$

L'angle i' est donné par la première des équations (31); les équations (30) déterminent successivement α' et θ'.

Pour le rayon extraordinaire, on a

$$(33) \quad \left\{ \begin{array}{l} \tang\chi = \cos(i - i'')\tang\theta'' + \dfrac{\sin^2 i'' \tang\varepsilon}{\sin(i + i'')\cos\theta''}, \\ \tang\chi_1 = -\cos(i + i'')\tang\theta'' + \dfrac{\sin^2 i'' \tang\varepsilon}{\sin(i - i'')\cos\theta''}. \end{array} \right.$$

La seconde des équations (31) donne

$$\frac{\sin^2 i''}{\sin^2 i} = a^2 + (b^2 - a^2)(\sin\lambda \cos i'' + \cos\lambda \sin i'' \cos l)^2,$$

$$\left[\frac{1}{\sin^2 i} - a^2 + (b^2 - a^2)\cos^2\lambda \cos^2 l \right] \tang^2 i''$$

$$- (b^2 - a^2)\sin 2\lambda \cos l \tang i'' = a^2 \cos^2\lambda + b^2 \sin^2\lambda.$$

Il en résulte une seule valeur positive de $\tang i''$, et l'on calculera, de même, les angles α'' et θ''.

L'expression de l'*angle de conjugaison* ε peut s'écrire

$$\tang \varepsilon = \frac{a^2 - b^2}{V''^2} \sin \alpha'' \cos \alpha'' = (a^2 - b^2) \sin \alpha'' \cos \alpha'' \frac{\sin^2 i}{\sin^2 i'},$$

$$\tang \varepsilon = \frac{(a^2 - b^2) \sin^2 \alpha''}{V''^2 \tang \alpha''} = \frac{V''^2 - b^2}{V''^2 \tang \alpha''} = \frac{\sin^2 i'' - \sin^2 i'}{\sin^2 i'' \tang \alpha''}.$$

On substituera dans les équations (33) l'une ou l'autre des deux expressions

$$(34) \quad \sin^2 i'' \tang \varepsilon = (a^2 - b^2) \sin \alpha'' \cos \alpha'' \sin^2 i = \frac{\sin(i'' + i') \sin(i'' - i')}{\tang \alpha'};$$

on en déduit aussi

$$(35) \qquad \sin(i'' - i') = (a^2 - b^2) \sin^2 \alpha'' \frac{\sin^2 i}{\sin(i' + i'')}.$$

Sous l'incidence normale, on voit immédiatement que les plans de polarisation uniradiaux sont rectangulaires et les formules se réduisent à celles qui ont été indiquées déjà (**627**).

L'*incidence de polarisation complète* par réflexion est déterminée par la condition $\tang \varphi_1 = \tang \chi_1$ ou

$$(36) \quad \cos(i + i') \tang \theta' = \cos(i + i'') \tang \theta'' - \frac{\sin^2 i'' \tang \varepsilon}{\sin(i - i'') \cos \theta''},$$

équation que l'on résoudra par approximations successives.

L'espace dans lequel on doit faire porter les épreuves est très peu étendu, car les angles θ' et θ'' sont presque rectangulaires et leurs tangentes sont de signes contraires. Le dernier terme de l'équation (36) étant très petit, l'incidence de polarisation est comprise entre les deux valeurs déterminées par les conditions $i + i' = 90^\circ$ et $i + i'' = 90^\circ$.

La *déviation* D est la valeur de l'angle φ_1 correspondant à cette incidence particulière.

L'équation (26), qui définit l'*incidence de polarisation uniradiale*, se réduit, pour le système ordinaire, à $i + i' = 90^\circ$; l'incidence correspondante I est alors déterminée par la loi de Brewster et l'indice ordinaire : $\tang I = n'$, $\cot I = b$.

Si le système uniradial est extraordinaire, on a

$$(37) \qquad \cos(i + i'') \sin(i - i'') \sin \theta'' = \sin^2 i'' \tang \varepsilon.$$

L'incidence ne correspond plus à la condition $i + i'' = 90°$ et n'est pas la même de part et d'autre de la normale.

Menant par le point A (*fig.* 311) le grand cercle AR perpendiculaire au plan d'incidence, posons $NR = u$ et $AR = v$; les formules se simplifient par l'emploi des angles auxiliaires u et v, qui seront déterminés en fonction des coordonnées de l'axe à l'aide des relations

$$(38) \qquad \begin{cases} \sin v = \cos \lambda \sin l, \\ \sin \lambda = \cos u \cos v. \end{cases}$$

Les triangles rectangles $AP'R$ et $AP''R$ donnent

$$(39) \qquad \begin{cases} \cos \alpha' = \cos v \cos(u - i'), \\ \sin \alpha' \sin \theta' = \sin v, \\ \sin \alpha' \cos \theta' = \cos v \sin(u - i'), \\ \cot \theta' = \cot v \sin(u - i'); \\ \cos \alpha'' = \cos v \cos(u - i''), \\ -\sin \alpha'' \cos \theta'' = \sin v, \\ \sin \alpha'' \sin \theta'' = \cos v \sin(u - i''), \\ -\tan \theta'' = \cot v \sin(u - i''). \end{cases}$$

On a alors

$$\frac{\sin^2 i'' \tan \varepsilon}{\cos \theta''} = -\sin(i'' - i') \sin(i' + i'') \cot v \cos(u - i'').$$

Les azimuts de polarisation incidente et réfléchie des *systèmes uniradiaux* sont

$$(32)' \qquad \begin{cases} \tan \varphi = \cos(i - i') \dfrac{\tan v}{\sin(u - i')}, \\[2mm] -\tan \varphi_1 = \cos(i + i') \dfrac{\tan v}{\sin(u - i')}; \end{cases}$$

$$(33)' \qquad \begin{cases} -\tan v \tan \chi = \cos(i - i'') \sin(u - i'') \\[2mm] \qquad\qquad + \dfrac{\sin(i'' - i') \sin(i' + i'')}{\sin(i - i'')} \cos(u - i''), \\[2mm] \tan v \tan \chi_1 = \cos(i + i'') \sin(u - i'') \\[2mm] \qquad\qquad - \dfrac{\sin(i'' - i') \sin(i' + i'')}{\sin(i - i'')} \cos(u - i''). \end{cases}$$

L'équation (36), qui détermine l'*incidence de polarisation complète*, devient

$$(36)' \quad \left\{ \begin{aligned} &\cos(i+i'')\,\frac{\tan g^2 v}{\sin(u-i')} + \cos(i+i'')\sin(u-i') \\[2mm] &= \frac{\sin(i''-i')\sin(i'+i'')}{\sin(i-i'')}\cos(u-i''). \end{aligned} \right.$$

Enfin l'*incidence de polarisation uniradiale*, pour le système extraordinaire, est

$$(37)' \quad \cos(i+i'')\sin(i-i'') = \sin(i''-i')\sin(i'+i'')\cot(u-i'').$$

Quant aux coefficients P, Q, R et S de l'équation (12) qui permet de calculer l'azimut θ_1 de polarisation de la lumière réfléchie en fonction de l'azimut θ d'incidence, ou inversement, c'est-à-dire la rotation du plan de polarisation par réflexion, on les déterminera de la manière générale par les angles i' et i'' et les azimuts des systèmes uniradiaux.

639. *Formules approchées.* — Lorsque la réflexion a lieu dans l'air, la différence des angles i' et i'' est très petite, même pour les milieux très réfringents tels que le *spath* d'Islande. Les deux rayons réfractés sont alors polarisés sensiblement à angle droit.

En négligeant les quantités du second ordre, on peut remplacer dans le second membre de l'équation (35) les angles α'' et i'' par α' et i', ce qui donne

$$(40) \qquad i'' - i' = (a^2 - b^2)\,\frac{\sin^2\alpha'\sin^2 i}{\sin 2i'}.$$

On a aussi, au même degré d'approximation,

$$\begin{aligned} \cos(i+i'') &= \cos(i+i') - (i''-i')\sin(i+i'), \\ \cos(i-i'') &= \cos(i-i') + (i''-i')\sin(i-i'), \\ \sin(i+i'') &= \sin(i+i') + (i''-i')\cos(i+i'), \\ \sin(u-i'') &= \sin(u-i') - (i''-i')\cos(u-i'). \end{aligned}$$

Le dernier terme des équations (33)', (36)' et (37)' étant très petit, on y remplacera i'' par i', à l'exception du premier facteur; elles deviennent alors, en tenant compte des relations précédentes,

$$(33)'' \begin{cases} -\tang\varphi\,\tang\chi - \cos(i-i')\sin(u-i') \\ \qquad = (i''-i')\left[\cos(u+i-2i') - \dfrac{\sin 2i'}{\sin(i+i')}\cos(u-i')\right], \\ \tang\varphi\,\tang\chi_1 - \cos(i+i')\sin(u-i') \\ \qquad = (i''-i')\left[\cos(u-i-2i') + \dfrac{\sin 2i'}{\sin(i-i')}\cos(u-i')\right], \end{cases}$$

$$(36)'' \begin{cases} \cos(i+i')\left[\dfrac{\tang^2\varphi}{\sin(u-i')} + \sin(u-i')\right] \\ \qquad = (i''-i')\left[\cos(u-i-2i') + \dfrac{\sin 2i'}{\sin(i-i')}\cos(u-i')\right], \end{cases}$$

$$(37)'' \begin{cases} \cos(i+i')\sin(i-i') \\ \qquad = (i''-i')\left[\cos 2i' + \sin 2i\cot(u-i')\right] = (i''-i')\dfrac{\sin(u+i')}{\sin(u-i')}. \end{cases}$$

Dans ce cas, la quantité A, par laquelle s'évaluent les coefficients de l'équation (12), devient

$$A = \frac{1-(i''-i')\cot(i-i')}{1+(i''-i')\cot(i+i')} = 1 - (i''-i')\left[\cot(i-i') + \cot(i+i')\right].$$

On a donc, en posant

$$f = \cot(i-i') + \cot(i+i') = \frac{\sin 2i}{\sin(i-i')\sin(i+i')},$$

$$(12)'' \begin{cases} P = (i''-i')f, \\ Q = \tang\chi_1 - \tang\varphi_1 - P\tang\chi_1, \\ R = \tang\varphi - \tang\chi - P\tang\varphi, \\ S = \tang\chi\,\tang\varphi_1 - \tang\varphi\,\tang\chi_1 + P\tang\varphi\,\tang\chi_1. \end{cases}$$

Le coefficient P est du premier ordre en fonction de la différence $i''-i'$; il en est de même pour le coefficient S, car il se réduit, tous calculs faits, à

$$S = P\left[\cos 2i' + \sin 2i'\cot(u-i')\right].$$

Comme les incidences de polarisation diffèrent très peu de I, on peut faire $i+i' = 90°$ dans les facteurs de $i''-i'$, pour les deux dernières équations, c'est-à-dire

$$\sin 2i' = \sin 2i, \qquad \cos 2i' = -\cos 2i,$$
$$\cos(u-i-2i') = \cos(u+i-\pi) = -\cos(u+i'),$$
$$\sin(u+i') = \cos(u-i), \qquad \sin(u-i') = -\cos(u+i),$$
$$\cos(u-i') = \sin(u+i), \qquad \sin(i-i') = -\cos 2i.$$

L'équation $(36)''$ peut donc s'écrire, en remarquant que

$$\sin^2 v + \cos^2 v \sin^2 (u - i') = \sin^2 \alpha',$$

$$\frac{\cos(i + i')}{\cos^2 v} = \frac{i'' - i'}{\sin^2 \alpha'} \frac{\cos(u + i)\cos(u - i)}{\cos 2 i} = \frac{i'' - i'}{\sin^2 \alpha'} \frac{\cos^2 u - \sin^2 i}{\cos 2 i}.$$

On a alors, en remplaçant i par I, c'est-à-dire $\cot i$ par b, dans les termes du premier ordre,

$$\frac{i' - i''}{\sin^2 \alpha' \cos 2 i} = (b^2 - a^2) \frac{\sin^2 i}{\sin 2 i \cos 2 i} = \frac{(a^2 - b^2)(1 + b^2)}{2 b(1 - b^2)} = \mathrm{H},$$

$$(41) \qquad \cos(i + i') = \mathrm{H} \cos^2 v (\sin^2 \mathrm{I} - \cos^2 u).$$

En désignant par m le second membre de cette équation, qui est très petit, il en résulte

$$i + i' = 90° - m, \qquad i' = 90° - i - m.$$

Si l'on appelle J *l'incidence de polarisation complète*, on en déduit, par des simplifications évidentes,

$$\sin i' = \cos \mathrm{J} - m \sin \mathrm{J} = b \sin \mathrm{J} = \cot \mathrm{I} \sin \mathrm{J},$$

$$\sin(\mathrm{I} - \mathrm{J}) = m \sin \mathrm{J} \sin \mathrm{I} = m \sin^2 \mathrm{I} = \frac{m}{1 + b^2},$$

$$(42) \quad \left\{ \begin{aligned} \mathrm{I} - \mathrm{J} &= \frac{a^2 - b^2}{2 b(1 - b^2)} \cos^2 v (\sin^2 \mathrm{I} - \cos^2 u) \\ &= \mathrm{H}' \cos^2 v (\sin^2 \mathrm{I} - \cos^2 u). \end{aligned} \right.$$

On voit par là que l'incidence J de polarisation ne change pas quand on tourne la face réfléchissante de $180°$ dans son plan, ce qui revient à changer les signes des angles u et v. Les formules approchées satisfont ainsi à la condition générale (634).

Pour exprimer l'angle J en fonction des coordonnées de l'axe, on utilisera les relations (38), qui donnent

$$\cos^2 v (\sin^2 \mathrm{I} - \cos^2 u) = \sin^2 \mathrm{I} - \sin^2 \lambda - \cos^2 \lambda \sin^2 \mathrm{I} \sin^2 l$$
$$= (\sin^2 \mathrm{I} - \sin^2 \lambda) \cos^2 l - \cos^2 \mathrm{I} \sin^2 \lambda \sin^2 l;$$

il en résulte

$$\mathrm{J} = \mathrm{I} - \mathrm{H}'(\sin^2 \mathrm{I} - \sin^2 \lambda) \cos^2 l + \mathrm{H}' \cos^2 \mathrm{I} \sin^2 \lambda \sin^2 l.$$

Si l'on désigne par J_1 et J_2 les valeurs que prend l'angle J pour les cas où le plan d'incidence est parallèle ou perpendiculaire à la section principale, on en déduit

$$(43) \quad \begin{cases} J_1 = I - H'(\sin^2 I - \sin^2 \lambda), \\ J_2 = I + H' \cos^2 I \sin^2 \lambda, \\ J = J_1 \cos^2 l + J_2 \sin^2 l. \end{cases}$$

L'incidence de polarisation est égale à I, quand on a

$$(44) \quad \sin^2 l = \frac{\sin^2 I - \sin^2 \lambda}{\cos^2 \lambda \sin^2 I}, \qquad \cos^2 l = \frac{\tan^2 \lambda}{\tan^2 I}.$$

Cette condition n'est réalisable que si $\lambda < I$; elle correspond alors à deux orientations du plan d'incidence, symétriques par rapport à la section principale, et aux orientations opposées.

La *déviation* D, qui est égale à la valeur correspondante de φ_1, s'obtiendra en remarquant que

$$\tan \theta' = \frac{\tan v}{\sin(u - i')} = -\frac{\tan v}{\cos(u + i)},$$

ce qui donne

$$\tan D = - H \cos v \sin v \cos(u - I).$$

Le produit $\cos v \cos(I - u)$ représente le cosinus de l'angle $AP = \psi$ que fait alors l'axe avec le rayon incident. Si l'on remplace $\sin v$ par $\cos \lambda \sin l$, on a donc

$$(45) \quad \begin{cases} \tan D = - H \cos \lambda \sin l \cos \psi \\ \qquad = - H \cos \lambda \sin l (\sin \lambda \cos I + \cos \lambda \sin I \cos l). \end{cases}$$

La déviation est toujours nulle pour une surface perpendiculaire à l'axe ($\cos \lambda = 0$). Elle est encore nulle dans la section principale ($\sin l = 0$) et aussi pour la condition

$$\cos l' = - \frac{\tan \lambda}{\tan I};$$

l'orientation l' ainsi définie est l'une de celles pour lesquelles l'incidence de polarisation est égale à I.

Pour une surface parallèle à l'axe, la déviation se réduit à

$$\tan D = - \frac{H}{2} \sin I \sin 2l.$$

Elle est alors maximum, en valeur absolue, quand le plan d'incidence est à 45° sur la section principale.

Les mêmes simplifications, appliquées à l'équation $(37)''$. donnent

$$\cos(i + i') = \frac{i'' - i''}{\cos 2i} \frac{\sin(u + i')}{\sin(u - i')} = H \sin^2 \alpha' \frac{\sin(u + i')}{\sin(u - i')},$$

$$\cos(i + i') = H \frac{\cos^2 v}{\cos^2 \theta'} \sin(u + i') \sin(u - i') = H \cos^2 v \frac{\sin^2 I - \cos^2 u}{\cos^2 \theta'}.$$

En comparant avec (42), on voit que l'*incidence de polarisation uniradiale* est, pour le système extraordinaire,

$$(46) \qquad\qquad I - I' = H' \cos^2 v \frac{\sin^2 I - \cos^2 u}{\cos^2 \theta'};$$

on a d'ailleurs

$$\frac{\cos^2 v}{\cos^2 \theta'} = \cos^2 v + \frac{\sin^2 v}{\sin^2(u - i')} = \cos^2 v + \frac{\cos^2 \lambda \sin^2 l}{\cos^2(u + I)}.$$

640. *Cas particuliers.* — Lorsque l'axe du cristal est situé dans le plan d'incidence, les angles φ et θ' sont égaux à zéro, et les angles χ et θ'' à $90°$. La lumière réfléchie ne s'annule jamais pour le système uniradial ordinaire; l'*incidence de polarisation* correspond donc au cas où la réflexion est nulle pour le système uniradial extraordinaire. Comme on a aussi $i'' + \alpha'' + \lambda = 90°$, il en résulte (34)

$$\sin^2 i'' \, \tan \varepsilon = \frac{a^2 - b^2}{2} \sin 2(i'' + \lambda) \sin^2 i,$$

et la condition $q_1 = 0$ devient, d'après les équations (8),

$$(47) \qquad \sin 2i = \sin 2i'' + (a^2 - b^2) \sin 2(i'' + \lambda) \sin^2 i.$$

On a, d'autre part (31),

$$\sin^2 i'' = V''^2 \sin^2 i = [b^2 + (a^2 - b^2) \cos^2(i'' + \lambda)] \sin^2 i,$$
$$(48) \qquad 1 - \cos 2i'' = [a^2 + b^2 + (a^2 - b^2) \cos 2(i'' + \lambda)] \sin^2 i,$$

et il suffit d'éliminer l'angle $2i''$ entre les équations (47) et (48).

On arrivera au même résultat, d'une manière plus rapide, en remarquant que la transversale incidente du système uniradial extraordinaire est alors égale à la transversale réfractée, et que, par suite, les volumes ébranlés en même temps dans les deux milieux étant égaux entre eux, les distances à la surface réfléchissante des points de contact qui correspondent aux ondes incidente et réfractée doivent être égales (629).

Le problème revient alors à mener, dans le plan d'incidence, une droite MM' (*fig.* 312) parallèle à la surface réfléchissante OT et

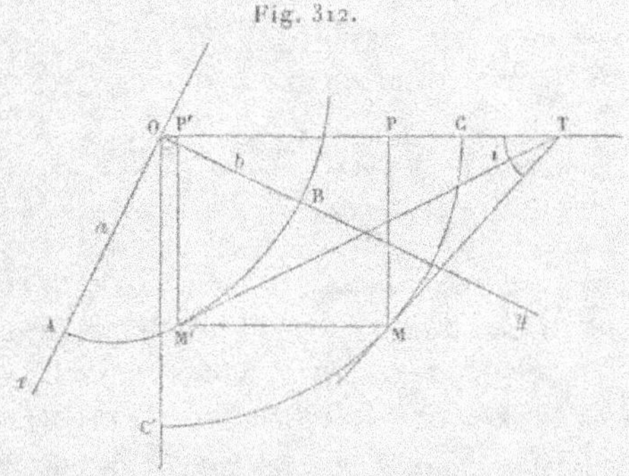

Fig. 312.

telle que les tangentes menées, par les points d'intersections M et M', au cercle CC' de rayon V et à l'ellipse extraordinaire AB, passent par le même point T de la surface. La longueur OT est égale à $\dfrac{V}{\sin i}$ et la hauteur MP égal à $V \cos i$.

Prenons les axes de coordonnées Ox et Oy parallèles aux axes OA et OB de l'ellipse, ce dernier étant parallèle à l'axe du cristal. Si l'on représente par $a \cos \psi$ et $b \sin \psi$ les coordonnées x' et y' du point M', la perpendiculaire M'P' abaissée sur la droite OT doit être égale à $V \cos i$, ce qui donne

$$(49) \qquad a \cos \psi \cos \lambda + b \sin \psi \sin \lambda = V \cos i.$$

L'équation de la tangente M'T est

$$b x \cos \psi + a y \sin \psi = ab.$$

En substituant à x et y les coordonnées $-\dfrac{V}{\sin i} \sin \lambda$ et $\dfrac{V}{\sin i} \cos \lambda$ du point T par lequel doit passer cette tangente, il en résulte

$$(50) \qquad a \sin \psi \cos \lambda - b \cos \psi \sin \lambda = \dfrac{ab}{V} \sin i.$$

M. — II.   40

Faisant enfin la somme des carrés des équations (49) et (5o),

$$a^2\cos^2\lambda + b^2\sin^2\lambda = V^2 + \left(\frac{a^2 b^2}{V^2} - V^2\right)\sin^2 i.$$

L'incidence J_1 de polarisation est donc

$$(51) \quad \begin{cases} \sin^2 J_1 = \dfrac{V^2 - a^2\cos^2\lambda - b^2\sin^2\lambda}{V^2 - \dfrac{a^2 b^2}{V^2}}, \\[2em] \tan g^2 J_1 = \dfrac{V^2 - a^2\cos^2\lambda - b^2\sin^2\lambda}{a^2\cos^2\lambda + b^2\sin^2\lambda - \dfrac{a^2 b^2}{V^2}}. \end{cases}$$

Si la réflexion a lieu dans l'air, on fera $V = 1$. Si le cristal est couvert par un milieu d'indice n, on remplacera respectivement les quantités V, b et a par les inverses des indices n, n' et n''. On trouve alors, en posant, pour abréger,

$$N^2 = n''^2\sin^2\lambda + n'^2\cos^2\lambda = n'^2 n''^2\left(\frac{\sin^2\lambda}{n'^2} + \frac{\cos^2\lambda}{n''^2}\right),$$

$$(52) \quad \tan g^2 J_1 = \frac{n'^2 n''^2 - N^2 n^2}{n^2(N^2 - n^2)}.$$

Lorsque $N^2 = n'n''$, auquel cas l'angle λ diffère très peu de $45°$, puisque $\tan g^2\lambda = \dfrac{n'}{n''}$, l'angle J_1 est toujours possible et se réduit à

$$\tan g^2 J_1 = \frac{n'n''}{n^2}.$$

Si la valeur de n est comprise entre N et $\dfrac{n'n''}{N}$, le second membre de l'équation (52) est négatif, et il n'existe plus d'incidence de polarisation. L'angle J_1 varie très rapidement au voisinage de ces limites de n, où il est égal à zéro ou à $90°$.

On a aussi $J_1 = \lambda$ quand $n = n''$ et $J_1 = 90° - \lambda$ quand $n = n'$. Dans ce dernier cas, la lumière réfléchie est nulle, puisque la réflexion est supprimée pour le système uniradial ordinaire.

Supposons, en général, que l'on ait $n = n'$; la lumière réfléchie est toujours polarisée, car elle provient uniquement du système uniradial extraordinaire. L'angle i' étant égal à i, l'équation (34) donne

$$\frac{\sin^2 i'' \tan g z}{\sin(i - i')} = -\frac{\sin(i + i'')}{\tan g z'}.$$

La déviation $D = \chi_1$ a pour expression

$$- \operatorname{tang} D = \frac{\cos(i + i'')\sin\theta''\operatorname{tang}\alpha'' + \sin(i + i'')}{\cos\theta''\operatorname{tang}\alpha''},$$

ou, en tenant compte des relations (33),

$$(53) \quad \operatorname{tang} D = \frac{\cos(i + i'')\operatorname{tang}(u - i'') + \sin(i + i'')}{\cos\theta''\operatorname{tang}\alpha''} = \frac{\sin(u + i)}{\operatorname{tang} v}.$$

Il en résulte que le plan de polarisation du rayon réfléchi est perpendiculaire au plan mené par le rayon et l'axe du cristal.

Lorsque la surface est perpendiculaire à l'axe, le plan d'incidence est toujours dans la section principale. L'incidence de polarisation est alors, en faisant $\lambda = 90°$ dans les équations (51) et (52),

$$(54) \qquad \operatorname{tang}^2 J_1 = \frac{1 - b^2}{b^2(1 - a^2)} = \frac{n''^2(n'^2 - n^2)}{n^2(n''^2 - n'^2)}.$$

Enfin, si la surface est parallèle à l'axe, les formules approchées (43) donnent

$$(55) \qquad\qquad J_1 = I - H'\sin^2 I, \qquad J_2 = I.$$

Ce dernier résultat était évident, puisque la lumière réfléchie doit être nulle pour le système uniradial ordinaire sous l'angle de polarisation.

L'angle J_1 est plus petit ou plus grand que I suivant que le facteur H' est plus grand ou plus petit que zéro, c'est-à-dire suivant que le cristal est négatif ou positif. La valeur exacte de cet angle serait d'ailleurs, d'après l'équation (51),

$$\operatorname{tang}^2 J_1 = \frac{1 - a^2}{a^2(1 - b^2)} = n'^2\frac{n''^2 - 1}{n'^2 - 1}.$$

641. *Expériences.* — Les premières observations de Brewster ont porté sur le *spath* et le *chromate de plomb*, qui sont des cristaux uniaxes, l'un négatif et l'autre positif. Il a constaté que les incidences de polarisation J_1 et J_2 dans chacune des orientations principales varient avec la taille, c'est-à-dire avec l'inclinaison de la surface sur l'axe, et que l'incidence J de polarisation relative à une orientation quelconque l s'exprime très simplement, en fonction des précédentes, par la relation approchée (43)

$$(56) \qquad J = J_1 \cos^2 l + J_2 \sin^2 l = J_1 + (J_2 - J_1) \sin^2 l.$$

L'angle J_2 est plus grand ou plus petit que J_1 suivant que le cristal est négatif ou positif. La différence $J_2 - J_1$ est $2°15'$ environ pour une surface de clivage du spath et $-2°6'$ pour le chromate de plomb.

Brewster a reconnu aussi que l'azimut de polarisation totale par réflexion s'écarte généralement du plan d'incidence, sauf pour les orientations principales. La déviation est très faible, de $2°$ à $3°$ au maximum, quand l'observation est faite dans l'air; mais, si l'on couvre le cristal d'un liquide, l'écart augmente d'autant plus que l'indice du liquide se rapproche davantage de l'un des indices du cristal, ce qui a pour résultat de faire prédominer la double réfraction.

L'équation (53) montre, en effet, que la déviation peut atteindre une valeur quelconque lorsque l'indice du liquide est égal à l'indice ordinaire du cristal, ce qui est à peu près le cas de l'*essence de cassia* en contact avec le *spath*.

Les observations de Brewster, faites dans ces conditions sur une surface de clivage, ont été calculées par Neumann en prenant pour l'essence $n = 1,624$ et pour le spath les valeurs $n' = 1,6587$ et $n'' = 1,4869$, qui correspondent à une lumière un peu plus réfrangible que la raie D.

| | I | Déviation | |
Orientation.	calculé.	calculée.	observée.
0°	47° 16′	0° 0′	0°
12	46 11	−35 41	−45
42	37 47	90 0	90
90	31 30	+41 53	+45
180	47 16	0 0	0

L'accord du calcul et de l'observation est, sans doute, aussi complet que le comportait l'exactitude des mesures, surtout si l'on tient compte de cette circonstance que l'indice du liquide est estimée d'une manière approximative.

Seebeck [1] fit un grand nombre de mesures très soignées qui

[1] A. SEEBECK, *Pogg. Ann.*, t. XXI, p. 290, et t. XXII, p. 126; 1831. — *Ibid.*, t. XXXVIII, p. 280; 1836.

paraissent d'une exactitude remarquable. Il reconnut d'abord que, sur le *spath* d'Islande, les résultats sont très différents, pour une même taille, suivant que l'on utilise une face de cristallisation naturelle ou une surface polie par les procédés habituels, au colcothar ou à l'oxyde d'étain. Ces matières produisent probablement une altération chimique de la surface et l'influence du poli n'est devenu négligeable que lorsqu'il s'est servi, pour cet usage, de craie pulvérulente.

Les expériences ont porté sur huit espèces de faces différentes, les unes à peu près parallèles ou perpendiculaires à l'axe, les autres, naturelles ou artificielles, parallèles soit au clivage, soit aux faces de deux rhomboèdres dérivés.

Les indices adoptés plus haut conduisent aux valeurs suivantes :

$$H = 0,1579 = 9° 2',$$
$$H' = 0,1158 = 6° 38',$$
$$I = 58° 55'.$$

En calculant, par ces données, les observations de Seebeck à l'aide des formules approchées (43), on trouve :

	Observations		Calcul	
λ	J_0	J_e	J_0	J_e
0 0	»	»	54° 3′	58° 55′
0 12	54° 15′	58° 56′	»	»
0 25	54 12	58 56	»	»
27 2	55 36	59 4	55 25	59 17
45 23,5	57 20	59 51	57 25	59 48
45 29	57 22	59 48	»	»
45 43,5	57 21	59 47	»	»
64 1,5	59 19	60 15	59 25	60 23
89 47	60 33	»	»	»
90 0	»	»	60 41	»

Les différences du calcul et de l'observation sont de signes différents et ne dépassent pas 13′ ; elles sont moindres que celles qui résultent d'une autre expression donnée par Seebeck. Les formules approchées de Mac Cullagh représentent donc le phénomène avec toute la précision désirable.

Pour les faces naturelles de clivage ($\lambda = 45°23',5$), Brewster avait déjà obtenu des valeurs très voisines :

Observations

	I.	II.	Moyenne.	Calcul.
J_1	$57°14'$	$57°36'$	$57°25'$	$57°25'$
J_2	$59°32'$	$59°44'$	$59°38'$	$59°48'$

Seebeck considère aussi la formule (56) donnée par Brewster comme insuffisante, mais ses observations ne paraissent pas la mettre en défaut. Les mesures relatives à une face de clivage donnent, en effet :

	J		
t.	observé.	calculé.	Différence calc.-obs.
$0°\ 0'$	$57°\ 20'$	$57°\ 25'$	$+5'$
$22\ 30$	$57\ 46$	$57\ 46$	0
$45\ \ 0$	$58\ 34$	$58\ 36$	$+2$
$67\ 30$	$59\ 29$	$59\ 27$	-2
$90\ \ 0$	$59\ 51$	$59\ 48$	-3

En appelant J_0 l'incidence de polarisation sur une face perpendiculaire à l'axe, on a, d'après l'équation (54),

$$\operatorname{tang}^2 J_0 = n''^2 \frac{n'^2 - 1}{n''^2 - 1}.$$

Sur une face parallèle à l'axe, les valeurs J' et J'' de J_1 et J_2 sont, de même,

$$\operatorname{tang}^2 J' = n'^2 \frac{n''^2 - 1}{n'^2 - 1}, \qquad \operatorname{tang} J'' = n''.$$

Seebeck traduit alors les résultats relatifs à une face inclinée sur l'axe de l'angle λ par des expressions de la forme

$$J_1 = J_0 \sin^2\lambda + J' \cos^2\lambda,$$
$$J_2 = J_0 \sin^2\lambda + J'' \cos^2\lambda,$$

ou par des formules analogues dans lesquelles on remplace les différents angles par les carrés de leurs sinus, mais cette représentation des phénomènes n'a qu'un caractère empirique.

Les mesures relatives à la *déviation* du plan de polarisation fournissent encore un contrôle précieux de la théorie. D'après l'équation approchée (45), la déviation est nulle quand le plan d'incidence est dans la section principale; elle peut encore être nulle dans une orientation particulière l'.

La déviation change de signe quand le plan d'incidence passe par ces orientations et les maxima, en valeur absolue, ont lieu pour la condition

$$\frac{\cos 2l}{\cos l} = -\tang\lambda \cot I.$$

La déviation est toujours nulle sur une surface perpendiculaire à l'axe. Sur une face parallèle à l'axe, le phénomène est symétrique par rapport à la section principale et au plan perpendiculaire. Les résultats obtenus par Seebeck sur une face de clivage et sur une face parallèle à l'axe présentent un accord très suffisant avec les formules (45) :

	Déviation			
	Face de clivage		Face parallèle à l'axe	
Orientation l.	observée.	calculée.	observée.	calculée.
0°	0° 0′	0° 0′	0° 0′	0° 0′
22,5	2 9	2 11	2 46	2 46
45	3 38	3 33	3 57	3 36
67,5	3 34	3 31	2 43	2 46
90	2 30	2 21	0	0
112,5	0 48	0 48		
135	— 23	— 17		
157,5	— 11	— 27		
180	0	0		

Sur une face de clivage, la déviation s'annule pour $l = 127°40'$; les maxima correspondent aux orientations de 55°12′ et 151°12′, pour lesquelles la déviation serait respectivement 3°43′ et — 29′.

Se trouvant en possession d'une théorie générale, Neumann [1] a pu diriger ses observations d'une manière plus systématique. La lame cristalline est montée de manière que la surface réfléchissante soit dans le plan d'un cercle vertical; elle peut tourner sur ce cercle. Deux alidades, mobiles autour d'un axe vertical qui passe par la surface, servent à fixer la direction des rayons; elles portent, la première une tourmaline pour polariser la lumière incidente, la seconde un analyseur à double image pour observer le rayon réfléchi. On met d'abord la section principale de la lame horizontale, en la rapportant à une arête de cristallisation; on peut alors régler

---

[1] F.-E. NEUMANN, *Pogg. Ann.*, t. XLII, p. 1; 1837.

le polariseur et l'analyseur dans le premier ou le second azimut
par la condition que le rayon réfracté soit unique.

Leurs variations d'azimut, à partir de ces repères, sont estimées
par des cercles gradués.

Neumann a effectué ainsi, sur les faces de clivage du *spath*,
sept séries d'expériences, sous différentes incidences, pour déterminer successivement :

1° Les azimuts de polarisation primitive φ et χ des systèmes
uniradiaux;

2° Les azimuts θ_1 de polarisation réfléchie correspondant à la
polarisation primitive dans le premier ou le second azimut;

3° Les azimuts θ de polarisation primitive capables de polariser
la lumière réfléchie dans le premier ou le second azimut;

4° Enfin les azimuts θ de polarisation primitive qui correspondent à des valeurs choisies arbitrairement de θ_1.

La comparaison des observations avec la théorie a été faite à
l'aide des formules exactes, mais il suffirait sans doute d'utiliser
les formules approchées (639) :

1° Les équations $(32)'$ donnent les angles φ et φ_1. Les angles χ
et χ_1 sont déterminés par $(33)'$ ou $(33)''$.

2° L'équation (12) montre que les azimuts θ'_1 ou θ''_1 correspondant à $\theta = 0$ et $\theta = 90°$ sont

$$R \tang\theta'_1 + S = 0, \qquad P \tang\theta''_1 + Q = 0,$$

ce qui donne, par les formules approchées $(12)''$,

$$\tang\theta'_1 = P \frac{\cos 2 i' + \sin 2 i' \cot(u - i')}{\tang\chi - \tang\varphi},$$

$$\tang\theta''_1 = \frac{\tang\varphi_1 - \tang\chi_1}{P} + \tang\chi_1.$$

Les valeurs des angles θ'_1 sont toujours petites et celles des
angles θ''_1 voisines de $\pm 90°$.

3° Les azimuts θ' et θ'' correspondant à $\theta_1 = 0$ et $\theta_1 = 90°$ sont,
de même,

$$Q \tang\theta' + S = 0, \qquad P \tang\theta' + R = 0,$$

ou, avec les formules approchées,

$$\tang\theta' = \mathrm{P}\,\frac{\cos 2\,i' + \sin 2\,i'\cot(u - i'')}{\tang\chi - \tang\varphi},$$

$$\tang\theta'' = \frac{\tang\chi - \tang\varphi}{\mathrm{P}} + \tang\varphi.$$

L'angle θ' est encore de l'ordre de la différence des angles de réfraction et l'angle θ'' voisin de 90°.

4° La dernière série d'expériences correspond enfin à l'équation générale

$$\tang\theta = -\,\frac{\mathrm{R}\,\tang\theta_1 + \mathrm{S}}{\mathrm{P}\,\tang\theta_1 + \mathrm{Q}}.$$

Il ne paraît pas nécessaire de rapporter ici les valeurs numériques de ces expériences, qui ont été très variées.

Les différences du calcul et de l'observation ne dépassent pas $\pm 20'$, sauf une ou deux exceptions, et restent le plus souvent comprises entre $\pm 5'$; elles paraissent entièrement de même ordre que les erreurs de lecture.

De Senarmont ([1]) s'est borné d'abord à constater que, sur une face naturelle de clivage du *spath* et sur une surface artificielle, les angles de polarisation sont conformes à la théorie. Il y a ajouté une observation intéressante relative à la réflexion normale, en utilisant la lumière réfléchie sur une glace à faces parallèles, comme dans l'appareil de Norremberg (387).

L'expérience montre d'abord que, pour un azimut quelconque de polarisation primitive, la polarisation de retour varie avec l'orientation de la surface cristalline qui sert de miroir.

Supposons que la section principale d'une surface cristalline soit parallèle au plan d'incidence sur la glace réfléchissante. Soient θ l'azimut de polarisation, a et b les composantes de la vibration perpendiculaire et parallèle au plan d'incidence, p et q les facteurs correspondants de réduction dus à la réflexion de la lumière sur la glace pour le premier passage et à la transmission pour le retour, h_0 et k_0 les facteurs principaux de réflexion normale sur la surface cristalline. Les vibrations observées sont respectivement

---

([1]) DE SENARMONT, *Ann. de Chim. et de Phys.* [3], t. XX, p. 428; 1847.

aph_0 et bqk_0; l'azimut θ_1 de polarisation est donc

$$\tan\theta_1 = \frac{bqk_0}{aph_0} = \frac{qk_0}{ph_0}\tan\theta.$$

Si l'on fait tourner le cristal de 90° dans son plan, il suffit de permuter les facteurs h_0 et k_0; l'azimut de polarisation θ_2 est alors

$$\tan\theta_2 = \frac{qh_0}{pk_0}\tan\theta,$$

d'où il résulte

$$\frac{\tan\theta_1}{\tan\theta_2} = \frac{k_0^2}{h_0^2} = \left(\frac{n''-1}{n''+1}\,\frac{n'+1}{n'-1}\right)^2.$$

Les résultats des observations ont été entièrement conformes à la théorie, au degré d'approximation des lectures.

Le même calcul convient encore au cas où le cristal est placé sous une couche liquide, en considérant que les facteurs p et q tiennent compte des deux passages de la lumière dans le liquide, mais les indices n' et n'' sont relatifs au passage du liquide dans le cristal. Le rapport des différences $n'-1$ et $n''-1$ est alors beaucoup plus grand et l'influence de la double réfraction est singulièrement exagérée.

Enfin de Senarmont a utilisé aussi la méthode du biquartz (614) pour déterminer sur une face de clivage du *sulfure d'antimoine* le rapport des facteurs principaux de réflexion h et k, suivant que le plan d'incidence est parallèle ou perpendiculaire à la section principale.

Ces facteurs diffèrent l'un de l'autre sous l'incidence normale et tendent à revenir égaux pour l'incidence rasante, ce qui était à prévoir. Les nombres obtenus suivent une marche très régulière, mais ils n'ont pu être comparés à la théorie, parce que l'opacité du cristal ne permet pas d'en déterminer les indices principaux; d'autre part, la méthode est manifestement défectueuse au voisinage des angles de polarisation, où l'influence de la dispersion est beaucoup plus grande.

Le sulfure d'antimoine est un milieu à deux axes optiques et le clivage est parallèle à l'un des plans de symétrie.

Dans l'une des orientations principales il existe donc une incidence pour laquelle les coefficients h^2 et k^2 sont égaux entre eux, et cette incidence varie avec la nature du milieu superposé au cristal.

Les incidences qui satisfont à cette condition pour le sulfure d'antimoine ont été $18°30'$, $24°40'$ et $27°$, suivant que le cristal était dans l'air, dans l'eau ou dans l'huile.

Les autres observations sur le *protochlorure de mercure*, l'*oxyde d'étain* et le *fer oligiste* ne se rapportent qu'aux incidences de polarisation maximum; elles présentent un grand intérêt au point de vue cristallographique, mais ne peuvent guère servir au contrôle de la théorie.

Nous pouvons encore signaler, dans le Mémoire de M. Cornu, plusieurs vérifications intéressantes.

Les moyennes des valeurs obtenues pour les incidences de polarisation sur une face naturelle de *spath* ont été

$$J_1 = 59°19', \qquad J_2 = 59°47'.$$

La *déviation* est nulle dans le premier cas; dans le second, on l'a déterminée par l'azimut de polarisation du rayon réfléchi, ou par l'azimut du rayon incident pour lequel la réflexion est nulle, ce qui a donné les deux valeurs $2°27',5$ et $2°25',5$.

M. Cornu a vérifié aussi la réciprocité des azimuts de polarisation (632), pour les rayons incident et réfléchi. L'expérience est très simple, car, si la lumière incidente est polarisée et que le rayon réfléchi soit éteint par un analyseur, il suffit d'éclairer l'appareil en sens contraire pour constater que le nouveau rayon réfléchi est encore éteint par le nicol primitivement polariseur.

En désignant par $\tang m$ le second membre de l'équation (13), on peut déterminer par expérience une série de valeurs des angles θ et θ_1 pour un même rayon incident et en déduire les constantes δ, δ_1 et m. On a obtenu ainsi dans différentes orientations, sous la même incidence de $45°$:

l	δ	δ_1	m	l	δ	δ_1	m
0	0	0	16 30	180	0	0	16 17
20	−2 43	−1 20	17 15	160	1 35	2 20	17 15
40	−3 35	−2 30	18 40	140	2 13	3 49	18 30
60	−3 52	−2 15	20 10	120	1 50	3 51	20 5
80	−2 23	−0 17	21 15	100	0 7	2 12	21 16

Ce Tableau donne une idée de la variation des angles δ et δ_1

avec l'orientation. La valeur calculée de m pour la section principale est $16°36'$, c'est-à-dire très voisine des nombres observés.

Enfin, on a déterminé les écarts extrêmes $\theta - \theta_1$ de l'azimut de polarisation de la lumière réfléchie sous l'incidence normale (627); le calcul de ces écarts a donné $\pm 3°18'$, et l'observation $\pm 3°17'$.

Les faces octaédriques du *soufre cristallisé*, qui est un milieu à deux axes optiques, sont également assez bonnes pour avoir permis quelques vérifications.

D'après l'équation (13), les angles δ et δ_1 doivent être simplement permutés quand la surface tourne de $180°$ dans son plan, l'incidence restant la même. Les mesures suivantes se rapportent aux incidences de polarisation.

i	I	δ	δ_1	i	I	δ	δ_1
0°	63 26	−1 39	−2 11	180°	63 26	−2 6	−1 40
30	62 19	−0 14	−1 26	210	62 39	−1 16	−0 14
60	62 33	1 52	0 26	240	62 33	0 27	1 52
90	63 39	2 47	1 12	270	63 49	1 17	2 56
120	64 58	1 27	0 17	300	64 45	0 23	1 28
150	64 45	−0 55	−1 23	330	64 38	−1 20	−0 51

Les différences des angles I dans les valeurs correspondantes de ces deux Tableaux vont jusqu'à $13'$ et s'expliquent aisément par l'existence manifeste d'une polarisation elliptique. L'écart maximum ne dépasse pas $10'$ pour les angles δ et δ_1 du premier Tableau, comparés aux angles δ_1 et δ du second.

Sous l'incidence de $45°$, les angles δ et δ_1 peuvent dépasser $5°$, tandis qu'ils restaient inférieurs à $4°$ pour le spath, ce qui montre la grandeur de la biréfringence dans le soufre.

Pour l'incidence normale, l'écart maximum $\theta - \theta_1$ de l'azimut de polarisation du rayon réfléchi a été de $\pm 3°41'$. Les indices du soufre dans ces conditions étant $n_1 = 2,0035$ et $n_2 = 2,2128$, le calcul donnerait $\pm 3°48'$.

642. *Réflexion elliptique.* — Dans le travail déjà cité (604), M. Jamin a constaté aussi l'existence d'une polarisation elliptique positive sur plusieurs cristaux, et les coefficients d'ellipticité paraissent avoir des valeurs analogues à celles des corps isotropes dont les indices de réfraction seraient de même ordre. Ce sont :

parmi les cristaux uniaxes négatifs, la *tourmaline* (0,086), le
spath (0,061), le *béryl* (0,015); un cristal uniaxe positif, le
quartz (0,011); enfin, comme cristaux à deux axes optiques, la
topaze (0,016) et le *diopside* (0,011). L'observation des cristaux
uniaxes était faite, au moins pour le spath, le béryl et le quartz,
sur une face perpendiculaire à l'axe; des indications précises font
défaut pour les autres cristaux.

On n'a pas constaté encore que l'orientation du plan d'incidence
eût une influence appréciable sur la réflexion elliptique à la surface des cristaux du système cubique, tels que la *blende* (605),
de sorte qu'ils se comporteraient entièrement comme des corps
isotropes. Il n'en est pas de même pour les milieux biréfringents.
Sur une surface de *spath* parallèle à l'axe, le coefficient d'ellipticité, d'après M. Cornu (¹), varierait d'une manière continue avec
l'orientation d'incidence, la réflexion étant négative dans la section
principale, positive dans un plan perpendiculaire, et par conséquent
neutre pour une orientation convenable.

L'étude du *spath* a été reprise dernièrement par M. Schmidt (²).
Les incidences de polarisation ont été déterminées, pour les systèmes uniradiaux, en utilisant des faces naturelles fraîchement
clivées ou même des surfaces anciennes; le temps ne paraît, en
effet, avoir aucune influence sur leurs propriétés optiques, même
au point de vue de la réflexion elliptique.

La lumière incidente, passant par la fente d'un collimateur,
traverse un nicol polariseur N_1, à faces normales au rayon. La lumière réfléchie est reçue sur un nicol semblable N_2 et une lunette
qui vise la fente. Le cristal est terminé par deux faces parallèles
et l'on vérifie à l'aide d'un troisième nicol N_3, comme le faisait
Neumann, que le rayon transmis est unique et polarisé. La lumière réfléchie n'est jamais entièrement polarisée et, faisant varier l'incidence dans les deux sens, on prend la moyenne des valeurs qui donnent un maximum d'extinction. Dans ces conditions,
l'incidence de polarisation uniradiale, relative au rayon ordinaire,

---

(¹) A. Cornu, *Comptes rendus des séances de l'Académie des Sciences*,
t. CVIII, p. 1214; 1889.

(²) F. Schmidt, *Wied. Ann.*, t. XXXVII, p. 353; 1889. — *Journal de Physique*,
t. IX, p. 115; 1890.

est toujours donnée par la loi de Brewster ; elle est indépendante de l'orientation du plan d'incidence. L'erreur maximum des mesures faites dans différents azimuts ne dépasse pas 16′.

Si le rayon transmis est extraordinaire, l'incidence de polarisation maximum I' est représentée très exactement par l'expression générale $(37)'$ ou même par la formule approchée (46) ; la différence maximum du calcul et de l'observation a été encore de 18′.

Pour observer la réflexion elliptique, l'auteur s'est placé également dans les conditions de réfraction uniradiale.

Le nicol N_2 et la lunette sont remplacés par un compensateur à franges que l'on vise au travers d'un analyseur. La monture qui porte cet appareil est munie d'un microscope qui vise les divisions d'un cercle. La direction de la lumière incidente étant invariable, il suffit de déplacer ce microscope d'un angle double de la rotation du cristal pour que le compensateur soit toujours éclairé de la même manière.

Le choix des orientations qui conviennent pour ces observations est très limité, parce que la composante du faisceau réfléchi polarisée dans le second azimut est très affaiblie et qu'on doit cependant la rendre comparable à l'autre composante.

Sur une surface de clivage, la différence de phase δ des composantes parallèle et perpendiculaire au plan d'incidence est exactement de $90°$ sous l'incidence de polarisation maximum, pour les deux systèmes uniradiaux, et la réflexion elliptique est positive.

Voici quelques nombres obtenus avec la lumière solaire tamisée par un verre rouge :

Rayon ordinaire $(I = 78°42')$		Rayon extraordinaire $(I = -44°37')$	
Incidence.	$\dfrac{\delta}{2\pi}$	Incidence.	$\dfrac{\delta}{2\pi}$
57 23	0,03	56 32	0,02
58 23	0,08	58 32	0,06
59 23	0,36	59 32	0,31
60 23	0,45	60 32	0,45
62 23	0,47	62 32	0,48

La valeur $\delta = 90°$ correspondrait respectivement aux incidences de $58°59'$ et $59°16'$, déterminées par interpolation, tandis que le calcul donnerait $58°55'$ et $59°18'$.

L'observation de la différence de phase relative à une série d'incidences permet de calculer le coefficient d'ellipticité. Comme les directions pour lesquelles $\tan\delta$ est appréciable sont toujours très voisines de l'incidence principale I, on trouve aisément que la formule de Cauchy $\tan\delta = \varepsilon \sin i \tan(i + i')$ se réduit à

$$(57) \qquad \varepsilon \sin^3 I = (I - i) \tan\delta.$$

Les nombres du Tableau précédent donnent ainsi des valeurs assez concordantes pour que les différences du calcul et de l'observation puissent être attribuées aux erreurs de lecture; on en déduirait un coefficient d'ellipticité voisin de 0,012 pour le système uniradial ordinaire et de 0,01 pour le système extraordinaire.

Les incidences de polarisation uniradiale du système extraordinaire, pour les orientations de $+ 4°42'$ et de $+ 185°51'$, ont été trouvées par expérience de $57°18'$ et $57°29'$, au lieu des valeurs $57°13'$ et $57°21'$ qui résulteraient du calcul; les coefficients d'ellipticité, calculés au moyen de la formule (57), sont encore du même ordre de grandeur.

Sur une face parallèle à l'axe, polie à la gélatine, l'observation du système uniradial extraordinaire, dans l'orientation de $2°18'$, a donné $I' = 53°59'$, au lieu de $54°3'$, mais il se présente cette circonstance particulière, que la réflexion elliptique est *négative*, avec un coefficient d'ellipticité voisin de $- 0,013$.

La réflexion du système uniradial ordinaire est toujours positive, tandis que celle du système extraordinaire varie avec la direction de la coupe. Sur des échantillons de spath de Cumberland qui présenteraient des faces naturelles inclinées sur l'axe de $64°16'$ et de $14°32$, la réflexion du système uniradial extraordinaire était positive pour la première et négative pour la seconde. Ces résultats confirment, d'après M. Schmidt, les considérations théoriques de M. Volkmann ([1]).

En somme, la polarisation elliptique des systèmes uniradiaux présente les mêmes caractères que sur les milieux isotropes; toutefois, quand le rayon réfracté est extraordinaire, les résultats paraissent varier beaucoup avec les conditions de l'expérience.

([1]) VOLKMANN, *Wied. Ann.*, t. XXXIV, p. 724; 1888.

Lorsque la réflexion n'est pas uniradiale, la différence de phase des composantes principales ne varie plus de la même manière; en particulier, elle n'est pas de 90° sous l'incidence de polarisation maximum.

Enfin, les mêmes phénomènes doivent se produire dans la réflexion *intérieure*. L'expérience présente des difficultés parce que, si l'on opère sur une lame à faces parallèles, la différence de phase des deux rayons réfléchis se complique du retard produit par la double réfraction.

M. Brunhes ([1]) a indiqué une méthode ingénieuse, qui ne convient pas au problème général, mais qui paraît propre à montrer les changements qu'éprouve cette perte de phase au contact de deux milieux différents.

La lame cristalline est disposée horizontalement et forme la face hypoténuse d'un prisme rectangle à liquide, situé en dessous, dont les deux autres faces sont en verre. Sur le cristal, on dispose une lame de verre percée d'une cavité divisée en deux compartiments par une cloison perpendiculaire aux arêtes du prisme; on peut alors remplir les compartiments de cette cuve de deux liquides différents.

Un faisceau de lumière polarisée, pénétrant par l'une des faces latérales du prisme, se réfléchit sur le fond de la cuve; il est reçu par un système de lentilles qui donne une image de la cloison sur la fente d'un spectroscope parallèle aux arêtes du prisme, et observé avec un analyseur. Si la première réfraction est uniradiale, on obtient alors deux spectres cannelés, dont les bandes ne sont pas exactement en regard, et leur déplacement relatif correspond à la différence de phase des réflexions sur les deux liquides.

On vérifie encore que la première réfraction est uniradiale par l'observation du rayon transmis qui doit rester unique et entièrement polarisé. En le recevant sur un compensateur à franges, on modifie l'azimut primitif de manière que le système de franges apparaisse et ne soit pas déplacé.

La réflexion sur la première surface cristalline donne dans les spectres une lumière générale qui peut troubler le pointé des

---

([1]) B. BRUNHES, *Comptes rendus des séances de l'Académie des Sciences*, t. CXI, p. 170; 1890.

bandes, mais on l'élimine en grande partie en donnant au liquide du prisme un indice voisin de ceux du cristal.

L'observation des *anneaux colorés* dans une lame isotrope limitée par une surface cristalline permettrait encore de déterminer la différence de phase des composantes principales, soit pour les systèmes uniradiaux, soit pour une lumière primitivement polarisée dans un azimut quelconque; cette méthode ne paraît avoir été utilisée, jusqu'à présent, que pour montrer les caractères différents de la tache centrale et des anneaux de même ordre suivant que le système uniradial est ordinaire ou extraordinaire, quand on produit le phénomène dans un liquide dont l'indice de réfraction est intermédiaire entre les deux indices principaux de réfraction du milieu cristallisé.

FIN DU TOME DEUXIÈME.

TABLE

DES MATIÈRES

DU TOME II.

CHAPITRE XI.

PHÉNOMÈNES DIVERS.

CHAPITRE XII.

POLARISATION ROTATOIRE.

PHÉNOMÈNES GÉNÉRAUX.

APPLICATIONS.

PROPRIÉTÉS DU QUARTZ EN DEHORS DE L'AXE.

POLARISATION ROTATOIRE MAGNÉTIQUE.

CHAPITRE XIII.

RÉFLEXION ET RÉFRACTION.

MILIEUX ISOTROPES TRANSPARENTS.

RÉFLEXION MÉTALLIQUE.

FIN DE LA TABLE DES MATIÈRES DU TOME DEUXIÈME.

18710   Paris. — Imprimerie GAUTHIER-VILLARS ET FILS, quai des Grands-Augustins, 55.